卤水和盐的分析方法

（第三版）

中国科学院青海盐湖研究所　编著

科学出版社

北京

内 容 简 介

盐湖，这颗镶嵌在地球表面的璀璨明珠，是历经亿万年地质演化形成的战略资源宝库。经过几代人六十余年的艰苦创业，我国盐湖事业取得了举世瞩目的辉煌成就，建立了世界领先盐湖产业基地。《卤水和盐的分析方法》已成为广大从事盐卤研究的科技工作者、盐湖产业工作者不可或缺的工具书，被业内称为“蓝宝书”。

本书是对中国科学院青海盐湖研究所近六十年卤水和盐类分析工作的总结，是深耕盐湖科技领域研究者对技术标准的迭代更新，是对新时代盐湖科技发展需求的积极回应。本书采用国家法定计量单位，较全面介绍了卤水和盐类的分析技术。全书共分 19 章，系统整合了容量分析、称量分析、光谱分析、色谱分析、能谱分析、热重分析等分析方法，新增科技量值溯源及测量不确定度计算、X 射线类仪器在卤水和盐分析方面的应用篇章，增补了盐卤中有害元素含量分析、硼氧配阴离子结构分析、溶解性有机质分析。

本书既能服务于盐湖领域科研工作者，也能为产业从业人员提供技术支持，同时能满足初始涉足盐湖资源领域工作者的需要。

图书在版编目（CIP）数据

卤水和盐的分析方法 / 中国科学院青海盐湖研究所编著. -- 3 版. -- 北京 ：科学出版社，2025. 7. -- ISBN 978-7-03-082445-5

Ⅰ. TS312

中国国家版本馆 CIP 数据核字第 2025H20F58 号

责任编辑：刘　冉 / 责任校对：杜子昂
责任印制：徐晓晨 / 封面设计：北京图阅盛世

科学出版社出版
北京东黄城根北街 16 号
邮政编码：100717
http://www.sciencep.com

北京中科印刷有限公司印刷
科学出版社发行　各地新华书店经销

*

1973 年 7 月第　一　版　开本：787×1092　1/16
2025 年 7 月第　三　版　印张：32 1/4　插页：8
2025 年 7 月第三次印刷　字数：760 000

定价：268.00 元

（如有印装质量问题，我社负责调换）

第 三 版 序

盐湖，这颗镶嵌在地球表面的璀璨明珠，是历经亿万年地质演化形成的战略资源宝库。在全球能源结构转型和“碳中和”目标驱动下，盐湖资源科学开发与高效利用已成为关乎国家粮食安全与“双碳”目标的重要支撑。中国科学院青海盐湖研究所自1965年成立以来，始终秉持“扎根盐湖、报国为民”的科研初心，从青藏铁路盐渍土治理到柴达木循环经济试验区建设，从钾肥产业化技术突破到高镁锂比盐湖提锂世界性难题的攻克，几代科技工作者以“盐湖精神”在高原腹地不断书写着科技报国的壮丽篇章。

《卤水和盐的分析方法》自问世以来，一直是广大从事盐湖研究的科技工作者和产业从业者的重要参考，为盐湖资源勘探、研究、应用开发提供了基础保障。随着我国科技创新的加速推进，研究领域不断深化细化，对分析方法提出了更高要求。现代分析仪器、方法和技术手段的快速发展，已使第二版难以满足当前科研、生产和监测的实际需求。为顺应盐湖事业发展新形势，支撑世界级盐湖产业基地建设，我们对20世纪90年代以来在盐湖资源研究过程中积累的分析方法进行了系统梳理和科学归纳，对第二版内容进行了全面修订和补充。系统整合了容量分析、称量分析、光谱分析、色谱分析、能谱分析、热重分析等分析方法，构建了涵盖卤水体系多组分协同分析的完整方法体系。特别值得指出的是，新增的X射线类仪器分析方法、有害元素分析、硼氧配阴离子结构分析和溶解性有机质分析等内容，充分体现了现代分析技术的最新进展。这些技术革新不仅为盐湖资源精准评价提供了“显微镜”，更将为未来盐湖化工智能化转型架设“探照灯”。

《卤水和盐的分析方法》的再次修订，是深耕盐湖科技领域研究者对技术标准的迭代更新，是对新时代盐湖科技发展需求的积极回应，是植根于研究所近六十年积累的万余组卤水分析数据、百余项专利技术以及覆盖全国主要盐湖区的长期定位观测网络的成果体现。标志着一代一代盐湖人在基础研究与应用转化方面的深度融合。

值得特别强调的是，本版修订过程中涌现出的青年科技骨干，既传承了老一辈科学家“量杯量筒量天地”的严谨作风，又展现出驾驭高分辨率仪器分析、计算模拟、大数据建模等新质科研工具的创新能力。他们在卤水复杂体系分析理论构建中表现出的学术锐气，在青藏高原极端环境现场测试中彰显的担当精神，昭示着我国盐湖科技事业薪火相传的光明前景。

郑诗礼

郑诗礼

中国科学院青海盐湖研究所

2025年4月

第三版前言

经过几代人六十余年的艰苦创业，我国盐湖事业取得了举世瞩目的辉煌成就，建立了世界领先盐湖产业基地。《卤水和盐的分析方法》已成为广大从事盐卤研究的科技工作者、盐湖产业工作者不可或缺的工具书，被业内称为“蓝宝书”。随着时代发展，第二版“蓝宝书”已难以满足读者的需要。为顺应盐湖事业发展需求，我们对 20 世纪 90 年代以来在盐湖开发过程中，涉及盐湖领域的众多分析方法进行了系统归纳，对第二版内容进行了修订、补充，着重对经典分析方法的适用性、干扰解决方法等进行了探讨。

《卤水和盐的分析方法》（第三版）采用国家法定计量单位并新增科技量值溯源及测量不确定度计算，全书由 11 章扩展至 19 章。各章保持“分析技术概述+实验数据支撑”的特色结构，既为盐湖科研工作者提供前沿技术支持，又为产业从业人员和初学者提供实用指导，实现了方法论的传承与创新，充分满足了盐湖资源领域多层次、多维度的工作需求。

第三版各章节分别由中国科学院青海盐湖研究所董亚萍研究员（第 3～8，12，19 章）、宋彭生研究员（第 1 章）、胡丰研究员（第 2 章）、孙柏研究员（第 4，5 章）、李海军高级实验师（第 7 章）、李园（第 9 章）、高丹丹研究员（第 10 章）、韩丽高级工程师和杨波高级实验师（第 11 章）、丁秀萍高级工程师（第 13 章）、肖应凯研究员、马云麒研究员和闵秀云高级工程师（第 14 章）、王秀芳高级实验师（第 15 章）、彭姣玉副研究员（第 16 章）、张耀玲副研究员和杨克利副研究员（第 17 章）、王德荣高级实验师（第 18 章）撰稿。董亚萍研究员负责全书的文字修订、统稿；张曼曼负责全书中化学量和单位以及排版格式修订，李欣倩博士负责全书图、表格式修订，吴鹏博士负责全书数学公式修订。

在本书的成稿过程，得到了宋彭生、翟宗玺、胡丰三位老师的指导，在此表示衷心的感谢，同时得到了李武、冯海涛、刘鑫三位研究员的支持和关心，在此一并表示感谢。感谢青海省科学技术厅对本书出版的支持。

由于作者水平有限，书中疏漏或不妥之处在所难免，敬请读者不吝指正。

作　者

2025 年初春于西宁

第二版前言

我国西北地区遍布大小盐湖2000多个，以数量多、面积大、资源丰富著称于世。为适应盐湖科学考察和开发的需要，我们于1973年编写了《卤水和盐的分析方法》一书，并荣获中国科学院重大科技成果奖和青海省科学技术大会奖。尽管发行9000余册，但仍不能满足广大读者需要。

随着我国西北地区建设事业的发展及铁路的西进，迎来了盐湖资源综合开发利用的新阶段。广大盐卤科技工作者迫切需要一本综合性更强、应用面更广、涉及仪器分析种类更多的盐卤分析新书。为此，我们编写了第二版。第二版对第一版的内容进行了全面审订和修改，删去了陈旧过时的材料，补充了近十多年来分析室全体同志的研究成果，篇幅也由原来的七章扩充到十一章，新增加了温度滴定法（第七章），离子选择电极分析法（第八章），同位素质谱分析法（第九章），红外光谱分析法（第十章）等四章。

第二版仍保持第一版的格式，各章均冠以分析技术概述，以助读者理解所述分析方法和程序；各节讨论部分均提供必要的实验数据，以供分析者实践时参考。

第一版由张长美主编，由张长美、翟宗玺、程祖本、胡丰和陈维吾撰稿，孙贵明和高明瑜绘图。

第二版由中国科学院青海盐湖研究所分析室翟宗玺（第一、二、三、七章）、程祖本（第四、六章）、胡丰（第五章）、吴国梁（第八章）、肖应凯（第九章）、刘福敏（第十章）撰稿，胡金泉和刘建华绘图。

在此，我们谨对广大盐卤分析工作者的鼓励和指教以及科学出版社的大力支持表示衷心的感谢。

由于作者水平有限，书中错误或不妥之处在所难免，敬请读者不吝指正。

作　者

1988年10月

目　　录

第1章　盐卤定量分析概论

1.1　卤　　水[1]

水是地球上分布最广的物质之一，地球表面三分之二以上面积为水所覆盖。

水是一种良好的溶剂，它在运动过程中溶解着各种可能的物质。因此，在天然状态下，纯水是不存在的。

除地球表面广大面积被水所覆盖外，地球内部也处处埋藏着水，所有这些通称天然水。天然水是一种十分复杂的溶液，化学工作者在天然水中共发现有六十种以上的化学元素。

1.1.1　天然水的分类

由于天然水的运动过程及其存在的自然环境的差异，溶于天然水中的物质的种类和数量有很大的不同。人们根据天然水中所溶解的各种物质总量（矿化度）的多少，概括地将其分成三大类：①淡水类，溶解物质的总量小于或等于0.1%；②半咸水类，溶解物质的总量在0.1%～3.5%之间；③咸水类，溶解物质的总量大于3.5%。

卤水，溶解物质的总量大于5%，属于天然水分类中的咸水类；包括矿化度大于3.5%的海洋海湾水，盐湖表面、晶间和淤泥水，以及埋藏于地球深部的地下卤水和含油、气地质构造中高矿化度的油田水和气田水，这些卤水的矿化度有的高达30%以上，实际上构成了天然盐矿。

1.1.2　地表卤水

地表卤水是处于地球表面或表面以下不深处的结晶体之间和淤泥中的水，它的形成主要取决于自然地理条件和气候特点，在气候干燥的闭塞湖盆环境中，随着湖水的不断蒸发浓缩，各种盐类的结晶和沉积，往往形成盐湖并伴随着极其大量的含盐饱和卤水。

地表卤水一般含有高浓度的Na^+、K^+、Ca^{2+}、Mg^{2+}、CO_3^{2-}、HCO_3^-、SO_4^{2-}和Cl^-等离子，同时有相当浓度的Li^+、Rb^+、Cs^+、B_2O_3和Br^-等。在干燥的气候条件下，卤水蒸发浓缩，可能结晶析出的盐类有：石膏（$CaSO_4·2H_2O$）、天然碱（$Na_2CO_3·NaHCO_3·2H_2O$）、水碱（$Na_2CO_3·H_2O$）、石盐（NaCl）、芒硝（$Na_2SO_4·10H_2O$）、无水芒硝（Na_2SO_4）、泻利盐（$MgSO_4·7H_2O$）、六水泻盐（$MgSO_4·6H_2O$）、光卤石（$KCl·MgCl_2·6H_2O$）、钾石盐（KCl+NaCl）、钾盐镁矾（$KCl·MgSO_4·3H_2O$）、水氯镁石（$MgCl_2·6H_2O$）等。

随着蒸发浓缩和盐类的析出，卤水的化学成分亦发生剧烈的变化，在通常情况下，卤水水化学类型顺次由碳酸盐类型逐步向硫酸盐类型和氯化物类型演变。

1.1.3 地下卤水

地下卤水是处于地层深部包括与古生盐矿有关的卤水和晶间卤水，以及与含油地质构造有关的高矿化度的油田水，这些卤水由于埋藏较深，具有高度封闭的特点，其形成主要取决于自身的运动过程和周围岩石的特性。地下卤水的化学成分和地表卤水有共同的一面，一般也含有较高浓度的 Na^+、K^+、Ca^{2+}、Mg^{2+}、CO_3^{2-}、HCO_3^-、SO_4^{2-}、Cl^-等离子，但也有其明显的内在特征：①脱硫作用引起卤水化学成分的变化；②某些稀散元素和有机物质的富集。

脱硫作用发生于地下卤水化学成分与四周岩石成分之间的离子交换作用，使卤水中 SO_4^{2-} 离子浓度显著减少，卤水则由硫酸盐类型演变为碳酸盐或氯化物类型，随着脱硫作用的变化，卤水中碱土金属离子如 Ca^{2+}、Sr^{2+}、Ba^{2+}等含量可能增高。

稀散元素富集主要表现于硼、溴、碘、铷、铯等元素在地下卤水中比地表卤水具有更高的浓度，如油田水中碘、溴和硼的浓度较高，这种特点不仅被作为石油勘探中含油岩层的重要标志，同时油田水也是制碘、溴、硼工业的重要原料。

有机物质在地下卤水中的分布和含量很复杂。这种特点在油田水中最明显。

1.2 卤水的化学分类[2，3]

按照卤水中所含化学成分，可将卤水分为三类，即碳酸盐类型、硫酸盐类型、氯化物类型。这种分类方法取决于卤水中主要阳离子 Ca^{2+}、Mg^{2+}和 Na^+，同主要阴离子 CO_3^{2-}、HCO_3^-、SO_4^{2-} 和 Cl^-的相互间比例与组合，以及所组成盐的溶解度。

定性实验很容易粗略地确定卤水所属的类型，例如，碳酸盐类型的卤水，只能含有少量，甚至痕量的 Ca^{2+}、Mg^{2+}，而且应该有高浓度的 CO_3^{2-} 和 HCO_3^- 离子，同时也可能有 SO_4^{2-} 和 Cl^- 离子，常常含有较高浓度的硼。硫酸盐类型的卤水应含有高浓度的 SO_4^{2-}，只含有少量的 Ca^{2+}离子等。

卤水属于何种化学类型主要取决于卤水本身的化学平衡体系和特征系数。

1.2.1 碳酸盐类型卤水

卤水含盐的化学成分为：NaCl、Na_2SO_4、$NaHCO_3$、Na_2CO_3 和痕量的 $CaCO_3$、$MgCO_3$。卤水化学平衡体系为：Na^+、K^+//CO_3^{2-}、HCO_3^-、SO_4^{2-}、Cl^-—H_2O。

1. 特征系数

$$K_{\mathrm{I}} = \frac{n\left(\frac{1}{2}\mathrm{Na_2CO_3}\right) + n(\mathrm{NaHCO_3})}{n\left(\frac{1}{2}\mathrm{Na_2SO_4}\right)}$$

2. 定性反应

（1）卤水具有明显的碱性反应；
（2）卤水加入盐酸时，剧烈起泡（$2H^{+}+CO_3^{2-} \longrightarrow H_2O+CO_2\uparrow$）；
（3）加入 $MgCl_2$ 或 $MgSO_4$ 时，生成白色凝胶状沉淀（$MgCO_3$）；
（4）加入 $BaCl_2$ 时，析出白色沉淀（$BaCO_3$），沉淀用盐酸处理时剧烈起泡。

1.2.2　硫酸盐类型卤水

卤水含盐的化学成分为：NaCl、$MgCl_2$、Na_2SO_4、$MgSO_4$、$CaSO_4$、$Ca(HCO_3)_2$ 和 $Mg(HCO_3)_2$。

卤水化学平衡体系为：Na^{+}、K^{+}、Mg^{2+}、Ca^{2+}//SO_4^{2-}、Cl^{-}-H_2O。

1. 特征系数

$$K'_{\mathrm{II}}=\frac{n\left(\frac{1}{2}\mathrm{Na_2SO_4}\right)}{n\left(\frac{1}{2}\mathrm{MgSO_4}\right)}\qquad K''_{\mathrm{II}}=\frac{n\left(\frac{1}{2}\mathrm{MgSO_4}\right)}{n\left(\frac{1}{2}\mathrm{MgCl_2}\right)}$$

2. 定性反应

（1）卤水仅在用蒸馏水稀释后，加入酚酞才呈红色；
（2）卤水加入盐酸时不起泡；
（3）加入硫酸镁不生成凝胶；
（4）卤水用盐酸酸化后，加入 $BaCl_2$ 时生成极多的白色沉淀（$BaSO_4$）。

硫酸盐类型卤水按其化学成分的变化又可分为两个亚型：硫酸钠亚型和硫酸镁亚型。

1）硫酸钠亚型

卤水含盐的化学成分为：NaCl、$NaSO_4$、$MgSO_4$、$CaSO_4$、$Ca(HCO_3)_2$ 和 $Mg(HCO_3)_2$。其特征系数：

$$K'_{\mathrm{II}}=\frac{n\left(\frac{1}{2}\mathrm{Na_2SO_4}\right)}{n\left(\frac{1}{2}\mathrm{MgSO_4}\right)}$$

2）硫酸镁亚型

卤水含盐的化学成分为：NaCl、$MgCl_2$、$MgSO_4$、$CaSO_4$、$Ca(HCO_3)_2$ 和 $Mg(HCO_3)_2$。其特征系数：

$$K''_{\mathrm{II}}=\frac{n\left(\frac{1}{2}\mathrm{MgSO_4}\right)}{n\left(\frac{1}{2}\mathrm{MgCl_2}\right)}$$

1.2.3 氯化物类型卤水

卤水含盐的化学成分为：NaCl、$MgCl_2$、$CaCl_2$、$CaSO_4$、$Ca(HCO_3)_2$和$Mg(HCO_3)_2$。卤水化学平衡体系为：Na^+、K^+、Ca^{2+}、Mg^{2+}//Cl^--H_2O。

1. 特征系数

$$K_{\text{III}}=\frac{n\left(\frac{1}{2}MgSO_4\right)}{n\left(\frac{1}{2}MgCl_2\right)} \qquad K'_{\text{III}}=\frac{n\left(\frac{1}{2}MgCl_2\right)}{n\left(\frac{1}{2}CaCl_2\right)}$$

2. 定性反应

（1）卤水只有用蒸馏水稀释后，加入酚酞才呈红色；
（2）卤水加入盐酸时不起泡；
（3）加入$MgSO_4$后，缓慢生成难溶于盐酸的白色沉淀（$CaSO_4$）；
（4）加入$BaCl_2$后，呈微弱的混浊（$BaSO_4$）。

以上特征系数K_{I}、K'_{II}、K''_{II}和K_{III}式中的Na_2CO_3、Na_2SO_4、$NaHCO_3$、$MgSO_4$、$MgCl_2$和$CaCl_2$，分别表示每种盐在卤水中的质量分数。

各特征系数及对应的盐湖卤水化学类型见表1.1。

表1.1　卤水分类特征系数和对应的卤水类型

特征系数	碳酸盐型	硫酸盐型		氯化物型
		硫酸钠型	硫酸镁型	
$K_{\text{I}}=\frac{n\left(\frac{1}{2}Na_2CO_3\right)+n(NaHCO_3)}{n\left(\frac{1}{2}Na_2SO_4\right)}$	n	0	～	～
$K'_{\text{II}}=\frac{n\left(\frac{1}{2}Na_2SO_4\right)}{n\left(\frac{1}{2}MgSO_4\right)}$	∞	n	0	～
$K''_{\text{II}}=\frac{n\left(\frac{1}{2}MgSO_4\right)}{n\left(\frac{1}{2}MgCl_2\right)}$	～	∞	n	0
$K_{\text{III}}=\frac{n\left(\frac{1}{2}MgSO_4\right)}{n\left(\frac{1}{2}MgCl_2\right)}$	～	～	n	0

注：表中n为0与∞之间的任意数，即∞>n>0；～表示测不出或甚小的数值

早些年，上述特征系数多以离子克当量数（或毫克当量数）来计算，然后根据特征系数值确定卤水所属的类型。1984 年中华人民共和国国务院发布《关于在我国统一实行法定计量单位的命令》，同时颁布了《中华人民共和国法定计量单位》。因 $n\left(\frac{1}{2}MgSO_4\right)=n\left(\frac{1}{2}Mg\right)$，故表 1.2 更便于判定卤水化学类型。

表 1.2　利用离子当量值确定卤水的化学类型

分类系数	碳酸盐型	硫酸盐型		氯化物型
		硫酸钠型	硫酸镁型	
$K_{n_1}=\dfrac{n\left(\frac{1}{2}CO_3^{2-}\right)+n\left(HCO_3^-\right)}{n\left(\frac{1}{2}Ca^{2+}\right)+n\left(\frac{1}{2}Mg^{2+}\right)}$	>1	≤1	≪1	≪1
$K_{n_2}=\dfrac{n\left(\frac{1}{2}CO_3^{2-}\right)+n\left(HCO_3^-\right)+n\left(\frac{1}{2}SO_4^{2-}\right)}{n\left(\frac{1}{2}Ca^{2+}\right)+n\left(\frac{1}{2}Mg^{2+}\right)}$	≫1	≤1	≤1	<1
$K_{n_3}=\dfrac{n\left(\frac{1}{2}SO_4^{2-}\right)}{n\left(\frac{1}{2}Ca^{2+}\right)}$	≫1	≥1	≥1	≤1
$K_{n_4}=\dfrac{n\left(\frac{1}{2}CO_3^{2-}\right)+n\left(HCO_3^-\right)}{n\left(\frac{1}{2}Ca^{2+}\right)}$	≫1	<1 或>1	<1 或>1	<1

注：按照等量（m_s）的试样中含括号内物质的量 n 值

1.2.4　确定卤水化学类型的实例

某卤水中各离子的质量分数分别为：$\omega(Na^+)=4.58\times10^{-2}$，$\omega(K^+)=0.56\times10^{-2}$，$\omega(Mg^{2+})=3.60\times10^{-2}$，$\omega(Ca^{2+})=0.0065\times10^{-2}$，$\omega(CO_3^{2-})=0.042\times10^{-2}$，$\omega(HCO_3^-)=0.0096\times10^{-2}$，$\omega(SO_4^{2-})=4.21\times10^{-2}$，$\omega(Cl^-)=14.92\times10^{-2}$。

换算成盐类质量分数为：$\omega(CaCO_3)=0.016\times10^{-2}$，$\omega(MgCO_3)=0.045\times10^{-2}$，$\omega(Mg(HCO_3)_2)=0.013\times10^{-2}$，$\omega(MgSO_4)=5.28\times10^{-2}$，$\omega(MgCl_2)=9.86\times10^{-2}$，$\omega(NaCl)=11.65\times10^{-2}$，$\omega(KCl)=1.07\times10^{-2}$。

按盐类质量分数求得其特征系数分别为：

$$K_{\mathrm{I}}=\frac{\omega\left(Na_2CO_3\right)+\omega\left(NaHCO_3\right)}{\omega\left(Na_2SO_4\right)}=\infty$$

$$K'_{\mathrm{II}}=\frac{\omega\left(Na_2SO_4\right)}{\omega\left(MgSO_4\right)}=\frac{0}{5.28}=0$$

$$K_{\text{II}}'' = \frac{\omega(\text{MgSO}_4)}{\omega(\text{MgCl}_2)} = \frac{5.28}{9.86} = 0.535$$

$$K_{\text{III}} = \frac{\omega(\text{MgCl}_2)}{\omega(\text{CaCl}_2)} = \frac{9.86}{0} = \infty$$

按每 1000 g 卤水中所含各种离子相应物质的量 n，这里卤水中各离子的计量基本单元分别是：$\left(\frac{1}{2}\text{Ca}^{2+}\right)$、$\left(\frac{1}{2}\text{Mg}^{2+}\right)$、$\left(\text{Na}^{+}\right)$、$\left(\text{K}^{+}\right)$、$\left(\frac{1}{2}\text{CO}_3^{2-}\right)$、$\left(\frac{1}{2}\text{SO}_4^{2-}\right)$、$\left(\text{HCO}_3^{-}\right)$；计算得到各离子相应的物质的量分别为：

$$n(\text{Na}^+) = \frac{10\times 4.58}{23.00} = 1.991 \qquad n(\text{K}^+) = \frac{10\times 0.56}{39.10} = 0.1432$$

$$n\left(\frac{1}{2}\text{Ca}^{2+}\right) = \frac{10\times 0.0065}{20.04} = 0.003244 \qquad n\left(\frac{1}{2}\text{Mg}^{2+}\right) = \frac{10\times 3.60}{12.15} = 2.963$$

$$n\left(\frac{1}{2}\text{CO}_3^{2-}\right) = \frac{10\times 0.042}{30.01} = 0.01340 \qquad n(\text{HCO}_3^-) = \frac{10\times 0.0096}{61.02} = 0.001573$$

$$n\left(\frac{1}{2}\text{SO}_4^{2-}\right) = \frac{10\times 4.21}{48.03} = 0.8765 \qquad n(\text{Cl}^-) = \frac{10\times 14.92}{35.45} = 4.209$$

分类系数为：

$$K_{n_1} = \frac{n\left(\frac{1}{2}\text{CO}_3^{2-}\right) + n(\text{HCO}_3^-)}{n\left(\frac{1}{2}\text{Ca}^{2+}\right) + n\left(\frac{1}{2}\text{Mg}^{2+}\right)} = (0.01340+0.001573)/(0.003244+2.963) = 0.005048 \ll 1$$

$$K_{n_2} = \frac{n\left(\frac{1}{2}\text{CO}_3^{2-}\right) + n(\text{HCO}_3^-) + n\left(\frac{1}{2}\text{SO}_4^{2-}\right)}{n\left(\frac{1}{2}\text{Ca}^{2+}\right) + n\left(\frac{1}{2}\text{Mg}^{2+}\right)} = (0.01340+0.001573+0.8765)/(0.003244+2.963)$$

$$=0.3005<1$$

$$K_{n_3} = \frac{n\left(\frac{1}{2}\text{SO}_4^{2-}\right)}{n\left(\frac{1}{2}\text{Ca}^{2+}\right)} = 0.8764/0.003244 = 270.19 \gg 1$$

$$K_{n_4} = \frac{n\left(\frac{1}{2}\text{CO}_3^{2-}\right) + n(\text{HCO}_3^-)}{n\left(\frac{1}{2}\text{Ca}^{2+}\right)} = (0.01340+0.001573)/0.003244 = 4.616 > 1$$

综上所述，根据已求出的 K_{I}、K_{II}'、K_{II}''、K_{III}、K_{n_1}、K_{n_2}、K_{n_3}、K_{n_4}，结合表 1.1 和表 1.2 所列的数据，可以确定该卤水属于硫酸盐类型中的硫酸镁亚型。

表 1.3 是卤水化学分类法总表，表 1.4 是盐湖卤水的水化学分类。

表 1.3　卤水化学分类法总表

卤水类型		碳酸盐型	硫酸盐型		氯化物型
			硫酸钠型	硫酸镁型	
盐类组成		NaCl，Na_2SO_4，Na_2CO_3，$NaHCO_3$，$Ca(HCO_3)_2$，$Mg(HCO_3)_2$，…	NaCl，Na_2SO_4，$MgSO_4$，$CaSO_4$，$Ca(HCO_3)_2$，$Mg(HCO_3)_2$，…	NaCl，$MgCl_2$，$MgSO_4$，$CaCl_2$，$CaSO_4$，$Ca(HCO_3)_2$，$Mg(HCO_3)_2$，…	NaCl，$MgCl_2$，$CaCl_2$，$CaSO_4$，$Ca(HCO_3)_2$，$Mg(HCO_3)_2$，…
离子成分		CO_3^{2-}，HCO_3^-，SO_4^{2-}，Cl^-，Na^+，K^+，Ca^{2+}，Mg^{2+}	SO_4^{2-}，Cl^-，HCO_3^-，Na^+，Mg^{2+}，Ca^{2+}，K^+	SO_4^{2-}，Cl^-，HCO_3^-，Na^+，Mg^{2+}，Ca^{2+}，K^+	Cl^-，SO_4^{2-}，HCO_3^-，Na^+，Mg^{2+}，Ca^{2+}，K^+
分类系数		$K_I=n$，$K'_{II}=\infty$， $K_{n_1}>1, K_{n_2}\gg1$， $K_{n_3}\gg1, K_{n_4}\gg1$	$K_I=0$，$K''_{II}=\infty$，$K'_{II}=n$， $K_{n_1}\leqslant1, K_{n_2}\geqslant1$， $K_{n_3}\geqslant1, K_{n_4}\leqslant1$ 或 $\geqslant1$	$K'_{II}=0$，$K''_{II}=n$，$K_{III}=\infty$ $K_{n_1}\ll1, K_{n_2}\leqslant1$， $K_{n_3}\gg1, K_{n_4}<1$ 或 >1	$K''_{II}=0$，$K_{III}=n$， $K_{n_1}\ll1, K_{n_2}<1$， $K_{n_3}\leqslant1, K_{n_4}<1$
平衡体系		Na^+，$K^+//CO_3^{2-}$，HCO_3^-，SO_4^{2-}，Cl^--H_2O	Na^+，K^+，Mg^{2+}，$Ca^{2+}//SO_4^{2-}$，Cl^--H_2O		Na^+，K^+，Mg^{2+}，$Ca^{2+}//Cl^-$ $-H_2O$
可能析出盐类	夏季	石盐(NaCl)， 水碱($Na_2CO_3·10H_2O$)， 天然碱($Na_2CO_3·NaHCO_3·2H_2O$)， 芒硝($Na_2SO_4·10H_2O$)， 无水芒硝(Na_2SO_4)， 重碳酸钠($NaHCO_3$)	石盐(NaCl)， 芒硝($Na_2SO_4·10H_2O$)， 无水芒硝(Na_2SO_4)， 白钠镁矾($Na_2SO_4·MgSO_4·4H_2O$)	石盐(NaCl)， 泻利盐($MgSO_4·7H_2O$)， 六水泻盐($MgSO_4·6H_2O$)， 光卤石($KCl·MgCl_2·6H_2O$) 石膏($CaSO_4·2H_2O$)	石盐(NaCl)， 水氯镁石($MgCl_2·6H_2O$)， 石膏($CaSO_4·2H_2O$)， 溢晶石($2CaCl_2·MgCl_2·12H_2O$)
	冬季	苏打($Na_2CO_3·10H_2O$)， 芒硝($Na_2SO_4·10H_2O$)， 水石盐($NaCl·2H_2O$)	芒硝($Na_2SO_4·10H_2O$)， 水石盐($NaCl·2H_2O$)		水石盐($NaCl·2H_2O$)

表 1.4　盐湖卤水的水化学分类

	特征系数		$K_\omega(10^{-2})$	K_{n_1}	K_{n_2}	K_{n_3}	K_{n_4}	K_I	K'_{II}	K''_{II}	K_{III}
根据卤水化学成分分类	碳酸盐型	强	>29	≫1	≫1	≫1	≫1	⩾1	∞	—	—
		中	8～29	≫1	≫1	≫1	≫1	⩾1	∞	—	—
		弱	0.1～8	≫1	≫1	≫1	≫1	⩽1	∞	—	—
	硫酸盐型	硫酸钠	0～0.1	⩽1	⩾1	≫1	>1 或<1	0	n	∞	—
		硫酸镁	—	≪1	⩽1	≫1	>1 或<1	—	0	n	0
	氯化物型		—	≪1	≪1	⩽1	<1	—	—	0	n

注：$K_\omega=\dfrac{\omega(Na_2CO_3)+\omega(NaHCO_3)}{\omega(Total)-\omega(salt)}$；$K_{n_1}=\dfrac{n\left(\frac{1}{2}CO_3^{2-}\right)+n\left(HCO_3^-\right)}{n\left(\frac{1}{2}Ca^{2+}\right)+n\left(\frac{1}{2}Mg^{2+}\right)}$，$K_{n_2}=\dfrac{n\left(\frac{1}{2}CO_3^{2-}\right)+n\left(HCO_3^-\right)+n\left(\frac{1}{2}SO_4^{2-}\right)}{n\left(\frac{1}{2}Ca^{2+}\right)+n\left(\frac{1}{2}Mg^{2+}\right)}$，

$K_{n_3}=\dfrac{n\left(\frac{1}{2}SO_4^{2-}\right)}{n\left(\frac{1}{2}Ca^{2+}\right)}$，$K_{n_4}=\dfrac{n\left(\frac{1}{2}CO_3^{2-}\right)+n\left(HCO_3^-\right)}{n\left(\frac{1}{2}Ca^{2+}\right)}$；$K_I=\dfrac{\omega(Na_2CO_3)+\omega(NaHCO_3)}{\omega(Na_2SO_4)}$，$K'_{II}=\dfrac{\omega(Na_2SO_4)}{\omega(MgSO_4)}$，

$K''_{II}=\dfrac{\omega(MgSO_4)}{\omega(MgCl_2)}$，$K_{III}=\dfrac{\omega(MgCl_2)}{\omega(CaCl_2)}$

1.3　样品的采集和处理[1]

样品的采集对于正确了解和评价盐类资源特别重要，本节仅就采样的某些要求及分析前样品的处理作一简要叙述。

1.3.1　样品的采集

1. 采集卤水样品的一般要求

（1）样品应能正确地表明采集地点卤水的特征，必须考虑到所有可能使卤水样品发生浓度变化的因素（如地表、地下水的补给等）。

（2）采样时应采取必要的措施，以使以后工作时，能够减轻分析前样品处理的手续。如所取卤水样品中含有固体悬浮物——盐类结晶或淤泥颗粒等，应在采样时用干滤纸过滤，除去固体悬浮物。

（3）某些卤水样品可能含有易氧化的物质，如硫化氢、亚铁盐等，最好在采样时立即进行分析。如野外工作无此条件，则应多取一份样品，并加入防止某成分氧化的相应试剂。如样品要求测定某些特定的元素（铀、磷等），则所采集的样品应用塑料容器包装和保存。

（4）用于装盛卤水样品的容器应该是洁净的，装盛时事先用所采集的卤水冲洗三次，样品不宜充满该容器的全部容积，通常应在上部保留少量的空气，应该用石蜡或火漆密封瓶口。

（5）应特别注意要有完整的采样记录，如采样地点、日期、深度、水温和气温等，并将记录贴于容器的适当位置，在表面涂上石蜡，以免记录纸损坏。

2. 湖中盐类样品的采集

湖中的盐类固体，一般可分新沉积物和底部沉积物。新沉积物呈层状，底部沉积物则有老沉积物和基盐之分，其沉积状态可能为层状，也可能为盐类的淤泥结晶体。在埋藏不深的情况下，可用铁铲、铁棒采集；埋藏较深时，可用探井或钻机采样。将采集的固体盐类先用采样点的卤水洗涤并尽可能沥去固体表面所吸附的卤水，再用粗滤纸将附着在固体盐类矿样表面的液体吸干，用四分采样法采集适量固体，盛入洁净而干燥的广口瓶，再以石蜡或火漆密封瓶口。切忌将湿样置于阳光下暴晒，以致夹带的卤水析出新盐掺杂进原样，使样品失真。

如为某些专门性的研究采集矿物样品，常用放大镜仔细挑选单盐晶体。

3. 盐矿样品的采集

1）从盐芯中采样

若研究的目的是测定矿层中化学成分的平均含量，则将盐芯劈分两半，取其一半捣碎，以四分法取其适量装入广口瓶，用石蜡或火漆密封瓶口，如进行矿物学方面的研究，则应用适当方法挑选单体。

2）坑道中采样

坑道中采集固体盐样，用刻槽取样法。刻槽的深度应与所研究的盐层深度一致，然后沥去样品表面吸附的水，按四分法取适量，装入瓶中并用石蜡或火漆密封瓶口。

1.3.2　样品的处理

分析前对卤水或盐样进行正确处理，对于获得正确的分析结果，做出准确的结论具有重要意义。通常根据送到实验室试样的状态，决定采取的处理方法。

1. 纯卤水溶液

天然卤水或加工工艺过程中的卤水或母液，若不含有盐类固体或淤泥细粒的均匀透明体，即为纯溶液。分析前不必再进行处理，可直接取样进行分析。

1）饱和或近饱和的纯溶液

含盐浓度超过海水的浓盐溶液，采用称量瓶直接称取样品质量。用移液管量取固定体积，因样品的黏滞性往往难以保证所取样品的精确体积。

2）盐浓度低于海水的稀溶液

分析取样可采取直接称量或用校正后的移液管量取。如需测定比重，则可将量过体积的样品再称重。

2. 含有固相的卤水溶液

试样溶液中含有盐类结晶或淤泥的情况是极为常见的，为使分析结果能反映卤水采样时的真实情况，首先必须确定试样溶液中固体的来源：①卤水采样时带入的盐类晶体或淤泥颗粒；②卤水采集后因温度变化或部分蒸发而析出的盐类结晶；③卤水采样后因氧化或水解作用析出的难溶化合物。

如采样是按照规定手续正确进行，这些问题比较容易解决，如盛装试样容器的底部有大量的淤泥沉积物，则可认为是采样时带入的；又如在容器底部只有盐类固体，但几乎无淤泥沉积物，则可认为该盐类固体是采样后从卤水试样溶液中新析出的。

3. 卤水样品中固相的分离方法

当卤水试样中固体盐类是属于采样时带入的，则只要在分析取样前将卤水试样以倾泻法、虹吸法或过滤法除去固相，便可取样进行分析，在实验室中也可采用下述方法分离固相：把带有固体物的卤水在带塞的样品瓶中摇荡均匀，放置澄清后，用抽气法将卤水经带有棉花球过滤管吸入另一干燥的瓶中，其装置如图 1.1 所示。

如样品中新析出盐类晶体，可采用下述方法处理。

1）加热溶解法

将试样容器的盖子塞好，置于约 50℃水浴中加热，不断摇荡容器，直至所有盐类固体完全溶解，冷却后立即取样分析。如试样中混有少量淤泥细粒，则待冷却后先行过滤。

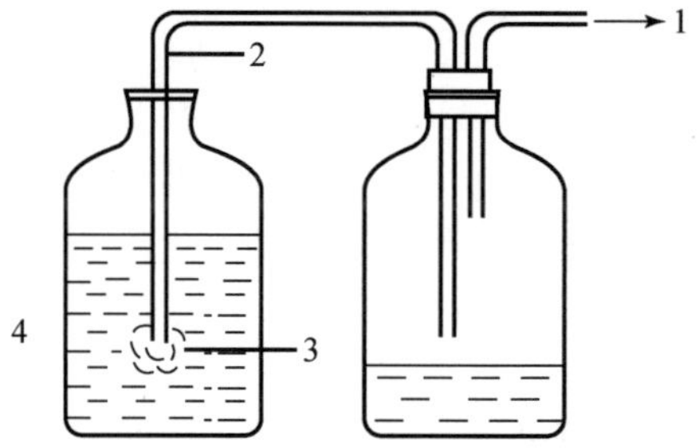

图 1.1　卤水吸滤装置

1. 接抽气泵；2. 吸滤管；3. 棉花球；4. 试样瓶

2）定量稀释法

某些卤水试样在运输或保存时常常析出较多固体盐类，用加热溶解法往往不能将其完全再溶解，这时可用定量稀释法。将装有试样的容器（A）在工业天平上称量（m_1），量值准确到四位有效数字，然后将卤水和析出的盐类转移到另一干燥的容器（B）中，取一烧杯盛蒸馏水，称其质量（m_2）。把一小部分蒸馏水注入原容器（A）中溶解残余的小晶粒，溶液倒入容器（B）中，再用烧杯中的蒸馏水冲洗容器（A）三次，洗涤液转入容器（B）中，这时容器（B）中的固体盐应全部溶解，若还剩有不溶的晶体，再加少量水，直至全部溶解、摇匀。烧杯中剩余的蒸馏水再称其质量（m_3），则加入稀释水的质量 $m(H_2O)=m_2-m_3$。

将已冲洗过的容器（A）干燥后称量（m_4），即试样的质量 $m_s=m_1-m_4$。

增加的蒸馏水的质量分数为：

$$\omega\left(H_2O\right)=\frac{m\left(H_2O\right)}{m_s+m\left(H_2O\right)}$$

由定量稀释法所得容器（B）中的试样溶液，即可取样进行各种成分的分析，计算其质量分数。由稀释后的试样溶液测得的各组分的质量分数$\omega'(y)$，按下式换算成原卤水试样中各组分的质量分数$\omega_s(y)$：

$$\omega_s\left(y\right)=\frac{m\left(y\right)}{m_s}=\frac{\omega'\left(y\right)}{1-\omega\left(H_2O\right)}$$

如果将含有固体盐的卤水称量后，按固体处理程序，溶解、稀释、定容，取样分析，同样也是可行的。

4. 固体盐类

（1）盐类固体表面没有或有极少量残留的盐卤母液，这时可直接将样品置于瓷研钵里捣碎，混匀，然后装入磨口玻璃广口瓶中储存备用。

（2）如果盐类固体表面夹带大量母液，则应把样品转入干燥的布氏漏斗里，真空抽滤，尽可能沥去母液。然后用粗滤纸吸除晶体表面上的小量液体，再于瓷研钵里捣碎，混匀，装瓶。

对于由较单一的化合物组成的盐样，因其化学成分的同一性较好，捣碎的程度可以降低。若样品强烈地被潮解或风化，则捣细的时间不宜过长，颗粒不应过细。

样品的干燥温度视该盐类的性质而定，石盐样可在 100℃左右干燥。水氯镁石则不能采用干燥方法来处理样品，通常，对于盐类样品不推荐干燥处理的方法。

参 考 文 献

[1] Ю. В. Марачевский и Е. М. Петрова. Методы анализа рассолов и солей [J]. Издательство Химия, стр,1964:13.
[2] 徐晓白. 盐湖的分类[J]. 化学世界, 1958, 13(3): 122-125.
[3] 中国科学院青海盐湖研究所. 卤水和盐的分析方法[M]. 2 版. 北京: 科学出版社, 1988: 1-13.

第 2 章　科技量值溯源及测量不确定度计算

2.1　概　　述[1-3]

1927 年，量子力学奠基人，德国核物理学家海森堡（W. K. Heisenberg）在微观粒子研究时，发现不可能对被考核的微观粒子获取高精度所有特征量值，提出“测不准原理”，确定“真值”无法实测；1932 年他荣获诺贝尔物理学奖，得到世界公认。至此“真值”被“约定真值”替代，任何科技量值都是受控条件下的随机变量。表 2.1 所示国际单位制的基本单位，都是被严格限定的定义值，会随着科技进步重新定义。

表 2.1　国际单位制（SI）基本量的基本单位

基本量	常用符号*	量纲	基本单位	符号	依据
质量	m	M	千克	kg	由普朗克常数 h 固定定义（2019 年起）
长度	l	L	米	m	光在真空中于 1/299792458 秒内行进的距离
时间	t	T	秒	s	^{133}Cs 原子超精细能级跃迁辐射周期的 9192631770 倍
电流	I	I	安［培］	A	每秒通过 1 库仑电荷量（由基本电荷 e 定义）
热力学温度	T	Θ	开［尔文］	K	水的三相点温度的 1/273.16（结合玻尔兹曼常数 k）
物质的量	n	N	摩［尔］	mol	包含 6.02214076×10^{23} 个基本粒子
发光强度	J	J	坎［德拉］	cd	频率为 540×10^{12}Hz 的单色光源在给定方向上的发光强度

* 通常用拉丁/希腊词首字母，计量法未规定量符号

科技量值的量纲通用式：$\mathrm{L}^{\alpha}\mathrm{M}^{\beta}\mathrm{T}^{\gamma}\mathrm{I}^{\delta}\Theta^{\varepsilon}\mathrm{N}^{\zeta}\mathrm{J}^{\tau}$。

因而，任何科技量都可据其量纲追溯到 SI 基本单位的定义值（图 2.1），量纲体现量的实质。

中国计量科学研究院负责建立各种基准量值和各级标准量值的实物量具，规定相应的检定规程/校准方法。化学量值，靠各级标准物质（试剂）和标准样品，从国家标准物质研究中心购得有证标准物质/标准样品，用规定的方法通过相应比较装置（计量仪器）与被测样品比对被测项目如 $\omega(A)$，给出

$$\omega(A)\pm u\left[\omega(A)\right]$$

科技量值最佳表达式，如

$$m_{\mathrm{opt}}\pm u\left(m_{\mathrm{opt}}\right)$$

m_{opt} 即质量的最佳（可溯源）测量值，为标量，等于质量测定的算术平均值扣去系统误差，即

$$m_{\mathrm{opt}}=\overline{m}-\Delta m \tag{2.1}$$

$u(m_{\text{opt}})$即质量最佳（可溯源）测量值的标准测量不确定度，为矢量，反映该最佳值数值优劣，最具数理统计意义的指标值，即按其校准分量 $u_{\text{j}}(m)$与测量分量 $u_{\text{i}}(m)$按照独立不相关进行矢量合成：

$$u^2(m_{\text{opt}}) = u^2(\bar{m} - \Delta m) = u_{\text{j}}^2(m) + u_{\text{i}}^2(m) \tag{2.2}$$

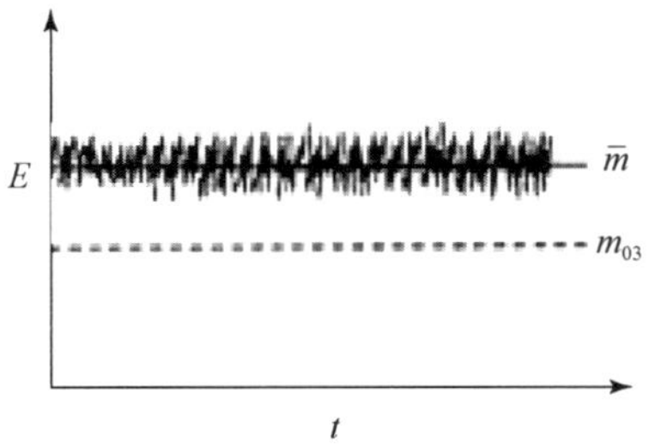

图 2.1　可溯源量值的获得

$\bar{m}$ 为 n 次测量的算术平均值；m_{03} 为校准证书约定真值

现从砝码校准说明，检测实验室使用感量为 0.1 mg 的三等分析天平，给上级校准实验室用感量 0.01 mg 的二等分析天平校准 n 次，给出校准证书 $m_{03} \pm u(m_{03})$，检测实验室用于样品称量 $m_{\text{s}} \pm u(m_{\text{s}})$，则 m_{s} 的最佳可溯源量值 $m_{\text{opt}} = \bar{m} - \Delta m$ 按标量运算

$$m = \frac{1}{n}\sum m_k$$

称量的标准测量不确定度

$$u^2(m_{\text{s}}) = u_{\text{i}}^2(m_s) + u_{\text{j}}^2(m_{\text{s}}) = s^2(m_{\text{s}}) + u^2(m_{03}) = s^2(m_{\text{s}}) + u_{\text{j}}^2(m_{03}) + u_{\text{j}}^2(m_{03})$$
$$= s^2(m_{\text{s}}) + s^2(m_{03}) + u^2(m_{02})$$

再向上追溯至国家千克原器，则

$$u^2(m_{\text{s}}) = s^2(m_{\text{s}}) + \Sigma s^2(m_{03}) \tag{2.3}$$

故测量值的标准测量不确定度，可定义为可溯源量值的总合成标准偏差，由其测量分量和校准分量按独立不相关矢量合成，是反映量值的受控程度，按应用数学矢量合成运算。所有基础性的量值如全部物理化学常数都附测量不确定度或标准偏差。

2.2　影响量、输入量及检测结果[4]

为获得单位统一、量值准确、可靠的检测结果，必须严格遵循“实验室资质认定评审准则”全部技术要求和管理要求，实现严格受控条件下的分析化学测定。影响量、输入量及检测结果间有图 2.2 所示因果关系。系统误差的量值传递按代数方式进行。

2.2.1　直接测量法

$$R = a \cdot A + b \cdot B$$

若 α、β 是 A 的两个影响量，α_0、β_0 是标准方法规定的影响量，则实控量系统误差$\Delta\alpha$、$\Delta\beta$

引起 A 的系统误差

$$\Delta A = \frac{\partial A}{\partial \alpha}\Delta\alpha + \frac{\partial A}{\partial \beta}\Delta\beta \tag{2.4}$$

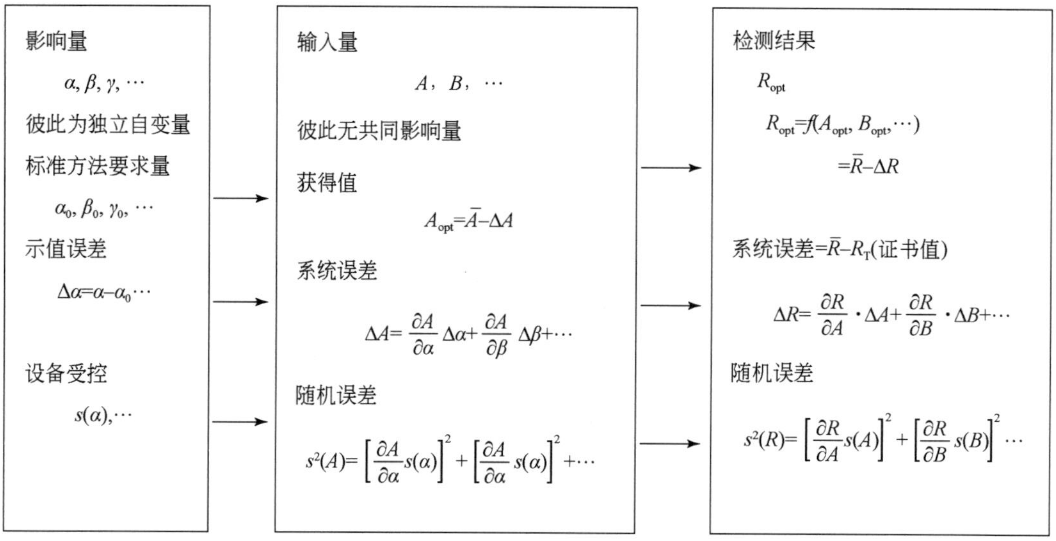

图 2.2　影响量、输入量、检测结果、量值、系统误差、随机误差传播

$\frac{\partial A}{\partial \alpha}$ 为影响量 α 向输入量 A 的传播系数；$\frac{\partial R}{\partial A}$ 为输入量 A 向检测结果 R 的传播系数

若仅 α 是 B 的影响量，实控量系统误差$\Delta\alpha$ 引起 B 的系统误差

$$\Delta B = \frac{\partial B}{\partial \alpha}\Delta\alpha \tag{2.5}$$

这样结果的系统误差

$$\Delta R = \frac{\partial R}{\partial A}\cdot\Delta A + \frac{\partial R}{\partial B}\cdot\Delta B = a\cdot\Delta A + b\cdot\Delta B \tag{2.6a}$$

或

$$\Delta R = \left[\frac{\partial R}{\partial A}\cdot\frac{\partial A}{\partial \alpha} + \frac{\partial R}{\partial B}\cdot\frac{\partial B}{\partial \alpha}\right]\cdot\Delta\alpha + \frac{\partial R}{\partial A}\cdot\frac{\partial A}{\partial \beta}\cdot\Delta\beta$$

$$\Delta R = \left[a\cdot\frac{\partial A}{\partial \alpha} + b\cdot\frac{\partial B}{\partial \alpha}\right]\cdot\Delta\alpha + a\cdot\frac{\partial A}{\partial \beta}\cdot\Delta\beta \tag{2.6b}$$

2.2.2　间接测量法

$$R = A^a \cdot B^b$$

若 α、β 是 A 的两个影响量，α_0、β_0 是标准方法规定的影响量，则实控量系统误差$\Delta\alpha$、$\Delta\beta$ 引起 A 的系统误差

$$\Delta A = \frac{\partial A}{\partial \alpha}\cdot\Delta\alpha + \frac{\partial A}{\partial \beta}\cdot\Delta\beta$$

若仅 α 是 B 的影响量，α_0 是标准方法规定的影响量，实控量的系统误差$\Delta\alpha$ 引起 B 的系统误差

$$\Delta B=\frac{\partial B}{\partial \alpha}\Delta\alpha$$

这样，结果的系统误差

$$\Delta R=\frac{\partial R}{\partial A}\cdot\Delta A+\frac{\partial R}{\partial B}\cdot\Delta B=a\cdot\Delta A+b\cdot\Delta B$$

整理得

$$\frac{\Delta R}{R}=a\cdot\frac{\Delta A}{A}+b\cdot\frac{\Delta B}{B} \tag{2.7a}$$

上溯得

$$\frac{\Delta R}{R}=\left[\frac{a}{A}\cdot\frac{\partial A}{\partial \alpha}+\frac{b}{B}\cdot\frac{\partial B}{\partial \alpha}\right]\cdot\Delta\alpha+\frac{a}{A}\cdot\frac{\partial A}{\partial \beta}\cdot\Delta\beta \tag{2.7b}$$

因影响量实际存在种类远比已知的影响量多，不知影响量与输入量函数关系比知其函数关系的更多，故式（2.6b）、式（2.7b）仅为理论判断参考。式（2.6a）、式（2.7a）是结果 R 的标量 $\bar{R}$ 的系统误差的计算公式。

经上述分析知，检测结果的系统误差由检测过程偏离标准方法质控要求造成。通过 α、β 实际质控算术平均值 $\bar{\alpha}$、$\bar{\beta}$（例如空调设置于 $\bar{t}=20℃$），空调正常时按环绕示值运转，但校准找出系统误差（示值误差）Δt=0.5℃，影响输入量如容器体积、标液浓度等，最终改变结果ΔR。

2.3　矢量合成计算原理[5]

矢量$\overrightarrow{OA}$受影响量 α 影响，矢量$\overrightarrow{OB}$同时受影响量 α，β 影响，α，β 为独立自变量。

按极坐标图 2.3 平行四边形法则合成：

$$\overrightarrow{OC}^2=[\overrightarrow{OA}+\overrightarrow{OB}\cdot\cos\theta]^2+\overrightarrow{OB}^2\cdot\sin\theta=\overrightarrow{OA}^2+\overrightarrow{OB}^2+2\overrightarrow{OA}\cdot\overrightarrow{OB}\cdot\cos\theta \tag{2.8}$$

1963 年前，苏联学者纳列莫夫（B. B. Налимов）首次将标准偏差按矢量处理，计算结果的标准偏差。这种几何量合成是输入量、贡献量的合成。

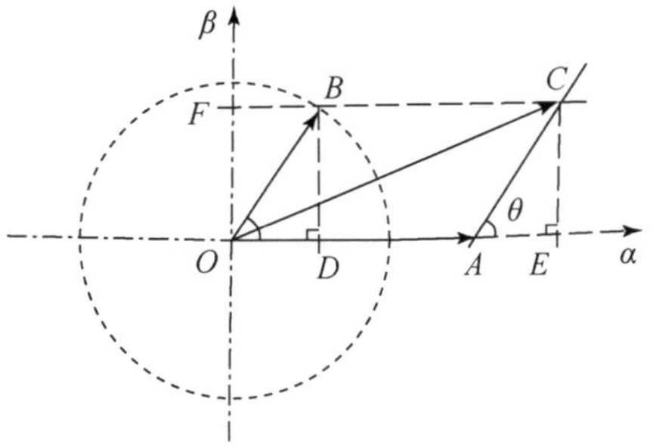

图 2.3　矢量合成极坐标图

2.3.1　直接测量法 $R=aA+bB$

已知 $s(A)$，$s(B)$，A，B 和权 a，b；矢量 $s(A)$，$s(B)$对 $s(R)$的贡献量分别为

$$s_1(R)=\frac{\partial R}{\partial A}\cdot s(A)=a\cdot s(A) \text{和} s_2(R)=\frac{\partial R}{\partial B}\cdot s(B)=b\cdot s(B)$$

结果的标准偏差合成按式（2.8）通式 $\overrightarrow{OA}=s_1(R)$，$\overrightarrow{OB}=s_2(R)$，$\overrightarrow{OC}=s(R)$ 得

$$s^2(R)=s_1^2(R)+s_2^2(R)+2s_1(R)\cdot s_2(R)\cos\theta$$

即

$$s^2(R)=a^2s^2(A)+b^2s^2(B)+2ab\cdot r(A,B)\cdot s(A)\cdot s(B) \qquad (2.9)$$

这里，$s^2(R)$，$s^2(A)$，$s^2(B)$ 为方差项，第三项为协方差

$$s(A,B)=r(A,B)\cdot s(A)\cdot s(B)$$

相关系数

$$r(A,B)=\cos\theta=\frac{s(A,B)}{s(A)\cdot s(B)}=\frac{\sum[(A_k-\bar{A})(B_k-\bar{B})]}{\sqrt{\sum(A_k-\bar{A})^2}\cdot\sqrt{\sum(B_k-\bar{B})^2}} \qquad (2.10)$$

2.3.2　间接测量法 $R=A^a\cdot B^b$

已知 $s(A)$，$s(B)$，A，B 和权 a，b；矢量 $s(A)$，$s(B)$对 $s(R)$的贡献量分别为

$$s_1(R)=\frac{\partial R}{\partial A}\cdot s(A)=a\cdot\frac{R}{A}\cdot s(A)，\text{即} \frac{s_1(R)}{R}=a\cdot\frac{s(A)}{A}$$

$$s_2(R)=\frac{\partial R}{\partial B}\cdot s(B)=b\cdot\frac{R}{B}\cdot s(B)，\text{即} \frac{s_2(R)}{R}=b\cdot\frac{s(B)}{B}$$

分别代入式(2.8)中，$\overrightarrow{OA}=s_1(R)\overrightarrow{OB}=s_2(R)\overrightarrow{OC}=s(R)$ 得

$$\frac{s^2(R)}{R^2}=\frac{s_1^2(R)}{R^2}+\frac{s_2^2(R)}{R^2}+2\frac{s_1(R)}{R}\cdot\frac{s_2(R)}{R}\cdot\cos\theta$$

即

$$\frac{s^2(R)}{R^2}=a^2\cdot\frac{s^2(A)}{A^2}+b^2\cdot\frac{s^2(B)}{B^2}+2ab\cdot r(A,B)\frac{s(A)}{A}\cdot\frac{s(B)}{B} \qquad (2.11)$$

相关系数依然是

$$r(A,B)=\cos\theta=\frac{s(A,B)}{s(A)\cdot s(B)}=\frac{\sum[(A_k-\bar{A})(B_k-\bar{B})]}{\sqrt{\sum(A_k-\bar{A})^2}\cdot\sqrt{\sum(B_k-\bar{B})^2}}$$

2.3.3　权 $a=b=1$ 时，$R=A=B$ 时，方差 $s^2(R)$，$s^2(A)$，$s^2(B)$和协方差 $s(A,B)$的几何意义

由图 2.4 说明五类相关关系的几何合成法特点。

Ⅰ、Ⅱ、Ⅲ类为基本相关关系，Ⅳ类和Ⅴ类分别为Ⅰ与Ⅱ，以及Ⅰ与Ⅲ复合相关关系；Ⅳ和Ⅴ类合成，设计相关系数计算。

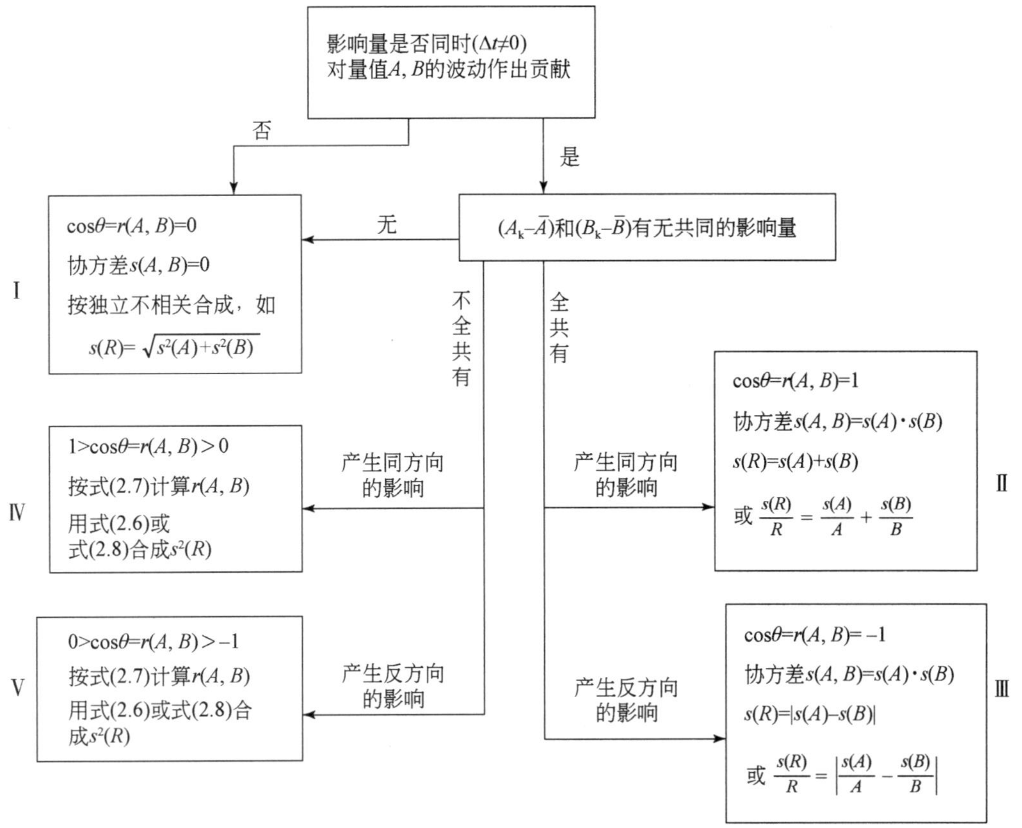

图 2.4　等权直接测量下矢量合成的几何意义

2.4　相关系数的判断与计算

可用残差 $n \geqslant 11$ 次统计，按式（2.9）计算矢量 A，B 间相关系数。

应当强调结果的标分量 R 的贡献量 A，B，受制于影响量 α，β，……按纯数学运算（代数法）计算 R；校准曲线讨论信号响应量 $f(A)$与 A 间相关系数，应区别对待。

2.4.1　$R=A+B$ 和 $R=A \cdot B$ 等权测定时相关系数判断

若式（2.9）和式（2.11）的输入量均先后获得 $\Delta t \neq 0$，则均按独立不相关合成相应输入量的贡献。著名的贝塞尔公式：

单次测量的方差

$$s^2(A)=\frac{\sum_{k=1}^{n}\left(A_k-\bar{A}\right)^2}{n-1} \tag{2.12}$$

平均值的方差

$$s^2(A)=\frac{\sum_{k=1}^{n}\left(A_k-\bar{A}\right)^2}{n\cdot(n-1)} \tag{2.13}$$

均由独立同分布，n 个残方差$\left(A_k-\overline{A}\right)^2$按 I 类独立不相关（$\Delta t\neq 0$）求残方差和，再用自由度 n−1 平均，再开方得具数理统计意义的“平方残差求”，因求平均值损失一个自由度，故用 n−1 平均。式（2.13）也很容易推导，自由度增加 n 倍。

因强调 A_1，A_2，…，A_k，…，A_n 系列量值除先后获得（$\Delta t\neq 0$）外，其他影响量都可以一致，例如同一实验室，同一检测员，用同一检测方法，同一检测设备……相继获得同一样品被检项目的量值。

幸运的是 I 类型的实例比比皆是，尤其是化学分析，输入量几乎都先后获得；对矢量合成最棘手的难关出现的概率就变小了。

2.4.2　含权时权与相关系数的乘积，决定矢量合成方式

图 2.5 展示权的乘积 $ab>0$ 时，相关关系判断与图 2.4 一致，当 $ab<0$，II 与III类计算相互转换，IV与 V 类计算相互转换。

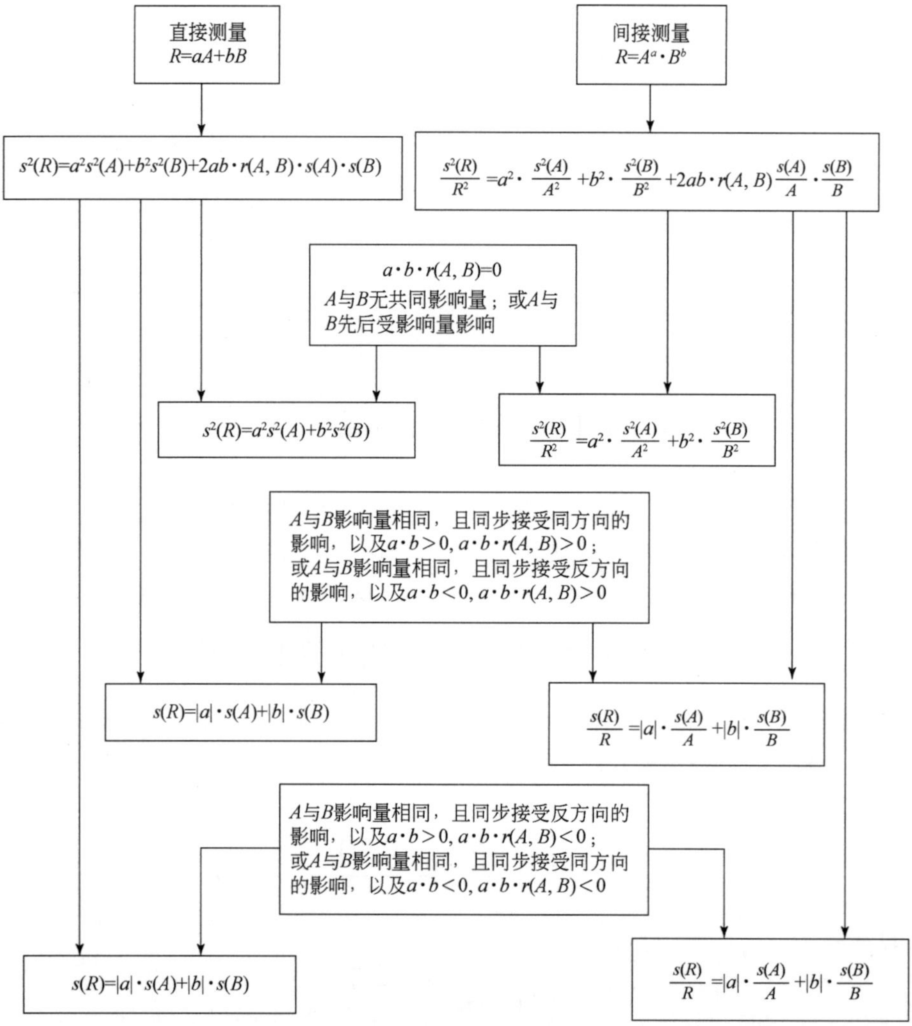

图 2.5　含权输入量的直接测量及间接测量贡献分矢量的合成

2.5　随机变量的概率分布[6]

在受控条件下，对同一样品中某一检测项目 x 进行 n 次测定，得

$$x_1, x_2, \cdots, x_k, \cdots, x_n$$

按量值大小顺序统计每一量值发生的次数，当 n 充分大时，该值即 x 的概率 $y=f(x)$，满足拉普拉斯-高斯方程。

$$y=f(x)=\frac{1}{\sigma\sqrt{2\pi}}\cdot \mathrm{e}^{\frac{-(x-\mu)^2}{2\sigma^2}} \tag{2.14}$$

式中，自然对数的底 e=2.71828；π=3.1415926，为圆周率；μ 为总体均值；σ 为总体标准偏差。x 为 y 的唯一自变量，不难获得图 2.6 所示正态分布。

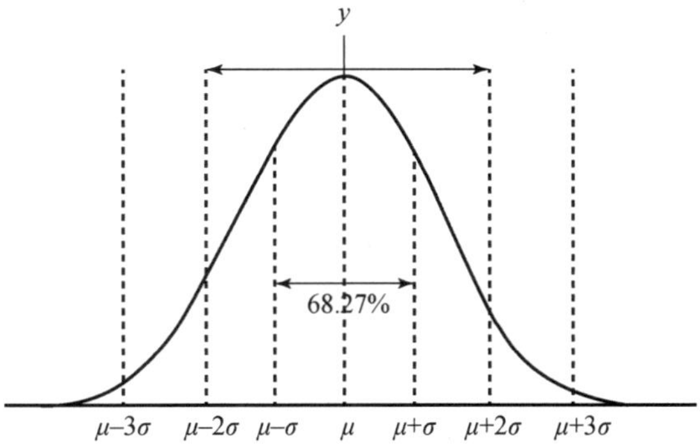

图 2.6　总体量值的概率分布——正态分布 $N(\mu,\ \sigma)$

测量值 $x=\mu$ 时，概率最高，$y_{\max}=\dfrac{1}{\sigma\sqrt{2\pi}}$，发生在 $\dfrac{\mathrm{d}y}{\mathrm{d}x}=0$ 处；

当 $x-\mu=\pm\sigma$ 时，概率 $y=\dfrac{1}{\sigma\sqrt{2\pi\mathrm{e}}}$，出现在双拐点 $\dfrac{\mathrm{d}^2y}{\mathrm{d}^2x}=0$ 处。

样本与总体间关系：

当样本量 $n\to\infty$时，用 N 表样本量，有限复测的算术平均值 $\bar{x}\to\mu$ 数学期望（总体均值），样本的标准偏差 $s(x)\to\sigma(x)$，样本的 $t_p(\nu)$ 分布→正态分布 $N(\mu,\sigma)$。t 分布表 2.2 显示复测次数自由度 $\nu=n-1$ 增加到∞时，扩展因子逐渐趋近正态分布的扩展因子。

表中折线分割的区域，反映近似要求的最低自由度要求，在图 2.6 双拐点 $\mu\pm\sigma$，下覆盖面积占总体积的 68.27%（置信概率），要求 $\nu_{\min}\geqslant 10$，即 $n\geqslant 11$。即复测次数至少 11 次，$s(x)$ 才近似理想值，$\sigma(\mu)$ 即扩展 $t_p(\nu)$ 倍即 1.05×$s(x)$，置信概率才接近 68.27%。而高概率的近似如 2σ，要求复测至少 40 次，影响量的系数漂移，不能保证受控状态。这样有理论意义的标准偏差 $s(x)$ 就成为随机变量矢量合成的基本量。这里数学期望μ（又为 n 趋于∞时理想的算术平均，只有在系统误差为零时μ才为约定真值）。

$x-\mu=\pm 2\sigma$ 区域内，置信概率为 95.45%；

$x-\mu=\pm3\sigma$ 区域内，置信概率为 99.73%。

因为μ和 σ 均为理论值，实际计算应按 $t_p(v)\times s$ 进行扩展，由表 2.2 知，自由度 v 为 10，复测次数 n=11，要获得 95.45%和 99.73%置信概率，所获标准偏差 $s(x)$ 应扩展 $t_{95.45}(10)=2.28$ 和 $t_{99.73}(10)=3.96$。

表 2.2　不同置信概率 p–5 自由度 v 时扩展因子 $t_p(v)$

自由度 v	$p\times10^2$					
	68.27[a]	90	95	95.45[a]	99	99.73[a]
1	1.84	6.31	12.71	13.97	63.66	235.80
2	1.32	2.92	4.30	4.53	9.92	19.21
3	1.20	2.35	3.18	3.31	5.84	9.22
4	1.14	2.13	2.78	2.87	4.60	6.62
5	1.11	2.02	2.57	2.65	4.03	5.51
6	1.09	1.94	2.45	2.52	3.71	4.90
7	1.08	1.89	2.36	2.43	3.50	4.53
8	1.07	1.86	2.31	2.37	3.36	4.28
9	1.06	1.83	2.26	2.32	3.25	4.09
10	1.05	1.81	2.23	2.28	3.17	3.96
11	1.05	1.80	2.20	2.25	3.11	3.85
12	1.04	1.78	2.18	2.23	3.05	3.76
13	1.04	1.77	2.16	2.21	3.01	3.69
14	1.04	1.76	2.14	2.20	2.98	3.64
15	1.03	1.75	2.13	2.18	2.95	3.59
16	1.03	1.75	2.12	2.17	2.92	3.54
17	1.03	1.74	2.11	2.16	2.90	3.51
18	1.03	1.73	2.10	2.15	2.88	3.48
19	1.03	1.73	2.09	2.14	2.86	3.45
20	1.03	1.72	2.09	2.13	2.85	3.42
25	1.02	1.71	2.06	2.11	2.79	3.33
30	1.02	1.70	2.04	2.09	2.75	3.27
35	1.01	1.70	2.03	2.07	2.72	3.23
40	1.01	1.68	2.02	2.06	2.70	3.20
45	1.01	1.68	2.01	2.06	2.69	3.18
50	1.01	1.68	2.01	2.05	2.68	3.16
100	1.005	1.660	1.984	2.025	2.626	3.077
∞	1.000	1.645	1.960	2.000	2.576	3.000

α：对期望 μ，总体标准 σ 的正态分布描述某量 z，当 k=1，2，3 时，区间 $\mu\pm k\sigma$ 分别包含分布的 68.27%，95.45%，99.73%

为此，全概率应为 $4s$，相当于理论值 3σ，超出 $4s$ 区的测量值，可断定存在过失误差，应剔除，当然，这里以 $\bar{x}$ 取代μ（数学期望）。

$$x-\overline{x}=\pm t_p(\nu)\cdot s(x) \tag{2.15}$$

因而检测结果

$$x=\overline{x}\pm t_p(\nu)\cdot s(x) \tag{2.16}$$

先决条件是自由度 ν 足够大时，国家计量技术规范测量《测量不确定度评定与表示》（JJF 1059）在基础计量学研究、基本物理常量测量、复现国际单位制单位的国际比对（按有关国际规定，亦可采用 k=2），在使用合成标准不确定度 $u_c(R)$时，同时给出自由度 ν_{eff}，如报告值

$$m_s=(100.02147\pm0.00079)\text{g}$$

式中，正负号后的值为扩展不确定度 $u_{95}=k_{95}\,u_c$，而合成标准不确定度 $u_c(m_s)$=0.35 mg，自由度 ν=9，包含因子 $k_p=t_{95}(9)$=2.26。从而具有 95%概率的置信区域。

2.6　化学实验室测量不确定度的计算[7]

2.6.1　校准、测样两阶段矢量合成法计算测量不确定度

下面部分内容对基层实验室普及 JJF 1059 的简化计算有一定的帮助。

校准实验室承担上、下级标准/比较器间量值传递，为下级实验室工作标准赋值如 $m_{03}\pm u(m_{03})$提供示值误差Δm_{03} 小于允差的证据，而检测实验室只进行同级标准运行（on-line）检查，实施有证量具/标准向样品的量值传递。检测实验室的样品比校准实验室的样品（下级实物量具）复杂得多，极难评估影响量的贡献量完整、不漏评和不重复。

检测实验室的结果 $u(R_s)$由工作标准的贡献量 $u_j(R_s)=u(R_0)$来源于标样证书或按计算公式向有关实物量具证书追溯合成，而检测实验室的贡献分量 $u_j(R_s)$可以利用质控加密样的手段，由管理者从质控记录里取出连续批中同一质控样检查项的量算得 $s(R_s)=u_i(R_s)$，这样也能客观公正获取 $u_j(R_s)$，既不遗漏也不重复产生于检测实验室的任何贡献量。

两阶段矢量合成的贡献量来自不同的实验室。这样检测样品的标准测量不确定度的方差，按独立不相关合成得

$$u^2(R_s)=u_j^2(R_s)+u_i^2(R_s)=u^2(R_0)+s^2(R_s) \tag{2.17}$$

其程序示于图 2.7。

2.6.2　称量法的测量不确定度计算

计算通式

$$\omega_s(A)=\frac{m(A)}{m_s} \tag{2.18a}$$

例如，已知样品称样量为 m_s，硫酸钡含量 $m(BaSO_4)$，则

$$m(SO_4^{2-})=\frac{M(SO_4^{2-})}{M(BaSO_4)}\times m(BaSO_4)$$

代入式（2.18a）得试样含硫酸根的质量分数：

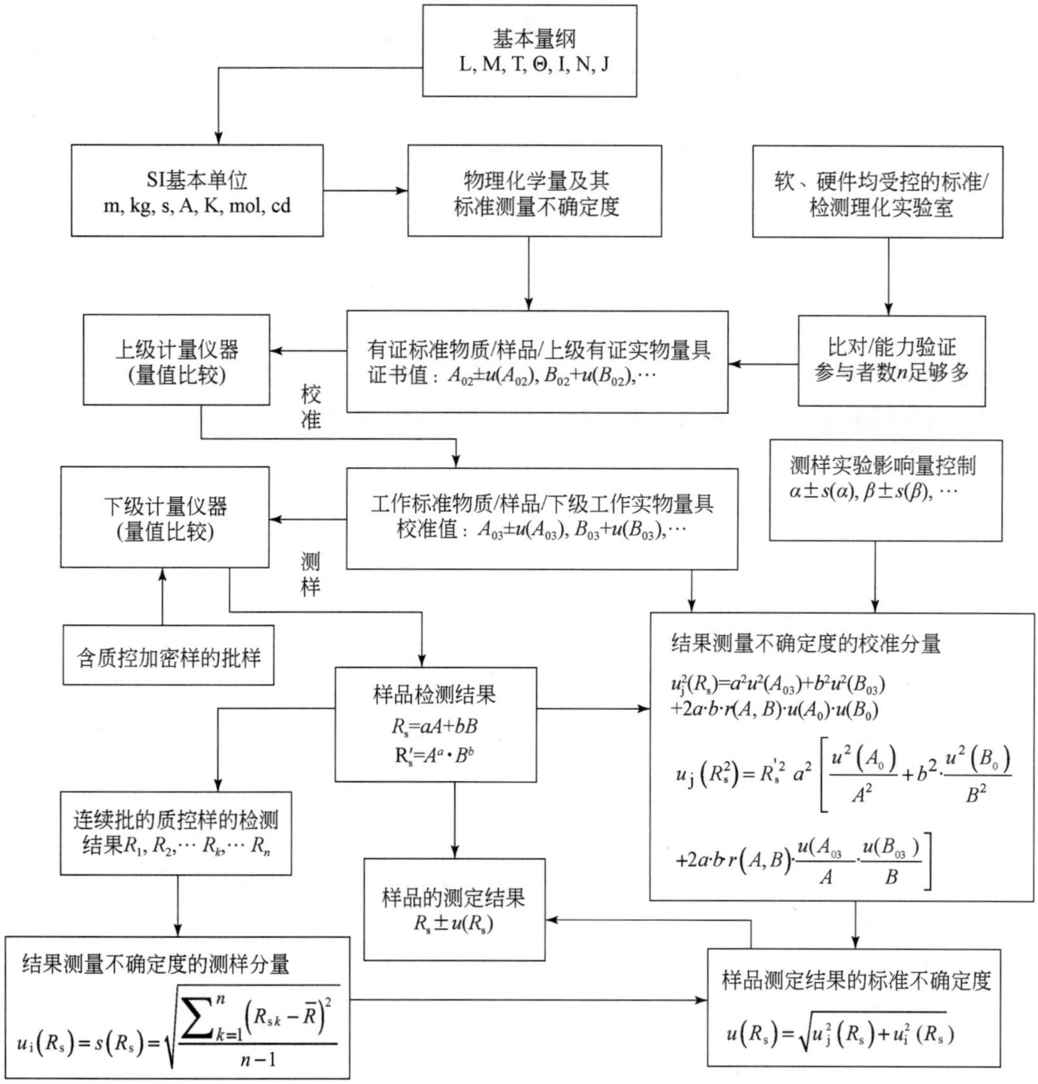

图 2.7　校准测定两阶段矢量合成法计算测量不确定度

$$\omega_s\left(SO_4^{2-}\right)=\frac{m\left(SO_4^{2-}\right)}{m_s}\times\frac{M\left(SO_4^{2-}\right)}{M\left(BaSO_4\right)} \tag{2.18b}$$

式中，4 个输入量 m_s，$m(BaSO_4)$由检测实验室先后获得；摩尔质量由 IUPAC 分别给出：

$$M(S)=(32.066\pm0.006)g\cdot mol^{-1}$$

$$M(O)=(15.9994\pm0.0003)g\cdot mol^{-1}$$

$$M(Ba)=(137.327\pm0.007)g\cdot mol^{-1}$$

则 $M(SO_4^{2-})$的标量按

$$M(S)+4M(O)=(32.066+4\times15.9994)g\cdot mol^{-1}$$

后者先不修约得

$$M(SO_4^{2-})=96.0636\ g\cdot mol^{-1} \tag{2.19a}$$

再按 $M(\mathrm{S})$修约到小数点后第三位

$$M(\mathrm{SO_4^{2-}})=96.064\ \mathrm{g\cdot mol^{-1}}$$

同样方式算得

$$M(\mathrm{BaSO_4})=M(\mathrm{Ba})+M(\mathrm{S})+4M(\mathrm{O})=233.3906\ \mathrm{g\cdot mol^{-1}}$$

再按 $M(\mathrm{S})$或 $M(\mathrm{Ba})$修约保留到小数点后第三位得

$$M(\mathrm{BaSO_4})=233.391\ \mathrm{g\cdot mol^{-1}} \tag{2.19b}$$

得出：加减法（直接测量法）结果的有效数字位数可能发生变化，应修约到末位的计量单位，与输入量中末位最大者单位相同（所谓同“末”）。

至于比值 $M(\mathrm{SO_4})/M(\mathrm{BaSO_4})$的相对测量不准确度的贡献量远小于实测 $m(\mathrm{BaSO_4})/m_\mathrm{s}$ 相对不确定度贡献量，故式（2.18b）可改写为

$$\omega_\mathrm{s}\left(\mathrm{SO_4^{2-}}\right)=\frac{m\left(\mathrm{BaSO_4}\right)}{m_\mathrm{s}}\times 0.41160$$

因 m_s 和 $m(\mathrm{BaSO_4})$先后测得，根据图 2.4 按 I 独立不相关，合成校准分量

$$u_\mathrm{j}^2\left[\omega_\mathrm{s}\left(\mathrm{SO_4^{2-}}\right)\right]=\omega_\mathrm{s}^2\left(\mathrm{SO_4^{2-}}\right)\cdot\frac{u_\mathrm{j}^2\left[m\left(\mathrm{SO_4^{2-}}\right)\right]}{m^2\left(\mathrm{BaSO_4}\right)}\times\frac{u_\mathrm{j}^2\left[m_\mathrm{s}\right]}{m_\mathrm{s}^2} \tag{2.19c}$$

由电子天平校准证书获校准值 $m[\mathrm{BaSO_4}]$，m_s 两称量值的不确定度 $u_\mathrm{j}(m_\mathrm{s})$和 $u_\mathrm{j}[m(\mathrm{BaSO_4})]$。当用砝码称量时，如 $m_\mathrm{s}=m_1+m_2$，则按完全正相关计算 $u_\mathrm{j}(m_\mathrm{s})$:

$$u_\mathrm{j}\left(m_\mathrm{s}\right)=u\left(m_1\right)+u\left(m_2\right)$$

该试样做加密质控样，经 $n(\geqslant 11)$次插入批样，获 n 个批样结果$\omega_\mathrm{s1}(\mathrm{SO_4^{2-}})$，$\omega_\mathrm{s2}(\mathrm{SO_4^{2-}})$，…，$\omega_\mathrm{sk}(\mathrm{SO_4^{2-}})$，$\omega_\mathrm{sn}(\mathrm{SO_4^{2-}})$，由管理计算

$$u_\mathrm{i}\left[\omega_\mathrm{s}\left(\mathrm{SO_4^{2-}}\right)\right]=\sqrt{\frac{\sum\left[\omega_\mathrm{sk}\left(\mathrm{SO_4^{2-}}\right)-\bar{\omega}_\mathrm{s}\left(\mathrm{SO_4^{2-}}\right)\right]^2}{n-1}}\quad(n\geqslant 11) \tag{2.19d}$$

由式（2.19c）和式（2.19d）合成该检验式在质控考核期内测试样中硫酸根的标准不准确度，按独立不相关合成

$$u\left[\omega_\mathrm{s}\left(\mathrm{SO_4^{2-}}\right)\right]=\sqrt{u_\mathrm{j}^2\left[\omega_\mathrm{s}\left(\mathrm{SO_4^{2-}}\right)\right]+u_\mathrm{i}^2\left[\omega_\mathrm{s}\left(\mathrm{SO_4^{2-}}\right)\right]} \tag{2.19e}$$

2.6.3　滴定分析法中量值传递及标准测量不准确度计算

有证基准试剂和商品基准试剂，分别用同一滴定剂滴定，完成滴定剂的标定。滴定剂成为“比较装置”，完成有证基准试剂向工作基准量传，运算程序见图 2.8，在校准室完成。最后由滴定剂完成试样分析和试样检测结果、测量不准确度计算在测样室完成。

主要影响量是室温控制，校准室保持（20±1）℃，由四分之一滴滴定剂液能辨明终点的校准人员完成标液配制到提供校准（标定）工作报告；测样室控温（20±5）℃，由有足够能力合格的检测人员完成从取样到提供检测结果的工作。

监督员完成安排质控计划实施，在批样里随机插入加密质控样，记录质控样的结果，完成测量不确定度计算工作。

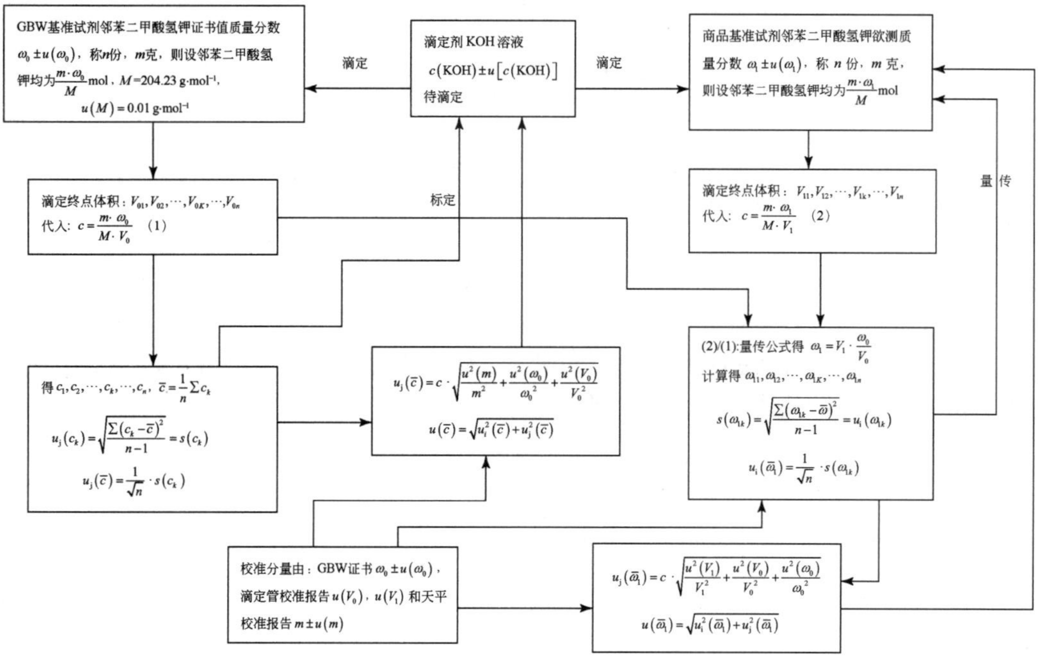

图 2.8　滴定分析中量值传递、滴定剂溶液标定及相应测量不确定度计算

2.6.4　仪器分析校准曲线法测量不确定计算

图 2.9 展示广泛用于仪器分析法的最小二乘法的使用，浓度直读仪就基于此原理。要求斜率和截距有足够的有效数字位数，斜率不少于三位有效数字，截距产生于试剂空白。应选低空白的试剂作消干扰的掩蔽剂、缓冲剂、络合剂，如光谱纯、优级纯试剂，避免升高检出限量。

2.7　禁用百分含量、当量浓度后的量间关系

每一科技量都能通过量纲向七个国际认可的基本量的基本单位取得量值溯源。百分含量、当量浓度都做不到，自然非法被禁用。分析化学中常用量见表 2.3。

2.7.1　结果表示方法

质量分数 ω，无量纲，定义为单位质量样品中被测成分的质量，常用于固样分析、质量滴定分析、称量分析、浓盐卤水分析。有效避免环境温度和体积取样受黏度变化的影响。量值区间 0～1。

质量浓度 ρ，定义为单位体积样品中被测成分的质量，常用单位 mg·L^{-1}，广泛用于天然水分析、工艺控制分析，指示剂溶液、掩蔽剂液、缓冲溶液浓度表述。适用于液体和气体成分分析，量值受环境温度的影响。

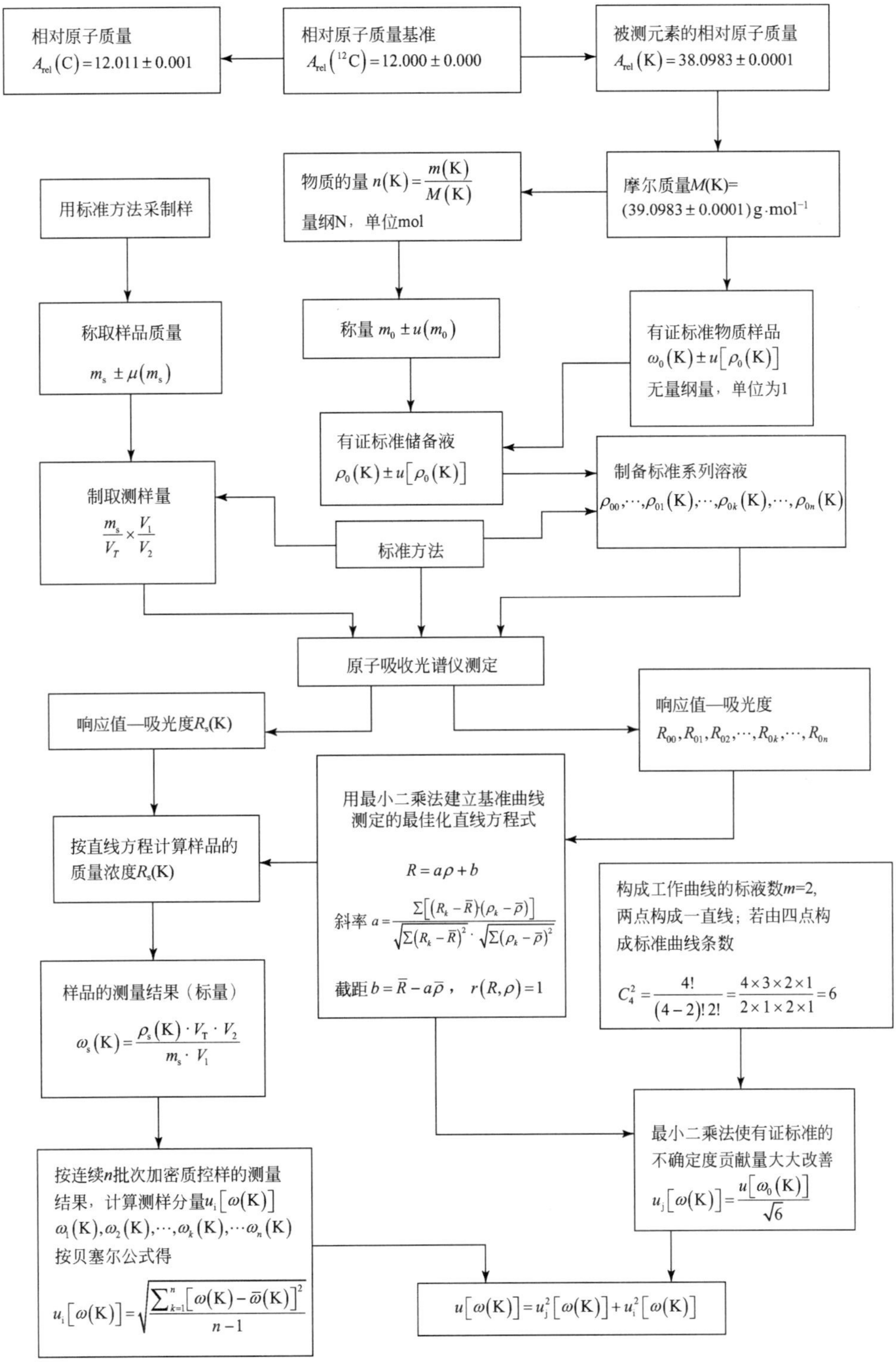

图 2.9　用仪器分析校准曲线法测定化学量值及其不确定度计算

体积分数 φ，定义为单位体积样品中被测成分的体积，无量纲，用于液体、气体分析。

受环境温度大气压力影响很大，特别是气体分析。

表 2.3　重要分析化学常用量及其相互关系

量	定义	量纲	示例
质量分数	$\omega=\dfrac{m}{m_T}$	1	$\omega_s\left(Ca^{2+}\right)=\dfrac{m\left(Ca^{2+}\right)}{m_s}=\dfrac{V_s\times\rho_a\left(Ca^{2+}\right)}{m_s}$
质量浓度	$\rho=\dfrac{m}{V}$	$M\cdot L^{-3}$	$\rho_s\left(Ca^{2+}\right)=\dfrac{m\left(Ca^{2+}\right)}{V_s}$
物质的量浓度	$c=\dfrac{n}{V}$	$N\cdot L^{-3}$	$c(EDTA)=\dfrac{n(EDTA)}{V(EDTA)}=\dfrac{T\left(Ca^{2+}/EDTA\right)}{M\left(Ca^{2+}\right)}$
滴定度	$T(A/T)=\dfrac{m(A)}{V(T)}$	$M\cdot L^{-3}$	$T\left(Ca^{2+}/EDTA\right)=\dfrac{m\left(Ca^{2+}\right)}{V(EDTA)}$
体积分数	$\varphi(A)=\dfrac{V(A)}{V_T}$	1	$\varphi(C_2H_5OH)=\dfrac{V(C_2H_5OH)}{V_L}$

注：右下标 T 为 total，总；s 为 sample，样品；L 为 liquid，液体。输入量 m 为质量；V 为体积；n 为物质的量；A 为被测物质；T 为滴定剂物质。$M(Ca^{2+})=(40.078\pm0.004)\ g\cdot mol^{-1}$（钙的摩尔质量）

物质的量浓度 c，定义为单位体积样品中含被测成分物质的量，常用单位 $mol\cdot L^{-1}$，务必定量指定具体物质成分和计量基本单元，用以取代非法定量“当量”“克当量浓度”“克分子浓度”“克离子浓度”等系列浓度。广泛用于物理化学特征量研究、分析化学理论研究和滴定分析。例如酸性条件下滴定，滴定剂高锰酸钾液用 $c(1/5\ KMnO_4)$表示；在中性或碱性条件下滴定则用 $c(1/3\ KMnO_4)$，计量基本单元为分子 $KMnO_4$ 的 1/5 和 1/3。它们的相互关系

$$\frac{1}{3}c\left(\frac{1}{3}KMnO_4\right)=\frac{1}{5}c\left(\frac{1}{5}KMnO_4\right)=c\left(KMnO_4\right)\tag{2.20}$$

换算通式

$$kc(kA)=c(A)=\frac{1}{k}c\left(\frac{1}{k}A\right)\tag{2.20$'$}$$

除滴定分析外，广泛用于物理化学量值测定及相关理论研究。

滴定度 T，定义为单位体积的滴定剂可定量滴定被测成分的质量，如用 EDTA 滴定剂液滴定试样中钙，滴定度

$$T\left(Ca^{2+}/EDTA\right)=\frac{m\left(Ca^{2+}\right)}{V(EDTA)}$$

试样中含 Ca^{2+}的质量分数

$$\omega_s\left(Ca^{2+}\right)=\frac{T\left(Ca^{2+}/EDTA\right)}{m_s}\tag{2.21}$$

2.7.2　等物质的量定量滴定

1. 等物质的量

定量化学反应是化学分析的基础，物质的量是全部化学量值的位移的基本量，自然要在全部化学领域取代化学当量。这一取代，产生滴定分析“等物质量规则”。

令下标 T 为滴定剂，下标 B 为被测物，滴定终点时物质的量 n_T=n_B，即

$$c_T \cdot V_T = c_B \cdot V_B \tag{2.22}$$

被测物取量 V_s 时，试样含 B 的质量浓度：

$$\rho_s(B) = \frac{n_B M_B}{V_s} = \frac{c_T V_T M_B}{V_s} \tag{2.23}$$

被测物取量 m_s 时，试样含 B 的质量分数：

$$\omega_s(B) = \frac{n_B M_B}{m_s} = \frac{c_T V_T M_B}{m_s} \tag{2.24}$$

2. 物质的量基本单元选择

滴定反应 tT+bB ⟶ eE+fF，则

$$n(tT) = n(bB) \tag{2.25a}$$

用 t，b 的最小公倍数 k 除反应方程两侧，则式（2.25a）改写为

$$n\left(\frac{t}{k}T\right) = n\left(\frac{b}{k}B\right) \tag{2.25b}$$

例如酸性条件下用高锰酸钾滴定 Fe^{2+}，反应方程：

$$2KMnO_4 + 10FeSO_4 + 8H_2SO_4 \longrightarrow K_2SO_4 + 2MnSO_4 + 5Fe_2(SO_4)_3 + 8H_2O$$

则

$$n\left(\frac{1}{5}KMnO_4\right) = n(FeSO_4)$$

选择 1/5 $KMnO_4$ 作物质的量的基本单元，在氧化-还原滴定里，酸性条件下七价锰改变为二价，价态改变 z=7−2=5，基本单元 1/z $KMnO_4$=1/5 $KMnO_4$。

2.8　量值传递与检测结果有效数值控制[8-10]

2.8.1　有证标准物质向工作标准物质传递量值

化学试剂基准，由国家标准研究中心定值出售为有证基准试剂，以及下级有证标准试剂，如氯化钠、草酸钠、重铬酸钾、邻苯二甲酸氢钾等，按 GB 601—2016 制备、标定、量传和保存。

市售商品试剂分为控制主成分的试剂，明确主成分含量大于某值或质量分数的区域值，有高纯试剂、优级纯/保证试剂（G.R）、分析纯试剂（A.R）、化学纯试剂（C.P）和实验试

剂（L.R）；另一类控制空白（杂质）含量，专用试剂，如光谱纯试剂、色谱纯试剂、分光光度纯试剂，避免因高空白提高检测限量。

国家标准物质研究中心也出售有证标准溶液，用安瓿熔封装保存。

可采用如图 2.9 所示比对滴定法，将有证标准试剂证书量值定量传递给工作标准试剂。应当强调：滴定分析结果的有效数值位数对量传要求来说务必保证 4 位有效数字，有效数值的末位与其标准测量不确定度的首位的量单位相同（即同“末”），“有效数字位数”的计数方法是将量值从左向右第一个非零数算起，到第一个可疑数为止的位数。常量分析用的称量、稀释、移取标准溶液的体积，结果计算公式中全部输入量值务必保持 4 位有效数值。

2.8.2 稀释的质控要求

标准储备液，高含量样品在测量前均需充分稀释，涉及稀释剂，去离子水首先要求空白被测物含量低于相应方法/仪器的检测限量，分析实验室用水应满足 GB/T 6682—2008 标准规定，由表 2.4 列示。

表 2.4 实验室用水技术指标

名称	一级	二级	三级
pH 范围(25℃)	—	—	5.0～7.5
电导率*(25℃)/(mS·m^{-1})	≤0.01	≤0.10	≤0.50
可氧化物质含量(以 O 计)/(mg·L^{-1})	—	≤0.08	≤0.4
吸光度(λ=254 nm，1 cm 光程)	≤0.001	≤0.01	—
蒸发残渣含量(105℃±2℃)/(mg·L^{-1})	—	≤1.0	≤2.0
可溶性硅含量(以 SiO_2 计)/(mg·L^{-1})	≤0.01	≤0.02	—

*电导率应在用前测定

一级水中含有的可溶物或胶态离子、有机物可忽略不计，常用二级水经再蒸馏离子交换混合床和 0.2 μm 膜过滤制备，必要时石英蒸馏器亚沸蒸馏，用于标液制备，常用于微、痕量成分分析。

一级水用于有严格要求的分析试验，包括对颗粒有要求的试验，如高效液相色谱分析用水。一级水可用二级水经过石英设备蒸馏或离子交换混合床处理后，再经 0.2 μm 微孔滤膜过滤来制取。

二级水可能含微量的无机、有机或胶态杂质，可用三级水经蒸馏、反渗透或去离子后再蒸馏方法制备，常用于主成分分析。

三级水只适用于实验室的一般性工作，由自来水经蒸馏、反渗透或去离子等方法制备。

由于在一级水、二级水纯度下，难以测定其真实的 pH，因此，对于一级水、二级水的 pH 范围不做规定；同样，一级水纯度下，难以测定可氧化物质和蒸发残渣，对其限量不做规定，可用其他条件和制备方法来保证一级水的质量。

在稀释剂空白可忽略不计的前提下，稀释贡献给化学分析结果的系统误差分量可按以下推导得出：谨慎稀释不会损失结果的有效数值位数。

例：为测定卤水中高含量 SO_4^{2-}，称 m_s(g)卤水，用去离子水稀释到 100.00 mL(V_1)，摇匀后，用胖肚单标 10.00 mL(V_2)移液管取 V_1 液，再定容到 100.00 mL(V_3)，摇匀后再取 V_3 液 10.00 mL(V_4)按称量法测得 $m(SO_4^{2-})=\dfrac{M\left(SO_4^{2-}\right)}{M\left(BaSO_4\right)}\times m\left(BaSO_4\right)$。

由容积瓶移液校准报告知示值误差，$\Delta V_1=+0.08$ mL，$\Delta V_2=-0.01$ mL，$\Delta V_3=+0.08$ mL，$\Delta V_3=-0.02$ mL。

检测结果：

$$\omega_s\left(SO_4^{2-}\right)=\frac{m_s\left(SO_4^{2-}\right)}{m_s}=\frac{m\left(BaSO_4\right)\times\dfrac{M\left(SO_4^{2-}\right)}{M\left(BaSO_4\right)}}{m_s\times\dfrac{V_2}{V_1}\times\dfrac{V_4}{V_3}}$$

质量分数：

$$\omega_s\left(SO_4^{2-}\right)=0.41160\times m\left(BaSO_4\right)\times V_1\times V_3\times m_s^{-1}\times V_2^{-1}\times V_4^{-1}$$

相对系统误差：

$$\frac{\Delta\omega_s\left(SO_4^{2-}\right)}{\omega_s\left(SO_4^{2-}\right)}=\left[\frac{\Delta m\left(BaSO_4\right)}{m\left(BaSO_4\right)}-\frac{\Delta m_s}{m_s}\right]+\left[\frac{\Delta V_1}{V_1}+\frac{\Delta V_3}{V_3}-\frac{\Delta V_2}{V_2}-\frac{\Delta V_4}{V_4}\right] \tag{2.26}$$

式中稀释贡献分量：

$$\Delta\omega_{s1}=\frac{\partial\omega_s}{\partial V_1}\cdot\Delta V_1=\frac{\omega_s}{V_1}\cdot\Delta V_1 \quad 即\ \frac{\Delta\omega_{s1}}{\omega_s}=\frac{\Delta V_1}{V_1}$$

$$\Delta\omega_{s2}=\frac{\partial\omega_s}{\partial V_2}\cdot\Delta V_2=\frac{\omega_s}{V_2}\cdot\Delta V_2 \quad 即\ \frac{\Delta\omega_{s2}}{\omega_s}=-\frac{\Delta V_2}{V_2}$$

$$\Delta\omega_{s3}=\frac{\partial\omega_s}{\partial V_3}\cdot\Delta V_3=\frac{\omega_s}{V_3}\cdot\Delta V_3 \quad 即\ \frac{\Delta\omega_{s3}}{\omega_s}=\frac{\Delta V_3}{V_3}$$

$$\Delta\omega_{s4}=\frac{\partial\omega_s}{\partial V_4}\cdot\Delta V_4=\frac{\omega_s}{V_4}\cdot\Delta V_4 \quad 即\ \frac{\Delta\omega_{s4}}{\omega_s}=-\frac{\Delta V_4}{V_4}$$

故试样稀释引起系统误差：

$$\left(\Delta\omega_{s1}+\Delta\omega_{s2}+\Delta\omega_{s3}+\Delta\omega_{s4}\right)=\omega_s\times\left[\frac{\Delta V_1}{V_1}+\frac{\Delta V_3}{V_3}-\frac{\Delta V_2}{V_2}-\frac{\Delta V_4}{V_4}\right] \tag{2.27}$$

（100 倍的）稀释，使检测结果改变$\left[\dfrac{\Delta V_1}{V_1}+\dfrac{\Delta V_3}{V_3}-\dfrac{\Delta V_2}{V_2}-\dfrac{\Delta V_4}{V_4}\right]$（$=1.9\times10^{-3}$）倍。即将两支 10 mL 胖肚单标移液管和两个 100 mL 容量并校准报告值代入式（2.27），使检验结果引入系统误差，在最差情况下ΔV_2、ΔV_4为负值时，仅改变结果 0.2%，而非人们想象的 100 倍。

2.8.3　标准测量不确定度的首位决定检测结果有效数值末位

1. 数值修约规则

直接测量 $R=aA+bB$ 如用天平测量样品，计算平衡时砝码总量，差减法测定试样中钠量（阴阳离子平衡结果），结果的有效数值位数可能增减，计算时对准小数点，计算结果修约后末位与输入量中末位单位（即“末” ）最大者保持一致（即同末）。即结果的末位，取决于“末”最大（即偏差）的量值。

间接测量 $R=A^a \cdot B^b$ 以乘除法计算检测结果，称量法、滴定法等化学分析都属间接测量，特点是，每一输入量与结果相比为非同量纲量。结果的有效数值位数与输入量中有效数值位数最少者保持一致。

2. 数值修约的矩形分布

数值修约可以用数据的矩形分布直观给出数值的修约间隔。修约间隔与计算机术语“步长”概念近似。

修约的“步长”根据环境条件稳定性、计量仪器性能等级、检测人员的技能，分成“1”、“2”和“5”三个不同的间隔。

例如在容量滴定分析中，技能精湛的检验员 1/4 滴的滴定剂可判断滴定终点，其体积为 0.01 mL，其修约间隔应为“1”；合格的检验员需要 1/2 判定滴定终点，其修约间隔为“2”；实习期的检验员 1 滴的滴定剂判断滴定终点，其修约间隔为“5”。

图 2.10 展示数值修约矩形分布特点，输入量的末位常为随机变量的估读值，因乘除导致纯数学运算产生多位可疑数值，要求测量结果恢复到只保留首位有效数值。这就产生要求有多位可疑数值的拟修约值，修约到图纵坐标所示修约后末位值。

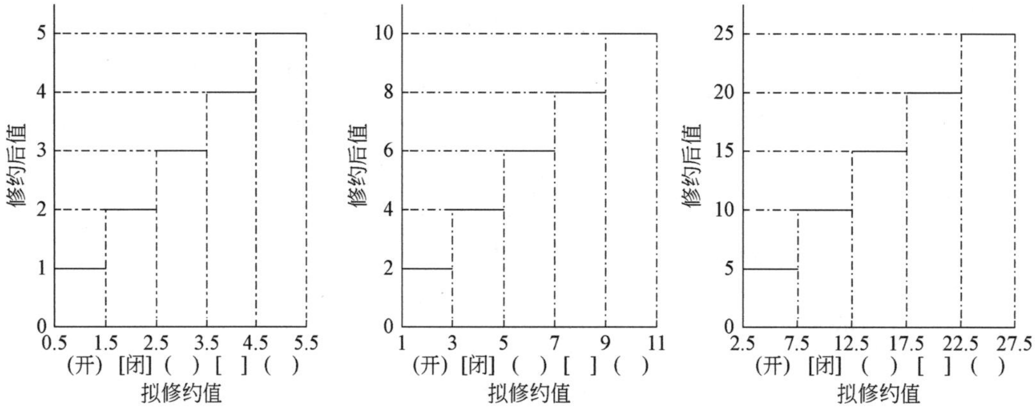

图 2.10　数值修约的矩形分布

( ) 开区间不含分界点；[ ] 闭区间含分界点

3. 数值修约的特征量

数值修约的特征量、与测量不确定度间的关系列在表 2.5 中。

4. 禁止连续修约

连续修约会导致量值错误，如

$$15.4546 \rightarrow 15.455 \rightarrow 15.46 \rightarrow 15.5 \rightarrow 16$$

表 2.5　数值修约的特征量及与测量不确定度间关系

修约间隔	1	2	5
判定界限	0.5，1.5，2.5，3.5，4.5 5.5，6.5，7.5，8.5，9.5	1，3，5，7，9	2.5，7.5
修约后的末位数	0，1，2，3，4，5 6，7，8，9	0，2，4，6，8	0，5
步长（取决于技能）	1	2	5
量具最小分度值 （取决于可读性）	1	2	5
修约后量值末位 与标准测量不确 定度首位同“末”	15.4546±0.0012 ⇒ 15.455±0.001 15.4546±0.014 ⇒ 15.45±0.01 15.45±0.12 ⇒ 15.4±0.1 15.4999±1.4 ⇒ 15±1 14.5001±1.4 ⇒ 15±1	15.4546±0.0023 ⇒ 15.454±0.002 15.4546±0.23 ⇒ 15.4±0.2 15.4546±2.3 ⇒ 16±2 12.73±0.21 ⇒ 12.8±0.2 12.69±0.21 ⇒ 12.6±0.2	15.4546±0.51 ⇒ 15.5±0.5 15.749±0.51 ⇒ 15.5±0.5 15.251±0.51 ⇒ 15.5±0.5 17.49±5.1 ⇒ 15±5 12.51±5.1 ⇒ 15±5 17.51±5.1 ⇒ 20±5

为避免量值传递过程，因有效数值逐级减少位数导致上述错误发生，要求作为结果只保留一位可疑数值；作为中间量值以备下传应多保留一位可疑数值。此情况下，随机变量标量的后继矢量未溯源的标准偏差，和已溯源的标准测量不确定度位数，告诉使用该量值（标量）的可疑值有几位。

2.8.4　小结

完整的量值，应当为

$$A_{\text{opt}} \pm u\left(A_{\text{opt}}\right)=\left(\bar{A}-\Delta A\right) \pm u\left(\bar{A}-\Delta A\right)=\left(\bar{A}-\Delta A\right) \pm \sqrt{u_{\text{j}}^{2}(A)+u_{\text{i}}^{2}(A)}$$

可溯源的量值由 $A_{\text{opt}} \pm u(A_{\text{opt}})$ 组成，前者为标量，按代数方式运算，后者为矢量，按几何方式合成；前者通过校准/检定去掉系统误差可溯源到国家基标准，后者由系统效应和随机效应贡献产生；系统效应发生在计量标准物质，实物量具量传过程中，随机效应可按连续批质控加密样方差统计计算，可回避已知影响量太少、相关系数难确定的困境。按校准、测样两条途径进行矢量合成，最适用于标准易得的行业，如冶金、地质、化工行业。

没有测量不确定度的理化检验结果，难以服众，结果的测量不确定度，就是理化检验实验室对客户的质量（Quality）承诺。

参 考 文 献

[1] 全国量和单位标准化技术委员会. GB 3100～3102—93. 量和单位[S]. 北京：中国标准出版社, 1994.
[2] 国家技术监督局计量司､标准化司. 量和单位国家标准实施指南[S]. 北京：中国标准出版社, 1996.
[3] 张铁垣. 化验工作实用手册[M]. 北京：化学工业出版社, 2003: 1-39.
[4] 国家认证认可监督管理委员会. 实验室资质认定工作指南[M]. 北京：中国计量出版社, 2007: 229.
[5] Nalimov V V. The Application of Mathematical to Chemical Analysis[M]. New York: Pergamon, 1963.

[6] 全国法制计量管理计量技术委员会. JJF 1059.1—2012. 测量不确定度评定与表示[S]. 北京: 中国质检出版社, 2012.

[7] 胡丰, 董亚萍. 科技量值的品质评定——校准、测样两阶段矢量合成法计算测量不确定度[J]. 盐湖研究, 2017, 25(1): 24-29.

[8] 全国化学标准化技术委员会化学试剂分技术委员会. GB/T 601—2016. 化学试剂标准滴定溶液的制备[S]. 北京: 中国标准出版社, 2016.

[9] 中国国家标准化管理委员会. GB 6682—2008. 分析实验室用水规格和试验方法[S]. 北京: 中国标准出版社, 2008.

[10] 中国国家标准化管理委员会. GB 8170—2008. 数值修约规则与极限数值的表示和判定[S]. 北京: 中国标准出版社, 2008.

第3章　容量滴定分析

容量滴定分析是常规化验工作中应用最广的一类化学分析方法的总称，依据化学反应，采用滴定方法进行测定，按照化学反应计量关系计算待测组分含量的方法，称为滴定分析法。它是化学分析中历史悠久、应用广泛的方法之一。其特点是所用仪器设备简单、操作方便，分析速度快，易于掌握，一般相对标准偏差在0.5%左右。

容量滴定分析是以测量标准滴定溶液的体积为基础的分析方法，通常被称为滴定分析或容量分析。

3.1　概　　述[1–3]

3.1.1　容量滴定分析的原理

容量滴定分析是将一种已知准确浓度的试剂溶液（称为标准滴定溶液），滴加到含有待测组分的溶液中，直到化学反应进行完全为止。然后根据所消耗的标准滴定溶液的浓度和体积，按照化学反应的计量关系，即可计算待测组分的含量。

这种已知准确浓度的试剂溶液就是“滴定剂”。将滴定剂从滴定管加到待测组分溶液中的过程叫“滴定”。当加入的滴定剂的量与待测组分的量之间，正好符合化学反应式所表示的化学计量关系时，我们称反应达到了化学计量点。在化学计量点时，往往没有任何外部特征为我们所察觉，必须借助于加入的另一种试剂的颜色的改变来确定，这种能改变颜色的试剂称为指示剂。在滴定过程中，指示剂正好发生颜色变化的转变点称为“滴定终点”。滴定终点与化学计量点不一定恰好符合，因此造成的分析误差称为“终点误差”。

容量滴定分析通常用于测定常量组分，即被测组分的质量分数一般在1%以上。有时也可用于测定微量组分。容量滴定分析法比较准确，在较好的情况下，测定的相对标准偏差不大于0.2%。

3.1.2　基本术语

1. 滴定反应

滴定时进行的化学反应称为滴定反应。直接作为滴定分析的化学反应必须具备以下条件：

（1）反应必须定量地进行。即能按照化学反应方程式所示的计量关系进行，没有副反应，并且反应进行完全（通常要求达到99.9%左右），这是定量计算的基础。

（2）反应速度要快。滴定反应最好能瞬间定量完成，对于速度较慢的反应，有时可通过加热或加入催化剂等方法来加快反应速度。否则就很难确定理论终点，甚至完全不能确定。遇到这种情况，在进行滴定操作时必须充分注意：滴定速度一定要慢于反应速度。

（3）通常有比较简便可靠的方法确定理论终点。确定理论终点的最简便的方法就是使用指示剂，所选用的指示剂，应恰能在滴定突跃范围内发生敏锐的颜色变化，以便停止滴定。

（4）共存物质不干扰滴定反应。滴定剂应只与被滴组分发生反应，对共存离子的干扰应可通过控制实验条件或利用掩蔽剂等手段予以消除。

根据滴定反应类型，容量滴定分析被分成酸碱滴定分析、沉淀滴定分析、络合滴定分析、氧化还原滴定分析四类。

2. 滴定分析分类

容量滴定分析除按照滴定反应分类外，根据滴定方式可以分成以下四种。

1）直接滴定法

凡是能满足上述滴定反应要求的反应，都可应用于直接滴定法中，直接滴定法是滴定分析法中最常用和最基本的滴定方法。

2）返滴定法

当试样溶液中被测物质与滴定剂反应很慢，或者用滴定剂直接滴定固体试样时反应不能立即完成，不能用直接滴定法进行滴定。此时可先准确加入过量滴定剂，使其与试样溶液中的被测物质或固体试样进行反应，待反应完成后，再用另一种标准溶液滴定剩余的滴定剂，这种滴定法称为返滴定法。

3）置换滴定法

有些物质不能直接滴定时，可通过它与另一种物质起反应，置换出一定量能被滴定的物质，然后用适当的滴定剂进行滴定，这种滴定方法称为置换滴定法。例如，以 $K_2Cr_2O_7$ 标定 $Na_2S_2O_3$ 标准溶液的浓度时，不能直接用 $Na_2S_2O_3$ 滴定 $K_2Cr_2O_7$，因为在酸性溶液中，$K_2Cr_2O_7$ 将 $S_2O_3^{2-}$ 氧化为 $S_4O_6^{2-}$ 及 SO_4^{2-} 等的混合物，反应没有定量关系。但 $Na_2S_2O_3$ 却是一种很好的滴定 I_2 的滴定剂，故可在 $K_2Cr_2O_7$ 酸性溶液中加入过量的 KI，使 $K_2Cr_2O_7$ 还原并产生一定量的 I_2，即可用 $Na_2S_2O_3$ 标准溶液进行滴定。

4）间接滴定法

滴定物质不能与滴定剂直接起反应的物质，有时可通过另外的化学反应，以滴定法间接进行滴定。例如，将 Ca^{2+}沉淀为 CaC_2O_4 后，用 H_2SO_4 溶解，再用 $KMnO_4$ 标准溶液滴定与 Ca^{2+}结合的 $C_2O_4^{2-}$，从而间接测定 Ca^{2+}。

3. 理论终点

滴定分析中，当滴加的标准滴定溶液与被测定的组分按照滴定反应方程式所示计量关系定量地反应完全时，称为理论终点。

理论终点也称为等量点，即各反应物的物质的量相等时的一点，或称为化学计量点。

4. 滴定终点

在滴定分析中，实际操作时停止滴定的一点，称为滴定终点。

滴定操作时，为了找到理论终点，有多种方法，但最简便的方法是采用指示剂。理想的指示剂应能恰好在理论终点到达时发生颜色突变，指示终点的到达。所以，在实际操作中把指示剂变色时（这时停止滴定）的一点称为滴定终点。

5. 滴定误差

滴定分析成功的关键，是准确地找到理论终点，并能在此时停止滴定，即要努力使滴定终点与理论终点一致。

所以，当滴定终点与理论终点不一致时就会产生系统误差。这种误差称为滴定误差。

6. 滴定曲线

滴定过程中，被滴体系中被滴组分随滴定剂加入量的变化曲线，称为滴定曲线。横坐标表示滴定剂的加入量，纵坐标代表在滴定体系中被滴组分组成的变化。

7. 滴定分析指示剂

滴定分析中判断滴定终点的方法有多种，其中最常用的方法是采用指示剂。一般而言，在滴定等物质的量点（附近）时，指示剂在反应体系中发生颜色突变。根据滴定反应类型，用于指示滴定终点的指示剂分为酸碱指示剂、氧化-还原指示剂、金属指示剂和沉淀指示剂。滴定分析的指示剂在使用过程应注意以下问题：

（1）有些指示剂的溶液状态很不稳定，如果偶尔使用，最好用固体稀释法，这样性质比较稳定，便于保存；

（2）在滴定过程中，尤其是在碱性条件下，有些指示剂易被空气氧化，常需加入羟胺、抗坏血酸等还原剂保护；

（3）有些金属离子，如 Cu^{2+}、Co^{2+}、Ni^{2+}等，能与指示剂发生不可逆络合反应，而使指示剂“阻塞”或“封闭”，可加掩蔽剂消除；

（4）如终点前后的两种颜色差别不够明显，可加一些能产生颜色互补效应的惰性染料。

8. 容量滴定分析用器皿

容量滴定分析中用到的主要分析器皿包括滴定管、移液管、容量瓶、锥形瓶。

3.1.3　滴定分析法中基准物质与标准溶液

1. 基准物质

基准物质是分析化学中用于直接配制标准溶液或标定滴定分析中操作溶液浓度的物质。基准物质应符合五项要求：①纯度（质量分数）应≥99.99%；②组成与它的化学式完全相符，如含有结晶水，其结晶水的含量均应符合化学式；③性质稳定，一般情况下不易失水、吸水或变质，不与空气中的氧气及二氧化碳反应；④参加反应时，应按反应式定量地进行，没有副反应；⑤要有较大的摩尔质量，以减小称量时的相对误差。

1）基准物质溶液的配制

将基准试剂在基准物质要求的相应温度下恒重后，按一定浓度要求，根据需要配制基准物质溶液的体积，计算需要的基准物质的质量，在分析天平上准确称量基准物质的质量，按照基准物质溶液的配制要求进行溶解，转移到相应容量瓶中，均匀混合后可得到基准物质溶液。

2）基准物质溶液的浓度

基准物质溶液的浓度需与被标定溶液浓度相近。如果基准物质溶液的浓度比被标定溶液浓度高出几倍，用基准物质溶液标定溶液时消耗体积少，则分析误差会增大。

2. 标准溶液

援引美国加联数据库将标准溶液定义为已知准确浓度的溶液。在滴定分析中常用作滴定待测溶液的滴定剂。在其他分析方法中用标准溶液绘制工作曲线或作为计算标准。

1）标准溶液的配制

配制方法有两种，一种是直接法，即准确称量基准物质，溶解后定容至一定体积；另一种是标定法，即先配制成近似需要的浓度，再用基准物质溶液来进行标定。如果试剂符合基准物质的要求（组成与化学式相符、纯度高、稳定），可以直接配制标准溶液，即准确称出适量的基准物质，溶解后配制在准确体积的容量瓶中，摇匀后转入试剂瓶中保存。

2）标准溶液的标定

标准溶液浓度的确定采用基准试剂进行滴定分析，按照等物质的量的原则，以消耗的基准试剂的体积和浓度计算标准溶液的浓度。标定时最好按“两人双样八平行”原则进行，即两个人各取四个平行样，滴定分析结果与平均值之差≤1.0%。也可以采用“双基准物质双浓度双样八平行”来滴定标准溶液。即两种基准物质的两个不同浓度的基准溶液，各取两个平行样来做标定滴定。如果只有一种基准物质，需按“单基准物质双浓度三样六平行”来滴定标准溶液。

3）标准溶液的保存

不易分解的物质配制的标准溶液，应密封保存。见光易分解的化合物配制的溶液需避光、密封保存。

3.1.4　滴定分析中的计算

1. 等物质的量规则

等物质的量规则可表述为：在化学反应中，反应的或产生的各基本单元的物质的量相等。等物质的量规则的数学表达式为

$$n_{\mathrm{A}} = n_{\mathrm{B}} \tag{3.1}$$

对于两种溶液间的反应，可表示为

$$c_{\mathrm{A}} \cdot V_{\mathrm{A}} = c_{\mathrm{B}} \cdot V_{\mathrm{B}} \tag{3.2}$$

对于溶液和固体物质之间的反应，可表达为

$$c_{\mathrm{A}} \cdot V_{\mathrm{A}} = \frac{m_{\mathrm{B}}}{M_{\mathrm{B}}} \tag{3.3}$$

式中，n 为物质的量；c 为溶液浓度；V 为溶液体积；m 为物质质量；M 为摩尔质量；A、B 表示物质的基本单元，凡用到涉及物质的量及其导出量时，必须指明基本单元。

2. 等物质的量规则在滴定分析中的应用

等物质的量规则可用于各种类型滴定分析中的所有有关计算，且绝无例外，等物质的量规则使全部滴定分析计算规范化。

1）滴定分析中常用的量和单位

滴定分析中常用的量和单位见表 3.1。

表 3.1　滴定分析中常用的量和单位

物理量		常用的法定单位		相互关系 [a]
量的名称	量的符号	单位名称	单位符号	
体积	V	升、毫升	L，mL	1 L=1000 mL
质量	m	克	g	$m=n_BM_B=c_BVM_B$
物质的量	n_B	摩［尔］	mol	$n_B=\frac{m}{M_B}=c_BV$
摩尔质量	M_B	克每摩［尔］	$g\cdot mol^{-1}$	$M_B=\frac{m}{n_B}$
B 的浓度	c_B	摩［尔］每升	$mol\cdot L^{-1}$	$c_B=\frac{n_B}{V}=\frac{m}{M_B\cdot V}$
质量分数	ω_B		1%	$\omega_B=\frac{m}{m_S}$

a. 在同一关系式中 n、M、c 的基本单元必须相同（参见 2.8 节）

2）基本单元的选择

运用等物质的量规则进行计算的关键在于正确、合理选择基本单元。对于滴定分析，所依据的化学反应不外乎四类，每种滴定分析方法又有通用的标准物质，因此，在滴定分析中选择基本单元的合理程序是：①首先选定标准物质的基本单元；②以符合化学反应规律的反应方程式（即已正确配平的方程式）为依据，以等物质的量规则为原则，确定待测物质的基本单元。

例如，对于反应：

$$Na_2CO_3+2HCl=\!=\!=2NaCl+CO_2+H_2O$$

若以 Na_2CO_3、2HCl 为基本单元，则

$$n(Na_2CO_3)=n(2HCl)$$

即

$$c(Na_2CO_3)\cdot V(Na_2CO_3)=c(2HCl)\cdot V(HCl)$$

若以 $\frac{1}{2}Na_2CO_3$、HCl 为基本单元，则

$$n(\frac{1}{2}Na_2CO_3)=n(HCl)$$

即

$$c(\frac{1}{2}Na_2CO_3)\cdot V(Na_2CO_3)=c(HCl)\cdot V(HCl)$$

基本单元不一样，等物质的量的数学表达式也不一样，确定基本单元时要确定反应方程已经配平，没有配平的反应方程式所确定的基本单元无法获得正确的计算结果。

3.2 EDTA 法测定钙、镁总量[1, 4]

3.2.1 原理

乙二胺四乙酸二钠（以下简称 EDTA）是重要的氨羧络合剂之一，在不同的酸度范围内，能与许多二价、三价和四价金属离子络合，生成各种稳定性很高的络合物，因而被广泛地应用于多达四十种以上金属离子的直接或间接测定。

天然的地表和地下卤水中，一般除含有大量 Mg^{2+}、Ca^{2+}（少数含有一些 Sr^{2+}、Ba^{2+}）外，其三价或四价金属离子的含量是很微小的。因此，EDTA 可用于 Mg^{2+}、Ca^{2+}的直接测定。方法是先测定 Mg^{2+}、Ca^{2+}总量，再由另一份试样溶液中测定 Ca^{2+}，然后用差减法计算试样溶液中 Mg^{2+}含量。其反应为

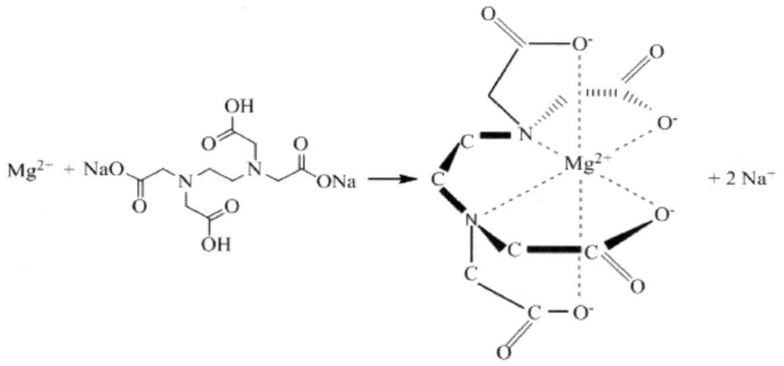

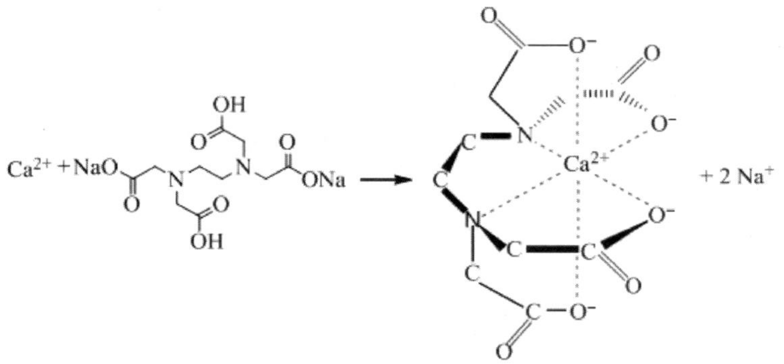

其反应式可简化表示。

EDTA 解离方程式为

$$Na_2H_2Y \rightleftharpoons 2Na^+ + H_2Y^{2-}$$

H_2Y^{2-}表示 EDTA 解离后的阴离子，它与 Ca^{2+}、Mg^{2+} 反应为

$$Ca^{2+} + H_2Y^{2-} \longrightarrow CaY^{2-} + 2H^+$$

$$Mg^{2+} + H_2Y^{2-} \longrightarrow MgY^{2-} + 2H^+$$

MgY^{2-}、CaY^{2-}分别表示反应后生成的络合物。

滴定终点以铬黑 T 为指示剂（其他金属指示剂也有应用）。在 NH_4Cl-$NH_3·H_2O$ 的碱性缓冲溶液中，指示剂与 Mg^{2+}、Ca^{2+}反应生成酒石红色的可溶性络合物，但稳定性不如 EDTA 与 Mg^{2+}、Ca^{2+}生成的可溶性的无色络合物的好，因而当用 EDTA 滴定时，EDTA 就从 Mg(Ca)-指示剂络合物中取出 Mg 并与自身结合，当溶液中所有 Mg(Ca)均与 EDTA 络合后，溶液的酒石红色立即消失而呈现出指示剂在碱性溶液中的本色–天青色。其反应如下：

指示剂在溶液中的解离

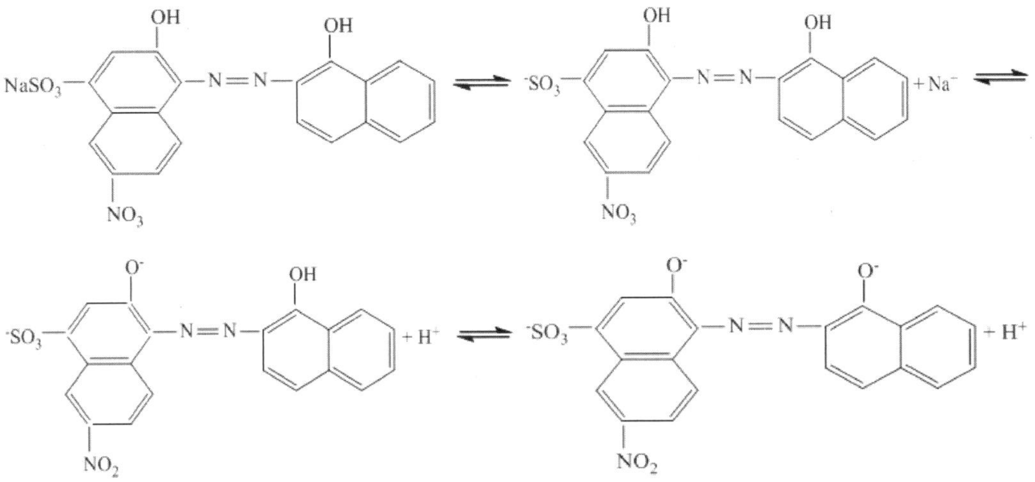

指示剂显色机理为

$$NaH_2Ind \rightleftharpoons Na^+ + H_2Ind^-$$

$$H_2Ind^- \underset{5.3\sim7.3}{\overset{pH}{\rightleftharpoons}} HInd^{2-} + H^+ \underset{10.5\sim12.5}{\overset{pH}{\rightleftharpoons}} Ind^{3-} + H^+$$

（红色）　　（天青色）　　（橙色）

当溶液有 Mg^{2+}、Ca^{2+}存在时，与指示剂的反应如

$$Mg^{2+} + HInd^{2-} \rightleftharpoons MgInd^- + H^+$$

（天青色）　（酒石红色）

当用络合剂 EDTA 滴定时

$$MgInd^- + H_2Y^{2-} \rightleftharpoons MgY^{2-} + HInd^{2-} + H^+$$

（酒石红色）　　　　（天青色）

3.2.2 试剂

1. ZnO 工作标准溶液

准确称量 1.6278 g 预先在 800℃恒重的氧化锌（ZnO，基准），溶于 5 mL φ(HCl)=0.50 的 HCl 溶液中，待完全溶解后，转入 1000 mL 容量瓶中，再用二次水稀释至刻度，摇匀备

用。此工作标准溶液 $c(ZnO)=0.02000\ mol\cdot L^{-1}$。

2. MgO 工作标准溶液

准确称量 0.8060 g 预先在 800℃恒重的氧化镁（MgO，基准）溶于 5 mL $\varphi(HCl)=0.50$ 的 HCl 溶液中，待完全溶解后，转入 1000 mL 容量瓶中，再用二次水稀释至刻度，摇匀备用。此工作标准溶液 $c(MgO)=0.02000\ mol\cdot L^{-1}$。

3. EDTA 滴定剂溶液

7.24 g 乙二胺四乙酸二钠（EDTA，$C_{10}H_{14}N_2O_8Na_2$，A.R）溶于适量二次水，再用水稀释至 1 L，摇匀。此溶液 $c(EDTA)\approx 0.02\ mol\cdot L^{-1}$，其准确浓度用上述 ZnO 或 MgO 工作标准溶液标定。

4. NH_4Cl-$NH_3\cdot H_2O$ 缓冲溶液

20 g 氯化铵（NH_4Cl，A.R）溶于适量二次水中，加入 80 mL 氨水（$NH_3\cdot H_2O$，$\rho=0.88\ g\cdot mL^{-1}$，A.R），用二次水稀释到 1000 mL，摇匀。此溶液为 pH≈10 的氨缓冲溶液。

5. 铬黑 T 指示剂溶液

0.2 g 铬黑 T（$C_{20}H_{12}N_3O_7Sna$）用 10 mL pH≈10 氨缓冲溶液溶解，再用 $\varphi(C_2H_5OH)=0.95$ 乙醇稀释至 100 mL。摇匀后贮存于棕色滴瓶中，稳定期约三个月。此溶液 ρ(铬黑 T)=2 $g\cdot L^{-1}$。

6. 甲基红指示剂

0.1 g 甲基红（$C_{15}H_{15}N_3O_2$）溶于 100 mL $\varphi(C_2H_5OH)=0.95$ 乙醇中，摇匀后转入滴瓶保存。此溶液 ρ(甲基红)=1 $g\cdot L^{-1}$。

7. 稀氨水溶液

50 mL 氨水（$NH_3\cdot H_2O$，$\rho=0.88\ g\cdot mL^{-1}$，A.R）溶液与 50 mL 二次水混合并摇匀，转入滴瓶保存。此溶液 $\varphi(NH_3\cdot H_2O)=0.50$。

8. 稀三乙醇胺溶液

50 mL 三乙醇胺（$C_6H_{15}NO_3$，A.R）与 50 mL 二次水混合并摇匀，转入棕色试剂瓶保存。此溶液 φ(三乙醇胺)=0.50。

9. 稀 HCl 溶液

100 mL 盐酸（HCl，$\rho=1.19\ g\cdot mL^{-1}$，G.R）溶液与 100 mL 二次水等体积混合，摇匀后转入试剂瓶保存。此溶液 $\varphi(HCl)=0.50$。

3.2.3　测定方法

准确移取一定体积待测试样溶液 V_s（Mg^{2+}、Ca^{2+}总量约为 4～10 mg）于 200 mL 锥形瓶中，加水稀释至约 30 mL，加 10 mL pH≈10 氨缓冲溶液和 10 滴铬黑 T 指示剂溶液，在不断摇荡下用 $c(EDTA)=0.01\ mol\cdot L^{-1}$滴定剂溶液滴定至溶液由酒石红色突变为天青色终点，记录 EDTA 溶液耗量。

如试样不含 Ca^{2+}，则 EDTA 耗量即被测试样中的含 Mg^{2+}量。如试样中含 Ca^{2+}，则需进行 Ca^{2+}的测定，由差减法求 Mg^{2+}的含量。

待测试样中 Mg^{2+}的质量浓度为

$$\rho\left(Mg^{2+}\right)=\frac{c\left(V_1-V_2\right)\times 24.31}{V_s}$$

式中，c 为 EDTA 滴定剂溶液物质的量浓度；V_1 为滴定 Ca^{2+}、Mg^{2+}总量时 EDTA 溶液消耗的体积（mL）；V_2 为同量试样测 Ca^{2+}时 EDTA 溶液消耗的体积（mL）；V_s 为待测试样的取样量。

3.2.4　讨论

1. ZnO 和 MgO 工作标准

在绝大多数情况下，EDTA 测定钙、镁时用 ZnO 工作标准溶液测定 EDTA 滴定剂溶液的准确浓度，试验结果表明，ZnO 工作标准的准确度不如 MgO 工作标准的准确度，在对分析结果准确度要求较高的分析测试中，建议选用与待测离子相同的工作标准。

2. Fe^{3+}、Al^{3+}等重金属离子有干扰

在分析试样中，如含有较大量的 Fe^{3+}、Al^{3+}等重金属离子，则对本测定有干扰。为获得正确结果，必须在测定前进行干扰离子的隐蔽或分离。当被测试样中含干扰离子总量在 0.5 mg 以下，滴定前可加 5 mL φ(三乙醇胺)=0.50 溶液进行干扰离子的隐蔽而消除其影响。需要注意掩蔽剂三乙醇胺在酸性或中性溶液中对 Fe^{3+}、Al^{3+}等重金属离子有掩蔽作用，在碱性条件下其掩蔽作用减弱。

如被测试样含干扰离子总量大于 0.5 mg，则需在测定前进行干扰离子的分离，其方法如下：

取一定量试样溶液于 100 mL 烧杯中，加甲基红指示剂液 2 滴，用 $\varphi(NH_3\cdot H_2O)=0.50$ 溶液中和至呈黄色［如有沉淀析出再以 $\varphi(HCl)=0.50$ 溶液溶解，然后小心用 $\varphi(NH_3\cdot H_2O)=0.50$ 溶液中和至溶液呈黄色］。加 10 滴 $\rho(Br_2)=0.03$ 溴水，搅拌并放置 5 min，然后用 $\varphi(HCl)=0.50$ 溶液酸化，加热赶除溴水。加水稀释至 30 mL 左右，加入 2 g 固体 NH_4Cl(A.R)，加热至 70~80℃，滴加 $\varphi(NH_3\cdot H_2O)=0.50$ 溶液，直至溶液由红色变为黄色，再加 $\varphi(NH_3\cdot H_2O)=0.50$ 溶液 20 滴，搅拌并放置 15 min，过滤、用热水转移和洗涤沉淀，滤液和洗涤液收集于 100 mL 容量瓶中，冷至室温，用水稀释至刻度，摇匀。取出一定体积后进行 Ca^{2+}、Mg^{2+}总量和 Ca^{2+}量的测定。

3. 滴定前待测溶液 pH 需接近中性

金属指示剂铬黑 T 除具有络合指示剂的特性外，本身还具有酸碱指示剂的性质，在不同 pH 范围内出现不同的颜色，当 pH＜6.3 时显红色，pH=6.3～11.5 时显天青色，pH＞11.5 时显橙色。它可以与多种金属离子形成络合物，都呈酒红色。铬黑 T 在 pH=6.3～11.5 范围内使用，其颜色变化明显，最佳适用范围是 pH=9～11。为在测定中得到预期的反应终点——酒石红变为天青色，滴定过程中，滴定溶液的 pH 应始终保持在 9～11。如滴定溶液 pH 大于 11，终点由酒石红变为紫蓝，而 pH 小于 8 时，终点则由酒石红变为橙色，两者都不好鉴别，得不到准确的结果，因此滴定前必须加入 $NH_4Cl\text{-}NH_3\cdot H_2O$ 缓冲溶液，以调节滴定溶液的 pH。

然而 pH=10 的 $NH_4Cl\text{-}NH_3\cdot H_2O$ 缓冲溶液的缓冲能力有限，EDTA 与 Ca^{2+} 和 Mg^{2+} 反应会释放出 H^+ 离子，改变溶液 pH，为维持滴定溶液的 pH 不致发生显著的变化，缓冲溶液应加到中性的待测溶液里。如果待测溶液显酸性，在加缓冲之前用 $\varphi(NH_3\cdot H_2O)=0.50$ 调整溶液至中性。

4. 待测试样中大量的 HCO_3^- 离子对测定有影响

当待测试样中含有较大量的 HCO_3^- 离子时，可先用 $\varphi(HCl)=0.50$ 溶液酸化，加热逐除 HCO_3^- 后，用 $\varphi(NH_3\cdot H_2O)=0.50$ 溶液中和接近中性，然后加入缓冲溶液，再进行滴定。

5. 锂共存时对 Mg^{2+}、Ca^{2+} 分析影响

金属离子的络合常数值，是金属离子与配阴离子形成络合物能力强弱的表现。Li^+、Mg^{2+}、Ca^{2+} 和 Sr^{2+} 离子与 EDTA 的络合稳定常数分别为 $\lg K_{LiY}=2.79$、$\lg K_{MgY}=8.64$、$\lg K_{CaY}=11.0$ 和 $\lg K_{SrY}=8.80$。镁、钙、锶离子与 EDTA 络合常数和锂与 EDTA 络合物稳定常数差值 $\Delta\lg K$ 分别为 5.85、8.21 和 6.01。理论上用络合物稳定常数差值 $\Delta\lg K>5$，作为判断能否利用控制酸度对金属离子进行分别滴定的条件。根据络合常数的差异、控制酸度，理论上锂离子不干扰 EDTA 络合滴定 Mg^{2+}、Ca^{2+} 和 Sr^{2+} 离子。然而实际分析过程中，要求被测离子的浓度 c_M 及其 EDTA 络合物的稳定常数 K_{MY} 应满足 $\lg(c_M\cdot\lg K_{MY})\geqslant 6$ 的要求。

一般盐湖卤水中，Li^+ 浓度远低于 Mg^{2+}、Ca^{2+} 的浓度，因此在分析 Mg^{2+}、Ca^{2+} 浓度时，可以忽略 Li^+ 对 Mg^{2+}、Ca^{2+} 的影响。当待测样品中 Li^+ 较高时（例如富锂卤水），则 Li^+ 对 Mg^{2+}、Ca^{2+} 干扰则不能忽略，加入适量的 φ(正丁醇/乙醇)=0.1 的混合醇掩蔽 Li^+ 的干扰。详情请参见 4.7.4 小节，在此不做赘述。

6. 方法的相对标准偏差

本方法适用于地表和地下卤水中 Ca^{2+}、Mg^{2+} 的快速测定，方法的标准偏差± 0.2%。

7. 其他

本方法测得结果为待测试样中碱土金属离子的总量，在卤水中含有微量的 Sr 和 Ba 时，可以忽略 Sr 和 Ba 的量，认为本方法测得结果为 Mg、Ca 合量。油气田卤水、地下深部卤

水中 Sr 含量较高，此时本方法测得结果为 Mg、Ca、Sr 的合量。

3.3　EDTA 法测定钙[1，4]

3.3.1　原理

EDTA 法测定 Ca^{2+}，其原理与测定 Mg^{2+}、Ca^{2+} 总量相同，只是所采用的指示剂各异而已。EDTA 与 Ca^{2+}反应为

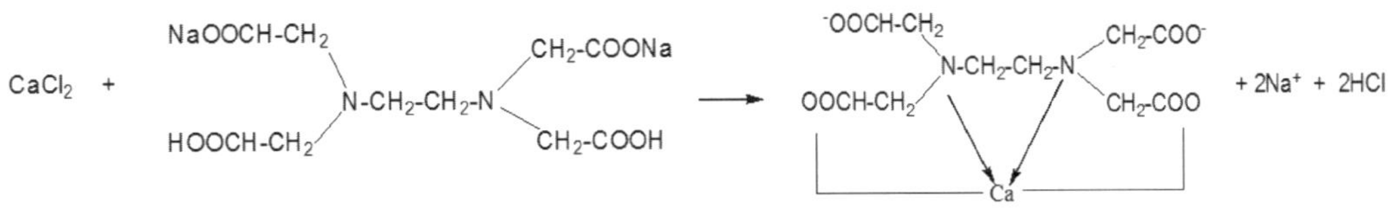

其简式为

$$Ca^{2+}+H_2Y^{2-}\longrightarrow CaY^{2-}+2H^+$$

早期用于 EDTA 测定钙的金属指示剂主要为紫脲酸铵，近来则多采用钙指示剂。在碱性溶液（pH>9）中，指示剂与钙生成可溶的酒石红色络合物，而与 Mg^{2+}则无此反应。当用 EDTA 滴定时，EDTA 的阴离子（CaY^{2-}）从 Ca-指示剂络合物中夺取 Ca^{2+}并与自身结合成无色的络合物，终点时，溶液呈现指示剂本身在碱性介质中解离的天青色。

钙指示剂（$C_{21}H_{13}O_7N_2SNa$）的结构式及其解离反应为

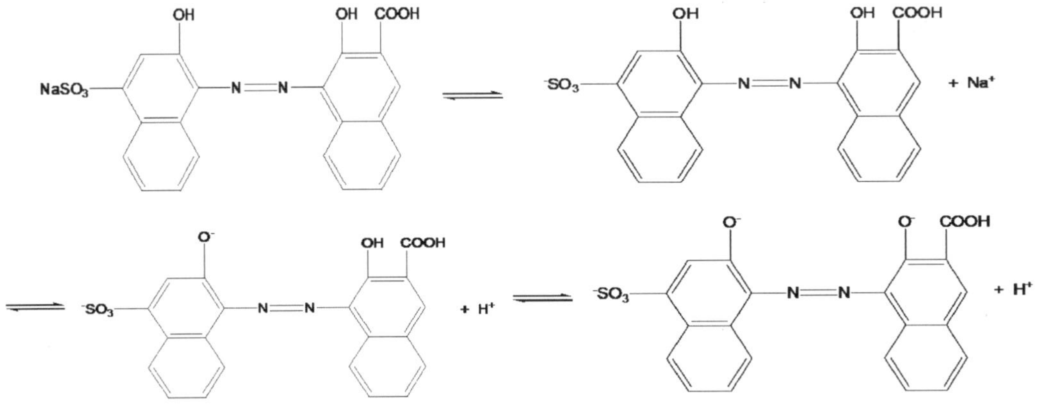

其简式为

$$NaH_2Ind \rightleftharpoons Na^+ + H_2Ind^-$$

$$\underset{\text{（紫红色）}}{H_2Ind^-} \rightleftharpoons \underset{\text{（天青色）}}{HInd^{2-}} + H^+ \rightleftharpoons \underset{\text{（橙色）}}{Ind^{3-}} + H^+$$

3.3.2　试剂

1. $CaCO_3$ 工作标准溶液

准确称取 1.0009 g 预先于 180℃干燥恒重的碳酸钙（$CaCO_3$，基准），用少量二次水转入 1000 mL 容量瓶中，然后逐滴加入 $\varphi(HCl)=0.50$ 的 HCl 溶液，不断振荡，使其完全溶解，再用二次水稀释至刻度，摇匀。此液为含 $c(Ca^{2+})=0.01000\ mol \cdot L^{-1}$的钙盐工作标准溶液。

2. EDTA 滴定剂溶液

3.72 g 乙二胺四乙酸二钠（EDTA，$C_{10}H_{14}N_2O_8Na_2$，A.R）溶于少量二次水，再用二次水稀释至 1000 mL，摇匀。此溶液 $c(EDTA) \approx 0.01\ mol \cdot L^{-1}$，用 $c(Ca^{2+})=0.01000\ mol \cdot L^{-1}$的钙盐工作标准溶液标定，确定其准确浓度。

3. 钙指示剂固体混合物

5 g 钙指示剂（$C_{21}H_{14}N_2O_7S$）和 95 g NaCl（G.R）于玻璃研钵里小心混合并研细，然后盛于广口棕色瓶里保存。此固体指示剂 ω(钙指示剂)=0.05。

4. HCl 溶液

100 mL 盐酸（HCl，$\rho=1.19\ g \cdot mL^{-1}$，G.R）溶液与 100 mL 二次水等体积混合，摇匀后转入试剂瓶保存。此溶液 $\varphi(HCl)=0.50$。

5. NaOH 溶液

80 g 氢氧化钠（NaOH，A.R）溶于二次水，再用二次水稀释至 1000 mL，摇匀后溶液保存于塑料瓶内。此溶液 $c(NaOH)=2\ mol \cdot L^{-1}$。

3.3.3　测定方法

准确移取一定体积待测试样溶液 V_s 于 150 mL 锥形瓶中，加二次水稀释至 30 mL 左右，再加 2 mL $c(NaOH)=2\ mol \cdot L^{-1}$溶液和约 50 mg ω(钙指示剂)=0.05 的指示剂固体混合物，振荡使其溶解后，用 $c(EDTA) \approx 0.01\ mol \cdot L^{-1}$滴定剂滴定至溶液由酒石红色突变为天青色终点，记录 EDTA 溶液之耗量。

待测试样中 Ca^{2+}的质量浓度为

$$\rho\left(Ca^{2+}\right)=\frac{c \cdot V \times 40.08}{V_s}$$

式中，c 为 EDTA 滴定剂溶液物质的量浓度；V 为滴定消耗 EDTA 溶液的体积（mL）；V_s 为待测试样取样量。

3.3.4　讨论

1. Fe^{3+}、Al^{3+}等重金属离子有干扰

在分析试样中，如含有较大量的 Fe^{3+}、Al^{3+}等重金属离子，则对本测定有干扰。为获得正确结果，必须在测定前进行干扰离子的隐蔽或分离。对干扰的处理同 Mg^{2+}、Ca^{2+}总量的测定，详情参见 3.2.4 小节。

2. 滴定前待测溶液 pH 需接近中性

与 Mg^{2+}、Ca^{2+}总量测定一样，为了得到敏锐的滴定终点和正确的测定结果，必须保证滴定溶液的 pH 始终大于 12，本测定加入 $c(NaOH)=2\ mol\cdot L^{-1}$溶液 2 mL 是对中性试样溶液而言。如滴定前试样溶液呈酸性，则必须预先中和，再加 $c(NaOH)=2\ mol\cdot L^{-1}$溶液 2 mL，如滴定前试样溶液呈碱性，则可直接加 $c(NaOH)=2\ mol\cdot L^{-1}$溶液 2 mL 进行测定，因滴定液 pH＞12 对测定无妨。

3. 方法的相对标准偏差

本法相对标准偏差为±0.2%。

4. 其他

凡是对 Mg^{2+}、Ca^{2+}总量分析有干扰的离子，对 Ca^{2+}的分析存在同样的干扰，消除干扰的方法同 3.2.4 小节所述。

3.4　甲醛法测定铵[1，5–7]

3.4.1　原理

在天然地下卤水中，NH_4^+ 的含量一般较低，可以采用分光光度法测定，而在特殊情况下，天然地下卤水和油田水中，通常含有较大量的铵盐。

在中性水溶液中，铵盐与甲醛反应生成六次甲基四胺，并析出与 NH_4^+等摩尔的 H^+。

$$4NH_4^+ + 6HCHO \longrightarrow C_6H_{12}N_4 + 4H^+ + 6H_2O$$

反应生成的 $C_6H_{12}N_4$ 系一种弱碱（$K_b=8\times10^{-10}$，其水溶液对酚酞指示剂不呈碱性反应）。因此，以酚酞作指示剂，用已知浓度的 NaOH 溶液滴定析出的 H^+，间接计算试样中含 NH_4^+量。

3.4.2　试剂

1. 铵盐标准工作溶液

准确称取 2.965 g 已于 90℃干燥恒重后的氯化铵（NH_4Cl，A.R），溶于少量超纯水机制

备的新鲜超纯水或无 NH_3 二次水中，转入 1000 mL 容量瓶中，用新制备的二次水稀释至刻度，摇匀。此溶液为 $\rho(NH_4^+)=1.00\ g{\cdot}L^{-1}$ 铵盐标准工作溶液。

2. 甲醛溶液

50 mL 甲醛（HCHO，A.R）与 50 mL 二次水混合均匀。此溶液 $\varphi(HCHO)=0.50$。如混合时析出沉淀，则过滤除去，滤液贮存于棕色瓶中。该试剂在使用前加溴百里酚蓝指示剂，用 NaOH 滴定剂滴定至溶液刚显蓝色（碱色）。

3. 邻苯二甲酸氢钾基准溶液

准确称取 10.2110 g 已于 105～110℃干燥恒重的邻苯二甲酸氢钾（$KHC_8H_4O_4$，基准），溶于预先去除 CO_2 的二次水中，并转入 1000 mL 容量瓶中，用去除 CO_2 的二次水稀释至刻度，摇匀。此溶液 $c(KHC_8H_4O_4)=0.05000\ mol{\cdot}L^{-1}$。

4. NaOH 滴定剂溶液

移取约 2.5 mL NaOH 饱和溶液稀释于煮沸而刚冷至室温的二次水中，并用此二次水稀释至 1000 mL，摇匀。溶液贮存于塑料瓶中，此溶液 $c(NaOH)\approx0.05\ mol{\cdot}L^{-1}$，其准确浓度用 $c(KHC_8H_4O_4)=0.05000\ mol{\cdot}L^{-1}$的基准溶液标定，标定方法参见 3.5.2 小节。

5. 溴百里酚蓝指示剂溶液

0.10 g 溴百里酚蓝（$C_{27}H_{28}O_5SBr_2$，A.R）溶于 8 mL $c(NaOH)=0.02\ mol{\cdot}L^{-1}$溶液中，稀释至 250 mL，摇匀后转入滴瓶保存。此溶液 ρ(溴百里酚蓝)=0.4 $g{\cdot}L^{-1}$。

6. EDTA 溶液

5 g 乙二胺四乙酸二钠（EDTA，$C_{10}H_{14}N_2O_8Na_2$，A.R）溶于 100 mL 二次水中，此溶液 $\rho(EDTA)=50\ g{\cdot}L^{-1}$。

3.4.3　测定方法

准确移取一定体积待测试样溶液 V_s（含 NH_4^+ 约为 0.5～50 mg）于 200 mL 锥形瓶中，加无 NH_3 二次水稀释至 20 mL 左右，加 1 mL $\rho(EDTA)=50\ g{\cdot}L^{-1}$溶液，4 滴 ρ(溴百里酚蓝)=0.4 $g{\cdot}L^{-1}$指示剂溶液，用 $c(NaOH)=0.05\ mol{\cdot}L^{-1}$或 $c(HCl)=0.05\ mol{\cdot}L^{-1}$溶液调节酸度，使滴定溶液刚呈蓝色，此时加 10 mL $\varphi(HCHO)=0.50$ 溶液（调整过 pH），用 $c(NaOH)=0.05\ mol{\cdot}L^{-1}$的滴定剂溶液滴定至溶液呈现蓝色，即为滴定终点，记录 NaOH 溶液的耗量（V_1）。同时做甲醛试剂的空白试验，记录 NaOH 溶液的耗量（V_2）。

待测试样中 NH_4^+ 的质量浓度为

$$\rho\left(NH_4^+\right)=\frac{c\cdot\left(V_1-V_2\right)\times18.04}{V_s}$$

式中，c 为 NaOH 滴定剂溶液物质的量浓度；V_1 为滴定消耗 NaOH 溶液的体积（mL）；V_2 为甲醛空白试验消耗 NaOH 溶液的体积（mL）；V_s 为待测试样取样量。

3.4.4　讨论

1. 无 NH_3 二次水

为减少分析误差，分析用水要保证不含 NH_3，一般实验室用无 NH_3 蒸馏水的制备可参见 6.6.2 小节。目前实验室基本上使用超纯水机制备实验用水，新制备的超纯水即二次水同样能满足分析要求。

2. 共存离子干扰

卤水中大量碱金属、碱土金属的氯化物，硫酸盐和硝酸盐对本测定没有干扰，试验结果见表 3.2。

表 3.2　共存盐类的影响

加入盐类形式	加入盐类量/g	NH_4^+ 存在量/mg	NH_4^+ 测定量/mg	相对误差/%
NaCl	5	5.00	5.04	+0.80
KCl	3	5.00	5.03	+0.60
$MgCl_2·6H_2O$	5	5.00	5.09	+1.80
$MgSO_4·7H_2O$	3	5.00	5.05	+1.00
$Ca(NO_3)_2·4H_2O$	2	5.00	5.01	+0.20
KBr	2	5.00	5.01	+0.20
KI	2	5.00	5.00	0.00

大量 $FeCl_3$ 和 $B_4O_7^{2-}$ 存在时，对测定有干扰。试验证明：当所取滴定试样中，$FeCl_3$ 小于 3 mg，B_2O_3 小于 150 mg，测定仍然可得满意的结果。

3. 其他

本法适用于含有较高 NH_4^+ 浓度的卤水中 NH_4^+ 的快速测定，相对标准偏差为±1%以内。

3.5　甘露醇法测定硼[1, 8, 9]

3.5.1　原理

在地表和地下卤水中，硼以何种硼酸盐形式存在，目前尚无定论。但如将卤水溶液用酸处理到一定酸度，硼则转变为硼酸形式。

H_3BO_3 属一元弱酸，不能用碱直接滴定。而当试样溶液中加入多元醇（如甘露醇、甘油或转化糖）后，即与 H_3BO_3 化合生成一种离解度远大于 H_3BO_3 的羟基络合物，其反应为

$$2H_3BO_3+C_6H_{14}O_6 \longrightarrow C_6H_8(OH)_2·(BO_3H)_2+4H_2O$$

硼酸-羟基络合物解离析出的 H^+，即能用碱直接滴定，借此进行试样中含硼量的测定：

$$C_6H_8(OH)_2\cdot(BO_3H)_2+2NaOH \longrightarrow C_6H_8(OH)_2\cdot(BO_3Na)_2+2H_2O$$

3.5.2 试剂

1. 邻苯二甲酸氢钾基准溶液

准确称取 6.1266 g 预先在 105～110℃烘至恒重的邻苯二甲酸氢钾（$KHC_8H_4O_4$，基准），溶于预先去除 CO_2 的二次水，转入 1 L 容量瓶中，用预先去除 CO_2 的二次水稀释至刻度，摇匀。此溶液 $c(KHC_8H_4O_4)=0.0300\ mol\cdot L^{-1}$。

2. NaOH 滴定剂溶液

预先将氢氧化钠（NaOH，A.R）固体试剂，用不含 CO_2 的二次水配制成 NaOH 饱和溶液，置于聚乙烯试剂瓶中，放置澄清后保存备用。

从 NaOH 饱和溶液中量取清液 52 mL，注入 1000 mL 预先去除 CO_2 的二次水中，摇匀，此溶液为 $c(NaOH)\approx1.0\ mol\cdot L^{-1}$。该溶液配制好后需要充分摇动，以保证溶液均匀（最好放置 1 天）。

量取 30 mL $c(NaOH)\approx1.0\ mol\cdot L^{-1}$溶液，用预先去除 CO_2 的二次水稀释至 1 L。此溶液为 $c(NaOH)\approx0.03\ mol\cdot L^{-1}$。其准确浓度由 $c(KHC_8H_4O_4)=0.0300\ mol\cdot L^{-1}$邻苯二甲酸氢钾基准溶液按下述方法进行标定。

准确移取一定体积的 $c(KHC_8H_4O_4)=0.0300\ mol\cdot L^{-1}$基准溶液于锥形瓶中，滴加 1~2 滴 ρ(酚酞)=10 $mg\cdot mL^{-1}$指示剂，用事先去除 CO_2 的二次水稀释至体积约 30 mL，摇匀。用 $c(NaOH)\approx0.03\ mol\cdot L^{-1}$滴定至溶液由无色至微红色，将锥形瓶置于加热板上加热至微沸，如果溶液颜色退至无色，补加少量的 NaOH 滴定溶液至溶液出现微红色并保持 15 秒，即为终点，记录消耗的 NaOH 滴定剂的消耗体积 V，计算 NaOH 滴定剂溶液浓度。

3. 甘露醇试剂

甘露醇试剂（$C_6H_{14}O_6$，A.R）。

4. 甲基红指示剂溶液

0.2 g 甲基红溶于 100 mL $\varphi(C_2H_5OH)=0.95$(A.R)溶剂中，摇匀后转入滴瓶保存。此溶液 ρ(甲基红)=2 $g\cdot L^{-1}$。

5. 酚酞指示剂溶液

1 g 酚酞溶于 100 mL $\varphi(C_2H_5OH)=0.95$(A.R)溶剂中，摇匀后转入滴瓶保存。此溶液 ρ(酚酞)=10 $g\cdot L^{-1}$。

6. 稀 HCl 溶液

180 mL 盐酸（HCl，$\rho=1.19\ g\cdot mL^{-1}$，A.R）溶液，用二次水稀释到 1000 mL，摇匀，置于试剂瓶中保存备用。此溶液 $c(HCl)=2\ mol\cdot L^{-1}$。

7. 稀 HCl 溶液

5 mL $c(\mathrm{HCl})=2\ \mathrm{mol\cdot L^{-1}}$溶液，用二次水稀释到 200 mL，摇匀，置于滴瓶中保存。此溶液 $c(\mathrm{HCl})=0.05\ \mathrm{mol\cdot L^{-1}}$。

8. 稀 NaOH 溶液

80 g 氢氧化钠（NaOH，A.R），溶于 1000 mL 预先去除 CO_2 的二次水中，摇匀后转入塑料试剂瓶中保存。此溶液 $c(\mathrm{NaOH})=2\ \mathrm{mol\cdot L^{-1}}$。

9. 稀 NaOH 溶液

5 mL $c(\mathrm{NaOH})=2\ \mathrm{mol\cdot L^{-1}}$溶液，用预先去除 CO_2 的二次水稀释到 200 mL，摇匀后转入滴瓶保存。此溶液 $c(\mathrm{NaOH})=0.05\ \mathrm{mol\cdot L^{-1}}$。

3.5.3　测定方法

准确移取一定体积待测试样溶液 V_s 于 200 mL 锥形瓶中，加 1 滴 ρ(甲基红)=2 $\mathrm{mg\cdot mL^{-1}}$溶液，用 $c(\mathrm{HCl})=2\ \mathrm{mol\cdot L^{-1}}$溶液酸化至溶液呈红色，再加 $c(\mathrm{HCl})=2\ \mathrm{mol\cdot L^{-1}}$溶液 1～2 滴，用少量事先去除 CO_2 的二次水冲洗锥形瓶内壁，加热至微沸并保持 5 min，取下冷至室温；先用 $c(\mathrm{NaOH})=2\ \mathrm{mol\cdot L^{-1}}$溶液中和至溶液呈黄色，再用 $c(\mathrm{HCl})=2\ \mathrm{mol\cdot L^{-1}}$溶液中和至溶液呈橙红色，接着再用 $c(\mathrm{NaOH})=0.05\ \mathrm{mol\cdot L^{-1}}$溶液和 $c(\mathrm{HCl})=0.05\ \mathrm{mol\cdot L^{-1}}$溶液反复中和至溶液呈橙色。加 3～5 g 甘露醇试剂，摇荡使其完全溶解，此时溶液呈深玫红色，加 1～2 滴酚酞指示液，立即用标定后的 $c(\mathrm{NaOH})=0.03\ \mathrm{mol\cdot L^{-1}}$滴定剂溶液滴定至溶液颜色由红色变成黄色（此时可以适量补加甘露醇），再由黄色转变成橙色，即为滴定终点，记录滴定消耗 NaOH 溶液的体积 V_1（mL）。

按上述操作步骤，测定甘露醇的空白，记录滴定消耗 NaOH 滴定剂溶液的体积 V_2（mL）。

待测试样中 B_2O_3 的质量浓度为

$$\rho\left(\mathrm{B_2O_3}\right)=\frac{\left(V_1-V_2\right)\times T}{V_s}$$

$$T\left(\mathrm{B_2O_3}\right)=\frac{c\left(\mathrm{NaOH}\right)\times 69.62}{2}$$

式中，V_1 为待测试样滴定时消耗 NaOH 滴定剂溶液的体积（mL）；V_2 为甘露醇空白消耗 NaOH 滴定剂溶液的体积（mL）；T 为 NaOH 滴定剂溶液对 B_2O_3 的滴定度；V_s 为待测试样取样量。

上述计算公式中也可以不用滴定度 T，待测试样中 B_2O_3 的质量浓度为

$$\rho\left(\mathrm{B_2O_3}\right)=\frac{c\times\left(V_1-V_2\right)\times 69.62}{2\times V_s}$$

式中，c 为 NaOH 滴定剂溶液物质的量浓度。

3.5.4 讨论

1. 共存阳离子的干扰

本法测定硼，共存的大量碱金属氯化物或硫酸盐对测定无干扰；当试样中含有较大量的 Fe^{3+}、Al^{3+}、Mn^{2+}等金属离子时，干扰硼的测定，必须在测定前先进行分离除去。

当试样中含有大量的碱土金属氯化物或硫酸盐时，采用本方法对测定有干扰，在测试过程应该设法排除干扰。

这些干扰元素的分离方法有蒸馏分离法，但操作繁复且费时；沉淀分离法则由于生成的沉淀吸附硼而使测定结果不正确，近来的离子交换分离法乃是快速准确的分离方法，其操作如下：

含有干扰元素的中性试验溶液，以每分钟约 5 mL 的流速通过装有强酸性磺酸型阳 1 号的柱状树脂管（树脂层高 20 cm，直径 1.2～1.5 cm），树脂管用水淋洗，淋洗液收集于 100 mL 容量瓶中至刻度，摇匀，再取一定体积的上述淋洗液于 200 mL 锥形瓶中，按本法进行硼的测定。

2. CO_2 的干扰

空气中 CO_2、二次水中及待测试样中溶解性 CO_2 对分析结果均有影响。在测定过程中应尽量避免使滴定溶液长时间与空气接触，以防止 CO_2 侵入影响测定结果，同时二次水和待测试样中的 CO_2 应予以去除，在分析测试过程中应注意控制冲洗锥形瓶的用水量。

3. 甘露醇的影响

硼的直接滴定采用多元醇为转化剂，实验结果表明以甘露醇最好，目前绝大多数用户采用甘露醇作为转化剂，甘露醇的空白值应控制在 0.5 mL（即 V_2）之内，甘露醇空白值过高会影响分析结果的准确性。除甘露醇外也可以应用甘油或转化糖。但加入甘油往往使滴定溶液黏度增加，影响滴定终点的敏锐变化。转化糖比较经济，曾被广泛应用，目前基本被淘汰。作为资料下面给出转化糖的制备方法，以供参考。

将 3000 g 蔗糖溶于 1000 mL 二次水中，加热溶解并煮沸数分钟（必要时过滤），趁热加入 $c(H_2SO_4)=1.5\ mol\cdot L^{-1}$溶液 25 mL，搅拌，冷至室温，溶液应为无色，然后用 NaOH 中和至中性反应。

多元醇与硼酸生成的络合物的稳定性随温度升高而降低，故滴定不宜在热的溶液中进行。

4. pH 的影响

采用本法测定待测试样中的硼，滴定前待测试样溶液酸度调节对测定结果有一定的影响，为了降低溶液中和过程引入的误差，要求在中和过程依次采用 $c(HCl)=2\ mol\cdot L^{-1}$溶液和 $c(NaOH)=2\ mol\cdot L^{-1}$溶液、$c(HCl)=0.05\ mol\cdot L^{-1}$溶液和 $c(NaOH)=0.05\ mol\cdot L^{-1}$溶液反复中和，直至溶液颜色变化非常敏锐；同时需要控制二次水的冲洗量，控制被滴定试样溶液的总体积。

3.6　碱度：碳酸根和碳酸氢根的测定[4, 10]

3.6.1　原理

天然卤水中 CO_3^{2-} 和 HCO_3^- 的存在主要代表碱金属的碳酸盐及碳酸氢盐的含量。在氯化物及硫酸盐型卤水中，CO_3^{2-} 的含量甚微，或者往往不存在，而 HCO_3^- 则含量不一，有的水样甚至达到几百 $mg·L^{-1}$以上。在碳酸盐型卤水中，碱金属的碳酸盐及碳酸氢盐为主要成分。

在地表卤水和地下卤水中，通常含有诸如 CO_3^{2-}、HCO_3^-、$B_4O_7^{2-}$、SiO_3^{2-} 等阴离子，在溶液中由于水解作用而使卤水呈碱性反应。

$$Na_2CO_3 + H_2O \rightleftharpoons NaHCO_3 + NaOH$$

$$NaHCO_3 + H_2O \rightleftharpoons H_2CO_3 + NaOH$$

$$H_2CO_3 \rightleftharpoons H_2O + CO_2\uparrow$$

$$Na_2B_4O_7 + 5H_2O \rightleftharpoons 2NaH_2BO_3 + 2H_3BO_3$$

$$2NaH_2BO_3 + 2H_2O \rightleftharpoons 2H_3BO_3 + 2NaOH$$

$$Na_2SiO_3 + H_2O \rightleftharpoons H_2SiO_3 + 2NaOH$$

在一般的卤水中，$B_4O_7^{2-}$、SiO_3^{2-} 常含量很小，因此，在用 HCl 溶液滴定时，一般可以计算为 CO_3^{2-} 和 HCO_3^- 的含量，其反应

$$Na_2CO_3 + 2HCl \longrightarrow 2NaCl + H_2O + CO_2\uparrow$$

$$NaHCO_3 + HCl \longrightarrow NaCl + H_2O + CO_2\uparrow$$

3.6.2　试剂

1. HCl 滴定剂溶液

移取 4.2 mL 盐酸（HCl，ρ=1.19 $g·mL^{-1}$，A.R）溶液与二次水混合并稀释至 1000 mL，摇匀，转入试剂瓶保存。此溶液 $c(HCl)\approx0.05\ mol·L^{-1}$，其浓度用基准 Na_2CO_3 标定。方法如下：

准确称取质量为 m（0.1000～0.2000 g）于 250～270℃干燥恒重后的基准 Na_2CO_3 试剂，置于 200 mL 锥形瓶中，加 30 mL 无 CO_2 二次水摇荡使之溶解，加 4 滴 ρ(甲基橙)=1 $mg·mL^{-1}$ 指示剂，用 $c(HCl)\approx0.05\ mol·L^{-1}$的 HCl 滴定剂溶液滴定至颜色由黄色突变为橙红色，即为反应终点，记录消耗 HCl 溶液体积（V），HCl 滴定剂溶液的准确浓度计算如下：

$$c(HCl) = \frac{m}{105.96 \times V}$$

2. 甲基红指示剂溶液

0.1 g 甲基红（$C_{15}H_{15}N_3O_2$）溶于 $\varphi(C_3H_5OH)$=0.95 的乙醇（A.R）溶液，摇匀后转入滴瓶保存。此溶液 ρ(甲基红)=1 $g·L^{-1}$。

3. 溴甲酚绿指示剂溶液

0.1 g 溴甲酚绿（$C_{21}H_{14}Br_4O_5S$）溶于 100 mL $\varphi(C_3H_5OH)=0.95$ 的乙醇（A.R）中，摇匀后转入滴瓶保存。此溶液 ρ(溴甲酚绿)=1 $g\cdot L^{-1}$。

4. 酚酞指示剂溶液

1 g 酚酞（$C_{20}H_{14}O_4$）溶于 100 mL $\varphi(C_3H_5OH)=0.95$ 的乙醇（A.R）中，摇匀后转入滴瓶保存。此溶液 ρ(酚酞)=10 $g\cdot L^{-1}$。

3.6.3 测定方法

1. 酚酞碱度的测定

准确移取一定体积待测试样溶液 V_s 于 200 mL 锥形瓶中，加水至体积约为 20 mL，加 2 滴 ρ(酚酞)=10 $g\cdot L^{-1}$指示剂溶液，如呈现玫红色，则用 $c(HCl)\approx0.05\ mol\cdot L^{-1}$滴定剂溶液滴定至玫红色恰好消失，记录消耗 HCl 滴定剂溶液的体积 V_1。

2. 甲基红-溴甲酚绿碱度的测定

在测定过酚酞碱度的无色试样中再加入 1 滴 ρ(甲基红)=1 $g\cdot L^{-1}$、2 滴 ρ(溴甲酚绿)=1 $g\cdot L^{-1}$指示剂溶液，继续以 $c(HCl)\approx0.05\ mol\cdot L^{-1}$滴定剂溶液滴定至试样溶液由亮绿色突变至暗红色，记录消耗 HCl 滴定剂溶液的体积 V_2。

待测试样中 CO_3^{2-}、HCO_3^- 的质量浓度分别为

$$\rho\left(CO_3^{2-}\right)=2\times\frac{c\times V_1\times 60.01}{V_s}$$

$$\rho\left(HCO_3^-\right)=\frac{c\times(V_2-V_1)\times 61.01}{V_s}$$

式中，c 为 HCl 滴定剂溶液物质的量浓度；V_1 是酚酞指示剂终点消耗 HCl 滴定剂体积；V_2 是甲基红-溴酚绿混合指示剂终点消耗 HCl 滴定剂体积；V_s 为待测试样的取样量。

3.6.4 讨论

1. 方法的适用性

严格意义上本方法只适用于不含硼酸盐和硅酸盐的卤水体系中 CO_3^{2-}、HCO_3^-、OH^-含量的测定，对于含有硼酸盐的卤水，该方法的酚酞终点因硼酸盐的水解干扰明显，终点误差很大。

2. 指示剂影响

本方法一般采用酚酞和甲基橙为指示剂，也有用甲基红替代甲基橙的。酚酞指示剂的颜色随溶液碱度降低逐渐变浅，没有明显的颜色突变，酚酞终点不易掌握，笔者经过长期

探索观察，发现酚酞终点在指示剂颜色由红色变为无色的同时，溶液会变得更为清澈，掌握以上两点，可提高酚酞终点的准确性。

采用甲基红-溴甲酚绿混合指示剂替代甲基橙或甲基红指示剂，溶液颜色变化由亮绿色突变为暗红色，颜色变化较单一的甲基橙（红）颜色变化明显，提高了终点判断的灵敏度。

3. CO_3^{2-}、HCO_3^-和 OH^-的判断

在实际工作中，卤水溶液碱度的测定，通常遇到三种情况，即 CO_3^{2-}、HCO_3^-和 OH^-碱度。设 V_2 为滴定至甲基红-溴甲酚绿终点消耗盐酸滴定剂的总体积，V_1 为滴定至酚酞终点时消耗盐酸滴定剂的体积，则三者之间的关系可由表 3.3 表示。

表 3.3　碱度的推算

滴定结果	HCO_3^-	CO_3^{2-}	OH^-
$V_1=0$	V_2	0	0
$V_1<\frac{1}{2}V_2$	V_2-2V_1	$2V_1$	0
$V_1=\frac{1}{2}V_2$	0	$2V_1$	0
$V_1>\frac{1}{2}V_2$	0	$2(V_2-V_1)$	$2V_1-V_2$
$V_2=V_1$	0	0	V_2

从表 3.3 可知，溶液中 CO_3^{2-}、HCO_3^-和 OH^-三者不能同时共存，在确定存在 HCO_3^-的条件下，OH^-存在的可能性为零。因此如果待测试样碱度分析结果显示同时存在 CO_3^{2-}、HCO_3^-和 OH^-或者是 HCO_3^- 和 OH^-共存时需要考虑待测试样阴离子集团的分解，如硼氧配阴离子的水解、HCO_3^-的分解等（见 3.6.1 小节）原因，此时需谨慎对待分析结果。

4. 含硼卤水碱度分析

对于含有硼酸盐的卤水体系，采用本方法可以准确测得卤水溶液的总碱度，采用甘露醇法可以测得卤水中硼酸盐含量，而对于卤水中 CO_3^{2-}、HCO_3^-和 OH^-各自准确含量用此法无法获得。如需确定含硼碱性卤水中 CO_3^{2-}、HCO_3^-的准确含量，需要借助其他分析方法。

3.7　EDTA 法测定硫酸根[11，12]

3.7.1　原理

EDTA 容量法测定硫酸根离子，是基于在滴定溶液中，加入对硫酸根过量的氯化钡溶液，将硫酸根沉淀成硫酸钡：

$$Ba^{2+}+SO_4^{2-}\longrightarrow BaSO_4\downarrow$$

过量钡盐在有镁盐存在下，用 EDTA 进行反滴定，间接计算硫酸根的含量，其反应：

$$Ba^{2+} + H_2Y^{2-} \longrightarrow BaY^{2-} + 2H^+$$

$$Mg^{2+} + H_2Y^{2-} \longrightarrow MgY^{2-} + 2H^+$$

本方法适用于 Mg、Ca 含量低于 1 $g\cdot L^{-1}$的待测试样中硫酸根的测定。

3.7.2　试剂

1. ZnO 标准工作溶液

准确称量 2.0347 g 预先在 800℃恒重的氧化锌（ZnO，基准），溶于 10 mL $\varphi(HCl)=0.50$ 的 HCl 溶液中，待完全溶解后，转入 1000 mL 容量瓶中，用二次水稀释至刻度，摇匀备用。此工作标准溶液 $c(ZnO)=0.02500\ mol\cdot L^{-1}$。

2. EDTA 滴定剂溶液

9.3 g 乙二胺四乙酸二钠（EDTA，$C_{10}H_{14}N_2O_8Na_2$，A.R）溶于适量二次水，再用二次水稀释至 1000 mL，摇匀。此溶液 $c(EDTA)\approx 0.025\ mol\cdot L^{-1}$，用 $c(ZnO)=0.02500\ mol\cdot L^{-1}$标准工作溶液标定其准确浓度，具体分析过程参见 3.2.2 小节。

3. EDTA-Mg 溶液

5.08 g 氯化镁（$MgCl_2\cdot 6H_2O$，G.R）溶于二次水，转入 500 mL 容量瓶中，用二次水稀释至刻度，摇匀。此溶液 $c(Mg^{2+})\approx 0.05\ mol\cdot L^{-1}$；9.3 g 乙二胺四乙酸二钠（EDTA，$C_{10}H_{14}N_2O_8Na_2$，A.R）溶于适量二次水，再用二次水稀释至 500 mL，摇匀。此溶液 $c(EDTA)\approx 0.05\ mol\cdot L^{-1}$；然后在 pH=10 的 NH_4Cl-$NH_3\cdot H_2O$ 缓冲条件下，以铬黑 T 作指示剂，用上述 $c(EDTA)\approx 0.05\ mol\cdot L^{-1}$溶液滴定 $c(Mg^{2+})=0.05\ mol\cdot L^{-1}$溶液，按滴定结果把配制得到的 $MgCl_2$ 溶液和 EDTA 溶液混合，确保混合后溶液中 Mg∶EDTA=1∶1。同时用 pH=10 的氨性缓冲溶液或者浓氨水调整溶液的 pH 在 10 左右，摇匀后保存。此溶液 $c(EDTA\text{-}Mg)\approx 0.05\ mol\cdot L^{-1}$。

4. $BaCl_2$ 溶液

6.11 g 氯化钡（$BaCl_2\cdot 2H_2O$，A.R）溶于二次水，然后用二次水稀释至 1000 mL，摇匀。此溶液 $c(Ba^{2+})\approx 0.025\ mol\cdot L^{-1}$。

5. NH_4Cl-$NH_3\cdot H_2O$ 缓冲溶液

20 g 氯化铵（NH_4Cl，A.R）溶于适量二次水中，加入 80 mL 氨水（$NH_3\cdot H_2O$，$\rho=0.88\ g\cdot mL^{-1}$，A.R），用二次水稀释到 1000 mL，摇匀。此溶液为 pH≈10 氨缓冲溶液。

6. 铬黑 T 指示剂溶液

0.2 g 铬黑 T 用 10 mL NH_4Cl-$NH_3\cdot H_2O$ 缓冲溶液溶解，再用 $\varphi(C_2H_5O)=0.95$ 乙醇稀释至 100 mL。指示剂贮存于棕色瓶中，稳定期约三个月。此液 ρ(铬黑 T)=2 $g\cdot L^{-1}$。

7. 稀 HCl 溶液

90 mL 盐酸（HCl，ρ=1.19 g·mL^{-1}，A.R）溶液，用二次水稀释到 1000 mL，摇匀，置于试剂瓶中保存备用。此溶液 c(HCl)=1 mol·L^{-1}。

3.7.3 测定方法

准确移取 10 mL $c(Ba^{2+})$≈0.025mol·L^{-1}溶液于 200 mL 锥形瓶中，准确加入 10 mL c(EDTA-Mg)≈0.05 mol·L^{-1}溶液，10 mL 无水乙醇，10 mL pH=10 氨缓冲溶液，10 滴 ρ(铬黑T)=2 g·L^{-1}溶液，用 c(EDTA)≈0.025 mol·L^{-1}滴定剂溶液滴定，当溶液由酒红色突变为天青色，即为反应终点，记录 EDTA 滴定剂溶液消耗的体积 V_1。

准确移取一定体积待测试样溶液 V_s 于 200 mL 锥形瓶中，加 1 滴 c(HCl)=1 mol·L^{-1}溶液，10 mL $c(Ba^{2+})$≈0.025 mol·L^{-1}溶液，剧烈振荡 3 min，静置 5 min，加 10 mL(EDTA-Mg)≈0.05 mol·L^{-1}溶液，10 mL 无水乙醇，10 mL pH=10 氨缓冲溶液，10 滴 ρ(铬黑 T)=2 g·L^{-1}溶液，用 c(EDTA)≈0.025 mol·L^{-1}滴定剂溶液滴定，当溶液由酒红色突变为天青色，即为反应终点，记录 EDTA 滴定剂溶液消耗的体积 V_2。

另取一份与测定 SO_4^{2-} 等量的试样溶液，加 10 mL pH=10 氨缓冲溶液，10 滴 ρ(铬黑 T)=2 g·L^{-1}溶液，用 c(EDTA)≈0.025 mol·L^{-1}滴定剂溶液滴定，当溶液由酒红色突变为天青色，即为反应终点，记录 EDTA 滴定剂溶液消耗的体积 V_3。

待测试样中 SO_4^{2-} 的质量浓度为

$$\rho\left(SO_4^{2-}\right)=\frac{c\left(V_1+V_3-V_2\right)}{V_s}\times 96.06$$

式中，c 为 EDTA 滴定剂溶液物质的量浓度；V_1 是滴定 $c(Ba^{2+})$≈0.025 mol·L^{-1}溶液消耗 EDTA 滴定剂溶液体积；V_2 是滴定待测试样溶液消耗 EDTA 滴定剂溶液体积；V_3 是待测试样溶液中不加 $c(Ba^{2+})$≈0.025 mol·L^{-1}溶液情况下滴定消耗 EDTA 滴定剂溶液体积；V_s 为待测试样的取样量。

3.7.4 讨论

1. pH 影响

加入 $BaCl_2$ 沉淀剂时，溶液的酸度应控制在 pH≈1，酸度不够，空气中 CO_2 参与沉淀反应；酸度过大，硫酸钡溶解度增加，导致测试结果误差变大。当待测试样中含有 CO_3^{2-}、HCO_3^- 时，先将待测试样溶液酸化、加热去除 CO_2 后再加 $BaCl_2$ 沉淀剂。EDTA 滴定过程控制溶液 pH≈10。

2. 待测试样中 SO_4^{2-} 浓度影响

待测试样（V_s）中 SO_4^{2-} 浓度应低于 5 mg，若高于 5 mg，则由于 $BaSO_4$ 沉淀对指示剂的吸附和 $BaSO_4$ 自身的溶解，从而造成误差。

3. $BaCl_2$ 溶液加入量

$BaCl_2$ 沉淀剂加入量对测试结果准确性影响显著，$BaCl_2$ 沉淀剂加入量不足，SO_4^{2-} 反应不完全；$BaCl_2$ 沉淀剂加入量过大，EDTA 滴定剂消耗量过大，影响分析结果的准确性。控制待测试样中 SO_4^{2-} 沉淀后 $BaCl_2$ 沉淀剂过量 20%～60%，可以保证分析结果的准确性。

4. 滴定速度

$BaCl_2$ 沉淀剂应逐滴加入，滴加过程中随时振荡锥形瓶，待沉淀剂完全加入后，剧烈振荡 3 min，随后放置 5～10 min 再进行后续操作。在接近滴定终点时应缓慢加入 EDTA 滴定剂，并且剧烈摇动锥形瓶，否则易导致指示剂变色延迟造成误差。

5. 提高分析准确度方法

乙醇能减少 $BaSO_4$ 的溶解度。EDTA 滴定 Ba 要有 Mg-EDTA 存在时才能进行，否则终点难辨别，实际上是置换滴定，是以 EDTA 滴定 Mg，如直接用 EDTA 滴定 Ba 则终点不明。待测试样中如果存在 Al、Fe 等干扰离子，在加 EDTA-Mg 溶液之前加入三乙醇胺掩蔽。

6. 指示剂

铬黑 T 性质稳定，但水溶液则不稳定，为防止氧化和聚合，可在配制溶液时加少量盐酸羟胺，保存期一般只有一个月。

3.8　银量法测定氯[13]

3.8.1　原理

在近中性溶液中，$AgNO_3$ 与 Cl^-（Br^-、I^-）反应生成难溶性的卤化银沉淀，通常应用于上述离子的定量测定，其反应为

$$Ag^+ + Cl^- \longrightarrow AgCl\downarrow$$

$$Ag^+ + Br^- \longrightarrow AgBr\downarrow$$

$$Ag^+ + I^- \longrightarrow AgI\downarrow$$

由于在滴定终点时所选择的指示剂种类不同，银量法又可分为莫尔（Mohr）法、福尔哈德法（Volhard）和法扬斯（Fajans）法。

莫尔法采用铬酸钾为指示剂，通过 CrO_4^{2-} 与 Ag^+ 反应生成砖红色的 Ag_2CrO_4 沉淀而判断滴定的终点。法扬斯法则是采用吸附指示剂二氯荧光黄作为判断滴定终点的指示剂。即当 AgCl 沉淀反应完成后，稍过量的 Ag^+ 离子被沉淀吸附并随之吸附指示剂染料而使沉淀表面发红。用铁矾铵 $NH_4Fe(SO_4)_2$ 为指示剂的银量法称为福尔哈德法，分为直接滴定和返滴定，测定卤素离子采用返滴定法。即加入定量且过量硝酸银标准溶液，以铁铵钒为指示剂，用硫氰酸铵标准溶液返滴定过量的硝酸银标准溶液。用该法测定 Cl^- 时，由于氯化银（AgCl）

沉淀的溶解度比硫氰酸银（AgSCN）大，近终点时可能发生氯化银沉淀转化为硫氰酸银，多消耗硫氰酸铵滴定剂而引入较大的误差。为避免此现象，可加入硝基苯等试剂保护氯化银沉淀。该法较莫尔法的优点是干扰少、应用范围广。这里仅推荐莫尔法和法扬斯法。

3.8.2　试剂

1. NaCl 工作标准溶液

准确称取 5.8640 g 预先于 350℃灼烧恒重的基准 NaCl 试剂，溶于二次水，转入 1000 mL 容量瓶中，用二次水稀释至刻度，摇匀。此溶液 $c(NaCl)=0.1000\ mol\cdot L^{-1}$。

2. $AgNO_3$ 滴定剂溶液

16.9 g 硝酸银（$AgNO_3$，A.R）溶于二次水，并用二次水稀释至 1000 mL，溶液贮存于棕色瓶中，此溶液 $c(AgNO_3)\approx 0.1\ mol\cdot L^{-1}$。其准确浓度用 $c(NaCl)=0.1000\ mol\cdot L^{-1}$的基准溶液标定。

3. K_2CrO_4 指示剂溶液

5 g 铬酸钾（K_2CrO_4，A.R）溶于 100 mL 二次水中，摇匀后转入洁净的滴瓶保存。此溶液 $\rho(K_2CrO_4)=50\ g\cdot L^{-1}$。

4. 二氯荧光黄指示剂溶液

0.1 g 二氯荧光黄（$C_{20}H_{10}O_5Cl_2$，A.R）溶于 100 mL $\varphi(C_2H_5OH)=0.95$ 乙醇溶液中，摇匀后转入洁净的滴瓶保存。此溶液 ρ(二氯荧光黄)$=1\ g\cdot L^{-1}$。

3.8.3　测定方法

1. 莫尔法

准确移取一定体积待测试样溶液 V_s 于 250 mL 锥形瓶中，加二次水稀释至 30 mL 左右，加 1 mL $\rho(K_2CrO_4)=50\ g\cdot L^{-1}$指示剂溶液，在强烈振荡下，用 $c(AgNO_3)\approx 0.1\ mol\cdot L^{-1}$的滴定剂溶液滴定至 AgCl 白色胶状沉淀周围呈橘红色，即为滴定终点，记录 $AgNO_3$ 滴定剂溶液消耗的体积数 V。如测定要求准确度较高，必须进行空白试验加以校正，其方法如下：

0.8 g 碳酸钙（$CaCO_3$，A.R）粉末于 250 mL 锥形瓶中，加 30 mL 水和 1 mL $\rho(K_2CrO_4)=50\ g\cdot L^{-1}$指示剂溶液，在强烈振荡下，用 $c(AgNO_3)\approx 0.1\ mol\cdot L^{-1}$的滴定剂溶液滴定至 $CaCO_3$ 沉淀周围呈橘红色，记录 $AgNO_3$ 滴定剂溶液消耗的体积数 V_0，即为空白实验值。

2. 法扬斯法

准确移取一定体积待测试样溶液 V_s 于 250 mL 锥形瓶中，加二次水稀释至 30 mL 左右，加 5 滴 ρ(二氯荧光黄)$=1\ g\cdot L^{-1}$指示剂溶液，在强烈振荡下，用 $c(AgNO_3)\approx 0.1\ mol\cdot L^{-1}$的滴定剂溶液滴定至 AgCl 白色胶状沉淀周围呈淡红色荧光，即为滴定终点。记录 $AgNO_3$ 滴定剂溶液消耗的体积数 V。

待测试样中 Cl^- 的质量浓度为

$$\rho\left(Cl^-\right)=\frac{c\left(V-V_0\right)\times 35.453}{V_s}$$

式中，c 为 $AgNO_3$ 滴定剂溶液物质的量浓度；V 为滴定时消耗 $AgNO_3$ 滴定剂溶液的体积；V_0 为空白试验消耗的 $AgNO_3$ 滴定剂溶液的体积；V_s 为待测试样的取样量。

3.8.4　讨论

1. Cl^-、Br^- 和 I^- 总量

银量法分析结果实际上是待测试样中的 Cl^-、Br^- 和 I^- 的总量，卤水中一般 Br^- 和 I^- 相比 Cl^- 含量小很多，故在实际工作中，往往将银量法测得的结果认为是待测试样中的 Cl^- 含量。在对分析结果要求严格的情况下，则需要从银量法获得结果中减去 Br^- 和 I^- 含量，确定 Cl^- 的真实含量。

2. 分析测试条件

1）莫尔法测试条件

（1）莫尔法测定 Cl^-，滴定必须在中性或弱碱性溶液中进行，即溶液 pH 在 6.5～10 之间。在酸性溶液中进行滴定，指示剂的灵敏度显著减小而使测定误差增大，这是由于 CrO_4^{2-} 与 H^+ 反应生成 $HCrO_4^-$，而 $HCrO_4^-$ 会进一步转化为 $Cr_2O_7^{2-}$，使 CrO_4^{2-} 浓度减少，指示滴定终点的 Ag_2CrO_4 沉淀出现晚或甚至不出现，导致严重测定误差。

$$CrO_4^{2-}+H^+\longrightarrow HCrO_4^-$$

在 pH＞10 的溶液中滴定，则可能生成 AgOH 沉淀而导致结果的错误。如果测试样中含有 NH_4^+，需要控制滴定在中性条件下进行，溶液 pH 过高，试样中 NH_4^+ 会转化为 NH_3，消耗滴定剂 $AgNO_3$，使分析结果偏高。

（2）莫尔法也可以用以测定 Br^-、I^- 和 SCN^-，此时需要注意 AgI 和 AgSCN 沉淀具有的强烈吸附作用，会使终点变色不敏锐，误差较大。

（3）由于 AgCl 沉淀的吸附作用，滴定必须在强烈振荡下进行，特别在接近终点时，更是如此。

2）法扬斯法

（1）法扬斯法使用吸附指示剂，吸附指示剂的变色敏锐性与指示剂的吸附量有直接关系，因此在滴定过程中形成的沉淀颗粒要小，以保证有较大的表面积。

（2）该方法不适合低浓度条件下的滴定分析，浓度越低，滴定终点的灵敏度越低。

（3）避免在强的阳光下滴定，防止光照导致沉淀变成灰色，影响终点的观察。

（4）二氯荧光黄指示剂适用于滴定液 pH 为 4～10。

3. 干扰因素

银量法中，凡是能与标准溶液 Ag^+形成沉淀的阴离子对滴定均有干扰；试样溶液的颜色对滴定结果也有影响；大量硫酸盐的存在对测定发生干扰，当分析试样中 SO_4^{2-}存在量在 32 mg 以下，对测定无干扰。

除硫酸盐外铵盐对测定结果也有影响。

待测试样中凡是能与 K_2CrO_4 形成沉淀的阳离子均干扰滴定结果。

3.9　汞量法测定氯[1，14]

3.9.1　原理

在中性或微酸性溶液中，Hg^{2+}与 Cl^-（Br^-、I^-）反应生成离解度很小的卤化汞络离子。其反应为

$$Hg^{2+} + 2Cl^- \longrightarrow HgCl_2$$

$$Hg^{2+} + 2Br^- \longrightarrow HgBr_2$$

$$Hg^{2+} + 2I^- \longrightarrow HgI_2$$

当反应达到终点后，稍过量的 Hg^{2+}即与指示剂二苯偶氮碳酰肼-溴酚蓝反应生成紫蓝色络合物，作为反应终点的鉴别。其反应为

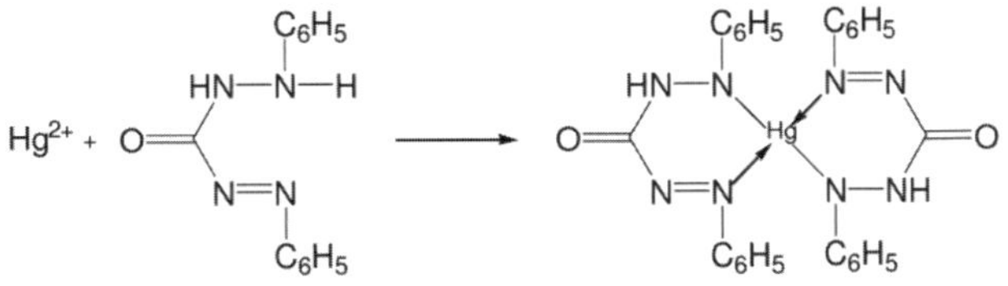

3.9.2　试剂

1. NaCl 工作标准溶液

准确称取 5.8443 g 预先于 350℃灼烧恒重的氯化钠（NaCl，基准），溶于二次水，转入 1000 mL 容量瓶中，用二次水稀释至刻度，摇匀。此溶液 $c(NaCl)=0.1000\ mol·L^{-1}$。

2. $Hg(NO_3)_2$ 滴定剂溶液

16.2 g 硝酸汞［$Hg(NO_3)_2$，A.R］于 200 mL 烧杯中，先加少量二次水润湿，加 100 mL 二次水，2 mL 浓 HNO_3（A.R），搅拌使其溶解，转入 1000 mL 试剂瓶中（必要时过滤），用二次水稀释至 1000 mL，摇匀。此溶液 $c[Hg(NO_3)_2]\approx0.05\ mol·L^{-1}$，其准确浓度用 $c(NaCl)=0.1000$ mol/L 的标准溶液标定。标定方法同 3.9.3 小节。

3. 氯混合指示剂溶液

0.5 g 二苯偶氮碳酰肼（$C_{13}H_{12}N_4O$）溶于 50 mL $\varphi(C_2H_5OH)=0.95$ 溶液中，0.05 g 溴酚蓝（$C_{19}H_{10}Br_4O_5S$）溶于 50 mL $\varphi(C_2H_5OH)=0.95$ 溶液中，待两种指示剂完全溶解后将其混合、摇匀后转入洁净的棕色滴瓶中保存。此溶液 $\rho(C_{13}H_{12}N_4O)=10\ g\cdot L^{-1}$。

4. 稀 HNO_3 溶液

3 mL 硝酸（HNO_3，$\rho=1.42\ g\cdot mL^{-1}$，A.R）溶液，用二次水稀释至 1000 mL，摇匀。溶液用洁净的棕色试剂瓶保存。此溶液 $c(HNO_3)=0.05\ mol\cdot L^{-1}$。

5. 稀 NaOH 溶液

5 mL $c(NaOH)=2\ mol\cdot L^{-1}$溶液，用二次水稀释到 200 mL，摇匀，转入滴瓶保存。此溶液 $c(NaOH)=0.05\ mol\cdot L^{-1}$。

3.9.3 测定方法

准确移取一定体积待测试样溶液 V_s（约含 Cl^- 10～100 mg）于 200 mL 锥形瓶中，用二次水稀释至 30 mL 左右，加 10 滴氯混合指示剂溶液。如溶液呈蓝色（pH＞4.4），则用 $c(HNO_3)=0.05\ mol\cdot L^{-1}$溶液中和至颜色变黄。如加入指示剂后，溶液呈黄色（pH＜3.6），则用 $c(NaOH)=0.05\ mol\cdot L^{-1}$溶液中和至溶液由黄色变为蓝色，再以 $c(HNO_3)=0.05\ mol\cdot L^{-1}$溶液调至黄色。溶液呈黄色后，再加 10 滴 $c(HNO_3)=0.05\ mol\cdot L^{-1}$溶液，这时溶液 pH 约在 3.0～3.5 之间。用 $c[Hg(NO_3)_2]\approx 0.05\ mol\cdot L^{-1}$滴定剂溶液滴定至溶液由黄色突变为紫蓝色，即为反应终点，记录 $Hg(NO_3)_2$ 滴定剂溶液消耗的体积量 V。

待测试样中 Cl^-的质量浓度为

$$\rho\left(Cl^-\right)=\frac{c\cdot V\times 35.453}{V_s}$$

式中，c 为 $Hg(NO_3)_2$ 滴定剂溶液物质的量浓度；V 为滴定消耗 $Hg(NO_3)_2$ 滴定剂溶液的体积；V_s 为待测试样的取样量。

3.9.4 讨论

1. Cl^-、Br^-和 I^-总量

汞量法测定 Cl^-，实际测得是总卤量，即 Cl^-、Br^-、I^-的总量。天然地表或地下卤水中，Cl^-离子的含量相当高，而 Br^-、I^-离子的含量非常低，故在实际工作中，往往以测得的总卤量直接计算为 Cl^-离子的含量。此种表示并非十分确切，特此说明。

2. 溶液酸度影响

汞量法测定 Cl^-离子，滴定溶液的酸度对测定结果影响较大。试验表明，溶液 pH 最好在 3.0～3.5 之间，如 pH 太高，则 Hg^{2+}与指示剂反应过早，使测定结果偏低。如 pH 太低，

Hg^{2+}与指示剂形成的络合物不稳定，造成指示剂变色滞后，则测定结果偏高。详见表 3.4。

3. 方法的准确度

汞量法用于卤水中 Cl^-的测定，操作简单，终点易于鉴别，比银量法测定 Cl^-经济而实用，相对标准偏差为±0.15%。

表 3.4 pH 对测定结果的影响

Cl^-加入量/mg	加入 0.05 mol/L HNO_3 体积/mL	滴定溶液总体积 /mL	滴定溶液 pH	Cl^-测得量 /mg	相对标准偏差 /%
105.77	0.0	50	3.19	104.96	−0.67
105.77	0.5	50	3.16	106.03	+0.34
105.77	1.0	50	3.02	107.09	+1.34
105.77	1.5	50	2.96	107.44	+1.68
105.77	2.0	50	2.55	107.70	+2.01
105.77	3.0	50	2.40	108.51	+2.68
105.77	5.0	50	2.14	110.64	+2.69

近年来由于汞的危害性，该方法的应用趋于减少。

4. 其他注意事项

$Hg(NO_3)_2$ 试剂溶解过程容易发生水解，因此在配制过程需要加入适量的浓 HNO_3，溶液 pH 对分析结果有影响，因此在配制 $Hg(NO_3)_2$ 溶液时要控制 HNO_3 的用量。$Hg(NO_3)_2$ 溶液在放置过程中浓度不很稳定，实际工作中最好每周标定一次浓度。

3.10 次氯酸盐法测定溴、碘总量[15–17]

3.10.1 原理

在酸性溶液中，次氯酸盐（如次氯酸的钾、钠和钙等的盐类）定量地将 Br^-、I^-离子氧化成 BrO_3^-和 IO_3^-离子，当加入过量的次氯酸盐被破坏后，溶液中的 BrO_3^-和 IO_3^-离子即可用碘量法进行 Br^-、I^-总量的测定。其反应为

$$Br^- + 3ClO^- \longrightarrow BrO_3^- + 3Cl^-$$
$$I^- + 3ClO^- \longrightarrow IO_3^- + 3Cl^-$$
$$HClO + HCOONa \longrightarrow NaCl + H_2O + CO_2$$
$$BrO_3^- + 6I^- + 6H^+ \longrightarrow 3I_2 + Br^- + 3H_2O$$
$$IO_3^- + 5I^- + 6H^+ \longrightarrow 3I_2 + 3H_2O$$
$$I_2 + 2Na_2S_2O_3 \longrightarrow 2NaI + Na_2S_4O_6$$

次氯酸盐法测定 Br^-、I^-的总量。如若另取一份试样溶液，以溴水（Br_2）为氧化剂，再以碘量法测定碘（参见 3.11 节），则 Br^-的含量可用差减法计算。

3.10.2　试剂

1. KIO_3 工作标准溶液

准确称取 1.4267 g 事先已于 105℃下干燥至恒重的碘酸钾（KIO_3，基准）试剂置于洁净的烧杯中，用少量二次水溶解后，全部转入 1000 mL 容量瓶中，用二次水稀释至刻度，摇匀。此溶液 $c\left(\frac{1}{6}KIO_3\right)$=0.04000 mol·L^{-1}。

$c\left(\frac{1}{6}KIO_3\right)$=0.00200 mol·L^{-1}的工作标准溶液由 $c\left(\frac{1}{6}KIO_3\right)$=0.04000 mol·L^{-1}溶液稀释 20 倍而得。

2. $Na_2S_2O_3$ 滴定剂溶液

1）$Na_2S_2O_3$ 滴定剂溶液配制

称取 10 g 硫代硫酸钠（$Na_2S_2O_3·5H_2O$，G.R）溶于适量二次水，加入 0.2 g 碳酸钠（Na_2CO_3，A.R），溶解后加二次水稀释至 1000 mL，缓慢加热煮沸，保持微沸 15 min，冷却后转入事先在 120℃烘箱中加热 1 h 灭菌处理并冷却的棕色试剂瓶中保存，放置 2 周后过滤，此溶液 $c(Na_2S_2O_3)$≈0.04 mol·L^{-1}，其准确浓度由 $c\left(\frac{1}{6}KIO_3\right)$=0.04000 mol·L^{-1}工作标准溶液确定。

2）$c(Na_2S_2O_3)$≈0.002 mol·L^{-1}滴定剂溶液配制

由 $c(Na_2S_2O_3)$≈0.04 mol·L^{-1}滴定剂溶液，用新煮沸冷却的二次水稀释而得。此溶液在使用前稀释，其准确浓度按下述方法标定其准确浓度。

3）$Na_2S_2O_3$ 滴定剂溶液标定

准确移取 $c\left(\frac{1}{6}KIO_3\right)$=0.00200 mol·L^{-1}碘酸钾工作标准 10.00 mL，于 200 mL 碘量瓶中，加入 50 mL 新煮沸冷却的二次水，5 g NaCl 固体试剂，3 g H_3BO_3 固体试剂，摇匀后有少量 H_3BO_3 固体存在；1.0 g 碘化钾及 10 mL 冰醋酸溶液，加盖摇匀后，于暗处静置 5 min，用 $c(Na_2S_2O_3)$≈0.002 mol·L^{-1}滴定剂溶液滴定（注意滴定过程保持快滴慢摇）。至溶液呈淡黄色时，加入 1 mL 新配制的 ρ(淀粉)=5 g·L^{-1}溶液，呈蓝色，继续滴定至蓝色刚刚消失（此时需要慢滴快摇），即为终点，记录消耗滴定剂溶液体积 V。硫代硫酸钠滴定剂溶液的准确浓度按下式计算：

$$c\left(Na_2S_2O_3\right)=\frac{c\left(\frac{1}{6}KIO_3\right)\times 10.00}{V}$$

3. 次氯酸钠溶液

准确移取 100 mL 安替福民［NaClO，ω(Cl)=0.10，A.R］溶液至洁净的聚乙烯瓶中，加入 100 mL 二次水，混合均匀后置于冰箱中，冷藏避光保存。此溶液含有效氯 ω(Cl)=0.05。

4. 甲酸钠溶液

20 g 甲酸钠（HCOONa，A.R）溶于二次水，并用二次水稀释至 100 mL，摇匀，转入试剂瓶保存。此溶液 $\rho(HCOONa)=200\ g\cdot L^{-1}$。

5. 稀 H_2SO_4 溶液

移取 42 mL 硫酸（H_2SO_4，$\rho=1.84\ g\cdot mL^{-1}$，A.R），加到 458 mL 二次水中，摇匀，转入试剂瓶保存。此溶液 $c(H_2SO_4)=1.50\ mol\cdot L^{-1}$。

移取 1.4 mL 硫酸（H_2SO_4，$\rho=1.84\ g\cdot mL^{-1}$，A.R），加到 498.6 mL 二次水中，摇匀，转入试剂瓶保存。此溶液 $c(H_2SO_4)=0.05\ mol\cdot L^{-1}$。

6. 稀 NaOH 溶液

0.40 g 氢氧化钠（NaOH，A.R）固体置于干净的小烧杯中，用 100 mL 二次水溶解，待溶解摇匀后，转入滴瓶中保存，此溶液 $c(NaOH)=0.1\ mol\cdot L^{-1}$。

7. 淀粉指示剂溶液

0.5 g 可溶性淀粉［$(C_6H_{10}O_5)_n$，A.R］和 0.01 g KI（A.R）一起溶于 5 mL 二次水中，搅成悬浮状，然后倾入 95 mL 沸腾的二次水中，搅拌数分钟，取下冷至室温并贮存于试剂瓶中，本试剂最好用前配制。此溶液 ρ(淀粉)$=5\ g\cdot L^{-1}$。

8. 甲基红指示剂溶液

1.0 g 甲基红（$C_{15}H_{15}N_3O_2$）溶于 100 mL 的二次水中，摇匀后转入滴瓶保存。此溶液 ρ(甲基红)$=10g\cdot L^{-1}$。

9. H_3BO_3 试剂

硼酸（H_3BO_3，A.R）试剂。

10. KI 试剂

碘化钾（KI，A.R）于 120℃干燥 2～3 h，以除去表面被氧化而生成的 I_2。干燥后的 KI 结晶表面结白，不带淡黄色。

11. 钼酸铵溶液

10 g 钼酸铵［$(NH_4)_2MoO_4$，A.R］溶于 100 mL 二次水中，摇匀后转入滴瓶保存。此溶液 ρ［$(NH_4)_2MoO_4$］$=100\ g\cdot L^{-1}$。

3.10.3　测定方法

准确移取一定体积待测试样溶液 V_s（含 Br^-、I^-总量约为 20～200 μg）于 200 mL 碘量瓶中，加 2 滴 ρ(甲基红)$=0.01\ g\cdot mL^{-1}$溶液，用 $c(H_2SO_4)=0.05\ mol\cdot L^{-1}$和 $c(NaOH)=0.1\ mol\cdot L^{-1}$

溶液中和至溶液刚呈黄色，加入 3 g H_3BO_3（A.R）固体，摇匀后有少量 H_3BO_3 固体存在；加 5.0 mL 有效氯 $\omega(Cl)=0.05$ 的 NaClO 溶液，待溶液变清澈后置于沸水浴上加热 10 min，流水冷至 60℃，并不时摇荡碘量瓶，然后沿瓶壁加入 3 mL $\rho(HCOONa)=200\ g\cdot L^{-1}$溶液，继续在沸水浴上振荡加热 5 min，取下流水冷至室温。迅速加入 0.5 g 结晶 KI 和 4 mL $c(H_2SO_4)=1.5\ mol\cdot L^{-1}$溶液，1 滴 $\rho[(NH_4)_2MoO_4]=100\ g\cdot L^{-1}$溶液，立即用 $c(Na_2S_2O_3)\approx 0.001\ mol\cdot L^{-1}$滴定剂溶液滴定至溶液呈淡黄色（注意滴定过程保持快滴慢摇）。加入 2 mL ρ(淀粉)=5 $g\cdot L^{-1}$溶液，继续滴定至蓝色消失为止（此时需要慢滴快摇），记录 $Na_2S_2O_3$ 溶液的耗量 V_1。

设同量试样溶液在用溴水氧化后测定 I^-时消耗 $c(Na_2S_2O_3)\approx 0.001\ mol\cdot L^{-1}$滴定剂溶液为 V_2 mL，则待测试样中 Br^-的质量浓度为

$$\rho\left(Br^-\right)=\frac{c\left(V_1-V_2\right)\times 79.90}{6V_s}$$

式中，c 为 $Na_2S_2O_3$ 滴定剂溶液物质的量浓度；V_1 为滴定 Br^-、I^-总量时消耗 $Na_2S_2O_3$ 体积；V_2 为同量待测试样测 I^-时消耗 $Na_2S_2O_3$ 溶液的体积；V_s 为待测试样的取样量。

3.10.4 讨论

1. 酸度影响

次氯酸盐测定溴碘总量的分析方法涉及多个氧化还原反应，首先待测试液中的 Br^-、I^-被氧化剂氧化成 BrO_3^-、IO_3^-，其次是 BrO_3^-、IO_3^-和 I^-（KI）反应生成 I_2，最后是生成的 I_2 与 $Na_2S_2O_3$ 滴定剂的氧化还原反应。pH 对上述氧化还原反应影响显著，控制每一步反应时的溶液酸度，是控制分析误差的关键。

（1）NaClO 氧化法要求控制溶液 pH=5～7，pH＜5 时，一方面氧化剂不稳定，另一方面空气中氧对溴的氧化速度加快，影响测量准确性；pH＞10 时氧化不完全；控制 pH=5～7 分析结果的重现性最佳。硼酸在分析测试中起缓冲作用，可控制溶液 pH 在需要范围。

（2）BrO_3^- 氧化 I^-须在强酸条件下进行，待测试样中 Br^-、I^-总量在 200 μg，加 4 mL $c(H_2SO_4)=1.5\ mol\cdot L^{-1}$溶液控制酸度，如果试样中 Br^-、I^-总量达到 15 mg 左右，可以考虑加 4～8 mL $c(H_2SO_4)=6\ mol\cdot L^{-1}$溶液，酸度不够，氧化反应进行不完全，导致最终测定误差变大；氧化阶段溶液 pH≤0.6 为宜。

（3）$Na_2S_2O_3$ 和 I_2 的反应必须在中性或弱酸性条件下进行，强酸性溶液中 $Na_2S_2O_3$ 分解产生分析误差，如果在加 KI 后溶液酸碱度过大时，应预先中和或加大量二次水稀释，保证 $Na_2S_2O_3$ 滴定反应在中性或弱酸性下进行。

2. 氧化剂影响

待测试样中 Br^-和 I^-的氧化程度与氧化剂的浓度有关，氧化剂可以用市售的安替福民试剂稀释而得，稀释倍数根据待测试样中 Br^-、I^-总量及安替福民试剂有效氯浓度进行调整。安替福民试剂有效氯 $\omega(Cl)=0.10$，碱度约为 0.4 $mol\cdot L^{-1}$，如低浓度 Br^-、I^-待测试样，采用 10 倍稀释即氧化剂溶液 $\omega(Cl)=0.01$；而高浓度 Br^-、I^-待测试样采用 2 倍稀释样，即氧化剂溶液 $\omega(Cl)=0.05$。

其他次氯酸盐如次氯酸钾、次氯酸钙具有和次氯酸钠同等氧化作用，其加入量同样需要根据待测试样中 Br^-、I^-总量进行调整。

3. 测定方法误差来源与消除

此测定方法为氧化还原滴定法中的间接碘量法，利用 I^-的还原性（加入过量 KI）与溶液中氧化性物质（BrO_3^-、IO_3^-）反应生成 I_2，再用还原性的硫代硫酸钠标准滴定液滴定，从而测定出待测试样中的氧化性物质含量。该方法有两个误差来源，第一个是碘的挥发性导致 I_2 的损失；第二个是 I^-在酸性溶液中已被空气中的氧气氧化析出 I_2。为防止 I_2 挥发，加 KI 之前溶液温度控制在室温（＜25℃）下，且在碘量瓶中进行；加入过量 KI，使 I_2 形成 I_3^-；为减少滴定过程被空气中氧气氧化，滴定时不能剧烈摇动碘量瓶，采用快滴慢摇，接近终点时加入淀粉指示剂后，要慢滴快摇，避免淀粉对 I_2 的吸附导致重点变色不灵敏，同时滴定过程应避免阳光照射。

4. 氧化剂稳定性

用市售安替福民按体积比 1∶1 稀释配制次氯酸钠氧化剂，简化了传统滴定方法中次氯酸钠溶液的制备步骤，可大幅提高分析效率，但氧化剂的稳定性直接影响测定结果。1∶1 稀释配制的次氯酸钠溶液的存储方式对氧化剂的稳定性影响显著，配制好的次氯酸钠溶液避光冷藏（0～4℃）保存，其稳定性长达 2 个月。

将加热煮沸过程优化为恒温水浴加热，溴离子的氧化温度和次氯酸钠的分解温度分别为 80℃和 100℃，恒温时间都为 5.0 min。但在高海拔地区，水沸点降低，水浴温度难以达到要求，建议采用传统的加热煮沸方式。

5. 其他

（1）次氯酸盐法测定的是待测试样中 Br^-、I^-总量，用其他方法测定 I^-浓度，差减获得 Br^-浓度。

（2）钼酸铵对 BrO_3^-氧化 I^-有催化作用，滴加钼酸铵，可以加速 I^-的氧化进程。

（3）$Na_2S_2O_3$ 滴定液稳定性较差，易受空气、微生物影响而分解，配制溶液时需煮沸 15 min，（或用新煮沸的冷却二次水）冷却后再转入事先经过灭菌处理的棕色试剂瓶保存。配制好的溶液在暗处放置 7～14 天再标定；使用过程应经常对其浓度进行标定。

（4）在分析测定的试样中，如含有 0.5 mg 以上的 NO_2^-时，对测定有干扰。这时应在测定前加入硫脲破坏 NO_2^- ［1 mg NO_2^-应加入 0.85 mL ρ(硫脲)=5 mg·mL^{-1}溶液］。然后按本法进行测定。

本方法相对标准偏差±1%。

3.11　溴水法测定碘[18-20]

3.11.1　原理

在酸性溶液中，溴水（Br_2）定量地将 I^-离子氧化为 IO_3^-离子，而 Br^-离子则无此反应。

当加入过量的溴水被破坏后，溶液中的IO_3^-离子即可用碘量法测定I^-。其反应为

$$I^- + 3Br_2 + 3H_2O \longrightarrow IO_3^- + 6Br^- + 6H^+$$

$$Br_2 + HCOONa \longrightarrow CO_2 \uparrow + HBr + NaBr$$

$$IO_3^- + 5I^- + 6H^+ \longrightarrow 3I_2 + 3H_2O$$

$$I_2 + 2Na_2S_2O_3 \longrightarrow 2NaI + Na_2S_4O_6$$

3.11.2 试剂

1. KIO_3 工作标准溶液

准确称取 1.4267 g 事先已于 105℃下干燥至恒重的碘酸钾（KIO_3，基准）试剂置于洁净的烧杯中，用少量二次水溶解后，全部转入 1000 mL 容量瓶中，用二次水稀释至刻度，摇匀。此溶液$c\left(\frac{1}{6}KIO_3\right)$=0.04000 mol·L^{-1}。

$c\left(\frac{1}{6}KIO_3\right)$=0.00200 mol·L^{-1}的工作标准溶液由$c\left(\frac{1}{6}KIO_3\right)$=0.04000 mol·L^{-1}溶液稀释 20 倍而得。

2. $Na_2S_2O_3$ 滴定剂溶液

1）$Na_2S_2O_3$ 滴定剂溶液配制

称取 10 g 硫代硫酸钠（$Na_2S_2O_3·5H_2O$，G.R）溶于适量二次水，加入 0.2 g 碳酸钠（Na_2CO_3，A.R），溶解后加二次水稀释至 1000 mL，缓慢加热煮沸，保持微沸 15 min，冷却后转入棕色试剂瓶中保存，放置 2 周后过滤，此溶液 $c(Na_2S_2O_3)\approx0.04$ mol·L^{-1}，其准确浓度由$c\left(\frac{1}{6}KIO_3\right)$=0.04000 mol·L^{-1}工作标准溶液确定。

2）$c(Na_2S_2O_3)\approx0.002$ mol·L^{-1}滴定剂溶液配制

由 $c(Na_2S_2O_3)\approx0.04$ mol·L^{-1}滴定剂溶液，用新煮沸冷却的二次水稀释而得。此溶液在使用前稀释，其准确浓度按下述方法标定其准确浓度。

3）$Na_2S_2O_3$ 滴定剂溶液标定

准确移取$c\left(\frac{1}{6}KIO_3\right)$=0.00200 mol·L^{-1}碘酸钾工作标准 10.00 mL，于 250 mL 碘量瓶中，加入 50 mL 新煮沸冷却的二次水，5 g NaCl 固体试剂，3 g H_3BO_3 固体试剂，1.0 g 碘化钾及 10 mL 冰醋酸溶液，加盖摇匀后，于暗处静置 5 min，用 $c(Na_2S_2O_3)\approx0.002$ mol·L^{-1}滴定剂溶液滴定（注意滴定过程保持快滴慢摇）。至溶液呈淡黄色时，加入 1 mL 新配制的ρ(淀粉)=5 g·L^{-1}溶液，呈蓝色，继续滴定至蓝色刚刚消失（此时需要慢滴快摇），即为终点，记录消耗滴定剂溶液体积 V。硫代硫酸钠滴定剂溶液的准确浓度按下式计算：

$$c\left(Na_2S_2O_3\right)=\frac{c\left(\frac{1}{6}KIO_3\right)\times10.00}{V}$$

3. 甲酸钠溶液

20 g 甲酸钠（HCOONa，A.R）溶于二次水，并用二次水稀释至 100 mL，摇匀后转入洁净试剂瓶保存。此溶液 $\rho(HCOONa)=200\ g\cdot L^{-1}$。

4. 稀 H_2SO_4 溶液

移取 1.4 mL 硫酸（H_2SO_4，$\rho=1.84\ g\cdot mL^{-1}$，A.R），加到 498.6 mL 二次水中，摇匀后转入洁净滴瓶保存。此溶液 $c(H_2SO_4)=0.05\ mol\cdot L^{-1}$。

移取 42 mL 硫酸（H_2SO_4，$\rho=1.84\ g\cdot mL^{-1}$，A.R），加到 458 mL 二次水中，摇匀后转入洁净的试剂瓶保存。此溶液 $c(H_2SO_4)=1.50\ mol\cdot L^{-1}$。

5. 结晶 KI 试剂

碘化钾（KI，A.R）于 120℃干燥 2～3 h，以除去表面被氧化而生成的 I_2。干燥后的 KI 结晶表面应洁白，不带淡黄色。

6. 淀粉指示剂溶液

称取 0.5 g 可溶性淀粉（$C_{12}H_{22}O_{11}$，A.R）和 0.01 g 碘化钾（KI，A.R）一起溶于 5 mL 二次水中，搅成悬浮状，然后倾入 95 mL 沸腾的二次水中，搅拌数分钟，取下冷至室温并贮存于试剂瓶中，本试剂最好用前配制。此溶液 $\rho(\text{淀粉})=5\ g\cdot L^{-1}$。

7. NaCl 试剂

氯化钠（NaCl，G.R）固体试剂。

8. H_3BO_3 试剂

硼酸（H_3BO_3，A.R）固体试剂。

9. 饱和溴水溶液

量取 4 mL 液溴（Br_2，A.R），放置在磨口试剂瓶中，加入 200 mL 二次水，振荡溶液使其底部始终保存着少量溴，即为饱和溴水溶液。此溶液转入洁净的棕色滴瓶保存。

3.11.3　测定方法

准确移取一定体积待测试样溶液 V_s 于 200 mL 碘量瓶中，用新煮沸冷却后的二次水稀释至 30 mL 左右，加 2 滴 $\rho(\text{甲基红})=0.01\ g\cdot mL^{-1}$指示剂，用 $c(H_2SO_4)=0.05\ mol\cdot L^{-1}$和 $c(NaOH)=0.1\ mol\cdot L^{-1}$溶液中和至溶液刚呈红色，5 g NaCl 固体试剂，3 g H_3BO_3 固体试剂，0.4 mL 饱和溴水溶液至溶液呈黄色，放置 10 min；如果试样黄色褪去，应该逐滴补加溴水至溶液呈现黄色，继续放置 10 min。加热煮沸，加入 1 mL $\rho(HCOONa)=0.20g\cdot mL^{-1}$溶液至黄色消失，再过量 2 滴，继续加热煮沸 5 min，取下流水冷至室温，加 0.5 g 结晶 KI 试剂和 4 mL $c(H_2SO_4)=1.5\ mol\cdot L^{-1}$溶液，析出的 I_2 即刻用 $c(Na_2S_2O_3)\approx0.001\ mol\cdot L^{-1}$滴定剂溶液滴

定至试液呈淡黄色（注意滴定过程保持快滴慢摇），接着加 2 mL ρ(淀粉)=5 mg·mL^{-1}指示剂溶液，继续滴定至蓝色消失为止（此时需要慢滴快摇），记录 $Na_2S_2O_3$ 溶液的耗量 V（mL）。

则待测试样中 I^-的质量浓度为

$$\rho\left(I^-\right)=\frac{c \cdot V\times 126.90}{6V_s}$$

式中，c 为 $Na_2S_2O_3$ 滴定剂溶液物质的量浓度；V 为消耗 $Na_2S_2O_3$ 滴定剂溶液体积；V_s 为待测试样取样量。

3.11.4 讨论

1. 干扰

（1）在分析测定的试样中，如含有 0.5 mg 以上的 NO_2^-时，对测定有干扰。这时应在测定前加入硫脲破坏 NO_2^-［1 mg NO_2^-应加入 0.85 mL ρ(硫脲)=5 mg·mL^{-1}溶液］。然后按本法进行测定。

（2）如果试样溶液含有 Fe^{2+}(Fe^{3+})、$C_2O_4^{2-}$、F^-等，对滴定终点有干扰，此时用 H_3PO_4 代替 H_2SO_4 可以有效防止终点的稳定性。

2. 酸度影响

（1）溴水氧化过程应在酸性条件下进行，但是酸度不宜过强，一般控制在溶液 pH 在 1.5～4.0 之间；室温放置 10 min 后，应该加热煮沸，如果室内温度较低，则应该采用加热氧化的方式；如果试样中 I^-含量较低，则应采用加热氧化方式。

（2）$Na_2S_2O_3$ 溶液滴定 I_2 应该在弱酸性或中性条件下进行，发生反应时溶液的温度不能高，一般在室温下进行；滴定时，使用带有玻璃塞的碘量瓶；滴定速度宜适当地快些，不能剧烈摇动，防止在滴定过程中 I_2 发生歧化反应，造成测定误差。

（3）淀粉指示液应在滴定近终点时加入，如果过早加入，淀粉会吸附较多的 I_2，使滴定结果产生误差。

（4）滴定过程使用的二次水应该是新煮沸并冷却的二次水。

3. 其他

$Na_2S_2O_3$ 滴定剂溶液的配制要求、浓度标定过程参见 3.10.2 小节，在此不再赘述。

3.12 四苯硼钠-季铵盐容量法测定钾[21–25]

3.12.1 原理

在 pH 为 3.7 的溶液中加入四苯硼钠与钾生成稳定的四苯硼钾沉淀，过剩的四苯硼钠以溴酚蓝为指示剂用季铵盐滴定，从而得到钾的含量，与重量法相比，相对误差约 1%。

3.12.2 试剂

1. K^+工作标准溶液

准确称取 2.860 g 于事先 500℃灼烧恒重的氯化钾（KCl，基准），溶于少量二次水中，转入 1000 mL 容量瓶中，用二次水定容到刻度，摇匀。此溶液为 $\rho(K^+)=1.500\ g\cdot L^{-1}$的 K^+工作标准溶液。

2. 四苯硼钠沉淀剂溶液

17.6 g 四苯硼钠（A.R）溶于 50 mL 二次水中，加入新配制的 $Al(OH)_3$ 凝胶（2.6 g 无水 $AlCl_3$，加 25 mL 水溶解，加 1 滴酚酞做指示剂，在不断搅拌下，缓慢加入 2 $mol\cdot L^{-1}$ NaOH 溶液调至溶液微红，此时 pH 为 8～9），加 NaCl（A.R）20.8 g，搅拌均匀，加二次水 250 mL，摇振 15 min，静置 10 min，过滤，收集滤液于 1000 mL 容量瓶，用氢氧化钠溶液调至 pH=8～9，用二次水稀释定容，摇匀，用棕色瓶于暗处保存。

3. 季铵盐滴定剂溶液

2 g 季铵盐（十六烷基三甲基溴化铵）溶于 40 mL $\varphi(C_2H_5OH)=0.95$ 试剂中（A.R），待季铵盐完全溶解后用二次水稀释至 1000 mL。此溶液 ρ(季铵盐)=2 $g\cdot L^{-1}$。（注：此溶液需保存在室温 15℃以上使用，否则有结晶析出，析出结晶的滴定剂在使用前加热溶解，不影响其使用。）

4. CH_3COOH-CH_3COONa 缓冲溶液

20 g CH_3COONa（A.R）溶于 300 mL 二次水中，加 CH_3COOH（A.R）100 mL，用二次水稀释至 1000 mL，此溶液 pH=3.7（用 pH 计测试溶液的 pH）。

5. 溴酚蓝指示剂溶液

0.1 g 溴酚蓝溶于 3 mL $c(NaOH)=0.05\ mol\cdot L^{-1}$溶液中，溶解完全后加二次水稀至 100 mL。此溶液 ρ(溴酚蓝)=1 $g\cdot L^{-1}$。

3.12.3 测定方法

1. 季铵盐对 K^+的滴定度分析

准确吸取标准 KCl 溶液 10 mL 于 50 mL 容量瓶中，加 CH_3COOH-CH_3COONa 缓冲溶液 10 mL，摇匀，准确加入四苯硼钠沉淀剂溶液 10 mL，用水稀至刻度，摇匀，干滤纸过滤，弃去初滤液，准确吸取滤液 10 mL 于 200 mL 锥形瓶中，加溴酚蓝指示剂 1 滴，用季铵盐溶液滴至蓝色，记录消耗季铵盐体积 V_2。

另取 1 个 50 mL 容量瓶，加 10 mL 缓冲溶液，准确加入 10 mL 四苯硼钠沉淀剂溶液，稀至刻度，摇匀，取此溶液 10 mL 于锥形瓶中，加溴酚蓝指示剂 1 滴，用季铵盐滴定至溶液呈蓝色，记录消耗季铵盐体积 V_1(空白)，计算季铵盐的滴定度 $T(K^+/季铵盐)$，即每毫升季铵盐溶液可滴定试液中钾的毫克数。

$$T\left(K^+/季铵盐\right)=\frac{2\cdot\rho\left(K^+\right)}{\left(V_1-V_2\right)}$$

式中，$\rho(K^+)$为 KCl 工作标准溶液中钾的质量浓度；V_1 为空白溶液消耗季铵盐的体积（mL）；V_2 为钾工作标准溶液中过剩四苯硼钠消耗季铵盐体积（mL）；$T(K^+/季铵盐)$的单位为 $mg\cdot mL^{-1}$。

2. 试样分析

准确吸取 10 mL 含 K^+约 5～15 mg 试样溶液于 50 mL 容量瓶中，加溴酚蓝 1 滴，用 $c(CH_3COOH)=1\ mol\cdot L^{-1}$溶液或 $c(NaOH)=1\ mol\cdot L^{-1}$溶液调试溶液呈紫色或黄色，加缓冲溶液 10 mL，准确加入四苯硼钠沉淀剂溶液 10 mL，摇匀，稀至刻度，干滤纸过滤，取清液 10 mL 于锥形瓶中，用季铵盐滴溶液呈蓝色为终点，记录季铵盐消耗的体积 V_3，计算样品含钾量。

试样中 K^+的质量浓度

$$\rho\left(K^+\right)=\frac{T\left(K^+/季铵盐\right)\cdot\left(V_1-V_3\right)}{V_s}$$

式中，V_3 为待测试样溶液消耗季铵盐滴定剂溶液体积；V_1 为空白试验消耗季铵盐滴定剂溶液体积；V_s 为滴定试样中含有原试样溶液的体积。如果需要求取试样中 K^+的质量分数 $\omega(K^+)$，只需换算出 V_s 试样溶液中所含原始试样的质量即可。

3.12.4 讨论

（1）滴定分析中应尽量控制所取试样溶液中 K^+含量与测定 $T(K^+/季铵盐)$时所取 K^+工作标准中的 K^+含量相接近，消除系统误差，从而保证分析的准确度。

（2）四苯硼钠沉淀剂溶液应该保持澄清，如变混浊，需要重新过滤，同时需要重新测定 $T(K^+/季铵盐)$。

（3）季铵盐滴定剂溶液在室温低于 15℃的条件下会结晶析出，加热溶解后再用并不影响分析结果。

（4）四苯硼钠沉淀剂在酸性条件下的稳定性不如碱性条件，因此采用本方法分析测定 K^+时要求稀释定容后，立即过滤取样分析，随着分析试样放置时间的延长，分析结果误差增加。

（5）试样中共存的 NH_4^+、Rb^+、Cs^+与四苯硼钠共沉淀，NH_4^+ 的干扰可以采用碱化加热去除，Rb^+和 Cs^+一般情况下含量很低，可以忽略，如果试样中含有较高含量的 Rb^+和 Cs^+，则用本方法分析测定的是 K^+、Rb^+和 Cs^+的总量。

（6）滴定溶液的 pH=3.7，此时季铵盐与溴酚蓝形成蓝色盐，溶液由黄绿色变为蓝色指示滴定终点。pH 过小，则终点不明；而 pH 过大，终点由紫到蓝不易分辨，因此滴定前要调整溶液 pH 到 3.7。同时，pH 在 3.7 时，四苯硼钠有微小分解，所以沉淀、定容、过滤、分析过程要求具有连贯性，整个操作过程不宜耗时过长。

（7）本方法也可以直接取样到锥形瓶，加入相同的试剂后，在锥形瓶中加入一定量的松节油，用季铵盐滴定剂溶液滴定。

（8）本法还可以在碱性条件下进行滴定，具体操作条件可参阅相关的参考文献。

参 考 文 献

[1] 中国科学院青海盐湖研究所. 卤水和盐的分析方法[M]. 2 版. 北京: 科学出版社, 1988: 42-65.

[2] 武汉大学, 等. 分析化学. 上册[M]. 5 版. 北京: 高等教育出版社, 2006: 8-9.

[3] 张铁恒, 杨彤. 化验工作实用手册[M]. 2 版. 北京: 化学工业出版社, 2008: 324-343, 538-546.

[4] 武汉大学, 等. 分析化学实验[M]. 2 版. 北京: 高等教育出版社, 2001: 166-168, 185.

[5] 宋世新. 甲醇对甲醛法测定铵盐时影响滴定终点机理的探讨[J]. 中氮肥, 1995(5): 71-74.

[6] 龙光明, 马培华. 甲醛法测定氨的方法改进及其应用[J]. 理化检验-化学分册, 2006, 42(6): 487-489.

[7] 刘越, 李瑛, 陈佩豪, 等. 甲醛法测定铵盐中氮含量实验的改进[J]. 大学化学, 2015, 30(1): 45-48.

[8] 张晓凤, 项锦欣, 徐铭熙. 甘露醇强化硼酸生成络合酸酸度常数的测定[J]. 重庆工学院学报（自然科学）, 2009, 23(6): 172-176.

[9] 林树昌, 曾泳淮. 滴定硼酸原理的讨论[J]. 化学教育, 1984, 5(5): 27-30.

[10] 中华人民共和国水利部. SL 83—1994. 碱度(总碱度、重碳酸盐和碳酸盐)的测定[S]. 北京, 1995.

[11] 黄作炎. 卤水中硫酸根含量测定方法的探索[J]. 中国氯碱, 2014, 4: 30-34.

[12] 张振豹, 刘艳玲. 配制 Mg^{2+}-EDTA 标准溶液应注意的问题[J]. 吕梁高等专科学校学报, 2009, 25(1): 36-37.

[13] 孟凡昌. 分析化学教程[M]. 武汉: 武汉大学出版社, 2009: 140-143.

[14] 国家环保总局. HJ/T 343—2007. 水质氯化物的测定硝酸汞滴定法[S]. 北京: 中国环境科学出版社, 2007.

[15] 陈向楠. 水溶液中溴离子的测定方法研究[D]. 青岛: 中国海洋大学, 2013.

[16] 李俊玲, 袁存光, 唐仕明. 卤水中 Br^-的快速测定方法[J]. 海湖盐与化工, 2003, 33(2): 26-34.

[17] 姚颖, 蔡荣华, 高书宝, 等. 海水和卤水中溴离子测定方法的改进[J]. 盐业与化工, 2012, 41(2): 24-27.

[18] 李全水. 溴氧化法测定加碘食盐中碘的方法改进[J]. 华南预防医学, 1986, 2: 62-65.

[19] 许卉, 贺萍, 王美兰, 等. 溴氧化法测定食盐中碘的若干问题探讨[J]. 理化检验-化学分册, 2002, 38(3): 156-157.

[20] 马桂兰. 溴水氧化法测定食盐中碘含量应注意的几个问题[J]. 海湖盐与化工, 1989, 18(4): 54-56.

[21] 曾兆民. 介绍一种应用在分析化学中的有机试剂-四苯硼酸盐[J]. 化学通报, 1961, 23(6): 23-28.

[22] 王子云. 四苯硼酸钠容量法测定钾的新发展[J]. 化学世界, 1964, 2: 81-83.

[23] 王薇, 杨新浩, 陈卫卫, 等. 四苯硼酸钠季铵盐容量法测定钾的改进[J]. 山东海洋学院学报, 1985, 15(2): 25-33.

[24] 马欣华, 孙世轻, 石奇. 卤水化工[M]. 北京: 化学工业出版社, 1995: 297-300.

[25] 晏华中. 四苯硼钠滴定法快速测定钾[J]. 理化检验-化学分册, 2001, 37(1): 39-42.

第4章　称量滴定法

称量滴定分析方法的基本原理和容量滴定分析方法相同，基本要求一致，均是以指示剂变色确定滴定终点，不同之处在于待测样品和标准滴定溶液的计量是用分析天平称量的质量确定其用量，用质量替代体积。

4.1　概　　述[1，2]

称量滴定分析用称量滴定瓶替代容量滴定分析中的滴定管，磁力搅拌替代手动摇动。

GB 10737—2007 规定了称量滴定法适用于含量为99.95%～100.05%的容量工作基准试剂及纯度在99.5%～99.8%的通用化学试剂含量测定。本方法同样适用于对分析精度要求较高的常规物理化学分析。采用分析天平称量，标准滴定溶液和待测溶液的计量精度比容量滴定分析计量方法提高了两个数量级。在待测样品量能够达到0.5～1 g时，称量误差仅为0.01%～0.02%。一般能用容量滴定分析法操作的分析方法，用此法基本上能实现。其特点是准确度较高，操作简便，速度快，易于掌握，减小了人为因素和体积计量玻璃器皿引起的误差。

称量滴定分析法对称量要求：试样的称量要精准到 0.0001 g；标准滴定溶液的称量要精准到 0.0001 g；滴定分析过程采用电磁搅拌方式；滴定消耗标准滴定液的量通过滴定开始与滴定结束时两次称量的标准滴定溶液的质量差计算而得。

4.1.1　称量滴定分析的计算

当标准溶液与试样溶液溶质以等摩尔反应时，试样溶液中起反应的溶质的浓度用下式计算：

$$b_B = \frac{b_1 \times m_1}{m_B} \tag{4.1}$$

式中，b_1为标准溶液质量摩尔浓度：b_B为测试样溶液B的质量摩尔浓度，量纲为$N \cdot M^{-1}$；单位为$mol \cdot kg^{-1}$（组合单位定义为每千克溶液或水中溶质的物质的量)；m_1为标准溶液消耗质量，单位为g；m_B为被滴定溶液称取质量，单位为g。

试样中B的质量分数为

$$\omega_B = \frac{b_1 \times m_1 \times m_L \times M_B}{m_s \times m_B} \tag{4.2}$$

式中，m_s为被测试样的称样质量，单位为g；m_L为质量m_s的被测试样用合适的溶剂溶解稀释后配制得到的被测试样溶液的质量，单位为g；m_B为滴定中所取被滴定溶液的质量，单位为g；b_1为滴定剂溶液的质量摩尔浓度，单位为$mol \cdot kg^{-1}$溶液或$mol \cdot kg^{-1}$ H_2O；m_1为滴定终点时消耗的滴定剂溶液的质量，单位为g；M_B为B的摩尔质量，单位为$g \cdot mol^{-1}$。

物质的量浓度与质量摩尔浓度的比较见表4.1。

表4.1　物质的量浓度与质量摩尔浓度的比较

量名称	符号	量纲	SI组合单位	备注
B的物质的量浓度	$c_B = \frac{n_B}{V}$	$N \cdot L^{-1}$	$mol \cdot L^{-1}$	容量滴定分析
B的质量摩尔浓度	$b_B = \frac{n_B}{m_A}$	$N \cdot M^{-1}$	$mol \cdot kg^{-1}$	称量滴定分析

4.1.2　引起称量滴定分析误差的原因

1. 指示剂终点的确定

指示剂应在接近或微过等当点时变色，过早变色使标准溶液加量不足，产生负偏差；过迟变色使标准溶液加量过多，产生正偏差。一般采用被测物质组成相同的基准物质标定标准溶液，可以使这种误差减小到最低限度。

2. 溶剂（水分）的挥发或吸潮

称量滴定法用质量滴定瓶盛装滴定剂溶液，用锥形瓶盛放被测试样溶液。与容量分析法相比，溶剂的挥发问题是引起称量滴定误差的主要因素。在滴定过程中质量滴定瓶口需用封口膜严格密封，有效避免溶剂挥发引起的误差。一般控制待测试样、基准物质和标准物质的浓度相近时，用标准溶液滴定待测试样所需的时间与基准物质标定标准溶液所需的时间相近，溶剂的挥发量相近，可以补偿这种系统误差；实际操作中滴定剂的消耗量在2～10 g，挥发和称量造成的误差一般不会超过0.0005 g，相对偏差小于0.025%。

另外，在配制基准溶液、待测试样取样等称量过程中，需操作速度快，尽可能减少操作过程中引起的溶剂（水分）挥发或吸潮。

4.1.3　称量滴定分析法中基准物质与标准溶液

称量滴定分析法中所用基准物质与标准溶液和容量滴定分析法相同，能满足容量滴定分析的基准试剂均能满足称量滴定分析的要求。具体内容可参见第3章中的相关内容。

1. 称量滴定分析法中基准物质溶液配制

将基准试剂在基准物质相应温度要求下温度恒重后，按一定浓度要求，精确称量基准物质和水的质量于同一试剂瓶内，均匀混合后可得到基准物质溶液。

2. 基准物质溶液的浓度

按照化学反应达到等物质的量原则、称量误差和滴定过程中溶剂的挥发因素等考虑，基准物质溶液的浓度需与被标定溶液浓度相近。如果基准物质溶液的浓度比被标定溶液浓度高出几倍，基准物质溶液标定溶液时称取量少，则称量误差会增大。

3. 标准溶液

称量滴定分析法中标准溶液的配制方法和容量滴定分析法一样，不同之处在于称量滴定分析中，标准物质和溶剂均需要称量，而容量滴定分析中只需要称量标准物质，溶剂量用量器量取体积。

标准溶液的标定同容量滴定分析，参见第 3 章相关内容。

4.1.4　试样溶液的称取方法

称量滴定法中试样溶液的称取方法有质量滴定瓶法和锥形瓶法两种。

1. 质量滴定瓶法

将试样溶液装入已干燥的质量滴定瓶（图 4.1）内，用差减法称取。称量过程中水的挥发或吸潮对称量误差影响相对较大。

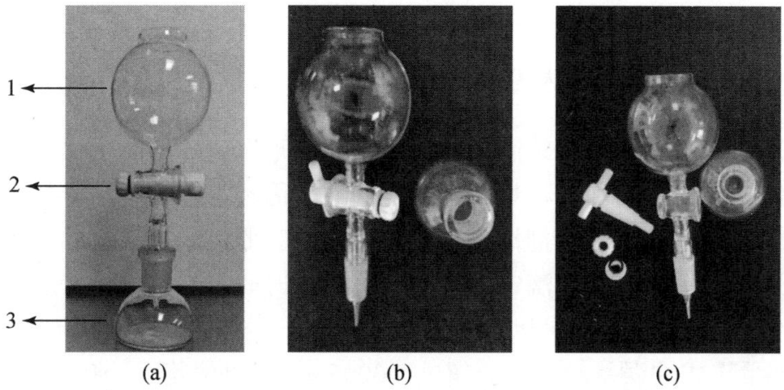

图 4.1　称量滴定瓶实物图（100 mL）

（a）滴定瓶组合图：1-滴定剂溶液，2-滴定瓶活塞，3-滴定瓶底座；（b）（c）滴定瓶分拆部件图

2. 锥形瓶法

采用移液枪量取一定体积的试样溶液于带封口薄膜、干燥和预知空重的锥形瓶中，用差减法准确称取。此法在称量过程中水的挥发或吸潮对称量误差影响较小，称样的随机误差更小。

4.1.5　指示剂配制浓度和用量

本章介绍的称量滴定法试样的取样方式用锥形瓶法。由于称量量程和称量精确度的要求不同，通常指示剂的配制浓度和用量皆小于容量滴定分析法。这是因为称量滴定分析待测试样的取样量一般会小于容量滴定分析，滴定过程中指示剂浓度适中时，突变点时溶液会有明显变亮的现象，更便于终点的判断。当指示剂浓度过大，溶液背景色过重，则掩蔽了溶液变亮的现象。如果指示剂浓度过小，会拖延终点。因此，指示剂浓度要适中。不同指示剂的适中浓度需自行探索。

4.1.6　称量滴定法对分析天平的要求

称量滴定法要求用电子分析天平。电子天平的称量重现性要好，灵敏度无须太高。通常感量为 0.0001 g，量程≤210 g。如赛多利斯的 BT210 分析天平。

4.2　EDTA 称量滴定法测定钙、镁总量[3]

4.2.1　原理

乙二胺四乙酸二钠（以下称 EDTA）称量滴定钙镁总量原理同容量滴定分析，不同之处在于滴定过程的计量单位不一样。原理详细内容参照 3.2.1 小节，在此不做赘述。

4.2.2　试剂

1. ZnO 工作标准溶液

准确称量 2.0352 g 预先在 800℃恒重 4 h 的 ZnO（G.R），于事先已称重的 500 mL 试剂瓶中，加适量浓盐酸（G.R）溶解、用二次水稀释到溶液总质量 500.00 g，摇匀。密封保存。此溶液 $b(\mathrm{ZnO})=0.05000\ \mathrm{mol\cdot kg^{-1}}$。

2. MgO 工作标准溶液

准确称量 1.0011 g 预先在 800℃恒重 4 h 的 MgO（G.R），于事先已称重的 500 mL 试剂瓶中，加适量浓盐酸（G.R）溶解，用二次水稀释到溶液总质量 500.00 g，摇匀。密封保存。此溶液 $b(\mathrm{MgO})=0.05000\ \mathrm{mol\cdot kg^{-1}}$。

3. EDTA 滴定剂溶液

称量 18.62 g EDTA（A.R）溶于二次水，再用二次水稀释至溶液质量为 1000 g，摇匀，密封保存。此溶液 $b(\mathrm{EDTA})\approx0.05\ \mathrm{mol\cdot kg^{-1}}$，溶液准确浓度用 $b(\mathrm{ZnO})=0.05000\ \mathrm{mol\cdot kg^{-1}}$ 或 $b(\mathrm{MgO})=0.05000\ \mathrm{mol\cdot kg^{-1}}$ 工作标准溶液标定。

准确称取 $b(\mathrm{ZnO})=0.05000\ \mathrm{mol\cdot kg^{-1}}$ 或 $b(\mathrm{MgO})=0.05000\ \mathrm{mol\cdot kg^{-1}}$ 工作标准溶液 5～10 g，用 $c(\mathrm{NaOH})=2\ \mathrm{mol\cdot L^{-1}}$溶液调溶液的 pH 接近中性，加 10 mL pH≈10 的氨缓冲溶液和 6～8 滴 ρ(铬黑 T)=1 $\mathrm{g\cdot L^{-1}}$指示剂溶液，在磁力搅拌下，用 $b(\mathrm{EDTA})\approx0.05\ \mathrm{mol\cdot kg^{-1}}$ 滴定剂溶液滴定到终点，差减法获得 EDTA 滴定剂溶液的消耗质量 $m(\mathrm{EDTA})$，计算 EDTA 滴定剂溶液的质量摩尔浓度。

4. NH_4Cl-$NH_3\cdot H_2O$ 缓冲溶液

20 g NH_4Cl（A.R）溶于二次水，加入 80 mL 浓氨水（$\rho=0.88\ \mathrm{g\cdot mL^{-1}}$，A.R），用二次水

稀释到 1000 mL，摇匀。此溶液为 pH≈10 的氨缓冲溶液。

5. 铬黑 T 指示剂溶液

0.1 g 铬黑 T 用 10 mL NH_4Cl-$NH_3·H_2O$ 缓冲溶液溶解，再用 95%乙醇溶液稀释至 100 mL。指示剂贮存于棕色瓶中，此溶液 ρ(铬黑 T)=1 $g·L^{-1}$，稳定期约三个月。

6. 稀氨水溶液

50 mL 浓氨水（ρ=0.88 $g·mL^{-1}$，A.R）溶液与 50 mL 二次水混合，摇匀后转入滴瓶保存。此溶液 $\varphi(NH_3·H_2O)$=0.50。

7. 稀 HCl 溶液

50 mL HCl（ρ=1.19$g·mL^{-1}$，A.R）溶液与 50 mL 二次水混合，摇匀后转入滴瓶保存。此溶液 φ(HCl)=0.50。

4.2.3 测定方法

称取质量为 m_s 的待测试样溶液（Mg^{2+}、Ca^{2+}总量约为 7～15 mg）于 150 mL 锥形瓶中，加 10 mL NH_4Cl-$NH_3·H_2O$ 缓冲溶液和 6～8 滴 ρ(铬黑 T)=1 $g·L^{-1}$指示剂溶液，在磁力搅拌下，用 b(EDTA)≈0.05 $mol·kg^{-1}$ 滴定剂溶液滴定，当待测溶液由酒石红色突变为天青色终点，称量记录 EDTA 滴定剂溶液消耗量 m(EDTA)。

当待测试样中 Ca^{2+}含量可以忽略不计时，待测试样溶液中 Mg 的质量分数为

$$\omega(\mathrm{Mg})=\frac{b(\mathrm{EDTA})\times m(\mathrm{EDTA})\times M(\mathrm{Mg})}{m_{\mathrm{s}}\times 1000}$$

式中，m_s 为待测试样溶液的称样质量；b(EDTA)为 EDTA 滴定剂溶液的质量摩尔浓度；m(EDTA)为滴定消耗的 EDTA 滴定剂溶液质量；M(Mg)为 Mg 的摩尔质量。

当待测试样中 Ca^{2+}含量不能忽略不计时，上述滴定消耗的 EDTA 为待测试样中 Mg^{2+}、Ca^{2+}与 EDTA 反应的消耗总量，需进行 Ca^{2+}的测定，由差减法求 Mg^{2+}含量。

4.2.4 讨论

1. ρ(铬黑 T)=1 $g·L^{-1}$ 指示剂的用量

用锥形瓶法称量待测试样时，滴定后溶液体积一般控制在 75～100 mL 之间，指示剂液 ρ(铬黑 T)=1 $mg·mL^{-1}$滴加量以 6～8 滴为宜。

2. 待测样品取样量和标准滴定溶液消耗量

待测样品取样量与样品中待测组分含量有关，一般原则是尽量保证待测组分含量与标准滴定溶液浓度接近，控制在 10 g 之内。实际过程中因为样品中待测组分浓度差异较大，标准滴定溶液的滴定量在 2～10 g 均可接受。

3. Fe^{3+}、Al^{3+}等重金属离子有干扰

Fe^{3+}、Al^{3+}等重金属离子的干扰消除，参考容量滴定分析法相关章节的方法后，针对样品的特性需自行探索。

4. 滴定前待测溶液 pH 需接近中性

与容量滴定分析方法相同，pH≈10 的氨缓冲溶液应加到中性的待测溶液里，滴定前溶液 pH 约为 10。EDTA 与 Ca^{2+}和 Mg^{2+}反应会释放出 H^+离子，由于加入 $NH_4Cl\text{-}NH_3{\cdot}H_2O$ 缓冲溶液，滴定溶液的 pH 不致发生显著的变化。EDTA 络合滴定 Ca^{2+}和 Mg^{2+}要求溶液 pH 始终保持在 8～11.5 之间，而 $NH_4Cl\text{-}NH_3{\cdot}H_2O$ 缓冲溶液的缓冲值是一个固定值。因此，在加该缓冲溶液前，需将被测溶液 pH 调节到接近中性。

5. 待测试样中大量的 CO_3^{2-}和 HCO_3^-离子对测定有影响

当待测试样中含有较大量的 CO_3^{2-} 和 HCO_3^- 离子时，可先用 $\varphi(HCl)=0.50$ 溶液酸化，加热逐除 CO_3^{2-} 和 HCO_3^- 后，用 $\varphi(NH_3{\cdot}H_2O)=0.50$ 溶液中和接近中性，然后加入缓冲溶液，再进行滴定。

6. 方法的相对标准偏差

方法操作简单，相对标准偏差＜0.2%。

4.3　EDTA 称量滴定法测定钙[3]

4.3.1　原理

EDTA 法测定 Ca^{2+}离子含量，其原理与测定 Ca^{2+}、Mg^{2+}离子总量相同，只是所采用指示剂各异而已。详情可参见 3.3.1 小节，在此不做赘述。

4.3.2　试剂

1. $CaCO_3$ 工作标准溶液

精确称量 2.5022 g 事先在 180℃恒重 4 h 后的基准 $CaCO_3$ 试剂，置于 500 mL 试剂瓶中，加适量浓盐酸（G.R）溶解，稀释到 500.00 g，摇匀，密封保存。此溶液 $b(CaO)=0.05000\ mol{\cdot}kg^{-1}$。

2. EDTA 滴定剂溶液

称量 18.62 g EDTA（A.R）溶于二次水，再用二次水稀释至溶液质量为 1000 g，摇匀，密封保存。此溶液 $b(EDTA)\approx0.05\ mol{\cdot}kg^{-1}$，溶液准确浓度用 $b(CaO)=0.05000\ mol{\cdot}kg^{-1}$ 工作标准溶液标定。

准确称取 $b(CaO)=0.05\ mol{\cdot}kg^{-1}$ 工作标准溶液 5～10 g，用 $c(NaOH)=2\ mol{\cdot}L^{-1}$溶液调溶

液 pH 接近中性，再加 1 mL $c(NaOH)=2\ mol \cdot L^{-1}$溶液和 5 滴 ρ(钙指示剂)=2 $g \cdot L^{-1}$指示剂溶液，在磁力搅拌下，用 EDTA 标准滴定溶液滴定到终点，差减法获得 EDTA 标准滴定溶液的消耗质量 m(EDTA)，计算 EDTA 滴定剂溶液的质量摩尔浓度。

3. 钙指示剂溶液

0.2 g 钙试剂羧酸钠盐用 50 mL 丙酮和 50 mL 二次水溶解，待指示剂完全溶解后，转入棕色滴瓶中保存，此溶液 ρ(钙指示剂)=2 $g \cdot L^{-1}$，稳定期约三个月。

4. NaOH 溶液

8 g NaOH（A.R）溶于 100 mL 二次水中，摇匀后转入滴瓶中保存。此溶液 $c(NaOH)=2\ mol \cdot L^{-1}$。

4.3.3 测定方法

准确称取质量为 m_s 的待测试样溶液于 150 mL 锥形瓶中，用 $c(NaOH)=2\ mol \cdot L^{-1}$溶液调溶液 pH 接近中性，再加 1 mL $c(NaOH)=2\ mol \cdot L^{-1}$溶液和 5 滴 ρ(钙指示剂)=2 $g \cdot L^{-1}$指示剂溶液，在磁力搅拌下，用 $b(EDTA) \approx 0.05\ mol \cdot kg^{-1}$ 滴定剂溶液滴定到溶液颜色由酒石红色突变为天青色终点，称量记录 EDTA 滴定剂溶液消耗量 m(EDTA)。

待测试样溶液中 Ca 的质量分数为

$$\omega(\mathrm{Ca}) = \frac{b(\mathrm{EDTA}) \times m(\mathrm{EDTA}) \times M(\mathrm{Ca})}{m_s \times 1000}$$

式中，m_s 为待测试样溶液的称样质量；b(EDTA)为 EDTA 滴定剂溶液的质量摩尔浓度；m(EDTA)为滴定消耗的 EDTA 滴定剂溶液质量；M(Ca)为 Ca 的摩尔质量。

4.3.4 讨论

1. 始终确保滴定溶液的 pH＞9

滴定过程中滴定溶液的 pH 影响滴定终点指示剂的突变，为了得到敏锐的滴定终点和正确的测定结果，必须始终保证滴定溶液的 pH＞9，本测定通过加入 $c(NaOH)=2\ mol \cdot L^{-1}$溶液维持 pH＞9。如滴定前待测溶液出现酸性，则需预先用 $c(NaOH)=2\ mol \cdot L^{-1}$溶液中和至中性后，再加 1 mL $c(NaOH)=2\ mol \cdot L^{-1}$溶液；如滴定前待测溶液出现碱性，可直接加入 1 mL $c(NaOH)=2\ mol \cdot L^{-1}$溶液进行测定。

2. $c(NaOH)=2\ mol \cdot L^{-1}$溶液用量和滴加方法

一次性将 1 mL $c(NaOH)=2\ mol \cdot L^{-1}$溶液加入待测溶液中，待测溶液中的 Ca^{2+}形成氢氧化钙的沉淀，会降低 EDTA 与 Ca^{2+}离子络合的反应速度，滴定速度快，易造成滴定终点提前，滴定后溶液褪色快。对分析结果进度要求高时，需要改变 $c(NaOH)=2\ mol \cdot L^{-1}$溶液的用量和加入方式。

在滴加指示剂后，先滴加 6 滴 $c(NaOH)=2\ mol \cdot L^{-1}$溶液至中性待测溶液中，用 EDTA 标准滴定溶液滴定待测溶液由酒石红色变至紫色时，再滴加 6 滴 $c(\mathrm{NaOH})=2\ \mathrm{mol\cdot L^{-1}}$溶液，继续用 EDTA 标准滴定溶液滴定至紫色。如此重复 4 次，最后用 EDTA 标准滴定溶液滴定待测溶液由酒石红色或紫色突变为天青色。通过 1 mL $c(\mathrm{NaOH})=2\ \mathrm{mol\cdot L^{-1}}$溶液分次加入，可有效解决形成氢氧化钙带来的分析误差。

3. Fe^{3+}、Al^{3+}等重金属离子有干扰

Fe^{3+}、Al^{3+}等重金属离子的干扰消除，在参考容量滴定分析法相关章节的方法后，针对样品的特性需自行探索。

4. 方法相对标准偏差

方法操作简单，相对标准偏差＜0.5%。

4.4　EDTA 称量滴定法测定锶[4, 5]

4.4.1　原理

Sr^{2+}离子与 EDTA 的络合作用基本原理与 Ca^{2+}、Mg^{2+}离子相同，Sr^{2+}离子与 EDTA 的络合作用基本原理如下所示：

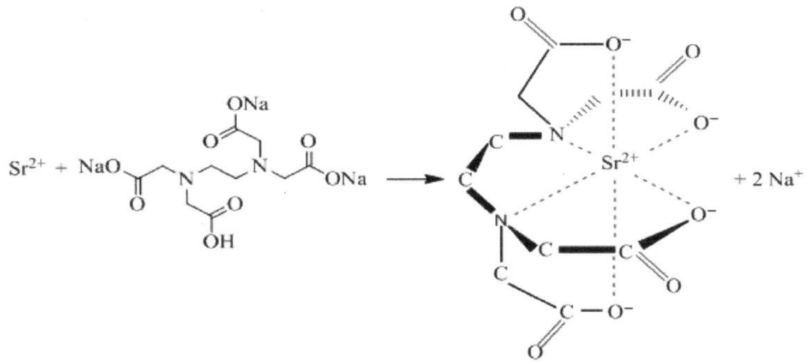

Sr^{2+}离子与 EDTA 的络合稳定常数 $\lg K_{\mathrm{SrY}}=8.80$。$Sr^{2+}$离子、邻甲酚酞（与萘酚绿 B 混合溶液）、EDTA，邻甲酚酞和萘酚绿 B 混合指示剂有如下几个显色反应：

（1）邻甲苯酚酞 pH 变色范围为 8.0（无色）～9.6（淡粉色），在 pH＞10.0 时，邻甲酚酞与 Sr^{2+}离子生成紫蓝色络合物。

（2）萘酚绿 B 溶液在任何 pH 环境下都是黄绿色，加入含 Sr^{2+}离子溶液后颜色不发生变化。邻甲苯酚酞与 Sr^{2+}离子形成紫蓝色络合物同萘酚绿 B 共存时，可掩盖萘酚绿 B 的绿色，溶液呈现紫罗兰色。

（3）在邻甲苯酚酞与 Sr^{2+}离子生成的紫蓝色络合物中加 EDTA，淡粉色的邻甲苯酚酞被置换出来，当与萘酚绿 B 共存时，溶液显绿色。

（4）在邻甲酚酞指示剂溶液中加少量萘酚绿 B，可以提高指示剂的变色灵敏度。

4.4.2 试剂

1. ZnO 工作标准溶液

准确称量 2.0352 g 事先在 800℃恒重 4 h 后的 ZnO 基准试剂于 500 mL 试剂瓶中，加适量的浓盐酸（G.R）溶解，并稀释到 500.00 g，摇匀。密封保存。此溶液 $b(ZnO)=0.05000\ mol\cdot kg^{-1}$。

2. EDTA 滴定剂溶液

18.62 g EDTA（A.R）溶于二次水，再用二次水稀释至溶液质量为 1000 g，摇匀，密封保存。此溶液 $b(EDTA)\approx 0.05\ mol\cdot kg^{-1}$，溶液准确浓度用 $b(ZnO)=0.05000\ mol\cdot kg^{-1}$ 工作标准溶液标定。

准确称取 $b(ZnO)=0.05000\ mol\cdot kg^{-1}$ 工作标准溶液 5～10 g，用 $c(NaOH)=2\ mol\cdot L^{-1}$ 溶液调溶液的 pH 接近中性，加 10 mL $NH_4Cl\text{-}NH_3\cdot H_2O$ 缓冲溶液和 6～8 滴锶混合指示剂溶液，在磁力搅拌下，用 EDTA 标准滴定溶液滴定到终点，差减法获得 EDTA 标准滴定溶液的消耗质量 $m(EDTA)$，计算 EDTA 滴定剂溶液的质量摩尔浓度。

3. 锶混合指示剂溶液

0.16 g 邻甲苯酚酞（A.R）与 0.26 g 萘酚绿 B（A.R），用 $\varphi=0.5$ 的丙酮和水混合溶液稀释至 100 mL。此溶液指示剂贮存于棕色瓶中，稳定期约两个月。

4. 氨水

氨水（$NH_3\cdot H_2O$，$\rho=0.88\ g\cdot mL^{-1}$，A.R）。

4.4.3 测定方法

准确称取质量为 m_s 的待测试样溶液于 150 mL 锥形瓶中，滴加 12 滴锶混合指示剂溶液，加 3 mL $\rho=0.88\ g\cdot mL^{-1}$ 氨水，在磁力搅拌下，用 $b(EDTA)\approx 0.05\ mol\cdot kg^{-1}$ 标准滴定溶液滴定，溶液由紫罗兰色突变为亮绿色即为终点，称量记录 EDTA 滴定剂溶液消耗量 $m(EDTA)$。

待测试样溶液中 Sr 的质量分数为

$$\omega(\mathrm{Sr})=\frac{b(\mathrm{EDTA})\times m(\mathrm{EDTA})\times M(\mathrm{Sr})}{m_s\times 1000}$$

式中，m_s 为待测试样溶液的称样质量，$b(EDTA)$ 为 EDTA 滴定剂溶液的质量摩尔浓度，$m(EDTA)$ 为滴定消耗的 EDTA 滴定剂溶液质量，$M(Sr)$ 为 Sr 的摩尔质量。

4.4.4 讨论

1. 始终确保滴定溶液的 pH≈10

络合滴定中性纯盐中锶离子时，加 3 mL 浓氨水溶液可控制滴定液 pH 条件，滴定后

pH≈10。如滴定前被测溶液出现酸性，则需预先中和后再加浓氨水溶液，如滴定前被测溶液出现碱性，可直接加入浓氨水溶液进行测定。

2. 混合指示剂

在碱性水溶液中 Sr^{2+}离子与邻甲酚酞形成的紫罗兰色络合物比较明显，当 EDTA 络合 Sr^{2+}离子后释放出的邻甲酚酞呈现淡粉色却不易观察，为此，用萘酚绿 B 作为显色剂。萘酚绿 B 在碱性水溶液中是亮绿色，滴定起始 Sr^{2+}离子与邻甲酚酞形成的络合物呈紫罗兰色可以掩盖萘酚绿 B 的亮绿色，终点时亮绿色可以掩盖邻甲酚酞的淡粉色。

由于邻甲酚酞和萘酚绿 B 试剂本身较不稳定，配制时注意一次配制量，使用时注意混合指示剂的有效期。

3. 方法的适用性

EDTA 与二价和三价离子也发生络合反应，所以本方法不适用于卤水中含有其他二价（钙、镁）和三价离子的样品，可应用于含锶溶液化学研究以及含锶纯度较高的化合物测定。

4. 方法的相对标准偏差

方法操作简单，相对标准偏差＜0.5%。对于 Mg、Ca、Sr 的混合溶液，方法的标准偏差＞0.5%，滴定条件需要根据待测试样组成特点进行实验确定，直接沿用本方法有可能导致结果误差变大，最终影响分析结果的准确性。

4.5　四苯硼钠-季铵盐称量滴定法测定钾[6]

4.5.1　原理

四苯硼钠和钾离子反应，生成具有固定组成的晶型沉淀四苯硼钾，过量的四苯硼钠与季铵盐反应，生成具有固定组成的胶状沉淀，再过量的季铵盐与溴酚蓝指示剂反应，使溶液呈蓝绿色，达到滴定终点。在季铵盐滴定之前，加入松节油包覆四苯硼钾沉淀，可防止四苯硼钾沉淀溶解。

4.5.2　试剂

1. K 工作标准溶液

准确称取 2.8602 g 事先在 550℃恒重 4 h 后的氯化钾（KCl，基准），二次水溶解后转入 500 mL 试剂瓶中，加二次水稀释至 500.00 g，摇匀，密封保存。此溶液 $b(K^+)=0.03836$ $mol \cdot kg^{-1}$。

2. 四苯硼钠沉淀剂溶液

17.6 g 四苯硼钠［$(C_6H_5)_4BNa$，A.R］置于 500 mL 烧杯中，加 50 g 二次水溶解，加入

新配制的 $Al(OH)_3$ 凝胶（2.6 g 无水 $AlCl_3$，加 25 g 二次水溶解，加 1 滴酚酞做指示剂，在不断搅拌下，缓慢加入 $c(NaOH)=2\ mol·L^{-1}$ 溶液调至溶液微红，此时 pH 为 8～9），搅拌均匀后，加入 20.8 g NaCl(A.R)，加二次水 250 g，搅拌 15 min，静置 10 min，过滤，收集滤液于 1000 mL 塑料瓶中，用 $c(NaOH)=2\ mol·L^{-1}$ 溶液调节 pH 为 8～9，加水至溶液总质量为 1000 g，摇匀。密封保存。此溶液 b(四苯硼钠)≈0.05 mol·kg^{-1}。

3. 季铵盐滴定剂溶液

2.0 g 十六烷基三甲基溴化铵（季铵盐，$C_{19}H_{42}BrN$，A.R）溶于 40 mL $\varphi(C_2H_5OH)=0.95$ 乙醇试剂（A.R）中，待季铵盐完全溶解后用水稀释到 1000 g，摇匀，密封保存。此溶液 ω(季铵盐)=0.002。（注：此溶液需保存在室温 15℃以上使用，否则有结晶析出，析出结晶的滴定剂在使用前加热溶解，不影响其使用）。

4. 乙酸-乙酸钠缓冲溶液

10 g 乙酸钠（CH_3COONa，A.R），溶于 150 g 二次水中，加入 50 mL 冰乙酸（CH_3COOH，$\rho=1.05\ g·mL^{-1}$，A.R），加二次水稀释至 500.00 g。此溶液 pH=3.7（用 pH 计测试溶液的 pH）。

5. 溴酚蓝指示剂

0.1 g 溴酚蓝（$C_{19}H_{10}Br_4O_5S$，A.R）溶于 3 mL $c(NaOH)=0.05\ mol·L^{-1}$ 溶液中，加二次水稀释至 100 mL，摇匀后贮存于棕色瓶中。此溶液 ρ(溴酚蓝)=1 g·L^{-1}。

6. 松节油

松节油（$C_{10}H_{16}$，$\rho=0.86\ g·mL^{-1}$，A.R）。

4.5.3 测定方法

1. 四苯硼钠溶液滴定度测定

准确称取质量为 m_1（≤10.0000 g）的 $b(K^+)=0.08000\ mol·kg^{-1}$ 工作标准溶液于锥形瓶中，加 5 mL pH=3.7 乙酸-乙酸钠缓冲溶液，滴加质量为 m_2（≤10.0000 g）的 b(四苯硼钠)≈0.05 mol·kg^{-1} 沉淀剂，放置 10 min，加入 6 滴 ρ(溴酚蓝)=1 g·L^{-1}指示剂，滴加 25 滴松节油，在磁力搅拌下，用 ω(季铵盐)=0.002 滴定剂溶液滴定至蓝色为止，记录消耗的季铵盐滴定剂溶液质量 m_3。

准确称取质量为 m_4（≤10.0000 g）的 b(四苯硼钠)≈0.05 mol·kg^{-1} 沉淀剂于锥形瓶中，加 5 mL pH=3.7 的乙酸-乙酸钠缓冲溶液，放置 10 min，加入 6 滴 ρ(溴酚蓝)=1 g·L^{-1}指示剂，滴加 25 滴松节油，用 ω(季铵盐)=0.002 滴定剂溶液滴定至蓝色为止，记录消耗的季铵盐滴定剂溶液质量 m_5，做空白试验。

根据空白试验结果，计算季铵盐的滴定度 f(四/季)，即每消耗 1 g 季铵盐溶液需要的四苯硼钠沉淀剂的质量；由 f(四/季)计算出 1 g 四苯硼钠沉淀剂沉淀的 K^+质量数，即四苯硼钠与 K^+的滴定度 $T(K^+$/四)。

$$f(四/季)=\frac{m_4}{m_5}$$

$$T(K^+/四)=\frac{b(K^+)\times m_1\times M(K)}{(m_2-m_3\times f)\times 1000}$$

2. 样品分析

准确称取质量为 m_s 的待测试样溶液（K^+含量为 5～15 mg）于锥形瓶中，加 5 mL pH=3.7 乙酸–乙酸钠缓冲溶液，滴加质量为 m 的 b(四苯硼钠)≈0.05 mol·kg^{-1} 沉淀剂，放置 10 min，加入 6 滴 ρ(溴酚蓝)=1 g·L^{-1}指示剂，滴加 25 滴松节油，用 ω(季铵盐)=0.002 滴定剂溶液滴定至蓝色为止，记录消耗的季铵盐滴定剂溶液质量 m_J。

待测试样中 K^+的质量分数为

$$\omega(K^+)=T\times\frac{m-f\times m_J}{m_s}$$

式中，m_s 为待测试样溶液的称样质量；m 为滴加的四苯硼钠沉淀剂溶液质量；f 为季铵盐的滴定度；T 为 K^+的滴定度；m_J 为滴定消耗的季铵盐滴定剂溶液质量。

4.5.4　讨论

1. 滴定速度的影响

四苯硼钠和季铵盐都是有机盐类，相对于无机离子沉淀反应速度较慢，滴定速度对季铵盐测定浓度的影响更大。滴定速度越快，季铵盐的测定浓度越小。当四苯硼钠的加入量增多时，滴定速度太慢影响样品分析效率。当速度太快时，很难控制样品的滴定速度保持一致。因此应尽量保持标定溶液和测定样品时的滴定速度，滴定速度以 2.0 滴·秒$^{-1}$为宜。

2. 不同浓度钾溶液的松节油加入量

松节油加入量对分析结果影响显著，实验中 K^+标准工作溶液、四苯硼钠空白、待测试样分析中加入相同量的松节油，可将松节油的影响降到最小。钾含量在 0.05%～0.15%浓度范围内，加入 24～28 滴松节油滴定效果较好，通常加入 25 滴的松节油。

3. 共存离子的干扰

实际卤水和钾盐产品中，常伴随其他共存离子。已知微酸性溶液中，四苯硼酸钠与 Rb^+、Cs^+、NH_4^+、Ce^{4+}、Hg^{2+}等离子发生沉淀反应，一般卤水中 Rb^+、Cs^+、NH_4^+、Ce^{4+}、Hg^{2+}等离子含量极低，可以不用考虑它们的影响；如果卤水中上述离子浓度较高，则需考虑采用相应的方法去除共存离子对分析的干扰。

Li^+、Ca^{2+}、Mg^{2+}、$B_4O_7^{2-}$、SO_4^{2-}五种离子对滴定结果无影响。

碳酸钠中 CO_3^{2-}离子有一定影响，滴定相对误差≤−0.48%。实验发现在实际测定样品时，可以通过稀盐酸调节 pH 值，使 CO_3^{2-}转变为 CO_2 被赶出，以降低溶液中 CO_3^{2-}离子浓度，从而减小分析偏差。

4. 少量 $CaCl_2$ 存在可降低溶胶的形成

实验中发现，被测溶液中存在少量 $CaCl_2$ 时，可使滴定过渡期变短，终点突变明显。这是由于电解质 $CaCl_2$ 的存在，降低了季铵盐与四苯硼钠生成沉淀物溶胶的形成。为将氯化钙作为背景扣除掉，可在标定溶液和测定样品中，在上述试剂和取样量下，均加入 10 滴（约 0.4 g）$CaCl_2$ 溶液。

5. 加标回收实验

在加标回收实验中，钾回收率在 99.75%～101.51%之间。此方法适合钾的分析，具有较高的准确度。

6. 滴定过程不用二次水冲洗

由于松节油的加入，使用二次水冲洗锥形瓶效果不佳。滴定全过程不用水冲洗锥形瓶。

7. 方法的适用性

四苯硼钠–季铵盐滴定法同样适用于常量 Rb 的分析，分析操作过程与 K 分析相同。有需要的可以参考本方法。

4.6 大量锂存在下 EDTA 称量滴定钙、镁总量[7–9]

4.6.1 原理

Li^+、Mg^{2+}、Ca^{2+}离子与 EDTA 的络合稳定常数分别为 $\lg K_{LiY}=2.79$、$\lg K_{MgY}=8.64$ 和 $\lg K_{CaY}=11.0$，因此，大量锂离子存在时会干扰 EDTA 络合滴定镁、钙离子。加入适量 φ(正丁醇/乙醇)=0.1 的混合醇，可以有效地降低被测液中游离锂离子浓度，掩蔽其对 EDTA 滴定的干扰。掩蔽后的 EDTA 与 Mg^{2+}、Ca^{2+}离子反应及与指示剂的络合反应与 4.2 节 EDTA 称量滴定钙、镁总量原理相同。

4.6.2 试剂

1. MgO 工作标准溶液

准确称量 1.0011 g 预先在 800℃恒重 4 h 的 MgO（G.R），于事先已称重的 500 mL 试剂瓶中，加适量浓盐酸（G.R）溶解，用二次水稀释到溶液总质量 500.00 g，摇匀。密封保存。此溶液 $b(\text{MgO})=0.05000\ \text{mol·kg}^{-1}$。

2. EDTA 滴定剂溶液

称量 18.62 g EDTA（A.R）溶于二次水，再用二次水稀释至溶液质量为 1000 g，摇匀，密封保存。此溶液 $b(\text{EDTA})\approx0.05\ \text{mol·kg}^{-1}$，溶液准确浓度用 $b(\text{MgO})=0.05000\ \text{mol·kg}^{-1}$ 工作

标准溶液标定。

准确称取 $b(MgO)=0.05000\ mol\cdot kg^{-1}$ 工作标准溶液 5～10 g，用 $c(NaOH)=2\ mol\cdot L^{-1}$溶液调溶液的 pH 接近中性，加 10 mL pH≈10 氨缓冲溶液和 6～8 滴 ρ(铬黑 T)=1 $g\cdot L^{-1}$指示剂溶液，在磁力搅拌下，用 $b(EDTA)\approx 0.05\ mol\cdot kg^{-1}$ 滴定剂溶液滴定到终点，差减法获得 EDTA 标准滴定溶液的消耗质量 m(EDTA)，计算 EDTA 滴定剂溶液的质量摩尔浓度。

3. $NH_4Cl-NH_3\cdot H_2O$ 缓冲溶液

20 g 氯化铵（NH_4Cl，A.R）溶于二次水，加入 80 mL 氨水（$NH_3\cdot H_2O$, $\rho=0.88\ g\cdot mL^{-1}$, A.R），用二次水稀释到 1000 mL，摇匀后转入洁净的试剂瓶保存。此溶液为 pH≈10 的氨缓冲溶液。

4. 铬黑 T 指示剂溶液

0.1 g 铬黑 T 用 10 mL $NH_4Cl-NH_3\cdot H_2O$ 缓冲溶液溶解，再用 $\varphi(C_2H_5OH)=0.95$ 乙醇溶液稀释至 100 mL，摇匀后转入洁净的棕色滴瓶中保存。此溶液 ρ(铬黑 T)=1 $g\cdot L^{-1}$，稳定期约三个月。

5. 稀氨水溶液

50 mL 氨水（$NH_3\cdot H_2O$, $\rho=0.88\ g\cdot mL^{-1}$, A.R）溶液与 50 mL 二次水混合，摇匀后转入洁净的滴瓶保存。此溶液 $\varphi(NH_3\cdot H_2O)=0.50$。

6. 稀 HCl 溶液

50 mL HCl（$\rho=1.19\ g\cdot mL^{-1}$, A.R）溶液与 50 mL 二次水混合，摇匀后转入滴瓶保存。此溶液 $\varphi(HCl)=0.50$。

7. 混合醇

正丁醇［$CH_3(CH_2)_3OH$，A.R］与无水乙醇（C_2H_5OH，A.R）按比例混合，配制 ψ(正/乙)=1∶10 的混合醇溶液。

4.6.3　测定方法

准确称取质量为 m_s 的含锂镁待测试样溶液（Mg^{2+}总量约为 7～15 mg）于 150 mL 锥形瓶中，加 10 mL pH≈10 的氨缓冲溶液和 6～8 滴 ρ(铬黑 T)=1 $g\cdot L^{-1}$指示剂溶液，加入 ψ(正/乙)=1∶10 的混合醇溶液。在磁力搅拌下，用 $b(EDTA)\approx 0.05\ mol\cdot kg^{-1}$ 滴定剂溶液滴定至溶液由酒石红色突变为天青色终点，称量记录 EDTA 滴定剂溶液消耗量 m(EDTA)。

当待测试样中 Ca^{2+}含量可以忽略不计时，待测试样溶液中 Mg 的质量分数为

$$\omega(\mathrm{Mg})=\frac{b(\mathrm{EDTA})\times m(\mathrm{EDTA})\times M(\mathrm{Mg})}{m_{\mathrm{s}}\times 1000}$$

式中，m_s 为待测试样溶液的称样质量；b(EDTA)为 EDTA 滴定剂溶液的质量摩尔浓度；

m(EDTA)为滴定消耗的 EDTA 滴定剂溶液质量；M(Mg)为 Mg 的摩尔质量。

当待测试样中 Ca^{2+}含量不能忽略不计时，上述滴定消耗的 EDTA 为待测试样中 Mg^{2+}、Ca^{2+}与 EDTA 反应的消耗总量，需进行 Ca^{2+}的测定，由差减法求 Mg^{2+}含量。如试样含 Ca^{2+}，则需进行锂离子存在下 Ca^{2+}离子的测定，由差减法求 Mg^{2+}含量。

4.6.4 讨论

1. 锂共存时 EDTA 络合 Mg^{2+}、Ca^{2+}和 Sr^{2+}离子干扰消除原理

Li^+、Mg^{2+}、Ca^{2+}和 Sr^{2+}离子与 EDTA 的络合稳定常数分别为 $\lg K_{LiY}=2.79$、$\lg K_{MgY}=8.64$、$\lg K_{CaY}=11.0$ 和 $\lg K_{SrY}=8.80$。金属离子的络合常数值，是金属离子与配阴离子形成络合物能力强弱的表现。一般用络合物稳定常数差值 $\Delta\lg K>5$，作为判断能否利用控制酸度对金属离子进行分别滴定的条件。锂离子与 EDTA 络合常数为 2.79，镁、钙、锶离子 EDTA 络合常数与锂 EDTA 络合物稳定常数差值 $\Delta\lg K$ 分别为 5.85、8.21 和 6.01。根据络合常数的差异控制酸度，理论上锂离子不干扰 EDTA 络合滴定 Mg^{2+}、Ca^{2+}和 Sr^{2+}离子。然而，在被测样品中常会出现干扰离子浓度大于被测离子浓度。采用直接滴定时，必须符合被测离子的浓度 C_M 及其 EDTA 络合物的稳定常数 K_{MY} 满足 $\lg(C_M K_{MY})\geqslant 6$ 的要求。

M. T. Rodgers 和 P. B. Armentrout 于 1997 年直接测量了 Li^+-OH_2 键能，锂离子与水分子能形成的簇合物有 $Li^+(H_2O)$、$Li^+(H_2O)_2$、$Li^+(H_2O)_3$、$Li^+(H_2O)_4$、$Li^+(H_2O)_5$、$Li^+(H_2O)_6$。他们获得了 $Li^+(H_2O)_n$（n=1～6）簇合物的宽松和紧凑两个状态的键能。这些簇合物对应的宽松状态键能分别为 1.33 eV、1.17 eV、0.97 eV、0.72 eV、0.59 eV、0.62 eV，紧凑状态键能分别是 1.33 eV、1.16 eV、0.90 eV、0.63 eV、0.45 eV、0.40 eV。从簇合物两个状态的键能可以看出，水合数越大的簇合物，其键能越低。锂离子在水溶液中浓度越小，更易形成水合数大的簇合物。由此可以推断，$Li^+(H_2O)_6$ 簇合物与 EDTA 络合稳定常数 $\lg K$，实际应大于 2.79。

M. T. Rodgers 和 P. B. Armentrout 还实验研究了锂离子与短链醇的绝对键能，给出键裂解能是 Li^+(EtOH)=1.71 eV，Li^+(n-BuOH)=1.92 eV。将锂离子与水分子的键能值，同锂离子与乙醇和正丁醇的键能值进行比较，显而易见，锂离子与乙醇和正丁醇的键能，高于它与水分子的键能。从键能的角度分析，在锂钙、镁（或锶）混合水溶液中，加入乙醇和正丁醇，锂离子与乙醇和正丁醇形成的簇合物更稳定，混合醇可以起到掩蔽作用。

R. W. Taft 与合作者们系统地实验研究了锂离子络合物生成自由能。F. M. Siu 及合作者在前人实验研究的基础上，理论计算了锂离子与短链醇的键能。通过生成自由能的数值大小，可以看出，锂离子与乙醇和正丁醇形成络合物的稳定性，大于锂离子与水形成水合离子的稳定性。即键能越大，化学键越牢固，含有该键的分子越稳定。

373 K 时锂离子与纯水、氨、乙醇和正丁醇的生成自由能详见表 4.2，其中有不同作者的实验测定值和理论计算值。

从生成自由能角度来看，混合醇的加入，可以降低锂的水合离子的浓度，起到掩蔽锂离子的作用，消除了锂离子对 EDTA 络合滴定的干扰。

表 4.2　373 K 时锂离子键生成自由能（$kJ\cdot mol^{-1}$）

碱	$-\Delta G_{H^+}$ a	$-\Delta G_{Li^+}$ a	$-\Delta G_{Li^+}$ b	$-\Delta G_{Li^+}$ c
H_2O	667.2	114.3	107.1[b, d]	106.7
NH_3	818.8	138.1	127.0[e]	126.1
EtOH	752.6	138.6	129.0	124.0
BuOH	763.1	149.0	130.7	135.9

a. Measured by Taft;
b. Measured by Rodgers;
c. calculated by Siu;
d. by Džidić;
e. by Woodin

2. 混合醇的加入量

锂镁质量比在 1～12 范围内，根据已知的锂离子质量 m，利用 $V_{混合醇}$=0.1902m+7.3793 计算出需加入混合醇的体积（mL）。对于锂镁共存溶液，ψ(正/乙)=1∶10 的混合醇溶液的掩蔽体积范围是 10 mL。因此，在计算的 $V_{混合醇}$基础上，可上下各浮动 5 mL。例如，需加混合醇的计算值是 12 mL，实际测定时加入混合醇的量在 7～17 mL。如果加入混合醇后滴定终点变色不明显，说明加入的混合醇不足。

3. 锂离子含量的估算

对于相平衡等溶液化学研究，可以根据配制的体系点估计。对于未知浓卤水样，可以用 ICP-OES 法测定粗略值为参考值后，再按上法进行滴定。由于卤水中组成比较复杂，没有基体匹配下测定的锂离子含量只能是参考值。

4. 方法的适用性

由于 EDTA 与 Sr^{2+}等二价和三价离子也发生络合反应，所以本方法适用于不含其他二价和三价离子的样品，适用于含锂镁溶液化学研究以及含锂镁混合物的测定。

5. 方法的相对标准偏差

方法操作简单，在相平衡实验研究中，该方法的相对标准偏差＜0.3%；对于复杂盐湖卤水溶液，方法的相对标准偏差＞0.3%。

4.7　大量锂存在下 EDTA 称量滴定测定钙[10]

4.7.1　原理

大量锂存在下 EDTA 滴定钙的原理见 4.6 节。Li^+离子和 Ca^{2+}离子与 EDTA 的络合稳定常数分别为 $\lg K_{LiY}$=2.79 和 $\lg K_{CaY}$=11.0。加入适量的 1∶1 三乙醇胺溶液（锂钙质量比≤5

时）和正丁醇与乙醇的 1∶10 混合醇（锂钙质量比≤5 时），可以有效地降低被测液中游离锂离子浓度，掩蔽其对 EDTA 滴定的干扰。掩蔽后的 EDTA 与 Ca^{2+}离子反应及与指示剂的络合反应与 3.3 节 EDTA 容量滴定钙原理相同。

4.7.2 试剂

1. $CaCO_3$ 工作标准溶液

准确称量 2.5022 g 事先在 180℃恒重 4 h 后的基准 $CaCO_3$ 试剂，置于 500 mL 试剂瓶中，加适量浓盐酸(G.R)溶解，稀释到 500.00 g，摇匀，密封保存。此溶液 $b(CaO)=0.05000\ mol\cdot kg^{-1}$。

2. EDTA 滴定剂溶液

称量 18.62 g EDTA（A.R）溶于二次水，再用二次水稀释至溶液质量为 1000 g，摇匀，密封保存。此溶液 $b(EDTA)\approx0.05\ mol\cdot kg^{-1}$，溶液准确浓度用 $b(CaO)=0.05000\ mol\cdot kg^{-1}$ 工作标准溶液标定。

准确称取 $b(CaO)=0.05000\ mol\cdot kg^{-1}$ 工作标准溶液 5～10 g，用 $c(NaOH)=2\ mol\cdot L^{-1}$溶液调溶液 pH 接近中性，再加 1 mL $c(NaOH)=2\ mol\cdot L^{-1}$溶液和 5 滴 ρ(钙指示剂)=2 $mg\cdot mL^{-1}$指示剂溶液，在磁力搅拌下，用 EDTA 标准滴定溶液滴定到终点，差减法获得 EDTA 标准滴定溶液的消耗质量 $m(EDTA)$，计算 EDTA 滴定剂溶液的质量摩尔浓度。

3. 钙指示剂溶液

0.2 g 钙试剂羧酸钠盐用 50 mL 丙酮和 50 mL 二次水溶解，待指示剂完全溶解后，转入棕色滴瓶中保存，此溶液 ρ(钙指示剂)=2 $g\cdot L^{-1}$，稳定期约三个月。

4. NaOH 溶液

8 g 氢氧化钠（NaOH，A.R）溶于 100 mL 二次水中，摇匀后转入洁净的滴瓶中保存。此溶液 $c(NaOH)=2\ mol\cdot L^{-1}$。

5. 三乙醇胺溶液

100 mL 三乙醇胺（$C_6H_{15}NO_3$，A.R）与 100 mL 二次水混合均匀后转入棕色试剂瓶保存。此溶液 φ(三乙醇胺)=0.5。

6. 混合醇溶液

正丁醇［$CH_3(CH_2)_3OH$，A.R］与无水乙醇（C_2H_5OH，A.R）按比例混合，配制 ψ(正/乙)=1∶10 的混合醇溶液。

4.7.3 测定方法

准确称取质量为 m_s 含锂钙的待测试样溶液（Ca^{2+}总量约为 12～24 mg）于 150 mL 锥形瓶中，用 $c(NaOH)=2\ mol\cdot L^{-1}$溶液调溶液 pH 接近中性，再加 1 mL $c(NaOH)=2\ mol\cdot L^{-1}$溶液

和 5 滴 ρ(钙指示剂)=2 g·L^{-1}指示剂溶液，加入与含锂离子量相对应的 φ(三乙醇胺)=0.5 溶液或 ψ(正/乙)=1∶10 的混合醇溶液，在磁力搅拌下，用 b(EDTA)≈0.05 mol·kg^{-1} 滴定剂溶液滴定到溶液颜色由酒石红色突变为天青色终点，称量记录 EDTA 滴定剂溶液消耗量 m(EDTA)。

待测试样溶液中 Ca 的质量分数为

$$\omega(\text{Ca})=\frac{b(\text{EDTA})\times m(\text{EDTA})\times M(\text{Ca})}{m_{\text{s}}\times 1000}$$

式中，m_{s} 为待测试样溶液的称样质量；b(EDTA)为 EDTA 滴定剂溶液的质量摩尔浓度；m(EDTA)为滴定消耗的 EDTA 滴定剂溶液质量；M(Ca)为 Ca 的摩尔质量。

4.7.4　讨论

1. 锂共存时 EDTA 络合 Ca^{2+}离子干扰消除原理

请参见 4.6.4 小节。

2. 不同锂钙质量比时的掩蔽方法

（1）锂钙质量比＜1 时，Li^+离子存在不干扰 EDTA 滴定 Ca^{2+}离子含量。

（2）锂钙质量比＜5 时，用 φ(三乙醇胺)=0.5 溶液掩蔽，利用 $V_{\text{三乙醇胺}}$=2.4816 m−2.3184 计算出需加入 φ(三乙醇胺)=0.5 溶液的体积。锂钙质量比＞5 时，φ(三乙醇胺)=0.5 溶液不能作为钙离子分析的掩蔽剂。

（3）锂钙质量比＞5 时，用 ψ(正/乙)=1∶10 的混合醇溶液掩蔽，利用 $V_{\text{混合醇}}$=3.3714m−8.6190 计算出需加入混合醇的体积。如果加入混合醇后滴定终点推后现象，说明加入的混合醇不足。

3. 锂离子含量的估算

对于相平衡等溶液化学研究，可以根据配制的体系点估计。对于未知浓卤水样，可以用 ICP-OES 法测定后，再按上法进行滴定。由于卤水中组成比较复杂，没有基体匹配下测定的锂离子含量只能是参考值。

4. 被测溶液 pH

被测溶液 pH 在 10～12 之间为宜。

5. 方法的适用性

EDTA 与 Sr^{2+}等二价和三价离子也发生络合反应，所以本方法适用于不含其他二价和三价离子的样品，适用于含锂钙溶液化学研究以及含钙镁混合物的测定。

6. 方法的重现性与相对标准偏差

方法操作简单，在相平衡实验研究中，该方法的相对标准偏差＜0.3%；对于复杂盐湖卤水溶液，方法的相对标准偏差＞0.3%。

4.8 硝酸汞称量滴定氯离子[11]

4.8.1 原理

硝酸汞称量滴定氯离子原理与硝酸汞容量滴定氯离子原理相同，不同之处在于计量方式的改变，详情可参考 3.9.1 小节，本节不再赘述。

4.8.2 试剂

1. NaCl 工作标准溶液

准确称取 2.9222 g 预先于 350℃灼烧恒重的氯化钠（NaCl，基准）于 500 mL 试剂瓶中，用二次水溶解并稀释至 500.00 g，摇匀后密封保存。此溶液 $b(\mathrm{NaCl})=0.1000\ \mathrm{mol \cdot kg^{-1}}$。

2. $Hg(NO_3)_2$ 滴定剂溶液

17.13 g 硝酸汞［$Hg(NO_3)_2 \cdot H_2O$，A.R］于 200 mL 烧杯中，先加少量二次水润湿，再加 100 mL 二次水，2 mL HNO_3(ρ =1.42 g·mL^{-1}，A.R)，搅拌使其溶解，转入 1000 mL 试剂瓶中用二次水稀释至 1000 g，摇匀。此溶液 $b[\mathrm{Hg(NO_3)_2}]\approx 0.05\ \mathrm{mol \cdot kg^{-1}}$，其准确浓度用 $b(\mathrm{NaCl})=0.1000\ \mathrm{mol \cdot kg^{-1}}$ 工作标准溶液标定。标定方法见 4.8.3 小节。

3. 氯混合指示剂溶液

0.5 g 二苯偶氮碳酰肼（$C_{13}H_{12}N_4O$）溶于 50 mL $\varphi(C_2H_5OH)=0.95$ 溶液中，0.05 g 溴酚蓝（$C_{19}H_{10}Br_4O_5S$）溶于 50 mL $\varphi(C_2H_5OH)=0.95$ 溶液中，待两种指示剂完全溶解后将其混合、摇匀后转入洁净的棕色滴瓶中保存。此溶液 $\rho(C_{13}H_{12}N_4O)=10\ \mathrm{g \cdot L^{-1}}$。

4. 稀 HNO_3 溶液

3 mL 硝酸（HNO_3，ρ=1.42 g·mL^{-1}，A.R）溶液，用二次水稀释至 1000 mL，摇匀。溶液用棕色试剂瓶保存。此溶液 $c(\mathrm{HNO_3})=0.05\ \mathrm{mol \cdot L^{-1}}$。

5. 稀 NaOH 溶液

5 mL $c(\mathrm{NaOH})=2\ \mathrm{mol \cdot L^{-1}}$溶液，用二次水稀释到 200 mL，摇匀，转入洁净的滴瓶保存。此溶液 $c(\mathrm{NaOH})=0.05\ \mathrm{mol \cdot L^{-1}}$。

4.8.3 测定方法

准确称取一定质量测试样溶液 m_s（约含 Cl^- 10～100 mg）于 200 mL 锥形瓶中，150 mL 锥形瓶中，滴加 10 滴混合指示剂溶液。如果呈蓝色（pH＞4.4），则用 $c(\mathrm{HNO_3})=0.05\ \mathrm{mol \cdot L^{-1}}$ 溶液中和至颜色变黄。如果加入混合指示剂后，溶液呈黄色（pH＜3.6），则用 $c(\mathrm{NaOH})=0.05\ \mathrm{mol \cdot L^{-1}}$溶液调至黄色。溶液呈黄色后，再加 10 滴 $c(\mathrm{HNO_3})=0.05\ \mathrm{mol \cdot L^{-1}}$溶液至亮黄色，这

时溶液 pH 在 3.0～3.5。用 b［$Hg(NO_3)_2$］≈0.05 $mol \cdot kg^{-1}$ 滴定剂溶液滴定至溶液由亮黄色变为蓝紫色，即为反应终点，称量记录 $Hg(NO_3)_2$ 溶液消耗量 m［$Hg(NO_3)_2$］。

待测试样溶液中 Cl^-的质量分数为

$$\omega\left(Cl^-\right)=\frac{b\left[Hg\left(NO_3\right)_2\right]\times m\left[Hg\left(NO_3\right)_2\right]\times M(Cl)}{m_s\times 1000}$$

式中，m_s 为待测试样溶液的称样质量；b［$Hg(NO_3)_2$］为滴定剂溶液的质量摩尔浓度；m［$Hg(NO_3)_2$］为滴定消耗的滴定剂溶液质量；$M(Cl)$为 Cl 的摩尔质量。

4.8.4　讨论

1. 硝酸汞滴定氯实际是总卤量

用硝酸汞分析卤水时，实际测定的是卤水中的总卤量，即氯、溴、碘的总量。但由于天然地表或地下卤水中，氯离子含量相当大，而溴、碘离子含量非常小，实际分析过程中，以测得的总卤量值计算为氯离子的含量。此种表示并非十分确切，特此说明。

2. 滴定溶液的酸度对测定结果影响较大

实验证明，汞量法测定 Cl^-离子，滴定溶液的酸度对测定结果影响较大。溶液 pH 最好在 3.0～3.5 之间，如 pH 太高，则 Hg^{2+}与指示剂反应过早，使测定结果偏低，如 pH 太低，则测定结果偏高。详见表 4.3。

表 4.3　测定溶液 pH 对滴定结果的影响

Cl^-离子加入量/mg	加入 $c(HNO_3)$=0.05 $mol \cdot L^{-1}$ 量/mL	滴定溶液总质量/g	滴定溶液 pH	Cl^-离子测定值/mg	相对误差/%
105.77	0.0	50.00	3.19	104.96	-0.67
	0.5		3.16	106.03	+0.34
	1.0		3.02	107.09	+1.34
	1.5		2.96	107.44	+1.68
	2.0		2.35	107.70	+2.01
	3.0		2.40	108.51	+2.68
	5.0		2.14	110.64	+4.69

3. $Hg(NO_3)_2$ 溶液见光易水解

$Hg(NO_3)_2$ 溶液见光易水解，在配制溶液时可略微多加一些硝酸，可以阻止其水解。配制后的溶液在避光密封下可保存三个月。

4. 方法适用性与相对标准偏差

此法用于卤水中氯离子的分析，操作简单，终点易于鉴别。相对标准偏差＜0.5%。

4.9 氯化钡法称量滴定测定硫酸根[12, 13]

4.9.1 原理

碱金属或碱土金属的硫酸盐、氯化物溶液在酸性溶液中，用氯化钡溶液直接滴入硫酸根，可形成硫酸钡沉淀。其反应为

$$Ba^{2+} + SO_4^{2-} \longrightarrow BaSO_4\downarrow$$

在硫酸钡沉淀表面上吸附硫酸根离子，得到沉淀物带负电荷。当钡离子过量时，其表面就会吸附钡离子，从而使其表面带正电荷。在这种情况下，带负电荷的茜素红 S 指示剂就会和钡离子结合，形成粉红色络合物：

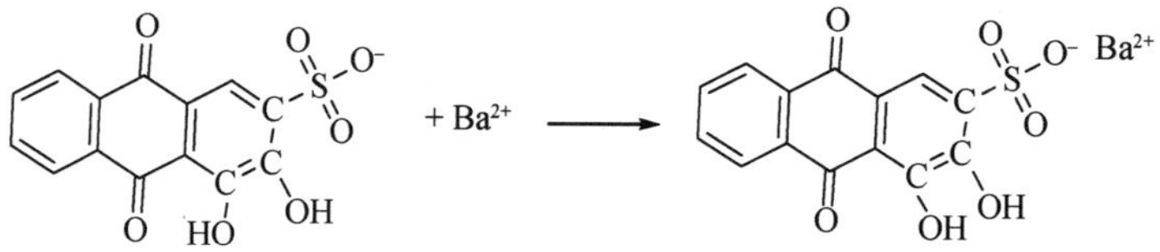

茜素红 S 作为酸碱指示剂，它在酸性溶液中显黄色，在碱性溶液中显红色。

4.9.2 试剂

1. K_2SO_4 工作标准溶液

准确称取 2.1783 g 事先在 750℃恒重后 4 h 的硫酸钾（K_2SO_4，基准），于 500 mL 试剂瓶中，加二次水溶解，并稀释到 500.00 g，摇匀，密封保存。此溶液 $b(K_2SO_4)$=0.0250 mol·kg^{-1}。

2. $BaCl_2$ 滴定剂溶液

称取 12.21 g 氯化钡（$BaCl_2·2H_2O$，A.R）于 1000 mL 试剂瓶中，加二次水溶解并稀释至 1000 g，摇匀，密封保存。此溶液 $b(BaCl_2)$≈0.025 mol·kg^{-1}，其准确浓度用 $b(K_2SO_4)$=0.0250 mol·kg^{-1} 工作标准溶液标定。

3. 茜素红指示剂溶液

0.1 g 茜素红 S($C_{14}H_7NaO_7S·H_2O$，A.R)于 50 mL 烧杯中，加二次水溶解并稀释至 100 mL，摇匀后转入棕色滴瓶中保存。此溶液 ρ(茜素红)=1 g·L^{-1}。

4. 醋酸溶液

85 mL 冰醋酸（C_2H_4O，ρ =1.05 g·mL^{-1}，A.R），用二次水稀释至 500 mL，摇匀后转入洁净的试剂瓶保存。此溶液 $c(C_2H_4O)$=3 mol·L^{-1}。

5. 无水乙醇

无水乙醇（C_2H_6O，ρ =0.79 g·mL^{-1}，A.R）试剂。

4.9.3　测定方法

1. $BaCl_2$ 滴定剂溶液浓度标定

准确称取 $m(K_2SO_4)$10.0000 g，$b(K_2SO_4)$=0.0250 mol·kg^{-1} 工作标准溶液于 150 mL 锥形瓶中，加 10 mL $c(C_2H_4O)$=3 mol·L^{-1}溶液，10 mL 无水乙醇，6 滴 ρ(茜素红)=1 g·L^{-1}指示剂溶液，这时溶液 pH 在 2.3～2.7 之间。$b(BaCl_2)$≈0.025 mol·kg^{-1} 滴定剂溶液以 2 滴·秒$^{-1}$ 的滴定速度进行滴定，滴定至溶液由亮黄色突变成粉红色，即为滴定终点。称量记录 $BaCl_2$ 滴定剂溶液消耗质量 $m(BaCl_2)$。

$BaCl_2$ 滴定剂溶液浓度为

$$b\left(BaCl_2\right)=\frac{b\left(K_2SO_4\right)\times m\left(K_2SO_4\right)}{m\left(BaCl_2\right)}$$

2. 待测试样分析

准确称取一定质量待测试样 m_s（SO_4^{2-} 含总量为约 19～103 mg）于 150 mL 锥形瓶中，加 10 mL $c(C_2H_4O)$=3 mol·L^{-1}溶液，10 mL 无水乙醇，6 滴 ρ(茜素红)=1 g·L^{-1}指示剂溶液，这时溶液 pH 在 2.3～2.7 之间。$b(BaCl_2)$≈0.025 mol·kg^{-1} 滴定剂溶液以 2 滴·秒$^{-1}$ 的滴定速度进行滴定，滴定至溶液由亮黄色突变成粉红色，即为滴定终点。称量记录 $BaCl_2$ 滴定剂溶液消耗质量 $m(BaCl_2)$。

待测试样溶液中 SO_4^{2-} 的质量分数为

$$\omega\left(SO_4^{2-}\right)=\frac{b\left(BaCl_2\right)\times m\left(BaCl_2\right)\times M\left(SO_4^{2-}\right)}{m_s\times1000}$$

式中，m_s 为待测试样溶液的称样质量；$b(BaCl_2)$为滴定剂溶液的质量摩尔浓度；$m(BaCl_2)$为滴定消耗的滴定剂溶液质量；$M(SO_4^{2-})$为 SO_4^{2-} 的摩尔质量。

4.9.4　讨论

1. 滴定溶液的 pH

滴定溶液的 pH 控制在 2.10～2.70 之间。在本方法的试剂加入量和试样取样量下，加入 10 mL 3 mol·L^{-1}醋酸溶液即可。如果滴定溶液总量增大，3 mol·L^{-1}醋酸溶液加入量也要随之增加。如果被测液体积过大，也可加入冰醋酸来控制溶液 pH。

2. 乙醇的加入浓度控制

滴定溶液中乙醇的浓度应控制在 15%～30%之间。试剂加入量和试样取样量为≥10 g

时，加入 10 mL 无水乙醇即可。如果滴定溶液总量增大，乙醇量也要随之增加。

3. 茜素红指示剂溶液用量

茜素红 S 作为酸碱指示剂，它在酸中显黄色。通常试剂加入量和试样取样量下，0.1% 茜素红指示剂溶液用量在 4～11 滴均可。指示剂用量多则溶液的黄颜色重，它溶液干扰茜素红 S 指示剂与钡离子形成粉红色络合物的观察。如果滴定液量增加，指示剂用量也需增加。

4. 加标回收与方法适用性

在加标回收实验中，钾回收率在 99.7%～100.3%之间。此方法适合硫酸盐产品的分析，具有较高的准确度。

5. 共存离子的干扰

在盐湖卤水和相化学研究中，是复杂的多组分体系。当卤水浓度比较稀时，其他共存离子浓度相对较小，除硫酸镁溶液外，可以不考虑共存离子对滴定的干扰。当卤水进入不同盐类饱和阶段时，先进行其他离子含量的分析，根据相应共存离子与硫酸根的质量比，进行离子干扰消除方法的选择。

卤水中常见阳离子有 NH_4^+、Li^+、Na^+、K^+、Ca^{2+}和 Mg^{2+}；阴离子有 CO_3^{2-}、$B_4O_7^{2-}$和 Cl^-。其中 Cl^-离子对本方法无干扰。NH_4^+离子在 NH_4^+与 SO_4^{2-} 质量比为 2.03 时，对 SO_4^{2-} 含量分析无影响。其余 7 种离子在大质量比时干扰消除方法如下：

1）Na^+离子

Na^+与 SO_4^{2-} 质量比为 5.1 时，对本方法滴定硫酸根有轻微干扰。如 10 g 试样滴定前溶液中约含 Na^+离子 123 mg（不含需加入的乙醇和乙酸量）时，加水控制 $\rho(Na^+)<0.9\ mg\cdot mL^{-1}$，再加入 7 滴指示剂、10 mL $c(C_2H_4O)=3\ mol\cdot L^{-1}$醋酸溶液、10 mL 乙醇($\rho=0.79\ g\cdot mL^{-1}$)后进行滴定，$Na^+$离子对滴定的干扰可以消除。

2）Li^+离子

Li^+与 SO_4^{2-} 质量比为 12.93 时，对本方法滴定硫酸根有干扰。如 10 g 试样中加入 30% LiCl（GR）溶液约 6.38 g 时，先加入冰醋酸 7 mL，再加入 70 mL 混合酮（正丁醇∶乙醇为 1∶8），20 滴指示剂后进行滴定，可掩蔽 Mg^{2+}对滴定的干扰。

3）K^+离子

K^+ 与 SO_4^{2-} 质量比为 22.54 时，对本方法滴定硫酸根有干扰。如 10 g 试样中存在 21% KCl 溶液约 5.6 g 时，加入 0.34%四苯硼钠（A.R）溶液 15 g，再加入 10 滴指示剂、10 mL 3 $mol\cdot L^{-1}$ 醋酸溶液、10 mL 乙醇后进行滴定，可掩蔽 K^+对滴定的干扰。

4）Ca^{2+}离子

在 Ca^{2+}与 SO_4^{2-} 质量比为 3.16 时，Ca^{2+}离子的存在对本方法滴定硫酸根有干扰。如 10 g 试样中存在 3% $CaCl_2$ 溶液约 7.5 g 时，加 5%柠檬酸 1.3 mL 和 3 g 水，再加入 8 滴指示剂、10 mL 3 $mol\cdot L^{-1}$醋酸溶液、10 mL 乙醇后进行滴定，可掩蔽 Ca^{2+}对滴定的干扰。

5）Mg^{2+}离子

Mg^{2+}与 SO_4^{2-} 质量比为 7.13 时，对本方法滴定硫酸根有干扰。如 10 g 试样中加入 10.23%

$MgCl_2$（G. R）溶液约 7.3 g 时，先加入 40 mL 混合醇酮（乙醇∶丙酮为 1.4∶1），再加入 16 mL 3 mol·L^{-1}醋酸溶液，加 14 滴指示剂后进行滴定，可掩蔽 Mg^{2+}对滴定的干扰。

6）CO_3^{2-}离子

在 CO_3^{2-}与 SO_4^{2-}质量比为 2.33 时，对本方法滴定硫酸根有干扰。如 10 g 试样中存在 2.1% Na_2CO_3 溶液 5 g，加 5% HCl 1.2 mL，充分搅拌至无气泡产生时，再加入 7 滴指示剂、10 mL 3 mol·L^{-1}醋酸溶液、10 mL 乙醇后进行滴定，可掩蔽 CO_3^{2-}对滴定的干扰。

7）$B_4O_7^{2-}$离子

$B_4O_7^{2-}$与 SO_4^{2-}质量比为 2.05 时，对本方法滴定硫酸根有干扰。如 10 g 试样中存在 5% $Na_2B_4O_7$ 溶液约 7.0 g 时，加 5%盐酸溶液 1 mL 中和溶液的碱度，再加入甘露醇（A.R）3 g 后，再加入 7 滴指示剂、10 mL 3 mol·L^{-1}醋酸溶液、10 mL 乙醇后进行滴定，可掩蔽 $B_4O_7^{2-}$对滴定的干扰。

参 考 文 献

[1] 张铁垣. 化验工作实用手册[M]. 北京: 化学工业出版社, 2002: 679-684.

[2] 李红霞, 董欧阳, 姚燕, 等. 质量滴定分析方法及其应用[J]. 盐湖研究, 2011, 19(3): 31-36.

[3] 邵美成, 唐有祺. EDTA 及其螯合物的结构化学[J]. 化学通报, 1979,(6): 29-43.

[4] 时历杰, 孙柏, 丁秀萍, 等. 三元体系 $KCl-SrCl_2-H_2O$ 25℃相平衡研究[J]. 无机化学学报, 2010, 26(2): 333-338.

[5] 丁秀萍, 孙柏, 时历杰, 等. 氯化钠-氯化锶-水三元体系 25℃相平衡研究[J]. 无机盐工业, 2010, 42(6): 9-11.

[6] 王涛, 钟远, 李海军, 等. 四苯硼钠-季铵盐质量滴定法分析钾含量研究[J]. 盐湖研究, 2013, 21(3): 30-35.

[7] Dean J A. Lange's Handbook of Chemistry[M]. Fifteenth Edition. McGraw-Hill Book Company, 1999:8.9-8.94.

[8] 王士强, 高洁, 余学, 等. 大量 Li^+存在对 Mg^{2+}分析测定的影响研究[J]. 盐湖研究, 2007, 15(1): 44-48.

[9] 李红霞, 姚燕, 曾德文. 水盐体系中有干扰 Li^+测定 Mg^{2+}浓度的掩蔽法研究[J]. 盐湖研究, 2012, 20(2): 24-30.

[10] 国家环保总局. HJ/T 343—2007 水质氯化物的测定硝酸汞滴定法[S]. 北京: 中国环境科学出版社, 2007.

[11] 李丹, 李栋婵, 孙柏, 等. 大量 Li 存在的卤水体系中容量法测定 Ca^{2+}的分析方法研究[J]. 化学世界, 2007,(7): 398-401.

[12] 吕鹏. 卤水中硫酸根分析的方法研究[D]. 西宁: 中国科学院青海盐湖研究所, 2015.

[13] 夏玉宇. 化学实验室手册[M]. 2 版. 北京: 化学工业出版社, 2008: 564.

第 5 章　沉淀称量分析

5.1　概　　述[1-4]

沉淀称量分析属于称量分析的一种，称量分析之前称之为重量分析，通常指通过物理或化学的方法，将试样溶液中的待测组分以某种形式与其他组分分离，以称量的方法称得待测组分或它的难溶化合物的质量，进而计算出待测组分在试样中的含量的方法。因称量的是质量，用称量分析命名该类分析方法更为恰当。

常见的称量分析方法主要有：①挥发称量法；②滴定称量法；③沉淀称量法。第 4 章介绍了卤水和盐的分析中几种离子的滴定称量分析方法，本章只讨论沉淀称量法。

沉淀称量分析是依靠称量反应产物的质量来确定待测组分含量的方法。它是化学分析中最基本、最直接的定量方法。尽管操作烦琐，费时较多，但测定的不准确度小，常作为验证其他方法的基准方法。

5.1.1　沉淀形式和称量形式

在试样溶液中加入过量的沉淀剂，使之与试样溶液中待测组分形成难溶性化合物而沉淀，根据沉淀的质量，计算待测组分的含量。在溶液中沉淀剂与待测组分形成沉淀的形式，称为沉淀形式。沉淀要经过干燥或灼烧后再称重，用来称量的形式，称为称量形式。沉淀在后期处理过程有可能因为受热而发生分解，导致沉淀称量分析中“沉淀形式”和“称量形式”可能相同，亦可能不相同。

1. 对于沉淀形式的要求

（1）沉淀要完全，溶解度要小，溶解损失不超过分析天平的称量误差（0.1 mg）；
（2）沉淀应容易过滤和洗涤，能在最后得到纯净的沉淀；
（3）沉淀在干燥或灼烧过程要比较容易并能完全转化成称量式。

2. 对于称量形式的要求

（1）应具有确定的化学组成，这是分析结果计算的基础；
（2）化学组成必须是稳定的物质，不易风化、吸潮和分解；
（3）应具有尽可能大的摩尔质量，称量形式的相对分子质量越大，待测组分占称量形式的额度越小，越有利于提高测定的准确度。

5.1.2　沉淀剂的选择和用量

根据对沉淀形式的要求，选择合适的沉淀剂，其一般要求是：

1. 选择形成的沉淀应具有最小的溶解度

选择使形成的沉淀具有最小的溶解度的沉淀剂，如 Ba^{2+}可以形成几种难溶性的化合物，详见表 5.1。

表 5.1　几种钡盐的溶度积和溶解度

沉淀形式	溶度积	溶解度	
		$mol \cdot L^{-1}$	$mg \cdot L^{-1}$
$BaCO_3$	8×10^{-9}	8.9×10^{-5}	17.6
$BaCrO_4$	2.4×10^{-10}	1.6×10^{-5}	3.9
BaC_2O_4	1.7×10^{-7}	4.1×10^{-4}	9.0
$BaSO_4$	1.1×10^{-10}	1.05×10^{-5}	2.5

显然，用硫酸盐为沉淀剂时，Ba^{2+}以 $BaSO_4$ 形式沉淀最好。

2. 沉淀剂应是具有易挥发性的物质

最好选用易挥发的物质，以便在沉淀处理时除去过量的沉淀剂，如在以 $Fe(OH)_3$ 形成沉淀 Fe^{3+}时，最好选用 $NH_3 \cdot H_2O$ 而不选用 NaOH 为沉淀剂。

3. 沉淀剂应具有较大溶解度

应选择具有较大溶解度的沉淀剂，以减少沉淀粒子对沉淀剂的吸附，用钡盐沉淀 SO_4^{2-}离子时，选用 $BaCl_2$ 而不用 $Ba(NO_3)_2$ 为沉淀剂，是因为 20℃时 $BaCl_2$ 和 $Ba(NO_3)_2$ 在每 100 g 水中的溶解量分别为 69.1 g 和 9.1 g，$BaCl_2$ 的溶解度较大。

4. 沉淀剂应具有较好的选择性

沉淀剂只与试样溶液中的待测组分生成沉淀，不与试样溶液中的其他离子作用。某些有机沉淀剂往往选择性较好，如 $NaB(C_6H_5)_4$ 等。

沉淀剂的用量必须适当地过量，借用离子效应使得待测离子沉淀完全，对于溶解度稍大的沉淀物，如 $PbSO_4$、CaC_2O_4 等，沉淀剂一般应过量 50%。在一般情况下，沉淀剂过量 20%～50%即能满足要求。如果沉淀剂是易挥发性物质，可在灼烧过程除去，则可过量 100%。但应当指出，在某些情况下，过量的沉淀剂会生成络合物、酸式盐，盐效应反而增加沉淀的溶解度，沉淀剂的最佳用量应在条件实验的基础上确定。

5.1.3　沉淀反应条件

1. 晶形沉淀反应的适宜条件

要使沉淀的颗粒粗大而结实，易于过滤和洗涤，必须考虑的沉淀条件是：

（1）沉淀反应在稀溶液和热溶液中进行，以降低过饱和程度，减少沉淀的吸附；

（2）在不断搅拌下，缓慢加入沉淀剂，消除局部过饱和程度，减少晶核生成的数目；

（3）陈化、沉淀完全后，让生成的沉淀与母液共存放置一段时间，使小晶体再结晶转化为大晶体，并且得以纯化。

2. 非晶形沉淀反应的适宜条件

要使沉淀不致形成胶体溶液而穿透滤纸，并具有紧密的结构，易于过滤和洗涤，必须考虑的沉淀条件是：

（1）沉淀反应应在较浓的溶液中进行，在不断地搅拌下，快速地加入沉淀剂，以使生成的沉淀结构紧密；

（2）沉淀反应在热溶液中进行，以防止沉淀形成胶溶状，减少杂质的吸附；

（3）沉淀溶液中应加入适当的支持电解质，防止沉淀物形成胶体；

（4）不必陈化，尽快趁热过滤；

（5）必要时进行再沉淀，以减少杂质，提高结果准确度。

5.1.4　共沉淀现象及其减免

当沉淀从溶液中析出时，并非十分纯净，常常含有从试样溶液中带来的各种杂质，称为共沉淀现象。其主要原因是表面吸附，其次是吸留后沉淀及形成混晶，这是称量分析中误差的重要来源之一。共沉淀现象一般有以下情况。

1. 吸附现象

晶形和非晶形沉淀的表面，特别是棱边和顶角，都存在自由电力场，且选择性地吸附溶液中某些离子而使沉淀微粒带电荷，带电微粒又吸引溶液中某些带异号电荷的离子，结果使沉淀粒子表面吸附了一层杂质分子。一般离子的化合价数越高，或越易变形，或形成的化合物的电离度越小，则越容易被吸附。吸附杂质的数量取决于沉淀的表面积、被吸附杂质的浓度和沉淀介质的温度等。

2. 吸留现象

在沉淀过程中，若沉淀剂加入太快，沉淀迅速生成和长大，微粒表面吸附的离子尚来不及离开，就有可能陷入沉淀晶格的内部。若杂质与沉淀本身具有相同的晶格，就会形成混晶；若杂质与沉淀本身不具有相同的晶格，则沉淀的晶形变得不完整。这种情况可在陈化过程中逐渐得到克服。

3. 减少共沉淀影响的措施

为了获得比较纯净的沉淀，减少共沉淀作用对分析结果的影响，应在沉淀时采取以下措施：

（1）用分离或隐蔽等方法，预先把试样溶液中易被吸附的杂质除去；

（2）选择适当的沉淀条件和分析程序；

（3）选择适当的洗涤液洗涤沉淀；

（4）必要时进行再沉淀。

5.1.5 称量分析结果的计算和误差

沉淀形式经过适当的干燥或灼烧后，成为确定组成的称量形式，根据称量形式的质量，计算试样溶液中待测组分的含量。计算时通常要引入一个“换算因数”，即待测组分的原子量与称量形式的分子量的比值。待测组分的质量等于沉淀形式的质量与换算因数的乘积。试样溶液中待测组分的质量分数为

$$\omega = \frac{m \times F}{m_s} \tag{5.1}$$

式中，m 为沉淀的质量；F 为换算因数；m_s 为分析试样的质量。

称量分析误差来源于称量系统误差和操作随机误差。系统误差在使用已经校准合格的分析天平时可以消除，因此，分析结果的误差主要是在操作过程中造成的。只有认真地按照标准方法的要求进行每一步操作，才能获得不确定度较小的结果。通常熟练操作人员的分析结果，相对标准偏差约±0.2%。

5.1.6 沉淀干燥方法改进

沉淀称量分析是依靠称量反应产物的质量来确定待测组分含量的方法，要求沉淀在称量前需要达到恒重，以保证称量的质量的准确性。一般根据沉淀物质的组成特点，常用电热恒温干燥箱在特定温度下进行恒重，耗时在 2 h 以上，甚至更长，这也是沉淀称量分析的一个不足。近年随微波加热技术在分析化学中的应用，沉淀恒重可以采用微波炉，在功率 300 W 时加热 6～7 min 恒重，沉淀恒重时间较电热恒温干燥箱大幅缩短。

5.2 四苯硼钠法测定钾[5-7]

5.2.1 原理

在微酸性溶液中，四苯硼钠与钾离子反应生成一种晶态的、具有一定组成的、溶解度很小的白色沉淀，该性质被应用于钾离子的测定，其反应为

$$K^+ + NaB(C_6H_5)_4 \longrightarrow KB(C_6H_5)_4 \downarrow + Na^+$$

5.2.2 试剂

1. 四苯硼钠沉淀剂溶液

10 g 四苯硼钠［STPB，$NaB(C_6H_5)_4$，A.R］置于 1000 mL 烧杯中，加 500 mL 二次水，$\rho(NaOH)=200\ g·L^{-1}$溶液 5 mL，$\rho(MgCl_2·6H_2O)=100\ g·L^{-1}$溶液 20 mL，稀释至 1000 mL，搅拌 15 min 后静置，待溶液分层后用滤纸过滤，滤液置于塑料试剂瓶或棕色玻璃试剂瓶中储存，可保存 1 个月。此溶液 $\rho(STPB)=10\ g·L^{-1}$。

2. 四苯硼钠洗涤剂溶液

ρ(STPB)=10 g·L^{-1}四苯硼钠溶液用二次水稀释 10 倍。此溶液 ρ(STPB)=1 g·L^{-1}，实验前配制。

3. 甲基红指示剂溶液

0.1 g 甲基红溶于 100 mL 乙醇［C_2H_5OH，$\varphi(C_2H_5OH)$=0.95，A.R］中，摇匀后置于洁净的滴瓶中保存。此溶液 ρ(甲基红)=1 g·L^{-1}。

4. 乙酸溶液

移取 10 mL 冰乙酸（CH_3COOH， A.R）溶于 1000 mL 二次水中，摇匀置于洁净的试剂瓶中保存。此溶液 φ(HAc)=0.01。

5. 盐酸溶液

移取 4.2 mL 盐酸（HCl，ρ=1.19 g·mL^{-1}，A.R）溶液，加入 1000 mL 的二次水，摇匀置于洁净的试剂瓶中保存。该溶液 c(HCl)=0.05 mol·L^{-1}。

6. 氢氧化钠溶液

（1）2 g 氢氧化钠（NaOH，A.R）固体，溶解到 1000 mL 除过 CO_2 的二次水中，摇匀后置于洁净的试剂瓶中保存。该溶液为 c(NaOH)=0.05 mol·L^{-1}。

（2）20 g 氢氧化钠（NaOH，A.R）固体，溶解到 100 mL 除过 CO_2 的二次水中，摇匀后置于塑料试剂瓶中保存。该溶液为 ρ(NaOH)=200 g·L^{-1}。

7. 氯化镁溶液

10 g 氯化镁（$MgCl_2·6H_2O$， A.R）溶于 100 mL 二次水中，摇匀后置于洁净的试剂瓶中保存。此溶液 $\rho(MgCl_2·6H_2O)$=100 g·L^{-1}。

5.2.3　测定方法

准确移取一定体积的待测试样溶液 V_s（含 K^+约 2～20 mg）置于 100 mL 烧杯中，加入 ρ(甲基红)=1 g·L^{-1}指示剂溶液 1 滴，用 c(HCl)=0.05 mol·L^{-1} 或 c(NaOH)=0.05 mol·L^{-1} 溶液调节至呈酸性，再加 φ(HAc)=0.01 溶液 1 mL，用二次水稀释至 50 mL，在不断搅拌下，滴加 ρ(STPB)=10 g·L^{-1} $NaB(C_6H_5)_4$ 沉淀剂溶液（1 mg K^+≈1.05 mL 的沉淀剂），并在 2 min 左右加完，沉淀放置 15 min，用预先在 105～110℃烘至恒重的 No.4 玻璃坩埚抽气过滤，并用 ρ(STPB)=1 g·L^{-1} $NaB(C_6H_5)_4$ 溶液将沉淀完全转移至坩埚中，继续洗涤沉淀 5～7 次（每次用量控制在 5 mL），再用二次水洗涤 2 次（每次用量控制在 5 mL），抽干滤液后，玻璃坩埚置于 105～110℃烘干至恒重。

待测试样溶液中 K^+的质量浓度：

$$\rho\left(K^+\right)=\frac{m\left[KB\left(C_6H_5\right)_4\right]\times F\left[K/KB\left(C_6H_5\right)_4\right]}{V_s}$$

式中，m 为沉淀质量；V_s为待测试样取样量；F 为换算因数，这里 F=0.1091。

5.2.4　讨论

（1）四苯硼钠沉淀剂配制过程中加入氢氧化钠和氯化镁溶液，生成的 $Mg(OH)_2$ 絮状沉淀能有效地吸附四苯硼钠试剂中的杂质成分，氢氧化钠可以阻止四苯硼钠的分解，提高了沉淀剂溶液的清澈和稳定性。采用该方法配制的四苯硼钠沉淀剂溶液可以保存 1 个月。如果发现沉淀剂溶液出现混浊或者生成的四苯硼钾沉淀出现棕色，则说明沉淀剂失效，需要重新配制。

（2）$NaB(C_6H_5)_4$ 沉淀剂加入速度不宜太快，同时要不断搅拌。$NaB(C_6H_5)_4$ 滴加速度太快则分析结果偏高，最好在 1.5～2 min 内加完，搅拌可以有效防止局部浓度过大，沉淀颗粒过细吸附溶液引起误差。沉淀剂加完后的陈化时间不宜过长，控制在 60 min，时间过长过量的沉淀剂有可能发生分解，导致结果偏高。

（3）干扰离子的排除。在微酸性溶液中，$NaB(C_6H_5)_4$ 沉淀剂仅与 K^+、Rb^+、Cs^+、NH_4^+、Ce^{4+}、Hg^{2+}等发生沉淀反应，而不与 Li^+、Na^+、Ca^{2+}、Mg^{2+}、Sr^{2+}、Ba^{2+}、Al^{3+}、Fe^{2+}、Sn^{2+}、Ti^{4+}、Co^{3+}、Mn^{2+}、Ni^{2+}、Zn^{2+}、Pb^{2+} 等离子发生沉淀反应，在卤水分析中，一般只需考虑 NH_4^+ 离子的干扰和排除问题。

（4）试样溶液体积控制。随着反应体积的增大，沉淀反应的负误差增加。由于 $KB(C_6H_5)_4$ 在水中也具有一定的溶解度，会使测得的结果偏低。因此，沉淀时控制试样溶液的体积在 20～50 mL 以内为宜。

（5）消除试样溶液中 NH_4^+ 干扰的方法。试样溶液如果含有 NH_4^+，需要先进行除 NH_4^+ 后沉淀 K^+。具体操作是在加沉淀剂前先将试样溶液加酚酞指示剂 1 滴，用 c(NaOH)=2 mol/L 碱化，加热 10～15 min 以逐除 NH_3，然后重新调节酸度后再加沉淀剂进行测定。

（6）方法操作简单，相对标准偏差为±0.5%。本方法还可以采用饱和四苯硼钾溶液作为洗涤剂溶液，配制方法参见相关文献。

5.3　四苯硼钠法测定高含量铷[8]

5.3.1　原理

在微酸性溶液中，$NaB(C_6H_5)_4$ 与 Rb^+反应生成溶解度极小的 $RbB(C_6H_5)_4$（100 mL 水中仅溶解 0.378 mg）的白色晶态的沉淀，具有一定组成，可被应用于铷的测定。其反应为

$$Rb^+ + NaB\left(C_6H_5\right)_4 \longrightarrow RbB\left(C_6H_5\right)_4\downarrow + Na^+$$

5.3.2　试剂

1. $NaB(C_6H_5)_4$沉淀剂溶液

10 g 四苯硼钠［STPB，$NaB(C_6H_5)_4$，A.R］置于 1000 mL 烧杯中，加 500 mL 二次水，$\rho(NaOH)=200\ g·L^{-1}$溶液 5 mL，$\rho(MgCl_2·6H_2O)=100\ g·L^{-1}$溶液 20 mL，稀释至 1000 mL，搅拌 15 min 后静置，待溶液分层后用滤纸过滤，滤液置于塑料试剂瓶或棕色玻璃试剂瓶中储存，可保存 1 个月。此溶液 $\rho(STPB)=10\ g·L^{-1}$。

2. 四苯硼铷饱和溶液

3～4 g 四苯硼铷［$RbB(C_6H_5)_4$，A.R］沉淀于 1000 mL 二次水中，强烈振荡，并放置过夜，使用前过滤。

3. 甲基红指示剂溶液

0.1 g 甲基红溶于 100 mL 乙醇［C_2H_5OH，$\varphi(C_2H_5OH)=0.95$，A.R］中，摇匀后置于洁净的滴瓶中保存。此溶液 ρ(甲基红)=1 $g·L^{-1}$。

4. 乙酸溶液

移取 10 mL 冰乙酸（CH_3COOH，A.R）溶于 1000 mL 二次水中，摇匀置于洁净的试剂瓶中保存。此溶液 $\varphi(HAc)=0.01$。

5. 盐酸溶液

移取 4.2 mL 盐酸（HCl，$\rho=1.19\ g·mL^{-1}$，A.R）溶液，加入 1000 mL 的二次水，摇匀置于洁净的试剂瓶中保存。此溶液 $c(HCl)=0.05\ mol·L^{-1}$。

6. 氢氧化钠溶液

（1）2 g 氢氧化钠（NaOH，A.R）固体，溶解到 1000 mL 除过 CO_2 的二次水中，摇匀后置于洁净的试剂瓶中保存。该溶液为 $c(NaOH)=0.05\ mol·L^{-1}$。

（2）20 g 氢氧化钠（NaOH，A.R）固体，溶解到 100 mL 除过 CO_2 的二次水中，摇匀后置于塑料试剂瓶中保存。该溶液为 $\rho(NaOH)=200\ g·L^{-1}$。

7. 氯化镁溶液

10 g 氯化镁（$MgCl_2·6H_2O$，A.R）溶于 100 mL 二次水中，摇匀后置于洁净的试剂瓶中保存。此溶液 $\rho(MgCl_2·6H_2O)=100\ g·L^{-1}$。

5.3.3　测定方法

准确移取一定体积待测试样溶液 V_s（含 Rb^+约为 10～20 mg）于 100 mL 烧杯中，加入 ρ(甲基红)=1 g·L^{-1}指示剂溶液 1 滴，用 $c(HCl)=0.05$ mol·L^{-1}或 $c(NaOH)=0.05$ mol·L^{-1}溶液调节至呈酸性，再加 $\varphi(HAc)=0.01$ 溶液 1 mL，用二次水稀释至 30 mL，在不断搅拌下，滴加 $\rho(STPB)=10$ g·L^{-1} $NaB(C_6H_5)_4$沉淀剂溶液（每 mg Rb^+≈0.45 mL 的沉淀剂），并在 2 min 左右加完，沉淀放置 10 min，用事先在 120℃烘至恒重的 No.4 玻璃坩埚抽气过滤，并以 $RbB(C_6H_5)_4$饱和溶液转移和洗涤沉淀至滤液无 Cl^-（用 $AgNO_3$检测），沉淀于 120℃烘干至恒重。

待测试样溶液中 Rb^+的质量浓度：

$$\rho\left(Rb^+\right)=\frac{m\left[RbB\left(C_6H_5\right)_4\right]\times F\left[Rb/RbB\left(C_6H_5\right)_4\right]}{V_s}$$

式中，m 为沉淀质量；V_s为分析试样中含原卤水的体积；F 为换算因数，这里 $F=0.2112$。

5.3.4　讨论

（1）四苯硼钠沉淀剂配制过程中加入氢氧化钠和氯化镁溶液，生成的 $Mg(OH)_2$絮状沉淀能有效地吸附四苯硼钠试剂中的杂质成分，氢氧化钠可以阻止四苯硼钠的分解，提高了沉淀剂溶液的清澈和稳定性。采用该方法配制的四苯硼钠沉淀剂溶液可以保存 1 个月。如果发现沉淀剂溶液出现混浊或者生成的四苯硼铷沉淀出现棕色，则说明沉淀剂失效，需要重新配制。

（2）$NaB(C_6H_5)_4$沉淀剂加入速度不宜太快，同时要不断搅拌。$NaB(C_6H_5)_4$滴加速度太快则分析结果偏高，最好在 1.5～2 min 内加完，搅拌可以有效防止局部浓度过大，沉淀颗粒过细吸附溶液引起误差。沉淀剂加完后的陈化时间不宜过长，控制在 60 min，时间过长过量的沉淀剂有可能发生分解，导致结果偏高。一般 $NaB(C_6H_5)_4$ 沉淀剂溶液需过量 5%以上，才能将铷离子沉淀完全。

（3）试样溶液体积控制。随着反应体积的增大，沉淀反应的负误差增加。由于 $RbB(C_6H_5)_4$ 在水中也具有一定的溶解度，会使测得的结果偏低。因此，沉淀时控制试样溶液的体积在 20～45 mL 以内为宜。

（4）溶液酸度对分析结果的影响不大。试样溶液的 pH 在 1.8～8.0 时，对分析结果的影响不大。

（5）干扰离子的排除。在微酸性溶液中，$NaB(C_6H_5)_4$沉淀剂仅与 K^+、Cs^+、NH_4^+、Ce^{4+}、Hg^{2+}等发生沉淀反应，而不与 Li^+、Na^+、Ca^{2+}、Mg^{2+}、Sr^{2+}、Ba^{2+}、Al^{3+}、Fe^{2+}、Sn^{2+}、Ti^{4+}、Co^{3+}、Mn^{2+}、Ni^{2+}、Zn^{2+}、Pb^{2+}等离子发生沉淀反应。

试样溶液如果含有 NH_4^+ 离子，则应在沉淀前在试样溶液中加酚酞指示剂 1 滴，用 $c(NaOH)=2$ mol·L^{-1}碱化，加热 10～15 min 以逐除 NH_3，然后重新调节酸度并进行测定。

（6）方法的适用性。本方法适用于含量较高、纯化合物试样中 Rb^+的测定。

试样中含有 K^+时，K^+、Rb^+共沉淀，用本方法测得 K^+、Rb^+总量，再用 ICP-OES 法或

原子吸收法测定微量 K^+，用总量扣除 K^+量即为 Rb^+含量。

（7）方法操作简单，相对标准偏差±0.5%。

5.4 草酸盐法测定钙[9-12]

5.4.1 原理

在含钙的酸性溶液中，加入适量草酸铵，再以氨水中和并调节至碱性，溶液中的钙离子即以草酸钙沉淀析出，其反应为

$$Ca^{2+} + C_2O_4^{2-} + H_2O \longrightarrow CaC_2O_4 \cdot H_2O\downarrow$$

沉淀过滤分离后，在高温下灼烧成碳酸钙或氧化钙（有时亦以硫酸处理沉淀灼烧成硫酸钙）形式称量。

5.4.2 试剂

1. 草酸铵沉淀剂溶液

取适量草酸铵［$(NH_4)_2C_2O_4 \cdot H_2O$，A.R］，加 500 mL 二次水溶解，充分搅拌待溶液中固体草酸铵不再溶解，转至洁净的试剂瓶储存，备用。此溶液为草酸铵饱和溶液。

2. 草酸铵洗涤溶液

1.14 g 草酸铵［$(NH_4)_2C_2O_4 \cdot H_2O$，A.R］，溶解于 1000 mL 二次水中，摇匀后转入洁净试剂瓶储存，备用。此溶液 ρ［$(NH_4)_2C_2O_4$］=$1 g \cdot L^{-1}$。

3. 稀氨水溶液

50 mL 氨水（$NH_3 \cdot H_2O$，ρ=0.88 $g \cdot mL^{-1}$，A.R）溶液与 50 mL 二次水混合并摇匀，转入洁净滴瓶保存。此溶液 $\varphi(NH_3 \cdot H_2O)=0.50$。

4. 稀 HCl 溶液

50 mL 盐酸（HCl，ρ=1.19 $g \cdot mL^{-1}$，G.R）溶液与 50 mL 二次水等体积混合，摇匀后转入洁净滴瓶保存。此溶液 $\varphi(HCl)=0.50$。

5. 甲基红指示剂溶液

0.1 g 甲基红（$C_{15}H_{15}N_3O_2$）溶于 100 mL $\varphi(C_2H_5OH)=0.95$ 乙醇中，摇匀后转入洁净滴瓶保存。此溶液 ρ(甲基红)=1 $g \cdot L^{-1}$。

6. 硝酸银溶液

1 g 硝酸银（$AgNO_3$，A.R）溶于 100 mL 二次水中，加 1 mL $\rho(HNO_3)$=1.42 $g \cdot mL^{-1}$ HNO_3

溶液，摇匀后转入洁净滴瓶保存。此溶液 $\rho(AgNO_3)=10\ g{\cdot}L^{-1}$。

5.4.3　测定方法

准确移取一定体积待测试样溶液 V_s（含 Ca^{2+} 40～100 mg）于 500 mL 烧杯中，加二次水至体积为 200 mL 左右，加 ρ(甲基红)=1 $g{\cdot}L^{-1}$指示剂液 4 滴，$\varphi(HCl)=0.50$ HCl 溶液 5 mL，饱和$(NH_4)_2C_2O_4{\cdot}H_2O$ 沉淀剂溶液 25 mL，混合均匀后加热至 70～80℃，在不断搅拌下，缓慢滴加 $\varphi(NH_3{\cdot}H_2O)=0.50$ 稀氨水溶液，直至溶液由红色变为黄色(pH≥4.4)后再加 2 滴，保温放置 1 h，冷却至室温。用中速定量滤纸过滤，并以 $\rho[(NH_4)_2C_2O_4]=1\ g{\cdot}L^{-1}$的洗涤溶液转移沉淀。直至洗涤液中无 Cl^-反应（用 $AgNO_3$ 检验）。

沉淀和滤纸一起置入预先在 500℃灼烧至恒重的瓷坩埚中，小心灰化滤纸后，将坩埚转入高温炉，于 500℃（±25℃）灼烧至恒重。

待测试样溶液中 Ca^{2+}的质量浓度：

$$\rho\left(Ca^{2+}\right)=\frac{m\left(CaCO_3\right)\times F\left[Ca^{2+}/CaCO_3\right]}{V_s}$$

式中，m 为沉淀质量；V_s 分析试样中含原卤水的体积；F 为换算因数，这里 $F=0.4005$。

5.4.4　讨论

（1）本法沉淀的称量形式为 $CaCO_3$，而不是沉淀 CaC_2O_4，本方法称量形式还可以是 CaO；称量形式取决于沉淀灼烧时的温度。

（2）本方法中 CaC_2O_4 沉淀生成时溶液温度、氨水的滴加速度、沉淀陈化时间均影响 CaC_2O_4 沉淀颗粒大小及形貌，CaC_2O_4 沉淀形貌缺陷及颗粒大小对分析结果有明显的影响，为保证方法的准确度，要求在加热（70～80℃）条件下，不断搅拌的同时，缓慢滴加 $\varphi(NH_3{\cdot}H_2O)=0.50$ 稀氨水溶液（控制 2 $mL{\cdot}min^{-1}$），控制 CaC_2O_4 沉淀生成速度，同温下陈化 1 h，以确保生成的 CaC_2O_4 沉淀颗粒大小均匀，形貌规整。沉淀外观颜色浅，说明沉淀的晶型完整，对杂质的吸附少，分析结果准确高。

（3）试样溶液中共存的 Mg^{2+}、Fe^{3+}干扰 Ca^{2+}的测定。可以通过加氨水消除 Mg^{2+}、Fe^{3+}的干扰；如果分析试样中，存在有大量 Mg^{2+}，将显著地增加 $CaC_2O_4{\cdot}H_2O$ 沉淀的溶解度，因为 Mg^{2+}与 $C_2O_4^{2-}$ 生成络合物而降低溶液中 $C_2O_4^{2-}$ 的浓度，但可以加入过量的$(NH_4)_2C_2O_4$而得到克服。

（4）本法测定 Ca^{2+}，除碱金属和适量 Mg^{2+} 外，其他金属离子对测定均有干扰。本方法的相对标准偏差±0.2%。

（5）$\rho[(NH_4)_2C_2O_4]=1\ g{\cdot}L^{-1}$洗涤液在使用前应检查有无 Cl^-，如有则不能使用；硝酸银检查洗液中是否存在 Cl^-，应在酸性条件下，中性和碱性条件会出现草酸银沉淀，发生误判。

（6）草酸盐法测定钙，亦可在酸性溶液中用高锰酸钾滴定沉淀中的 $C_2O_4^{2-}$，间接进行钙的容量法测定，其反应为

$$MnO_4^- + C_2O_4^{2-} + H^+ \longrightarrow Mn^{2+} + CO_2\uparrow + H_2O$$

操作步骤：

将称量法所得的 $CaC_2O_4 \cdot H_2O$ 沉淀移于 400 mL 烧杯内，加 $\varphi(H_2SO_4)=0.11$ 的 H_2SO_4 溶液 100 mL，加热至 70～80℃，搅拌促使 $CaC_2O_4 \cdot H_2O$ 完全溶解，再以 $c(1/5KMnO_4)=0.02\ mol \cdot L^{-1}$ 滴定剂滴定至溶液呈浅红色不褪，即为终点。

待测试样溶液中 Ca^{2+} 的质量浓度：

$$\rho\left(Ca^{2+}\right)=\frac{c\left(\frac{1}{5}KMnO_4\right)\times V\times F\left(\frac{1}{5}Ca\right)}{V_s}$$

式中，c 为（1/5$KMnO_4$）物质的量浓度；V 为滴定消耗 $KMnO_4$ 滴定剂溶液的体积；V_s 分析试样中含原卤水的体积；F 为换算因数，这里 F=0.02004。

5.5　硫酸钡法测定硫酸根[5]

5.5.1　原理

在碱金属和碱土金属的硫酸盐、氯化物溶液中，可直接加入适当过量的 $BaCl_2$，定量地沉淀溶液中的 SO_4^{2-}，将沉淀的 $BaSO_4$ 分离，灼烧（或烘干）后，称其质量，进行试样溶液中 SO_4^{2-} 含量的测定，其反应为

$$Ba^{2+}+SO_4^{2-}\longrightarrow BaSO_4\downarrow$$

5.5.2　试剂

1. 氯化钡沉淀剂溶液

5.86 g 氯化钡（$BaCl_2 \cdot 2H_2O$，A.R）溶于 100 mL 二次水中，摇匀后转入洁净试剂瓶保存，备用。此溶液 $\rho(BaCl_2)=50\ g \cdot L^{-1}$。

2. 稀盐酸溶液

50 mL 盐酸（HCl，$\rho=1.19\ g \cdot mL^{-1}$，G.R）溶液与 50 mL 二次水等体积混合，摇匀后转入洁净滴瓶保存。此溶液 $\varphi(HCl)=0.50$。

3. 稀氨水溶液

50 mL 氨水（$NH_3 \cdot H_2O$，$\rho=0.88\ g \cdot mL^{-1}$，A.R）溶液与 50 mL 二次水混合并摇匀，转入洁净滴瓶保存。此溶液 $\varphi(NH_3 \cdot H_2O)=0.50$。

4. 甲基红指示剂溶液

0.1 g 甲基红（$C_{15}H_{15}N_3O_2$）溶于 100 mL $\varphi(C_2H_5OH)=0.95$ 乙醇中，摇匀后转入洁净滴瓶保存。此溶液 ρ(甲基红)=1 $g \cdot L^{-1}$。

5. 硝酸银溶液

1 g 硝酸银（$AgNO_3$，A.R）溶于 100 mL 二次水中，加 $\rho(HNO_3)$=1.42 g·mL^{-1}HNO 溶液 1 mL，摇匀后转入洁净滴瓶保存。此溶液 $\rho(AgNO_3)$=10 g·L^{-1}。

5.5.3　测定方法

1. 沉淀灼烧法

准确移取一定体积待测试样溶液 V_s（含 SO_4^{2-} 约为 50～100 mg）于 250 mL 烧杯中，加 ρ(甲基红)=1 g·L^{-1}指示剂液 1～2 滴，用 $\varphi(HCl)$=0.50 HCl 溶液或 $\varphi(NH_3·H_2O)$=0.50 氨水溶液调至溶液呈橙黄色，再加 2 mL $\varphi(HCl)$=0.50 HCl 溶液，加二次水稀释至 150 mL 左右。加热煮沸 5 min（此时若试液出现不溶物，应过滤后再进行沉淀），加盖表面皿后，热至近沸。将 15～20 mL $\rho(BaCl_2)$=50 g·L^{-1}沉淀剂溶液在搅拌下缓慢地加入到上述试样溶液中。静置待沉淀沉降，通过加入几滴 $BaCl_2$ 沉淀剂液检验上层清液是否沉淀完全。如果有沉淀生成，应再加入更多的 $\rho(BaCl_2)$=50 g·L^{-1}沉淀剂溶液，使沉淀如前沉降，然后再一次检验，直到沉淀完全。加盖表面皿后，烧杯置于沸水浴上，加热 2 h，取下放置 2 h 后，用慢性定量滤纸过滤，热水转移并洗涤沉淀，洗涤至滤液用 $\rho(AgNO_3)$=10 g·L^{-1}检验无 Cl^-反应为止。将滤纸和沉淀一起置于事先在 850℃灼烧恒重后的瓷坩埚里，小心灰化滤纸后，将坩埚移入高温炉里，在 850℃灼烧至恒重。

2. 沉淀烘干法

准确移取一定体积待测试样溶液 V_s（含 SO_4^{2-} 约为 50～100 mg）于 250 mL 烧杯中，加 ρ(甲基红)=1 mg·mL^{-1}指示剂液 1～2 滴，用 $\varphi(HCl)$=0.50 HCl 溶液或 $\varphi(NH_3·H_2O)$=0.50 氨水溶液调至溶液呈橙黄色，再加 $\varphi(HCl)$=0.50 HCl 溶液 2 mL，加二次水稀释至 150 mL 左右。加热煮沸 5 min（此时若试液出现不溶物，应过滤后再进行沉淀），加盖表面皿后，热至近沸。将 $\rho(BaCl_2)$=50 g·L^{-1}沉淀剂溶液 15～20 mL 在搅拌下缓慢地加入到上述试样溶液中。静置待沉淀沉降，通过加入几滴 $BaCl_2$ 沉淀剂液检验上层清液是否沉淀完全。如果有沉淀生成，应再加入更多的 $\rho(BaCl_2)$=50 g·L^{-1}沉淀剂溶液，使沉淀如前沉降，然后再一次检验，直到沉淀完全。加盖表面皿后，烧杯置于沸水浴上，加热 2 h，取下放置 2 h 后，后用预先在 130℃烘至恒重的 No.4 玻璃坩埚抽气过滤，用热水转移并洗涤沉淀，洗涤至滤液无 Cl^-反应为止（用 $AgNO_3$ 检验）。沉淀和坩埚于 130℃烘干恒重。

待测试样中 SO_4^{2-} 的质量浓度：

$$\rho\left(SO_4^{2-}\right)=\frac{m\left(BaSO_4\right)\times F}{V_s}$$

式中，m 为沉淀质量；V_s 分析试样中含原卤水的体积；F 为换算因数，这里 F=0.4116。

5.5.4　讨论

（1）$BaSO_4$ 沉淀应在酸性溶液中进行，在一定的酸度下进行沉淀，一方面可以防止试

样共存阴离子如 CO_3^{2-}、HCO_3^-、PO_4^{3-} 和 OH^- 与 Ba^{2+} 发生副反应生成沉淀而玷污 $BaSO_4$ 的沉淀；另一方面，增加了 $BaSO_4$ 沉淀的溶解度，有效降低相对过饱和度，利于获得结晶颗粒较大、纯度较高的 $BaSO_4$ 沉淀，便于过滤和洗涤。

（2）沉淀 $BaSO_4$ 时溶液的酸度不能太高。因为 $BaSO_4$ 沉淀的溶解度随溶液酸度增高而增大，导致分析测定的误差。$BaSO_4$ 沉淀在 HCl 溶液中的溶解度变化见表 5.2。由表中数据可知试样溶液的酸度控制在 $c(H^+)=0.06\ mol·L^{-1}$ 左右，在保证获得大颗粒 $BaSO_4$ 沉淀的同时，也可以控制 $BaSO_4$ 的溶解；在该酸度下的盐酸溶液中 Fe^{3+}、Al^{3+} 等离子也不会生成沉淀。同时克服了因 Ca^{2+} 存在而产生的共沉淀现象。

表 5.2　$BaSO_4$ 在盐酸中的溶解度

沉淀溶液中 $c(HCl)/(mol·L^{-1})$	0.00	0.10	0.30	0.50	1.00
沉淀溶液中 $\rho(BaSO_4)/(mg·L^{-1})$	4.0	10.0	20.0	47.0	87.0

（3）$BaSO_4$ 沉淀灰化时需有充分的氧气环境。$BaSO_4$ 沉淀灰化时，应保证空气的充分供应，否则沉淀易被滤纸烧成的炭还原：

$$BaSO_4+4C \longrightarrow BaS+4CO\uparrow$$

当这种情况发生时，灼烧后的沉淀不呈白色而呈灰色或黑色，这时应在冷后的沉淀中加入 2～3 滴浓 H_2SO_4 溶液，然后小心加热至 SO_3 白烟不再发生为止，再在 850℃灼烧至恒重。

用 H_2SO_4 处理沉淀物，使 BaO 或 BaS 发生如下反应：

$$BaO+H_2SO_4 \longrightarrow BaSO_4\downarrow+H_2O$$

$$BaS+H_2SO_4 \longrightarrow BaSO_4\downarrow+H_2S\uparrow$$

（4）少量的 Fe^{2+}、Mg^{2+}、Zn^{2+} 及 Al^{3+} 的存在对硫酸根的测定没有影响。Ca^{2+} 和 Fe^{3+} 有影响，其浓度需低于可观察到的量。

（5）本方法也可用于测定 Ba^{2+}，测定时采用 $c(H_2SO_4)=1\ mol·L^{-1}$ 作沉淀剂，操作过程和 SO_4^{2-} 相同，此时需要注意碱金属硫酸盐与 $BaSO_4$ 有强的共沉淀现象，钾盐比钠盐和锂盐更强。能与 SO_4^{2-} 形成低溶解度硫酸盐的金属阳离子和 $BaSO_4$ 沉淀均有共沉淀现象；而 NO_3^- 和 ClO_4^- 与 SO_4^{2-} 可能有强的共沉淀现象。

（6）本方法操作过程简单，方法的相对标准偏差为±0.5%。

（7）$BaSO_4$ 沉淀法要求沉淀要经过陈化处理，陈化时间与陈化温度有关，陈化温度越高，陈化时间可相应缩短，在 80℃以上的温度下，陈化时间可以缩短至 2 h；如果时间允许，最好能在低温下陈化，这样有利于获得准确的结果。

参 考 文 献

[1] Christian G D. Analytical Chemistry [M]. New York: John Wiley& Sons, 1980: 137.
[2] 小戴 R A, 安德伍 A L. 定量分析[M]. 何葆善,等译. 上海: 上海科学技术出版社, 1980: 47.
[3] 武汉大学, 等. 分析化学(上册)[M]. 4 版. 北京: 高等教育出版社, 2008: 282-306.

[4] 孟凡昌. 分析化学教程 [M]. 武汉: 武汉大学出版社, 2009: 195-205.
[5] 中国科学院青海盐湖研究所. 卤水和盐的分析方法[M]. 2 版. 北京: 科学出版社, 1988: 35-37, 39-41.
[6] 高云龙, 司学兵, 刘烨, 等. 四苯硼酸钠重量法测定氯化钾中钾含量结果不确定度的评价探讨[J]. 化学分析计量, 2003, 12(2): 10-12.
[7] 中华人民共和国国家质量监督检验检疫总局. GB/T 8574—2010 复混肥料中钾含量的测定四苯硼酸钾重量法[S]. 北京: 中国标准出版社, 2010.
[8] 岳涛, 高世扬, 夏树屏. 四苯硼化铷重量法测定铷[J]. 盐湖研究, 2000, 8(3): 1-5.
[9] Kolthoff I M,Sandell E B. Textbook of Quantitative Inorganic Analysis[M]. 3rd Ed. London: MacMillan, 1957: 337.
[10] 徐文芳, 李碧海, 程波, 等. EDTA 络合滴定法与草酸盐重量法测定锂盐中钙含量的方法对比[J]. 冶金分析, 2008, 28(12): 51-53.
[11] 刘天骐, 柳毅杰, 宋天威, 等. 草酸钙结晶沉淀条件对白云石中钙含量测定的影响[J]. 大学化学, 2023, 38(8): 170-176.
[12] 穆玉海, 李琰, 刘越. 开展容量法与重量法测定钙的化学分析综合实验[J].实验室科学, 2011, 14(2): 118-120.

第6章　吸光光度法

吸光光度法又称为比色法、分光光度法，是建立在溶液中分子对光的选择性吸收的基础之上的分析方法，是通过测定被测物质在特定波长处或一定波长范围内光的吸光度或者发光强度，对被测物质进行定性和定量分析的方法。

吸光光度法依其所用的波长分为紫外光区 200～400 nm，可见光区 400～760 nm，红外光区 2.5～25 μm（按波数计为 4000～400 cm^{-1} ）。下面主要讨论紫外-可见吸光光度法。吸光光度法的优点是灵敏度高，简便，快速；当选择合适的显色剂、吸收波长，不必进行预先分离就可以准确而迅速地测定样品中的微量组分。测定所用仪器比较简单，操作易于掌握，得到广泛的应用。

6.1　概　　述[1-10]

6.1.1　光的颜色和吸收

光照射到有色溶液上，光与有色溶液相互产生作用，会有反射、散射、吸收和透射等。

溶液的颜色取决于溶液中分子所吸收光的波长，由于分子对于光的吸收不仅取决于分子中联系较松的电子跃迁状况，而且与分子中双键的数目、共轭情况、几何排列以及周围电子云的分布情况等有关，因此，分子对于光的吸收远比原子对光的吸收来得复杂，前者为带光谱的吸收，后者为线光谱的吸收。

溶液在白光下所呈现的颜色是溶液对一定波长的光吸后呈现出互补波长的光的颜色。由于人眼对于各种颜色光的反应灵敏度不同，因此所观察到的颜色与溶液实际呈现的颜色不一定完全相同。例如溶液呈现橙色，表示溶液吸收了自然光中的绿蓝色的光；通过对不同颜色光的互补性的了解，可预测不同颜色溶液出现最大吸收的光波波长范围。溶液颜色与光波长关系见表 6.1。

表 6.1　颜色与波长的关系

波长/nm	颜色	补色	波长/nm	颜色	补色
400～435	紫	黄绿	560～580	黄绿	紫
435～480	蓝	黄	580～595	黄	蓝
480～490	绿蓝	橙	595～610	橙	绿蓝
490～500	蓝绿	红	610～750	红	蓝绿
500～560	绿	紫红	750～800	紫红	绿

6.1.2　光吸收基本原理

朗伯（J. H. Lambert）早在 1760 年就发现物质对光的吸收与物质的厚度成正比，其数学表达式为

$$A = \lg I_0 / I = k_0 \cdot b \tag{6.1}$$

式中，A 为吸光度；I_0 为入射光强度；I 为透射光强度；b 为液层厚度（即光程）；k_0 为吸光系数。

比尔（A. Beer）在 1852 年又发现物质对光的吸收与物质的浓度成正比，后被人们称为比尔定律，其数学表达式为

$$A = \lg I_0 / I = k_1 \cdot c \tag{6.2}$$

式中，A 为吸光度；I_0 为入射光强度；I 为透射光强度；c 为溶液中待测物质的物质的量浓度；k_1 为吸光系数。

在应用中，人们把朗伯定律和比尔定律结合起来，称为朗伯–比尔定律，一般简称为比尔定律。其数学表达式为

$$A = \lg I_0 / I = k_2 \cdot b \cdot c \tag{6.3}$$

式中，b 为光程；c 为溶液的浓度；k_2 为比吸光系数。当固定溶液层厚度 b 和吸光系数 k_2 时，吸光度 A 与溶液的浓度 c 成线性关系。在定量分析时，首先需要测定溶液对不同波长光的吸收情况（吸收光谱），从中确定最大吸收波长，然后以此波长的光为光源，测定一系列已知浓度 c 的溶液的吸光度 A，作出 A–c 工作曲线，见图 6.1。在分析未知溶液时，根据测量的吸光度 A，查工作曲线即可确定出相应的浓度。这便是吸光光度法测量浓度的基本原理。

式（6.3）中吸光系数 k_2 值随 c、b 所取单位的不同而不同。这里光程 b 的单位一般取 cm；溶液的浓度 c 的单位可以是物质的量浓度 $mol \cdot L^{-1}$，也可以是质量浓度 $g \cdot L^{-1}$。如果溶液的浓度 c 以物质的量浓度表示，单位为 $mol \cdot L^{-1}$，光程 b 单位为 cm，则吸光系数 k_2 称为摩尔吸光系数，一般用 ε 表示，其单位为 $L \cdot mol^{-1} \cdot cm^{-1}$，量纲为 $N \cdot L^{-2}$。式（6.3）可改写为

$$A = \lg I_0 / I = \varepsilon \cdot b \cdot c \tag{6.4}$$

式中，ε 是有色溶液的摩尔吸光系数，它是表征各种有色溶液在一定波长下的特征常数，可以衡量显色反应的灵敏度，ε 值越大，表示该有色溶液对此波长光的吸收能力越强，显色反应越灵敏。一般 ε 的变化范围是 $10 \sim 10^5\ cm^2 \cdot mol^{-1}$，其中 $\varepsilon > 10^4\ cm^2 \cdot mol^{-1}$ 为高灵敏度的吸收，$\varepsilon < 10^2\ cm^2 \cdot mol^{-1}$ 为低灵敏度的吸收。

吸光系数一定条件下是一个特征常数；在温度和波长等条件一定时，ε 仅与物质本身的性质有关，与待测物浓度 c 和液层厚度 L 无关；吸光系数可作为定性和定量分析依据，同一物质在不同波长时 ε 值不同，不同物质在同一波长时 ε 值不同；ε_{max} 表明了该物质在最大吸收波长 λ_{max} 处的最大吸光能力。

吸光光度法在实际应用过程中，有色溶液与待测组分浓度之间的关系很少有严格遵守比尔定律的（图 6.2），造成偏离比尔定律的原因很多，主要可分为仪器光学性质引起的光学偏差和待测溶液性质引起的化学偏差两大类。

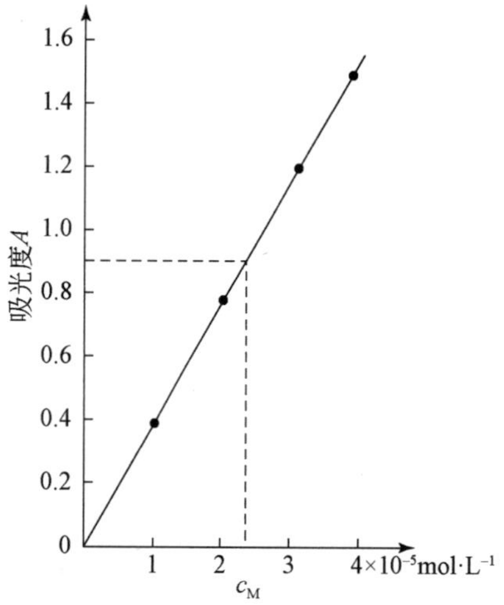

图 6.1　A-c 的工作曲线图

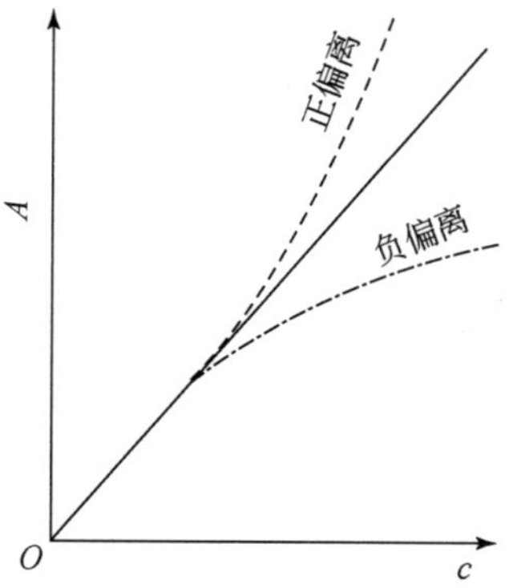

图 6.2　偏离比尔定律的情况

1. 光学偏差

1）光反射

当光由一种介质进入另一种介质时，因发生部分反射造成进入待测溶液的光强度损失，这种因光反射造成的光损失很容易用补偿方式予以克服。

由待测溶液中不透光微粒引起入射光漫反射，而到达光电倍增管的反射光则是由反射引起偏离比尔定律的另一原因。

2）非单色光

比尔定律是在假设照射到吸光物质上的光是严格的单色光，待测物质是由独立的、彼此之间没有相互作用的吸收粒子组成的前提下定义的。理论上，比尔定律只适用于单色光，但在实际工作中并非如此，从光学仪器上并不能得到真正的单色光，只能得到波长范围（通带）很窄的复合光谱带。由于物质对不同波长的光具有不同的吸收程度，因此在实际分析测试过程中，即使使用很高级的分光光度计、采用很窄的光谱通带宽度，即用波段范围（通带）很窄的复合光照射样品，仍然会产生比尔定律偏离。

为方便计，现仅考虑含有两种波长 λ_1 和 λ_2 组成的复合光，对 λ_1 设其吸光度为 A_1，则

$$A_1 = \lg I_{01} / I_1 = \varepsilon_1 \cdot b \cdot c$$

$$I_1 = I_{01} \times 10^{-\varepsilon_1 \cdot b \cdot c}$$

对 λ_2 设其吸光度为 A_2，则

$$A_2 = \lg I_{02} / I_2 = \varepsilon_2 \cdot b \cdot c$$

$$I_2 = I_{02} \times 10^{-\varepsilon_2 \cdot b \cdot c}$$

但实际测定时，入射光强度为 $I_{01}+I_{02}$，透射光强度为 I_1+I_2，因此吸光度值为

$$A = \lg \frac{I_{01} + I_{02}}{I_1 + I_2} = \lg \frac{I_{01} + I_{02}}{I_{01} \times 10^{-\varepsilon_1 \cdot b \cdot c} + I_{02} \times 10^{-\varepsilon_2 \cdot b \cdot c}} \quad (6.5)$$

若 $\varepsilon_1=\varepsilon_2=\varepsilon$，则式（6.5）可写成

$$A=\lg\frac{I_{01}+I_{02}}{I_1+I_2}=\lg\frac{I_{01}+I_{02}}{\left(I_{01}+I_{02}\right)\times 10^{-\varepsilon\cdot b\cdot c}}=\lg 10^{\varepsilon\cdot b\cdot c}=\varepsilon\cdot b\cdot c \tag{6.6}$$

此时，A 与 c 成线性关系。实际上，ε 是有色物质与波长有关的特征常数，对同一有色物质而言，在其他条件一定时，不同波长有不同的 ε 值，故 ε_1 不可能完全与 ε_2 相等。因此，对非单一波长的入射光，A 与 c 是不可能真正成线性关系，因而产生了比尔定律偏离。

除激光光源、空心阴极灯外，很难得到十分严格的单色光。吸光光度法所采用的常规光源是连续光源，它所利用的辐射宽度取决于仪器的波长选择系统的通带宽度，采用滤光片分光时，分出的通带宽度比较宽，即光的单色性能比较差，使用棱镜或光栅分光，则能大为改善光的单色性。带棱镜或光栅的分光光度计，其出口狭缝处输出辐射的单色性常用“光谱通带”来表示，其值等于出口狭缝处线色散率与狭缝宽度的乘积。因此光的单色性又与狭缝宽度有关。

分光光度计的有效狭缝宽与狭缝宽是不同的。狭缝宽是指仪器所使用的狭缝宽度。但由于光的波动性，入射光会在狭缝处因衍射而发生拓宽效应，因此有效狭缝宽又称狭缝光谱宽度，是以两相邻单色光的波数差来表示。狭缝越窄，这种波数差越小，所得光的单色性越好。但狭缝过窄，会使通过狭缝的入射光能降低，致使信号变弱，需要较大的增益，会引起较大的仪器噪声；但狭缝过宽，光的单色性变差，这也是不希望的。因此，对于精确的测量，选择合适的狭缝宽是很重要的。

3）杂散光的影响

光学器件光学表面性质的不完善引起的漫散射和进入单色器的辐射光偏离光路，使一小部分未经色散的辐射能到达检测器，这部分辐射称为杂散光。杂散光是紫外-可见分光光度计的主要分析误差来源。杂散光产生的主要原因是光栅、外光路和单色器内壁散射等，其中 80%的杂散光来自光栅，它使分析测试的吸光度变小，特别是在高浓度时，杂散光的影响会更加严重，引起比尔定律的偏离。同时，由于物质在某些介质中分散为许多微小的粒子，这些粒子会对入射光产生散射。并且，随着粒子浓度的增大，这些散射光的强度会增强，会降低透射光的强度，使被测试样的吸光度增大，从而引起比尔定律的偏离。此外，由于不少物质在光的照射下会产生光致发光现象或产生荧光，也将严重影响比尔定律，造成偏离。

4）噪声

噪声会直接影响紫外-可见分光光度计的信噪比，噪声限制了仪器对样品分析浓度的下限。噪声主要来自仪器的电子系统的不稳定性，一般用峰位噪声比值来表示。

2. 化学偏差

1）显色溶液的性质

比尔定律仅适用于稀溶液，由于高浓度的溶液会造成光散射，溶液的吸光系数也不是常数，因此比尔定律不适用于高浓度溶液分析。

2）生成多种显色络合物

显色剂与待测元素有时生成一种以上的有色络合物，如 Cu^{2+}、NH_4^+、Fe^{3+} 与 SCN^-等。现以能同时生成一元络合物 MX 和二元络合物 MX_2 为例，说明生成多元络合物对于比尔定律的偏离。

此时光吸收强度可用下式表示：

$$A=\left[\varepsilon_{\mathrm{D}}+\left(2\varepsilon_{\mathrm{M}}-\varepsilon_{\mathrm{D}}\right)\frac{\sqrt{gK_{\mathrm{C}}+1}}{4K_{\mathrm{C}}}-1\right]\frac{c}{2} \tag{6.7}$$

式中，ε_D 和 ε_M 分别为二元络合物和一元络合物的摩尔吸光系数；K_C 为平衡常数。只有当 $2\varepsilon_M = \varepsilon_D$ 时，上式才符合比尔定律。

3）pH 影响显色络合物存在形式

有一些显色络合物的组成随酸度变化较大，如铬酸盐，它有 CrO_4^{2-}、$HCrO_4^{-}$、$Cr_2O_7^{2-}$ 等多种存在形式，它们的存在比例与溶液酸度有密切联系。不同的显色络合物对于特定波长的吸光率不同，如 $Fe(SCN)_2^{+}$ 比 $Fe(SCN)^{2+}$ 吸光率要大，由此也会引起偏离朗伯-比尔定律。

3. 其他因素

除上述因素外，分析测试时的温度也会引起比尔定律的偏离，压力、光学传感器的非线性等，均可以引起比尔定律的偏离。

6.1.3　紫外-可见分光光度计

吸光光度法是由比色法发展而来的，经过多年的发展，仪器的性能、功能有了极大的提高，各仪器生产厂家不断推出型号不同的分光光度计，目前，国际上一般按紫外-可见分光光度计的仪器结构将其分为单光束、准双光束、双光束和双波长四类。国内产的 721、722、727 以及 751、754 等型号的分光光度计都是单光束分光光度计，一般而言单光束分光光度计技术指标较差，因此分析测试随机误差较大，适用面正逐渐缩减。单光束和双光束仪器性能比较见表 6.2。

表 6.2　单光束和双光束紫外-可见分光光度计的比较

项目	单光束	双光束
光源波动引起的随机误差	不可消除（抵消）	可同步消除
机械结构	简单	复杂
光能量损失大小	光能量损失小	光能量损失大（一束光分成两束）
信噪比	较高	一般
漂移	大	小
光度可靠性	差	较好
杂散光	大	小
价格	较低	较高

不论仪器型号如何变化，分光光度计的构成基本上还是以下几部分组成：电光源系统、外光路系统、分光系统、光度室（样品室）系统、光电转换系统（检测器）、放大器系统（信号处理器）、数据处理及输出系统（显示与存储）。图 6.3 是 722 型分光光度计的光学

系统及工作原理示意图，不同类型的分光光度计的光学系统有较为明显的差别，但其工作原理是相类似的，这里不再赘述。

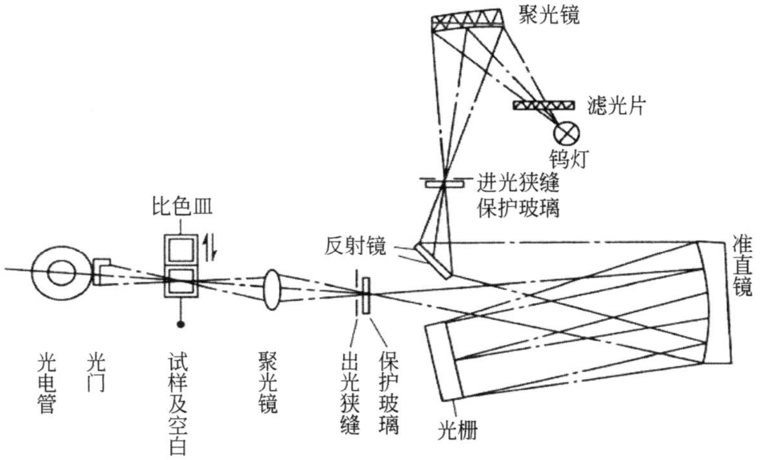

图6.3　722型分光光度计光学系统和工作原理

分光光度计对于基本单元的要求如下。

1. 光源

光源是发出符合要求入射光的装置。对光源的基本要求是发出测定波长范围 320～780 nm 内的连续光谱，具有足够的光强度；稳定，寿命长；可见光分光光度计采用钨灯或卤钨灯。需要稳压电源；卤钨灯寿命长，发光效率高，将逐步代替钨灯。

2. 单色器

单色器是将光源发出的连续光谱分解成单色光的装置，即色散。常见的单色器有棱镜单色器和光栅单色器。

棱镜由玻璃或石英制成。根据不同波长的光在棱镜内折射率不同，将复合光分解为单色光的设备。玻璃棱镜用于可见光分光光度计，石英棱镜则在紫外和可见光范围内均可使用。

光栅是根据光的衍射和干涉原理，将复合光色散为不同波长的单色光，光栅是抛光的金属平面。光栅的分辨率比棱镜大，可用的波长范围较宽。

3. 样品室

样品室一般由样品室盖、聚光透镜、比色皿、比色皿架、石英窗片等组成，是使用者直接操作的地方。

1）样品室盖

样品室要求严防漏光，样品室盖门的密封性很重要。使用过程应经常性检查样品室的密封性，严格做到样品室不漏光，减少杂散光，保证分析测试结果的可靠性。

2）聚光透镜

聚光透镜将从单色器射出的发散光变成平行光，再射到比色皿上。要求出射狭缝处在聚光透镜的焦点上，聚光透镜要求消色差。

3）比色皿

比色皿是盛装待测溶液和决定溶液厚度的器件。由无色透明、耐腐蚀的光学玻璃或石英制成，两侧和底面为毛玻璃，按其厚度有 0.5 cm、1 cm、2 cm、3 cm 和 5 cm 几种规格，光学玻璃吸收池只能用于可见光分光光度计，石英吸收池可用于紫外-可见分光光度计；使用时需注意手不能接触光学面，只能用擦镜纸擦拭，使用后的吸收池用水冲洗后，再用蒸馏水冲洗，或用 $\psi(HCl:C_2H_5OH)=1:2$ 的溶液浸泡后，再用蒸馏水冲洗。

比色皿几何尺寸的误差，会给测试结果带来很大的误差。因此在测试过程，对使用的比色皿的大小、形状、比色皿的两块透光面的平行度、光路长度、光谱特性等都应该配对；同时要注意比色皿的通光方向的一致性，将比色皿之间的差异性降至最小，以保证测试结果的准确性。

分析测试时，注入比色皿的溶液不能太满，一般到比色皿高度的 2/3 即可。

4）比色皿架

比色皿架是样品室内用于固定比色皿的池架，要求灵活、定位准确。比色皿架的各个透光孔的尺寸、形状应均匀一致，透光孔前后两个面都应平行，并垂直于光轴。比色皿架应活动灵活，不能出现卡死现象，否则严重影响测量的准确性和重复性。

4. 检测器

将透过吸收池的光转换为电信号输出，信号大小与光强度成正比。检测器有光电管和光电倍增管两种。

光电管是一个真空或充有少量惰性气体的二极管。光电管依其对光敏感的波长范围不同分为红敏和紫敏两种。紫敏光电管阴极表面涂锑和铯，适用波长范围为 200～625 nm；红敏光电管在阴极表面涂银和氧化铯，适用波长范围为 625～1000 nm。

光电倍增管是由光电管改进而成的，装有若干个称为倍增极的附加电极。因此，可使光激发的电流得以放大，它的灵敏度比光电管高 200 多倍，在现代的分光光度计中被广泛使用。

5. 信号显示器

把检测器检测到的信号以吸光度 A 或透光率 T 的形式显示或记录，常用的记录装置是检流计、微安表、数字显示记录仪等。

6.1.4　显色络合物的显色机理

1. 生色团

吸光光度分析的待测物质本身有较深的颜色时，可以进行直接测定，例如 MnO_4^-，但大多离子是无色或很浅的颜色，需要选用适当的显色剂与这些离子生成深色络合物再行测定。此类反应称为显色反应，所用的试剂称为显色剂或生色团。

生色团是指分子中能吸收紫外或可见光的基团，它实际上是一些具有不饱和键和含有孤对电子的基团，如烯基、炔基、氨基、酰胺基等。

如果一个化合物的分子含有数个生色团，但它们并不发生共轭作用，那么该化合物的吸收光谱将包含有这些个别生色团原有的吸收带，这些吸收带的位置及强度相互影响不大。如果两个生色团彼此相邻形成了共轭体系，那么原来各自生色团的吸收带就会消失，同时会出现新的吸收带。新吸收带的位置一般比原来的吸收带处在较长的波长处，而且吸收强度也显著增加，这一现象称为生色团的共轭效应。共轭体系越大，电子越易激发，吸收向长波移动。如生成共轭大 π 键的苯和共轭体系增大的萘。

分光光度法中所应用的显色络合物大都是金属离子与络合剂生成的金属络合物。显色络合物的吸收光谱按其吸收的大小，大致可分为摩尔吸光系数小于 $10^3\ L·mol^{-1}·cm^{-1}$ 的弱吸收带和 $10^3 \sim 10^5\ L·mol^{-1}·cm^{-1}$ 的强吸收带。

金属络合物的显色及变色现象可用电子理论予以说明。若有机化合物中存在不饱和键或共用电子对基团，即能对光产生吸收。不同的不饱和键上的电子，其所需要的激发能不同，因而它们的波长吸收区也不同。表 6.3 列出了一些含有不饱和键或未共用电子对基团及其特征吸收峰。

表 6.3　某些基团的特征吸收峰

基团	吸收峰波长/nm
乙烯基 $>C=C<$	175
乙炔基 $-C\equiv C-$	160
羰基 $>C=O$	188，280～320
硝基 $-NO_2$	270
硝酸酯基 $-ONO_2$	270
亚硝酸酯基 $-ON=O$	230
氰基 $-C\equiv N$	210
硫酮基 $>C=S$	330
亚硝基 $-N=O$	300

2. 助色团

当一些具有吸电子或斥电子基团引入有机化合物中，会使电子变得易于流动或引起共轭体系里的电荷发生移动，它们均能导致吸收峰的位移和强度的变化。这些能够影响显色基团内部电子结构变化的基团称为助色团。

吸电子基团是指极性较强的含双键或三键以及带正电荷的基团，一些吸电子基团吸电子能力顺序如下：

$$-N(CH_3)_3 > -NO_2 > -SO_3H > -CHO > -COOH > -COOCH_3 > -N^+H_3$$

斥电子基团指含有未共用电子对的基团，一些斥电子基团的斥电子能力顺序如下：

$$—N(C_2H_5)_2 > —N(CH_3)_2 > —NH_2 > —OH > —OCH_3 > —O—\overset{\overset{\displaystyle O}{\|}}{C}—CH_3$$

在有机化合物中，常常因取代基的变更或溶剂的改变，使其吸收带的最大吸收波长 λ_{max} 发生移动。λ_{max} 向长波长方向移动称为红移，向短波长方向移动称为蓝移。

6.1.5　分光光度法对显色反应的要求

1. 显色反应的基本要求

显色反应的进行是有条件的，只有控制适宜的反应条件才能使显色反应按预期方式进行，才能达到利用光度法对无机离子进行测定的目的。分光光度法对显色反应的基本要求如下：

1）选择性要好

一种显色剂最好只与一种被测组分起显色反应。或干扰离子容易被消除，或者显色剂与被测组分和干扰离子生成的有色化合物的吸收峰相隔较远。

2）灵敏度要高

灵敏度高的显色反应有利于微量组分的测定。灵敏度的高低，可从摩尔吸光系数值的大小来判断。

3）有色化合物的组成要恒定，化学性质要稳定

有色化合物的组成若不符合一定的化学式，测定的再现性就较差。有色化合物若易受空气的氧化，光的照射而分解，就会引入测量误差。

4）显色剂和有色化合物之间的颜色波长差要大

显色剂和有色化合物之间颜色（波长）差别越大，试剂的空白越小。一般要求有色化合物的最大吸收波长与显色剂最大吸收波长之差在 60 nm 以上。

5）显色反应的条件易于控制

如果条件要求过于严格，难以控制，测定结果的再现性就差。

2. 显色反应条件的选择

为适用于分光光度法的显色反应应具备上述要求，只有控制适宜的反应条件使显色反应按预期方式进行，才能达到利用光度法对无机离子进行测定的目的，因此显色反应条件的选择和控制，是保证显色反应按要求进行的重要条件。

1）溶液的酸度

显色反应所用的显色剂多是有机弱酸（碱），显色剂的平衡浓度随溶液酸度的变化而发生改变，溶液的酸度同时影响显色反应的完全程度。另外有些显色剂本身就是酸碱指示剂，在不同的酸度会有不同的颜色。

溶液酸度还会影响被测金属离子的存在状态以及络合物的组成。大多数金属离子很容易发生水解，当溶液酸度发生变化时，金属离子在溶液中存在形式会发生变化，这些变化均会影响显色反应。如果被测金属离子与显色剂之间存在逐级络合反应，则溶液的酸度对络合比有明显的影响，随着溶液酸度的变化，形成的有色络合物的组成、颜色均会发生改变。

溶液 pH 的变化对显色反应的影响是多方面的，显色反应应该控制在合适的 pH 范围。确定显色反应合适的 pH，是在理论计算的基础上，经过实验确定的。具体做法是，固定其他条件不变，配制一系列 pH 不同的溶液，分别测定它们的吸光度 A。作 A-pH 曲线。曲线中间一段 A 较大而又恒定的平坦部分所对应的 pH 范围就是适宜的酸度范围，从中选择一个 pH 作为测定时的酸度条件。

2）显色剂用量

为了保证显色反应进行完全，使待测离子 M^{n+}全部转化为有色铬合物，需加入过量的显色剂 R，对于有些显色反应，显色剂如果加得太多，会引起对测定不利的副反应。

但显色剂浓度究竟过量多少，要通过实验确定。具体做法是，保持待测离子 M^{n+}的浓度不变，配制一系列显色剂 R 浓度不同的溶液，分别测定其吸光度 A，以 A 对 c(R)作图得到显色剂浓度与吸光度的关系曲线，在曲线图上选择吸光度值不变或者变化不大的区间，在此区间内确定合适的显色剂浓度或加入量。

图 6.4 是常见的吸光度随显色剂浓度增加而变化曲线，合适的显色剂加入量在图中 a 和 b 之间选择。一般常选择 a 和 b 的中间值。要求不仅有最佳的灵敏度而且稳定性好，测量结果相对标准偏差小，但需要注意 a、b 这两个选点低于极值的相对幅度最好不超过 2%，满足光度法的基本要求。

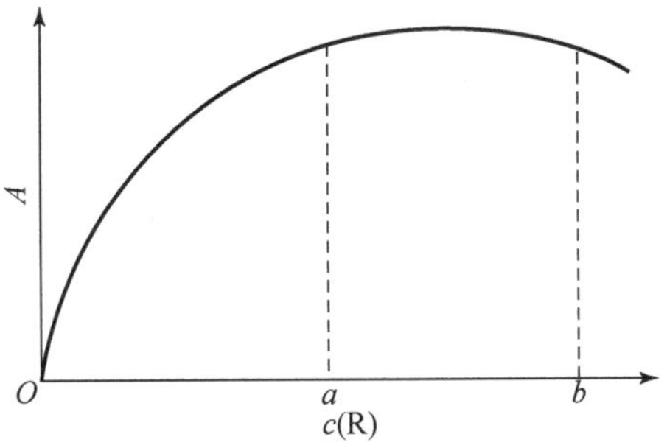

图 6.4　显色络合物吸光度与显色剂浓度关系

3）显色反应时间

时间对显色反应的影响表现在两个方面：一方面它反映了显色反应速度的快慢，另一方面它又反映了显色络合物的稳定性。因此测定时间的选择必须综合考虑这两个方面。对于慢反应，应等待反应达到平衡后再进行测定；而对于不稳定的显色络合物，则应在吸光度下降之前及时测定。

4）显色反应温度

多数显色反应的反应速度很快，室温下即可进行。只有少数显色反应速度较慢，需加热以促使其迅速完成。但温度太高可能使某些显色剂分解。故适宜的温度也应由实验确定。

5）有机溶剂和表面活性剂

溶剂对显色反应的影响表现在：溶剂影响络合物的离解度。许多有色化合物在水中的离解度大，而在有机溶剂中的离解度小，对这一类的显色反应，加入与水互溶的有机溶剂，会降低有色化合物的离解度，提高测定的灵酸度。

6）共存离子的干扰及消除

在光度法中共存离子的干扰是一个经常要遇到的问题。共存离子干扰显色一般有以下几种情况：①共存离子本身带有颜色；②共存离子能与显色剂生成有色化合物；③共存离子与被测离子或显色剂作用生成稳定的无色络合物，或者发生氧化还原反应，使被测离子或显色剂浓度降低影响测定。

实际分析测试过程中，通常可以采取以下一些措施来消除干扰：①选择适当的显色条件，以避免干扰；②加入掩蔽剂，消除共存离子的干扰；③利用共存离子和被测离子的性质，改变其化合价态来消除干扰；④选择合适的测定波长，消除干扰；⑤选择合适的参比溶液；⑥采用适当的方法将共存干扰离子分离除去。

6.1.6　分光光度法中光吸收强度的测定

1. 显色络合物吸收光谱的测定

为了寻找合适的测定波长，选择中间浓度值的标准溶液按照分析测试要求制成待测试样，用蒸馏水或者空白试剂作参比液，在全波长范围进行波长扫描，根据扫描结果绘制 A-λ 吸收曲线，从 A-λ 吸收曲线上选择出适宜的测定波长。一般选择最大吸光度对应的吸收波长为测定波长。

如果所用测试仪器不具备自动扫描功能，则可以根据待测试样溶液的颜色，选择相应的吸收波长，将测试波长向高低方向适当扩展，每隔 10 nm 测定一次吸光度值，测试结束后绘制 A-λ 吸收曲线。

目前的绝大多数分光光度计都通过计算机来控制，分析软件可以自动绘出显色络合物的吸收光谱。

2. 吸收波长的选择

吸收曲线是分光光度法选择测试波长的重要依据。以波长为横坐标，以吸光度 A 或吸收系数 ε 为纵坐标，吸收曲线中最大吸收峰所对应的波长相当于跃迁时所吸收光线的波长称为 λ_{max}，和 λ_{max} 相应的摩尔吸收系数为 ε_{max}；曲线中的谷称为吸收谷或最小吸收 λ_{min}，有时在曲线中还可看到肩峰（sh），如图 6.5 所示。一般选择显色络合物吸收光谱中最大吸收对应的波长，根据“吸收最大、干扰最小”的原则选择入射波长，有时考虑到溶剂的吸收也可选择在偏离最大吸收处所对应的波长，以避开因溶剂的吸收所产生的干扰。

3. 吸光度的测定

可以用水或试剂溶液作空白，测定待测试样溶液的相对吸光度。其测量步骤是先用水、试剂溶液进行仪器吸收零点的校正，然后将待测试样溶液置入光路中测定其吸光度。对于双光束分光光度计可将水或试剂溶液置于参考光束中，将待测试样溶液置于样品光束中，此时即可测定待测试样溶液的吸光度。

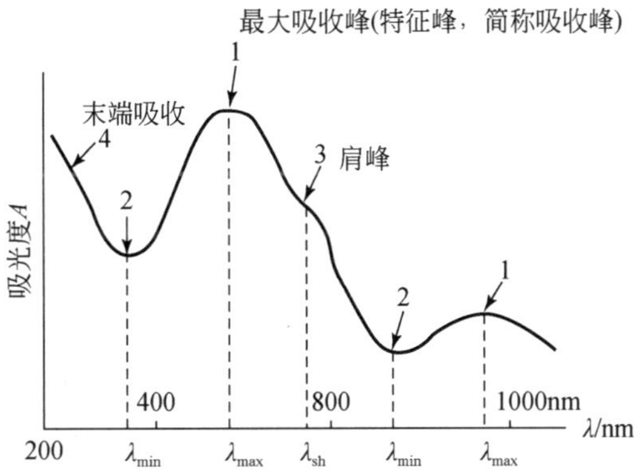

图 6.5 吸收曲线

6.1.7 分光光度法灵敏度的表示

1. 摩尔吸光系数的表示

如在某已测定波长处，待测元素符合比尔定律，根据式（6.4）有

$$\varepsilon = \frac{A}{c \cdot b} \tag{6.8}$$

式中，ε 单位为 $L \cdot mol^{-1} \cdot cm^{-1}$，称之为摩尔吸光系数，其物理意义为当 b=1 cm，c=1 $mol \cdot L^{-1}$ 时的溶液吸光度。

利用摩尔吸光系数可以客观地估计显色反应的灵敏度。ε 与吸收波长有关，同时受分析检测仪器质量的影响，与溶液的浓度和光程无关。

摩尔吸光系数在 10^4 $L \cdot mol^{-1} \cdot cm^{-1}$ 以上被认为是灵敏度较高。

2. 桑德尔灵敏度表示法

桑德尔（Sandell）灵敏度 S 是另一种用于表征分光光度法的灵敏度指数。桑德尔灵敏度 S 本来是指人眼借助颜色反应（目视比色法），对有色质点在单位截面积液柱内能够检出的物质的最低含量，单位为 $\mu g \cdot cm^{-2}$。

需要指出的是，桑德尔灵敏度是以下面的假设为前提：假设吸光物质的浓度小到可测量时仍符合比尔定律。将此概念推广到各种分光光度仪器，则规定：在一定的波长下，测得的吸光度 A=0.001（即仪器的检测极限）时，1 cm^2 截面积光程内所能检测出来吸光物质的最低含量，单位 $\mu g \cdot cm^{-2}$，即光程为 1 cm、测得吸光度为 0.001 时，单位截面积（1 cm^2）溶液中能检测到的吸光物质的质量（μg）。

S 与 ε 之间有的关系推导如下：

$$A = \varepsilon \cdot b \cdot c_B$$

$$b \cdot c_B = \frac{A}{\varepsilon} = \frac{0.001}{\varepsilon}$$

式中，b 的单位为 cm，c_B 的单位为 $mol \cdot L^{-1}$，则 $b \cdot c_B$ 的单位为 $cm \cdot mol \cdot L^{-1} = cm \cdot mol \cdot (1000\ cm^3)^{-1} =$

mol·(1000 cm^2)$^{-1}$；如果乘以摩尔质量，则 $b \cdot c_B$ 的单位为 g·(1000 cm^2)$^{-1}$，即 1000 cm^2 的截面积光程中测得的吸光物质的质量（g）。则 S 为

$$S = \frac{b \cdot c_B}{1000} \times M_B \times 10^6 \tag{6.9}$$

式（6.9）计算结果的单位是 μg·cm^{-2}，将 $b \cdot c_B = \dfrac{A}{\varepsilon}$ 代入上式，则有

$$S = \frac{A}{\varepsilon} \times M_B \times 10^8$$

$$S = \frac{M_B}{\varepsilon} \tag{6.10}$$

式（6.10）是摩尔吸光系数与桑德尔灵敏度之间的换算公式，由式（6.9）计算得到的数值单位为 μg·cm^{-2}。桑德尔值一般在 0.01～0.001 μg·cm^{-2} 之间被认为比较灵敏。

3. ε 和 S 两种灵敏度的区别

ε 和 S 均可以表示显色反应的灵敏度，但是这两种表示方法是有本质的区别的，在实际应用时应注意区别。

ε 值的大小与溶液的浓度和溶液测量时的厚度无关，与吸光物质本身的性质及光的波长等有关，与分光光度计的质量有关；在光波长、温度、溶剂等条件固定时，ε 的大小取决于物质的性质；ε 是吸光物质的特征常数，不同物质具有不同的 ε。对于同一物质，在温度、溶剂、显色反应等条件固定时，ε 的大小取决于光波长；ε 越大，表明吸光物质对某 λ 的光的吸收能力越强。所以，在光度分析中，为了提高分析的灵敏度，必须选择摩尔吸光系数大的有色化合物和具有最大 ε 值的波长的光作入射光。

桑德尔灵敏度 S 除了与显色反应的固有灵敏度有关外，还与观察者（肉眼或仪器）区别溶液透光率的能力即检测极限有关。在目视比色法中，对同一显色反应（ε 相同），眼力不同的人，会得出不同的 S 值。对于分光光度计的测定来说，Sandell 假定仪器能够区别分析溶液与空白溶液间透光率之差的最小值为 0.2%，（即用空白液调整至 T=100%后，有色溶液在 T=99.8%时仍可测出，此值相当于 A=0.001）。文献中所报道的 S 都是以这个假定为基础的。可见，这样得到的 S 值只是一般意义上的检测极限值，并未考虑仪器的个性。因此，S 也可以作为显色反应灵敏度的一个标志。

由于 ε 与 S 物理意义的不同，它们各有各的用处。当表示某一光度分析方法能够达到的最低检测能力时，采用 S 更加方便、直观；而表示同一物质在不同显色反应时的灵敏度采用 ε 比较方便。本章各节光度分析灵敏度全部为桑德尔灵敏度。

6.1.8　分光光度法的实际应用

1. 定性分析

紫外-可见吸收光谱可用于在紫外、可见光区范围有吸收的物质的鉴定及结构分析，适用于有机化合物的分析和鉴定、同分异构体的鉴定、物质结构的测定等，例如物质纯度的

检查、未知物的鉴定、分子结构中功能团的推测、同分异构体的判别等。

2. 定量分析

1）单组分分析

分光光度法属于相对测量法，在测定某一组分含量时，通常采用标准曲线方法。

2）多组分分析

多组分定量测量通常采用测定吸收系数的方法。分析依据是多组分吸收同一波长的光，总的吸光度等于各个组分的吸光度之和。该方法一般只用于两个组分浓度的测定，对于三个以上组分的定量，使用得并不多。

分光光度法还可以用于测定溶液中酸、碱的电离常数，络合物组成、络合比、络合常数。

3. 示差分光光度法

分光光度法被广泛用于微量分析，只适用于测定低含量的组分，对于高含量或极低含量组分，因测定误差太大而不适用。示差分光光度法是采用适当的测量方法，对于高含量或极低含量组分也能获得较高准确度的分析技术。目前主要有高浓度示差法、稀溶液示差法和使用两个参比溶液的精密示差法。其中以高浓度示差法应用最多。

示差分光光度法和一般的分光光度法不同之处主要在于，示差分光光度法不是以空白溶液（不含待测组分的溶液）作为参比溶液，而是采用比待测溶液浓度稍低的标准溶液作参比溶液，调节仪器的吸光度为零，然后测量待测溶液的吸光度，此时从仪器给出的吸光度值实际上是待测溶液和标准溶液吸光度的差值，该数值与两溶液的浓度差成正比，这样便可以把空白溶液为参比的稀溶液标准曲线作为 ΔA 对应于 Δc 的工作曲线，根据测得的 ΔA 找出相应的 Δc 值，从 $c_x=c_s+\Delta c$，便可求出待测溶液之浓度，这就是示差法定量测定的基本原理。

6.1.9　分光光度法测量误差的主要来源

1. 偏离比尔定律引起的误差

在分光光度分析中，比尔定律是一个有限的定律，其成立条件是待测物为均一的稀溶液、气体等，无溶质、溶剂及悬浊物引起的散射；入射光为单色平行光。导致偏离比尔定律的原因很多，但基本上可分为物理和化学两个方面。

1）光学因素

单色光纯度：单色器的原因。

散射光、反射光影响：溶液尤其是悬浊液中细小的溶质颗粒，比色皿表面都会使光发生散射和反射，影响溶液对光的吸收。

杂散光影响：杂散光是指由于仪器的原因通过非预定途径射到检测器的任何不希望的光。

克服办法：仪器性能良好，溶液透明，比色皿洁净。

2）化学因素

由于被测物浓度的改变，显色条件的改变，使溶液的吸光度与溶液的浓度不成正比。

克服方法：控制溶液浓度在一定范围内，保证显色条件稳定。

2. 测量引起的随机误差

测量引起的误差主要指光度测量带来的误差。分光光度计透光率在 0%～100%范围内的光度测量误差不是恒定的，吸光度与透光率之间是负对数关系，吸光度的标尺刻度是不均匀的，一般来说透光率为 20%～70%或吸光度为 0.2～0.7 范围时，浓度测量的相对随机误差较小，测量时待测溶液的吸光度值应落在上述区间，超出上述范围，测量的浓度值随机误差较大。

3. 操作的随机误差

操作的随机误差指分析人员在分析测试过程中由于选择的测试波长、显色条件的控制等因素造成的测量随机误差。这部分误差是可以随技术条件的提高控制缩小的。

6.1.10 分光光度法的新进展

1. 紫外-可见分光光度计硬件进展

紫外-可见分光光计硬件的发展包括光源、分光系统、光栅、探测器以及仪器运行软件五部分。

光源主要采用高稳定、高发光效率的连续光源，如卤素钨灯和氘灯或氙灯。随发光二极管（LED）光源技术及产业的逐渐成熟，以 LED 为光源的小型便携式的分光光度计已成为研究开发的热点。

扫描光栅型的分光系统通常主要有单光束、准双光束和双光束、双波长等多种光路设计，为进一步提高分辨率或降低杂散光，还出现了双单色器分光光度计，其杂散光等性能是单色器分光光度计无法企及的。

光栅是分光系统的核心元件，经历了棱镜、机刻光栅和全息光栅的过程，商品化的全息闪耀光栅已迅速取代一般刻划光栅。全息技术的长处在于成品率更高，杂散光更小，不产生伪线。

探测器由光电倍增管发展到了阵列型光电探测器。这类探测器测量速度快，多通道同时曝光，可探测微弱的信号，动态范围大。

仪器的自动化、智能化的实现主要靠仪器软件功能的提高，目前分光光度计的软件已具备对仪器硬件的监测和校正，数据的处理和分析，仪器状态的调整等功能。

2. 数据处理的发展

比光谱-导数分光光度法可以同时测定三元混合物含量；多波长线性回归-紫外分光光度法解决了单波长紫分光光度法中共存物吸收干扰问题；CPA 矩阵计算分光光度法实现了多组分同时测定。

3. 联用技术和新技术的开发

在集成电路技术和光纤技术的发展下，联合采用小型凹面全息光栅和阵列探测器以及 USB 接口等新技术，出现了一些携带方便、用途广泛的小型化甚至是掌上型的紫外-可见分光光度计。其他还有快速光纤维多道分光光度技术以及用于固体粉末样品的紫外分光光度计等。

6.2　铬菁 R 法测定微量铍[11-13]

6.2.1　原理

在 pH=5 的缓冲介质中，Be^{2+}与铬菁 R（$C_{23}H_{15}O_9SNa_3$，ECR）、氯代十六烷基吡啶（CPC）生成稳定的紫色胶束络合物，在波长 582 nm 处出现最大吸收峰，在一定的浓度范围内，吸光度值与溶液中 Be^{2+}浓度符合比尔定律。

灵敏度 $S=1.1\times10^{-4}\ \mu g\cdot cm^{-2}$。

6.2.2　试剂

1. 铍盐标准溶液

1）Be^{2+}标准溶液

准确称取 0.5830 g 硫酸铍（$BeSO_4\cdot4H_2O$，A.R）置于洁净的烧杯中，加少量二次水和 2 mL HCl（ρ=1.19 g·mL^{-1}，G.R）溶液，加热溶解后转入 1000 mL 容量瓶中，用二次水稀释至刻度，摇匀后转入试剂瓶保存。此溶液 $\rho(Be^{2+})$=50.00 mg·L^{-1}。

2）Be^{2+}标准工作溶液

准确量取一定体积的 $\rho(Be^{2+})$=50.00 mg·L^{-1} 铍标准溶液，置于容量瓶中，用 c(HCl)=0.02 mol·L^{-1} 溶液逐级稀释，配制 $\rho(Be^{2+})$=0.1000 mg·L^{-1} 的铍标准工作液。此溶液在使用前配制。

2. 铬菁 R 溶液

0.1 g 铬菁 R（ECR，$C_{23}H_{15}O_9SNa_3$，A.R）溶于 100 mL 二次水中，搅拌均匀后转入洁净试剂瓶保存。此溶液的浓度为 ρ(ECR)=0.1 g·L^{-1}。

3. 乙二胺四乙酸二钠-三乙醇胺溶液

10 g 乙二胺四乙酸二钠（EDTA，$C_{10}H_{14}N_2Na_2O_8\cdot2H_2O$，A.R）溶于 80 mL 二次水，加热溶解，冷却后加入 6 mL 三乙醇胺（TEA，$C_6H_{15}NO_3$，A.R），用二次水稀释至 100 mL，搅拌均匀后转入洁净试剂瓶保存。此溶液 ρ(EDTA)=100 g·L^{-1}。

4. 氯代十六烷基吡啶溶液

2.5 g 氯代十六烷基吡啶（CPC，$C_{21}H_{38}ClN·H_2O$，A.R）溶于 100 mL 二次水中，搅拌均匀后转入洁净试剂瓶保存。此溶液 $\rho(CPC)=250\ g·L^{-1}$。

5. 稀盐酸溶液

移取 10 mL 盐酸（HC1，$\rho=1.19\ g·mL^{-1}$，G.R）溶液，用二次水稀释至 100 mL，混合均匀后转入洁净试剂瓶保存。此溶液 $\varphi(HCl)=0.1$。

移取 1.67 mL 盐酸（HC1，$\rho=1.19\ g·mL^{-1}$，G.R）溶液，用二次水稀释至 1000 mL，混合均匀后转入试剂瓶保存。此溶液 $c(HCl)=0.02\ mol·L^{-1}$。

6. 六次甲基四胺缓冲溶液

14 g 六次甲基四胺（HMT，$C_6H_{12}N_4$，A.R）溶于 100 mL 的二次水中，加入 7 mL HC1（$\rho=1.19\ g·mL^{-1}$，G.R）溶液，混合均匀，放置 48 小时后，用 $\varphi(HCl)=0.1$ 的 HCl 溶液调溶液的 pH 至 5.0。溶液转入洁净试剂瓶保存。

7. 对硝基酚溶液

0.1 g 对硝基酚（$C_6H_5NO_3$，A.R）溶于 50 mL 二次水中，搅拌溶解后转入洁净滴瓶保存。此溶液 $\rho(C_6H_5NO_3)=2\ g·L^{-1}$。

8. 稀氨水

50 mL 氨水（$NH_3·H_2O$，$\rho=0.91\ g·mL^{-1}$，A.R）与 50 mL 二次水混合，混合均匀后转入洁净滴瓶保存。此溶液 $\varphi(NH_3·H_2O)=0.5$。

9. 酒石酸钾钠溶液

10 g 酒石酸钾钠（$NaKC_4H_4O_6·4H_2O$，A.R）溶于 100 mL 二次水中，转入洁净试剂瓶保存。此溶液 $\rho(NaKC_4H_4O_6)=100\ g·L^{-1}$。

6.2.3　测定方法

1. 工作曲线的测定

准确移取一定体积的 $\rho(Be^{2+})=0.1000\ mg·L^{-1}$ 铍标准工作溶液，于一系列 10 mL 比色管（或 10 mL 容量瓶）中，各比色管中含 Be^{2+} 0.00 μg、0.050 μg、0.10 μg、0.20 μg、0.30 μg、0.40 μg，各加 0.5 mL $\rho(EDTA)=100\ g·L^{-1}$的 EDTA-TEA 溶液，1 滴 $\rho(C_6H_5NO_3)=2\ g·L^{-1}$溶液，摇匀。如果溶液显黄色，用 $\varphi(HCl)=0.1$ 溶液调至比色管内溶液由黄色刚好变为无色；如果溶液为无色，先用 $\varphi(NH_3·H_2O)=0.5$ 溶液调至溶液颜色变成黄色，再用 $\varphi(HCl)=0.1$ 调至黄色刚好变为无色。然后再加入 0.5 mL $\rho(ECR)=0.1\ g·L^{-1}$溶液、2.0 mL pH=5.0 的 HMT 缓冲溶

液、0.5 mL ρ(CPC)=250 g·L^{-1}溶液，用二次水稀释至刻度，摇匀。放置 20 min，用 1 cm 比色皿，以试剂作空白，在波长 582 nm 处分别测定其吸光度，以吸光度 A 对 $m(Be^{2+})$质量作图获标准工作曲线图，求得工作曲线的线性回归方程。

2. 试样溶液中 Be^{2+}的测定

准确移取一定量试样溶液 V_s（含 Be^{2+}不超过 0.40 μg）于 10 mL 比色管中，加 0.5 mL ρ(EDTA)=100 g·L^{-1}的 EDTA-TEA 溶液，1 滴 $\rho(C_6H_5NO_3)$=2 g·L^{-1}溶液，摇匀。以下按上述工作曲线绘制步骤操作，以试剂作空白，在波长 582 nm 处测定吸光度 A_s，并由标准工作曲线或线性回归方程求得试样中的 Be^{2+} 量 $m_s(Be^{2+})$。

待测试样溶液中 Be^{2+}的质量浓度：

$$\rho_s(Be^{2+}) = \frac{m_s(Be^{2+})}{V_s}$$

式中，$m(Be^{2+})$是根据测试溶液 A_s，由标准曲线回归方程求得的待测试样溶液中 Be^{2+}的质量；V_s 为测试溶液中含待测试样溶液的体积。

6.2.4　讨论

1. 络合物的吸收光谱

移取含铍 0.4 μg 的铍标准工作溶液于 10 mL 比色管中，加 0.5 mL ρ(EDTA)=100 g·L^{-1} 的 EDTA-TEA 溶液，1 滴 $\rho(C_6H_5NO_3)$=2 g·L^{-1}溶液，摇匀。用 φ(HCl)=0.1 溶液调至比色管内溶液由黄色刚好变为无色；加入 0.5 mL ρ(ECR)=0.1 g·L^{-1}溶液，2.0 mL pH=5.0 的 HMT 缓冲溶液，0.5 mL ρ(CPC)=250 g·L^{-1}溶液，用二次水稀释至刻度。水为空白，用 1 cm 比色皿，在 440～640 nm 波长范围内，分别测定 ECR-CPC 和 Be-ECR-CPC 的吸收曲线；在 520～625 nm 范围以试剂为空白，测定 Be-ECR-CPC 的吸收曲线，结果见图 6.6。

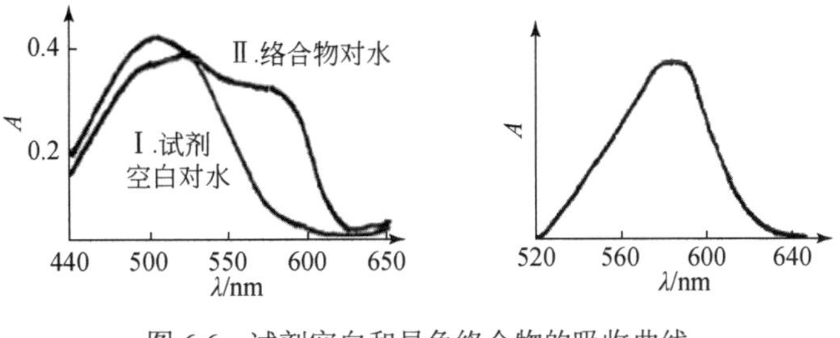

图 6.6　试剂空白和显色络合物的吸收曲线

从图 6.6 可以看出，以水为空白时，试剂和显色络合物的吸收峰有明显不同。试剂 ECR-CPC 在 500～550 nm 有一个最大吸收峰，络合物 Be-ECR-CPC 有 2 个吸收峰，分别在 500～550 nm 和 570～590 nm。以试剂为空白，显色络合物 λ_{max} 为 582 nm。

2. 酸度对显色反应的影响

显色络合物在 582 nm 波长的吸光度随 pH 的变化见图 6.7。

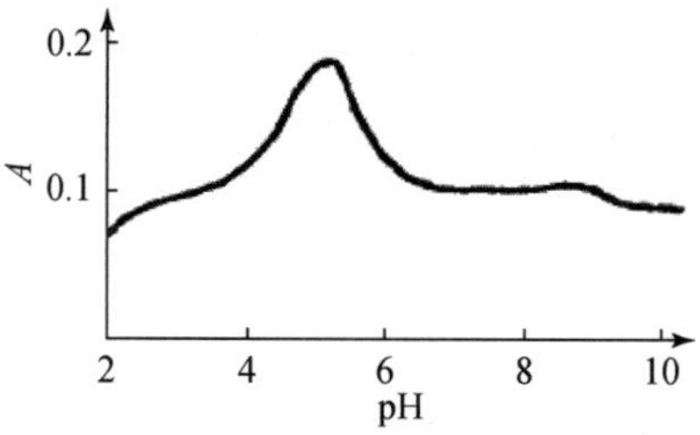

图 6.7　pH 对显色络合物吸光度的影响

从图中可以看出显色溶液 pH=5 时，有最大吸光度值，选择六次甲基四胺（HMT）缓冲溶液，用量为 2 mL。

3. 络合物颜色的稳定性

含 Be^{2+} 溶液加入 ECR、HMT、CPC 显色后，在不同时间里测定吸光度，试验表明显色反应 20 min 后，显色络合物趋于稳定，25 min 后吸光度值基本不变，4 h 后吸光度逐渐降低，所以本试验选择显色 20 min 后测定。

4. 共存元素离子的干扰

试验结果表明在 EDTA-TEA 存在的测定条件下，一般卤水中常见共存离子的影响可以忽略；当测试水样中 F^-、PO_4^{3-} 含量是 Be 的 6 倍和 150 倍时，对 Be 的分析结果有明显影响，此时，样品在分析测定前需要做预处理，消除干扰。

5. 其他

铬箐 R-氯代十六烷基吡啶光度法测定铍的方法是国家环境保护总局制定的 HJ/T 58—2000 水质铍的测定方法。

硫酸铍为剧毒试剂，使用时要小心，规范操作。

铬箐 R 水溶液不稳定，现配现用；如在配制时，每 100 mL ρ(ECR)=0.1 g·L^{-1}溶液中加入 1.0 g NH_4NO_3 和 1 滴浓 HNO_3，可稳定 7 天。

六次甲基四胺（HMT）缓冲溶液放置一段时间易产生游离氨，需要重新调 pH 后再使用。

6.3　甲亚胺-H 法测定硼[14–18]

6.3.1　原理

在微酸性介质中，甲亚胺-H 与硼生成显色络合物，在波长 420 nm 处出现最大吸收，可用于硼的测定。

灵敏度 S=1.5×10^{-3} μg·cm^2。

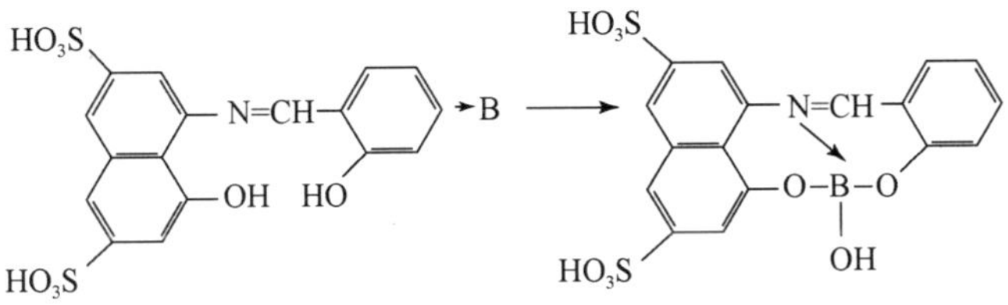

6.3.2　试剂

1. 硼标准溶液

1）硼标准溶液

准确称取 1.7759 g H_3BO_3（A.R）置于洁净烧杯中，加适量二次水溶解，转入 1000 mL 容量瓶，用二次水稀释至刻度，摇匀后转入聚乙烯试剂瓶保存。此溶液 $\rho(B_2O_3)$=1.000 g·L^{-1}。

2）硼标准工作溶液

准确量取 $\rho(B_2O_3)$=1.000 g·L^{-1}的标准溶液 5 mL 置于 500 mL 容量瓶内，用二次水稀释至刻度，摇匀后转入聚乙烯试剂瓶保存。此溶液 $\rho(B_2O_3)$=10 mg·L^{-1}。

2. 乙酸-乙酸铵缓冲溶液

5 g 乙二胺四乙酸二钠（$C_{10}H_{14}N_2Na_2O_8 \cdot 2H_2O$，EDTA，A.R）溶于 110 mL 二次水中，再加 75 g 乙酸铵（NH_4Ac，A.R）溶解后，加 37.5 mL 乙酸（$C_2H_4O_2$，HAc，ρ=1.06 g·mL^{-1}，A.R），混合均匀后转入洁净试剂瓶保存，备用。此溶液的 pH=5.6。

3. 甲亚胺-H 溶液

0.5 g 甲亚胺-H（$C_{17}H_{13}O_8S_2N$，A.R）和 1 g 抗坏血酸（$C_6H_8O_6$，A.R）溶于少量水中，稍加热使溶解完全，稀释至 100 mL，贮于聚乙烯试剂瓶内，此溶液 ρ(甲亚胺-H)=5.0 g·L^{-1}。冰箱低温可保存 4～5 d。抗坏血酸在这里被用于保护亚甲基。

甲亚胺-H 溶液可以用市售试剂配制，也可用 H 酸与水杨醛合成制得，将 H 酸和水杨醛按比例混合配制成混合溶液具有同样的效果。

6.3.3　测定方法

1. 工作曲线的测定

准确移取不同体积 $\rho(B_2O_3)$=0.0100 g·L^{-1}的硼标准工作溶液，分别置于一系列 25 mL 比色管（或容量瓶）中，各比色管中含 B_2O_3 0.00 μg、5.00 μg、10.00 μg、20.00 μg、30.00 μg、40.00 μg，分别加入 5 mL pH=5.6 的 HAc-NH_4Ac 缓冲溶液，5 mL ρ(甲亚胺-H)=5.0 g·L^{-1}溶液，摇匀，加水至刻度，再摇匀。室温下放置 70 min，以试剂作空白，用 1 cm 液槽在波长 420 nm 处测定吸光度 A。以吸光度 A 对 $m(B_2O_3)$质量作图获标准工作曲线图，并求得标准工作曲线的线性回归方程。

2. 试样溶液中硼的测定

准确移取一定量的试样溶液 V_s（B_2O_3 含量为 5～35 μg）置于 25 mL 比色管（或容量瓶）中，然后按照标准曲线操作步骤操作，以试剂作空白，在波长 420 nm 处测定吸光度 A_s，并由标准工作曲线或线性回归方程求得试样中的 B_2O_3 量 $m(B_2O_3)$。

待测试样溶液中 B_2O_3 的质量浓度：

$$\rho_s(B_2O_3)=\frac{m_s(B_2O_3)}{V_s}$$

式中，$m(B_2O_3)$是根据测试溶液 A_s，由标准曲线回归方程求得的待测试样溶液中 B_2O_3 的质量；V_s 为测试溶液中含待测试样溶液的体积。

6.3.4 讨论

1. 温度和时间对显色的影响

取含 20 μg B_2O_3 标准工作溶液，按标准曲线绘制操作方式，依次加入缓冲溶液和显色剂，稀释至刻度，摇匀后分别在 10℃、20℃、30℃、40℃显色，在波长 420 nm 处测定吸光度，不同显色温度下显色时间与吸光度的关系见图 6.8。

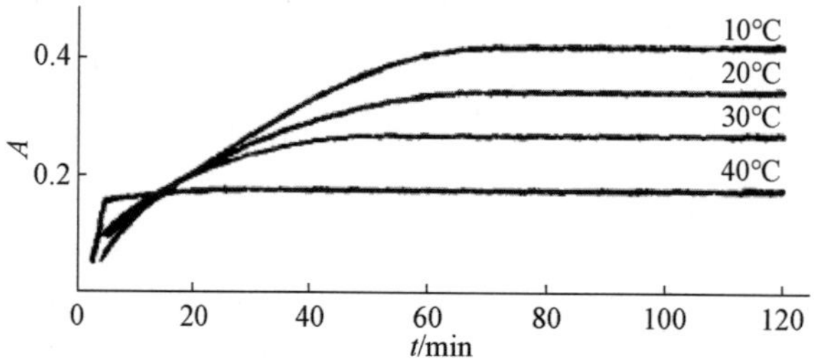

图 6.8　不同温度下的显色曲线

试验表明，显色温度升高，加速了络合物的形成，但测定灵敏度有所下降。反之，络合物达最大吸收时间增长，但灵敏度也随之提高。室温下均可以测定，10～25℃为宜。显色反应时间 60 min 后，吸光度值趋于稳定，选择显色反应 70 min 后开始测试。有研究表明甲亚胺-H 与硼显色络合物可稳定存在 30 h 保持吸光度值稳定。

2. 试样溶液 pH 对测定的影响

甲亚胺-H 溶液颜色随 pH 不同而不同，表 6.4 给出了甲亚胺-H 溶液在不同 pH 条件下溶液的颜色变化规律。

表 6.4　甲亚胺-H 溶液颜色与 pH 关系

pH	2.5	3.5	4.5	5.0	5.5	6.0	7.0	7.5	8.0
颜色	橘红	橘黄	微红黄色	黄	浅黄	黄	微红黄色	橘黄	橘红

不同浓度甲亚胺-H 溶液的吸光度值均随溶液 pH 的增加而呈现规律性变化，经测定，甲亚胺-H 溶液在 pH 4～6 时，吸光度值最低，说明在此酸度范围试剂空白值较低。多次试验结果显示硼标准溶液的工作曲线随 pH 的不同而不同，pH<2 时溶液不显色，pH 在 5～6 范围内，工作曲线线性好。测定了含 20 μg B_2O_3 试样溶液在不同 pH 条件下的吸光度，结果如图 6.9。试验表明，pH 在 5.0～6.4 之间对测定无影响。本实验选用测定的 pH=5.6。

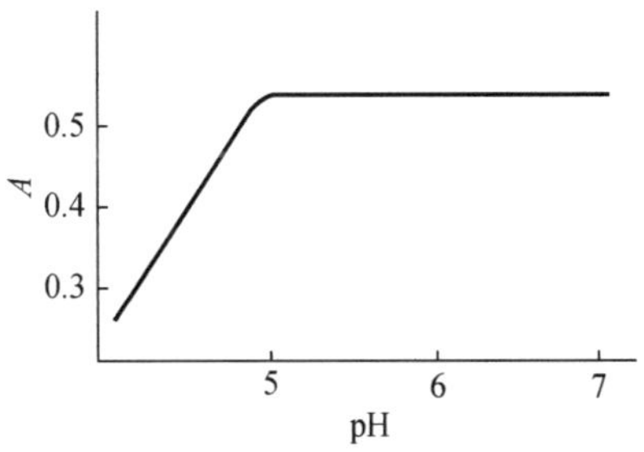

图 6.9　样品溶液的酸度对测定影响

3. 甲亚胺-H 的浓度影响

在同一 pH 条件下，随甲亚胺-H 浓度的增加吸光度值也增加，甲亚胺-H 浓度增加试剂空白吸光度值增加，甲亚胺-H 常用浓度为 1.0 $g·L^{-1}$。

4. 测定精密度

试验结果见表 6.5。

表 6.5　硼测定的精密度

试样名称	测定结果/$(mg·L^{-1})$									标准偏差
	1	2	3	4	5	6	7	8	9	
1 号湖表卤水	62.5	64.4	64.9	65.4	64.4	67.6	65.2	64.9	64.4	±1.33
2 号晶间卤水	17.4	20.9	18.6	18.1	18.0	19.3	19.8	19.2	18.5	±1.06

5. 共存元素离子对硼测定的影响

表 6.6 的测定结果表明，Li^+、Na^+、K^+、Ca^{2+}、Mg^{2+}、Sr^{2+}、Ba^{2+}、Pb^{2+}、Zn^{2+}、NO_3^-、PO_4^{3-}、CO_3^{2-} 和 HCO_3^- 不干扰测定。元素 Ga、V、Zr、Fe、Al、Ti 和 Mo 的干扰可用 EDTA 予以隐蔽。元素 Be 对本法有干扰，但一般盐湖卤水中不含元素 Be。

表 6.6　共存离子的影响

共存离子			加入硼量/μg	测得硼量/μg	相对误差/%
离子	盐类形式	加入量/mg			
Li^+	LiCl	880	30.00	30.3	+1.0
Na^+	NaCl	1000	20.00	20.8	+4.0
K^+	KCl	1000	20.00	20.2	+1.0
Mg^{2+}	$MgSO_4·7H_2O$	500	20.00	20.4	+2.0
Ca^{2+}	$Ca(NO_3)_2$	200	20.00	19.2	−4.0

续表

共存离子			加入硼量/μg	测得硼量/μg	相对误差/%
离子	盐类形式	加入量/mg			
Sr^{2+}	$Sr(NO_3)_2$	1.0	20.00	19.8	−1.0
Ba^{2+}	$Ba(NO_3)_2$	1.0	20.00	19.2	−4.0
Al^{3+}	$AlCl_3$	2.0	20.00	20.5	+2.5
Ga^{3+}	$GaCl_3$	1.0	20.00	19.8	−1.0
Cu^{2+}	$CuBr_2$	1.0	20.00	20.0	0
Pb^{2+}	$Pb(NO_3)_2$	1.0	20.00	19.6	−2.0
Zn^{2+}	$ZnCl_2$	1.0	20.00	19.6	−2.0
Fe^{3+}	$FeCl_3$	2.0	20.00	20.0	0
Ti^{4+}	$TiCl_4$	0.02	20.00	20.8	+4.0
Zr^{4+}	$ZrOCl_2$	0.10	20.00	21.1	+5.5
Mo^{6+}	$(NH_4)_6Mo_7O_{24}\cdot 4H_2O$	1.0	20.00	21.2	+6.0
V^{5+}	NH_4VO_3	0.10	20.00	20.0	0
NO_3^-	$Ca(NO_3)_2$	600	20.00	19.2	−4.0
PO_4^{3-}	$(NH_4)_3PO_4$	2.0	20.00	20.0	0
F^-	KF	0.10	20.00	19.2	−4.0
Cl^-	NaCl	1500	20.00	20.8	+4.0
Br^-	$CuBr_2$	2.5	20.00	20.0	0

6. 不同试样溶液中 B_2O_3 的测定

测定了卤水、天然水和盐类矿物中的硼含量。其结果与胭脂红法和甘露醇法相比较，结果接近，满足要求。分析结果见表 6.7。

表 6.7　不同试样溶液中 B_2O_3 的测定

试样名称	B_2O_3 测定结果		
	甲亚胺法	胭脂红法	甘露醇法
盐湖卤水 1	64.4 $mg\cdot L^{-1}$	64.4 $mg\cdot L^{-1}$	
碱湖 1	886 $mg\cdot L^{-1}$	886 $mg\cdot L^{-1}$	
碱湖 2	370 $mg\cdot L^{-1}$	364 $mg\cdot L^{-1}$	
盐湖卤水 2	18.6 $mg\cdot L^{-1}$	18.5 $mg\cdot L^{-1}$	
水氯镁石 1	0.012%	0.014%	
水氯镁石 2	0.015%	0.015%	
水氯镁石 3	0.022%	0.022%	
湖水 1	39.0 $mg\cdot L^{-1}$		38.9 $mg\cdot L^{-1}$
湖水 2	41.9 $mg\cdot L^{-1}$		42.8 $mg\cdot L^{-1}$

6.4　二甲酚橙法测定微量铝[19–23]

6.4.1　原理

在酸性介质中，铝离子与二甲酚橙反应生成紫色络合物，其反应为

$$C_{31}H_{28}O_{13}N_2SNa_4 + AlCl_3 \longrightarrow C_{31}H_{28}O_{13}N_2SNaAl + 3NaCl$$

络合物在波长 550 nm 处出现最大吸收峰。当每 25 mL 溶液中含有 0～30 μg Al^{3+} 时，其浓度与吸光度关系符合比尔定律。

方法灵敏度约为 $2.2\times10^{-3}\ \mu g\cdot cm^{-2}$。

6.4.2　试剂

1. 铝标准溶液

1）Al^{3+}标准溶液

准确称取 0.4395 g $KAl(SO_4)_2\cdot12H_2O$（G.R）溶于加入 1 mL 浓 HCl（A.R）的少量二次水中，溶解后转入 500 mL 容量瓶中，用水稀释至刻度，摇匀后转入试剂瓶保存。此溶液 $\rho(Al^{3+})=50.00\ mg\cdot L^{-1}$。

2）Al^{3+}标准工作溶液

准确移取 $\rho(Al^{3+})=50.00\ mg\cdot L^{-1}$的 Al^{3+}标准溶液 10 mL，用二次水稀释至 100 mL，此溶液 $\rho(Al^{3+})=5.00\ mg\cdot L^{-1}$，使用前配制。

2. 二甲酚橙溶液

0.02 g 二甲酚橙（$C_{31}H_{28}N_2Na_4O_{13}S$，XO，A.R）溶于 100 mL 二次水，摇匀后转入试剂瓶保存。此溶液 $\rho(XO)=0.2\ g\cdot L^{-1}$。

3. 乙酸-乙酸钠缓冲溶液

57 mL 的冰乙酸（CH_3COOH，HAc，A.R）用二次水稀释至总体积 500 mL，搅拌均匀，此溶液 A 含 $c(HAc)=2\ mol\cdot L^{-1}$；100.05 g 乙酸钠（$CH_3COONa\cdot3H_2O$，NaAc，A.R）加适量的二次水溶解，待完全溶解后用二次水稀释至总体积 500 mL，摇匀，此溶液 B 含 $c(NaAc)=2\ mol\cdot L^{-1}$。分别取配制好的 A 溶液和 B 溶液配制 HAc-NaAc 缓冲溶液，用 pH 计调整缓冲溶液的 pH=3.2。

4. 抗坏血酸溶液

2 g 抗坏血酸（$C_6H_8O_6$，A.R）溶于 100 mL 二次水中，搅拌溶解摇匀后，转入试剂瓶保存。此溶液 $\rho(C_6H_8O_6)=0.02\ g\cdot mL^{-1}$。

5. 乙二胺四乙酸二钠溶液

18.6 g 乙二胺四乙酸二钠（$C_{10}H_{14}N_2Na_2O_8·2H_2O$，EDTA，A.R）、4.5 g 硫酸锰（$MnSO_4$，A.R），置于洁净的烧杯中，用适量二次水溶解，转入 1000 mL 容量瓶中，用二次水稀释至刻度，摇匀后转入试剂瓶保存。此溶液 c(EDTA-Mn)=0.03 mol·L^{-1}。

6.4.3 测定方法

1. 标准曲线的测定

准确移取不同体积的 $\rho(Al^{3+})$=5.00 mg·L^{-1} Al^{3+}标准工作溶液，分别置于一系列 25 mL 比色瓶（或容量瓶）中，各比色瓶中含 Al^{3+} 0.00 μg、5.00 μg、10.00 μg、15.00 μg、20.00 μg、25.00 μg，加 2.5 mL c(EDTA-Mn)=0.03 mol·L^{-1}溶液，5 mL ρ(XO)=0.2 g·L^{-1}溶液，摇匀后放置 6 min，再加 5 mL pH=3.2 的 HAC-NaAc 溶液并摇匀，用水稀释至刻度，摇匀。以试剂作空白，在波长 550 nm 处，分别测定其吸光度。以吸光度 A 对 $m(Al^{3+})$质量作图获标准工作曲线图，并求得标准工作曲线的线性回归方程。

2. 试样溶液中铝的测定

准确移取 pH 3～8 的试样溶液 V_s 置于 25 mL 比色瓶（或容量瓶）中，加入 2.5 mL c(EDTA-Mn)=0.03 mol·L^{-1}溶液，5 mL ρ(XO)=0.2 g·L^{-1}溶液，摇匀后放置 6 min，再加 5 mL pH=3.2 的 HAC-NaAc 溶液并摇匀，用水稀释至刻度，摇匀。以试剂作空白，在波长 550 nm 处测定吸光度 A_s，并由标准工作曲线或线性回归方程求得试样中的 Al^{3+}量 $m(Al^{3+})$。

待测试样溶液中 Al^{3+}的质量浓度：

$$\rho_s(Al^{3+}) = \frac{m(Al^{3+})}{V_s}$$

式中，$m(Al^{3+})$是根据测试溶液 A_s，由标准曲线回归方程求得的待测试样溶液中 Al^{3+}的质量；V_s 为测试溶液中含待测试样溶液的体积。

6.4.4 讨论

1. Al^{3+}与 XO 络合物的吸收光谱

按标准曲线测试方法，配制含 Al^{3+}为 0 μg 和 50 μg 的测试溶液，显色后分别以二次水和试剂作空白，在 360～720 nm 波长下进行扫描，结果表明（图 6.10）Al^{3+}与 XO 络合物最大吸收波长为 550 nm，试剂溶液最大吸收波长为 430 nm，选择 550 nm 为分析测试波长。

2. 酸度的影响

在不同 pH 的酸性介质中 Al^{3+}与 XO 可形成 1∶1 和 1∶2 两种络合物，显色溶液 pH 在

3～3.5 时生成 1∶1 络合物，λ_{max} 为 550 nm；显色溶液 pH=5 时，主要生成 1∶2 络合物。在一系列不同 pH 的 HAc-NaAc 缓冲溶液中，各加入 10.00 μg Al^{3+}溶液，显色后分别测定其吸光度（图 6.11）。结果表明，在 pH 3.0～3.5 之间可获得稳定的结果，选择缓冲溶液 pH 为 3.2。

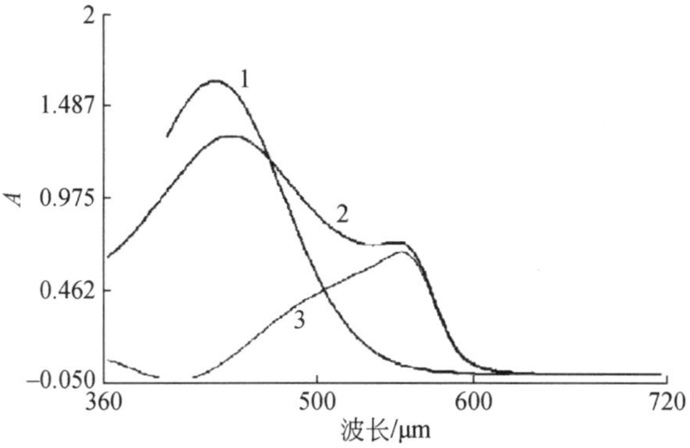

图 6.10　铝与二甲酚橙的吸收曲线

1. 试剂溶液，以水作空白；2. Al^{3+} 与 XO 络合物，以试剂作空白；3. Al^{3+} 与 XO 络合物，以水作空白

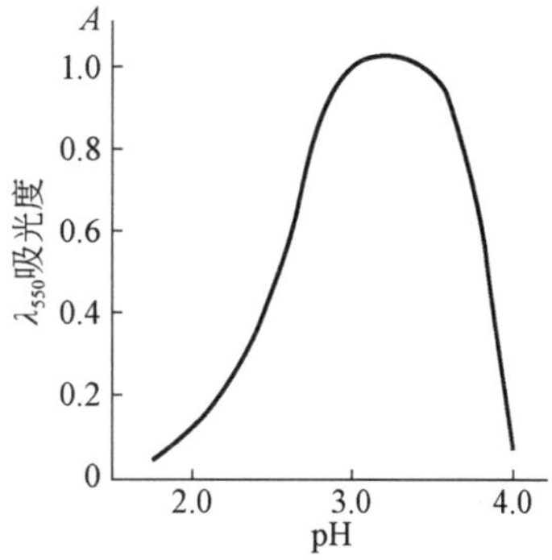

图 6.11　pH 对测定的影响

3. 二甲酚橙显色剂的用量

向含 25.00 μg Al^{3+}标准溶液中加入不同量的 $\rho(XO)=0.2\ g\cdot L^{-1}$溶液。结果表明，当显色剂加入量在 4 mL 以上，吸光度出现稳定值。本方法选择加入 5 mL $\rho(XO)=0.2\ g\cdot L^{-1}$溶液。

4.试剂加入顺序与显色速度的关系

Al^{3+}-XO 络合物的显色反应与试剂加入顺序有关。试验结果显示先加缓冲溶液再加显色剂，室温下放置 40 min 以上溶液颜色逐渐由黄色变为紫红色；如果先加显色剂，室温放置 6 min 后再加缓冲溶液就能形成紫红色的配合物。

5. 二甲酚橙的稳定性

二甲酚橙是一种金属指示剂，金属指示剂多为含双链的有色化合物，二甲酚橙对空气中的氧是稳定的，但遇到强氧化剂如 H_2O_2、ClO_4^-即分解成甲酚红，失去其金属指示剂的作用。在避光、无强氧化剂存在的条件下，二甲酚橙发生变化的主要原因是分子中的胺二乙酸分解。将二甲酚橙溶于二次水中，水溶液 pH=6.7，呈微酸性，不利于酸的分解，且避光低温保存，胺二乙酸分解较慢，其作为络合滴定指示剂可稳定三个月。

6. 共存元素离子的干扰

25 μg Al^{3+}的试样溶液中加入不同种类、不同数量的其他元素离子，发色后测定吸光度，结果如表 6.8。

表 6.8　共存离子对测铝的影响

离子	共存量/mg	测得 Al^{3+} 量/μg	相对误差/%
Li^{+}	0.1	25.5	2
NH_4^{+}	2	25.5	2
Sr^{2+}	0.1	25.8	3.2
Zn^{2+}	0.1	26	4
Co^{2+}	0.02	28	12
Se^{4+}	0.1	24.5	-2
Pb^{2+}	0.1	27.3	9.2
Cu^{2+}	0.1	29.5	18
Hg^{2+}	0.1	25.5	2
Fe^{3+}	0.5	25.5	2
F^{-}	0.2	25.5	2
I^{-}	0.1	25.3	1.2
NO_3^{-}	1	25.5	2
$Cr_2O_7^{2-}$	0.2	25.6	2.2
AsO_2^{2-}	0.1	25	0

注：共存于卤水中的常量 Na^{+}、K^{+}、Ca^{2+}、Mg^{2+}、Cl^{-}和 SO_4^{2-} 不干扰测定 Al^{3+}

6.5　硅钼蓝法测定微量硅[24–26]

6.5.1　原理

在酸性溶液中，硅酸盐与钼酸铵反应生成黄色硅钼酸盐络离子，它用 1,2,4-氨基萘酚磺酸（ANSA）还原后生成硅钼蓝，借此进行硅的吸光光度测定。

方法灵敏度为 3.6×10^{-3} μg·cm^{-2}。

6.5.2　试剂

1. 硅标准溶液

1）SiO_2 标准溶液

0.2500 g 预先于玛瑙研钵研细并于 200℃干燥恒重后的 SiO_2（G.R）和 3 g Na_2CO_3（G.R）于铂坩埚中混合，然后在 960℃融熔 30 min，冷后用二次水浸取融熔物，溶液转入 500 mL 容量瓶中并用二次水稀释至刻度，摇匀后贮存于聚乙烯试剂瓶中备用。此溶液 $\rho(SiO_2)=0.5000\ g\cdot L^{-1}$。

2）SiO_2 标准工作溶液

准确移取 $\rho(SiO_2)$=0.5000 g·L^{-1}的 Si 标准溶液 25 mL 转入 250 mL 容量瓶中，用二次水稀释至刻度，摇匀后贮存于聚乙烯瓶。此溶液 $\rho(SiO_2)$=50.00 mg·L^{-1}。

2. 钼酸铵溶液

5 g 钼酸铵[$(NH_4)_2MoO_4$,A.R]用少量二次水溶解，后转入 100 mL 容量瓶中，用二次水稀释至刻度，摇匀后贮存于聚乙烯试剂瓶。此溶液 $\rho[(NH_4)_2MoO_4]$=50 g·L^{-1}。

3. 稀盐酸溶液

10 mL 盐酸（HCl，ρ=1.19 g·mL^{-1}，A.R）溶液，用水稀释至 100 mL，摇匀后贮存于聚乙烯试剂瓶中。此溶液 $\varphi(HCl)$=0.10。

4. 硫酸亚铁铵溶液

5 g 硫酸亚铁铵 ［$(NH_4)_2Fe(SO_4)_2·6H_2O$，A.R］，溶于 100 mL $c(H_2SO_4)$=0.20 mol·L^{-1} 溶液中，摇匀后贮存于聚乙烯试剂瓶中，此溶液 $\rho[(NH_4)_2Fe(SO_4)_2·6H_2O]$=50 g·L^{-1}。

5. 草酸溶液

10 g 草酸（$H_2C_2O_4$，A.R），溶于 100 mL 二次水中，摇匀后贮存于聚乙烯试剂瓶中。此溶液 $\rho(H_2C_2O_4)$=100 g·L^{-1}。

6. 氯化镁溶液

107 g 氯化镁（$MgCl_2·6H_2O$，G.R）溶于适量二次水后，转入 500 mL 容量瓶中，并用二次水稀释至刻度，摇匀后贮存于聚乙烯试剂瓶中。此溶液 $\rho(MgCl_2)$=100 g·L^{-1}。

7. 氢氧化钠溶液

4 g 氢氧化钠（NaOH，A.R）溶于 100 mL 二次水中，摇匀后贮存于聚乙烯试剂瓶中保存。此溶液 $\rho(NaOH)$=40 g·L^{-1}。

8. 乙醇

100 mL 乙醇（C_2H_5OH，ρ=0.7893 g·mL^{-1}，A.R）溶液置于试剂瓶中保存。

6.5.3 测定方法

1. 标准曲线的测定

准确移取不同体积的 $\rho(SiO_2)$=50.00 mg·L^{-1}硅标准工作溶液，分别置于一系列 25 mL 比色管（或容量瓶）中，分别含 SiO_2 0.00 μg、50.00 μg、100.00 μg、150.00 μg、200.00 μg、250.00 μg，各加入 5 mL $\rho(MgCl_2)$=100 g·L^{-1}溶液，用水稀释至 10 mL 左右，加入 1 mL

$\varphi(HCl)=0.10$ 溶液和 2.5 mL 乙醇（$\rho=0.7893\ g\cdot mL^{-1}$），摇匀后加 2 mL $\rho[(NH_4)_2MoO_4]=50\ g\cdot L^{-1}$溶液，摇匀放置 10 min 后各加 3 mL $\rho(H_2C_2O_4)=100\ g\cdot L^{-1}$溶液，摇匀后加入 2 mL $\rho[(NH_4)_2Fe(SO_4)_2\cdot 6H_2O]=50\ g\cdot L^{-1}$溶液，用水稀释至刻度，摇匀。10 min 后，用 1 cm 液槽，试剂作空白，在波长为 660 nm 处测定标准系列的吸光度，以吸光度 A 对 $m(SiO_2)$质量作图获标准工作曲线图，并求得标准工作曲线的线性回归方程。

以上操作中每加入一种试剂均需摇荡混合均匀。

2.试样溶液中 Si 的测定

取一定量试样溶液 V_s（体积小于 10 mL），用 $\rho(NaOH)=40\ g\cdot L^{-1}$或 $\varphi(HCl)=0.10$ 溶液调节至中性，再用水稀释至 10 mL 左右，加入 1 mL $\varphi(HCl)=0.10$ 溶液和 2.5 mL 乙醇($\rho=0.7893\ g\cdot mL^{-1}$)，摇匀后加 2 mL $\rho[(NH_4)_2MoO_4]=50\ g\cdot L^{-1}$溶液，摇匀放置 10 min 各加 3 mL $\rho(H_2C_2O_4)=100\ g\cdot L^{-1}$溶液，摇匀后加入 2 mL $\rho[(NH_4)_2Fe(SO_4)_2\cdot 6H_2O]=50\ g\cdot L^{-1}$溶液，用水稀释至刻度，摇匀。10 min 后，用 1 cm 液槽，以试剂作空白，在波长 660 nm 处测定吸光度 A_s，并由标准工作曲线或线性回归方程求得试样中的 SiO_2 含量 $m(SiO_2)$。

待测试样溶液中 SiO_2 的质量浓度：

$$\rho_s(Si^{4+})=\frac{m_s(Si^{4+})}{V_s}$$

式中，$m(Si^{4+})$是根据测试溶液 A_s，由标准曲线回归方程求得的待测试样溶液中 Si^{4+}的质量；V_s 为测试溶液中含待测试样溶液的体积。

6.5.4 讨论

1. 硅钼黄络离子的生成条件

1）溶液酸度的影响

溶液酸度影响硅钼黄的形成，溶液酸度不同，显色时间有明显差别，吸光度值也有差别。pH 在 1.2～1.7 之间，吸光度值稳定，显色在 5 min 之内完成。本法控制 pH 在 1.2～1.7。

2）硅钼黄生成反应时间与温度

在含 SiO_2 各为 100 μg 溶液，加入$(NH_4)_2MoO_4$-H_2SO_4溶液后计时，在不同的时间内加入硫酸亚铁铵，实验表明，加入$(NH_4)_2MoO_4$溶液后 10 min，硅钼黄即反应完全。结果如图 6.12。

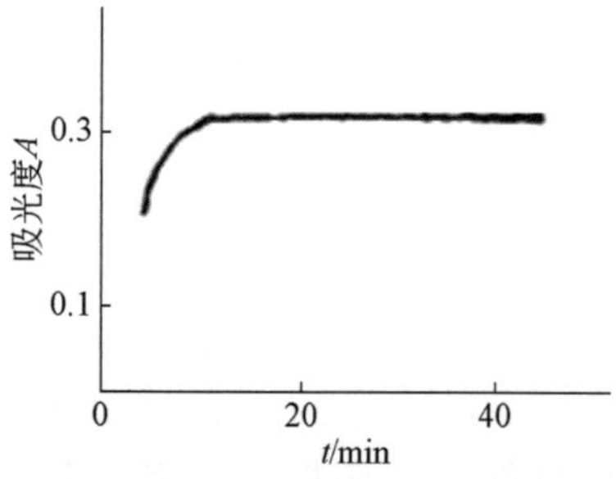

图 6.12　硅钼黄的发色曲线

温度对硅钼黄显色反应速度有一定的影响，在室温较低的冬季影响较为明显，室温在 20～30℃时显色反应在 5 min 即可完成，在室温低于 10℃时显色反应需要 10 min，为保证显色反应进行完全，在室温较低的情况下，可采用水浴加热。

2. 硅钼蓝的生成条件及颜色的稳定性

还原剂的种类对硅钼蓝的形成及稳定性有一定

的影响，在其他条件固定的前提下，还原剂的用量对硅钼蓝的稳定性影响明显。还原剂用量少，则硅钼黄的还原不完全，用量多则还原过量的钼酸，影响结果的测定。本实验加入 2 mL ρ［$(NH_4)_2Fe(SO_4)_2\cdot 6H_2O$］=0.05 g·mL^{-1}，5 min 内硅钼黄即完全还原成硅钼蓝，室温下放置 24 h 硅钼蓝颜色仍很稳定。

3. $MgCl_2$ 对测定的影响

$MgCl_2$ 含量对测定有一定影响，其结果见表 6.9 所示。盐卤试样中基本上均含有一定量的 $MgCl_2$，为消除 $MgCl_2$ 引起的测定误差，在标准系列中加入 5 mL $\rho(MgCl_2)$=0.1 g·mL^{-1} 溶液，以补偿由此引起的误差。

表 6.9　$MgCl_2$ 对测定硅的影响

加入 0.1 g·mL^{-1} $MgCl_2$ /mL	Si^{4+}加入量/μg	Si^{4+}测得量/μg	相对误差/%
0.5	45.4	47.0	+3.5
1	45.8	46.5	+1.5
2	45.2	46.2	+2.2
4	45.0	45.8	+1.8
6	43.5	44.8	+3.0
8	45.0	44.0	−2.2

4. 硅钼蓝还原剂

硅钼蓝光度法测定硅是在硅钼黄光度法基础上发展起来的，相比于硅钼黄法多了还原硅钼黄为硅钼蓝的步骤，目前的研究表明可用于硅钼蓝光度法的还原剂种类较多，如氯化亚锡、硫酸亚铁铵、抗坏血酸等。国标采用 1,2,4-氨基萘酚磺酸溶液，但其稳定性较差，容易析出沉淀，同时有刺激性气味，本实验推荐使用硫酸亚铁铵溶液，加入草酸即能提高其还原能力，同时可以消除磷酸盐的干扰。

5. 共存元素离子的干扰

试验结果见表 6.10。

表 6.10　共存离子对测定硅的影响

共存物			Si^{4+}存在量/μg	Si^{4+}测量值/μg	相对误差/%
离子	盐类形式	加入量/mg			
Li^+	LiCl	0.1	20.0	19.9	−0.5
Sr^{2+}	$SrCl_2$	0.1	20.0	19.6	−2.0
Cu^{2+}	$CuCl_2$	0.1	20.0	18.2	−9.0
Pb^{2+}	$Pb(NO_3)_2$	0.1	20.0	20.1	+0.5
Zn^{2+}	$ZnCl_2$	0.1	20.0	18.7	−6.5

续表

共存物			Si^{4+}存在量/μg	Si^{4+}测量值/μg	相对误差/%
离子	盐类形式	加入量/mg			
Hg^{2+}	$Hg(NO_3)_2$	0.2	20.0	19.0	−5.0
Fe^{3+}	$FeCl_3$	1	20.0	18.6	−7.0
Al^{3+}	$AlCl_3$	0.2	20.0	18.2	−9.0
F^-	NaF	0.2	20.0	21.8	+9.0
Br^-	NaBr	0.8	20.0	19.0	−5.0
I^-	NaI	0.1	20.0	19.0	−0.5
NO_3^-	$NaNO_3$	0.4	20.0	20.4	+0.2
AsO_3^{3-}	Na_3AsO_3	0.1	20.0	18.7	−6.5
PO_4^{3-}	Na_3PO_4	0.4	20.0	21.1	+5.5

6. 最大吸收波长

硅钼黄和硅钼蓝最大吸收波长分别在 350 nm 附近和 820 nm 附近，由于 350 nm 附近试剂空白值较大，硅钼黄测定波长推荐 410～440 nm。硅钼蓝最大波长在 800～820 nm，该波长在近红外区，普通分光光度计测定有难度。硅钼蓝测试波长最高 815 nm，最低为 615 nm，一般测试常用波长为 660 nm 和 810 nm。由于硅钼酸盐结构复杂，其稳定性受溶液组成、酸度、试剂加入顺序影响，最大吸收波长应根据实际情况进行选择。

硅的分析结果还受试剂、实验用水、容器等引入的微量硅影响，这也是结果误差大的主要原因。

6.6 纳氏试剂法测定铵[27–30]

6.6.1 原理

在碱性介质中，铵盐与纳氏试剂反应生成淡黄-棕黄的络合物。可用于铵的吸光光度测定，其反应为

$$K_2HgI_4 + 3KOH + NH_3 \longrightarrow [Hg_2NH_2O]I + 7KI + 2H_2O$$

试样溶液中含中等量镁盐时，对本法测定有干扰，可加入六偏磷酸钠隐蔽消除。但大量 Mg、Fe 盐的存在仍干扰测定，必须预先进行分离。

方法灵敏度 S=5×10^{-3} μg·cm^{-2}。

6.6.2 试剂

1. 无氨蒸馏水

（1）离子交换法：蒸馏水通过强酸性阳离子交换树脂（氯型）柱，将流出液收集在带

有磨口塞的玻璃瓶中，每升水中加入 10 g 的同样树脂，利于无氨水的保存。

（2）实验室用超纯水机制备出的新鲜超纯水同样能满足无氨水的要求。

2. 纳氏试剂

10 g 碘化汞（HgI_2，A.R）、7 g 碘化钾（KI，A.R）溶于 10 mL 无氨二次水中，得溶液 A；另称取 24.4 g 氢氧化钾（KOH，A.R）溶于 70 mL 无氨二次水得溶液 B；将溶液 A 和 B 混合定容至 100 mL，摇匀后，溶液贮于聚乙烯试剂瓶密封避光保存。

3. 铵盐标准溶液

1）铵盐标准溶液

称取 0.7422 g 已于 90℃干燥恒重后的氯化铵（NH_4Cl，G.R）溶于无氨的二次水中，转入 500 mL 容量瓶，用同样的水稀释至刻度，摇匀后贮存于聚乙烯试剂瓶备用。此溶液 $\rho(NH_4^+)= 0.5000\ g\cdot L^{-1}$。

2）铵盐标准工作溶液

准确移取 10 mL $\rho(NH_4^+)=0.5000\ g\cdot L^{-1}$溶液，用无氨二次水稀释 50 倍，得到 $\rho(NH_4^+)=10.0\ mg\cdot L^{-1}$的工作标准溶液，此溶液不稳定，在试验前由标准储备溶液按比例稀释而得。

4. 六偏磷酸钠溶液

50 g 六偏磷酸钠［$(NaPO_3)_6$，A.R］溶于 100 mL 无氨二次水中，摇匀后转入试剂瓶保存。此溶液 ρ［$(NaPO_3)_6$］$=500\ g\cdot L^{-1}$。$(NaPO_3)_6$ 溶液不稳定，使用前配制。

6.6.3　测定方法

1. 标准曲线的测定

准确移取不同体积的 $\rho(NH_4^+)=0.0100\ g\cdot L^{-1}$铵盐标准工作溶液，分别置于一系列 25 mL 比色管（或容量瓶）中，各比色瓶中含 NH_4^+ 0.0 μg、20.0 μg、40.0 μg、60.0 μg、80.0 μg、100.0 μg，用无氨二次水稀释至约 20 mL，加 0.5 mL ρ［$(NaPO_3)_6$］$=500\ g\cdot L^{-1}$溶液，摇匀，再加 0.5 mL 纳氏试剂，用水稀释至刻度，摇匀，放置 10 min，在波长为 420 nm 处以试剂作空白测定其吸光度 A，以吸光度 A 对 $m(NH_4^+)$质量作图获标准工作曲线图，并求得标准工作曲线的线性回归方程。

2. 试样溶液中 NH_4^+的测定

准确移取适量试样溶液 V_s 置于 25 mL 比色管（或容量瓶）中，以下操作按上述标准曲线的绘制程序操作，以试剂作空白，在波长 420 nm 处测定吸光度 A_s，并由标准工作曲线或线性回归方程求得试样中的 NH_4^+质量 $m(NH_4^+)$。

待测试样溶液中含 NH_4^+的质量浓度：

$$\rho_s(NH_4^+) = \frac{m_s(NH_4^+)}{V_s}$$

式中，$m(NH_4^+)$是根据测试溶液 A_s，由标准曲线回归方程求得的待测试样溶液中 NH_4^+ 的质量；V_s 为测试溶液中含待测试样溶液的体积。

3.试样中共存大量 Mg^{2+}和较大量 Fe^{3+}时 NH_4^+的测定

卤水试样中如含大量 Mg^{2+}和较大量 Fe^{3+}时，测定前必须进行蒸馏分离，蒸馏分离装置见图 6.13。

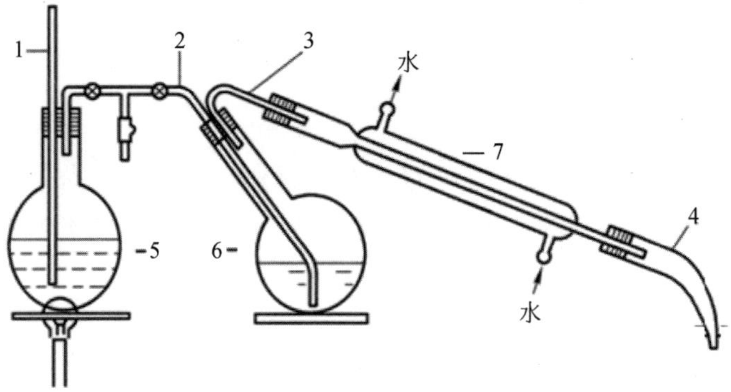

图 6.13　蒸汽蒸馏法装置图

1-平衡管；2，3-蒸汽导管；4-接引管；5，6-烧瓶；7-冷凝管

蒸馏分离和测定手续：在 150 mL 圆底烧瓶（6）中加入 30 mL 水和 2 mL 浓 HCl。在 500 mL 圆底烧瓶（5）中装入 400 mL 水，然后加热。以烧瓶（5）发生的蒸汽通入烧瓶（6）。用 50 mL 试管接收蒸馏液至体积为 45 mL，冷至室温，加 1 mL 纳氏试剂，放置 10 min，如无 NH_4^+ 反应则证明装置可供使用。

取一定量卤水（NH_4^+ 10～40 μg）置于烧瓶（6）中，加 20 mL ρ［$(NaPO_3)_6$］=500 $g·L^{-1}$ 溶液，摇匀，再加 5～10 mL $\omega(NaOH)=0.60$ 溶液，用水稀释至 40 mL 左右，然后加热烧瓶（5）使产生的蒸汽通入烧瓶（6）。用 25 mL 比色管接受蒸馏液至体积约为 20 mL，冷至室温后加 0.5 mL 纳氏试剂，用水稀释至刻度，摇匀并放置 10 min，对试剂空白测定其吸光度。由标准曲线得与 A_s 相应的 $m_s(NH_4^+)$。

6.6.4　讨论

1. 试剂溶液对测定结果的影响

（1）本法关键在于纳氏试剂，用前如发现纳氏试剂有沉淀，需过滤后方可使用。文献介绍的纳氏试剂的配制有三种方法，本节介绍的配制方法见《水质　氨氮的测定　纳氏试剂分光光度法》(HJ 535—2009)。

（2）配制好的纳氏试剂采用密封的聚乙烯试剂瓶贮存，并在低温下避光保存，其有效期可以延长至半年。试剂如果出现轻微混浊需过滤后去清液使用，出现大量则需重新配制。

2. 对测试结果的影响因素

（1）测试环境对结果有明显的影响。测试过程中实验室不能同时进行其他涉及铵盐或氨水的试验，在进行测试之前，实验室一定要进行很好的通风，以保证实验环境中不会引入 NH_4^+ 而引起分析误差。如果对测试结果要求较高，最好在专用实验室进行 NH_4^+ 的分析测试。

（2）显色时间对测定结果有较大影响，显色剂加入后 10 min 显色完全，在 30 min 之内吸光度值维持稳定，要求在 10～25 min 完成测试样的光度值测试。

（3）溶液的 pH 对测试有影响，试验结果表明，pH 为 7～8 时，溶液的吸光度 A 基本稳定；pH 低于 7 时，A 值较小，不产生显色反应；pH 高于 8，溶液有可能变混浊而影响分析。因此，要求溶液在显色之前控制溶液 pH 在 7～8 最佳。

（4）显色反应温度对 A 值有影响，试验结果表明，显色反应控制在 20～30℃之间，25℃时得到的 A 最大。

（5）所有试剂的保存过程中应该避免和其他含铵或氨的试剂接触。

3. 纳氏试剂用量

纳氏试剂含有 Hg，对人体和环境有危害，在试验过程应注意操作安全，同时在保证试验结果准确的前提下，应尽量控制和减少纳氏试剂的使用量；本方法建议使用量为 0.5 mL。

4. 掩蔽剂的影响

纳氏试剂测定氨氮常用掩蔽剂为酒石酸钾钠，由于酒石酸钾钠生产工艺特点造成不同厂家、不同批次产品质量不稳定，致使酒石酸钾钠空白值变化幅度大，同时酒石酸钾钠对钙的掩蔽效果不理想，实际使用过程不稳定，本实验推荐使用六偏磷酸钠作为掩蔽剂，其掩蔽能力是酒石酸钾钠的 2.5 倍。

5. 其他注意事项

纳氏试剂中的汞有毒，使用时要小心，接触皮肤请及时清洗。所有试剂的配制均要用无氨水，如果测试过程需要采用过滤操作时，不能用普通滤纸过滤，否则容易造成污染而影响分析结果。

待测试样溶液中如果含有溶解性有机物，有可能干扰测定结果，产生干扰原因较为复杂。消除有机物干扰的有效方法是对待测试样进行去除有机物处理，或者选择其他分析检测方法，例如离子色谱方法。

6.7　水杨酸法测定微量硝酸根[31–33]

6.7.1　原理

在酸性介质中，硝酸盐与水杨酸钠作用，生成无色酚硝基衍生物，在碱性溶液中分子发生重排，生成黄色化合物，其颜色深浅与硝酸根浓度成正比。该黄色化合物在波长 410 nm 处有最大吸收峰，可用于 NO_3^- 的测定。

方法灵敏度为 7.95×10^{-3} μg·cm^{-2}。

6.7.2 试剂

1. 硝酸盐标准溶液

1）NO_3^- 标准溶液

准确称取 0.6854 g $NaNO_3$（G.R）溶于小量二次水，转入 500 mL 容量瓶中，用二次水稀释至刻度，摇匀后置于洁净试剂瓶中保存。此溶液 $\rho(NO_3^-)$=1.000 g·L^{-1}。

2）NO_3^- 工标准作溶液

准确移取 $\rho(NO_3^-)$=1.000 g·L^{-1}标准溶液，按比例稀释至 $\rho(NO_3^-)$=10.00 mg·L^{-1}，得到 NO_3^- 的标准工作液。置于洁净试剂瓶保存。

2. 水杨酸钠溶液

2 g 水杨酸钠（$C_7H_5NaO_3$，A.R）溶于二次水，然后稀释至 100 mL，摇匀后转入洁净试剂瓶保存。此溶液 $\rho(C_7H_5NaO_3)$=20 g·L^{-1}。

3. 硫酸溶液

50 mL 硫酸（H_2SO_4，ρ=1.84 g·mL^{-1}，A.R）溶液置于洁净试剂瓶中保存。

4. 氢氧化钠溶液

20 g 氢氧化钠（NaOH，A.R）溶于 100 mL 二次水中，摇匀后转入聚乙烯试剂瓶保存。此溶液 ρ(NaOH)=200 g·L^{-1}。

6.7.3 测定方法

1. 标准曲线的测定

准确移取不同体积 $\rho(NO_3^-)$=10.00 μg·mL^{-1} NO_3^- 标准工作溶液，分别置于一系列 25 mL 比色管（或容量瓶）中，各比色瓶含 NO_3^- 0.00 μg、10.00 μg、20.00 μg、30.00 μg、40.00 μg、50.00 μg，加入 10 mL $\rho(C_7H_5NaO_3)$=20 g·L^{-1}溶液，摇匀后加入 1 mL ρ=1.84 g·mL^{-1} H_2SO_4 溶液，摇匀静置冷却后加入 1 mL ρ(NaOH)=200 g·L^{-1}溶液，摇匀冷却后用二次水稀释至刻度。以试剂作空白，在波长 410 nm 处，分别测定其吸光度 A，并以吸光值 A 对 $m(NO_3^-)$质量作图获标准工作曲线图，并求得标准工作曲线的线性回归方程。

2. 试样溶液 NO_3^- 的测定

取适量试样溶液 V_s 于 25 mL 比色管（或容量瓶）中，加入 10 mL $\rho(C_7H_5NaO_3)$=20 g·L^{-1}溶液，摇匀后加入 1 mL ρ=1.84 g·mL^{-1} H_2SO_4 溶液，摇匀静置冷却后加入 1 mL ρ(NaOH)=200

$g \cdot L^{-1}$溶液，摇匀冷却后用二次水稀释至刻度。以试剂作空白，在波长 410 nm 处测定吸光度 A_s，并由标准工作曲线或线性回归方程求得试样中的 NO_3^- 量 $m(NO_3^-)$。

待测试样溶液中含量 NO_3^- 的质量浓度：

$$\rho_s(NO_3^-) = \frac{m_s(NO_3^-)}{V_s}$$

式中，$m(NO_3^-)$是根据测试溶液 A_s，由标准曲线回归方程求得的测试溶液中 NO_3^- 的质量；V_s 为测试溶液中含待测试样溶液的体积。

6.7.4 讨论

1. 络合物的吸收光谱

含 20 μg NO_3^- 的试样溶液，加入 10 mL $\rho(C_7H_5NaO_3)$=20 $g \cdot L^{-1}$溶液，1 mL ρ=1.84 $g \cdot mL^{-1}$ H_2SO_4 溶液，1 mL $\rho(NaOH)$=200 $g \cdot L^{-1}$溶液，在不同波长下测定其吸光度 A。试验表明，络合物在波长为 410 nm 处吸光度最大，因而选择 410 nm 为最佳测定波长。

2. 硫酸用量的影响

在多个含 20 μg NO_3^- 的试样溶液中，分别加入 10 mL $\rho(C_7H_5NaO_3)$=20 $g \cdot L^{-1}$溶液，然后加入不同量的 ρ=1.84 $g \cdot mL^{-1}$ H_2SO_4 溶液和 1 mL $\rho(NaOH)$=200 $g \cdot L^{-1}$溶液，显色后测定吸光度。试验表明硫酸用量过少时，显色反应不完全，吸光度值偏低；硫酸加入量为 1 mL 溶液吸光度值最大，因此硫酸加入量选择为 1 mL。

3. 络合物显色时间

以加入水杨酸钠溶液后计时，试验结果表明在室温下 20 min 显色完全，达到最大吸光值；显色后的溶液吸光值能够稳定 2 h。

4. NO_3^- 分析方法研究进展

待测试样溶液中共存的低浓度 Cl^-、Ca^{2+}、Mg^{2+}不影响水杨酸钠光度法对 NO_3^- 测定结果，NO_2^- 对分析结果有影响。目前针对微量 NO_3^- 含量的分光光度分析方法研究报道较多。不同的待测试样溶液，各种文献方法较本方法在显色剂选择、测试条件、操作步骤及分析方法的相对标准偏差等方面均有大的改进，针对盐卤体系的研究较少。对于复杂组分试样建议采用离子色谱法测试其中的 NO_3^- 更为合适。

6.8 对氨基苯磺酸-H 酸法测定微量亚硝酸根[34−38]

6.8.1 原理

在酸性介质中，NO_2^- 与对氨基苯磺酸发生重氮化反应，重氮化产物再与 H 酸进行偶合反应，生成紫红色偶氮染料，络合物在波长 520 nm 处有最大吸收峰。其反应为

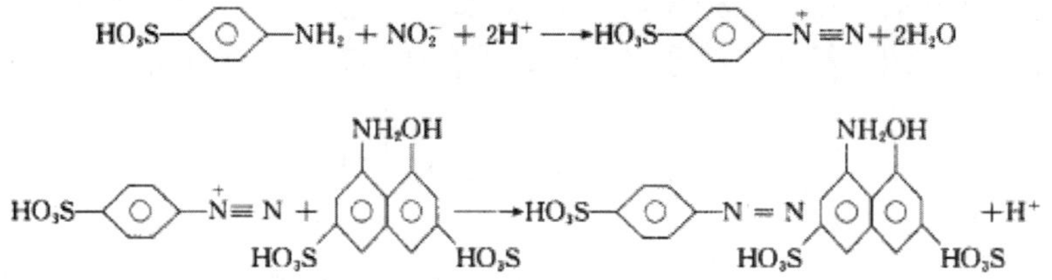

方法灵敏度为 1.48×10^{-3} μg·cm^{-2}。

6.8.2　试剂

1. 亚硝酸盐标准溶液

1）NO_2^-标准溶液

准确称取 1.5000 g 事先于 110℃烘干恒重的亚硝酸钠（$NaNO_2$，A.R），溶于二次水，转入 1000 mL 容量瓶中，加入 2 mL 三氯甲烷（$CHCl_3$，ρ=1.48 g·mL^{-1}，A.R），用二次水稀释至刻度，摇匀后转入试剂瓶中保存，可保存 1～2 月。此溶液 $\rho(NO_2^-)$=1.000 g·L^{-1}。

2）NO_2^-标准工作溶液

准确移取 $\rho(NO_2^-)$=1.000 g·L^{-1} 的标准溶液，用二次水逐级稀释溶液浓度为 $\rho(NO_2^-)$ =1.00 mg·L^{-1}，此溶液必须在使用前当天制备。

2. 对氨基苯磺酸溶液

0.8 g 磨细的对氨基苯磺酸（$C_6H_7NO_3S$，A.R）溶于 100 mL 二次水中，摇匀后转入试剂瓶保存，此溶液 $\rho(C_6H_7NO_3S)$=8 g·L^{-1}。

3. H 酸溶液

1.0 g H 酸（1-氨基-8-萘酚-3,6-二磺酸，$C_{10}H_9NO_7S_2$，A.R）溶于 40 mL 二次水中，加入 1 mL c(HCl)=1 mol·L^{-1}溶液，稀释至 50 mL，贮存于棕色试剂瓶中，避光保存，此溶液 ρ(H 酸)=20 g·L^{-1}。

4. 混合溶液

分别移取等体积的 $\rho(C_6H_7NO_3S)$=8 g·L^{-1}溶液和 ρ(H 酸)=20 g·L^{-1}溶液，混合均匀得到对氨基苯磺酸和 α-萘胺混合溶液，此溶液使用前配制。

5. 乙酸-乙酸钠缓冲溶液

85 g 乙酸钠（$NaC_2O_2H_3\cdot 3H_2O$，A.R）加入 200 mL 二次水溶解，加入 60 mL 冰乙酸（$C_2O_2H_4$，ρ=1.05 g·mL^{-1}，A.R），加二次水稀释至 1000 mL，用 pH 计调整溶液 pH=4.5，转入试剂瓶中保存。

6. 稀盐酸溶液

量取 16.6 mL 盐酸（HCl，ρ=1.19 g·mL^{-1}，A.R）溶液，用二次水稀释至 100 mL，摇匀后转入试剂瓶中保存，此溶液 c(HCl)=0.20 mol·L^{-1}。

7. 人工卤水

根据待测试样溶液中主要离子组成，用分析纯试剂配制相应浓度的卤水溶液，转入试剂瓶中保存。

6.8.3　测定方法

1. 标准曲线的测定

准确移取不同体积的 $\rho(NO_2^-)$=1.000 mg·L^{-1}工作标准溶液，分别置于一系列 25 mL 比色管（或容量瓶）中，各比色瓶中含 NO_2^- 0.00 μg、1.00 μg、2.00 μg、3.00 μg、4.00 μg、5.00 μg、6.00 μg，加入人工卤水至总体积为 20 mL 左右，加 2.5 mL 对氨基苯磺酸和 α-萘胺混合溶液，再用人工卤水稀释至刻度，摇匀，放置 80 min，在波长为 530 nm 处测定其吸光度 A，以吸光度 A 对 $m(NO_2^-)$质量作图获标准工作曲线图，并求得标准工作曲线的线性回归方程。

2. 试样溶液中 NO_2^-的测定

准确移取一定量的试样溶液 V_s（体积小于 45 mL）于 50 mL 容量瓶中，用人工卤水稀释至 45 mL 左右，加 2.5 mL 对氨基苯磺酸和 α-萘胺混合液，用人工卤水稀释至刻度，摇匀，放置 80 min，在波长 520 nm 处测定吸光度 A，由标准工作曲线或线性回归方程求得试样中的 $m_s(NO_2^-)$。

待测试样溶液中 NO_2^-的质量浓度：

$$\rho_s(NO_2^-)=\frac{m_s(NO_2^-)}{V_s}$$

式中，$m_s(NO_2^-)$是根据测试溶液 A_s，由标准曲线回归方程求得的待测试样溶液中 NO_2^- 的质量；V_s 为测试溶液中含待测试样溶液的体积。

6.8.4　讨论

1. 络合物的吸收光谱

试样溶液分别含 1.3 μg 和 2.6 μg NO_2^-，按标准曲线绘制方法操作，在不同的波长下测其吸光度 A，以波长对 A 作吸收光谱图，见图 6.14。从试验结果可知，络合物的最大吸收波长随络合物浓度的增大出现偏移。

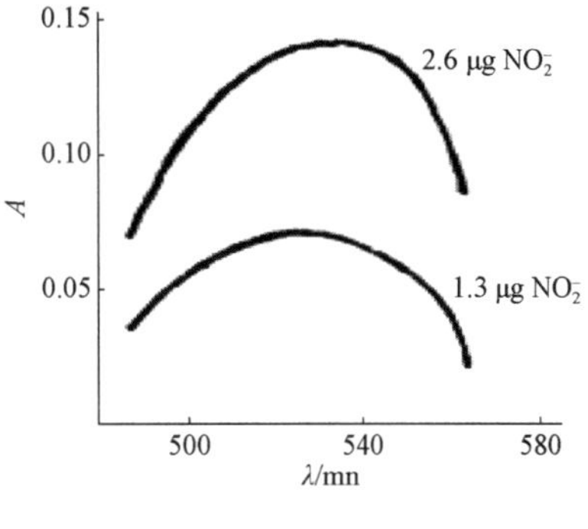

图 6.14　偶氮染料的吸收光谱

2. 对氨基苯磺酸和α-萘胺混合试剂对试样溶液缓冲能力的测定

试验表明，当试样溶液的 pH 在 3～10 之间，无须调节 pH，直接进行测定。以含 NO_2^- 为 3.3 μg 的试样溶液为例，用 HCl 或 NaOH 稀溶液将其 pH 分别调节为 4～11.6，按本法进行测定，其结果列于表 6.11。

表 6.11　pH 对测 NO_2^- 的影响

编号	试样溶液 pH	加入混合试剂后 pH	吸光度值
1	4.0	3.12	0.140
2	5.6	3.10	0.143
3	6.0	3.10	0.142
4	7.0	3.10	0.143
5	8.0	3.10	0.141
6	9.0	3.12	0.145
7	10.0	3.14	0.141
8	10.35	3.18	
9	11.65	9.20	

3. 偶氮染料的稳定性

试样溶液含 NO_2^- 5.00 μg，偶氮染料显色后，在室温（t=12℃）下放置，隔一定时间测定其吸光度值。实验结果表明，显色在 80 min 后吸光度基本稳定。结果见图 6.15。

4. 室温对测定的影响

在三个不同温度（12℃，25℃，30℃）条件下测定的三条工作曲线表明，在室温变化较大的情况下，每次测定前，都应作标准工作曲线，结果如图 6.16 所示。

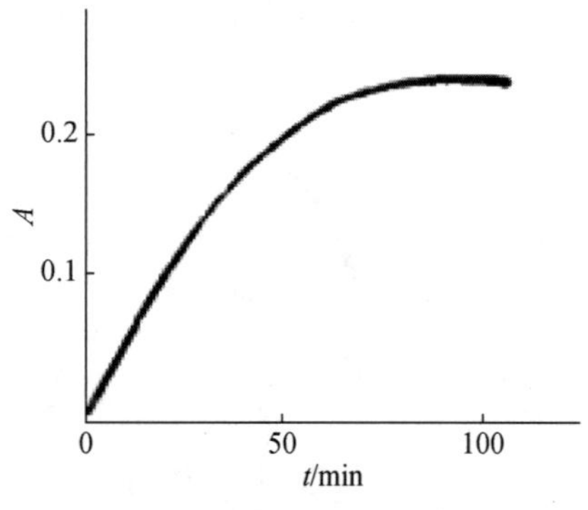

图 6.15　偶氮染料的稳定性

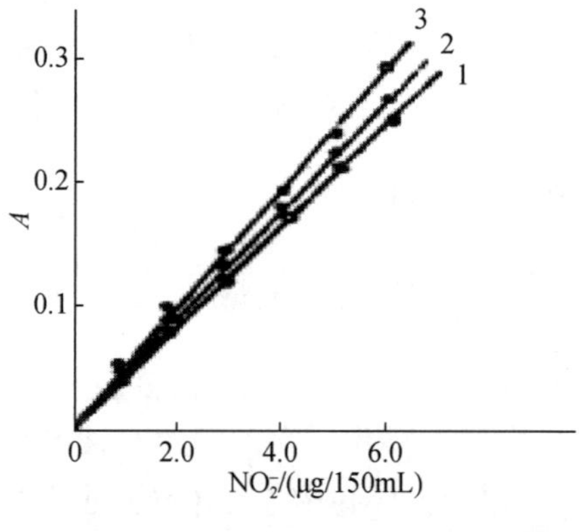

图 6.16　温度对测定的影响

1. 12℃；2. 25℃；3. 30℃

5. 其他元素离子的干扰

在含 1.00 μg NO_2^-的工作标准溶液中，加入不同种类、不同量的其他元素离子，实验结果见表 6.12。

表 6.12　共存离子对 NO_2^-测定的影响

共存物			NO_3^-测量值/μg	相对误差/%
离子	盐类形式	加入量/mg		
IO_3^-	KIO_3	10	0.97	+ 3.0
Br^-	KBr	0.1	1.03	+ 3.0
Al^{3+}	$AlCl_3$	0.2	1.03	+ 3.0
F^-	NaF	3	0.97	+ 3.0
NO_3^-	$NaNO_3$	80	0.99	+ 1.0
Hg^{2+}	$HgCl_2$	10	1.04	+ 4.0
$B_4O_7^{2-}$	$Na_2B_4O_7$	2	1.02	+ 2.0

6. 人工卤水中 NO_2^-的测定

按某些地区盐湖的化学组成配制人工卤水，加入已知量 NO_2^-，按本法测定结果见表 6.13。

表 6.13　人工卤水中 NO_2^-分析

人工卤水	NO_2^-/μg		相对误差/%
	加入量	测得量	
1	1.00	1.00	0
2	1.00	1.01	+1.0
3	1.00	0.99	−1.0
4	1.00	1.01	+1.0
卤碱	0.99	0.89	−1.1

7. NO_2^-分析方法研究进展

本节介绍的 NO_2^-分析方法的可靠性、适用性是经过前人验证的，分析采用 *α*-萘胺毒性大，属于强致癌物质；目前针对微量 NO_2^-含量的分光光度分析方法研究报道较多，在显色剂方面的研究报道较多，例如用 H 酸、J 酸系列替代 *α*-萘胺进行的重氮耦合技术对海水、地表水、河水以及多种废水中 NO_2^-分析检测得到了满意的结果，但针对盐卤体系的研究基本未见报道。因我们没有对这些方法进行过必要的验证，故而在本书中仍然保留了第二版中的 NO_2^-的分析方法。具体情况可参见参考文献。

6.9 硫酸钡浊度法测定硫酸根[39–42]

6.9.1 原理

在酸性介质中，硫酸盐与 $BaCl_2$ 反应生成 $BaSO_4$ 沉淀，

$$SO_4^{2-}+Ba^{2+} \longrightarrow BaSO_4\downarrow$$

加入酸-盐-甘油混合试剂可以帮助形成物理性质均匀的细粒并阻止沉淀的沉降而呈现悬浮物状态。利用悬浮体的光散射性质实现硫酸盐的吸光光度测定。当试样中 SO_4^{2-} 含量在 0.1～0.001 g/L，测定可得满意的结果。

方法灵敏度为 0.2 $\mu g\cdot cm^{-3}$。

6.9.2 试剂仪器

（1）硫酸盐标准溶液。SO_4^{2-} 标准工作溶液：准确称取 1.4786 g 预先在 105℃干燥恒重的硫酸钠（Na_2SO_4，A.R）溶于二次水，转入 1000 mL 容量瓶中，用二次水稀释至刻度，摇匀后转入试剂瓶中保存。此溶液 $\rho(SO_4^{2-})=1.000\ g\cdot L^{-1}$。

（2）酸-盐-甘油混合试剂。120 g 氯化钠（NaCl，A.R）溶于 490 mL 二次水中，加 100 mL 盐酸（HCl，$\rho=1.19\ g\cdot mL^{-1}$，A.R）溶液，100 mL 甘油（$C_3H_8O_3$，A.R）和 200 mL 乙醇（$C_2H_5OH$，$\varphi=0.95$，A.R），混合均匀后加二次水稀释至 1000 mL，摇匀后转入试剂瓶中保存（若甘油带有黄色，应预先用活性炭处理脱色）。

（3）氯化钡溶液。25 g 氯化钡（$BaCl_2$，A.R）溶于 50 mL 二次水中，加 1 mL 盐酸（HCl，$\rho=1.19\ g\cdot mL^{-1}$，A.R）溶液，稀释至 100 mL，摇匀后转入试剂瓶中保存。此溶液为 $\rho(BaCl_2)=250\ g\cdot L^{-1}$。

（4）电磁搅拌器。

（5）秒表。

6.9.3 测定方法

1. 标准曲线的测定

准确移取不同体积的 $\rho(SO_4^{2-})=1.000$ g/L 标准储备溶液，分别置于一系列 100 mL 烧杯中，各烧杯中含 SO_4^{2-} 0.100 mg、0.200 mg、0.400 mg、1.000 mg、1.500 mg、2.000 mg，分别加入 5 mL $HCl-NaCl-C_3H_8O_3$ 混合溶液，于电磁搅拌器上搅拌均匀后，加 1 mL $\rho(BaCl_2)=250\ g\cdot L^{-1}$溶液，用二次水准确稀释至 50 mL。开始计时，搅拌 1 min，静置 5 min 后，以试剂作空白，用 1 cm 比色池，在波长 420 nm 处，分别测定其吸光度 A，以吸光度 A 对 $m(SO_4^{2-})$ 质量作图获标准工作曲线图，并求得标准工作曲线的线性回归方程。

2. 试样溶液中 SO_4^{2-} 的测定

准确移取一定量的试样溶液 V_s（含 SO_4^{2-} 约为 0.2～2 mg）置于 100 mL 烧杯中，如试样

溶液中含有 CO_3^{2-}、HCO_3^- 时，则加 3～4 滴 $\varphi(HCl)=0.50$ 溶液酸化并加热逐除 CO_2，取下冷至室温，以下按上述标准曲线的绘制步骤操作，测得吸光度 A_s，并由标准工作曲线或线性回归方程求得试样中的 SO_4^{2-} 量 $m_s(SO_4^{2-})$。

待测试样溶液中含 SO_4^{2-} 的质量浓度：

$$\rho_s(SO_4^{2-}) = \frac{m_s(SO_4^{2-})}{V_s}$$

式中，$m_s(SO_4^{2-})$是根据测试溶液 A_s，由标准曲线回归方程求得的待测试样溶液中 SO_4^{2-} 的质量；V_s 为测试溶液中含待测试样溶液的体积。

6.9.4　讨论

1. $BaSO_4$ 浊度生成条件

酸度影响浊度的生成，试验表明，当溶液中 HCl 浓度在 0.08～0.15 $mol \cdot L^{-1}$ 范围内，对测定结果无影响。搅拌时间在 1～3 min 之间，对测定也无影响。反应温度在 25℃以下，测定结果稳定。$BaSO_4$ 悬浮体在 10 ～40 min 范围内稳定，放置时间超过 40 min，吸光度值逐渐降低。

2. 卤水分析

$BaSO_4$ 吸光比浊法是微量 SO_4^{2-} 测定的常用方法，其测试原理是以光的丁铎尔效应为基础，溶液中的颗粒受到光照射后发生散射作用，散射光的强度与悬浊液中颗粒的数量成比例关系。在制作工作曲线和测试样品时，应尽可能保持操作条件一致，以保证悬浮质点大小和形状的均匀性，以及生成稳定的胶态悬浮体。反应物的浓度、加入的顺序和速度，介质的酸度、温度、放置时间等对悬浮质点的大小和均匀性都有影响。必要时可加入一些表面活性剂或其他保护胶体以防止悬浮物迅速沉降。

3. 卤水分析

将浊度法测定结果和沉淀称量法测定结果比较，见表 6.14。

表 6.14　卤水中 SO_4^{2-} 测定

卤水编号	浊度法/%	称量法/%	相对误差/%
1	0.01	0.01	0
2	0.02	0.02	0
3	0.07	0.06	14
4	0.18	0.17	5.5
5	0.37	0.37	0
6	0.62	0.61	1.6
7	2.73	2.66	2.6
8	3.08	3.04	1.3
9	5.49	5.53	−0.7
10	6.36	6.37	−0.1

续表

卤水编号	浊度法/%	称量法/%	相对误差/%
11	7.28	7.26	0.3
12	8.8	8.75	0.5
13	9.79	9.84	-0.5
14	10.5	10.48	0.2

4. $BaSO_4$ 浊度法的发展

$BaSO_4$ 浊度法测定试样中 SO_4^{2-} 至今仍然在大量应用，本实验选用的是酸-盐-甘油混合试剂为酸化剂和稳定剂，在酸-盐-甘油体系中，$BaSO_4$ 能稳定存在 40 min。近年来对 $BaSO_4$ 浊度法的改进研究主要集中在稳定剂的选择上，文献报道的稳定剂有明胶、聚乙烯醇、甘油-乙醇、丙二醇、平平加-甘油、乳化剂 OP、吐温 80 等，上述稳定剂主要在应用不同水体中 SO_4^{2-} 的测定过程，针对盐卤水体中 SO_4^{2-} 含量的测定未见报道。

6.10 酚红法测定微量溴[43–46]

6.10.1 原理

在一定的酸度范围内，氯胺 T 将溴离子氧化，生成的溴单质与酚红反应形成显色的溴酚蓝，该物质随浓度的不同在溶液中呈黄色到蓝紫色的变化，在一定的浓度范围内，有色溶液的吸光度符合比尔定律，由此可测定溶液中的溴浓度。发生的反应如下：

$$H_3C\cdot C_6H_4\cdot SO_2NCl^- + 2H^+ + 2Br^- \rightleftharpoons H_3C\cdot C_6H_4\cdot SO_2NH_2 + Br_2 + Cl^-$$

方法灵敏度为 $6\times10^{-3}\ \mu g\cdot cm^{-2}$。

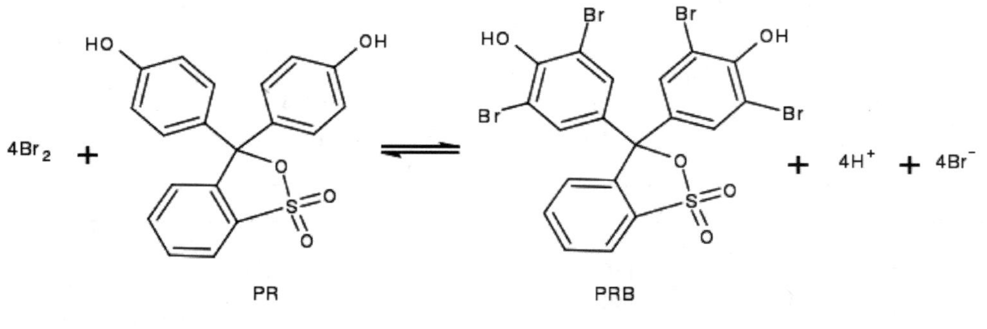

6.10.2 试剂

1. 溴离子标准溶液

1）Br^-标准溶液

准确称取 0.6438 g 已于 120℃烘至恒重的光谱纯 NaBr，用二次水溶解定容至 500 mL

容量瓶，摇匀后转入试剂瓶中保存。此溶液 $\rho(Br^-)$=1.000 g·L^{-1}。

2）Br^-标准工作溶液

准确移取 $\rho(Br^-)$=1000 mg·L^{-1}的标准溶液 5.00 mL，用二次水稀释定容至 500 mL 容量瓶中，摇匀。该溶液 $\rho(Br^-)$=10.00 μg·mL^{-1}。此溶液使用前配制。

2. 酚红溶液

0.024 g 酚红（$C_{19}H_{14}O_5S$，A.R）和 0.120 g 碳酸钠（Na_2CO_3，A.R）置于干燥洁净的烧杯中，少量二次水溶解，转入 100 mL 容量瓶定容，摇匀后转入干燥棕色试剂瓶保存。此溶液 ρ(酚红)=0.24 g·L^{-1}。

3. 氯胺 T 溶液

0.200 g 氯胺 T［$C_7H_7ClNNaO_2S.3(H_2O)$，A.R］，用少量二次水溶解后转入 100 mL 容量瓶中，定容、摇匀后转入棕色试剂瓶密封保存，保存期不超过 1 周。此溶液 ρ(氯胺 T)=2 g·L^{-1}。氯胺 T 溶液颜色变黄，即为变质，应重新配制。

4. 硫代硫酸钠溶液

3.9241 g 硫代硫酸钠（$Na_2S_2O_3·5H_2O$，A.R），用少量事先煮沸冷却后的二次水溶解后转入 100 mL 容量瓶中，用同样的二次水定容、摇匀后转入棕色试剂瓶密封保存。此溶液 $\rho(Na_2S_2O_3)$=25.0 g·mL^{-1}。

5. 乙酸-乙酸钠缓冲溶液

6.00 g 乙酸钠（CH_3COONa，A.R），用少量二次水溶解，加入 9.00 mL 冰乙酸（$C_2H_4O_2$，HAc，ρ=1.06 g·mL^{-1}，A.R），加水至 250 mL，搅拌均匀后，用 pH 计调节溶液的 pH 在 4.60～4.62 之间，然后转入试剂瓶保存。

6.10.3　测定方法

1. 标准曲线的测定

准确移取不同体积 $\rho(Br^-)$=10.00 μg·mL^{-1}的 Br^-标准工作液，置于一系列 25 mL 比色管（或容量瓶）中，各比色瓶含 Br^- 0.00 μg、0.50 μg、5.00 μg、10.00 μg、15.00 μg、20.00 μg、25.00 μg、30.00 μg，用二次水稀释总体积至 15 mL。加入 0.5 mL CH_3COOH-CH_3COONa 缓冲溶液，0.40 mL ρ(酚红)=0.24 g·L^{-1}溶液，摇匀，加入 1 mL ρ(氯胺 T)=2 g·L^{-1}溶液摇匀并开始计时，待其精确反应 2 min 即加入 1 mL $\rho(Na_2S_2O_3)$=25 g·L^{-1}溶液，摇匀定容后开始计时，放置 15 min 后以试剂作空白，在波长 590 nm 处测定其吸光度 A，以吸光度 A 对 $m(Br^-)$ 质量作图获标准工作曲线图，并求得标准工作曲线的线性回归方程。

2. 试样溶液中 Br^-的测定

准确移取一定体积试样溶液 V_s（含 Br^-不超过 25 μg），置于 25 mL 比色管（或容量瓶）

中，用二次水稀释总体积至 15 mL 调至近中性。以下按标准曲线的绘制步骤操作，测定其吸光度 A_s，并由标准工作曲线或线性回归方程求得试样中的 Br^-含量 $m_s(Br^-)$。

待测试样溶液中 Br^-的质量浓度：

$$\rho_s(Br^-) = \frac{m_s(Br^-)}{V_s}$$

式中，$m_s(Br^-)$是根据测试溶液 A_s，由标准曲线回归方程求得的待测试样溶液中 Br^-的质量；V_s 为测试溶液中含待测试样溶液的体积。

6.10.4 讨论

1. 酸度的影响

显色剂酚红和试样中被氯胺 T 氧化生成的单质溴与酚红反应的产物溴酚蓝均为酸碱指示剂，酚红在 pH 6.4～8.0 时由黄色变为红色，溴酚蓝在 pH 3.2～4.6 时由黄色变成蓝紫色。在 pH＜4 反应不完全，pH＞5 反应非常缓慢，pH 4～5 之间显色反应正常；同时，pH 为 4.6 时空白值最低。酚红法测定溴的一个关键因素是准确控制显色反应的酸度，因此缓冲溶液的 pH 宜控制在 4.60 ± 0.02。

2. 试剂用量的影响

1）酚红加入量的影响

酚红分光光度法测定溴是依据在合适的酸度条件下，待测水溶液中溴离子被氯胺 T 氧化成溴单质，单质溴与酚红反应生成四溴酚红（即溴酚蓝），四溴酚红颜色随浓度不同在溶液中呈黄绿色到蓝紫色的变化。酚红用量过大，氯胺 T 氧化生成的单质溴与大量的酚红反应生成溴酚红，导致吸光度偏低；酚红用量过低，生成的溴酚蓝与过量的单质溴反应，溴酚蓝颜色发生改变，导致吸光度降低。实验结果表明当酚红试剂 ρ(酚红)=0.24 $g·L^{-1}$，用量 0.40 mL 为最佳。

2）氯胺 T 的影响

溶液的显色和颜色强度以及消褪速度都依赖于氯胺 T 的浓度，所以氯胺 T 是关键变量之一，需严格控制其加入量。在酸性条件下，氯胺 T 不仅能氧化溴离子为溴原子使酚红变为溴酚蓝而显蓝紫色，过量的氯胺 T 又可使溴酚蓝褪色。在溴离子的酚红分光光度法显色过程中，反应原理较为复杂（酸性下），存在以下反应：

显色反应：　　氯胺 T+Br +酚红⟶溴酚蓝

褪色副反应：　　氯胺 T+溴酚蓝⟶氯化溴酚蓝

增色副反应：　　氯胺 T+酚红⟶氯化酚红

显色反应是溴离子光度法测定的关键反应，褪色副反应及增色副反应对测定结果有不良影响，应最大限度避免。除此之外如果被测试样中有还原性物质，也会消耗氯胺 T，影响测定结果的准确性。

基于上述原因，分析测定中应保证氯胺 T 的加入量大于试样中溴离子及共存还原性物质的消耗量，酚红的加入量略大于氯胺 T 的量。酚红试剂 ρ(酚红)=0.24 $g·L^{-1}$，用量 0.40 mL

时，ρ(氯胺 T)=2 g·L^{-1}，用量 1.00 mL 为宜。

氯胺 T 易变质失效，应保存在低温、干燥、暗处，溶液颜色变黄即为变质失效，应重新配制。

3）硫代硫酸钠的影响

被氯胺 T 氧化生成的溴单质与酚红反应生成溴酚蓝，初始颜色迅速生成，但生色团也会被多余的氯胺 T 逐渐漂白，硫代硫酸钠的作用是分解过量的氯胺 T，以防止其继续氧化溴酚蓝，使溶液颜色漂白。实验结果显示在上述酚红和氯胺 T 的用量条件下，加入 $\rho(Na_2S_2O_3)$=25.0 g·mL^{-1}溶液适宜用量 1.00 mL。硫代硫酸钠用量低于 1.00 mL，不能尽快阻止氯胺 T 对溴酚蓝的氧化，致使结果偏低；用量大于 1.00 mL，硫代硫酸钠溶液析出单质硫使被测溶液变混浊，影响吸光度。

3. 时间的影响

酚红光度法涉及氯胺 T 对溴的氧化反应及氯胺 T 对溴酚蓝的氧化反应，两步氧化反应时间对结果有明显的影响。

1）氧化时间的影响

氯胺 T 首先氧化溴生成单质溴，单质溴与酚红反应生成溴酚蓝，该反应时间需要严格控制，反应时间短溴的氧化不完全；反应时间过长，一方面生成的溴酚蓝被氯胺 T 氧化褪色，导致吸光度降低，另一方面共存大量氯离子也会被氧化，与酚红反应，生成同样显蓝紫色的氯酚蓝，造成严重的正干扰。实验结果表明氯离子的反应速度比溴离子的慢，当反应时间小于 2.0 min 时，氯离子几乎不反应，也无干扰产生；当反应时间超过 3.0 min 时，氯离子干扰明显增加。因此控制氯胺 T 氧化时间为 2.0 min。

2）显色时间的影响

硫代硫酸钠溶液是为消除过量的氯胺 T，阻止氧化反应，将硫代硫酸钠加入的反应称之为显色反应。多数文献介绍在加入硫代硫酸钠溶液后立即摇动比色管 15 s，定容放置 5 min 即可进行测定，此时溶液中的反应并没有结束，在放置 10 min 吸光度值基本稳定，为保证测定结果，本试验选择显色时间为 15 min。

4. 共存元素离子的干扰

氯离子、碘离子及还原性物质（例如溶解性有机质）对测定有影响，氯离子的干扰通过控制氯胺 T 的氧化时间加以消除。碘离子的影响取决于试样中碘的含量及试样中溴碘浓度比值，当碘、溴浓度比为 1∶4 时，会引起较大的测定误差，造成误差的原因是碘被氯胺 T 氧化，导致氯胺 T 的消耗，进而影响溴的准确测定。针对此类试样可通过实验改变氯胺 T 的加入量。

5. 本方法的主要问题

溴的分光光度法普遍存在测试所用试剂种类多，试剂用量及反应时间影响分析结果的重现性和稳定性，因此严格控制试剂用量、氧化还原反应时间、pH 是保证结果准确性的关键因素。当试样中溴浓度过高时，过量的溴会与生成的溴酚蓝反应，导致溶液蓝紫色消失，此时可采用稀释或改变酚红用量。本实验条件下的线性范围 0.2～2.0 $\mu g \cdot mL^{-1}$，加标回收率在 96.4%～103%；低于 0.2 $\mu g \cdot mL^{-1}$试样加入合适的表面活性剂，可实现低含量溴的准确测定；通过调整酚红、氯胺 T 试剂浓度和加入量，线性范围上限可达到 20 $\mu g \cdot mL^{-1}$。

6.11 催化法测定微量碘[47–50]

6.11.1 原理

在酸性溶液中，碘离子对硫酸铈和亚砷酸盐的氧化还原反应能起催化作用，而且反应的速度与碘离子浓度成正比，其反应为

$$Ce^{4+}+2I^{-} \longrightarrow Ce^{3+}+I_2$$

$$I_2+As^{3+} \longrightarrow 2I^{-}+As^{5+}$$

$$2Ce^{4+}+As^{3+} \longrightarrow 2Ce^{3+}+As^{5+}$$

加入过量 Fe^{2+} 可以终止上述反应，$Ce^{4+}+Fe^{2+} \longrightarrow Ce^{3+}+Fe^{3+}$反应生成的 Fe^{3+} 与 SCN^{-} 反应生成红色络合物：

$$Fe^{3+}+3SCN^{-} \longrightarrow Fe(SCN)_3$$

$Fe(SCN)_3$ 颜色越浅，说明溶液中未反应的 Ce^{4+}浓度越小，I^{-}的存在量就越大。采用分光光度法测定 $Fe(SCN)_3$ 颜色的强度，可以间接计算 I^{-}的浓度。

方法灵敏度为 2×10^{-5} $\mu g \cdot cm^{-2}$，适用于试样含极微量碘情况下碘的测定。

6.11.2 试剂

1. 碘盐标准溶液

1）I^{-}标准溶液

准确称取 0.6540 g 已于 110℃干燥恒重的碘化钾（KI，G.R）溶于二次水，转入 1000 mL 容量瓶中，稀释至刻度，摇匀。此溶液 $\rho(I^{-})$=0.5000 $g \cdot L^{-1}$。

2）I^{-}标准工作溶液

准确移取适量体积的 $\rho(I^{-})$=0.5000 $g \cdot L^{-1}$ I^{-}标准溶液，用二次水按比例逐级稀释，配制 $\rho(I^{-})$=0.0500 $mg \cdot L^{-1}$的 I^{-}标准工作溶液。

2. 稀硫酸溶液

139 mL 的硫酸（H_2SO_4，ρ=1.84 $g \cdot mL^{-1}$，A.R）溶液，缓慢加入到一定量的二次水中，摇匀后待溶液冷却至室温时，用二次水缓慢稀释到 1 L，搅拌均匀，待冷却后转入洁净的试剂瓶中保存。此溶液 $c(H_2SO_4)$=2.5 $mol \cdot L^{-1}$。

3. 氯化钠溶液

20 g 氯化钠（NaCl，G.R）溶于 100 mL 二次水中，摇匀后转入洁净试剂瓶保存。此溶液 $\rho(NaCl)$=200 $g \cdot L^{-1}$。

4. 亚砷酸溶液

4.946 g 三氧化二砷（As_2O_3，G.R）加适量二次水和 125 mL $c(H_2SO_4)=2.5\ mol\cdot L^{-1}$溶液，搅拌溶解后（可以适当加热），转入 500 mL 容量瓶，用二次水定容，摇匀后转入洁净试剂瓶中保存。此溶液 $c(H_3AsO_3)=0.100\ mol\cdot L^{-1}$。

5. 混合溶液 A

$c(H_3AsO_3)=0.100\ mol\cdot L^{-1}$溶液和 $\rho(NaCl)=200\ g\cdot L^{-1}$溶液，按体积比 1∶2 比例配制成 H_3AsO_3-NaCl 混合溶液 A，混合均匀后备用，该溶液在分析测试前配制。

6.硫酸铈溶液

4.042 g 硫酸高铈［$Ce(SO_4)_2\cdot 4H_2O$，A.R］加适量二次水和 250 mL $c(H_2SO_4)=2.5\ mol\cdot L^{-1}$溶液，搅拌溶解后，转入 500 mL 容量瓶，用二次水定容，摇匀后转入洁净试剂瓶中保存。此溶液 $c(Ce^{4+})=0.02\ mol\cdot L^{-1}$。

7. 硫酸亚铁铵溶液

1.5 g 硫酸亚铁铵［$(NH_4)_2Fe(SO_4)_2\cdot 6H_2O$，A.R］溶于 95.5 mL 二次水中，再加入 4.5 mL $c(H_2SO_4)=2.5\ mol\cdot L^{-1}$溶液，搅拌均匀后转入棕色试剂瓶中，贮存于暗处，此溶液 ρ［$(NH_4)_2Fe(SO_4)_2$］$=15\ g\cdot L^{-1}$，有效期一周左右。

8. 硫氰酸钾溶液

4 g 硫氰酸钾（KSCN，A.R）溶于 100 mL 二次水中，搅拌均匀后转入洁净的试剂瓶保存。此溶液 $\rho(KSCN)=40\ g\cdot L^{-1}$。

9. 混合溶液 B

$\rho[(NH_4)_2Fe(SO_4)_2]=15\ g\cdot L^{-1}$溶液和 $\rho(KSCN)=40\ g\cdot L^{-1}$溶液，按体积比 1∶1 比例配制 $(NH_4)_2Fe(SO_4)_2$-KSCN 混合溶液，混匀后备用，该溶液在分析测试前配制。

6.11.3　测定方法

1. 标准曲线的测定

数个 25 mL 比色管（或容量瓶）分别加入混合溶液 A 3.00 mL，加二次水至溶液体积 15 mL，摇匀后置于(30.0 ± 0.2)℃恒温水浴中，同时将含 $c(Ce^{4+})=0.02\ mol\cdot L^{-1}$溶液放入水浴中预热，10 min 后，分别加入不同体积的 $\rho(I^-)=0.0500\ mg\cdot L^{-1}$的 I^-标准工作溶液，各比色管中含 I^- 0.00 μg、0.02 μg、0.04 μg、0.06 μg、0.08 μg、0.10 μg。摇匀，以秒表计时，以 2 min 间隔分别加入 1.00 mL $c(Ce^{4+})=0.02\ mol\cdot L^{-1}$溶液（事先恒温），摇匀后继续放入水浴中，准确计时，20 min$(\pm 5\ s)$后取出，立即加入 2.00 mL 混合溶液 B，摇匀定容。室温下放置 25 min，用 1 cm 液槽，以水作空白，在波长为 510 nm 处分别测定其吸光度 A，以吸光度值的$-\lg A$

对 $m(I^-)$质量作图获标准工作曲线，求得工作曲线的线性回归方程。

含 I^-量为 0.1～1 μg 范围的标准工作曲线的制备方法与上述操作相同，反应温度和反应时间应进行相应的调整。

2. 试样溶液中 I^-的测定

准确移取一定量的试样 V_s 溶液于 25 mL 比色管中，以下按上述标准曲线的绘制步骤操作，测定吸光度 A_s（如试样为卤水，所取分析试样中已含有 0.2～0.4 g NaCl，则不必再加混合溶液 A），直接加入 2 mL^{-1} $c(H_3AsO_3)$=0.10 mol·L^{-1}溶液，其余按照上述标准曲线的绘制步骤操作，以水作空白，在波长为 510 nm 处测定吸光度 A_s，并由标准工作曲线或线性回归方程求得待测试样中的 I^-量 $m_s(I^-)$。

待测试样溶液中 I^-的质量浓度：

$$\rho_s(I^-)=\frac{m_s(I^-)}{V_s}$$

式中，$m_s(I^-)$是根据测试溶液 A_s，由标准工作曲线或线性回归方程求得的待测试样溶液中 I^-的质量；V_s 为测试溶液中含待测试样溶液的体积。

试样溶液中如含有某些不易排除的干扰离子，则在测定过程中应同时进行不加 H_3AsO_3 溶液的试样溶液的空白试验。其操作手续如下：另取一份试样溶液于 25 mL 比色管中，加 2 mL ρ(NaCl)=200 g·L^{-1}溶液（也可以不加），3 mL $c(H_2SO_4)$=2.50 mol·L^{-1}溶液，加水至体积为 14.0 mL，以下按上述标准曲线的绘制步骤操作，测定吸光度并加以校正。

6.11.4 讨论

1. 催化法测定 I^-的工作条件

试验表明，试样溶液中加入适量的 NaCl，可以提高 I^-对 Ce^{4+}和 As^{3+}氧化还原反应的催化效应，但 NaCl 加入量以 0.2～0.5 g 为宜。对于氯化物型的盐湖卤水试样，依据卤水中 Cl^-的浓度可以不加或少加 NaCl 溶液。

反应溶液的酸度控制在 H_2SO_4 浓度 0.12～1 mol·L^{-1}，对催化反应无影响，本法控制 H_2SO_4 浓度为 0.5 mol·L^{-1}。

反应溶液中 $c(H_3AsO_3)$要大于 $c(Ce^{4+})$，当 $c(H_3AsO_3)/c(Ce^{4+})\geqslant 6$，可控制催化反应按一级反应模式进行。

催化反应属化学动力学范畴，反应结果受反应温度与反应时间的影响。温度越高，时间越长，所得标准曲线斜率越大，但稳定性下降，试验结果显示在近室温的情况下，易于得到稳定的结果。本法选用温度为(30.0±0.2)℃，时间为 20 min(±5 s)。

对于含 I^-量为 0.1～1 μg 范围的试样测试时，反应温度可以选择(25.0±0.2)℃，时间为加入 H_3AsO_3 溶液后反应 10 min(±5 s)，加入 $Ce(SO_4)_2$ 溶液后反应 15 min(±5 s)。

2. 试剂影响

本方法对所用试剂的纯度要求极高，特别注意试剂中杂质 I^-的含量，即使是优级纯 NaCl

碘最高含量达到 10 μg·g^{-1}，为减少试剂中微量碘对分析结果的影响，对于碘含量较高的试剂应该纯化后再用。

3. 碘不同存在形式对测定的影响

IO_3^-和IO_4^-同样对Ce^{4+}和As^{3+}的氧化还原反应也起催化作用，因此，本法实系测定试样溶液中I^-、IO_3^-和IO_4^-的总量。但在卤水中IO_3^-和IO_4^-可以忽略不计，故可以I^-进行计算。

4. 标准曲线

本方法 A-$m(I^-)$标准曲线有时不成线性关系，而 lg$A$-$m(I^-)$却始终成线性关系，故而在进行数据处理时，选择绘制 lg$A$-$m(I^-)$标准曲线。

5. 共存元素离子的影响

在含 0.05 μg 的I^-工作标准溶液中，加入不同种类不同数量其他元素离子，结果见表 6.15。

表 6.15　共存离子对测 I^- 的影响

共存物		I^-加入量/μg	I^-测定量/μg	相对误差/%
离子	加入量/mg			
PO_4^{3-}	1	0.050	0.046	−8.0
ClO_4^-	0.5	0.050	0.049	−2.0
NO_3^-	0.5	0.050	0.050	0.0
NO_2^-	0.03	0.050	0.046	−8.0
ClO_3^-	0.1	0.050	0.048	−4.0
F^-	0.05	0.050	0.050	0.0
CrO_4^{2-}	0.5	0.050	0.048	−4.0
MnO_4^-	0.005	0.050	0.049	−2.0
Hg^{2+}	10	0.050	0.049	−2.0
Fe^{2+}	1	0.050	0.050	0.0
Fe^{3+}	0.05	0.050	0.046	−8.0
Mn^{2+}	0.5	0.050	0.047	−6.0
Ni^{2+}	0.6	0.050	0.049	−2.0

6.12　邻菲罗啉法测定铁[51−53]

6.12.1　原理

在 pH 为 2～9 时，邻菲罗啉（$C_{12}H_8N_2$）与Fe^{2+}反应，生成稳定的橙红色络合物，其反应为

$$Fe^{2+}+3(C_{12}H_8N_2)\longrightarrow [Fe(C_{12}H_8N_2)_3]^{2+}$$

该络合物在 pH 4～6 时最稳定，显色络合物在波长 510 nm 下一定浓度范围内，Fe^{2+}浓度与吸光度之间的关系遵守比尔定律，方法灵敏度约为 5.1×10^{-3} μg·cm^{-2}。

利用抗坏血酸对溶液中的 Fe^{3+}的还原作用，使溶液中的 Fe^{3+}全部转化成 Fe^{2+}，可用本方法测定溶液中的总 Fe、Fe^{2+}及 Fe^{3+}。

6.12.2　试剂

1. 铁标准溶液

1）Fe^{3+}标准溶液

（1）准确称取 0.8634 g 硫酸铁铵［$NH_4Fe(SO_4)_2\cdot12H_2O$，A.R］置于 250 mL 烧杯中，加入 80 mL φ=0.5 HCl 溶液，加适量二次水溶解，转入 1000 mL 容量瓶，用二次水稀释到刻度，摇匀。此溶液 $\rho(Fe^{3+})$=100 mg·L^{-1}。

（2）准确称取 1.000 g 分析纯金属铁丝（表面如被氧化则先用稀 HCl 溶液浸泡，用水洗净并干燥恒重）溶于 100 mL φ(HCl)=0.5 的溶液中，转入 1000 mL 容量瓶里，用二次水稀释至刻度，摇匀。此溶液 $\rho(Fe^{3+})$=1.000 g·L^{-1}。

2）Fe^{3+}标准工作溶液

（1）准确移取 25 mL $\rho(Fe^{3+})$=100 mg·L^{-1}的 Fe^{3+}标准溶液于 100 mL 容量瓶中，用二次水稀释定容，摇匀，此溶液 $\rho(Fe^{3+})$=25 mg·L^{-1}。

（2）准确移取 2.5 mL $\rho(Fe^{3+})$=1.000 g·L^{-1}的 Fe^{3+}标准溶液于 100 mL 容量瓶中，用二次水稀释定容，摇匀。此溶液 $\rho(Fe^{3+})$=25 mg·L^{-1}。

2. 邻菲罗啉溶液

0.2 g 邻菲罗啉（$C_{12}H_8N_2$，A.R）溶于 100 mL 二次水中，摇匀后转入试剂瓶保存。此溶液 $\rho(C_{12}H_8N_2)$=2.0 g·L^{-1}。

3. 抗坏血酸溶液

2 g 抗坏血酸（$C_6H_8O_6$，A.R）溶于 100 mL 二次水中，摇匀后转入棕色试剂瓶保存。此溶液 $\rho(C_6H_8O_6)$=20 g·L^{-1}。此溶液使用前配制。

4. 乙酸-乙酸钠缓冲溶液

38.5 g 乙酸钠（CH_3COONa，A.R）溶于少量二次水中，加入 50 mL 冰乙酸（CH_3COOH，HAc，ρ=1.06 g·mL^{-1}，A.R），加二次水溶解稀释到 1000 mL，摇匀，用 pH 计调节此溶液 pH=4.6。

5. 乙酸钠饱和溶液

适量乙酸钠（CH_3COONa，NaAc，A.R）置于试剂瓶中，加入适量的二次水，摇动溶解，待溶液中的固体 NaAc 不再继续溶解，所配溶液即为饱和 NaAc 溶液。

6. 盐酸溶液

50 mL 盐酸（HCl，ρ=1.19 g·mL^{-1}，A.R）加 50 mL 二次水稀释，混合均匀后转入 100 mL 洁净试剂瓶保存。此溶液 φ(HCl)=0.5。

7. 氨三乙酸三钠盐溶液

2.75 g 氨三乙酸三钠盐（$N(CH_2COONa)_3 \cdot H_2O$，NTA-3Na，A.R）溶于 100 mL 二次水中，摇匀后转入洁净试剂瓶保存。此溶液 c(NTA-3Na)=0.1 mol·L^{-1}。

8. 混合溶液 A

取等体积的$\rho(C_{12}H_8N_2)$=2.0 g·L^{-1}和 c(NTA-3Na)=0.1 mol·L^{-1}溶液混合，配制混合溶液 A。

6.12.3　测定方法

1. 标准曲线的测定

准确移取不同体积的$\rho(Fe^{3+})$=25 mg·L^{-1}标准工作溶液，置于一系列 50 mL 比色瓶（或容量瓶）中，各比色瓶中含 Fe^{2+} 0.00 μg、50.00 μg、100.00 μg、150.00 μg、200.00 μg、250.00 μg，各加 5 mL $\rho(C_6H_8O_6)$=20 g·L^{-1}溶液，摇匀放置 2 min，加入一小片刚果红试纸，滴加饱和 NaAc 溶液调节溶液的 pH 至刚果红试纸刚刚变红，加 10 mL pH=4.6 的 HAc-NaAc 缓冲溶液，摇匀后加 2 mL $\rho(C_{12}H_8N_2)$=2.0 g·L^{-1}溶液，用水稀释至刻度，摇匀并放置 15 min，用 1 cm 比色皿，以试剂作空白，在 510 nm 处测定吸光度 A。以吸光度 A 对 $m(Fe^{3+})$质量作图获标准工作曲线图，并求得标准工作曲线的线性回归方程。

2. 试样溶液中总 Fe 的测定

准确移取一定体积近中性待测试样溶液 V_s（Fe 总量在 10～100 μg 之间）于 50 mL 比色管中，以下按上述标准曲线的绘制步骤操作，测定吸光度 A_s，并由标准工作曲线或线性回归方程求得待测试样中的总 Fe 量 m_s(Fe)。

待测试样溶液中总 Fe 的质量浓度：

$$\rho_s(Fe_{总}) = \frac{m_s(Fe^{3+})}{V_s}$$

式中，$m_s(Fe^{2+})$是根据待测试样溶液 A_s，由标准曲线或线性回归方程求得的待测试样溶液中 Fe^{3+}的质量；V_s 为测试溶液中含待测试样溶液的体积。

3. 试样中 Fe^{2+}的测定

准确移取一定量近中性试样溶液 V_s（Fe 总量在 10～100 μg 之间）于 50 mL 比色管或容量瓶中，加入一小片刚果红试纸，滴加饱和 NaAc 溶液调节溶液的 pH 至刚果红试纸刚刚变红，加入 10 mL pH=4.6 的 HAc-NaAc 缓冲溶液，摇匀后，加 5 mL 混合溶液 A，用水稀释至刻度，摇匀并放置 15 min，用 1 cm 比色皿，以试剂作空白，在 510 nm 处测定吸光度

A_s，并从标准曲线求得含 Fe^{2+}量 $m_s(Fe^{2+})$。

待测试样溶液中 Fe^{2+}的质量浓度：

$$\rho_s(Fe^{2+}) = \frac{m_s(Fe^{2+})}{V_s}$$

式中，$m_s(Fe^{2+})$是根据待测试样溶液 A_s，由标准曲线或线性回归方程求得的待测试样溶液中 Fe^{2+}的质量；V_s 为测试溶液中含待测试样溶液的体积。

6.12.4 讨论

1. 铁标准溶液

邻菲罗啉分光光度法测定水溶液中微量铁是基于（$C_{12}H_8N_2$）与 Fe^{2+}反应，生成稳定的橙红色络合物，在 510 nm 处该红色络合物有最大吸收峰。铁标准溶液可以是 Fe^{3+}溶液，也可以采用 Fe^{2+}溶液。本方法采用的是 Fe^{3+}标准溶液，试验中用抗坏血酸对 Fe^{3+}的还原作用，使溶液中的 Fe^{3+}全部转化成 Fe^{2+}，因此标准工作曲线既可以代表 Fe^{3+}的也可以代表 Fe^{2+}。同时铁标准溶液也可以用下述 Fe^{2+}标准溶液。

Fe^{2+}标准溶液：准确称取 0.7020 g 硫酸亚铁铵（$(NH_4)_2Fe(SO_4)_2 \cdot 6H_2O$，A.R）置于 250 mL 烧杯中，加入 80 mL φ=0.5 HCl 溶液，加适量煮沸冷却的二次水溶解，转入 1000 mL 容量瓶，用煮沸冷却的二次水稀释到刻度，摇匀。此溶液 $\rho(Fe^{2+})$=100.0 mg·L^{-1}。

2. 显色反应条件

1）酸度影响

pH 过高或过低都会对 Fe^{2+}与 $C_{12}H_8N_2$ 生成红色络合物反应造成影响，当 pH＜2 时邻菲罗啉会发生副反应，当 pH＜3 时邻菲罗啉与 Fe^{2+}显色速度变慢，当 pH＞9 时 Fe^{2+}会被还原为铁单质，无法与邻菲罗啉络合显色。试验用 pH=4.6 的 HAc-NaAc 缓冲溶液控制溶液的酸度。

2）显色时间影响

在 pH=4.6 的 HAc-NaAc 缓冲溶液条件下，加入邻菲罗啉显色剂后，5 min 后显色完全，在 120 min 内保持稳定，考虑到实际操作情况，建议在显色剂加入后的 15～30 min 开始测量显色溶液的吸光度。

3）试验器皿的影响

Fe 的分光光度分析法容易出现标准曲线线性差、结果重现性差等问题，除了酸度的影响，分析测试过程中所用玻璃器皿的影响不可忽略。所用器皿在使用前应用 φ(HCl)=0.5 的溶液浸泡 1 h，用二次水清洗干净后再用。只有这样才能有效避免因分析器皿沾染的 Fe 带来的影响。

3. 抗坏血酸

邻菲罗啉光度法测定微量铁，已有多年历史，具有灵敏度高、稳定性好和选择性好等优点，应用十分广泛。

邻菲罗啉光度法测定微量 Fe 方法中，常用还原剂是盐酸羟胺，其次为抗坏血酸。两种还原剂能有效抵抗测试样中共存 $\rho(F^-)$=3 g·L^{-1}、$\rho(PO_4^{3-})$=1 g·L^{-1}的干扰；当待测试样中含 $\rho(HNO_3)$=15 g·L^{-1}的条件下，只有抗坏血酸等抵抗 HNO_3 的干扰。因盐酸羟胺具有一定的毒性，使用过程中具有一定的安全隐患，建议还原剂采用抗坏血酸。

4. Fe^{3+}、Fe^{2+}与邻菲罗啉（$C_{12}H_8N_2$）

Fe^{2+}与 $C_{12}H_8N_2$ 生成稳定的红色络合物，在 430～590 nm 范围出现吸收，λ_{max} 出现在 510 nm；而 Fe^{3+}与 $C_{12}H_8N_2$ 生成蓝色络合物，在 330～420 nm 范围出现吸收，λ_{max} 出现在 370 nm。通过选定吸收波长，实现试样中的 Fe^{2+}含量的测定；利用还原剂对溶液中 Fe^{3+}的还原作用，可实现试样中总 Fe、Fe^{3+}、Fe^{2+}的测定。在不加抗坏血酸或盐酸羟胺等还原剂的条件下，试样溶液中的 Fe^{3+}不会干扰 Fe^{2+}的测定。实际测定中发现 Fe^{2+}的测定存在重现性较差，特别是 Fe^{3+}含量明显高于 Fe^{2+}的试样，分析结果误差较大，为保证 Fe^{2+}结果的准确性，建议加入氨三乙酸三钠盐（NTA-3Na）溶液掩蔽 Fe^{3+}。

5. 共存元素离子的干扰

取 100.00 μg 的 Fe^{2+}工作标准溶液，定量加入其他元素离子，测定共存元素离子的干扰情况，试验结果列于表 6.16。

表 6.16　共存离子对 Fe 测定的影响

共存离子		Fe^{3+}加入量/μg	Fe^{3+}测量值/μg	相对误差/%	共存离子		Fe^{3+}加入量/μg	Fe^{3+}测量值/μg	相对误差/%
离子	加入量/mg				离子	加入量/mg			
Li^+	200	100.0	104.6	+4.6	Zn^{2+}	2	100.0	102.3	+2.3
Na^+	780	100.0	99.8	−0.2	Pb^{2+}	200	100.0	101.0	+1.0
K^+	1650	100.0	100.3	+0.3	BO_3^{2-}	200	100.0	99.6	−0.4
NH_4^+	200	100.0	99.1	−0.9	SO_4^{2-}	800	100.0	101.8	+1.8
Mg^{2+}	1000	100.0	100.6	+0.6	NO_3^-	2000	100.0	102.5	+2.5
Ca^{2+}	1000	100.0	101.3	+1.3	NO_2^-	10	100.0	96.6	−3.4
Sr^{2+}	200	100.0	100.6	+0.6	F^-	10	100.0	99.4	−0.6
Ba^{2+}	500	100.0	102.6	+2.6	Br^-	200	100.0	101.1	+1.1
Al^{3+}	200	100.0	104.4	+4.4	I^-	200	100.0	100.6	+0.6
Cd^{2+}	10	100.0	102.0	+2.0					

6. 多种元素离子共存时的干扰

试样中同时存在多种元素离子时，对试样中 Fe^{2+}含量测定的干扰情况见表 6.17。

表 6.17　复合离子对测 Fe 的影响

共存离子/mg												Fe^{3+} 加入量/μg	Fe^{3+} 测得量 /μg	相对误差/%
Na^+	K^+	Mg^{2+}	Al^{3+}	Sr^{2+}	Li^+	NH_4^+	Cl^-	SO_4^{2-}	NO_3^-	Br^-	B_2O_3			
115	110	60	25	10	10	1	500	40	100	1	20	100		1.40
230	220	120	50	20	20	2	1000	80	200	2	40	100	104.3	4.30
345	330	180	75	30	30	3	1500	120	300	3	60	100	105.5	5.50
460	440	240	100	40	40	4	2000	160	400	4	80	100	1055	5.50

7. 其他

需要注意测定试样中的 Fe^{2+}时，配制的试样溶液不宜长时间放置，放置时间过长，试样溶液中的Fe^{2+}受空气影响，逐渐被氧化为Fe^{3+}，从而影响Fe^{2+}的准确测定。

一般呈中性或微碱性的天然卤水中亚铁离子经常存在，在 pH＜5 的酸性或微酸性水中有 Fe^{3+}同时存在的可能。在 pH＞5 以上的微酸性或微碱性溶液状态，Fe^{3+}呈胶体（$Fe_2O_3 \cdot nH_2O$）或存在于有机化合物中，但含量低微。

Fe^{2+}在水中不稳定，易被空气中氧或其他氧化物氧化为 Fe^{3+}，若水样 pH＞5，则产生$Fe(OH)_3$沉淀。为了准确测定试样中Fe^{2+}离子含量，必须在水源处取样后立即按专门取样规定稳定后进行测定。

6.13　双硫腙法测定微量锌[54–56]

6.13.1　原理

在酸性介质中，双硫腙和锌离子反应生成红色的螯合物，在 Tween 80 存在情况下，在水相中具有较好的溶解性和稳定性，Tween80 对双硫腙锌螯合物具有胶束增溶作用。其反应为

$$2C_6H_5—NH—NH—CS—N{=}N—C_6H_5 + Zn^{2+} \longrightarrow (C_6H_5—N—NH—CS—N{=}N—C_6H_5)_2Zn + H^+$$

双硫腙-Tween-锌螯合物在波长 525 nm 处出现最大吸收，且当Zn^{2+}含量在一定的浓度范围内，浓度与吸光度之间的关系遵守比尔定律，可用于 Zn^{2+} 的分光光度测定。

方法灵敏度为 8.7×10^{-4} $\mu g\cdot cm^{-2}$。

6.13.2　试剂

1. 锌标准溶液

1）Zn^{2+}标准溶液

准确称取 1.000 g 预先处理过的锌粒（Zn，G.R），溶于 8 mL $c(HCl)=6\ mol\cdot L^{-1}$的 HCl 溶液中，转入 1000 mL 容量瓶内，然后用二次水稀释至刻度，摇匀。此溶液$\rho(Zn^{2+})= 1.000\ g\cdot L^{-1}$。

2）Zn^{2+}标准工作溶液

准确移取$\rho(Zn^{2+})=1.000\ g\cdot L^{-1}$的$Zn^{2+}$标准溶液，用二次水按比例稀释成$Zn^{2+}$标准工作液，此溶液$\rho(Zn^{2+})=2.500\ mg\cdot L^{-1}$。使用前配制。

2. 乙酸–乙酸钠缓冲溶液

136 g 乙酸钠（$CH_3COONa\cdot 3H_2O$，A.R）于 500 mL 烧杯中，用 200 mL 二次水溶解，加 60 mL 冰乙酸（CH_3COOH，HAc，$\rho=1.06\ g\cdot mL^{-1}$，A.R），混匀，加水稀释至 500 mL，用 pH 计调试缓冲溶液 pH=4.70，贮存于聚乙烯瓶中。

3. 硫代硫酸钠溶液

称取 196 g 硫代硫酸钠（$Na_2S_2O_3\cdot 5H_2O$，G.R）于 500 mL 烧杯中，加水溶解并稀释至 500 mL，贮存于试剂瓶中，此溶液$\rho(Na_2S_2O_3)=250\ g\cdot L^{-1}$。

4. 双硫腙-Tween 溶液

0.1 g 双硫腙（$C_6H_5NHNHCSN{=}NC_6H_5$，A.R）研磨后加 4 mL 吐温 80（Tween 80，$C_{64}H_{124}O_{26}$，$\rho=1.08\ g\cdot mL^{-1}$，A.R），加二次水至 100 mL，加热溶解，不断搅拌至沸，取下趁热过滤于棕色试剂瓶中，此溶液ρ(双硫腙)=1.0 $g\cdot L^{-1}$。该试剂现配现用。

5. 甲基橙溶液

0.1 g 甲基橙（A.R）溶于 100 mL 二次水中，摇匀。此溶液ρ(甲基橙)=1 $g\cdot L^{-1}$。

6. 稀盐酸溶液

移取 50 mL 盐酸（HCl，$\rho=1.19\ g\cdot mL^{-1}$，A.R），用 50 mL 二次水稀释，混合均匀后转入试剂瓶保存，此溶液$\varphi(HCl)=0.5$。

6.13.3　测定方法

1. 标准曲线的测定

准确移取不同体积的$\rho(Zn^{2+})=2.500\ mg\cdot L^{-1}$ Zn^{2+}标准工作溶液，分别置于一系列 25 mL 比色管（或容量瓶）中，使各比色管中含Zn^{2+} 0.00 μg、2.50 μg、5.00 μg、7.50 μg、10.00 μg、12.50 μg，用二次水稀释至约 10 mL，加 1 滴ρ(甲基橙)=1 $g\cdot L^{-1}$溶液，用$c(NaOH)=1.0\ mol\cdot L^{-1}$溶液调整溶液 pH 至甲基橙刚刚显示黄色，各加入 5 mL pH=4.70 的 HAc-NaAc 缓冲溶液，混匀后加入 1 mL $\rho(Na_2S_2O_3)=250\ g\cdot L^{-1}$溶液，混匀，然后加入 2.5 mL ρ(双硫腙)=1.0 $g\cdot L^{-1}$的双硫腙-Tween 80 溶液，混匀定容后摇匀，放置 30 min 后用 1 cm 液槽，在 525 nm 处，以试剂作空白，分别测定其吸光度A，以吸光度A对$m(Zn^{2+})$质量作图获标准工作曲线图，并求得标准工作曲线的线性回归方程。

2. 试样中锌的测定

准确移取一定量试样溶液 V_s（原卤水不超过 10 mL）于 25 mL 比色管（或容量瓶）中，以下按上述标准曲线的绘制步骤操作，测定其吸光度 A_s，并从标准曲线求得含 $m_s(Zn^{2+})$量。

待测试样溶液中 Zn^{2+}的质量浓度：

$$\rho_s = \frac{m_s(Zn^{2+})}{V_s}$$

式中，$m_s(Zn^{2+})$为根据测试溶液 A_s，由标准曲线回归方程求得的测试溶液中 Zn^{2+}的质量；V_s 为测试溶液中含原试样溶液的体积。

6.13.4 讨论

1. 显色剂的影响

双硫腙光度法测定微量 Zn^{2+}方法是比较常用的经典方法，也是国家标准分析方法之一，然而常规双硫腙光度法操作烦琐、费时，需用有机试剂进行萃取，实验环节对测试结果影响较大，本方法利用 Tween 80 对双硫腙锌螯合物的胶束增溶稳定作用，建立了水相双硫腙分光光度法测定锌，避免采用有机试剂的萃取，简化了分析操作程序。

双硫腙试剂纯度对测试结果有明显影响，因而要求用于配制显色剂的双硫腙试剂杂质含量要低，至少应到达分析纯级别，对于杂质含量较高的双硫腙试剂在使用前需进行提纯处理。

2. 显色剂溶液的稳定性

双硫腙-Tween 80 试剂的稳定性对测试结果影响明显，要求现配现用。

3. 酸度的影响

试验证明在 pH 4.7～5.2 的试样溶液中，锌才能和双硫腙反应，反应过程溶液酸度会发生变化，从而影响分析测试结果。为保证测试结果的准确性，需要加 pH=4.70 的乙酸–乙酸钠缓冲溶液维持待测体系 pH 的稳定。

如果标准锌工作溶液或试样的 pH 过低或过高，需要事先调节溶液 pH 在 4～6，再按照分析步骤加入相应的试剂。

4. 其他注意事项

（1）本法的成败关键在于所用的器皿和试剂以及去离子水，均应不含痕量锌。因此，在进行试验测定之前应先用 $\varphi(HNO_3)=0.2$ 硝酸荡洗所用器皿，用水冲洗净表面所吸附的锌，然后用无锌的水冲洗几次。

（2）所用试液需用无锌水配制。

（3）试验中如出现高而无规律的空白值，这种现象往往是来源于含氧化锌的玻璃，或表面被锌所污染的玻璃器皿。因此，须用酸彻底浸泡或用热酸荡洗后清洗干净，并保留一套专供测定锌用的玻璃器皿，单独存放。

（4）橡胶制品、活塞润滑剂、化学试剂或蒸馏水，亦常常含有相当量的锌，因此要特别注意。

6.14　双硫腙法测定微量铅[57–59]

6.14.1　原理

Tween 20 是一种能显著降低水表面张力的表面活性剂，对双硫腙与铅所形成的红色络合物具有胶束增溶作用。在 Tween 20 存在的情况下，双硫腙与铅反应生成的红色络合物在水相中具有很好的溶解性和稳定性，在 480 nm 处出现最大吸收，且在含铅一定浓度范围内遵守比尔定律，用于铅的水相分光光度测定。

方法灵敏度为 1.67×10^{-3} μg·cm^{-2}。

6.14.2　试剂和仪器

1. 铅标准溶液

1）Pb^{2+}标准溶液

准确称取 1.5985 g $Pb(NO_3)_2$(A.R)溶于 100 mL $c(HNO_3)$=0.1 mol·L^{-1}的溶液中，转入 1000 mL 容量瓶内，再用 $c(HNO_3)$=0.1 mol·L^{-1}的溶液稀释至刻度，摇匀后转入试剂瓶保存，备用。此溶液 $\rho(Pb^{2+})$=1.000 g·L^{-1}。

2）Pb^{2+}标准工作溶液

准确移取 $\rho(Pb^{2+})$=1.000 g·L^{-1}的 Pb^{2+}标准溶液，用二次水逐级稀释至溶液 $\rho(Pb^{2+})$=5.00 μg·mL^{-1}的 Pb^{2+}标准工作溶液。

2. 邻菲罗啉（$C_{12}H_8N_2$）溶液

0.35 g 邻菲罗啉（$C_{12}H_8N_2$，A.R）溶于 100 mL 二次水中，摇匀后转入试剂瓶保存。此溶液 $\rho(C_{12}H_8N_2)$=3.5 g·L^{-1}。

3. 硫氰酸铵溶液

2 g 硫氰酸铵（NH_4SCN，A.R）溶于 100 mL 二次水中，摇匀后转入试剂瓶保存。此溶液 $\rho(NH_4SCN)$=20 g·L^{-1}。

4. 氢氧化钠溶液

2 g 氢氧化钠（NaOH，A.R）置于洁净烧杯中，用事先煮沸后冷却的二次水溶解，并稀释至 500 mL，搅拌均匀后转入洁净试剂瓶保存。此溶液 $c(NaOH)$=0.1 mol·L^{-1}。

5. 酚酞指示剂溶液

0.1 g 酚酞（$C_{20}H_{14}O_4$，A.R）溶于 100 mL $\varphi(C_2H_5OH)$= 0.20 的乙醇溶液中，摇匀后转

入试剂瓶保存。此溶液 ρ(酚酞)=1.0 g·L^{-1}。

6. 柠檬酸铵-氨水缓冲溶液

100 g 柠檬酸铵［$C_6H_5O_7(NH_4)_3$，A.R］溶解于 200 mL 二次水中，溶解完全后，加氨水（$NH_3·H_2O$，ρ=0.91 g·mL^{-1}，A.R）调节溶液 pH，搅拌均匀后用 pH 计测定溶液的 pH，调整到溶液 pH=8.50，置于洁净试剂瓶保存。

7. 吐温 20 溶液

2 g 吐温 20（Tween 20，$C_{58}H_{114}O_{26}$，ρ=1.11 g·mL^{-1}，A.R），用二次水稀释至 100 mL，混合均匀后备用。此溶液 ρ(Tween 20)=20 g·L^{-1}。

8. 双硫腙-Tween 溶液

0.1 g 双硫腙（$C_6H_5NHNHCSN{=\!=}NC_6H_5$，A.R）研磨后置于洁净烧杯中，加 100 mL ρ(Tween20)=20 g·L^{-1}溶液，放置在 70℃水浴加热溶解，待溶解后冷却转入洁净棕色试剂瓶保存。此溶液 ρ(双硫腙)=1 g·L^{-1}。此溶液可在室温下稳定保存 3 天。

6.14.3 测定方法

1. 标准曲线的测定

准确移取不同体积的 $\rho(Pb^{2+})$=5.00 mg·L^{-1} 标准 Pb^{2+}工作溶液置于一系列 25 mL 比色管（或容量瓶）中，各比色管中含 Pb^{2+} 0.00 μg、10.00 μg、20.00 μg、30.00 μg、40.00 μg、50.00 μg，加 1 滴 ρ(酚酞)=1.0 g·L^{-1}溶液，用二次水稀释至 10 mL 左右，用 c(NaOH)=0.1 mol·L^{-1}溶液调节至溶液刚呈现粉红色（pH=8.2），加 5 mL pH=8.50 的柠檬酸铵-氨水缓冲溶液，2.5 mL ρ(双硫腙)=1 g·L^{-1}的双硫腙-Tween 20 显色剂溶液，混匀后用二次水定容，摇匀后放置 5 min 后用 1 cm 液槽，在分光光度计上，波长 480 nm 处，以试剂作空白，分别测定其吸光度 A，并以 A 值对 $m(Pb^{2+})$作图获标准工作曲线图，并求得标准工作曲线的线性回归方程。

2.试样溶液中 Pb^{2+}的测定

取卤水试样适量（原卤水体积应小于 10 mL）于 25 mL 比色皿（或容量瓶）中，加 1 滴 ρ(酚酞)=1.0 g·L^{-1}溶液，用二次水稀释至 10 mL 左右，用 c(NaOH)=0.1 mol·L^{-1}溶液调节至溶液刚呈现粉红色（pH=8.2），加 5 mL pH=8.50 的硼酸盐缓冲溶液，1 mL $\rho(C_{12}H_8N_2)$=3.5 g·L^{-1} 溶液，2 mL $\rho(NH_4SCN)$=20 g·L^{-1}，2.5 mL ρ(双硫腙)=1 g·L^{-1}的双硫腙-Tween 20 显色剂溶液，混匀后用二次水定容，摇匀后放置 5 min 后用 1 cm 液槽，在分光光度计上，波长 480 nm 处，以试剂作空白，分别测定其吸光度 A，并由标准曲线求得试样含 $m_s(Pb^{2+})$量。

待测试样溶液含 Pb^{2+}的质量浓度：

$$\rho_s(Pb^{2+}) = \frac{m_s(Pb^{2+})}{V_s}$$

式中，$m_s(Pb^{2+})$是根据测试溶液 A_s，由标准曲线回归方程求得的待测试样溶液中 Pb^{2+}的质量；

V_s为测试溶液中含待测试样溶液的体积。

6.14.4　讨论

1. 双硫腙-Pb 络合物的吸收光谱

经典的双硫腙-Pb 分光光度法要用 $CHCl_3$ 或 CCl_4 有机溶剂萃取法，操作过程繁杂，容易引起误差；利用 Tween 20 表面活性剂的增溶作用，可有效改变双硫腙的水溶性，实现水相直接双硫腙分光光度法测定溶液中的微量 Pb。研究结果表明直接水相光度法的测定 Pb 时，双硫腙-Tween 20-Pb 螯合物的最大吸收波长 λ_{max}=480 nm，较有机溶剂萃取法蓝移 30 nm。

双硫腙-Pb 络合物的最大吸收波长随表面活性剂的种类不同而发生变化，如果选用了 Tween 20 之外的表面活性剂，测试波长需要通过试验确定。

2. 酸度的影响

酸度影响双硫腙-Pb 络合物的吸光度。一方面，双硫腙可与多种金属离子生成有色络合物，通过控制溶液的酸度提高双硫腙的选择性；另一方面，双硫腙-Pb 络合物的吸光度在酸性和强碱性条件下很低，在 pH 8.0 是有色溶液的吸光度最大，在 pH 8.0～8.9 之间，双硫腙-Pb 络合物的吸光度值基本维持不变，本试验选择加 5 mL pH=8.50 的柠檬酸盐缓冲溶液，可很好维持溶液的 pH 稳定。

3. 共存元素离子的干扰

共存金属离子对于 Pb 的测定有干扰，此时可以加入邻菲罗啉和硫氰酸铵掩蔽干扰离子；Fe^{3+}对双硫腙有氧化作用，如果试样中有 Fe^{3+}，可选择加入抗坏血酸还原剂。其他卤水中共存离子干扰见表 6.18。

表 6.18　共存离子对测定铅的影响

共存离子		Pb^{2+}加入量/μg	Pb^{2+}测量值/μg	相对误差/%	共存离子		Pb^{2+}加入量/μg	Pb^{2+}测量值/μg	相对误差/%
离子	加入量/mg				离子	加入量/mg			
Li^+	10	10.00	9.86	−1.4	Zn^{2+}	0.05	10.00	10.00	0
Na^+	3500	10.00	10.10	+1.0	Mn^{2+}	0.1	10.00	10.00	0
K^+	2000	10.00	10.30	+3.0	Ni^{2+}	0.05	10.00	10.00	0
Rb^+	2.5	10.00	10.00	0	F^-	1	10.00	10.00	0
Cs^+	1	10.00	10.00	0	Br^-	50	10.00	10.00	0
Mg^{2+}	3000	10.00	10.20	+2.0	I^-	10	10.00	10.10	0
Ca^{2+}	1000	10.00	10.15	+1.5	BO_3^{3-}	7	10.00	10.00	+ 1.0
Sr^{2+}	1	10.00	9.89	−1.1	SO_4^{2-}	100	10.00	10.00	0
Ba^{2+}	1	10.00	9.89	−1.1	PO_4^{3-}	50	10.00	10.00	0
Fe^{3+}	50	10.00	9.89	− 1.1	S^{2-}	30	10.00	0	
Cu^{2+}	0.05	10.00	10.00	0					

6.15　硫氰酸盐法测定微量钼[60–63]

6.15.1　原理

利用抗坏血酸将 Mo(Ⅵ)还原成 Mo(Ⅴ)，在酸性溶液中，Mo(Ⅴ)和硫氰酸盐、结晶紫生成紫色三元缔合物，在聚乙烯醇存在下，该三元缔合物的稳定性增加，在波长 560 nm 处有最大吸收峰。Mo(Ⅴ)含量在 100 $\mu g \cdot L^{-1}$范围内符合比尔定律。

方法灵敏度为 9.4×10^{-3} $\mu g \cdot cm^{-2}$。

试样溶液中如果含有大量的 Mg^{2+}对测定有干扰，但可用 EDTA 隐蔽排除。

6.15.2　试剂

1. 钼标准溶液

1）Mo 标准溶液

准确称取 0.6305 g 钼酸钠（$Na_2MoO_4 \cdot 2H_2O$，A.R），溶于 200 mL 二次水中，转入 500 mL 容量瓶中，用二次水稀释定容，摇匀。此溶液 $\rho(Mo)=0.5000$ $g \cdot L^{-1}$。

2）Mo 标准工作溶液

（1）准确移取 25 mL $\rho(Mo)=0.5000$ $g \cdot L^{-1}$标准溶液，置于 250 mL 洁净的容量瓶中，用二次水稀释、定容，摇匀。此溶液 $\rho(Mo)=0.050$ $g \cdot L^{-1}$。

（2）准确移取 20 mL $\rho(Mo)=0.050$ $g \cdot L^{-1}$标准工作溶液，置于 100 mL 洁净的容量瓶中，用二次水稀释、定容，摇匀。此溶液 $\rho(Mo)=0.010$ $g \cdot L^{-1}$。测试前稀释配制。

2. 稀硫酸溶液

250 mL 硫酸（H_2SO_4，$\rho=1.84$ $g \cdot mL^{-1}$，A.R）缓慢地注入 250 mL 二次水中，混匀后转入洁净试剂瓶保存。此溶液 $\varphi(H_2SO_4)=0.5$。

3. 亚铁离子溶液

3.51 g 硫酸亚铁铵［$(NH_4)_2Fe(SO_4)_2 \cdot 6H_2O$，A.R］置于洁净烧杯中，加 50 mL 二次水，然后缓慢加入 4.5 mL 硫酸（H_2SO_4，$\rho=1.84$ $g \cdot mL^{-1}$，A.R），搅拌使其溶解，冷却后加二次水稀释至 100 mL，摇匀后转入洁净的试剂瓶保存。此溶液 $\rho(Fe^{2+})=5$ $g \cdot L^{-1}$。

4. 结晶紫溶液

0.5 g 结晶紫（CV，$C_{25}H_{30}N_3Cl$，A.R）溶于 1000 mL 二次水中，摇匀后转入洁净试剂瓶保存。此溶液 $\rho(CV)=0.5$ $g \cdot L^{-1}$。

5. 硫氰酸钠溶液

10 g 硫氰酸钠（NaSCN，A.R）溶于 100 mL 二次水中，摇匀后转入洁净的棕色试剂瓶保存。此溶液 ρ(NaSCN)=100 g·L^{-1}。

6.抗坏血酸溶液

10 g 抗坏血酸（$C_6H_8O_6$，A.R）溶于 100 mL 二次水中，摇匀后转入洁净的棕色试剂瓶保存。此溶液 ρ(抗坏血酸)=100 g·L^{-1}。此溶液使用前配制。

7.聚乙烯醇溶液

1 g 聚乙烯醇（PVA，$[C_2H_4O]_n$，A.R），溶于 100 mL 二次水中，摇匀后转入洁净试剂瓶保存。此溶液 ρ(PVA)=100 g·L^{-1}。

8. 乙二胺四乙酸二钠溶液

10 g 乙二胺四乙酸二钠（EDTA，$C_{10}H_{14}N_2Na_2O_8·2H_2O$，A.R），溶于 100 mL 二次水中，摇匀后转入洁净试剂瓶保存。此溶液 ρ(EDTA)=100 g·L^{-1}。

6.15.3　测定方法

1. 低浓度 Mo^{6+}的测定

1）标准曲线的测定

准确移取不同体积的 $\rho(Mo^{6+})$=0.010 g·L^{-1}工作标准溶液置于一系列 25 mL 比色管或容量瓶中，各比色管中含 Mo^{6+} 0.00 μg、5.00 μg、10.00 μg、20.00 μg、30.00 μg、40.00 μg、50.00 μg，依次加入 1.0 mL $\varphi(H_2SO_4)$=0.5 溶液，1.0 mL $\rho(Fe^{2+})$=5 g·L^{-1}溶液，5.0 mL ρ(NaSCN)=100 g·L^{-1}溶液，5.0 mL ρ(抗坏血酸)=100 g·L^{-1}溶液，2.0 mL ρ(PVA)=100 g·L^{-1}溶液，摇匀；再加 2.0 mL ρ(CV)=0.5 g·L^{-1}溶液，摇匀。用二次水稀释至刻度，摇匀，室温下放置 15 min。以试剂作空白，在分光光度计上，波长 560 nm 处，用 1 cm 比色皿分别测定其吸光度 A，并以 A 对 $m(Mo^{6+})$作图获得标准工作曲线图，并求得标准工作曲线的线性回归方程。

2）试样溶液中 Mo^{6+}的测定

准确移取一定量试样溶液 V_s 置于 25 mL 比色管中，以下按上述标准曲线的绘制步骤操作。以试剂作空白，在分光光度计上，波长 560 nm 处，用 1 cm 比色皿分别测定其吸光度 A_s，并由标准工作曲线或线性回归方程求得试样中的 Mo^{6+}量 $m_s(Mo^{6+})$。

如所取试样溶液中含有大于 100 mg Mg^{2+}，则应加入 3 mL ρ(EDTA)=0.10 g·L^{-1}溶液。

待测试样中含 Mo^{6+}的质量浓度：

$$\rho_s(Mo^{6+}) = \frac{m_s(Mo^{6+})}{V_s}$$

式中，$m_s(Mo^{6+})$是根据测试溶液 A_s，由标准曲线回归方程求得的待测试样溶液中 Mo^{6+}的质量；V_s 为测试溶液中含待测试样溶液的体积。

2. 高浓度 Mo^{6+} 的测定

1）标准曲线的测定

准确移取不同体积的 $\rho(Mo^{6+})=0.050\ g{\cdot}L^{-1}$ 工作标准溶液置于一系列 25 mL 比色管或容量瓶中，各比色管中含 Mo^{6+} 0.00 μg、25.00 μg、50.00 μg、75.00 μg、100.00 μg、150.00 μg、250.00 μg，依次加入 5.0 mL $\varphi(H_2SO_4)=0.5$ 溶液，摇匀后立即冷却至室温，再加 1.0 mL $\rho(Fe^{2+})=5\ g{\cdot}L^{-1}$ 溶液，5.0 mL $\rho(NaSCN)=100\ g{\cdot}L^{-1}$ 溶液，5.0 mL ρ(抗坏血酸)=100 $g{\cdot}L^{-1}$ 溶液，摇匀。用二次水稀释至刻度，摇匀，室温下放置 15 min。以试剂作空白，在分光光度计上，波长 460 nm 处，用 1 cm 比色皿分别测定其吸光度 A，并以 A 对 $m(Mo^{6+})$ 作图获得标准工作曲线图，并求得标准工作曲线的线性回归方程。

2）试样溶液中 Mo^{6+} 的测定

准确移取一定量试样溶液 V_s 置于 25 mL 比色管中，以下按上述标准曲线的绘制步骤操作。以试剂作空白，在分光光度计上，波长 460 nm 处，用 1 cm 比色皿分别测定其吸光度 A_s，并由标准工作曲线或线性回归方程求得试样中的 Mo^{6+} 量 $m_s(Mo^{6+})$。

待测试样中含 Mo^{6+} 的质量浓度：

$$\rho_s(Mo^{6+}) = \frac{m_s(Mo^{6+})}{V_s}$$

式中，$m_s(Mo^{6+})$ 是根据测试溶液 A_s，由标准曲线回归方程求得的待测试样溶液中 Mo^{6+} 的质量；V_s 为测试溶液中含待测试样溶液的体积。

6.15.4　讨论

1. 硫氰酸钼（V）吸收光谱

硫氰酸钼（V）为橙色络合物，硫氰酸钼（V）-结晶紫三元缔合物为紫色，硫氰酸钼（V）的最大吸收光波长因显色剂、反应试剂的不同而发生改变。硫氰酸盐-结晶紫光度法是测定微量钼的经典方法。传统方法用乙醇-苯有机混合溶液萃取硫氰酸钼（V）-结晶紫三元缔合物，实现低含量钼的分析。为降低有机试剂苯的危害，本方法用聚乙烯醇（PVA）的增溶作用，提高了硫氰酸钼（V）-结晶紫三元缔合物的稳定性，建立了微量钼硫氰酸盐直接光度分析法。在硫酸介质中三元缔合物最大吸收峰在 560 nm，而硫氰酸钼（V）络合物的最大吸收峰在 460 nm。

2. Mo 的还原时间

在显色络合物中，Mo 是五价阳离子，采用抗坏血酸将 Mo^{6+} 还原为 Mo^{5+}，15 min 后还原反应即能完成。如果环境温度低于 15℃，则需要适当延长显色反应时间到 30 min。抗坏血酸还原体系硫氰酸钼（V）络合物在 1 h 内色泽稳定。

3. 共存元素离子的影响

在含 Mo^{6+} 的工作溶液中，加入不同种类、不同数量的其他元素离子，显色萃取后测定

吸光度 A。共存元素离子对测定的影响列于表 6.19。

表 6.19　测钼时共存离子的影响

共存离子		Mo^{6+}加入量/μg	Mo^{6+}测定量/μg	相对误差/10^{-2}	共存离子		Mo^{6+}加入量/μg	Mo^{6+}测定量/μg	相对误差/10^{-2}
离子	加入量/mg				离子	加入量/mg			
Li^+	2	2.0	1.8	−10	NH_4^+	10	2.0	1.9	−5.0
Na^+	1000	2.0	1.9	−5.0	NO_2^-	100	2.0	2.1	+5.0
K^+	1000	2.0	1.9	−5.0	NO_3^-	10	2.0	1.9	−5.0
Rb^+	0.1	2.0	2.1	+5.0	$H_2PO_4^-$	10	2.0	2.0	0
Cs^+	0.1	2.0	2.0	0	F^-	10	2.0	2.0	0
Be^{2+}	0.3	2.0	2.0	0	Cl^-	1500	2.0	1.9	−5.0
Mg^{2+}	240	2.0	2.0	0	Br^-	10	2.0	1.9	−5.0
Ca^{2+}	200	2.0	2.1	+5.0	I^-	10	2.0	2.0	0
Sr^{2+}	10	2.0	2.0	0	Pb^{2+}	0.2	2.0	2.0	0
Ba^{2+}	10	2.0	2.0	0	Cu^{2+}	0.02	2.0	2.0	0
BO_4^{7-}	10	2.0	2.0	0	Zn^{2+}	0.2	2.0	1.9	−5.0
Al^{3+}	10	2.0	2.1	+5.0	Co^{2+}	1	2.0	1.9	−5.0

6.16　偶氮胂III法测定钍[64–67]

6.16.1　原理

在酸性介质中，偶氮胂III与 Th^{4+}反应生成显色络合物，其反应如下：

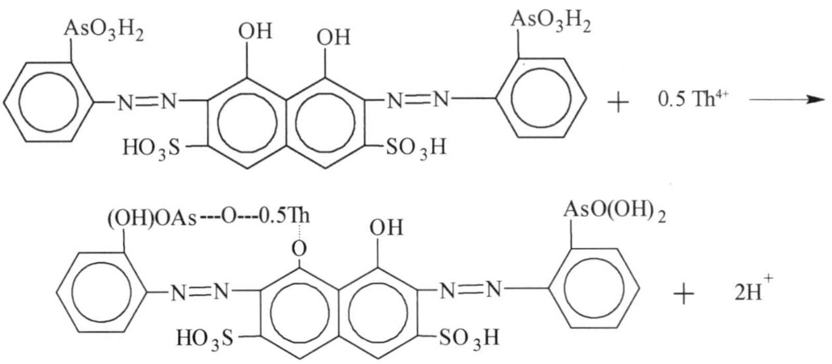

络合物在波长 660 nm 处有最大吸收峰，方法的灵敏度为 2.7×10^{-3} μg·cm^{-2}。

6.16.2　试剂

1. 硝酸溶液

准确移取 1.0 mL 硝酸（HNO_3，ρ=1.39 g·mL^{-1}，A.R），置于洁净的试剂瓶中，用二次

水稀释至 2000 mL，摇匀。此溶液 $c(HNO_3)$≈7.5 mmol·L^{-1}。

2. 钍盐标准溶液

1）Th^{4+}标准溶液

准确称取 1.1897 g 硝酸钍［$Th(NO_3)_4·4H_2O$，A.R］置于 100 mL 烧杯中，用适量 $c(HNO_3)$≈7.5 mmol·L^{-1}溶液溶解后转入 500 mL 容量瓶中，用 $c(HNO_3)$≈7.5 mmol·L^{-1}溶液稀释至刻度，摇匀。此溶液 $\rho(Th^{4+})$=1.000 g·L^{-1}。

2）Th^{4+}标准工作溶液

准确移取一定体积的 $\rho(Th^{4+})$=1.000 g·L^{-1}标准溶液，用 $c(HNO_3)$≈7.5 mmol·L^{-1}溶液逐级稀释，制备 Th^{4+}标准工作溶液，此溶液 $\rho(Th^{4+})$=1.000 mg·L^{-1}。

3. 偶氮胂 III 溶液

0.1 g 偶氮胂 III($C_{22}H_{18}As_2N_4O_{14}S_2$，A.R）溶于 100 mL 二次水中，摇匀后转入洁净试剂瓶保存。此溶液 ρ(偶氮胂 III)=1 g·L^{-1}。

4. 抗坏血酸溶液

5 g 抗坏血酸（$C_6H_8O_6$，A.R）溶于 50 mL 二次水中，摇匀后转入洁净的棕色试剂瓶保存。此溶液 ρ(抗坏血酸)=100 g·L^{-1}。此溶液使用前配制。

5. 乙二胺四乙酸二钠溶液

37.2 g 乙二胺四乙酸二钠（EDTA，$C_{10}H_{14}O_8N_2Na_2·2H_2O$，A.R）溶于 200 mL 二次水中，搅拌溶解后转入 1000 mL 容量瓶中，用二次水稀释至刻度，摇匀，转入洁净的试剂瓶保存。此溶液 c(EDTA)=0.1 mol·L^{-1}。

6. 盐酸溶液

1）$c(HCl)$=4 mol·L^{-1}溶液

166.7 mL 盐酸（HCl，ρ=1.19 g·mL^{-1}，A.R）用二次水稀释至 500 mL，摇匀后转入洁净的试剂瓶保存。此溶液 $c(HCl)$=4 mol·L^{-1}。

2）$c(HCl)$=6 mol·L^{-1}溶液

100 mL 盐酸（HCl，ρ=1.19 g·mL^{-1}，A.R）用二次水稀释至 200 mL，摇匀后转入洁净的试剂瓶保存。此溶液 $c(HCl)$=6 mol·L^{-1}。

3）$c(HCl)$=1 mol·L^{-1}溶液

12.5 mL 盐酸（HCl，ρ=1.19 g·mL^{-1}，A.R）用二次水稀释至 150 mL，摇匀后转入洁净的试剂瓶保存。此溶液 c (HCl)=1 mol·L^{-1}。

4）$c(HCl)$=0.03 mol·L^{-1}溶液

2.5 mL 盐酸（HCl，ρ=1.19 g·mL^{-1}，A.R）溶液置于 1000 mL 容量瓶中，用二次水稀释至刻度，摇匀后转入洁净的试剂瓶保存。此溶液 $c(HCl)$=0.03 mol·L^{-1}。

7. 氯化钠溶液

30.0 g 氯化钠（NaCl，A.R）溶于 200 mL 二次水中，搅拌溶解后转入洁净的试剂瓶保存。此溶液 $\rho(NaCl)=150\ g\cdot L^{-1}$。

8. 氨水溶液

10 mL 氨水（$NH_3\cdot H_2O$，$\rho=0.91\ g\cdot mL^{-1}$，A.R）用二次水稀释至 150 mL，摇匀后转入洁净的试剂瓶保存。此溶液 $c(NH_3\cdot H_2O)=1\ mol\cdot L^{-1}$。

9. 1-苯基-3-甲基-4-苯甲酰基-5-吡唑啉酮乙酸丁酯溶液

5.0 g 1-苯基-3-甲基-4-苯甲酰基-5-吡唑啉酮（PMBP，$C_{17}H_{14}N_2O_2$，A.R）溶于 500 mL 乙酸丁酯［$CH_3COO(CH_2)_3CH_3$，$\rho=0.88\ g\cdot mL^{-1}$，A.R］ 溶液中，搅拌溶解后转入洁净的棕色试剂瓶保存。此溶液 $\rho(PMBP)=10\ g\cdot L^{-1}$。

10. 甲基橙指示剂溶液

0.1 g 甲基橙（$C_{14}H_{14}N_3NaO_3S$，A.R）溶于 100 mL 二次水中，摇匀后转入洁净的滴瓶保存。此溶液 ρ(甲基橙)$=1\ g\cdot L^{-1}$。

11. 草酸-盐酸混合溶液

称取 20 g 草酸（$H_2C_2O_4$，A.R）置于 1000 mL 烧杯中，加 500 mL 二次水溶解，摇匀。此溶液 $\rho(H_2C_2O_4)=40\ g\cdot L^{-1}$；在此溶液中加 350 mL 盐酸（HCl，$\rho=1.19\ g\cdot mL^{-1}$，A.R），150 mL 二次水，混合均匀，转入洁净的试剂瓶保存。此溶液为 $H_2C_2O_4$-HCl 混合溶液。

6.16.3　测定方法

1. 水溶液直接测定

1）标准曲线的测定

准确移取不同体积的 $\rho(Th^{4+})=1.000\ mg\cdot L^{-1}$标准工作溶液置于一系列 25 mL 比色管（或容量瓶）中，各分液漏斗中含 Th^{4+} 0.00 μg、2.00 μg、4.00 μg、6.00 μg、8.00 μg、10.00 μg 各比色管中依次加 5 mL $\rho(NaCl)=150\ g\cdot L^{-1}$溶液，1 mL ρ(抗坏血酸)$=100\ g\cdot L^{-1}$溶液，2 mL ρ(偶氮胂III)$=1\ g\cdot L^{-1}$溶液，10 mL $\rho=0.79\ g\cdot mL^{-1}$乙醇，摇匀后用 $c(HCl)=4\ mol\cdot L^{-1}$溶液稀释至刻度。显色反应 10 min，于 660 nm 处，以试剂作空白，用 3 cm 比色皿测定吸光值 A。以测得的吸光值 A 对 Th^{4+}量 $m(Th^{4+})$作标准曲线 A-$m(Th^{4+})$。

同样的方法可以作 Th^{4+}为 5～30 μg 的标准曲线，用 1 cm 比色皿测定吸光值 A。

2）试样溶液中 Th^{4+}的测定

准确移取一定体积的待测卤水试样 V_s 溶液于 25 mL 比色管（或容量瓶）中，1 mL ρ(抗坏血酸)$=100\ g\cdot L^{-1}$溶液，3 mL $c(EDTA)=0.1\ mol\cdot L^{-1}$溶液，2 mL ρ(偶氮胂 III)$=1\ g\cdot L^{-1}$溶液，

10 mL ρ=0.79 g·mL^{-1}乙醇，摇匀后用 c(HCl)=4 mol·L^{-1} 溶液稀释至刻度。显色反应 10 min，于 660 nm 处，以试剂作空白，用 3 cm 比色皿测定吸光值 A。以测得的吸光值 A 对 Th^{4+}量 $m(Th^{4+})$作标准曲线 $A-m(Th^{4+})$。

2. 萃取分离后测定

如果待测卤水试样中含有 U、Zr、稀土等，对 Th 的测定有影响，此时可采用 PMBP-乙酸丁酯萃取分离干扰离子。具体操作如下。

1）标准曲线的测定

准确移取不同体积的 $\rho(Th^{4+})$=1.000 mg·L^{-1}标准工作溶液置于一系列 60 mL 分液漏斗中，各分液漏斗中含 Th^{4+} 0.00 μg、2.00 μg、4.00 μg、6.00 μg、8.00 μg、10.00 μg，依次加入 5 mL ρ(NaCl)=150 g·L^{-1}溶液，3～5 d ρ(甲基橙)=1 g·L^{-1}指示剂，用 c(HCl)=1 mol·L^{-1}和 $c(NH_3·H_2O)$=1 mol·L^{-1}调节溶液至刚呈红色，此时分液漏斗中溶液体积为 20 mL，不足 20 mL 的用 c(HCl)=0.03 mol·L^{-1}溶液补足。然后加 10 mL ρ(PMBP)=10 g·L^{-1}的乙酸丁酯溶液，振荡 2 min。分层后弃去水相，加 10 mL c(HCl)=0.03 mol·L^{-1}溶液，振荡 2 min，静置分层，弃去水相，重复操作一次。然后在分液漏斗中加 10 mL c(HCl)=6 mol·L^{-1}反萃，振荡 2 min，静置分层，反萃水相收集于 50 mL 比色管中（或容量瓶），再加 5m c(HCl)=6 mol·L^{-1}于分液漏斗中，振荡 2 min，静置分层，水相合并到 50 mL 比色管中。各比色管中依次加 1 mL ρ(抗坏血酸)=100 g·L^{-1}溶液，10 mL $H_2C_2O_4$−HCl 混合溶液，2 mLρ(偶氮胂III)=1 g·L^{-1}溶液，用 c(HCl)=4 mol·L^{-1}溶液稀释至刻度。显色反应 10 min，于 660 nm 处，以试剂作空白，用 2 cm 比色皿测定吸光值 A。以测得的吸光值 A 对 Th^{4+}量 $m(Th^{4+})$作标准曲线 $A-m(Th^{4+})$。

2）试样溶液中 Th^{4+}的测定

准确移取一定体积的待测试样 V_s溶液于 60 mL 分液漏斗中，加 3～5 d ρ(甲基橙)=1 g·L^{-1}指示剂，用 c(HCl)=1 mol·L^{-1}和 $c(NH_3·H_2O)$=1mol·L^{-1}调节溶液刚呈红色，此时分液漏斗中溶液体积为 20 mL，不足 20 mL 的用 c(HCl)=0.03 mol·L^{-1}溶液补足。以下按标准曲线操作进行。显色反应 10 min，于 660 nm 处，以试剂作空白，用 2 cm 比色皿测定吸光值 A_s，并由标准工作曲线或线性回归方程求得试样中的 Th^{4+}量 $m_s(Th^{4+})$。

待测试样溶液中 Th^{4+}的质量浓度：

$$\rho_s(Th^{4+}) = \frac{m_s(Th^{4+})}{V_s}$$

式中，$m_s(Th^{4+})$是根据测试溶液 A_s，由标准曲线回归方程求得的待测试样溶液中 Th^{4+}的质量；V_s为测试溶液中含待测试样溶液的体积。

6.16.4 讨论

1. Th-偶氮胂 III 吸收光谱

偶氮胂 III 与 Th 显色反应灵敏度高，偶氮胂 III 分光光度法测定 Th 是研究较多、应用广泛的一种经典分析方法。偶氮胂 III 在水溶液中呈玫瑰红色，其最大吸收波长为 540 nm。

Th−偶氮胂 III 络合物呈灰绿色，其最大吸收波长在 660 nm 附近，此处试剂空白值较大，测试结果灵敏度降低，添加一定体积的乙醇溶液，能有效降低试剂空白在 660 nm 处的吸光度，改善测试结果的灵敏度。

2. 酸度影响

在强酸性溶液中偶氮胂 III 与钍形成水溶性的灰绿色络合物，其络合物的组成与试剂用量有关，络合比可以是 1∶1 或 1∶2. 应用该方法来比色测定钍的灵敏度很好，而且产物颜色在介质酸度为 1～10 mol·L^{-1}盐酸范围内变化很小，本方法选择用 c(HCl)=4 mol·L^{-1}溶液稀释定容。

溶液酸度对 PMBP 萃取分离 Th、U 有影响，试验分别测定了溶液酸度对 PMBP 萃取 U，Th 的影响，结果如图 6.17。试验表明，溶液 pH 在 0.8～5 之间 Th^{4+}定量萃取，pH 大于 3 时 U 也定量萃取。萃取时选择 c(HCl)=6 mol·L^{-1}溶液。

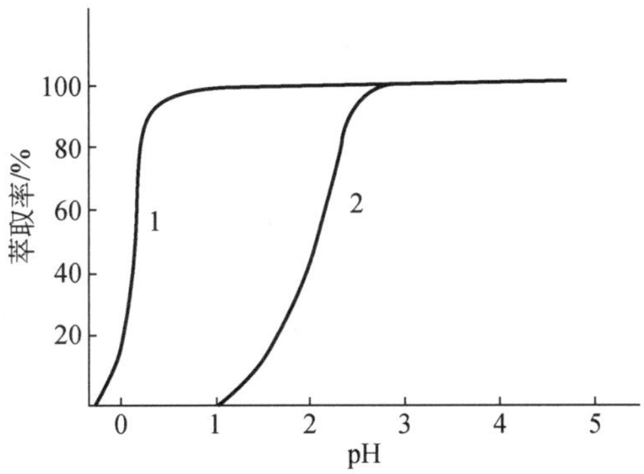

图 6.17　溶液酸度对 PMBP 萃取 U，Th 的影响

1. Th(IV)；2. U(VI)

3. Th^{4+}-偶氮胂 III 络合物组成和稳定性

用物质的量比法求得该络合物组成为 Th^{4+} - 偶氮胂 III 为 1∶2。增加偶氮胂 III 用量能使络合物趋于稳定。试验表明，加 0.7 mL ρ(偶氮胂 III)=1 g·L^{-1}溶液，能保证 30 μg Th^{4+}显色需要，但络合物不稳定；如将偶氮胂 III 用量增加至 1.5 mL，则络合物至少在 1 h 内稳定。但对于 40 μg Th^{4+}，即使增加显色剂用量，络合物仍然不稳定。

4. 共存元素离子对测定的干扰

一般共存离子对测定的影响见表 6.20。表中阳离子以对应的氯化物盐形式加入，除了 Sr 和 Pb 以相应的硝酸盐加入，阴离子以对应的钠盐形式加入，而钒酸盐和钼酸盐则是以相应的铵盐形式加入。

Fe^{3+}量高达 20 mg 时，有部分 Fe^{3+}被萃取引起干扰，但显色前加入抗坏血酸至溶液黄色褪尽即可排除干扰。浓度为 ρ(磺基水杨酸)=0.6 g·mL^{-1}溶液 6 mL 可消除 3.7 mg Ti^{3+}，1 mg V^{5+}，5 mg U^{6+}的干扰。而 ρ(磺基水杨酸)=0.6 g·mL^{-1}溶液 6 mL 和 ρ(NH_4SCN)=0.6 g·mL^{-1}溶

液 5 mL 共同作用，可排除 0.2 mg 的 Bi^{3+}，1 mg 的 Ti^{3+}、V^{5+}、Mo^{6+}、Sn^{2+}、As^{5+}和 5 mg U^{6+}的干扰。但即使在上述情况下，仅 20 μg Zr^{4+}在萃取过程中会产生固相膜而使分层失败。但是低质量磺基水杨酸会降低方法灵敏度。

表 6.20　共存元素离子对测 Th^{4+}的影响

共存离子		Th^{4+}加入量/μg	Th^{4+}测定量/μg	相对误差/10^{-2}	共存离子		Mo^{6+}加入量/μg	Mo^{6+}测定量/μg	相对误差/10^{-2}
离子	加入量/mg				离子	加入量/mg			
Zr^{4+}	0.05[b]	20.0	19.9	−0.5	$B_4O_7^{2-}$	87.0	20.0	19.2	−4.0
Zr^{4+}[a]	1.0	6.0	5.8	−3.0	Al^{3+}	50.0	20.0	20.2	+1.0
Ti^{3+}	0.019	20.0	20.1	+0.5	Sn^{2+}	0.1 [2)]	20.0	20.0	0.0
Ti^{3+}[a]	1.0	6.0	5.8	−3.5	Sn^{2+}[a]	0.5	6.0	1.9	−69.0
VO_3^-	0.1	20.0	18.3	−8.5	Pb^{2+}	5.0	20.0	19.3	−3.5
VO_3^-	1.0	6.0	6.0	0.0	Co^{2+}	1.0	20.0	20.3	+1.5
PO_4^{3-}	0.1	20.0	13.4	−33.0	Ni^{2+}	1.0	20.0	20.0	0.0
PO_4^{3-}	1.0	6.0	6.0	0.0	Cd^{2+}	1.0	20.0	19.7	−1.5
K^+	0.3	20.0	20.0	0.0	CrO_4^{2-}	1.0	20.0	19.9	−0.5
K^+	1000	20.0	20.2	+1.0	$Mo_7O_{24}^{6-}$	0.1	20.0	19.5	−2.5
Ca^{2+}	1000	20.0	19.5	−2.5	$Mo_7O_{24}^{6-}$	1.0	6.0	5.8	−3.5
Mg^{2+}	3600	20.0	20.1	+0.5	SiO_3^{2-}	20.0	20.0	19.5	−2.5
Sr^{2+}	10.0	20.0	19.1	−4.5	AsO_4^{3-}	0.1[b]	20.0	19.1	−4.5
Ba^{2+}	10.0	20.0	20.0	0.0	AsO_4^{3-}[a]	1.0	6.0	5.9	−1.5
Sc^{3+}	1.0	20.0	19.2	−4.0	BiO_3^-	0.1	20.0	19.5	−2.5
Y^{3+}	100.0	20.0	20.4	+2.0	BiO_3^-[a]	1.0	6.0	6.1	2.0
La^{3+}	100.0	20.0	19.3	−3.5	SO_4^{2-}	1000[b]	20.0	20.0	0.0
Ce^{3+}	5.0 [b]	20.0	20.5	+2.5	SO_4^{2-}[a]	4000[b]	6.0	6.2	2.5
U^{6+}	1.0 [b]	20.0	20.5	+2.5	S^{2-}	3.0	20.0	20.0	0.0
Mn^{2+}	1.0	20.0	20.0	0.0	F^-	2.0	20.0	20.0	0.0
Cu^{2+}	1.0	20.0	20.2	+1.0	Fe^{2+}	20.0	20.0	19.5	−2.5
Zn^{2+}	1.0	20.0	20.0	0.0	Fe^{3+}[a]	20.0	20.0	20.0	0.0

a. 经过铜铁试剂预分离；

b. 最高允许量

5. 人工卤水和天然卤水中 Th^{4+}的测定

人工卤水中 Th^{4+}的回收及天然卤水中 Th^{4+}的增量回收结果如表 6.21。

表 6.21　人工卤水和天然卤水中 Th^{4+} 的测定

卤水编号	取样量/mL	测得 Th^{4+}/μg	加入 Th^{4+}/μg	加标回收率/%	相对误差/%
人工-1	50.0		20.0	103.5	+3.5
人工-2	50.0		20.0	103.5	+3.5
人工-3	50.0		20.0	98.5	-1.5
人工-4	50.0		20.0	102.5	+2.5
人工-5	50.0		20.0	100.0	0.0
人工-6	20.0		20.0	100.0	0.0
人工-7	50.0		20.0	97.0	-3.0
天然-1	100.0	0.0	6.0	104.5	+4.5
天然-2	100.0	0.0	6.0	90.0	-10.0
天然-3	100.0	34.0	6.0	106.7	+6.5
天然-4	100.0	2.0	6.0	96.0	-4.0
天然-5	1.106(g)	0.0	6.0	100.5	+0.5

6.17　偶氮胂III法测定微量铀[65，68-70]

6.17.1　原理

在微酸性介质中，铀酰（UO_2^{2+}）与 8-羟基喹啉反应生成一种内络盐可被三氯甲烷定量萃取，存在于三氯甲烷相中的铀可用偶氮胂III的高氯酸溶液反萃取。UO_2^{2+}与偶氮胂III生成一种组成为 1∶1 的螯合物，在波长 660 nm 处出现最大吸收，可用于微量铀的分光光度测定。其反应如下：

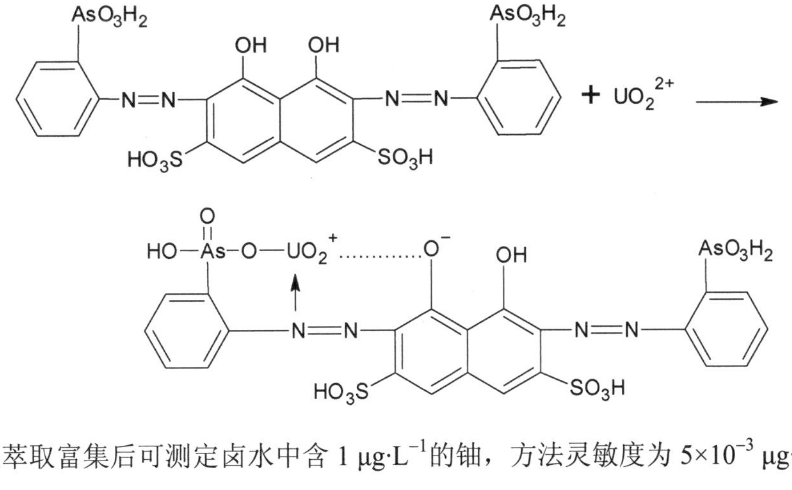

本法经萃取富集后可测定卤水中含 1 μg·L^{-1}的铀，方法灵敏度为 5×10^{-3} μg·cm^{-2}。

6.17.2　试剂

1. 硝酸溶液

3.5 mL 硝酸（HNO_3，ρ=1.39 g·mL^{-1}，G.R）置于洁净的试剂瓶中，用二次水稀释至 1000 mL，摇匀。此溶液 $c(HNO_3)\approx0.05$ mol·L^{-1}。

2. 铀盐标准溶液

1）U^{6+}标准溶液

准确称取 0.5274 g 硝酸铀酰［$UO_2(NO_3)_2\cdot6H_2O$，G.R］置于 100 mL 烧杯中，加 2.5 mL 硝酸（HNO_3，ρ=1.39 g·mL^{-1}，G.R），50 mL 二次水，搅拌溶解完全后转入 250 mL 容量瓶内，用二次水稀释至刻度，摇匀。此溶液 $\rho(U^{6+})$=1.00 g·L^{-1}。

2）U^{6+} 标准工作溶液

准确量取 5 mL $\rho(U^{6+})$=1.00 g·L^{-1}的标准溶液置于 1000 mL 容量瓶中，用 $c(HNO_3)\approx0.05$ mol·L^{-1}溶液稀释至刻度，摇匀。此溶液 $\rho(U^{6+})$=5.00 mg·L^{-1}。

3. 硫酸溶液

50 mL 硫酸（H_2SO_4，ρ=1.84 g·mL^{-1}，G.R）缓慢加入到盛有 100 mL 二次水的烧杯中，冷却后转入洁净的试剂瓶保存。此溶液 $c(H_2SO_4)\approx6$ mol·L^{-1}。

4. 8-羟基喹啉溶液

2 g 8-羟基喹啉（C_9H_7NO，A.R）溶于 3 mL 热的 $c(H_2SO_4)$=6 mol·L^{-1}中，用二次水稀释至 100 mL，摇匀后转入洁净的试剂瓶保存。此溶液 ρ(8-羟基喹啉)=20 g·L^{-1}。

5. 乙二胺四乙酸二钠溶液

5 g 乙二胺四乙酸二钠（EDTA，$C_{10}H_{14}O_8N_2Na_2\cdot2H_2O$，A.R）溶于 100 mL 二次水中，摇匀后转入洁净的试剂瓶保存。此溶液 ρ(EDTA)=50 g·L^{-1}。

6. 氯化铵溶液

53.5 g 氯化铵（NH_4Cl，A.R）溶于适量二次水，并用二次水稀释至 1000 mL，摇匀后转入洁净的试剂瓶保存。此溶液 $c(NH_4Cl)$=1.0 mol·L^{-1}。

7. 氨水溶液

10 mL 氨水（$NH_3\cdot H_2O$，ρ=0.91 g·mL^{-1}，A.R）用二次水稀释至 150 mL，摇匀后转入洁净的试剂瓶保存。此溶液 $c(NH_3\cdot H_2O)$=1 mol·L^{-1}。

8. 盐酸肼溶液

10 g 盐酸肼（$NH_2NH_2\cdot2HCl$，A.R）溶于 100 mL 二次水，摇匀后转入洁净的试剂瓶保存。此溶液 $\rho(NH_2NH_2 \cdot 2HCl)=100\ g \cdot L^{-1}$。

9. 偶氮胂III溶液

0.2 g 偶氮胂 III（$C_{22}H_{18}As_2N_4O_{14}S_2$，A.R）溶于 100 mL 二次水中，摇匀后转入洁净试剂瓶保存。此溶液 ρ(偶氮胂 III)=2 $g \cdot L^{-1}$。

10. 偶氮胂III-高氯酸混合溶液

30 mL 二次水置于 200 mL 烧杯中，加入 45 mL 高氯酸（$HClO_4$，ρ=1.76 g·mL，A.R），搅拌混合并冷至室温。加入 4 mL $\rho(NH_2NH_2 \cdot 2HCl)=100\ g \cdot L^{-1}$ 溶液，搅拌均匀后放置 10 min，再加入 10 mLρ(偶氮胂III)=2 $g \cdot L^{-1}$溶液，混合均匀，用二次水稀释至 100 mL，摇匀后转入洁净的试剂瓶保存。此溶液为含 ρ(偶氮胂III)=0.2 $g \cdot L^{-1}$、$c(HClO_4) \approx 5.5\ mol \cdot L^{-1}$的反萃溶液。

11. 三氯甲烷溶液

三氯甲烷（$CHCl_3$，ρ=1.48 $g \cdot mL^{-1}$，A.R）试剂。

6.17.3　测定方法

1. 萃取测定

1）标准曲线的测定

准确移取不同体积的 $\rho(U^{6+})$=5.00 $mg \cdot L^{-1}$工作标准溶液置于一系列 150 mL 烧杯中，各烧杯中含 U^{6+}为 0.00 μg、5.00 μg、10.00 μg、15.00 μg、20.00 μg，加二次水稀释至 100 mL，依次加入 5 mL ρ(EDTA)=50 $g \cdot L^{-1}$溶液，6 mL ρ(8-羟基喹啉)=20 $g \cdot L^{-1}$溶液，5 mL $c(NH_4Cl)=1.0\ mol \cdot L^{-1}$溶液。用 $c(NH_3 \cdot H_2O)=2\ mol \cdot L^{-1}$溶液调节溶液 pH=6.0～6.5 之间。然后将溶液转入一系列 200 mL 的洁净分液漏斗中，加入 10 mL $CHCl_3(\rho=1.48\ g \cdot mL^{-1})$溶液，振荡萃取 10 min，放置分层。将有机相转入另一事先已加入 10 mL ρ(偶氮胂III)=0.2 $g \cdot L^{-1}$、$c(HClO_4) \approx 5.5\ mol \cdot L^{-1}$的 25 mL 的洁净分液漏斗中，振荡萃取 5 min，放置分层 10 min 后，将水相转入 2 cm 液槽中，以试剂作空白，在波长 660 nm 处分别测定吸光度 A，以吸光值 A 对 U^{6+}质量 $m(U^{6+})$作图获标准工作曲线图，并求得标准工作曲线的线性回归方程。

2）试样中铀（U^{6+}）的测定

准确移取试样溶液 V_s（含 U^{6+}约为 0.5～20 μg）于烧杯中，加 $c(HNO_3)=2\ mol \cdot L^{-1}$酸化并煮沸，如有沉淀则过滤除去。所得滤液按上述标准工作曲线的绘制步骤操作。在波长 660 nm 处测定试样溶液吸光度 A_s，并从标准曲线上求得 $m_s(U^{6+})$量。并由标准工作曲线或线性回归方程求得试样中的 U^{6+}量 $m_s(U^{6+})$。

待测试样卤水中 U^{6+}质量浓度：

$$\rho_s(U^{6+}) = \frac{m_s(U^{6+})}{V_s}$$

式中，$m_s(U^{6+})$是根据测试溶液 A_s，由标准曲线回归方程求得的待测试样溶液中 U^{6+}的质量；V_s 为测试溶液中含待测试样溶液的体积。

2. 直接测定

当试样中 U^{6+}量较高，可不进行萃取分离富集，其操作方法如下。

1）标准工作曲线的绘制

准确移取不同体积的$\rho(U^{6+})=5.00\ \mu g\cdot mL^{-1}$ 工作标准溶液置于一系列 25 mL 洁净的比色管（或容量瓶）中，各比色管中含 U^{6+}分别为 0.00 μg、5.00 μg、10.00 μg、15.00 μg、20.00 μg、25.00 μg，分别加入 5 mL $\rho(EDTA)=50\ g\cdot L^{-1}$溶液，11 mL $HClO_4(\rho=1.76\ g\cdot mL^{-1})$溶液，1 mL $\rho(NH_2NH_2\cdot 2HCl)=100\ g\cdot L^{-1}$溶液，用二次水稀释至 20 mL，摇匀并冷却至室温后，加入 2.5 mL ρ(偶氮胂III)=2 $g\cdot L^{-1}$溶液，用二次水稀释至刻度，摇匀。以试剂作空白，在波长 655 nm 处分别测定吸光度 A，用测得的吸光值 A 对 U^{6+}量 $m(U^{6+})$作标准曲线 $A-m(U^{6+})$。

2）试样中铀（U^{6+}）的测定

准确移取一定体积的待测试样溶液 V_s 置于 25 mL 洁净的比色管中，后期按照上面标准工作曲线绘制步骤操作。在波长 660 nm 处测定试样溶液吸光度 A_s，并从标准曲线上求得 $m_s(U^{6+})$量。并由标准工作曲线或线性回归方程求得试样中的 U^{6+}量 $m_s(U^{6+})$。

待测试样卤水中 U^{6+}质量浓度：

$$\rho_s(U^{6+})=\frac{m_s(U^{6+})}{V_s}$$

6.17.4　讨论

1. UO_2^{2+}-偶氮胂III络合物的吸收光谱

分别测定了未经萃取和萃取后的 UO_2^{2+}-偶氮胂III络合物的吸收曲线，结果如图 6.18。试验结果表明，未经萃取和萃取后的络合物最大吸收出现的波长分别为 655 nm 和 660 nm。

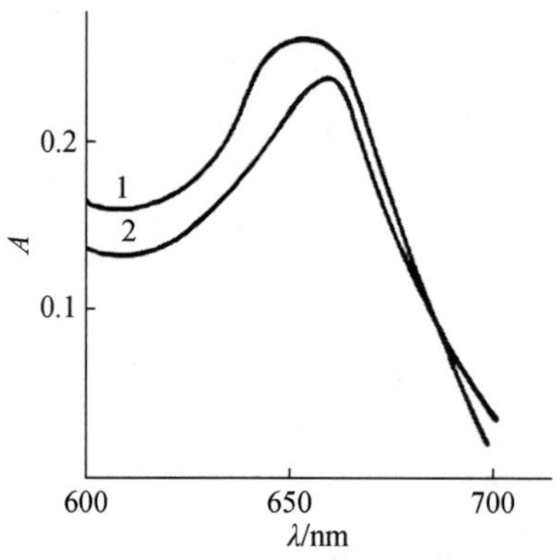

图 6.18　UO_2^{2+}-偶氮胂III络合物的吸收曲线

曲线 1：$\rho(U^{6+})=1.0\ mg\cdot L^{-1}$未经萃取(试剂空白)；曲线 2：$\rho(U^{6+})=1.0\ mg\cdot L^{-1}$萃取(试剂空白)

2. 络合物显色条件

酸性条件下 UO_2^{2+} 与偶氮胂III生成一种组成为 1∶1 的螯合物，溶液酸度高低不影响 UO_2^{2+} 与偶氮胂III的反应，当溶液酸度较高，$c(H^+)$=4.5～6.5 mol·L^{-1}时，待测试样中仅有 Th、Hf、Pu 干扰 U^{6+}的测定；待测试样经过 8-羟基喹啉-三氯甲烷萃取，一方面浓缩了试样中的 UO_2^{2+}，同时消除了对测定产生干扰的共存离子，特别是 Th、Hf、Pu。试验证明，对于低含量待测试样经过萃取后，加入 10 mL ρ(偶氮胂III)=0.2 g·L^{-1}、$c(HClO_4)$≈5.5 mol·L^{-1}反萃溶液络合物显色后，吸光度稳定；对无须经过萃取的待测试样，加入 10 mL $HClO_4$(ρ=1.76 g·mL^{-1})溶液，控制 $c(H^+)$=4.5～6.5 mol·L^{-1}时，偶氮胂III的用量在 2 mL 以上时，络合物显色后的吸光度基本不变，本法选用加 2.5 mLρ(偶氮胂III)=2 g·L^{-1}溶液。

在室温下，UO_2^{2+}-偶氮胂III络合物在 2 小时内是稳定的。采用分子比值法测定了络合物的组成证明：络合物中 UO_2^{2+}：偶氮胂III=1∶1。结果见图 6. 19。

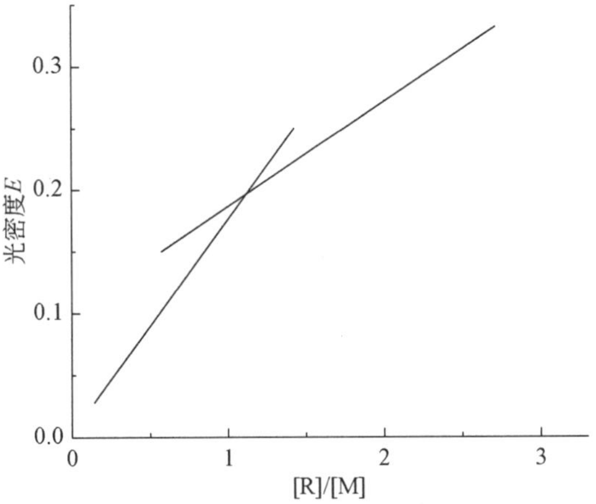

图 6.19　用分子比值求络合物的组成

3.萃取条件

溶液的 pH 为 6～9 范围内进行萃取时，对测定无影响。为了防止钍等离子的干扰，本法选用 pH 范围为 6.0～6.5 之间。当加入 4 mL ρ(8-羟基喹啉)=20 g·L^{-1}时即达到饱和，加入量超过 8 mL 后即析出结晶固体，本法选用加 6 mL ρ(8-羟基喹啉)=20 g·L^{-1}溶液。在无共存其他元素离子存在时，振荡萃取 2 min 即达平衡。当有钍离子存在时，须振荡萃取 10 min，才能达到平衡。在这种条件下，一次萃取其收率就在 95%以上。

4. 共存元素离子的干扰

结果列于表 6.22

5. 其他

日前常用测定微量铀的检测方法主要有光度法、荧光法、电感耦合等离子体质谱法和电感耦合等离子体光谱法等，各种检测方法因仪器设备的不同，表现出不同的优越性。分光光度法因其设备价廉、安装条件宽泛等优势，在铀的分析检测中仍然有一定的地位。关于铀的分光光度分析方法的研究主要集中在直接显色测定和萃取分离后显色测定两个方面。分析检测主体分别是放射性废料、土壤、水体、食品等。对盐湖卤水中铀的分光光度分析方法的研究未有报道，故而本章铀的分析方法保留了前面版本的方法，在此基础上调整了原方法中的部分表述不明确的内容。需要的可参考后附文献。

表 6.22 共存离子对测铀的影响

共存离子		U^{6+}加入量/μg	U^{6+}测定量/μg	相对误差/10^{-2}	共存离子		U^{6+}加入量/μg	U^{6+}测定量/μg	相对误差/10^{-2}
离子	加入量/mg				离子	加入量/mg			
Al^{3+}	20	10.0	10.1	+1.0	PO_4^{3-}	10	10.0	10.0	0
Ca^{2+}	100	10.0	10.2	+2.0	CrO_4^{2-}	5	10.0	10.1	+1.0
Ce^{4+}	2	10.0	10.4	+4.0	Ac^-	1	10.0	9.9	−1.0
Co^{2+}	10	10.0	10.3	+3.0	S^{2-}	1	10.0	10.5	+5.0
Cu^{2+}	10	10.0	10.3	+3.0	Ba^{2+}	10	25.0	25.2	+0.8
Fe^{3+}	20	10.0	9.9	−1.0	Cd^{2+}	10	25.0	25.4	+1.6
La^{3+}	10	10.0	10.0	0	K^+	5	25.0	25.1	+0.4
Ni^{2+}	10	10.0	10.1	+1.0	Mg^{2+}	10	25.0	24.9	−0.4
Pb^{2+}	5	10.0	10.0	0	Mn^{2+}	10	25.0	24.9	−0.4
Sr^{2+}	10	10.0	10.1	+1.0	Mo^{6+}	1	25.0	27.0	+8.0
Th^{4+}	10	10.0	10.3	+3.0	NH_4^+	10	25.0	25.0	0
Zn^{2+}	10	10.0	10.0	0	Fe^{2+}	10	25.0	25.2	+0.8
Zr^{4+}	0.05	10.0	10.5	+5.0	SO_4^{2-}	10	25.0	25.2	+0.8
F^-	1	10.0	9.8	−2.0	$C_2O_4^{2-}$	10	25.0	25.3	+1.2
Br^-	1	10.0	9.9	−1.0	Cl^-	大量	25.0	25.0	0
I^-	1	10.0	10.0	0	NO_3^-	大量	25.0	25.7	+2.8

参 考 文 献

[1] 中国科学院青海盐湖研究所. 卤水和盐的分析方法[M]. 2 版. 北京: 科学出版社, 1988: 75-157.

[2] 李昌厚. 紫外可见分光光度计[M]. 北京: 化学工业出版社, 2005.

[3] 邱德仁. 原子光谱分析[M]. 上海: 复旦大学出版社, 2002: 123.

[4] 苏克曼. 波谱解析法[M]. 上海: 华东理工大学出版社, 2002: 60-68.

[5] 姜月顺, 李铁津. 光化学[M]. 北京: 化学工业出版社, 2004.

[6] 杨武, 高锦章, 康敬万. 光度分析中的高灵敏反应及方法[M]. 北京: 科学出版社, 2000: 232-235.

[7] 赫兹堡 G. 分子光谱与分子结构[M]. 北京: 科学出版社, 1983: 22-38.

[8] 桑德尔 E B, 大西宽. 痕量金属的光度法测定概况 痕量金属的比色测定第一部分[M]. 4 版. 容庆新,等

译. 北京: 地质出版社, 1982.
[9] 何巧红, 陈恒武. 浅谈桑德尔灵敏度的意义[J]. 大学化学, 1998, 13(6): 48.
[10] 杨浩义. 光度分析灵敏度的表示方法及其相互关系[J]. 冶金分析, 1996, 16(2): 39-41.
[11] 邢书才. 铬箐 R 分光光度法测定水合废水中痕量铍的方法评价[J]. 中国环境监测, 2002, 18(2): 35-37.
[12] 慈云祥, 殷名礼. 天然水中微量铍的分光光度测定[J]. 北京大学学报(自然科学版), 1977,(2): 53-61.
[13] 冉梦璇. 铍的测定分析方法[J]. 新疆有色金属, 2019,(4): 49-50.
[14] 马育华, 陈大贤. 甲亚胺分光光度测定天然水, 卤水和盐矿物中的硼[J]. 分析测试通报, 1987, 6(1): 41-44.
[15] 周逢葭. 甲亚胺-H 酸分光光度法测定海水中的硼[J]. 海洋湖沼通报, 1988,(1): 44-48.
[16] 郑潞. 甲亚胺-H 分光光度法测硼的条件及应用[J]. 土壤, 1986, 18(3): 153-157.
[17] 晋心文, 汪瑾, 宋兴福, 等. 高镁卤水微量硼测定方法探讨[J]. 盐业与化工, 2010, 39(5): 35-38.
[18] 邢书才, 岳亚萍, 扬永. 甲亚胺-H 光度法检测水中硼测定条件的改性研究[J]. 应用化工, 2019, 48(2): 494-496.
[19] 张慧妍, 柳杰, 周丽华, 等. 两种铝离子质量浓度测定方法的比较[J]. 湿法冶金, 2015, 34(4): 347-350.
[20] 周平, 潘莉, 王伯涛. 二甲酚橙分光光度法测定硼砂中的微量铝[J]. 中国实验方剂学杂志, 2012, 18(3): 54-56.
[21] 张宗贵. 铝的光度分析简介[J]. 光谱实验室, 1995, 12(2): 63-67.
[22] 刘继文. 分光光度法测定微量铝–二甲酚橙在工业中的应用[J]. 云南环境科学, 2006, 25(增刊): 180-182.
[23] 赵桦萍, 杨万丽, 李雪明. 二甲酚橙水溶液稳定性的研究[J]. 高师理科学刊, 2006, 26(2): 43-44.
[24] 彭崇智, 葛蜀山, 吴尔清. 冷却水中二氧化硅含量的测定[J]. 工业水处理, 1984,(3): 36-40.
[25] 王昭文. 钼蓝光度法测定硅的关键步骤[J]. 化工矿山技术, 1995, 24(2): 44-45.
[26] 翟征秋, 孙会芳, 刘占广, 等. 不同盐度标准溶液测定海水硅酸盐含量[J]. 盐业与化,2008,37(6):33-35.
[27] 中华人民共和国生态环境部. HJ 537—2009 水质氨氮的测定–纳氏试剂分光光度法[S]. 北京:中国环境科学出版社, 2010.
[28] 王海宏, 屠伟斌, 张瑶琴, 等. 掩蔽剂对纳氏试剂分光光度法测定水中氨氮的影响研究[J]. 计量与测试技术, 2018, 45(10): 54-55.
[29]肖翔群, 毛予捷, 伍丽平, 等. 纳氏试剂分光光度法测定水中氨氮掩蔽剂[J]. 环境工程, 2014, 32(增刊): 180-182.
[30] 叶淦球. 针对纳氏试剂分光光度法测定水中氨氮影响因素的实验研究[J]. 化工管理, 2018, 1: 100-101.
[31] 吕兴. 水杨酸分光光度法测定水溶液中硝酸根浓度发热研究[J]. 福建分析测试, 2017, 26(1): 52-54.
[32] 邓强, 汤颖, 陈刚, 等. 水杨酸分光光度法测定水中的 NO_3^- [J]. 安徽农业科技, 2010, 38(4): 1676-1677.
[33] 谢红伟. 水杨酸比色法测定水中硝酸盐氮的含量[J]. 贵州农业科学,1999, 27(3): 40-41.
[34] 晋向红. 对氨基苯磺酸-H 酸偶联分光光度法测定亚硝酸根[J]. 江苏预防医学, 2000, 11(2): 60.
[35] 张霞, 史晓斌, 吴长瑛. 重氮化偶合反应测定亚硝酸盐方法的改进[J]. 环境污染与治理, 1997, 19(2): 42-43.
[36] 李建平, 黎明. 亚硝酸根–对氨基苯磺酸–H 酸偶联反应体系光度法测定亚硝酸根的研究[J]. 分析实验室, 1995, 14(5): 22-24.

[37] 国家环境保护局. GB 13580.7—1992 大气降水中亚硝酸盐测定 *N*-(1-萘基)-乙二胺光度法[S]. 北京: 中国标准出版社, 1993.
[38] 俞芸, 施文健, 杨凝非. 磺胺-*N*-苯基 J 酸分光光度法测定亚硝酸盐研究[J]. 光谱学与光谱分析, 2007, 27(3): 573-576.
[39] 许龙福. 硫酸钡比浊法测定食盐中硫酸根[J]. 理化检验-化学分册, 1995, 31(1): 33-34.
[40] 丁根娣, 吴杰, 许志遂. 硫酸钡吸光比浊法测定机理的探讨[J]. 理化检验-化学分册, 2001, 37(3): 111-112.
[41] 李丹, 谭艳季. 比浊法测定硫酸根方法的优化[J]. 广东化工, 2020, 47(11): 216-217.
[42] 席改卿, 庞秀言. 硫酸钡比浊法分散体系的稳定性研究[J]. 河北师范大学学报(自然科学版), 2007, 31(4): 503-506.
[43] 沈敏. 卤水中溴离子的测定-酚红分光光度法[J]. 中国井矿盐, 1993, 111(5): 42-43.
[44] 贺茂勇, 肖应凯, 马云麒,等. 基于与酚红反应-分光光度法测定高碘卤水中溴[J]. 理化检验-化学分册, 2009, 45(12): 1442-1443.
[45] 陈向南. 水溶液中溴离子的测定方法研究[D]. 青岛: 中国海洋大学, 2013.
[46] 刘国良, 苏慧敏, 卢拥军,等. 压裂返排液中溴盐示踪剂的酚红分光光度法检测[J]. 钻井液与完井液, 2018, 35(3): 119-123.
[47] 周传静. 痕量碘的测定方法及砷铈催化动力学研究[D]. 青岛: 中国海洋大学, 2008.
[48] 张艳, 田耘, 毕军平,等. 分光光度法测定水体中痕量碘化物[J]. 理化检验-化学分册, 2014, 50(9): 1171-1172.
[49] 章文贡, 李杰珍, 林权,等. 砷饰催化法测定海水中微昊碘的研究[J]. 福建师大(自然科学版), 1973, 2: 47-57.
[50] 李自强, 翟明霞, 刘素华. 砷铈催化分光光度法测定水中碘的方法改进[J]. 中国公共卫生, 2006, 21(3): 349.
[51] 杨双瑗, 王忠. 改进邻菲罗啉分光光度法测定炉水中铁含量[J]. 广州化工, 2022, 50(11): 91-93.
[52] 李进民. 邻菲啰啉分光光度法测定铁的 4 种还原剂的比较[J]. 大同职业技术学院学报, 2004, 18(2): 72-73.
[53] 高勇, 贺一凡, 梁建芬, 等. 基于邻二氮菲的铁架台分析方法的比较[J]. 食品科技, 2013, 38(5): 285-289.
[54] 俞静, 李文秀, 王雪枫,等. 双硫腙分光光度法测定水中微量锌方法的改进[J]. 天津化工, 2014, 28(1): 36-39.
[55] 徐秀杰, 冯彩婷, 元伟. 分光光度法测定豆类中的锌含量[J]. 周口师范学院学报, 2016, 33(5): 91-94.
[56] 石帮辉, 田永华, 康云华,等. 双硫腙水相光度法测定水中微量锌的研究[J]. 卫生研究, 2004: 33(5): 594-595.
[57] 宋记蓉, 王丽琴. 双硫腙水相直接光度法的探讨——人发中铅的测定[J]. 理化检验-化学分册, 1996, 32(1): 33-35.
[58] 徐茂军. 双硫腙水相直接光度法测定食品中的铅[J]. 中华预防医学杂志, 2002, 36(1): 52-52.
[59] 范晓燕, 董杰. Pb(Ⅱ)-双硫腙-PAR 水相光度法测定样品中铅[J]. 理化检验-化学分册, 2001, 37(6): 258-260.

[60] 万益群, 许逸敏, 万承波. 钼-硫氰酸盐-结晶紫-聚乙烯醇显色反应研究及应用[J]. 南昌大学学报(理科版), 2001, 25(1): 87-89.
[61] 中国石油和化学工业协会. GB/T 23836—2009 工业循环冷却水中钼酸盐含量的测定 硫氰酸盐分光光度法[S]. 北京: 中国标准出版社, 2009.
[62] 张明德. 抗坏血酸-硫氰酸盐分光光度法测定钼探讨[J]. 特钢技术, 2003,(3): 25-30.
[63] 徐志昌, 张萍. 硫氰酸盐比色测定钼的方法研究[J]. 中国钼业, 2012, 36(4): 22-26.
[64] 伊丽莹, 张海政. 钍-偶氮胂III-乙醇体系显色反应的研究及应用[J]. 岩矿测试, 1991, 10(3): 182-184.
[65] 中国科学院青海盐湖研究所. 卤水和盐的分析方法[M]. 北京: 科学出版社, 1973:172-181.
[66] 封国宁, 陈红波, 李铁球. PMBP 萃取分离偶氮肿 III 分光光度法测定铀矿石中的钍[J]. 铀矿冶, 1996, 15(3): 207-209.
[67] 周景涛, 孙志峰, 王瑞军. 分光光度法测定铁矿石中钍含量[J]. 包钢科技, 2023, 49(3): 92-98.
[68] 中国科学院青海盐湖研究所三室. 萃取-分光光度法测定卤水中的微量铀[J]. 分析化学, 1972, 1(3): 75-78.
[69] 杜浪, 李玉香, 马雪, 等. 偶氮胂III分光光度法测定微量铀[J]. 冶金分析, 2015, 35(1): 68-71.
[70] 汪向伟, 梁漫春, 吴飞, 等. 水中铀的分析方法研究进展[J]. 工业水处理, 2021, 41(5): 1-8.

第 7 章　火焰原子吸收光谱分析

光谱（spectrum）首次出现在 1672 年 I. Newton 发表的论文里，用来描述棱镜色散阳光的情景。1802 年沃拉斯顿（W. H. Wollaston）在研究太阳连续光谱时，发现了太阳连续光谱中出现的暗线。1817 年夫琅禾费（J. Fraunhofer）在研究太阳连续光谱时，再次发现了这些暗线，由于当时尚不了解产生这些暗线的原因，于是就将这些暗线称为夫琅禾费线。1859 年，基尔霍夫（G. Kirchhoff）与本生（R. Bunson）在研究碱金属和碱土金属的火焰光谱时，发现钠蒸气发出的光通过温度较低的钠蒸气时，会引起钠光的吸收，并且根据钠发射线与暗线在光谱中位置相同这一事实，断定太阳连续光谱中的暗线，正是太阳外围大气圈中的钠原子对太阳光谱中的钠辐射吸收的结果。

原子吸收光谱作为一种实用的分析方法是从 1955 年开始的。这一年澳大利亚的沃尔什（A. Walsh）发表了他的著名论文“原子吸收光谱在化学分析中的应用”，奠定了原子吸收光谱法的基础。50 年代末和 60 年代初，Hilger，Varian Techtron 及 Perkin-lmer 公司先后推出了原子吸收光谱商品仪器，发展了沃尔什的设计思想。到了 60 年代中期，原子吸收光谱开始进入迅速发展的时期。

原子吸收技术的发展推动了原子吸收仪器的不断更新和发展，而其他科学技术进步，为原子吸收仪器的不断更新和发展提供了技术和物质基础。

7.1　概　　述[1–4]

7.1.1　方法原理

当有辐射通过自由原子蒸气，且入射辐射的频率等于原子中的电子由基态跃迁到各种较高轨道形成多种能态的原子（最低激发态的概率最高）所需要的能量频率时，原子就要从辐射场中吸收能量，外层电子跃迁，该原子由基态转为激发态原子，同时产生该元素特征的原子吸收光谱，以共振线为最强。

由于原子能级是量子化的，因此，在所有的情况下，原子对辐射的吸收都是有选择性的。由于各种元素的原子结构和外层电子的排布不同，各种元素的原子从基态跃迁至第一激发态时吸收的能量不同，因而各种元素的原子的共振吸收线具有特定的波长。按

$$\Delta E = E_1 - E_0 = h\nu = h\frac{c}{\lambda} \qquad (7.1)$$

式中，h 为普朗克常数；c 为光速。

原子吸收光谱线并不是严格几何意义上的线，而是占据着有限的相当窄的频率或波长范围，即有一定的宽度。原子吸收光谱的轮廓以原子吸收谱线的中心波长和半宽度来表征。中心波长由原子能级决定。半宽度是指在中心波长的地方，极大吸收系数一半处，吸收光

谱线轮廓上两点之间的频率差或波长差。半宽度受到很多实验因素的影响。

实现峰值吸收测量的先决条件是光源发射线的半宽度应小于吸收线的半宽度，且通过原子蒸气发射线的中心频率恰好与吸收线的中心频率 v_0 相重合。采用连续光源，要达到分辨半宽度为 10^{-3} nm，若波长为 500 nm 的谱线，按计算需要有分辨率高达 50 万的单色器，在目前技术条件下还十分困难。目前原子吸收仍采用空心阴极灯等特制光源来产生锐线发射。

从光源辐射出待测元素的特征波长的光，通过火焰中样品蒸气时，被蒸气中同一元素的基态原子吸收。吸收的大小与火焰中原子浓度的关系符合朗伯-比尔定律：

$$A = \lg\frac{\phi_0}{\phi_{tr}} = K \cdot l \cdot c \tag{7.2}$$

式中，A 为吸光度；ϕ_0 为入射光通量；ϕ_{tr} 为透射光通量；K 为吸收系数；l 为吸收光程长度；c 为引入火焰中待测元素的原子浓度。

当吸收光程长度 l 与吸收系数 K 一定时，吸光度 A 与火焰中待测元素的原子浓度 c 成正比。利用此定律可进行定量分析。

原子吸收光谱仪由光源、原子化器、分光器、检测系统等几部分组成。

7.1.2 干扰及其抑制

原子吸收光谱分析中的干扰，可分为物理干扰、化学干扰、光谱干扰和电离干扰。

1. 物理干扰

物理干扰是指试样溶液在转移、蒸发过程中物理因素变化而引起的干扰效应。这类干扰是非选择性的，对试样溶液中各元素的影响基本上是相似的。火焰原子吸收光谱法中，试样溶液的物理性质发生任何变化时，都将直接或间接地影响原子吸收强度。如试液溶液的黏度，影响试样溶液被抽吸入火焰的速度；表面张力，影响雾滴的大小及分布；溶剂的蒸气压，影响蒸发速度和凝聚损失；雾化气体的压力，影响吸入量的多少；等等。有机溶剂效应在某些方面也可看作物理干扰效应，它既影响试样溶液的雾化效率，也影响试样溶液雾珠和气溶胶在火焰中的蒸发与离解平衡。虽然有机溶剂会引起物理干扰，但某些有机溶剂可提高特定元素的测定灵敏度。此外，大量基体元素的存在，总含盐量的增加，在火焰中蒸发和离解时要消耗大量的热量，因而也可能影响原子化效率。

配制与待测试样溶液具有相似组成的标准溶液，是消除物理干扰的常用而有效的方法。当配制与待测试样溶液组成相似的标准溶液有困难时，可采用标准加入法来消除这种干扰。若待测元素含量较高，在灵敏度能满足要求的情况下，采用稀释的方法减小或消除物理干扰。

2. 化学干扰

化学干扰是指待测元素与其他组分之间的化学作用所引起的干扰效应，它主要影响待测元素的原子化效率。这类干扰具有选择性，对试样溶液中各种元素的影响是各不相同的，并随火焰温度、火焰状态和部位、其他组分的存在、雾滴的大小等条件而变化。化学干扰是原子吸收分光光度法中的主要干扰来源。典型的化学干扰是待测元素与共存物质作用生成难挥发的化合物，致使参与吸收的基态原子数减少。

消除化学干扰的方法主要有以下三种：

（1）调整火焰温度：火焰温度直接影响到火焰中固体化合物的生成速度和蒸发速度，火焰温度高于化合物的熔点和沸点，是该化合物干气溶胶完全蒸发和原子化的必要条件。一般来说，在高温火焰中化学干扰比冷火焰中要少些。因此可通过调整火焰气体组成改变火焰温度，采用高温火焰降低这种干扰。

（2）使用化学改进技术：广义的化学改进技术是指通过在线化学反应抑制和消除化学干扰，包括加入释放剂、保护剂、缓冲剂以及各种化学改进剂等。释放剂与干扰元素形成更稳定或更难挥发的化合物，而使待测元素从与干扰元素形成的化合物中释放出来。例如磷酸盐干扰钙的测定，加入锶或镧结合磷酸根而将钙释放出来，避免了磷酸根对钙的干扰作用。保护剂与待测元素形成稳定的络合物，阻止了待测元素与干扰元素之间生成难挥发性化合物，或者与干扰元素形成络合物，从而保护了待测元素。如加入 8-羟基喹啉与干扰元素铝形成螯合物，把干扰元素铝控制起来，从而抑制了铝对钙、镁的干扰。使用有机保护剂是有利的，因为有机络合物在火焰中易于被破坏，使与之结合的金属元素能更有效地原子化。缓冲剂的作用是在试样溶液与标准溶液中均加入超过缓冲量（即干扰不再变化的最低限量）的干扰元素，而使干扰元素对待测元素的影响趋于稳定。如在用乙炔−氧化亚氮火焰测钛时，可在试样溶液和标准溶液中均加入质量分数为 2×10^{-4} 以上的铝，使铝对钛的干扰趋于稳定。

（3）化学分离：当用上述两种方法都不能消除化学干扰时，可考虑用化学方法将待测元素与干扰组分分离，这不仅能消除干扰，也使待测元素得到富集，灵敏度得到提高。常用的分离方法是萃取法、沉淀法、离子交换法等，而以萃取法应用最广。

3. 光谱干扰

原子吸收光谱分析中的光谱干扰主要有以下几种：

（1）谱线重叠干扰：在光谱通带内，共存元素产生的发射谱线或分析元素有一条以上的发射线同时参与吸收，产生谱线重叠干扰。一般可通过选择其他分析谱线消除这种干扰，若不能选其他谱线，则需进行精确的空白测定，然后从分析测定中扣除空白值。

（2）多重吸收线的干扰：在光谱通带内存在多条分析元素发射线和多条分析元素吸收线时，将会产生多重吸收线干扰。这种干扰可通过减小光谱通带消除。

（3）非吸收光干扰：在光谱通带内，除了一条分析元素共振发射谱线外，还存在其他物质发射的不参与吸收的谱线，称为非吸收线。一般可采用减小光谱通带以分离开非吸收线。另外，还有原子化器的辐射光谱及杂散光产生非吸收光干扰。但在火焰原子吸收中，发射背景的强度一般不高，且为直流辐射信号，采用调制光源容易将其消除。

（4）分子吸收和光散射：分子吸收是指在原子化过程中生成的分子对辐射的吸收。分子吸收是带状光谱，会在一定的波长范围内形成干扰。光散射是指原子化过程中产生的微小的固体颗粒使光发生散射，造成透过光减小，吸收值增加。分子吸收和光散射引起的干扰，最有效的消除方法是背景校正。背景校正的方法主要有邻近非共振线校正、连续光源背景校正、塞曼效应背景校正、自吸效应校正背景等。

4. 电离干扰

在高温条件下，原子会电离（电离电位≤6 eV 的元素，在火焰中容易电离）使得基态原子数减少，吸光度下降，这种干扰称为电离干扰。火焰温度越高，这种干扰越严重。可通过加入过量的消电离剂来消除电离干扰，消电离剂是比被测元素电离电位低的元素，相同条件下消电离剂首先电离，产生大量的电子，抑制被测元素的电离。

7.1.3 方法评价

1. 检出限

检出限是指能产生一个确证在试样溶液中存在被测组分的分析信号所需要的该组分的最小含量或最小浓度。检出限 q 可由最小检测信号值与空白噪声导出：

$$q = \frac{\overline{A_L} - \overline{A_b}}{b} = \frac{3s_b}{b} \tag{7.3}$$

式中，$\overline{A_L}$ 为在检出限水平测得的分析信号的平均值；$\overline{A_b}$ 为测定空白样品背景信号足够多次（如 20 次）的平均值；s_b 为测定空白样品背景信号的标准偏差；b 为低浓度区校正曲线的斜率。

2. 灵敏度

灵敏度指被测组分的量或浓度改变一个单位时分析信号的变化量，用特征质量或特征浓度来表征，以产生 1%吸收或 0.0044 吸光度所需的被测组分的量或浓度来定义。

3. 精密度

以单次测定的标准偏差 s 衡量测量值 x 的随机误差，基于

$$s = \sqrt{\frac{\sum_{i=1}^{n}\left(x_i - \overline{x}\right)^2}{n-1}} \tag{7.4}$$

式中，x_i 为吸光度单次测定值；$\overline{x}$ 为吸光度 n 次测定的平均值。

若测量值的散布出自多种独立不相关的随机波动时，可用方差计算合成标准偏差 s_T：

$$s_T^2 = s_1^2 + s_2^2 + s_3^2 + \cdots + s_m^2 \tag{7.5}$$

4. 系统误差

系统误差指在一定实验条件下多次测定的平均值与约定真值相符合的程度。

$$\Delta A = \overline{A} - A_T \tag{7.6}$$

式中，ΔA 为系统误差；$\overline{A}$ 为 n 次测定的算术平均值；A_T 为约定真值（有证标准证书值）。

5. 测量结果的不确定度

测量结果的不确定度表征合理地赋予被测量之值的分散性，是与测量结果相联系的参数。该分散性的中心为约定真值，它按某一置信概率给出真值可能落入的区间。典型的不确定度来源包括取样、存储条件、仪器、试剂纯度、化学反应定量关系、测量条件、样品基质的影响、计算影响、空白修正、操作人员的影响及随机影响等。在原子吸收光谱分析中，多采用标准曲线法，由吸光度 A 反求被测元素的测定值 c 时，当系统误差随校准被修正，以及校准贡献分量可忽略不计时，求得 c 的扩展不确定度 $U_t(c)$为

$$U_t(c) = t_{\alpha,f} s_c \tag{7.7}$$

式中，$t_{\alpha,f}$ 为在置信水平 p=1- α 时的置信系数；s_c 为测定浓度的标准偏差。

s_c 的计算公式为

$$s_c = \frac{s_A}{b}\sqrt{\frac{1}{p}+\frac{1}{n}+\frac{\left(A_0-\overline{A}\right)^2}{b^2\sum_{i=1}^{n}\left(c_i-\overline{c}\right)^2}} \tag{7.8}$$

式中，n 为实验点数目；c_i 为建立校正曲线各实验点的浓度；$\overline{c}$ 为各实验点浓度的平均值；p 为对吸光度 A_0 重复测定的次数；$\overline{A}$ 为各实验点吸光度的平均值；s_A 为测定吸光度的标准偏差；b 为校正曲线斜率。

7.2　磷酸钠原子吸收光谱法测定锂[5, 6]

7.2.1　原理

短周期元素 Li 的火焰光谱特性是：会遭受凝相解离干扰、气相电离干扰以及气相 $Sr(OH)_2$ 分子吸收光谱干扰。其中遭受解离干扰，与碱土金属 Mg 类似。

从磷酸钠浓度-观察高度-Li 670.8 nm 吸光度和磷酸钠浓度-观察高度-Sr 460.7 nm 吸光度两个三维关系间的差异，很容易选出对锂无干扰，而对锶有强抑制的测量条件，从而消除相应的光谱干扰。磷酸根与 Sr 形成 $Sr_3(PO_4)_2$ 沉淀，脱离水相。其中引入的 Na^+ 起到电离缓冲剂作用，抑制电离干扰和增强 Li^+ 的吸光度。

7.2.2　仪器和试剂

1. 仪器及测量条件

表 7.1 列出了本法和一般方法的测量条件，均利于消除或减小 $Sr(OH)_2$ 分子带吸收光谱干扰。

2. 试剂

1）LiCl 溶液

称 5.323 g 优级纯 Li_2CO_3，置小烧杯里；加入约 30 mL 二次水，以玻璃棒搅呈乳状，

搅拌下滴加以优级纯 HCl 配制的与水体积比 1∶1 的 HCl 溶液，直至全溶；煮沸除去二氧化碳；冷后转入 1000 mL 容量瓶里，定容摇匀。此溶液 $\rho(Li^+)$=1.000 g·L^{-1}。用前稀释制工作标准溶液。

表 7.1　锂的测量条件

仪器	原子吸收光谱仪(PerkinElmer PinAAcle 900F)
灯类型	空心阴极灯
观测高度	仪器自动校准
分析线	Li 670.78 nm
狭缝宽度	0.2 nm
灯电流	15 mA
乙炔速率	2.5 L·min^{-1}
空气速率	10 L·min^{-1}

2）Na_3PO_4 溶液

称取 50 g 分析纯 $Na_3PO_4 \cdot 12H_2O$，用二次水溶解并定容到 500 mL，摇匀备用。此溶液 $\rho(PO_4^{3-})$=25 g·L^{-1}。

3）其他试剂溶液

均以二次水溶解分析纯试剂配成。

7.2.3　测定步骤

1. 工作标准系列的制备

准确移取含 $\rho(Li^+)$=25.00 mg·L^{-1}的工作标准溶液 0 mL、0.50 mL、1.50 mL、2.00 mL、4.00 mL、6.00 mL，分别置于六个 25 mL 的容量瓶中；各瓶均加入 2.00 mL 含 $\rho(PO_4^{3-})$= 5 g·L^{-1}的 Na_3PO_4 溶液，加二次水定容摇匀后待测量。

2. 试样溶液的处理

取 V_s mL 卤水试样，置 25 mL（V_A）容量瓶里，加入 2.00 mL 含 $\rho(PO_4^{3-})$=25 g·L^{-1}的 Na_3PO_4 溶液，加二次水定容摇匀后待测量。卤水至少应稀释 100 倍，地下卤水至少应稀释 200 倍方可作待试样溶液。加 Na_3PO_4 溶液后若生沉淀，放置沉降或离心分离后测量清液。

3. 测量及结果计算

测量标准系列及试样溶液的吸光度，得出标准曲线。由标准曲线获取试样溶液吸光度对应的浓度 $\rho_A(Li^+)$。试样中含 $\rho_s(Li^+)$按下式计算：

$$\rho_s(Li^+)=\frac{\rho_A(Li^+)V_A}{V_s}$$

7.2.4　讨论

1. 消分子吸收干扰的方法

若不用 Na_3PO_4 溶液消分子吸收光谱干扰，换用常规最佳原子化的条件，即在最贫燃料的底部测量锂的吸光度，也能部分减小这种干扰。

2. 磷酸钠消干扰的能力

表 7.2 显示了 Na_3PO_4 溶液消干扰的能力。

表 7.2　Na_3PO_4 存在下干扰离子的允许限

共存物	允许浓度/(μg·mL^{-1})	共存物	允许浓度/(μg·mL^{-1})	共存物	允许浓度/(μg·mL^{-1})
Na^+	4000	Cu^{2+}	300	SiO_3^{2-}	1000[a]
K^+	4000	Fe^{3+}	2000	NO_3^-	1000[a]
Rb^+	500[a]	Al^{3+}	1000	SO_4^{2-}	1000[a]
Cs^+	1000[a]	NH_4^+	500	CO_3^{2-}	1000
Mg^{2+}	4000	U^{6+}[b]	400[a]	$B_4O_7^{2-}$	1000
Ca^{2+}	1500	Cr^{6+}[c]	400[a]	HCl	0.20mol·L^{-1}
Sr^{2+}	1700	$C_2O_4^{2-}$	1000[a]	HNO_3	0.20mol·L^{-1}
Ba^{2+}	500	F^-	1000[a]	H_2SO_4	0.10mol·L^{-1}
Zn^{2+}	200	Br^-	5000[a]	H_3PO_4	0.07mol·L^{-1}
Mn^{2+}	400[a]	I^-	7000[a]		

a. 未研究更高浓度；
b. 以 $UO_2(C_2H_3O_2)_2$ 配成；
c. 以 $K_2Cr_2O_7$ 配成
注：其他阳离子均以氯化物配成，阴离子均以钠盐配成

3. 三维干扰分区性的研究

表 7.3 显示，在不同的观察高度上测量 Li 670.8 nm 吸光度时，干扰离子的种类和允许共存物的浓度均不相同。即干扰具有按变量观察高度和变量共存物浓度分区的性质，称三维干扰的分区性。

表 7.3　测锂时干扰的分区性

共存物	负干扰区		无干扰区		正干扰区	
	观察高度/mm	共存离子浓度/(μg·mL^{-1})	观察高度/mm	共存离子浓度/(μg·mL^{-1})	观察高度/mm	共存离子浓度/(μg·mL^{-1})
HNO_3	—	—	2~20	≤1 mol·L^{-1}[a]	—	—
KCl	6~20	K^+≥7800	2~14	K^+≤2340	—	—

续表

共存物	负干扰区		无干扰区		正干扰区	
	观察高度/mm	共存离子浓度/(μg·mL^{-1})	观察高度/mm	共存离子浓度/(μg·mL^{-1})	观察高度/mm	共存离子浓度/(μg·mL^{-1})
$MgCl_2$	6～20	Mg^{2+}≥1940	2～20	Mg^{2+}≤584	—	—
$CaCl_2$	6～20	Ca^{2+}≥1600	2～10	Ca^{2+}≤800	—	—
$BaCl_2$	2～20	Ba^{2+}≥5400	2～20	Ba^{2+}≤820	—	—
$AlCl_3$	2～14	Al^{3+}≥800	2～20	Al^{3+}≤100	—	—
Na_3PO_4	2～8	PO_4^{3-}≥3000	5～18	PO_4^{3-}≤2000	—	—
H_3PO_4	2～20	H_3PO_4≥0.20	2～20	H_3PO_4≤0.07 mol·L^{-1}	—	—
HCl	2～20	HCl≥0.6 mol·L^{-1}	2～20	HCl≤0.10 mol·L^{-1}	—	—
RbCl	—	—	8～20	Rb^+≤3420[a]	2～5	Rb^+≥170
CsCl	—	—	8～20	Cs^+≤5320	2～5	Cs^+80～297
$SrCl_2$	—	—	2～8	Sr^{2+}≤50	10～20	Sr^{2+}≥50
NaF	—	—	2～12	F^-≤10	4～6	F^-≥20
$Na_2C_2O_4$	—	—	2～10	$C_2O_4^{2-}$≤20	8～18	$C_2O_4^{2-}$≥40
Na_2CO_3	—	—	2～8	CO_3^{2-}≤800[a]	10～14	CO_3^{2-}≥100
Na_2SiO_3	—	—	2～20	SiO_3^{2-}≤20	4～14	SiO_3^{2-}≥40
NaCl	10～20	Na^+≥4600	6～20	Na^+≤2300	2～5	Na^+460～1380
H_2SO_4	5～14	H_2SO_4≥0.50 mol·L^{-1}	2～8	H_2SO_4≤0.40 mol·L^{-1}	18	H_2SO_4≥0.2 mol·L^{-1}

注：测量液含 Li^+ 2.50 μg·mL^{-1}

a. 未研究更高的浓度

4. 卤水分析

表 7.4 为人工合成卤水试样中 Li^+的分析结果，实验结果显示了卤水试样充分稀释的必要性，这在表 7.5 天然卤水分析中得到了证实。

表 7.4　人工合成卤水分析

合成卤水编号	类型	按下列稀释倍数后各种合成卤水中锂 2.50 μg·mL^{-1}的回收/10^{-2}				
		20	50	100	200	400
1	盐湖水	93.8	99.1	101.1	96.9	100.0
2	盐湖水	91.1	95.5	97.5	99.6	100.2
3	盐湖水	91.6	95.5	96.2	96.6	97.6
4	盐湖水	94.4	100.8	99.5	99.5	100.8

续表

合成卤水编号	类型	按下列稀释倍数后各种合成卤水中锂 2.50 μg·mL^{-1}的回收/10^{-2}				
		20	50	100	200	400
5	盐湖水	86.3	96.4	95.3	99.1	100.0
6	井卤水	83.5	85.0	92.2	100.0	101.5
7	井卤水	85..0	91.9	94.7	100.2	103.1

表 7.5　天然卤水分析

天然卤水编号	Sr^{2+} /(μg·mL^{-1})	测锂液的稀释倍数	分析结果 Li^+/(μg·mL^{-1})	增量检查		
				加入 $\rho(Li^+)$ /(μg·mL^{-1})	测得 $\rho(Li^+)$ /(μg·mL^{-1})	回收 /10^{-2}
井卤 1 号	0.200	100	11 次平行测定 90.1 ± 1.5			
井卤 2 号	0.226	200	244	50	50.6	101.2
井卤 3 号	0.920	500	1000	50	50.5	101.0
盐湖水 1 号	0.030	100	26.0	50	47.3	94.6
盐湖水 2 号	0.402	100	58.0	50	49.5	99.0
盐湖水 3 号	0.012	50	12.0	50	50.3	100.6
温泉水	＜0.005	50	3.25	50	50.8	101.6

7.3　电离缓冲原子吸收光谱法测定钠[7]

7.3.1　原理

本法以低空白的钾盐（硝酸钾常优于氯化钾）作电离缓冲剂，可减少共存离子的电离干扰，并增强测 Na^+的灵敏度。

7.3.2　仪器和试剂

1. 仪器及测量条件

Na^+的测量条件列于表 7.6。测钠时要求用窄的光谱通带。

2. 试剂

1）NaCl 溶液

准确称取 2.542 g 基准级 NaCl，溶于二次水，转入 1000 mL 容量瓶中，定容摇匀。此溶液 $\rho(Na^+)$=1000 mg·L^{-1}。用前稀释制备工作标准溶液。

表 7.6　钠的测量条件

仪器	原子吸收光谱仪（PerkinElmer PinAAcle 900F）
灯类型	空心阴极灯
观测高度	仪器自动校准
分析线	Na 589.00 nm
狭缝宽度	0.2 nm
灯电流	7 mA
乙炔速率	2.5 $L\cdot min^{-1}$
空气速率	10 $L\cdot min^{-1}$

2）钾盐缓冲溶液

配制成 $\rho(K^+)$=5.00 $g\cdot L^{-1}$的溶液。选用低 Na 的空白试剂，若用 KCl 时需称 9.53 g，若用 KNO_3 时需称 14.21 g，溶解后定容到 1000 mL。

3）其他溶液

均以低 Na 空白试剂制备。

7.3.3　测定步骤

1. 工作标准系列的制备

准确移取 $\rho(Na^+)$=10.00 $\mu g\cdot mL^{-1}$的标准溶液 0 mL、1.00 mL、2.00 mL、4.00 mL、6.00 mL，分置 5 个 10 mL 容量瓶中；各瓶均加入 1.00 mL $\rho(K^+)$=5.00 $g\cdot L^{-1}$缓冲溶液，定容摇匀后待测量。

2. 试样溶液的处理

准确移取含 Na^+＜50 μg 的试样溶液 m_s，置于 10 mL 容量瓶中；加入 1.00 mL $\rho(K^+)$=5.00 $g\cdot L^{-1}$缓冲溶液，定容摇匀后待测量。

3. 测量及结果计算

按表 7.6 的条件，测量标准系列及试样溶液的吸光度。由标准系列的数据，得出标准曲线，由该线查获对应于试样溶液吸光度的含 Na^+量 $m(Na^+)$。

待测试样溶液中 Na^+的质量分数为

$$\omega\left(Na^+\right)=\frac{m(Na^+)}{m_s}$$

7.3.4　讨论

1. 标准曲线的弯曲

用分辨率差的仪器时，因检出器常接收到不被吸收的无关辐射，标准曲线会严重弯曲；

但在分辨良好的仪器上测量时，标准曲线会很直，测量灵敏度也很高。

2. 最佳原子化与最佳光谱测量条件

依据三维火焰光谱研究结果：钠为热原子化型元素，其基态原子密集于贫燃焰中部；其激发态原子密集于化学计量焰中部内维顶区。窄的通带和低的灯电流均利于测量。

3. 三维干扰的分区性

通过对干扰物浓度-观察高度-Na 吸光度三维关系的研究，发现 Na^+的分析测量过程存在如表 7.7 所示的分区性。

表 7.7　测钠时干扰的分区性

共存物		负干扰区		无干扰区		正干扰区	
加入形式	计量形式	观察高度/mm	共存物浓度/(μg·mL^{-1})	观察高度/mm	共存物浓度/(μg·mL^{-1})	观察高度/mm	共存物浓度/(μg·mL^{-1})
H_2SO_4	H_2SO_4	—	—	2～20	≤0.25 mol·L^{-1}	—	—
HNO_3	HNO_3	—	—	2～20	≤0.50 mol·L^{-1}	—	—
NH_4Cl	NH_4^+	16～20	＞3000	2～14	1～2000	—	—
$CaCl_2$	Ca^{2+}	14～20	1000～3000	2～18	≤300	—	—
$SrCl_2$	Sr^{2+}	16～20	＞3000	2～12	≤3000	—	—
$AlCl_3$	Al^{3+}	16～20	2000～3000	2～16	1～1000	—	—
H_3BO_3	BO_3^{3-}	16～20	3000～5000	2～14	1～3000	—	—
HCl	HCl	14～20	＞0.30 mol·L^{-1}	2～12	≤0.30 mol·L^{-1}	—	—
H_3PO_4	H_3PO_4	10～20	0.03～0.17 mol·L^{-1}	2～8	≤0.03 mol·L^{-1}	—	—
RbCl	Rb^+	—	—	2～10	＜10	2～20	30～1000
CsCl	Cs^+	—	—	2～20	＜3	2～20	30～3000
$MgSO_4$	Mg^{2+}	—	—	2～20	1～10	6～10	100～2000
$BaCl_2$	Ba^{2+}	—	—	2～20	1～100	2～10	300～3000
LiCl	Li^+	12～20	3000～5000	16～20	＜300	2～14	30～300
KCl	K^+	16～20	＞5000	2～20	＜3	2～8	30～3000

其一般规律为：正干扰常发生在火焰的底部；负干扰常发生在火焰的上部；其间（中间）为无干扰区。

4. 三维电离干扰的规律

其他碱金属共存对测 Na^+的干扰有明显的周期性：无论正干扰的程度及其区域的大小，均按 Li＜K＜Rb＜Cs 顺序变化；有趣的是共存 LiCl 时有负干扰区，共存 KCl 时负干扰区缩小，共存 RbCl 时有随位性，共存 CsCl 时随位性也消失了。表 7.8 显示了 LiCl 的干扰分区性。无干扰区定义为±2%误差以内。

表 7.8　LiCl 干扰测 Na^+的分区性

共存 Li^+ /(μg·mL^{-1})	在各观察高度测量 Na^+的相对吸光度									
	2 mm	4 mm	6 mm	8 mm	10 mm	12 mm	14 mm	16 mm	18 mm	20 mm
0[a]	0.270	0.249	0.236	0.223	0.211	0.20 8	0.199	0.187	0.179	0.168
1	100	100	100	100	100	100	101	100	101	101
3	101	101	101	101	103	100	102	101	100	102
10	102	103	102	103	104	101	102	101	100	99
30	104	105	103	105	105	103	105	102	101	102
100	104	105	105	106	106	103	105	102	102	102
300	105	106	105	105	106	103	103	102	100	100
1000	103	104	105	102	102	98	99	102	94	93
3000	99	100	97	97	98	93	93	89	87	80
5000	94	94	92	91	94	87	84	80	75	70

a. 该行吸光度作为各列的标准以计算相对吸光度；各试样溶液均含 Na^+ 4.00 μg·mL^{-1}

5. 三维酸干扰效应

研究表明，H_3BO_3、HCl、H_2SO_4、HNO_3 及 H_3PO_4 共存，对测 Na^+均不会发生正干扰；H_3BO_3、HCl 和 H_3PO_4 有负干扰区，干扰程度及区域大小均依次序增加。表 7.9 显示了 H_3PO_4 干扰极其明显的随位性。无干扰区定义为±2%误差以内。

表 7.9　测钠时磷酸干扰的随位性

共存磷酸 /(mol·L^{-1})	在各观察高度测 Na^+ 的相对吸光度									
	2 mm	4 mm	6 mm	8 mm	10 mm	12 mm	14 mm	16 mm	18 mm	20 mm
0[a]	0.252	0.241	0.229	0.223	0.210	0.199	0.192	0.181	0.174	0.160
0.003	101	100	101	101	100	100	101	99	95	96
0.01	100	99	100	101	99	99	97	94	90	89
0.02	100	99	99	98	95	96	93	88	83	81
0.03	99	98	97	96	92	91	87	81	79	71
0.10	93	90	87	85	78	72	66	59	54	46
0.17	87	83	78	76	65	59	54	46	39	33

a. 该行吸光度作为各列的标准以计算相对吸光度；各测量液均含 Na^+ 4.00 μg·mL^{-1}

6. 钾盐的消干扰效应

铯盐或钾盐是理想的消电离干扰缓冲剂。含 K^+ 100～3000 μg·mL^{-1}的试样溶液可抑制共存物的电离干扰。表 7.10 提供了存在 K^+ 500 μg·mL^{-1}时各共存物的允许浓度。

表 7.10　K 盐的消干扰效应

共存物	计量形式	1		2	
		质量浓度/(mg·mL^{-1})	测 Na 相对误差/10^{-2}	质量浓度/(mg·mL^{-1})	测 Na 相对误差/10^{-2}
NH_4Cl	NH_4^+	1.00	−0.5	3.00	−2.0
LiCl	Li^+	1.00	−2.7	3.00	−9.7
RbCl	Rb^+	1.00	0.0	2.00	−1.2
CsCl	Cs^+	1.00	−2.3	2.00	−0.8
$MgSO_4$	Mg^{2+}	1.00	−1.8	3.00	−1.7
$CaCl_2$	Ca^{2+}	1.00	−4.5	2.00	−4.0
$SrCl_2$	Sr^{2+}	1.00	−3.6	2.00	−3.2
$BaCl_2$	Ba^{2+}	1.00	−0.9	2.00	−1.6
$AlCl_3$	Al^{3+}	1.00	−0.5	2.00	−4.8
H_3BO_3	BO_3^{3-}	—	—	3.00	−0.5
HCl	HCl	0.20 mol·L^{-1}	−1.6	0.40 mol·L^{-1}	−5.5
H_2SO_4	H_2SO_4	0.10 mol·L^{-1}	−2.8	0.20 mol·L^{-1}	−4.1
HNO_3	HNO_3	0.50 mol·L^{-1}	−3.6	1.0 mol·L^{-1}	−1.6
H_3PO_4	H_3PO_4	0.03 mol·L^{-1}	−2.3	0.10 mol·L^{-1}	−2.8

注：均含 KCl（K^+ 500 μg·mL^{-1}）光谱缓冲剂。$\rho(Na^+)$=4.00 μg·mL^{-1}

7. 醇类的增强效应

效果不明显，其弊端是增加了测量噪声。

8. 试剂中 Na^+的测定

表 7.11 的结果表明，本法相对误差在±3%以内，重现性好，均优于其火焰发射法；且免除了共存 Ca、Sr、Ba 的分子光谱干扰。

表 7.11　试剂中 Na^+的测定

试剂	厂家与规格	取量/mg	原子吸收法		火焰发射法	
			含 Na^+/10^{-2}	增量回收/10^{-2}	含 Na^+/10^{-2}	增量回收/10^{-2}
$LiCl·H_2O$	上海试剂总厂 C.P.	40 80	0.0163 0.0169	98.5	0.0153 0.0166	102.5
LiCl	西德 Adnan99%	10 20	0.089±0.001 0.085±0.002	106.3 102.2	0.0755 0.0813	102.0
$MgSO_4·7H_2O$	上海试剂总厂 A.R.	50 70	<0.0002 <0.0002	98.0	<0.0002 <0.0002	98.5
$MgSO_4·7H_2O$	西北大学化工厂 A.R.	50 70	0.0018 0.0023	98.5	0.0014 0.0018	101.5

续表

试剂	厂家与规格	取量/mg	原子吸收法		火焰发射法	
			含 $Na^+/10^{-2}$	增量回收$/10^{-2}$	含 $Na^+/10^{-2}$	增量回收$/10^{-2}$
$MgCl_2 \cdot 6H_2O$	北京化工厂 A.R.	50 70	<0.0002 <0.0002	96.5	<0.0002 <0.0002	92.5
$SrCl_2 \cdot 6H_2O$	天津试剂一厂 A.R.	50 70	0.0012 0.0009	96.0	0.0294 0.0311	154.5[a]
KBr	北京化工厂 A.R.	50 70	0.0062±0.0003 0.0061±0.0001	100.7 100.0	0.0064 0.0066	107.5
NH_4Cl	上海金星化工厂 A.R.	50 70	0.0002 0.0006	99.0	<0.0002 0.0003	95.5
RbCl	张家坝化工厂 99%	50 70	0.0012 0.0020	101.5	0.0034 0.0040	104.5
CsCl	捷克 Chemapol C.P.	30 50	0.0403 0.0370	99.5	0.0460 0.0434	107.5
$CaCl_2$	北京化工厂≮93%	30 50	0.0190 0.0192	98.5	0.107 0.141	193[a]
$BaCl_2 \cdot 2H_2O$	北京化学试剂研究所 A.R.	50 70	<0.0002 <0.0002	97.5	0.0430 0.0486	192.5[a]

a. 因火焰发射法受 $Ca(OH)_2$、$Sr(OH)_2$、BaO 分子发射光谱干扰，结果严重偏高

7.4　电离缓冲原子吸收光谱法测定钾[8]

7.4.1　原理

与火焰发射法相比，用本法测 K^+时不必担心光谱干扰，应考虑共存物的强电离干扰。选用 NaCl 电离缓冲剂以钝化电离干扰，同时也提高了测量灵敏度。

7.4.2　仪器和试剂

1. 仪器及测量条件

测钾时需用贫燃料的空气–乙炔焰，在火焰下部进行测量，测量条件列于表 7.12。

2. 试剂

1）KCl 溶液

准确称取 1.907 g 优质纯 KCl，溶于蒸馏水后转入 1000 mL 容量瓶中；定容后摇匀。此溶液 $\rho(K^+)=1.000\ g \cdot L^{-1}$。用前，准确稀释制得工作标准溶液。

2）钠盐缓冲剂

称取 92.5 g 低钾空白 $NaNO_3$（必要时重结晶提纯），用二次水溶解并稀释到 1000 mL，

此溶液 $\rho(Na^+)$=25 g·L^{-1}。

表 7.12　钾的测量条件

仪器	原子吸收光谱仪（PerkinElmer PinAAcle 900F）
灯类型	空心阴极灯
观测高度	仪器自动校准
分析线	K 766.49 nm
狭缝宽度	0.2 nm
灯电流	8 mA
乙炔速率	2.5 L·min^{-1}
空气速率	10 L·min^{-1}

7.4.3　测定步骤

1. 工作标准系列的制备

准确移取含 $\rho(K^+)$=25.00 mg·L^{-1}的工作标准溶液 0 mL、2.00 mL、4.00 mL、6.00 mL、8.00 mL 和 10.00 mL，分置 6 个 25 mL 容量瓶中；各加入 1.00 mL 含 $\rho(Na^+)$=25 g·L^{-1}钠盐缓冲剂后，以二次水定容；摇匀待测量。

2. 试样溶液的处理

准确移取含 K^+＜250 μg 的试样溶液 m_s，置于 25 mL 容量瓶中，加入 1.00 mL 含 $\rho(Na^+)$=25 g·L^{-1}钠盐缓冲剂后，以二次水定容，摇匀待测量。

3. 测量及结果计算

按表 7.12 条件，测标准系列及试样溶液的吸光度；由标准系列的数据得出标准曲线；在该线上查得与试液吸光度对应的钾总量 $m(K^+)$。

试样中含 K^+的质量分数为

$$\omega\left(K^+\right)=\frac{m\left(K^+\right)}{m_s}$$

7.4.4　讨论

依据火焰光谱的三维研究，钾属热解原子化元素，基态钾原子密集于贫燃焰预热区。

1. 阳离子的影响

无电离缓冲剂的测钾液作测量时，会遭受共存阳离子的电离正干扰，结果见表 7.13。

表 7.13　阳离子的影响

离子浓度/(μg·mL^{-1})	以下阳离子对 3.00 μg·mL^{-1} K^+的测量回收/10^{-2}					
	Li^+	Na^+	Rb^+	Cs^+	Ca^{2+}	Mg^{2+}
0	100	100	100	100	100	100
50	118	118	114	112	103	107
100	118	118	114	115	103	107
200	118	118	114	121	103	107
500	118	127	124	126	103	107
1000	126	127	130	132	103	107
2000	129	127	138	135	103	107
3000	132	127	138	138	103	107

2. NaCl 缓冲剂存在时干扰离子的允许限

共存 Na^+ 1000 μg·mL^{-1}时，可允许 Li^+、Rb^+、Cs^+、Ca^{2+}和 Mg^{2+}分别为 2000 μg·mL^{-1}、1000 μg·mL^{-1}、500 μg·mL^{-1}、500 μg·mL^{-1}和 3000 μg·mL^{-1}，允许 200 μg·mL^{-1}的 Fe^{3+}、Sr^{2+}、Mn^{2+}、Zn^{2+}、Pb^{2+}、Ba^{2+}、Al^{3+}和 640 μg·mL^{-1} B_2O_3 共存。

3. 酸的影响

实验表明 H_3PO_4 有严重的负干扰。

4. 人工合成卤水分析

表 7.14 的研究表明，原卤一般要稀释 100 倍以上作试样溶液才能准确测定钾。

表 7.14　人工合成卤水分析

卤水型	稀释倍数	加入 K^+/μg	测得 K^+/μg	相对误差/10^{-2}
盐湖 1 号	50	50.00	50.00	0.0
	100	50.00	50.00	0.0
	150	50.00	50.00	0.0
盐湖 2 号	50	50.00	52.5	+5.0
	100	50.00	50.0	0.0
	150	50.00	50.5	+2.0
盐湖 3 号	50	50.00	50.0	0.0
	100	50.00	50.0	0.0
	150	50.00	51.3	+2.6
井卤 1 号	50	50.00	52.5	+5.0
	100	50.00	50.0	0.0
	150	50.00	50.0	0.0
井卤 2 号	50	50.00	52.5	+5.0
	100	50.00	48.8	−2.4
	150	50.00	49.5	−1.0

7.5 电离缓冲原子吸收光谱法测定铷和铯[8]

7.5.1 原理

当试样溶液含 Rb^+或 Cs^+在 0.001%～0.1%范围时，可用 $\rho(K^+)$=2 g·L^{-1}的 KCl 电离缓冲剂抑制电离干扰，实现直接测定。

7.5.2 仪器和试剂

1. 仪器及测量条件

测量参数列于表 7.15。最佳原子化条件是贫燃料的空气-乙炔焰，在很低位置上作测量。

表 7.15　铷和铯的测量条件

仪器	原子吸收光谱仪（PerkinElmer PinAAcle 900F）	
灯类型	无极放电灯	
观测高度	仪器自动校准	
分析线/nm	Rb 780.02	Cs 852.12
空气速率/(L·min^{-1})	2.5	2.5
乙炔速率/(L·min^{-1})	10	10
狭缝宽度/nm	0.2	0.7
灯电流/mA	50	100

2. 试剂

1）RbCl 溶液

准确称取 1.415 g 光谱纯 RbCl，溶于二次水，转入 1000 mL 容量瓶中，定容后摇匀。此溶液 $\rho(Rb^+)$=1.000 g·L^{-1}，若必要，可用硫酸使其转为 Rb_2SO_4，在小于 1073 K 热至恒重标定之。

2）CsCl 溶液

准确称取 1.267 g 光谱纯 CsCl，溶于二次水，转入 1000 mL 容量瓶中，定容后摇匀。此溶液 $\rho(Cs^+)$=1.000 g·L^{-1}，必要时按 1)法转为 Cs_2SO_4 标定之。

3）Rb 和 Cs 铯混合工作标准溶液

使用前，准确量取 RbCl 和 CsCl 溶液，置于同一容量瓶中，用二次水稀释定容。制成含 $\rho(Rb^+)$=12.50 mg·L^{-1}，$\rho(Cs^+)$=25.00 mg·L^{-1}的混合工作标准溶液。

4）KCl 溶液

称取 95.4 g 优级纯 KCl，用二次水溶解后，转入 1000 mL 容量瓶里，定容摇匀之。此溶液 $\rho(K^+)$=50 g·L^{-1}。

7.5.3　测定步骤

1. 工作标准系列的制备

准确移取不同体积 $\rho(Rb^+)$=12.50 mg·L^{-1}，$\rho(Cs^+)$=25.00 mg·L^{-1}的混合工作标准溶液 0 mL、1.00 mL、2.00 mL、3.00 mL、4.00 mL 和 5.00 mL，分置 6 个 25 mL 容量瓶中；均加入 1.00 mL $\rho(K^+)$=50 g·L^{-1}溶液、5.00 mL 正丙醇，以二次水定容，摇匀待测量。

2. 试样溶液的处理

准确移取 m_s 的试样溶液（含 Rb^+＜62.5 μg，Cs^+＜125 μg），置 25 mL 容量瓶中，加入适量 $\rho(K^+)$=50 g·L^{-1}溶液，使待测试样溶液中总 K^+接近 50 mg；再加入 5.00 mL 正丙醇，以二次水定容，摇匀待测量。

3. 测量及结果计算

按表 7.15 条件，测量标准系列及试样溶液 Rb 和 Cs 的吸光度。据标准系列的数据，得出标准曲线。据此查获与试样溶液吸光度对应的 Rb 和 Cs 总量 $m(Rb^+)$和 $m(Cs^+)$。

试样中铷和铯的质量分数分别为

$$\omega\left(Rb^+\right)=\frac{m\left(Rb^+\right)}{m_s}$$

$$\omega\left(Cs^+\right)=\frac{m\left(Cs^+\right)}{m_s}$$

7.5.4　讨论

依据火焰光谱的三维研究，铷和铯的基态原子均密集于贫燃焰的底部（预热区）。

1. 氯化钾的电离缓冲效应

测量溶液 $\rho(K^+)$=2～10 g·mL^{-1}时，可稳定火焰中 Rb、Cs 的电离度，获增强及稳定的吸光度值，钝化了共存物的电离干扰，含 K^+过浓时，因降低雾化效率，使吸光度逐渐减小。

用 $\rho(K^+)$=2 g·L^{-1}的试样溶液时，共存 Rb^+ 300 mg·L^{-1}不影响 Cs（Cs^+ 3.00 mg·L^{-1}）的测定；但共存 Cs^+不得超出 30 mg·L^{-1}，否则会使铷（Rb^+3.00 mg·L^{-1}）的测量值偏高。

试样溶液 $\rho(K^+)$=2 g·L^{-1}时，共存 1000 mg·L^{-1}的 Mg^{2+}，Sr^{2+}或 Ba^{2+}，500 mg·L^{-1}的 Ca^{2+}或 Pb^{2+}，400 mg·L^{-1}的 Li^+或 Fe^{3+}，250 mg·L^{-1}的 NH_4^+、Mn^{2+}、Cu^{2+}、Zn^{2+}、Al^{3+}或 $B_4O_7^{2-}$（除 Pb 为硝酸盐、$B_4O_7^{2-}$ 为钠盐外，其余均为氯化物）均不影响 3.00 mg·L^{-1}的 Rb^+或 Cs^+的测定。

2. 酸的影响

HCl、HNO_3、H_2SO_4 都有负干扰效应。

3. 卤水分析

人工合成卤水分析结果表明，原卤至少应稀释 30 倍，才能作试样溶液，否则引起负误差。天然卤水分析用标准加入法检验时，标准回收的相对误差在±5%以内，结果列于表 7.16。

本法可用于提钾母液中 Rb 和 Cs 的测定。

表 7.16　天然卤水分析的增量检验

卤水编号	测定 Rb^+		测定 Cs^+	
	加入 Rb^+/μg	加标回收/10^{-2}	加入 Cs^+/μg	加标回收/10^{-2}
1	25.0	95	50.0	98
2	25.0	95	50.0	98
3	25.0	100	50.0	95
4	25.0	95	50.0	95
5	25.0	97	50.0	100
6	25.0	95	50.0	96
7	25.0	95	50.0	96
8	25.0	100	50.0	95
9	25.0	95	50.0	101

7.6　火焰原子吸收光谱法测定镁[9]

7.6.1　原理

测镁的困难在于遭受解离干扰和电离干扰。这是基于一些镁盐在火焰中难离解成自由镁原子，以及共存物原子电离产生电子云影响镁原子的电离平衡的结果。

本法利用氯化镧作释放剂，其反应如下：

$$Mg_3(PO_4)_2+2LaCl_3 \longrightarrow 2LaPO_4+3MgCl_2$$

使镁从难解离的磷酸镁转为易解离的氯化镁。

足量氯化钠作电离缓冲剂，使火焰中产生浓密的自由电子，反应为

$$NaCl \rightleftharpoons Na+Cl$$

$$Na \rightleftharpoons Na^++e^-$$

这些电子云包围镁原子，抑制或稳定了镁的电离，从而缩减了共存物的电离干扰。

7.6.2　仪器和试剂

1. 仪器及测量条件

采用微富燃料焰，测量条件列于表 7.17。

表 7.17　镁的测量条件

仪器	原子吸收光谱仪（PerkinElmer PinAAcle 900F）
灯类型	空心阴极灯
观测高度	仪器自动校准
分析线	Mg 285.21 nm
狭缝宽度	0.7 nm
灯电流	6 mA
乙炔速率	2.5 $L\cdot min^{-1}$
空气速率	10 $L\cdot min^{-1}$

2. 试剂

1）硫酸镁溶液

准确称取 10.139 g 优级纯 $MgSO_4\cdot 7H_2O$（低温密闭保存），溶于二次水，转入 1000 mL 容量瓶中，定容摇匀之。此溶液 $\rho(Mg^{2+})$=1.000 $g\cdot L^{-1}$。用前稀释制成工作标准溶液。

2）$LaCl_3$ 溶液

称取 80.2 g 分析纯 $LaCl_3\cdot 7H_2O$，溶于二次水后转入 1000 mL 容量瓶中，定容摇匀之。此溶液 $\rho(La^{3+})$=30.0 $g\cdot L^{-1}$。

3）NaCl 溶液

称取 25.4 g 分析纯 NaCl，溶于二次水中，转入 1000 mL 容量瓶中，定容摇匀之。此溶液 $\rho(Na^{+})$=10.0 $g\cdot L^{-1}$。

4）其他试剂

均用分析纯以上规格。

7.6.3　测定步骤

1. 工作标准系列的制备

取 5 个 10 mL 容量瓶，均加入 1.00 mL $\rho(La^{3+})$=30.0 $g\cdot L^{-1}$ 溶液，0.50 mL $\rho(Na^{+})$=10.0 $g\cdot L^{-1}$ 溶液；再分别加入含 $\rho(Mg^{2+})$=2.500 $mg\cdot L^{-1}$的工作标准溶液 0 mL、2.00 mL、4.00 mL、6.00 mL 及 8.00 mL；定容、摇匀后待测量。

2. 试样溶液的制备

基于粗测 Mg^{2+}，准确移取含 Mg^{2+}小于 15 μg 的试样溶液 V_s（<8 mL），置于 10 mL 容量瓶里，加 1.00 mL $\rho(La^{3+})$=30.0 $g\cdot L^{-1}$ 溶液及 0.50 mL $\rho(Na^{+})$=10.0 $g\cdot L^{-1}$溶液，定容摇匀后待测量。

3. 测量及结果计算

按表 7.17 条件测量标准系列和试样溶液的吸光度；其值均扣除空白值；以标准系列的

净测量值对相应的浓度作图，得出定标曲线。

从定标曲线上查获试样溶液含 Mg^{2+} 浓度 $\rho(Mg^{2+})$，样品中 Mg^{2+}的质量浓度 $\rho_s(Mg^{2+})$为

$$\rho_s(Mg^{2+})=\frac{\rho(Mg^{2+})\times 10.00}{V_s}$$

式中，10.00 为容量瓶容积；V_s 为取样移入容量瓶的体积。

7.6.4　讨论

据三维火焰光谱研究，涉及空气-乙炔原子化源中，镁的基态原子密集中心在贫燃料焰的底部；镁的激发态原子的密集中心在富燃料焰的中下部。

1. 阳离子干扰

结果列于表 7.18。

表 7.18　阳离子的干扰

阳离子计量基本单元	加入形式	共存离子在下列浓度时测 Mg[a] 的回收/10^{-2}		
		0.01 $mol\cdot L^{-1}$	0.02 $mol\cdot L^{-1}$	0.04 $mol\cdot L^{-1}$
NH_4^+	NH_4Cl	109	108	105
Li^+	LiCl	109	109	109
Na^+	NaCl	110	109	107
K^+	KCl	109	109	109
$(1/2)Ca^{2+}$	$CaCl_2$	112	108	103
$(1/2)Sr^{2+}$	$SrCl_2$	108	108	105
$(1/2)Ba^{2+}$	$BaCl_2$	109	106	103
$(1/2)Zn^{2+}$	$ZnCl_2$	107	106	103
$(1/3)Al^{3+}$	$AlCl_3$	82.5	74.4	71.2
$(1/2)Ni^{2+}$	$NiCl_2$	107	106	101
$(1/2)Cu^{2+}$	$CuCl_2$	111	107	105
$(1/2)Mn^{2+}$	$MnCl_2$	109	107	106
$(1/3)La^{3+}$	$LaCl_3$	109	111	106
$(1/3)Fe^{3+}$	$FeCl_3$	107	105	102

a. 均含 Mg^{2+} 0.500 $\mu g\cdot mL^{-1}$

氯化钠的影响：当 Na^+ 40～1000 $mg\cdot L^{-1}$共存时，Mg 285.2 nm 的吸光度增至稳定值；继续增加共存的 NaCl 会导致吸光度再下降。

2. 阴离子的影响

共存 SiO_3^{2-}、PO_4^{3-}、CO_3^{2-}、$C_2O_4^{2-}$和 F^-时，均产生使结果偏低的解离干扰，见表 7.19。

表 7.19　阴离子的影响

阴离子计量基本单元	加入形式	阴离子与镁离子形成化合物的ΔH_f^0	共存离子在以下浓度时测 Mg[a] 的回收/10^{-2}		
			0.01 $mol\cdot L^{-1}$	0.02 $mol\cdot L^{-1}$	0.04 $mol\cdot L^{-1}$
I^-	NaI	-86.0	109	109	110
Br^-	NaBr	-123.0	107	114	104
Cl^-	NaCl	-153.4	100	109	106
NO_3^-	$NaNO_3$	-188.7	105	104	102
F^-	NaF	-263.5	98.1	100	88.2
$(1/2)CO_3^{2-}$	Na_2CO_3	-266	102.3	50.6	39.4
$(1/2)SO_4^{2-}$	Na_2SO_4	-305.5	106.3	102	99.4
$(1/2)SiO_3^{2-}$	Na_2SiO_3	-488.2	27.0	23.5	21.2
$(1/3)PO_4^{3-}$	Na_3PO_4	-961.5	79.7	86.0	73.8
NO_2^-	$NaNO_2$		105.2	10.2	102.2
$(1/2)B_4O_7^{2-}$	$Na_2B_4O_7$		97.7	99.4	94.8
$(1/2)C_2O_4^{2-}$	$Na_2C_2O_4$		100.6	79.6	61.2

a. 均含 Mg^{2+} 0.500 $\mu g\cdot mL^{-1}$

3. $LaCl_3$、NaCl 存在时共存离子的允许浓度

结果列于表 7.20。

表 7.20　镧、钠共存时干扰离子的允许浓度

阳离子（氯化物）			阴离子（钠盐）		
种类	允许浓度/($\mu g\cdot mL^{-1}$)	误差/10^{-2}	种类	浓度/($\mu g\cdot mL^{-1}$)	误差/10^{-2}
NH_4^+	900[a]	+3.8	F^-	1140[a]	-1.6
Li^+	2000	-5.1	Br^-	4000[a]	-0.7
K^+	5000[a]	+0.6	I^-	6300[a]	+0.7
Ca^{2+}	5750[a]	-2.0	NO_3^-	3500[a]	+0.8
Sr^{2+}	2190[a]	0	NO_2^-	2750[a]	0
Ba^{2+}	3440[a]	+3.4	SO_4^{2-}	2400[a]	-1.3
Ni^{2+}	980[a]	+3.4	PO_4^{3-}	1600[a]	0
Cu^{2+}	1600[a]	+4.8	$B_4O_7^{2-}$	3900[a]	-0.6
Mn^{2+}	1400[a]	+3.4	CO_3^{2-}	1800	-5.5
Fe^{3+}	5000[a]	-5.2	$C_2O_4^{2-}$	1000[a]	-2.2
Al^{3+}	1000	-4.2	SiO_3^{2-}	1000[a]	+1.5
			HCl	0.4 $mol\cdot L^{-1}$	-4.8
			HNO_3	0.5 $mol\cdot L^{-1}$ [a]	-4.2
			H_2SO_4	0.05 $mol\cdot L^{-1}$	-2.8

a. 未试过更高的浓度

4. 人工卤水分析

配制了 7 种不同类型的人工卤水，对加入已知的 Mg^{2+}进行测定。表 7.21 的结果表明，至少应将原卤水溶液稀释 100 倍，否则结果偏低。

表 7.21　合成卤水中 Mg^{2+} 的测定

卤水号	下列稀释倍数下测 Mg^{2+}的回收/10^{-2}					
	63 倍	80	100	133	160	200
1	103	104	105	104	104	105
2	97	96	100	101	103	104
3	101	97	100	101	103	103
4	98	98	100	101	100	101
5	94	95	97	99	100	102
6	101	103	105	101	102	103
7	103	105	105	104	104	104

5. 大量 Li^{+}中少量 Mg^{2+}的测定

表 7.22 的结果显示，可测 Li^{+}/Mg^{2+}质量比小于 4000 倍的试样溶液中的 Mg^{2+}。

表 7.22　大量锂中测少量镁

$Mg^{2+}/(\mu g{\cdot}mL^{-1})$	$Li^{+}/(\mu g{\cdot}mL^{-1})$	Li^{+}/Mg^{2+}	测得 $Mg^{2+}/(\mu g{\cdot}mL^{-1})$	回收率/10^{-2}
0.50	2	4	0.49	98
0.50	6	12	0.49	98
0.50	14	28	0.49	98
0.50	20	40	0.50	100
0.50	60	120	0.50	100
0.50	140	280	0.50	100
0.50	200	400	0.50	100
0.50	600	1200	0.49	98
0.50	1400	2800	0.48	96
0.50	2000	4000	0.48	96
0.50	6000	12000	0.44	88
0.50	10000	20000	0.41	82

7.7　火焰原子吸收光谱法测定钙[9]

7.7.1　原理

钙和镁的情况相似，测量液中应加入释放剂氯化镧以消除解离干扰，加入电离缓冲剂以抑制电离干扰。

7.7.2 仪器和试剂

1. 仪器及测量条件

采用富燃料火焰，测量条件列于表 7.23。

表 7.23 钙的测量条件

仪器	原子吸收光谱仪（PerkinElmer PinAAcle 900F）
灯类型	空心阴极灯
观测高度	仪器自动校准
分析线	Ca 422.67 nm
狭缝宽度	0.7 nm
灯电流	10 mA
乙炔速率	$2.7\ L\cdot min^{-1}$
空气速率	$10\ L\cdot min^{-1}$

2. 试剂

1）碳酸钙溶液

准确称取 2.497 g 优级纯 $CaCO_3$，置小烧杯里；加入二次水约 10 mL，搅成乳状，搅拌下滴加 $c(HCl)=6\ mol\cdot L^{-1}$盐酸（HCl，G.R）直至全溶，加热至微沸，逐除 CO_2，冷至室温后转入 1000 mL 容量瓶中，定容后摇匀之。此溶液 $\rho(Ca^{2+})=1.000\ g\cdot L^{-1}$。

用前稀释制成工作标准溶液。

2）$LaCl_3$ 溶液

称取 80.2 g 分析纯 $LaCl_3\cdot 7H_2O$，溶于二次水后转入 1000 mL 容量瓶中，定容摇匀之。此溶液 $\rho(La^{3+})=30.0\ g\cdot L^{-1}$。

3）NaCl 溶液

称取 25.4 g 分析纯 NaCl，溶于二次水中，转入 1000 mL 容量瓶中，定容摇匀之。此溶液 $\rho(Na^{+})=10.0\ g\cdot L^{-1}$。

4）其他试剂

要求含 Ca 空白低。

7.7.3 测定步骤

1. 工作标准系列的制备

取 7 个 10 mL 容量瓶，分别加入含 $\rho(Ca^{2+})=50.00\ \mu g\cdot mL^{-1}$的标准操作溶液 0 mL、0.50 mL、1.00 mL、1.50 mL、2.00 mL、2.50 mL 和 3.00 mL；各瓶均加入 1.00 mL $\rho(La^{3+})=30.0\ g\cdot L^{-1}$

溶液及 0.50 mL $\rho(Na^+)$=10.0 g·L^{-1}溶液；定容摇匀后待测量。

2. 试样溶液的制备

用标准比较法粗测卤水中的钙。准确移取含钙少于 150 μg 的卤水 V_s mL，置于 10 mL 容量瓶中；加入 1.00 mL $\rho(La^{3+})$=30.0 g·L^{-1}溶液及 0.50 mL $\rho(Na^+)$=10.0 g·L^{-1}溶液；定容、摇匀后待测量。

3. 测量及结果计算

按表 7.23 的测量条件，测量标准系列和试样测量液的吸光度。由标准系列的数据，得出定标曲线。

由定标曲线查得试样测量液含钙浓度 $\rho(Ca^{2+})$，试样中 Ca^{2+}的质量浓度 $\rho_s(Ca^{2+})$为

$$\rho_s(Ca^{2+})=\frac{\rho(Ca^{2+})\times 10.00}{V_s}$$

式中，10.00 为容量瓶容积；V_s 为取样移入容量瓶的体积。

7.7.4 讨论

依据火焰光谱三维研究，Ca 属还原原子化元素，基态 Ca 原子密集于富燃焰中部。

1. 阳离子的影响

在含 $\rho(Ca^{2+})$=10.0 mg·L^{-1}的溶液中，考察不同阳离子对测定结果影响，结果见表 7.24。

表 7.24 阳离子的影响

阳离子计量基本单元	加入形式	共存离子在下列浓度时测 Ca 的回收/10^{-2}		
		0.01 mol·L^{-1}	0.02 mol·L^{-1}	0.04 mol·L^{-1}
NH_4^+	NH_4Cl	92.2	91.4	91.4
K^+	KCl	90.0	80.7	61.4
Na^+	NaCl	106.4	106.4	104.2
(1/2)Ba^{2+}	$BaCl_2$	108.6	107.1	103.6
Li^+	LiCl	97.2	96.4	91.5
(1/3)La^{3+}	$LaCl_3$	109.3	108.6	112.8
(1/2)Sr^{2+}	$SrCl_2$	110.0	107.1	97.1
(1/3)Al^{3+}	$AlCl_3$	47.8	42.8	35.7
(1/2)Mn^{2+}	$MnCl_2$	87.2	81.5	71.5
(1/2)Mg^{2+}	$MgCl_2$	101.4	100.7	101.4
(1/2)Ni^{2+}	$NiCl_2$	99.4	93.8	90.7
(1/2)Cu^{2+}	$CuCl_2$	100.6	98.6	95.7
(1/2)Zn^{2+}	$ZnCl_2$	100.6	95.0	87.8
(1/3)Fe^{3+}	$FeCl_3$	91.3	85.0	82.2

2. 阴离子的影响

在含 $\rho(Ca^{2+})$=10.0 mg·L^{-1}的溶液中，考察不同阳离子对测定结果影响，结果见表 7.25。通常，生成热越高的钙化物，对应的阴离子负干扰越严重。

表 7.25　阴离子的影响

离子计量基本单元	加入形式	阴离子与镁离子形成化合物的ΔH_f^0	共存离子在以下浓度时测 Ca 的回收/10^{-2}		
			0.01 mol·L^{-1}	0.02 mol·L^{-1}	0.04 mol·L^{-1}
I^-	NaI	−156.5	88.4	81.2	79.7
NO_2^-	$NaNO_2$	−180.5	88.4	86.9	84.1
Br^-	NaBr	−187.57	102.1	84.8	63.7
Cl^-	NaCl	−209.82	108	105.8	103.6
NO_3^-	$NaNO_3$	−224.5	94.3	89.9	84.1
F^-	NaF	−287.09	5.8	5.8	5.8
(1/2)CO_3^{2-}	Na_2CO_3	−288.5	18.8	14.5	7.3
(1/2)$C_2O_4^{2-}$	$Na_2C_2O_4$	−332.2	5.1	2.7	0
(1/2)SO_4^{2-}	Na_2SO_4	−342.42	83.4	81.9	84.8
(1/2)SiO_3^{2-}	Na_2SiO_3	−377.4	5.8	4.3	2.9
(1/3)PO_4^{3-}	Na_3PO_4	−986.2	27.7	20.3	13.6

3. 共存离子的允许浓度

表 7.26 列出了释放剂 $LaCl_3$ 和电离缓冲剂 NaCl 存在下各共存离子的允许浓度。

表 7.26　镧、钠共存时干扰离子的允许浓度

阳离子 [a]			阴离子 [b]		
种类	浓度/(μg·mL^{-1})	误差/10^{-2}	种类	浓度/(μg·mL^{-1})	误差/10^{-2}
NH_4^+	720	−3.5	CO_3^{2-}	1000	−1.0
Li^+	280	−3.5	PO_4^{3-}	700	−5.1
Na^+	920	−3.5	Cl^-	1400	−3.5
K^+	1500	−2.5	$C_2O_4^{2-}$	1000	0
Mg^{2+}	2400	−4	SiO_3^{2-}	400	−4.1
Sr^{2+}	400	−4.5	F^-	700	−3.4
Ba^{2+}	700	−4.0	HCl	0.20 mol·L^{-1}	−4.0
Fe^{3+}	400	−3.8	HNO_3	0.06 mol·L^{-1}	−0.6
Al^{3+}	1000	−3.3	H_2SO_4	0.01 mol·L^{-1}	−16

注：试液均含 Ca^{2+} 10.00 μg·mL^{-1}，La^{3+} 3000 μg·mL^{-1}，Na^+ 500 μg·mL^{-1}

a. 氯化物；

b. 钠盐

4. 合成卤水分析

配制了六种不同类型卤模拟水组分的试样溶液，研究了稀释倍数和测钙的准确度间的关系。发现 80 倍以上的稀释，可使测量误差控制在−4%以内；稀释 400 倍时，误差在±2%以内，稀释不充分时产生严重的负误差。

5. 大量 Mg^{2+}中小量 Ca^{2+}的测定

表 7.27 的结果显示，试样溶液中 Mg^{2+}/Ca^{2+}比小于 480 时，测定误差可在−4%以内。

表 7.27　氯化镁中测定钙

$Mg^{2+}/(\mu g \cdot mL^{-1})$	$Ca^{2+}/(\mu g \cdot mL^{-1})$	Mg^{2+}/Ca^{2+}	测得 $Ca^{2+}/(\mu g \cdot mL^{-1})$	回收/10^{-2}
240	5.00	48	4.9	98
480	5.00	92	4.8	96
720	5.00	144	4.8	96
840	5.00	168	4.8	96
1200	5.00	240	4.8	96
2400	5.00	480	4.8	96
3600	5.00	720	4.6	92
4800	5.00	960	4.4	88
6000	5.00	1200	4.3	86
7200	5.00	1440	4.2	84
8400	5.00	1680	4.1	82

7.8　火焰原子吸收光谱法测定锶[10]

7.8.1　原理

和镁、钙测定类似，锶的测量液中应含氯化镧释放剂和氯化钠电离缓冲剂，以消除共存物的解离干扰和电离干扰。

7.8.2　仪器和试剂

1. 仪器及测量条件

仪器测量条件列于表 7.28，采用富燃料的空气-乙炔火焰。

2. 试剂

1）$SrCl_2$ 溶液

准确称取 1.685 g 光谱纯 $SrCO_3$，置小烧杯中，加水约 10 mL 后搅成乳状；搅拌下滴入

搅拌下滴加 $c(HCl)=6\ mol\cdot L^{-1}$盐酸（HCl，G.R）直至全溶，热至微沸，驱除二氧化碳，冷后转入 1000 mL 容量瓶里，定容摇匀。此溶液 $\rho(Sr^{2+})=1.000\ g\cdot L^{-1}$。

用前稀释配成工作标准溶液。

表 7.28　锶的测量条件

仪器	原子吸收光谱仪（PerkinElmer PinAAcle 900F）
灯类型	空心阴极灯
观测高度	仪器自动校准
分析线	Sr 460.73 nm
狭缝宽度	0.7 nm
灯电流	20 mA
乙炔速率	$2.5\ L\cdot min^{-1}$
空气速率	$10\ L\cdot min^{-1}$

2）$LaCl_3$ 溶液

称取 80.2 g 分析纯 $LaCl_3\cdot 7H_2O$，溶于二次水后转入 1000 mL 容量瓶中，定容摇匀之。此溶液 $\rho(La^{3+})=30.0\ g\cdot L^{-1}$。

3）NaCl 溶液

称取 25.4 g 分析纯 NaCl，溶于二次水中，转入 1000 mL 容量瓶中，定容摇匀之。此溶液 $\rho(Na^{+})=10.0\ g\cdot L^{-1}$。

4）其他试剂

规格均不得低于分析纯，要求含 Sr 空白尽可能低。

7.8.3　测定步骤

1. 高含量 Sr^{2+}试样溶液的分析

1）工作标准系列的配制

准确移取含 $\rho(Sr^{2+})=100.0\ mg\cdot L^{-1}$的工作标准溶液 0 mL、1.00 mL、2.00 mL、3.00 mL 和 4.00 mL，分别置于 5 个 10 mL 容量瓶中；各加入 1.00 mL $\rho(La^{3+})=30.0\ g\cdot L^{-1}$溶液及 0.50 mL $\rho(Na^{+})=10.0\ g\cdot L^{-1}$溶液；用去离子水定容摇匀后待测量。

2）试样溶液的制备

粗测试样溶液中的 Sr^{2+}含量。准确移取含 Sr^{2+}小于 300 μg 的卤水 V_s（mL），置于 10 mL 容量瓶中；加入 1.00 mL $\rho(La^{3+})=30.0\ g\cdot L^{-1}$溶液及 0.50 mL $\rho(Na^{+})=10.0\ g\cdot L^{-1}$溶液；定容摇匀后待测量。

3）测量及结果计算

按表 7.28 的条件，测标准系列及试样溶液的吸光度；由标准系列的数据得出标准曲线；由该线查得测量液中 Sr^{2+}浓度 $\rho(Sr^{2+})$。试样中 Sr^{2+}的质量浓度 $\rho_s(Sr^{2+})$为

$$\rho_s(Sr^{2+})=\frac{\rho(Sr^{2+})\times 10.00}{V_s}$$

式中，10.00 为容量瓶容积；V_s 为取样移入容量瓶的体积。

欲获准确的结果，原卤水制成的试样溶液至少应稀释 100 倍。

2. 低矿化度试样溶液中低含量 Sr^{2+} 的测定

1）标准系列的制备

与“1.高含量 Sr^{2+} 试样溶液的分析”相同。

2）试样溶液的制备

基于粗测，准确移取 V_s（mL）试样溶液（Mg^{2+} 含量应少于 100 mg，Ca^{2+} 含量应少于 10 mg）置于小烧杯中，用二次水稀释至约 30 mL；加入含 Ca^{2+} 5.00 mg 的氯化物溶液作载体；热至近沸，加入 2 滴酚红指示剂，以 1 $mol \cdot L^{-1}$ NaOH 溶液调至橙黄色；搅拌下滴入 1 $mol \cdot L^{-1}$ $(NH_4)_2CO_3$ 溶液 15 mL，剧烈搅拌 5 min；置沸水浴上老化 1 h；取下待冷至室温后，以 No.4 抽滤棒抽去烧杯中液体；以少量 1%氨水洗沉淀三次，液体均用抽滤棒抽除；以最少量 2 $mol \cdot L^{-1}$ HCl 溶液滴溶烧杯及滤棒上的沉淀；置沸水浴上加热 0.5 h，驱除二氧化碳；冷至室温后，将溶液定量转入 25 mL 容量瓶 V_A 中，定容摇匀之；粗测其中 Sr^{2+} 后，从中取 V_B mL 溶液，置于 10 mL 容量瓶 V_C 里；加入 1.00 mL $\rho(La^{3+})$=30.0 $mg \cdot mL^{-1}$ 溶液及 0.50 mL $\rho(Na^+)$=10.0 $mg \cdot mL^{-1}$ 溶液；定容摇匀后待测量。

3）测量与结果计算

按表 7.28 条件测标准系列及试样溶液吸光度；绘制标准曲线，查得测量液中含 Sr^{2+} 为 $\rho_B(Sr^{2+})$，试样中锶的质量浓度为

$$\rho_s(Sr^{2+})=\frac{\rho_B(Sr^{2+})V_AV_C}{(V_sV_B)}$$

3. 高矿化度低含 Sr^{2+} 试样溶液的分析

用增量法测定。

1）增量系列的制备

准确移取 V_s（mL）试样溶液，置 25 mL 烧杯中；加 2 滴甲基红溶液，以 0.1 $mol \cdot L^{-1}$ HCl 调呈酸性，在沸水浴上加热 0.5 h，逐除 CO_2；冷至室温后转入 50 mL 容量瓶 V_A 中，定容摇匀；从中移取 3 份 V_B（2.00～4.00 mL）试样溶液，分置三个 10 mL 容量瓶里；各加入 1.00 mL $\rho(La^{3+})$=30.0 $mg \cdot mL^{-1}$ 溶液及 0.50 mL $\rho(Na^+)$=10.0 $mg \cdot mL^{-1}$ 溶液，分别加入 Sr^{2+} 0 μg、m_1 和 m_2；定容摇匀后待测量。

2）测量及计算

按表 7.28 条件测增量系列的吸光度 A_x、A_1、A_2，得截距 m_B 即试样溶液含 Sr^{2+} 质量（μg）。原样含 Sr^{2+} 的质量浓度为

$$\rho_s(Sr^{2+})=\frac{m_BV_A}{V_sV_B}$$

7.8.4　讨论

据火焰光谱三维研究，Sr 属还原原子化元素，基态原子密集于富燃焰较热的中部。

1. 阳离子的影响

实验表明，各种阳离子（Li^{+}、Na^{+}、K^{+}、Ca^{2+}、Mg^{2+}、Ba^{2+}、Fe^{3+}、La^{3+}、Al^{3+}）对 Sr^{2+} 的测定均有影响，除 Al^{3+}外，其他阳离子均有正干扰效应；试样溶液含 Na^{+} 40～1000 μg·mL^{-1} 时，这种正干扰可达稳定值。

2. 阴离子的影响

$C_2O_4^{2-}$、F^{-}、PO_4^{3-} 及 CO_3^{2-} 共存时会严重减弱 Sr^{2+}的吸光度。

3. NaCl 和 $LaCl_3$ 消干扰作用

加入 NaCl 和 $LaCl_3$ 消除 SiO_3^{2-}、Al^{3+}、$C_2O_4^{2-}$、F^{-}、PO_4^{3-} 及 CO_3^{2-} 所引起的负干扰。虽然加入 $LaCl_3$ 溶液时可能产生沉淀，但待澄清后测量均能获满意的结果。

4. 酸类的影响

研究显示，酸的影响与镧、钠共存与否相关；共存时宜用最少量 HNO_3 或 HCl 处理试样溶液。

5. NaCl 和 $LaCl_3$ 存在下共存物允许限

含 Sr^{2+}为 5.00 μg·mL^{-1}，引入 La^{3+} 3000 μg·mL^{-1}、Na^{+} 500 μg·mL^{-1}时，试样溶液中共存离子的允许浓度列于表 7.29。

表 7.29　镧钠存在时干扰离子的允许浓度

阳离子（氯化物）				阴离子（钠盐）			
离子	允许浓度 /(μg·mL^{-1})	离子	允许浓度 /(μg·mL^{-1})	离子	允许浓度 /(μg·mL^{-1})	离子	允许浓度 /(μg·mL^{-1})
NH_4^{+}	540	Ba^{2+}	700	F^{-}	570	$B_4O_7^{2-}$	780
Li^{+}	420[a]	Cu^{2+}	1900[a]	Br^{-}	4800[a]	SiO_3^{2-}	190
K^{+}	1200	Fe^{3+}	560	I^{-}	7600[a]	PO_4^{3-}	160
Rb^{+}	800[a]	Ni^{2+}	1170[a]	NO_3^{-}	3720[a]	$C_2O_4^{2-}$	220
Cs^{+}	3500[a]	Mn^{2+}	1660[a]	NO_2^{-}	2760[a]		
Mg^{2+}	730[a]	Zn^{2+}	1960[a]	SO_4^{2-}	480		
Ca^{2+}	200	Al^{3+}	270	CO_3^{2-}	300		

a. 未试更高的浓度

6. 试样溶液的稀释度

通过对七种不同类型的合成卤水的实验，发现原卤试样溶液至少应稀释 100 倍，才能定量测定，否则引起负干扰。不充分稀释使结果偏低的原因，应归于含盐量对吸喷速率和雾化效率的影响。

7. 三种方法的对比

对于 Sr^{2+}的三种测量方法所得测量结果总结于表 7.30 中。

表 7.30　三种方法的比较

方法	第一法 （直接标准曲线法）	第二法 （碳酸盐富集标准曲线法）	第三法 （增量法）
应用	用于 Sr^{2+}>0.01%的试样溶液	用于 Sr^{2+}<0.01%低盐度试样溶液 淡水样可测至 2×10^{-6}%	用于 Sr^{2+}<0.01%试样溶液
要求	卤水样至少需稀释 100 倍	取样时 Mg^{2+}≯100 mg，Ca^{2+}≯10 mg， 不能用于一般卤水样	卤水一般稀释 25～50 倍， Sr^{2+}≯30 μg·mL^{-1}
误差	相对标准偏差 s_r=±2.5%	一般结果偏低	一般结果偏高

参 考 文 献

[1] 中国科学院青海盐湖研究所分析室. 卤水和盐的分析方法[M]. 2 版. 北京: 科学出版社, 1988: 159-177.

[2] 邓勃, 何华焜. 原子吸收光谱分析[M]. 北京: 化学工业出版社, 2004.

[3] 朱明华. 仪器分析[M]. 3 版. 北京: 高等教育出版社, 2000.

[4] 倪育才. 实用测量不确定度评定[M]. 3 版. 北京: 中国计量出版社, 2009.

[5] 王小如, 王树英, 三室. 原子吸收法测定含锶卤水中的锂[J]. 分析化学, 1976, 4(1):16-23.

[6] 胡丰, 王瑞陵, 刘群柱. 三维表法的应用——空气-乙炔焰中 SrOH、CaOH 分子吸收干扰和锂、钡原子吸收测量条件最佳化[J]. 科学通报(中文版), 1980, 25 (10): 446-449.

[7] 胡丰, 王瑞陵, 刘群柱. 原子吸收分光光度法测定微量钠[J]. 盐湖科技资料，1977, Z1：32-41.

[8] 陈宪满, 李品翠. 火焰原子吸收法测定卤水中铷和铯[J]. 盐湖科技资料，1980, Z1：106-111.

[9] 中国科学院青海盐湖研究所分析室. 原子吸收分光光度法测定镁、钙和锶[J]. 科学通报，1973，18 (4)：174-178.

[10] Hu F, Chen X M, Xiao B, et al. Three-dimensionnal studies in flame spectrometry characterization, classification and periodicity of flame atomization mechanisms[J]. Spectrochimica Acta, 1991, 46B(13): 1735-1744.

第 8 章　电感耦合等离子体发射光谱分析

随着电感耦合等离子体发射光谱（inductively coupled plasma optical emission spectrometry，ICP-OES）分析应用的日益普及，它的应用领域也越来越广。ICP-OES 分析具有快速、能同时给出多个元素含量的特点，在盐湖化工和盐湖卤水资源的研究中解决微量元素含量分析方面的应用越来越广泛。本章主要从 ICP-OES 的原理、测定过程中的干扰等方面进行简单介绍，同时阐述 ICP-OES 分析方法在盐湖研究领域的应用。

8.1　概　　述[1]

根据原子的特征发射光谱来研究物质的结构和测定物质的化学成分的方法称为原子发射光谱分析。发射光谱通常用化学火焰、电子火花、电弧、激光和各种等离子体光源激发而获得。目前最广泛应用的原子发射光谱光源是等离子体(inductively coupled plasma，ICP)，直流等离子体（direct-current plasma，DCP）及微波等离子体（microwave plasma，MWP）。本章仅涉及电感耦合等离子体发射光谱（ICP-OES）相关内容。

8.1.1　电感耦合等离子体光谱仪

1. 电感耦合等离子体光源

产生电感耦合等离子体（ICP）的电源频率一般在 3～100 MHz 之间，作为光谱分析光源的 ICP 目前仅用美国 27.120 MHz 或 40.68 MHz，功率在 0.6～1.5 kW 之间，视待测试样特性而异。

1）等离子体

等离子体（plasma）一词首先由朗缪尔（Langmuir）在 1929 年提出，目前泛指电离的气体。等离子体不仅含有中性原子和分子，而且含有大量的电子和离子，是电的良导体。因其中正电荷、负电荷密度相等，从整体来看是电中性的，故称等离子体。光谱分析常说的等离子体是指电离度较高的气体，其电离度约在 0.1%以上。

等离子体按其温度可分为高温等离子体和低温等离子体两大类。高温等离子体的温度在 10^6～10^8 K 范围，此时气体中所有分子和原子完全离解和电离；低温等离子体的温度低于 10^5 K，此时气体仅有部分电离。ICP 属于低温等离子体，最高温度不超过 10^4 K，气体电离度约为 0.1%。

2）电感耦合等离子体的形成

ICP 的形成是工作气体的电离过程。形成稳定的 ICP 炬焰需要四个条件：高频高强度的电磁场、工作气体、维持气体稳定放电的石英炬管及电子-离子源。

3）ICP 光源的光谱特性

ICP 光源中原子发射光谱的两个特点：

一是光谱由许多谱线构成，谱图比较复杂。由于 ICP 光源有很高的激发温度和较强的电离能力，可以将原子和离子激发到高能态，产生多条原子谱线和离子谱线，构成较为复杂的原子及离子光谱图。

二是离子谱线比较灵敏，强度较高。与其他发射光谱光源相比，ICP 光源有丰富的离子谱线，其谱线强度高于原子谱线，ICP 光谱分析常用的灵敏线多为离子线。

2. 电感耦合等离子体光谱仪简介

ICP-OES 是以射频发生器提供的高频能量加到感应耦合线圈上，并将等离子炬管置于该线圈中心，因而在炬管中产生高频电磁场，用微电火花引燃，使通入炬管中的氩气电离，产生电子和离子而导电，导电的气体受高频电磁场作用，形成与耦合线圈同心的涡流区，强大的电流产生高热，从而形成火炬形状的并可以自持的等离子体，由于高频电流的趋肤效应及内管载气的作用，等离子体呈环状结构。

1）高频发生器

高频高强度的电磁场由高频发生器提供。高频发生器的功率应高于 1.4 kW，振荡频率应为 27.120 MHz 或 40.68 MHz，功率波动不超过 0.1%，频率稳定性达到或优于 0.1%，电磁场泄漏辐射强度符合《电磁环境控制限值》（GB 8702—2014）防护要求。

2）ICP 炬管

ICP 炬管是 ICP 装置中的核心构件，由三个同心石英管组成。根据三个同心石英管的组装方式分为一体化石英炬管和组合式石英炬管。ICP 炬管有三个进气管，分别进三股气流：冷却气、辅助气及载气。冷却气又称为等离子体气，载气又称为进样气或雾化气，它把试样溶液雾化并把气溶胶送入 ICP 光源。三股气流中影响等离子体稳定的重要因素是冷却气流量。

ICP 光源的工作气体是纯度 99.99%以上的高纯氩气。氩气具有良好的分析性能，灵敏度高且光谱背景较低，易于形成稳定的 ICP。

3）进样装置

ICP-OES 进样系统是把液体试样雾化成气溶胶导入 ICP 光源的装置，由雾化器和雾室及相应的供气管路组成。根据待测试样性状可分为液体、气体、固体三大类，本节只介绍液体进样装置。

液体进样装置雾化器分为气动雾化器和超声雾化器。气动雾化器包括同心雾化器、交叉（直角）雾化器、高盐雾化器。超声雾化器包括高压雾化器、微量雾化器、循环雾化器、耐氢氟酸雾化器。应用较多的是气动雾化器中的同心雾化器，是专门用于 ICP 光源的低载气流量雾化器，其产品已标准化和系列化。

玻璃同心雾化器的作用是把待测试样溶液雾化成气溶胶并通过雾室导入到炬管及等离子体。衡量雾化器性能的主要参数是雾滴直径，光谱分析要求细小而均匀的气溶胶，以利于试样的分解和原子化，同时减少溶剂对 ICP 的毒化作用。试液的提升量是同心雾化器的另一个重要参数；第三个重要参数是载气流量。

玻璃同心雾化器对待测试样溶液含盐量很敏感，含盐量会导致提升量的改变，同时增加光谱背景值。高盐雾化器针对试液含盐量进行了改进，但其对盐度还是有一定的要求。

雾室与雾化器构成进样系统。雾室主要作用是细化雾珠，去除大颗粒的雾滴，与雾化器配合，向 ICP 光源提供均匀而细小的高密度试液气溶胶；具有较小的容积，较低的记忆效应，容易清洗；能缓冲进样引起的脉动，使载气气溶胶流平稳进入光源；平稳连续排出废液。

4）分光装置

用来获得光谱的装置称为分光装置或分光器。不同波长的光具有不同的颜色，所以分光也称为色散。由于 ICP 光源具有很高的温度和电子密度，可以激发产生原子谱线和离子谱线，以及分子谱线，产生的光谱复杂，因此对分光装置提出很高的要求。①分光系统应具有宽的工作波段；②较高的色散能力和实际分辨能力；③良好的波长定位精度；④低的杂散光；⑤良好的热稳定性和机械稳定性；⑥具有快速检测能力。

ICP-OES 光谱仪结构示意图见图 8.1。

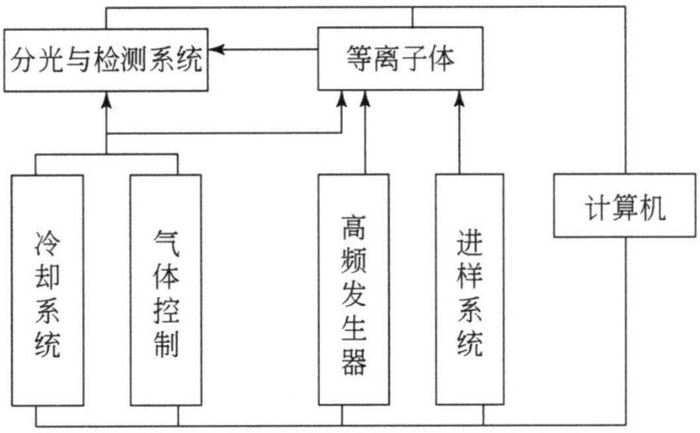

图 8.1　ICP-OES 光谱仪结构示意图

3. 分析原理

待测试样溶液由载气（氩气）带入雾化系统进行雾化后，以气溶胶形式进入等离子体的轴向通道，在高温和惰性气氛中被充分蒸发、原子化、电离和激发，发射出所含元素的特征谱线。根据元素特征谱线的存在与否，定性鉴别待测试样中是否含有某种元素；根据特征谱线强度确定待测试样中相应元素的含量，实现元素的定量检测。

ICP-OES 分析过程主要分为三步：激发、分光和检测。利用等离子体激发光源使试样蒸发气化，离解或分解为原子状态，原子可能进一步电离成离子状态，原子及离子在光源中激发发光得元素光谱簇。由分光系统将元素发射的系列特征谱线色散为按波长排列的光谱。利用光电器件检测光谱，按测定得到的光谱波长对试样溶液进行定性分析，按发射光强度进行定量分析。

8.1.2　谱线强度与浓度的关系

设等离子体光源中被测定的元素原子总数为 n，要产生某一波长的谱线，需经吸收能

量 E，使原子的外层电子由基态轨道升至 m 能级的激发态轨道，则被激发到 m 能级的原子数为

$$n_m = K_n' \mathrm{e}^{-Em/kT} \tag{8.1}$$

式中，K'为统计常数；k 为玻耳兹曼常数；T 是等离子体温度。

当电子由激发态返回基态时，发射频率为 v 的光谱，辐射光的强度应为

$$I = n_{\mathrm{m}} h\nu = K'n\mathrm{e}^{-Em/kT} \tag{8.2}$$

式中，hv 是一个光子的能量。

又因等离子体中被激发的某元素的原子数 n 与试样溶液中该元素的含量 c 成正比，即

$$n = \beta c \tag{8.3}$$

式中，β 是与等离子体温度及元素性质有关的比例常数。所以

$$I = K'\beta c\mathrm{e}^{-Em/kT} \tag{8.4}$$

式中，对于具体谱线及具体分析条件，E_m，k，T，K'，β 均为定值（将式中 $K'\beta\mathrm{e}^{-Em/kT}$ 用常数 a 表示），故谱线强度与试样溶液中某元素含量成正比，即

$$I = ac \tag{8.5}$$

考虑到实际光谱光源中，某些情况下会有一定程度的谱线自吸，使谱线强度有不同程度的降低，必须对上式加以修正：

$$I = ac^b \tag{8.6}$$

式中，b 是自吸收系数，b 值与光源特性、试样溶液中待测元素含量、元素性质及谱线性质等因素有关。在 ICP 光源中，多数情况下 b≈1。

8.1.3　分析性能

1. 分析灵敏度

$$S = \mathrm{d}X / \mathrm{d}c \tag{8.7}$$

式中，dX 是响应量的变化值；dc 是浓度的变化值。灵敏度就是单位浓度变化所引起的响应量的变化。S 为标准曲线的斜率。

2. 检出限

在 ICP-OES 分析中，能可靠地检出样品中某元素的最小量或最低浓度称为检出限。

$$c_{\mathrm{L}} = (X_{\mathrm{L}} - X_{\mathrm{B}})/m = ks_{\mathrm{b}}/S \tag{8.8}$$

式中，S 为标准曲线在低浓度范围的斜率；s_b 为空白标准偏差。IUPAC 建议取 k=3 作为检出限计算的标准，k=3 对应的置信度为 99.6%。

在 ICP-OES 分析中所说的检出限分两类，一种是仪器的检出限，它是用不含基体的无机酸水溶液测量求出的，可以表征光谱仪器的检测能力。另一种是分析方法的检出限，也就是在有基体的条件下求出的检出限。一般情况下分析方法检出限要高于仪器检出限。

在 ICP-OES 分析中通常用 5 倍检出限浓度作为定量限。

3. 相对标准偏差

$$RSD=(S/X)\times100\% \tag{8.9}$$

式中，S 为测定的标准偏差；X 为多次测量平均值。

8.1.4　干扰效应及排除

干扰效应可以依据其产生干扰的机理分为如下几类：化学干扰、物理干扰、电离干扰、光谱干扰、激发干扰。ICP 光源的电离干扰、化学干扰及激发干扰比较小，但复杂基体存在时的光谱干扰比较严重。

1. 物理干扰

试样溶液物理特性不同导致的干扰效应称为物理干扰，主要由分析试样溶液黏度、表面张力及密度差异引起谱线强度的变化。物理干扰主要表现为酸效应及盐效应。

1）酸效应

由于各种无机酸的黏度、密度等物理性质不相同，加入量不同时引起所谓“酸效应”。含酸试样溶液的谱线强度均低于水溶液试样；随着酸度的增加，谱线强度显著降低；各种无机酸对谱线强度影响按下列顺序递增：$HCl<HNO_3<HClO_4<H_3PO_4<H_2SO_4$。

2）盐效应

试样溶液的黏度等物理性质均随溶液含盐量的增加而增大，从而影响试样溶液的进样量、雾化效率及气溶胶传输效率并最终影响谱线强度。随着试样溶液中含盐量的增加及物理性质的改变，谱线强度逐渐降低，其影响十分显著。消除盐效应的根本方法是基体匹配法，保持标准溶液和分析试样溶液有相同的含盐量。应该指出，造成盐效应的机理不仅是试样溶液物理性质的原因，还有其他多种因素共同造成谱线强度降低。含盐量对谱线强度的影响规律也不完全相同。

2. 化学干扰

化学干扰又称“溶质挥发蒸发效应”。ICP 光源中的化学干扰，在等离子体高温条件下可以不予考虑，对测定的准确度不会产生显著影响。

3. 电离干扰

为了消除 ICP-OES 分析中的电离干扰，首先要选好分析条件，采用适当的观测高度，并选择较高的高频功率和较低的载气压力及流量，有利于抑制电离干扰。另外也可以采用在分析试样溶液和标准溶液中加入同样的碱金属元素，充分抑制被测元素电离的方法和选择适当的分析谱线是降低电离干扰的最简便方法。

4. 光谱干扰

由于 ICP 光源的激发能力很强，几乎每一种存在于 ICP 中或引入 ICP 中的试样都会发射出比其他激发源更多更强的谱线，从而产生大量的光谱“干扰”。光谱干扰主要分为两类，一类是谱线重叠干扰，它是由于光谱仪色散率和分辨率的不足，某些共存元素的谱线重叠在分析谱线上的干扰。另一类是背景干扰，这类干扰与基体成分及 ICP 光源本身所发射的强烈的杂散光的影响有关。对于谱线重叠干扰，采用高分辨率的分光系统，绝不是意味着可以完全消除这类光谱干扰，只能认为当光谱干扰产生时，它们可以减轻至最低限度。因此，最常用的方法是选择另外一条干扰少的谱线作为分析线，或采用干扰因子校正法（IEC）予以校正。对于背景干扰，最有效的办法是利用现代仪器所具备的背景校正技术给予扣除。

8.2 ICP-OES 沉淀分离法测定盐湖卤水中 8 种微量元素[2–13]

8.2.1 概述

盐湖卤水资源丰富，富含 K、Li、B、卤素等资源，盐湖卤水中微量重金属及稀有元素的存在对盐湖卤水资源的开发工艺及产品的质量产生较大的影响，盐湖卤水微量元素的准确测定可以为盐湖资源综合利用、产品高值化利用以及盐湖地质考察提供支持。ICP-OES 因其高灵敏度、低共存质解离干扰和多元素同时分析等特点，成为目前元素定量分析最为常用的手段。

ICP-OES 直接测定盐湖卤水中的微量元素存在很多问题。首先，盐湖卤水含盐量高，直接进样会对光谱仪炬管产生损害；其次，盐湖卤水体系复杂多变，随着盐湖类型（氯化物型、硫酸盐型、碳酸盐型）及卤水种类（湖表卤水、晶间卤水、深层地下卤水、油气田卤水）的不同，盐湖卤水中主要元素含量变化非常大，很难使用基体匹配的方法完全消除基体对测定的干扰。共沉淀法作为一种常用的分离富集手段，已应用于大气、合金、海水中等复杂体系中微量元素分析。本方法采用氢氧化镁沉淀分离卤水中的某些元素，从而克服盐湖卤水高含盐量对仪器的影响，消除卤水基体对待测元素的干扰，氢氧化镁及共沉淀物用硝酸溶解，溶液中的 K^+、Na^+、Ca^{2+}含量均在 40 mg·L^{-1}以下，Mg^{2+}在 1000 mg·L^{-1}以下，即任何卤水经沉淀分离处理后，试样溶液中的含盐量基本相同。这样就可使标准溶液的酸度、盐度和被测试样溶液保持基本一致，避免了卤水中主要成分引起的干扰。

本节介绍氢氧化镁沉淀法测定盐湖卤水中铝、钴、铜、铁、锰、镍、钒、锌等 8 种微量金属元素，回收率均在 90%以上，相对标准偏差小于 5%，检出限 0.62～14.45 μg·L^{-1}，能很好地满足盐湖资源开发及地质普查的需求。

8.2.2 仪器

1. 仪器

ICAP 6500DUO 型电感耦合等离子发射光谱仪（美国赛默飞世尔有限公司）；PB-10 型 pH 计（德国赛多利斯公司）。

2. 仪器工作条件

雾化器：高盐雾化器；RF 功率：1150W；泵速：60 r·min^{-1}；辅助气流量：0.5 L·min^{-1}；

载气流量：0.55 $L\cdot min^{-1}$；冷却气流量：15 $L\cdot min^{-1}$；等离子观测方式：自动；重复次数 3 次。

8.2.3　试剂

1. 标准溶液

1）铝钴铜铁锰镍钒锌标准储备溶液

Al、Co、Cu、Fe、Mn、Ni、V、Zn 单元素标准储备液，中国计量科学研究院，8 种元素标准储备液浓度均为 ρ=100 $mg\cdot L^{-1}$。

2）铝钴铜铁锰镍钒锌混合标准工作溶液

准确移取一定体积的 ρ=100 $mg\cdot L^{-1}$的 Al、Co、Cu、Fe、Mn、Ni、V、Zn 单元素标准储备液，分别配制成 ρ=0.00 $mg\cdot L^{-1}$、0.50 $mg\cdot L^{-1}$、1.00 $mg\cdot L^{-1}$、2.00 $mg\cdot L^{-1}$、5.00 $mg\cdot L^{-1}$的 5 个系列混合标准溶液，为使混合标准溶液的酸度同待测溶液一致，于混合标准液中加入 5 mL $\varphi(HNO_3)$=0.50 溶液。

2. 硝酸溶液

50 mL 硝酸（HNO_3，ρ=1.39 $g\cdot mL^{-1}$，G.R）加 50 mL 二次水，混合均匀后转入洁净的试剂瓶保存。此溶液 $\varphi(HNO_3)$=0.50。

3. 氢氧化钠溶液

20 g 氢氧化钠（NaOH，A.R）溶于 500 mL 事先煮沸冷却后的二次水中，溶解完全后转入洁净的聚乙烯试剂瓶保存。此溶液 $\rho(NaOH)$=40 $g\cdot L^{-1}$。

4. pH=8.7 的氢氧化钠溶液

移取 5 μL $\rho(NaOH)$=40 $g\cdot L^{-1}$溶液用事先煮沸冷却后的二次水稀释至 1000 mL，摇匀后转入洁净试剂瓶保存。此溶液为 pH=8.7 NaOH 溶液。

5. 氯化镁溶液

8.36 g 氯化镁（$MgCl_2\cdot 6H_2O$，A.R）置于 250 mL 洁净烧杯中，用二次水溶解，定容至 200 mL，摇匀后转入洁净试剂瓶保存。此溶液 $\rho(Mg)$=5000 $mg\cdot L^{-1}$。

8.2.4　测定方法

1. 标准工作曲线的绘制

按 8.2.2 小节所示的工作条件，将 ρ=0.00 $mg\cdot L^{-1}$、0.50 $mg\cdot L^{-1}$、1.00 $mg\cdot L^{-1}$、2.00 $mg\cdot L^{-1}$、5.00 $mg\cdot L^{-1}$的 5 个系列混合标准溶液依次进样，分别绘制 Al、Co、Cu、Fe、Mn、Ni、V、Zn 标准曲线，其线性相关系数及待测元素所选分析谱线列入表 8.1。

表 8.1　待测元素的分析谱线及标准曲线线性相关系数

元素	谱线/nm	线性相关系数
Al	167.079	0.9999
Co	225.616	1.0000
Cu	204.379	1.0000
Fe	239.533	0.9997
Mn	257.610	1.0000
Ni	231.604	1.0000
V	292.402	1.0000
Zn	213.856	1.0000

2. 盐湖卤水中微量元素的测定

准确移取原始卤水 50 mL，用 $\rho(NaOH)=40\ g\cdot L^{-1}$溶液调节至溶液 pH 为 8.7，放置过夜，离心分离 5 min（转速为 8000 $r\cdot min^{-1}$），弃去清液，用 pH=8.7 的 NaOH 溶液洗涤沉淀 3 次，洗涤时必须打碎和搅匀胶状沉淀物，每次离心 5min，将沉淀用 5 mL $\varphi(HNO_3)=0.50$ 热溶液溶解，转移至 50 mL 容量瓶中，用去离子水稀释至刻度，将处理好的试样溶液按混合工作标准溶液测试条件在 ICP 光谱仪上进行测定。

8.2.5　结果及讨论

1. Mg 对待测元素测定的影响

准确移取 7 份 25 mL $\rho=1.00\ mg\cdot L^{-1}$的混合标准溶液于 25 mL 容量瓶中，分别加入 0.00 mg、0.01 mg、0.02 mg、0.10 mg、0.20 mg、0.40 mg、1.00 mL $\rho(Mg)=5000\ mg\cdot L^{-1}$溶液，混合均匀后在与标准工作溶液相同的仪器工作条件下进行测定，结果如表 8.2 所示。

表 8.2　共存 Mg 对被测元素测定的影响

共存 Mg /($g\cdot L^{-1}$)	被测元素测定值/($mg\cdot L^{-1}$)							
	Al	Co	Cu	Fe	Mn	Ni	V	Zn
0	1.007	1.007	1.006	1.0032	0.9984	1.006	1.009	1.009
50	1.006	0.9741	0.9701	0.9919	0.9857	0.9737	1.006	1.007
100	1.005	0.9721	0.956	0.9903	0.976	0.9691	1.002	1.009
500	0.9947	0.9539	0.9489	0.9568	0.9763	0.9442	0.9913	0.9728
1000	0.9634	0.9453	0.9301	0.9373	0.9669	0.9376	0.9666	0.9548
2000	0.9313	0.8726	0.8526	0.873	0.959	0.8626	0.9641	0.9492
5000	0.8723	0.8073	0.785	0.7423	0.9468	0.799	0.9564	0.8948

由表 8.2 可知，试样溶液中 Mg 对 Mn、V 的测定干扰影响不大，当基体中 Mg 的浓度大于 2000 $mg\cdot L^{-1}$时，对 Al、Zn 的测定影响较大；Mg 的浓度大于 1000 $mg\cdot L^{-1}$时，对 Co、

Cu、Fe、Ni 的测定影响较大；Mg 在 1000 mg·L^{-1}以下时，对 8 种待测元素谱线强度影响都不大，为兼顾所有元素的测定，应控制经沉淀分离的卤水待测液中 Mg 不超过 1000 mg·L^{-1}。

2. 不同 pH 对待测元素沉淀回收的影响

准确移取 5 份 50 mL 含 ρ(Na)=60 g·L^{-1}，ρ(Mg)=30 g·L^{-1}，ρ(K)=5 g·L^{-1}，ρ(Ca)=5 g·L^{-1}的人工卤水和 5 份 50 mL 大柴旦晶间卤水，分别加入 5 mL ρ=1.00 mg·L^{-1}的混合标准溶液，分别用 ρ(NaOH)=40 g·L^{-1}溶液调节溶液 pH 在 8.1～8.9，然后按照 8.2.3 小节中盐湖卤水中微量元素测定条件进行处理，沉淀经溶解后分别测定 Al、Co、Cu、Fe、Mn、Ni、V、Zn 含量，作共存沉淀回收试验，其结果见表 8.3 及表 8.4。分离沉淀时的滤液保留备用。

表 8.3 不同 pH 对人工卤水中待测元素沉淀回收的影响

pH	被测元素回收率/10^{-2}							
	Al	Co	Cu	Fe	Mn	Ni	V	Zn
8.1	72.30	37.51	83.33	76.00	74.53	42.45	14.17	87.67
8.3	82.64	68.46	79.39	92.03	81.04	51.67	22.90	94.33
8.5	96.65	82.73	87.46	92.73	92.43	61.36	52.60	96.37
8.7	95.37	94.72	94.40	95.62	95.83	93.92	92.87	100.47
8.9	88.58	88.39	86.17	86.04	93.23	87.28	95.94	97.98

表 8.4 天然卤水测定时溶液 pH 对测定的影响

pH	被测元素回收率/10^{-2}							
	Al	Co	Cu	Fe	Mn	Ni	V	Zn
8.1	75.32	35.84	80.76	57.01	66.88	45.80	35.92	88.47
8.3	78.38	64.63	86.88	86.27	72.16	53.22	43.32	90.80
8.5	97.14	84.58	88.11	93.76	87.09	55.56	47.18	99.39
8.7	97.88	96.59	90.99	97.62	91.53	96.83	99.65	101.32
8.9	82.08	84.62	83.94	88.60	88.40	83.26	97.18	95.92

由表 8.3 和表 8.4 可以看出，不论是人工卤水还是天然卤水，pH 对待测试样中 Al、Co、Cu、Fe、Mn、Ni、V、Zn 等 8 种元素的沉淀回收率影响显著。在 pH=8.1 时，8 种元素的回收率均较低；pH=8.3 时，人工卤水除 Fe 和 Zn、实际卤水除 Zn 外，其他元素的回收率都较低；在 pH=8.5 时，Al、Zn、Fe、Cu 元素氢氧化物沉淀比较完全；当 pH=8.7 时，Al、Co、Cu、Fe、Mn、Ni、V、Zn 等 8 种元素沉淀都较为完全；当 pH=8.9 时，各元素的沉淀回收率出现了下降。

根据表 8.2 所示结果，Al、Co、Cu、Fe、Mn、Ni、V、Zn 等 8 种待测元素测定值随着共存 Mg 元素含量的增加而减小；而 pH 的增加卤水中共存镁的沉淀也会增加，导致沉淀中 Mg 的含量增加，进而影响到 Al、Co、Cu、Fe、Mn、Ni、V、Zn 等 8 种微量元素的测定值。综合考虑 Al、Co、Cu、Fe、Mn、Ni、V、Zn 等 8 种元素同时测定要求，同时避免 Mg 对待测元素测定的干扰，沉淀法应控制溶液 pH=8.7。

3. 不同 pH 条件下沉淀分离对卤水主要元素影响

对表 8.3 和表 8.4 的测试样分别测定其中的 K、Na、Ca、Mg 含量，结果见表 8.5 和表 8.6。

表 8.5 人工卤水在不同 pH 条件下沉淀分离对主成分的影响

元素	沉淀前含量/($mg\cdot L^{-1}$)	经不同 pH 沉淀分离后待测液中主成分含量/($mg\cdot L^{-1}$)				
		pH=8.1	pH=8.3	pH=8.5	pH=8.7	pH=8.9
K	5000	0.0234	0.1055	0.1194	0.2029	2.799
Na	60000	3.214	7.773	18.84	19.96	38.98
Ca	5000	0.2395	0.2176	0.6594	2.617	7.811
Mg	30000	0.9446	2.647	226.8	944.8	2090.4

表 8.6 天然卤水在不同 pH 条件下沉淀分离对主成分的影响

元素	沉淀前含量/($mg\cdot L^{-1}$)	经不同 pH 沉淀分离后待测液中主成分含量/($mg\cdot L^{-1}$)				
		pH=8.1	pH=8.3	pH=8.5	pH=8.7	pH=8.9
K	9330	0.0905	0.1268	0.1475	0.2365	0.5526
Na	63650	0.2331	0.460	0.4195	1.016	10.40
Ca	176.05	0.1792	0.1742	0.2427	0.2620	0.3479
Mg	37710	1.763	4.137	54.35	652.8	2418.8

由表 8.5 和表 8.6 可以看出，无论人工卤水还是天然卤水，沉淀分离后制得的溶液中 K、Na、Ca、Mg 基本被除去，且 K、Na、Ca、Mg 的去除率随沉淀时 pH 增加而减少。由表 8.2、表 8.3 及表 8.4 结果可知，影响 Al、Co、Cu、Fe、Mn、Ni、V、Zn 等 8 种微量元素的测定的主要因素是 pH 和共沉淀的 $Mg(OH)_2$ 量，K、Na、Ca 不影响。控制 pH=8.7 的沉淀条件，可控制获得的沉淀中 Mg 不超过 1000 $mg\cdot L^{-1}$，同时可以使待测元素回收率在 90%以上。

4. Na 对沉淀的影响

在固定 $\rho(Mg)=15\ g\cdot L^{-1}$的情况下，改变 Na 的含量，pH=8.7 时作沉淀回收待测元素的试验，结果见表 8.7。

表 8.7 共存不同含量 Na 对待测元素沉淀回收的影响

Na 含量/($g\cdot L^{-1}$)	被测元素测量回收率/10^{-2}							
	Al	Co	Cu	Fe	Mn	Ni	V	Zn
0	89.10	86.65	94.90	78.67	97.47	83.66	61.62	82.43
20	94.33	88.44	95.89	80.04	97.67	84.79	47.34	86.06
60	98.02	94.13	96.12	93.34	100.5	92.80	92.75	93.55
80	98.33	94.74	95.79	95.59	95.78	93.34	93.31	95.54
100	100.10	95.21	94.60	96.34	93.35	94.39	94.21	95.56

由表 8.7 可知，无 Na 有 Mg 存在时，对 Cu、Mn 等元素的沉淀比较完全，回收率都在 90%以上。其他元素的回收率随 Na 量的增加而增加。当 Na 含量为 60 $g·L^{-1}$以上时，对所有元素沉淀都比较完全。说明 Na 的增加有利于提升 Al、Co、Cu、Fe、Mn、Ni、V、Zn 等 8 种微量元素的回收率。

5. Mg 对沉淀的影响

在 ρ(Na)=60 $g·L^{-1}$ 情况下，改变 Mg 的含量，控制 pH=8.7，做沉淀回收试验，见表 8.8。

表 8.8　共存不同含量 Mg 对待测元素沉淀回收的影响

Mg 含量 /($g·L^{-1}$)	被测元素测量回收率/10^{-2}							
	Al	Co	Cu	Fe	Mn	Ni	V	Zn
0	96.46	72.85	83.27	73.72	89.00	66.36	15.38	79.08
5	97.25	84.45	88.06	90.26	88.67	69.19	33.6	80.94
15	97.14	95.76	94.54	93.51	98.02	92.56	92.19	93.64
25	99.09	95.85	95.45	98.56	100.29	96.59	95.86	94.25
35	95.26	91.88	93.87	93.74	93.90	103.02	93.57	92.14

由表 8.8 可知，ρ(Na)=60 $g·L^{-1}$条件下，不加 Mg，除 Al 外，几乎所有待测元素的沉淀都不完全，甚至有些元素，如 V 不发生沉淀。当 Mg 为 5 $g·L^{-1}$时，各元素回收明显提高，可见 Mg 在沉淀过程中的富集作用，考虑 V、Ni 的回收率，至少保持溶液ρ(Mg)=15 $g·L^{-1}$。

结果表明，在沉淀过程中，Mg 对待测元素起共沉淀或吸附作用，卤水维持一定浓度的 Na，有利于待测元素的沉淀。为了全面照顾各元素，必须使待测溶液 ρ(Mg)=15 $g·L^{-1}$，ρ(Na)=60 $g·L^{-1}$。一般卤水中 Na、Mg 的含量约在此范围中。

6. 方法的回收率、精密度和检出限试验

取同一天然卤水（大柴旦晶间卤水），控制 pH 为 8.7，沉淀法分别测定原始卤水，加标后的卤水中各元素组成，计算回收率。

取 11 份同一天然卤水（大柴旦晶间卤水），控制 pH 为 8.7，按 8.2.3 小节中待测试样处理手续分别作沉淀分离，测定 Al、Co、Cu、Fe、Mn、Ni、V、Zn 等 8 种微量元素含量，计算相对标准偏差（RSD），标准偏差（SD），以三倍标准偏差作为本方法的检出限，结果见表 8.9。

测试结果表明，8 种元素的回收率均在 90%以上，相对标准偏差 RSD＜0.05，检出限在 0.62～14.45 $\mu g·L^{-1}$，除了 Fe、Mn 元素外，其他元素检出限均在 5 $\mu g·L^{-1}$以内，以上结果证明本方法准确可靠，适用于盐湖卤水中 Al、Co、Cu、Fe、Mn、Ni、V、Zn 的检测。

7. 其他

本法采用 $Mg(OH)_2$ 沉淀分离，仅达到除掉主要元素的目的。卤水经沉淀分离后共沉淀物中含盐量大致相同。浓盐溶液稀释成稀溶液，可克服物理干扰和主要元素引起的光谱干

扰。盐湖湖表水或含盐量较低的海水，适当增加取样量，浓缩至 50 mL。若 Na、Mg 含量仍低，可适当外加 Na、Mg，使待测试样中含 $\rho(Mg)$=15 g·L^{-1}，$\rho(Na)$=60 g·L^{-1}，再作沉淀分离。

表 8.9　被测元素的回收率、精密度和检出限

元素	样品含量 /(mg·L^{-1})	加入量 /(mg·L^{-1})	测定值 /(mg·L^{-1})	回收率 /10^{-2}	加入量 /(mg·L^{-1})	测定值 /(mg·L^{-1})	回收率 /10^{-2}	RSD /10^{-2}	检出限 /(μg·L^{-1})
Al	0.1512	0.5	0.6361	96.98	1.0	1.13	97.88	3.53	3.24
Co	0.0021	0.2	0.1931	95.50	0.5	0.4644	92.46	2.70	1.70
Cu	0.0073	0.2	0.2106	101.65	0.5	0.4780	94.14	2.74	2.99
Fe	0.1668	0.5	0.6637	99.38	1.0	1.143	97.62	4.65	14.45
Mn	0.2637	0.5	0.7358	94.42	1.0	1.179	91.53	1.28	11.14
Ni	0.0029	0.2	0.1891	93.10	0.5	0.4924	97.90	2.45	0.62
V	0.0255	0.2	0.2072	90.85	0.5	0.4863	92.16	2.33	4.90
Zn	0.0348	0.2	0.2299	97.55	0.5	0.5013	93.30	2.79	3.52

8.3　ICP-OES 在线氧化法测定卤水中溴[14–22]

8.3.1　方法简介

盐湖卤水体系复杂多变，随盐湖类型（氯化物型、硫酸盐型、碳酸盐型）及卤水种类（湖表卤水、晶间卤水、深层地下卤水、油气田卤水）的不同，采用氢氧化镁沉淀分离卤水中的某些元素，消除盐湖卤水高含盐量对 ICP-OES 仪器的影响，实现了 ICP-OES 直接测定盐湖卤水中的微量阳离子。利用卤水中溴离子在特定条件下被定量氧化成单质溴的性质，采用集进样、反应、分离三种功能为一体的气液分离器，$c(KMnO_4)$=10 mmol·L^{-1}和 $c(HNO_3)$=4 mol·L^{-1}的氧化剂组合条件下，建立了 ICP-OES 在线氧化法测定油田卤水中微量溴的分析方法。所建方法的检出限为 $\rho(Br^-)$=0.025 mg·L^{-1}，线性范围为 0.025～20 mg·L^{-1}。将样品的溶解性总固体（TDS）控制 4 g·L^{-1}以内，样品 Br 的加标回收率为 95.90%～104.00%，测定的相对标准偏差（RSD）小于 1%。

8.3.2　仪器和试剂

1. 仪器

Avio 200 型电感耦合等离子发射光谱仪（美国珀金埃尔默公司），自带进样系统见图 8.2；PB-10 型 pH 计（德国赛多利斯公司）；气液分离器：自主研制，CN 202020115662.4，见图 8.3。

2. 仪器工作条件

Avio 200 型 ICP-OES 仪器工作条件见表 8.10。

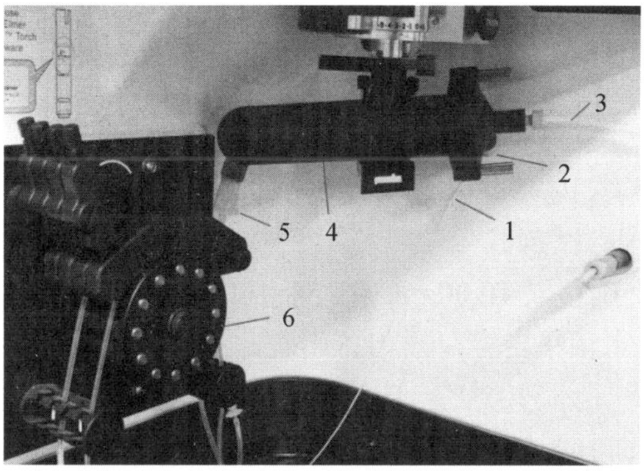

图 8.2　Avio 200 型 ICP-OES 常规进样系统

1-进样管；2-雾化器；3-气路管；4-雾化室；5-废液管；6-蠕动泵

另见书末彩图

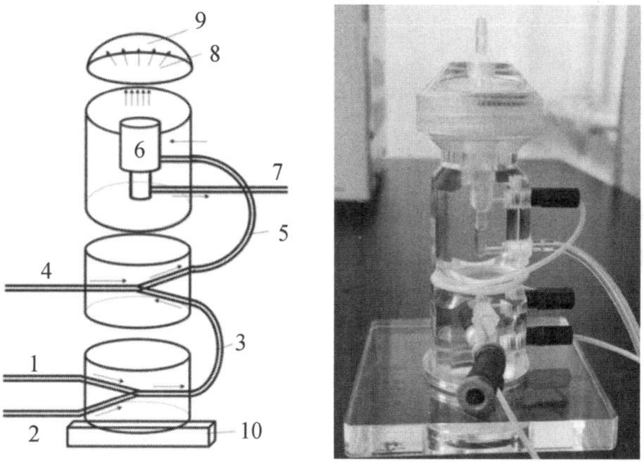

图 8.3　气液分离器结构示意图和实物图

1-第一进样管；2-第二进样管；3-混合管；4-气路管；5-反应线圈；6-反应容器；7-废液管；8-气液分离膜；9-反应腔盖；10-固定底座

另见书末彩图

表 8.10　Avio 200 型 ICP-OES 的工作条件

仪器参数	设定值
射频功率/W	1450
雾化气流量/(L·min^{-1})	0.4
辅助气流量/(L·min^{-1})	0.2
等离子气流量/(L·min^{-1})	15
泵速/(mL·min^{-1})	1.5
驱气气体量	正常
观测方式	水平
氧化测定时样品冲洗时间/s	50

3. 试剂

1）溴标准溶液

Br^-标准储备液：购自国家有色金属及电子材料分析测试中心的 $\rho(Br^-)=1000\ mg\cdot L^{-1}$（GSB 04-2838—2011)国标试剂。

Br^-标准工作液：准确移取 10.00 mL $\rho(Br^-)=1000\ mg\cdot L^{-1}$的 Br^-标准储备液于 100 mL 洁净的容量瓶中，用二次水稀释定容，摇匀备用。此溶液 $\rho(Br^-)=100\ mg\cdot L^{-1}$，使用前配制，不宜长期储存。

2）高锰酸钾溶液

准确称取 0.7902 g 高锰酸钾（$KMnO_4$，A.R）置于洁净的烧杯中，用少量二次水溶解后转入 250 mL 容量瓶，稀释定容，摇匀后，转入洁净的棕色试剂瓶中保存备用。此溶液 $c(KMnO_4)=20\ mmol\cdot L^{-1}$。

3）硝酸溶液

量取 125 mL 硝酸（HNO_3，$\rho=1.42\ g\cdot mL^{-1}$，G.R）溶液置于洁净的 250 mL 烧杯中，用二次水逐渐稀释至 250 mL，搅拌均匀后转入洁净的棕色试剂瓶中，密封保存备用。此溶液 $c(HNO_3)=8\ mol\cdot L^{-1}$。

4）反应试剂溶液

50 mL $c(KMnO_4)=20\ mmol\cdot L^{-1}$和 50 mL $c(HNO_3)=8\ mol\cdot L^{-1}$混合均匀后转入洁净试剂瓶保存。此溶液 $c(KMnO_4)=10\ mmol\cdot L^{-1}$、$c(HNO_3)=4\ mol\cdot L^{-1}$。此溶液测试前配制。

5）其他

分析测试用水均为二次去离子水（电阻率大于 18.2 MΩ·cm），其他试剂均为市售分析纯以上化学试剂。

8.3.3 测定方法

1. 标准工作曲线的绘制

准确移取不同体积的 $\rho(Br^-)=100\ mg\cdot L^{-1}$ Br^-标准工作液于一系列 50 mL 容量瓶中，用二次水稀释定容，各容量瓶含 Br^- 0.0 mg·L^{-1}、0.25 mg·L^{-1}、0.50 mg·L^{-1}、1.00 mg·L^{-1}、2.00 mg·L^{-1}、5.00 mg·L^{-1}、10.00 mg·L^{-1}、20.00 mg·L^{-1}。将图 8.3 所示气液分离器替换 Avio 200 型 ICP-OES 的进样装置，气液分离器的第一进样管插入配制的 Br^-标准工作液中，第二进样管插入反应试剂溶液［$c(KMnO_4)=10\ mmol\cdot L^{-1}$和 $c(HNO_3)=4\ mol\cdot L^{-1}$混合溶液］中，按表 8.10 给出的仪器工作条件，依次测定该标液系列与反应试剂组合反应获得 Br 863.866 nm 处发射强度值 I_n，建立相应标准工作曲线见图 8.4。

2. 样品中 Br^-的测定

1）样品预处理

待测卤水样品（盐湖卤水、油田卤水等）经 7 μm 微孔滤膜过滤，得到清澈透亮的液体备用。根据待测水样中 TDS（溶解性固体含量）选择合适的稀释比例，配制 TDS≤4 g·L^{-1}

的待测试样。

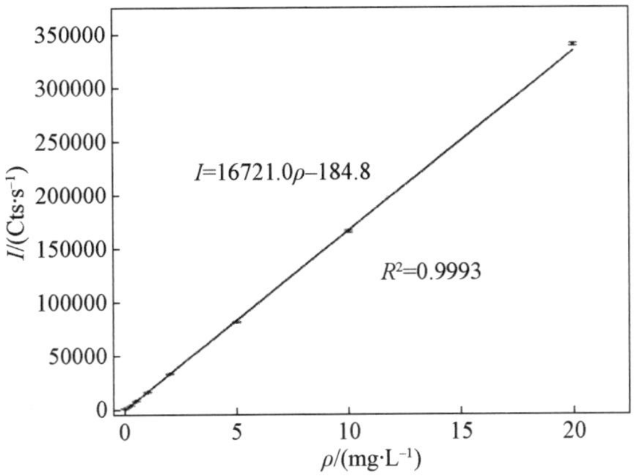

图 8.4　Br⁻标准工作曲线

2）待测试样中 Br⁻的测定

按 Br⁻标准工作曲线测定方法，将气液分离器（图 8.3）第一进样管插入待测试样中，第二进样管插入反应试剂［$c(KMnO_4)$=10 mmol·L^{-1}和 $c(HNO_3)$=4 mol·L^{-1}混合溶液］中，按表 8.10 给出的仪器工作条件，测定待测试样与反应试剂组合反应获得 Br 863.866 nm 处发射强度值 I_n，根据图 8.4 给出的 I–ρ 相关性关系，计算确定待测试样中的 Br⁻含量。样品中的 Br⁻含量由式（8.10）计算得到。

$$\rho(Br^-)=\frac{(I_n+184.8)\cdot n}{16721.0} \tag{8.10}$$

式中，I_n 为待测试样在 863.866 nm 处 Br 的发射强度值；n 为配制成 TDS≤4 g·L^{-1}的待测试样时原始卤水样品的稀释倍数。

8.3.4　结果讨论

1. 反应试剂的影响

本方法的关键在于待测试样中 Br⁻与反应试剂（$KMnO_4$+HNO_3）在气液分离器混合过程中 Br⁻被氧化成 Br_2 反应过程。采用在线氧化进样方式 Br_2 以气态单质形式传输至等离子体的效率接近 100%，雾化效率和原子化效率也随之提高，有效解决了高电离能的 Br 元素用 ICP-OES 测定时存在的灵敏度低、检出限高的问题。氧化剂和酸组合的反应试剂对测定结果的影响见图 8.5。

由图 8.5 可知，Br 的强度值 I_n 值先随高锰酸钾浓度增加而急剧增加，至高锰酸钾浓度为 10 mmol·L^{-1} I_n 值出现转折点，随后缓慢增加，当 $c(KMnO_4)$=40 mmol·L^{-1}时，I_n 最高，后随高锰酸钾浓度增加 I_n 稍有所下降。且 $c(KMnO_4)$=10 mmol·L^{-1}时测定的 I_n 标准偏差最小，经计算 I_n 的 RSD 也最小。高锰酸钾具有强氧化性和腐蚀性，基于进样装置耐腐蚀性和节省试剂的考虑，选择 $c(KMnO_4)$=10 mmol·L^{-1}，此时 I_n 与 $c(KMnO_4)$=40 mmol·L^{-1}时的 I_n 值相差不大。而 I_n 值变化同硝酸浓度变化成正比，试验结果显示当 $c(HNO_3)$<1 mol·L^{-1}时，

$\rho(Br)=2\ mg\cdot L^{-1}$的测试溶液测定的RSD不超过3%；当$c(HNO_3)>1\ mol\cdot L^{-1}$且不超过$4\ mol\cdot L^{-1}$时，测定的RSD不超过1%。为了获得溴测定的高灵敏度，在仪器进样系统酸度允许范围内选高酸度，采用$c(HNO_3)=4\ mol\cdot L^{-1}$，$c(KMnO_4)=10\ mmol\cdot L^{-1}$。

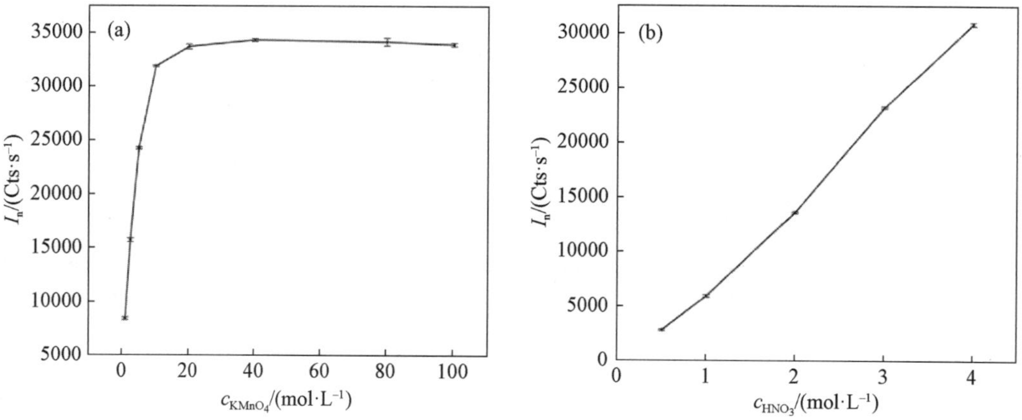

图 8.5　$KMnO_4$(a)和HNO_3(b)的浓度对I_n的影响

2. 方法的检出限和线性范围

以表 8.11 列出的组成为准，用分析纯试剂配制模拟卤水样品，将配制的模拟卤水稀释 200 倍后与$c(KMnO_4)=10\ mmol\cdot L^{-1}$和$c(HNO_3)=4\ mol\cdot L^{-1}$的混合溶液反应，在相同条件下测试 11 次，经过计算，Br 863.866 nm 处的检出限$\rho(Br^-)=0.025\ mg\cdot L^{-1}$，定量限$\rho(Br^-)=0.125\ mg\cdot L^{-1}$。

由图 8.4 可知方法的线性范围 0.025～20 $mg\cdot L^{-1}$。

表 8.11　模拟卤水组成

密度/($g\cdot cm^{-3}$)	各离子浓度/($g\cdot L^{-1}$)						
	Li^+	Na^+	NH_4^+	K^+	Mg^{2+}	Ca^{2+}	Sr^{2+}
1.1995	0.24	95.22	1.29	5.85	1.6	16.57	1.12

3. 共存元素的干扰

对卤水中主要共存离子对Br^-的测定影响进行了研究，结果见表 8.12。

一般认为 ICP-OES 分析相对误差超过±10%时，判定共存离子对检测对象准确测定有影响。从表 8.12 可看出，14000 倍的硫酸根、9000 倍的铵、2000 倍的氯和锶、1000 倍的钙和钠、400 倍的钾、300 倍的镁、3000 倍的硼（以硼酸配制）、100 倍的锂、500 倍的碳酸根、2 倍的碘离子不影响 1.00 $mg\cdot L^{-1}$溴离子准确测定。

4. 其他

ICP-OES 在线氧化法测定高盐水体中 Br，适用于以Br^-形式存在的溴离子测定，如果待测样品中溴元素有多种不同存在形式，本方法可用于总溴元素含量的测定。要求在测试前，选择合适的还原剂将待测样品中不同存在形式的溴还原成 Br^-，再用本法进行测定，控制待测试样中 TDS≤4 $g \cdot L^{-1}$。

表 8.12 共存离子对溴测定的影响

共存离子	浓度 /($g \cdot L^{-1}$)	样品 TDS /($g \cdot L^{-1}$)	Br 863.866 nm /($mg \cdot L^{-1}$)		共存离子	浓度 /($g \cdot L^{-1}$)	样品 TDS /($g \cdot L^{-1}$)	Br 863.866 nm /($mg \cdot L^{-1}$)	
			测定值	测定值				测定值	测定值
K^+	0.40	0.76	1.082	8.20	Li^+	0.20	1.22	1.110	11.00
K^+	0.50	0.95	1.139	13.90	B	2.00	11.43	0.993	−0.70
K^+	0.80	1.52	1.187	18.70	B	3.00	17.15	0.991	−0.90
Na^+	1.00	2.54	1.051	5.10	Cl^-	2.00	3.30	1.083	8.30
Na^+	1.50	3.81	1.144	14.40	Cl^-	2.50	4.12	1.102	10.20
Na^+	2.00	5.08	1.221	22.10	Cl^-	3.00	4.94	1.132	13.20
Ca^{2+}	1.00	2.77	1.086	8.60	I^-	0.0010	2.80×10^{-3}	0.984	−1.60
Ca^{2+}	1.50	4.15	1.134	13.40	I^-	0.0020	4.10×10^{-3}	0.933	−6.70
Ca^{2+}	2.00	5.54	1.185	18.50	I^-	0.0030	5.41×10^{-3}	0.890	−11.00
Mg^{2+}	0.30	1.18	1.049	4.90	I^-	0.0050	8.03×10^{-3}	0.825	−17.50
Mg^{2+}	0.40	1.57	1.113	11.30	I^-	0.00020	1.75×10^{-3}	1.038	5.20
Mg^{2+}	0.50	1.96	1.129	12.90	I^-	0.00010	1.62×10^{-3}	1.084	5.60
Sr^{2+}	2.00	3.62	1.066	6.60	SO_4^{2-}	10.00	14.79	1.108	3.80
Sr^{2+}	3.00	5.43	1.134	13.40	SO_4^{2-}	14.00	20.70	0.916	8.40
NH_4^+	5.00	14.83	1.054	5.40	SO_4^{2-}	15.00	22.18	0.796	10.80
NH_4^+	9.00	26.69	1.082	8.20	CO_3^{2-}	0.50	0.88	1.082	−8.40
NH_4^+	10.00	29.65	1.121	12.10	CO_3^{2-}	1.00	1.77	1.139	−20.40
Li^+	0.10	0.61	1.041	4.10					

8.4 ICP-OES 在线氧化法测定卤水中碘[23–28]

8.4.1 方法简介

盐湖卤水体系复杂多变，随着盐湖类型（氯化物型、硫酸盐型、碳酸盐型）及卤水种类（湖表卤水、晶间卤水、深层地下卤水、油气田卤水）的不同，采用氢氧化镁沉淀分离卤水中的某些元素，消除盐湖卤水高含盐量对 ICP-OES 仪器的影响，实现了 ICP-OES 直接测定盐湖卤水中的微量元素（金属阳离子）。利用卤水中碘离子在特定条件下被定量氧化成单质碘的性质，采用集进样、反应、分离三种功能为一体的气液分离器，10 $mmol \cdot L^{-1}$ $NaNO_2$ 和 1 $mol \cdot L^{-1}$ HNO_3 的氧化剂组合，建立了 ICP-OES 在线氧化法测定油田卤水中微量碘的分析方法，将 ICP-OES 的进样方式从常规的液体进样转变为气体单质进样，提高样品有效进样量，降低样品基体对待测元素的干扰，实现了复杂盐卤体系中碘的准确快速测定。所建方法碘的检出限为 1.65 μg·L^{-1}，线性范围为 1.65～10 000 μg·L^{-1}。将样品的 TDS 控制 6 g·L^{-1} 以内，I 的加标回收率为 96.00%～104.00%，测定的相对标准偏差（RSD）小于 2%。

8.4.2　仪器和试剂

1. 仪器

ICAP 6500 DUO 型电感耦合等离子发射光谱仪（美国赛默飞世尔有限公司），自带进样系统见图 8.6；PB-10 型 pH 计（德国赛多利斯公司）；气液分离器：自主研制，CN 202020115662.4，见本章 8.3 节中图 8.3。

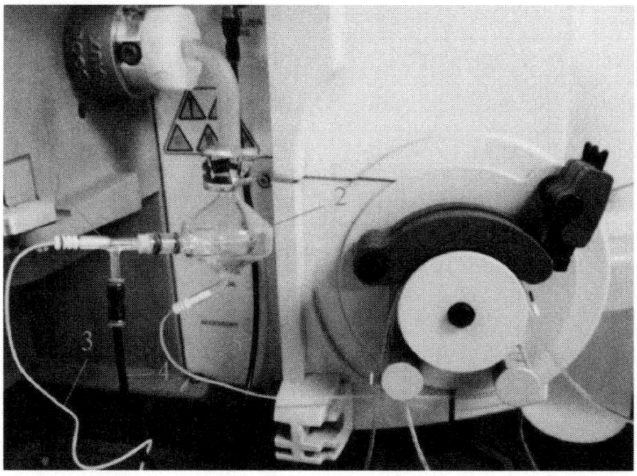

图 8.6　ICAP 6500 DUO 型 ICP-OES 常规进样系统

1-同心雾化器；2-旋流雾化器；3-进样管；4-气路管；5-废液管

另见书末彩图

2. 仪器工作条件

ICAP 6500 DUO 型 ICP-OES 仪器工作条件见表 8.13。

表 8.13　ICAP 6500 DUO 型 ICP-OES 的工作条件

仪器参数	设定值
射频功率/W	1300
雾化气流量/(L·min^{-1})	0.4
辅助气流量/(L·min^{-1})	0.3
泵速/(r·min^{-1})	50
观测方式	水平
氧化测定时样品冲洗时间/s	80

3. 试剂

1）碘标准溶液

I^-标准储备液：购自国家有色金属及电子材料分析测试中心的$\rho(I^-)$=1000 mg·L^{-1}（GSB 04-2834-2011）国标试剂；

I^-标准工作液：准确移取$\rho(I^-)$=1000 mg·L^{-1}的Br^-标准储备液 10.00 mL 于 100 mL 洁净的容量瓶中，用二次水稀释定容，摇匀备用。此溶液$\rho(I^-)$=100 mg·L^{-1}，使用前配制，不易长期储存。

2）硝酸溶液

量取 31 mL 硝酸（HNO_3，ρ=1.42 g·mL^{-1}，G.R）溶液置于洁净的 250 mL 烧杯中，用二次水逐渐稀释至 250 mL，搅拌均匀后转入洁净的棕色试剂瓶中，密封保存备用。此溶液$c(HNO_3)$=2 mol·L^{-1}。

3）亚硝酸钠溶液

准确称取 0.3450 g 亚硝酸钠（$NaNO_2$，A.R）置于洁净的烧杯中，用少量二次水溶解后转入 250 mL 容量瓶，稀释定容，摇匀后，转入洁净的棕色试剂瓶中保存备用。此溶液$c(NaNO_2)$=20 mmol·L^{-1}。

4）反应试剂溶液

50 mL $c(NaNO_2)$=20 mmol·L^{-1}和 50 mL $c(HNO_3)$=2 mol·L^{-1}混合均匀后转入洁净试剂瓶保存。此溶液$c(NaNO_2)$=10 mmol·L^{-1}、$c(HNO_3)$=1 mol·L^{-1}。此溶液测试前配制。

5）其他

分析测试用水均为二次去离子水（电阻率大于 18.2 MΩ·cm），其他试剂均为市售分析纯以上化学试剂。

8.4.3　测定方法

1. 标准工作曲线的绘制

准确移取不同体积的$\rho(I^-)$=100 mg·L^{-1} I^-标准工作液于一系列 50 mL 容量瓶中，用二次水稀释定容，各容量瓶中含I^- 0.0 mg·L^{-1}、0.25 mg·L^{-1}、0.50 mg·L^{-1}、1.00 mg·L^{-1}、2.50 mg·L^{-1}、5.00 mg·L^{-1}、10.00 mg·L^{-1}。将图 8.3 所示气液分离器替换 ICAP 6500 DUO 型 ICP-OES 的进样装置，气液分离器的第一进样管插入配制的I^-标准工作液中，第二进样管插入$c(NaNO_2)$=10 mmol·L^{-1}、$c(HNO_3)$=1 mol·L^{-1}组成的反应试剂中，按表 8.13 给出的仪器工作条件，依次测定该标液系列与反应试剂组合反应获得 I178.276 nm 处净发射强度值I_n，建立相应标准工作曲线见图 8.7。

2. 样品中I^-的测定

1）样品预处理

待测卤水样品（盐湖卤水、油田卤水等）经 7 μm 微孔滤膜过滤，得到清澈透亮的液体备用。根据待测水样中 TDS（溶解性固体含量）选择合适的稀释比例，配制 TDS≤6 g·L^{-1}的待测试样。

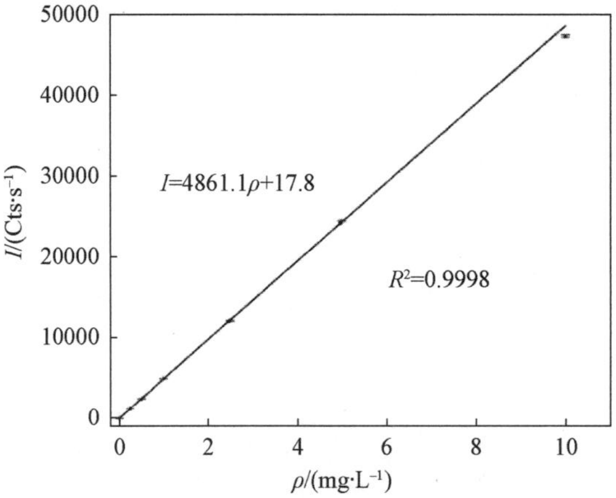

图 8.7　I⁻标准工作曲线

2）待测试样中 I⁻的测定

按 I⁻标准工作曲线测定方法，将气液分离器第一进样管插入待测试样中，第二进样管插入 $c(NaNO_2)$=10 mmol·L^{-1}、$c(HNO_3)$=1 mol·L^{-1}组成的反应试剂中，按表 8.13 给出的仪器工作条件，测定待测试样与反应试剂组合反应获得 I 178.276 nm 处净发射强度值 I_n，根据图 8.7 给出的 I_n-ρ 相关性关系，计算确定待测试样中的 I⁻含量。样品中的 I⁻含量由式（8.11）计算得到。

$$\rho(I^-)=\frac{(I_n-17.8)\cdot n}{4861.1} \tag{8.11}$$

式中，I_n 为待测试样在 178.267 nm 处 I 的发射强度值；n 为配制成 TDS≤6 g·L^{-1}的待测试样时原始卤水样品的稀释倍数。

8.4.4　结果讨论

1. 反应试剂的影响

本方法的关键在于待测试样中 I⁻与反应试剂（$NaNO_2$+HNO_3）在气液分离器混合过程中 I⁻被氧化成 I_2，采用在线氧化进样方式 I_2 以气态单质形式传输至等离子体的效率接近100%，雾化效率和原子化效率也随之提高，有效解决了高电离能的 I 元素用 ICP-OES 测定存在的灵敏度低，检出限高的问题。

氧化剂和酸组合的反应试剂对测定结果有影响，研究结果表明，I 的强度值 I_n 值先随亚硝酸钠浓度增加而迅速增加，至 $c(NaNO_2)$=10 mmol·L^{-1} I_n 值出现转折点，随后随亚硝酸钠浓度增加缓慢降低。固定 $c(NaNO_2)$=10 mmol·L^{-1}时，I 的发射强度 I_n 随硝酸浓度的增加而增大，当 $c(HNO_3)$=1 mol·L^{-1}时 I_n 达到最大，随后开始下降。亚硝酸钠和硝酸对 1 mg·L^{-1}碘的强度值 I_n 的影响规律见图 8.8。

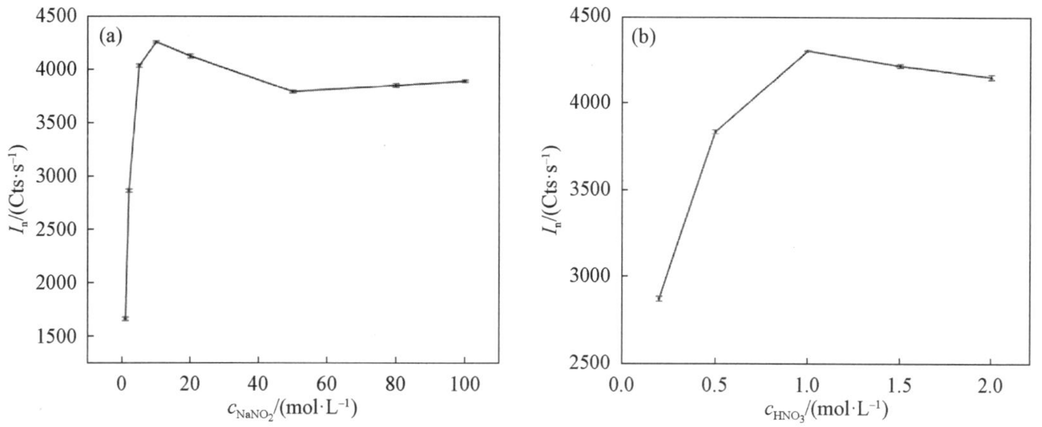

图 8.8　$NaNO_2$ 和 HNO_3 的浓度对 I_n 的影响

2. 方法的检出限和精密度

将按表 8.11 组成配制的模拟卤水稀释 200 倍后作为待测试样，按照 8.4.2 小节中样品分析测定方法与 $c(NaNO_2)$=10 mmol·L^{-1}和 $c(HNO_3)$=1 mol·L^{-1}的混合溶液反应，在相同的测试条件下连续测定 11 次，由测定结果计算得到检出限为 $\rho(I^-)$=1.65 μg·L^{-1}；定量下限为 $\rho(I^-)$=8.25 μg·L^{-1}。由图 8.7 可知方法的线性范围为 1.65～10000 μg·L^{-1}。具有检出限低、测定范围宽的优点。

方法的精密度结果见表 8.14，RSD≤2%。

3. 共存离子的影响

实验结果表明与 I^-共存的主要离子钾、钠、钙、镁、锂、锶、铵等除钙对碘的测定存在显著性影响，其他共存离子对碘的测定没有影响；经过深入分析发现，被测样品中钙的影响通过控制被测样品的 TDS 有效降低。当待测样品中 TDS≤6 g·L^{-1}钙的影响可以忽略，测定结果的加标回收率在 96.00%～104.00%。

4. 其他

自然水体中 I^-和 IO_3^-为无机碘的最常见形态，在氧化性水体中 IO_3^-占主导地位，并稳定存在；在还原性水体中 I^-是主要存在的碘形态。对于 IO_3^-量不能忽略的氧化性水体，先用抗坏血酸等还原剂将 IO_3^-预还原为 I^-，再用该方法测定得到总无机碘量。另外，海水、湖水以及大气降水等水体受其所处环境中有机物的影响还有很多有机碘化合物（如甲基碘、乙基碘等）等。对于常见的有机碘含量可忽略的还原性水体而言，用该方法测定的碘浓度就是卤水中的总碘量。对于特殊的有机碘浓度占总碘浓度比例较高的水体，若总碘浓度较高可用 ICP-OES 直接测定得到总碘量，再预还原然后用本方法得到无机碘量，两者相减得到该水体中的有机碘浓度；若总碘浓度低可稀释样品后用 ICP-MS 测定得到总碘浓度。

表 8.14　油田卤水中碘的精密度结果

名称	稀释 200 倍的油田卤水 1	稀释 100 倍的油田卤水 4
碘测定值/($mg \cdot L^{-1}$)	0.185	1.399
	0.183	1.433
	0.183	1.433
	0.181	1.445
	0.180	1.437
	0.183	1.444
	0.180	1.392
	0.180	1.422
	0.181	1.432
	0.181	1.422
	0.182	1.440
RSD/%	0.89	1.22

参考文献

[1] 辛仁轩. 等离子体发射光谱分析[M]. 北京: 化学工业出版社, 2005: 11-13, 49-91.

[2] 李武, 董亚萍, 宋彭生. 盐湖卤水资源开发利用[M]. 北京: 化学工业出版社, 2012.

[3] 黄西平. 国内外盐湖(地下)卤水资源综合利用综述[J]. 海洋技术, 2002, 21(4): 66-72.

[4] 宋彭生. 盐湖及相关资源开发利用进展[J]. 盐湖研究, 2000, 8(1): 1-16.

[5] Thompson M, Walsh J N. A Handbook of Inductively Coupled Plasma Spectrometry[M]. Blackie & Son Ltd., 1983.

[6] 陈新坤, 魏振澄. 原子发射光谱分析原理[M]. 天津: 天津科学技术出版社, 1991.

[7] 李廷钧. 发射光谱分析[M]. 北京: 原子能出版社, 1983.

[8] Ouddane B, Skiker M, Fischer J C, et al. Determination of trace metals in estuarine waters by ICP-AES after Ga-Mg coprecipitation[J]. Analusis, 1997, 25(9-10): 308-313.

[9] Buchanan A S, Hannaker P. Inductively coupled plasma spectrometric determination of minor elements in concentrated brines following precipitation [J]. Analytical Chemistry, 1984, 56(8): 1379-1382.

[10] Yabuki M. Determination of ultratrace metallic impurities in metal-oxide thin films for ferroelectric random-access memories by precipitation separation/ICP-MS and ETAAS [J]. Bunseki Kagaku, 2003, 52(6): 447-453.

[11] Gao Y, Zhang Y, Xu S, et al. Determination of 18 impurities in high-purity lead by ICP-MS after preconcentrated through precipitation of lead nitrate[J]. Chinese Journal of Analysis Laboratory, 2013, 32(3): 111-114.

[12] Horvath Z, Lasztity A, Varga I, et al. Determination of trace-metals and speciation of chromiumions in atmospheric precipitation by ICP-AES and GFAAS[J]. Talanta, 1994, 41(7): 1165-1168.

[13] Husakova L, Urbanova I, Sramkova J, et al. Multi-element analysis of milk by ICP-oa-TOF-MS after

precipitation of calcium and proteins by oxalic and nitric acid[J]. Talanta, 2013, 106: 66-72.
[14] 柴小丽，董亚萍，李海军. 用于直接测定微量卤素的进样装置[P]. 中国专利，202020115662.4, 2020-09-15.
[15] Vtorushina E A, Saprykin A I, Knapp G. Optimization of the conditions of oxidation vapor generation for determining chlorine, bromine, and iodine in aqueous solutions by inductively coupled plasma-atomic emission spectrometry[J]. Journal of Analytical Chemistry, 2008, 63(7): 643-648.
[16] 蔡忆. 介质阻挡放电-发射光谱检测水样中溴化物和溴酸盐[D]. 沈阳: 东北大学, 2014.
[17] 张登骥. 蒸气发生-介质阻挡放电等离子体发射光谱同时测定卤素的研究[D]. 沈阳: 东北大学, 2015.
[18] Calzada M D, Quintero M C, Gamero A, et al. Chemical generation of chlorine, bromine, and iodine for sample introduction into a surfatron-generated argon microwave-induced plasma[J]. Analytical Chemistry, 1992, 64: 1374-1378.
[19] Camuña J F, Montes M, Pereiro R, et al. Determination of halides by microwave induced plasma and stabilized capacitive plasma atomic emission spectrometry after on-line continuous halogen generation[J]. Talanta, 1997, 44(4): 535-544.
[20] Nakahara T, Morimoto S, Wasa T. Application of atmospheric pressure helium microwave induced plasma atomic emission spectrometry with gas-phase sample introduction to the continuous-flow determination of bromine in seawaters[J]. Analytical Sciences, 1991, 7: 463-466.
[21] Nakahara T, Morimoto S, Wasa T. Analyte volatilization procedure for continuous-flow determination of bromine by atmospheric pressure helium microwave-induced plasma atomic emission spectrometry[J]. Journal of Analytical Atomic Spectrometry, 1992, 7: 211-217.
[22] Mitko K, Bebek M. Some aspects of bromine determination by ICP-OES insalinated waters[J]. Atomic Spectroscopy, 2004, 25(2): 64-69.
[23] 柴小丽，高丹丹，李海军，等. 氧化-原子发射光谱快速测定油田卤水中微量碘[J]. 光谱学与光谱分析, 2021, 41(5): 1574-1579.
[24] 柴小丽，高丹丹，李海军，等. ICP-OES 测定微量碘进样装置的设计及应用[J]. 盐湖研究，2021，29(2): 94-101.
[25] Zhu Z L, Zhang S C, Xue J H, et al. Application of atmospheric pressure dielectric barrier dischargeplasma for the determination of Se, Sb and Sn with atomic absorption spectrometry[J]. Spectrochimica Acta Part B-Atomic Spectroscopy, 2006, 61(8): 916-921.
[26] Zhang D J, Cai Y, Chen M L, et al. Dielectric barrier discharge-optical emissionspectrometry for the simultaneous determinationofhalogens[J]. Journal of Analytical Atomic Spectrometry, 2016,31(2): 398-405.
[27] Nakahara T, Mori T. Analyte volatilization procedure for the determination of low concentrations of iodine by inductively coupled plasma atomic emission spectrometry[J]. Journal of Analytical Atomic Spectrometry, 1994, 9:159-165.
[28] Yu Y L, Dou S, Chen M L, et al. Iodine excitation in a dielectric barrier discharge micro-plasma and its determination by optical emissionspectrometry[J]. Analyst, 2013, 138: 1719-1725.

第9章　氢化物-原子荧光光谱分析

原子荧光光谱分析（atomic fluorescence spectrometry，AFS）是20世纪60年代中后期发展的仪器分析方法，是原子吸收光谱分析和原子发射光谱分析的有效补充，并克服了它们某些方面的缺点，具有分析灵敏度高、干扰少、线性范围宽、可多元素同时分析等特点，是一种优良的痕量分析技术。

9.1　概　　述[1，2]

9.1.1　原子荧光光谱分析

19世纪后期和20世纪初期，物理学家就研究过原子荧光（atomic fluorescence，AF）现象，他们观察到了在加热的容器和火焰中有一些元素（如 Na、Hg、Cd、Tl）发出的荧光。1962年AF开始用于化学分析。1964年，Winfordner 和 Vickers 提出并论证了 AF 火焰光谱法可作为一种新的分析方法，此后研究人员对于 AFS 进行了广泛的研究和改进。

1. 原子荧光

荧光是一种光致发光现象。原子荧光的产生一般是由试样溶液在原子化器中形成原子蒸气（基态原子），当光源发出的强射线照在这些蒸气上时，原子外层电子吸收其中特征波长光的能量后从基态跃迁到高能激发态，随后再从激发态降落至基态或低能级时发射出的光，当激发光源停止照射后，荧光随即停止。

2. 原子荧光类型

根据产生机理，原子荧光分为共振荧光、非共振荧光和敏化荧光三种类型。

1）共振荧光

发射与原吸收线波长相同的荧光为共振荧光。

基态原子吸收共振线被激发后，再发射与原吸收线波长相同的荧光即共振荧光。它的特点是激发线与荧光线的能量相同。

若原子受热激发处于亚稳态，再吸收辐射进一步激发，然后再发射相同波长的共振荧光，此种原子荧光称为热助共振荧光。

2）非共振荧光

当荧光与激发光的波长不相同时，产生非共振荧光。非共振荧光又分为直跃线荧光（direct-line fluorescence）、阶跃线荧光（stepwise fluorescence）、反斯托克斯荧光（anti-Stokes fluorescence）。

（1）直跃线荧光。当原子由基态被光激发到较高激发态后，原子跃迁回只高于基态的亚稳态时所发射的荧光称为直跃线荧光，由于荧光的能级间隔小于激发线的能级间隔，所以荧光的波长大于激发线的波长。荧光线的波长大于激发线的波长称为 Stokes 荧光；反之，称为 anti-Stokes 荧光。直跃线荧光为 Stokes 荧光。

（2）阶跃线荧光。被光照激发的原子，由于碰撞以非辐射形式去激发返回到较低的激发态，进而在返回基态的过程中发射出波长比激发线波长长的荧光，称为阶跃线荧光。如果被光照激发的原子，跃迁至中间能级，又发生热激发至高能级，然后返回至低能级发射出的荧光，称为热助阶跃线荧光。

（3）反斯托克斯荧光。当自由原子跃迁至某一能级，其获得的能量一部分是由光源激发能供给，另一部分是热能供给，然后返回低能级所发射能量大于激发能，波长小于激发线波长的荧光，称为反斯托克斯荧光。

3）敏化荧光

受光激发的原子与另一种原子碰撞时，把激发能传递给另一个原子使其激发，后者再以辐射形式去激发而发射荧光即为敏化荧光。

就大多数元素而言，共振荧光强度最大，是原子荧光分析中最常用的一种荧光。但非共振荧光因其远离激发波长，可消除激发光对检测器的干扰，因而非共振荧光的研究亦受到重视和应用。

3. 原子荧光光谱分析

1）原子荧光分析原理

对于某一元素来说，原子吸收了光辐射之后，根据跃迁过程中所涉及的能级不同，将发射出一组特征荧光谱线。由于在原子荧光光谱分析的实验条件下，大部分原子处于基态，而且能够激发的能级又取决于光源所发射的谱线，因而各元素的原子荧光谱线十分简单。根据所记录的荧光谱线的波长即可判断有哪些元素存在，这是定性分析的基础。

原子荧光光谱分析特别适合低含量元素的测定，这是由于在荧光分析时，待测物浓度在低浓度时与荧光强度成正比，这也是原子荧光光谱定量分析的依据。

2）荧光强度与被测物浓度之间关系

原子荧光光谱分析法是用激发光源照射含有一定浓度的待测元素的原子蒸气，从而使基态原子跃迁到激发态，然后去激发回到较低能态或基态，发出原子荧光，显然原子荧光的强度与被激发元素浓度有关，测定原子荧光的强度，即可求得待测样品中该元素的含量。

在原子荧光分析中待测样品通常需经化学处理制备成溶液进入雾化器，雾化后再进入火焰，在火焰中形成原子蒸气。原子化器的各种因素都会影响原子蒸气中单位体积内的原子总数，当仪器条件和测定条件固定时，待测样品浓度与单位体积内的原子总数成正比。即

$$I = Kc \tag{9.1}$$

式中，I 是待测元素发射的荧光强度；c 是元素浓度；K 是在一定激发光强及固定原子化条件下的常数，K 与激发光强度成正比。

上述公式与原子吸收光谱定量公式相同，但荧光强度可以通过提高激发光源强度来增加测定灵敏度，这是原子荧光与原子吸收分析方法的不同之处。同时仅仅适用于低浓度的

原子荧光分析。迄今为止，原子荧光光谱法最成功的应用还是易形成气态氢化物的 11 种元素 As、Sb、Bi、Se、Ge、Pb、Sn、Te、Hg、Cd 和 Zn。因此，原子荧光光谱分析侧重氢化物发生原子荧光光谱分析的联用技术。

3）荧光猝灭与荧光量子效率

处于光激发的原子寿命十分短暂，当它以光辐射的方式去激发时，将发出原子荧光。在发光过程中，原子还可能与其他粒子碰撞而丧失能量，产生非辐射去激发过程，在这种情况下，荧光将减弱或完全不发生，这种现象称为荧光的猝灭现象。荧光的猝灭会使荧光的量子效率降低，荧光强度减弱。许多元素在烃类火焰中要比用氩稀释的氢-氧火焰中荧光猝灭大得多，因此原子荧光光谱法，尽量不用烃类火焰，而用氩稀释的氢-氧火焰代替。

4. 原子荧光光谱仪

原子荧光光谱仪与原子吸收光谱仪在组件上有很大相似之处，包括激发光源、原子化器、光学系统和检测器。区别在于原子荧光光谱仪的光源、原子化器、分光系统不是排在一条线上，而是排成直角形。

1）光源

原子荧光光源即激发光源，用来激发原子使其产生原子荧光。要求强度高、稳定性好、噪声小、寿命长、操作简便等。光源分连续光源和锐线光源。连续光源一般采用高压氙灯，能用于多元素同时测定，但检出限较差。锐线光源为脉冲供电的空心阴极灯、无电极放电灯及激光等，强度高，灵敏度也高，只能用于单元素测定，不同元素需要配备该元素的光谱灯。

2）原子化器

原子化器是将被测元素转化为原子蒸气的装置。可分为火焰原子化器和电热原子化器。火焰原子化器是利用火焰使元素的化合物分解并生成原子蒸气的装置。所用的火焰为空气-乙炔焰、氩氢焰等。电热原子化器是利用电能来产生原子蒸气的装置。电感耦合等离子焰也可作为原子化器，它具有散射干扰少、荧光效率高的特点。

原子荧光分析时，应考虑火焰成分对荧光的猝灭作用（quenching effect）的影响。荧光猝灭是指在原子荧光发射过程中，受激发原子和其他粒子碰撞，将部分能量变成热运动或其他形式的能量而损失。荧光猝灭会使荧光的量子效率降低，从而降低测定灵敏度。例如火焰原子吸收中常用的空气-乙炔火焰，含有的 N_2、CO、CO_2 等，在原子荧光分析时会产生较强的猝灭作用，因此较少采用，常用的是氢或 $Ar\text{-}H_2$ 火焰。

目前商品仪器应用较多的是氢化物原子化器，主要优点是该方法使分析元素与可能引起干扰的试样基体分离，消除了大部分干扰，且装置易于实现自动化。

3）单色器

单色器即光学系统是产生高纯单色光的装置，其作用为选出所需要测量的荧光谱线，排除其他光谱线的干扰。根据单色器的不同，分为色散型和非色散型两类。色散型采用光栅减少和除去杂散光，非色散型采用滤光器分离分析线和邻近谱线，降低背景，其特点是仪器结构简单，操作方便，且集光能力强，信号强度大，但散射光影响较大。

4）检测器

测量原子荧光强度的装置，完成光电信号的转换。常用的检测器为光电倍增管或日盲光电倍增管，在位置上与激发光束一般成直角。

5. 原子荧光光谱分析特点和应用

原子荧光光谱法具有谱线相对简单，仪器也较简单的特点，各元素相互之间的光谱干扰少和多元素可以同时测定等优点，是一种有潜力的痕量分析方法。

原子荧光定量分析方法常采用标准工作曲线或标准加入法，在低浓度范围内，线性范围通常为 3～5 个数量级，优于原子吸收光谱分析法。因此原子荧光分析特别适合需要极高灵敏度检测的场合，例如，超纯物质、环境污染物、生物活性材料中痕量及超痕量元素的分析测试等。再如，激光诱导原子荧光光谱法，由于采用高强度激光作光源（如气体激光器），结合微弱信号探测技术（如 CCP），具有极高的分析灵敏度和选择性，是目前少数可能测定单个原子的方法之一。

9.1.2　氢化物发生-原子荧光光谱法

1. 氢化物发生-原子荧光光谱法概述

早在 20 世纪 80 年代初期，氢化物发生（hydride generation，HG）-原子荧光法就引起了人们的普遍关注。在国内，郭小伟和他的研究团队也在这方面作出了极大的贡献，他们研制成功了无极放电灯氢化物发生-原子荧光光度计。1988 年，刘明钟、郭小伟等人试制成功空心阴极灯激发光源以及供电方法，从而克服了早期使用的无极放电灯寿命短、稳定性差的缺点，解决了用一般供电方法时空心阴极灯的强度和寿命问题，获得国家发明专利。HG-AFS 是由中国学者建立起来的具有中国特色的分析方法。经过国内分析测试研究人员的不断努力，目前氢化物发生-原子荧光技术已成为食品卫生、饮用水、矿泉水中重金属检测的国家标准方法，在环境保护、水质分析、地质等领域有了很多的应用，成为测定可形成氢化物、气态化合物的痕量元素的重要分析技术。氢化物发生-原子荧光光谱仪是我国率先研制出的处于世界先进水平的分析仪器。

2. 氢化物发生-原子荧光光谱法基础

从原理上说，原子荧光法的分析对象与原子吸收光谱法和原子发射光谱法相同，可以进行数十种元素的定量分析。但是迄今为止，原子荧光光谱法最成功的应用还是分析易于形成气态氢化物的 8 种元素（As、Sb、Bi、Se、Ge、Pb、Sn、Te）以及 Hg。20 世纪末，郭小伟等又扩大了两种可形成气态组分的元素 Cd 和 Zn。

1）氢化物发生法概述

碳、氮、氧族元素的氢化物是共价化合物，其中 As、Sb、Bi、Se、Ge、Pb、Sn、Te 八种元素的氢化物具有挥发性，通常情况下为气态，因此借助载气流可以方便地将其导入原子光谱分析系统的原子化器或激发光源之中，进行定量光谱测量。

用常规的原子光谱分析方法测定这些元素困难很大。首先，这些元素的激发谱线大都落在紫外线区，因此测量灵敏度较低；另外，常规火焰产生的强烈的背景干扰，导致测量信噪比变低，所以一般的火焰原子吸收光谱法、石墨炉原子吸收光谱法，甚至电感耦合等离子质谱法对 As、Sb、Bi、Se、Ge、Pb、Sn、Te 和 Hg 的检出能力几乎都无法满足一般样品分析的需要。

氢化物发生进样方法利用某些能产生初生态氢的还原剂或化学反应，将样品溶液中的待测组分还原为挥发性共价氢化物，然后借助载气流将其导入原子光谱分析系统进行测量。

氢化物发生进样方法的主要优点在于：①分析元素能够与可能引起干扰的样品基体分离，从而消除干扰。②与溶液直接喷雾进样相比，氢化物法能将待测元素充分预富集，进样效率近乎 100%。③连续氢化物发生装置易于实现自动化。④不同价态的元素氢化物发生的条件不同，可进行价态分析。

2）氢化物发生方法

氢化物发生方法较多，但概括起来可以归纳为金属-酸还原体系、硼氢化钠-酸还原体系、碱性模式还原体系以及电解还原体系四种。

（1）金属-酸还原体系。

金属-酸还原体系即 Marsh 反应，用金属锌作为还原剂，其反应如下：

$$Zn+2HCl \longrightarrow ZnCl_2+2H$$

$$H\cdot+M^{m+} \longrightarrow MH_n+H_2\uparrow$$

式中，H·为初生态氢；m 可以等于或不等于 n。

这种反应只能发生砷化氢，速度很慢，需要约 10 min，而且必须借助捕集器收集才能用于分析测试。而后，Femandez 和 Dalfon 曾报道用盐酸-碘化钾-氯化亚锡-金属锌体系发生砷、锑、硒的氢化物，不但扩大了适用范围，而且缩短了反应时间（4～5 min）。其中 KI 的作用是将 As^{5+}、Sb^{5+}和 Se^{6+}还原为 As^{3+}、Sb^{3+}和 Se^{4+}。

尽管氢化物发生法已不断得到改进，但它也有着难以克服的缺点，例如，发生氢化物的元素较少；预还原在内的时间过长，难以实现自动化；干扰较为严重。

（2）硼氢化钠-酸还原体系。

1972 年，Braman 等人首先采用硼氢化钠代替金属作为还原剂发生 AsH_3、SbH_3，进行直流辉光光谱测量。1973 年，Schmidt 等人用硼氢化钠发生砷、锑、铋、硒的氢化物，用氩-氢焰进行测定。随后，Pollock、Thompson、Femandez 等人分别应用这种方法测定了锗、铅、锡和碲，并将这种方法相继应用于 AFS、ICP-AFS 等分析技术，使硼氢化钠–酸还原体系适合于测定 As、Sb、Bi、Ge、Sn、Pb、Se、Te 八种元素。其后的研究范围扩大到 Hg、Zn、Cd 等元素。

$$NaBH_4+3H_2O+HCl = H_3BO_3+NaCl+8H\cdot$$

$$H\cdot+M^{m+} \longrightarrow MH_n+H_2\uparrow$$

硼氢化物的形成取决于两个因素，一是被测元素与氢化合的速率，二是硼氢化钠在酸性溶液中分解的速率。

$$BH_4^-+H^++3H_2O = H_3BO_3+4H_2\uparrow$$

经计算，在 pH=0 时，硼氢化钠按上述反应生成 H_2，仅需 4.3 μs。

在进行氢化物反应时，必须保持一定的酸度，被测元素也必须以一定的价态存在。

这些条件有可能随着氢化物发生方式的不同而有所不同。手动进样时氢化物发生条件见表 9.1。

表 9.1　氢化物发生条件

元素	价态	反应介质	元素	价态	反应介质
As	+3	c(HCl)=1～6 mol·L^{-1}	Sb	+3	c(HCl)=1～6 mol·L^{-1}
Te	+4	c(HCl)=4～6 mol·L^{-1}	Bi	+3	c(HCl)=1～6 mol·L^{-1}
Ge	+4	$\varphi(H_3PO_4)=0.20$	Se	+2	c(HCl)=1～6 mol·L^{-1}
Sn	+4	pH=1.3 酒石酸缓冲溶液			

五价状态的 As 和 Sb 也可以与硼氢化钠反应，但反应时间较慢。六价的 Se 和 Te 完全不与硼氢化钠反应。Pb 的氢化物为 PbH_4，但在溶液中 Pb 一般以二价形式存在，故一般需加入氧化剂，常用的氧化剂有铁氰化钾等，不同氧化剂所需的反应酸度也不相同，一般在 pH=1 左右。

从分析化学角度来说，在溶液中用锌粉、硼氢化钠作为还原剂制备氢化物的反应最具有实用意义，因为反应可在室温条件下进行，而且生成的氢化物在室温下即为气态，十分容易从基体中被分离出来并引入原子化器。

硼氢化钠–酸体系克服或大幅度减少了金属–酸还原体系的缺点，在还原能力、反应速率、自动化操作、抗干扰程度以及适用的元素数目等诸多方面表现出极大的优越性，它是氢化物反应进样方式发展中的重要阶段，从开始使用起就占据绝对的优势。

（3）碱性模式还原体系。

在碱性试样溶液中引入 $NaBH_4$ 和酸来进行氢化反应，称为“碱性模式”。各氢化元素都可通过碱性氢化反应产生氢化物，与酸性模式相比，Ge、Sn、As、Se、Te 产率相同，Pb 的产率相近，而 Sb、Bi 的产率较低。在 NaOH 强碱性介质中，氢化元素形成可溶性含氧酸盐，铁、铂、铜族元素则不能以可溶性盐类存在于溶液中与氢化元素共存，因此采用碱性模式能够排除这些元素的化学干扰。

（4）电解还原体系。

在 ω(KOH)=0.05 的碱性介质中，用电解法在铂电极上还原砷和锡，然后将生成的 AsH_3 和 SnH_4 导入原子化器进行原子光谱测定，这种方法空白较低，选择性好。

3）氢化物发生的实际操作方法

氢化物发生的方法按操作方法可分为直接传输法和收集法两类。

（1）直接传输法。

直接传输法是指溶液中发生的氢化物直接传输到原子化器，这类方法的应用最为广泛。

间断法（手动）：首先在发生器中加入一定量的待测样品溶液，然后加入硼氢化钠溶液。优点是装置简单，缺点是对操作过程要求高。

连续流动法：待测样品溶液和硼氢化钠溶液均以不同的速度在管子中流动并在混合器中混合，然后通过气液分离器经氢化物送至原子化器中，这种方法所提供的信号是连续信号。

流动注射法：与连续流动法类似，区别在于待测样品溶液通过采样阀进行“采样”“注射”切换，样品是间隔输送到反应器中，因而所得到的信号为峰状信号，分析速度快。

断续流动（间歇泵）：介于连续流动法和流动注射法之间的一种新型进样技术。克服了连续进样浪费试液、流动注射装置复杂等缺点，利用计算机控制蠕动泵的转速和时间，定时定量采集样品进行测定，具有稳定性好、精密度高、采用量小、易于操作等特点。目前国产 AFS 仪器均配备此进样装置。

顺序注射法：新一代流动注射法，采用注射泵替代蠕动泵，有效克服了蠕动泵管老化引起的信号漂移问题，仪器检出限得到较大改进。

（2）收集法。

收集法目前应用得较少。在压力法中，氢化物即氢气先被收集在一个球中，氢化物发生过程结束后，将氢化物及氢气一次送入原子化器中，该法适用于稳定性较差的氢化物。另一种是将氢化物收集在浸泡于液氮中的“U”形管中。这种方法的优点在于富集后的氢化物体积极小，而“U”形管可以以极快的速度加热，从而得到非常高的灵敏度。如果控制升温速率，则可以用于形态分析。

4）氢化物发生法中的干扰

氢化物发生法的干扰主要来源于传输过程干扰和原子化器中的干扰。

传输过程的干扰发生在氢化物从样品溶液到原子化器的途中，包括待测元素氢化物的传输速度和损失所引起的干扰。

原子化器中的干扰包括自由基（主要是氢基）数量及待测元素原子的衰减所引起的干扰。自由基干扰时干扰元素争夺自由基，使其不能够满足待测元素原子化，造成待测元素还原不充分；同时干扰元素会加速光路中游离的待测元素原子的衰减，产生待测元素衰减干扰。

克服液相、气相干扰的途径：①增加 pH，加大金属微粒的溶解度；②降低硼氢化钠（钾）的浓度；③增加抗干扰试剂。

3. 氢化物发生-原子荧光光谱法特点

1）高灵敏度和低检测限

HG-AFS 法具有谱线简单、高灵敏度和低检测限的优点，适用于痕量元素及多元素分析的检测。例如，在测定铝合金中的微痕量元素时，其检出限分别为 0.019 $\mu g\cdot L^{-1}$、0.016 $\mu g\cdot L^{-1}$、0.012 $\mu g\cdot L^{-1}$、0.017 $\mu g\cdot L^{-1}$、0.013 $\mu g\cdot L^{-1}$。

2）适用于多元素分析

HG-AFS 法可以同时分析多种元素，适用于复杂样品的多元素分析。例如，在测定锌渣中的硒含量时，该方法能够有效提取样品中的硒，并进行定量分析。

3）抗干扰能力强

HG-AFS 法通过增加 pH、降低硼氢化钾浓度、增加抗干扰试剂等方法，能够有效克服液相和气相干扰，提高测定的准确性。

4）操作简便

HG-AFS 法操作简便，适用于批量样品的处理。例如，通过微波消解技术对样品进行预处理，可以快速、稳定地分解样品，避免待测元素损失和玷污。

5）适用范围广

HG-AFS 法适用于多种元素的测定，包括砷、锑、铋、硒、碲、锡、锗等元素。例如，在测定铀钼矿钼反萃取液和净化液中的砷含量时，该方法表现出良好的线性关系和较低的检测限。

6）仪器装置

HG-AFS 法的仪器装置主要包括激发光源、原子化器和检测部分。激发光源可以是连续光源或锐线光源，原子化器通常为石英炉和电炉丝，检测部分包括分光系统、光电转化装置及放大系统。

综上所述，HG-AFS 法以其高灵敏度、低检测限、多元素分析能力、抗干扰能力强和操作简便等优点，在痕量元素分析中表现出色，适用于多种样品的测定。

低浓度的原子荧光分析，荧光强度与被测物浓度之间成简单的线性关系，浓度增加，由于谱线展宽效应、自吸、散射等影响，工作曲线出现弯曲。原子荧光分析适用于低浓度元素测定。原子荧光强度可以通过增加激发光源强度增加，这种关系只在一定激发光源强度范围内适用，企图通过无限制增加光源辐射强度来改善检出限是不可能的。

9.1.3　分析方法与检定结果的评价

分析方法用方法检出限、精密度和准确度来评定，测量结果一般用测量不确定度评定。

1. 检出限

一般是采用样品独立全流程空白溶液连续 11 次测定值的 3 倍标准偏差所获得的分析物浓度或质量。

$$\mathrm{DL}=3\times\frac{\mathrm{SD}}{K}\tag{9.2}$$

式中，DL 为仪器检出限；K 为工作曲线的斜率；SD 为空白样品多次测量的标准偏差。

2. 精密度

精密度反映了偶然误差的分布，而与真值或规定值无关。通常用标准偏差 S 或相对标准偏差 RSD 来表示。精密度与被测组分浓度有关，报告精密度时应指明测量精密度时所用被测元素的浓度，同时，也要标明测量次数。对于同一实验室内重复性精密度可在同一台仪器相同测定条件下，由同一人进行多次测定的情况下，确定相对标准偏差。

$$S=\sqrt{\frac{1}{n-1}\sum_{i=1}^{n}\left(x_i-\bar{x}\right)^2}\tag{9.3}$$

$$\mathrm{RSD}=\frac{S}{\bar{x}}\times100\%\tag{9.4}$$

式中，x_i 为第 i 次测量值；n 为测量次数；$\bar{x}$ 为 n 次测量的平均值。

3. 准确度

准确度反映了与真值的系统误差，用绝对误差或相对误差表示。在实际工作中，可用标准物质或标准方法进行对照试验，计算误差；或加入被测定组分的纯物质进行回收试验，计算回收率。当用回收试验来估计准确度时，以回收率 R 表征准确度。

$$R = \frac{c_i - c_0}{c_a} \times 100\% \tag{9.5}$$

式中，c_i 为加入 c_a 后的测定值；c_0 为初始测定值；c_a 为加入量。

4. 测量不确定度

按 GB/T 27411 和 JJF 1059.1 中的评定方法和原则进行分析结果测量不确定度的必要评定与表示。

$$u_A(x) = \frac{S}{\sqrt{n}} \tag{9.6}$$

式中，n 为测量次数；$S = \sqrt{\frac{\sum (x_i - \bar{x})^2}{n-1}}$，$x_i$ 为第 i 次测量值，$\bar{x}$ 为测量值的平均值。

9.2　氢化物-原子荧光光谱法测定汞[3–5]

9.2.1　原理

硝酸-盐酸混合试剂在沸水浴中加热消解土壤试样，再用硼氢化钾将样品中所含汞还原成原子态汞由载气（氩气）导入原子化器中，在特制的汞空心阴极灯照射下，基态汞原子被激发至高能态，再去活化回到基态时，发射出特征波长的荧光，其荧光强度与汞的含量成正比。

9.2.2　仪器和试剂

1. 仪器及测量条件

仪器的测量条件见表 9.2。

表 9.2　仪器测量条件

名称	指标	名称	指标
汞灯电流/mA	35	负高压/V	280
原子化器高度/mm	8	载气流量/(mL·min^{-1})	300
屏蔽器流量/(mL·min^{-1})	900	测量重复次数	2
原子化器预热温度/℃	200	检测方法	校准曲线
延迟时间/s	1	读数方式	峰面积
氩气纯度/%	≥99.999	读数时间/s	10

2. 试剂

1）汞标准溶液

（1）汞标准储备液。称取经干燥处理的 0.1354 g 优级纯氯化汞，用$\rho(K_2Cr_2O_7)=0.5\ g\cdot L^{-1}$的 HNO_3 保存溶液溶解后，转移至 1000 mL 容量瓶中，用二次水稀释至刻度，摇匀。此溶液$\rho(Hg)=100\ mg\cdot L^{-1}$。汞标准储备液也可以到国家认可的部门直接购买成品溶液。

（2）汞标准中间液。准确移取 10.00 mL $\rho(Hg)=100\ mg\cdot L^{-1}$ 汞储备液于 1000 mL 容量瓶中，用$\rho(K_2Cr_2O_7)=0.5\ g\cdot L^{-1}$ 的 HNO_3 保存液稀释至刻度，摇匀后备用。此溶液$\rho(Hg)=1.00\ mg\cdot L^{-1}$。

（3）汞标准工作溶液。准确移取 2.00 mL $\rho(Hg)=1.00\ mg\cdot L^{-1}$ 汞标准中间溶液，注入 100 mL 容量瓶中，用$\rho(K_2Cr_2O_7)=0.5\ g\cdot L^{-1}$ 的 HNO_3 保存液稀释至刻度，摇匀。此标准溶液$\rho(Hg)=20.0\ \mu g\cdot L^{-1}$（现用现配）。

2）硝酸溶液

量取 5 mL 硝酸（HNO_3，$\rho=1.46\ g\cdot mL^{-1}$，G. R），加入到 95 mL 二次水中，混合均匀后转入洁净的试剂瓶中保存。此溶液 $\varphi(HNO_3)=0.05$。

3）硝酸-盐酸混合溶液

取 300 mL 盐酸（HCl，$\rho=1.19\ g\cdot mL^{-1}$，G.R）和 100 mL 硝酸（$HNO_3$，$\rho=1.46\ g\cdot mL^{-1}$，G. R），加入到 400 mL 二次水中，混匀后转入洁净的试剂瓶保存。此溶液 $\varphi(HNO_3:HCl)=3:1$。

4）还原剂

0.5 g 氢氧化钾（KOH，G. R）溶于 100 mL 二次水中，加入 1.0 g 硼氢化钾（KBH_4，G. R），搅拌溶解后转入洁净的塑料试剂瓶中。此溶液$\rho(KBH_4)=10\ g\cdot L^{-1}$，$\rho(KBH_4)=5\ g\cdot L^{-1}$。临用时现配。该溶液也可以用氢氧化钠和硼氢化钠配制。

5）保存液

0.5 g 重铬酸钾（$K_2Cr_2O_7$，G. R）溶于 950 mL 二次水中，加入 50 mL 硝酸（HNO_3，$\rho=1.42\ g\cdot mL^{-1}$，G. R），混匀后转入洁净的试剂瓶中保存。此溶液为含$\rho(K_2Cr_2O_7)=0.5\ g\cdot L^{-1}$的 HNO_3 溶液。

6）稀释液

0.2 g 重铬酸钾（$K_2Cr_2O_7$，G. R），用少量的二次水溶解，加入 28 mL 硫酸（H_2SO_4，$\rho=1.84\ g\cdot mL^{-1}$，G.R），用二次水缓慢稀释至 1000 mL，混匀后转入洁净的试剂瓶中保存。此溶液$\rho(K_2Cr_2O_7)=0.2\ g\cdot L^{-1}$ 的 H_2SO_4 溶液。

实验室用水为电阻率 18.2 MΩ·cm 的二次去离子水。

9.2.3 测定方法

1. 汞工作标准系列溶液的制备

准确移取不同体积的$\rho(Hg)=20.00\ \mu g\cdot L^{-1}$ 汞标准工作溶液，分别置于一系列 50 mL 容量瓶中，分别加入 10mL $\rho(K_2Cr_2O_7)=0.5\ g\cdot L^{-1}$ 的保存液，用稀释液$\rho(K_2Cr_2O_7)=0.2\ g\cdot L^{-1}$ 稀释

至刻度，混匀后待用。此系列溶液分别含 Hg 0.000 $\mu g\cdot L^{-1}$、0.200 $\mu g\cdot L^{-1}$、0.400 $\mu g\cdot L^{-1}$、0.800 $\mu g\cdot L^{-1}$、1.200 $\mu g\cdot L^{-1}$、2.000 $\mu g\cdot L^{-1}$、4.000 $\mu g\cdot L^{-1}$、待测时过滤。

2. 试样溶液的制备

1）固体试样的制备

称取经过风干、研磨的固体试样 0.5 g 于 50 mL 具塞比色管中，加入少许水润湿试样，加入 10 mL $\varphi(HNO_3:HCl)=3:1$ 溶液，加塞后混匀置于沸水浴中加热消解 2 小时，期间摇动 1～2 次。冷却后立即加入 10 mL 含 $\rho(K_2Cr_2O_7)=0.5\ g\cdot L^{-1}$ 的 HNO_3 保存溶液，用 $\rho(K_2Cr_2O_7)=0.2\ g\cdot L^{-1}$ 的 H_2SO_4 溶液稀释至刻度，摇匀，待测时过滤。

2）液体试样的制备

水质（盐湖卤水、湖水、河水等）样品采集后应尽快过滤，弃去初始滤液 50 mL，用少量滤液清洗采样瓶，收集滤液于采样瓶中。水样为中性时，按每升水样中加入 2 mL HCl（$\rho=1.19\ g\cdot mL^{-1}$，G. R）的比例加入盐酸，样品保存期为 14 天。量取 5.0 mL 的试样于 10 mL 比色管中，加入 1 mL $\varphi(HNO_3:HCl)=3:1$ 溶液，加塞混匀，置于沸水浴中加热消解 1 h，期间摇动 1～2 次并开盖放气。冷却，用二次水定容至标线，混匀，待测。

3）空白试样的制备

以二次水替代待测试样，按每升水样中加入 2 mL HCl（$\rho=1.19\ g\cdot mL^{-1}$，G. R）的比例加入盐酸，混合均匀后量取 5.0 mL 的酸化后的二次水溶液于 10 mL 比色管中，加入 1 mL $\varphi(HNO_3:HCl)=3:1$ 溶液，加塞混匀，置于沸水浴中加热消解 1 h，其间摇动 1～2 次并开盖放气。冷却，用水定容至标线，混匀，获得空白试样。

3. 测量及结果计算

与绘制标准曲线相同的条件测定试样的原子荧光强度。超过校准曲线高浓度点的样品，对其消解液稀释后再进行测定。同时，与测定式样相同步骤测定空白试样。

固体待测试样中 Hg 的含量以质量分数计，单位为毫克每千克（mg/kg），结果为

$$\omega=\frac{(m-m_0)\times V}{m_s\times(1-f)\times 1000}$$

式中，m 为从标准曲线上查得汞元素含量（ng/mL）；m_0 为空白样液测定浓度（ng/mL）；V 为样品消解后定容体积（mL）；m_s 为待测试样质量（g）；f 为土壤含水量；1000 为将“ng”换算为“μg”的系数。

水质等液体样品中待测元素的质量浓度以 μg/L 表示，结果为

$$\rho=\frac{f\times\rho_1\times V_1}{V}$$

式中，ρ_1 为从标准曲线上查得试样中待测元素的质量浓度（μg/L）；V_1 为分取后测定试样的定容体积（mL）；f 为试样的稀释倍数；V 为分取试样的体积（mL）；ρ 为样品中待测元素的质量浓度（μg/L）。

9.2.4　结果讨论

1. 精密度和准确度

测定土壤中总汞，其相对误差的绝对值不得超过 5%。在重复条件下，获得的两次独立测定结果的相对偏差不得超过 12%。

2. 试剂空白影响

试剂空白对测定结果影响明显，在整个操作中要注意检查全程序的试剂空白，当试剂或器皿出现玷污，应重新处理，分析测试过程用到的试剂、器皿必须进行筛选、预处理，并妥善保管，防止交叉污染。

3. 试样溶液的制备

硝酸-盐酸消解体系不仅由于氧化能力强使样品中大量有机物得以分解，同时也能提取各种无机形态的汞，而盐酸存在条件下，大量 Cl 与 Hg^{2+}作用形成稳定的［HgCl］$^{-}$络离子，可抑制汞的吸附和挥发。但应避免使用沸腾的王水处理样品，以防止汞以氯化物的形式挥发而损失。样品中含有较多的有机物时，可适当增大硝酸-盐酸混合试剂的浓度和用量。

样品消解完毕，通常要加保存液并以稀释液定容，以防止汞的损失。样品试液宜尽早测定，一般情况下只允许保存 2～3 天。

4. 其他

由于环境因素的影响及仪器稳定性的限制，每批样品测定时须同时绘制校准曲线。若样品中汞含量太高，不能直接测量，应适当减少称样量，使试样含汞量保持在校准曲线的直线范围内。

9.3　氢化物-原子荧光光谱法测定砷[4–6]

9.3.1　原理

样品中的砷经过加热消解后，加入硫脲使 As(Ⅴ)还原为 As(III)，再加入硼氢化钾，在还原作用下生成砷化氢。氢化物在氩氢火焰中形成基态原子，其基态原子在特制砷空心阴极灯发射光的激发下产生原子荧光，原子荧光强度与试液中待测元素含量在一定范围内成正比。

9.3.2　仪器和试剂

1. 仪器及测量条件

仪器的测量条件见表 9.3。

表 9.3　仪器测量条件

名称	指标	名称	指标
砷灯电流/mA	60	负高压/V	300
原子化器高度/mm	8	载气流量/($mL\cdot min^{-1}$)	400
屏蔽器流量/($mL\cdot min^{-1}$)	1000	测量重复次数	2
原子化器预热温度/℃	200	检测方法	校准曲线
延迟时间/s	1	读数方式	峰面积
氩气纯度/%	≥99.999	读数时间/s	10

2. 试剂

1）砷标准溶液

（1）砷标准储备液。准确称取 0.6600 g 事先在 105℃烘箱烘 2 h、冷却至室温后的三氧化二砷（As_2O_3，G.R）置于洁净烧杯中，加入 10 mL $\omega(NaOH)=0.1$ 的溶液，加热溶解，冷却后转移至 500 mL 的容量瓶中，用二次水稀释至刻度，摇匀。此溶液$\rho(As)=1.00\ g\cdot L^{-1}$。砷标准储备液也可以到国家认可的部门直接购买成品储备液。

（2）砷标准中间液。准确移取 10 mL $\rho(As)=1.00\ g\cdot L^{-1}$ 的砷标准储备液于 100 mL 容量瓶中，用 $\varphi(HCl)=0.1$ 的溶液稀释至刻度，摇匀。此标准溶液$\rho(As)=100\ mg\cdot L^{-1}$。

（3）砷标准工作溶液。准确移取 1.00 mL $\rho(As)=100\ mg\cdot L^{-1}$ 砷标准中间液于 100 mL 容量瓶中，用 $\varphi(HCl)=0.1$ 的溶液稀释至刻度，摇匀。此标准溶液$\rho(As)=1.00\ mg\cdot L^{-1}$（现用现配）。

2）盐酸溶液

（1）盐酸（HCl，$\rho=1.19\ g\cdot mL^{-1}$，G.R）。

（2）量取 100 mL 盐酸（HCl，$\rho=1.19\ g\cdot mL^{-1}$，G.R）加入到 100 mL 二次水中，混合均匀后转入洁净的试剂瓶中保存。此溶液 $\varphi(HCl)=0.5$。

（3）量取 50 mL 盐酸（HCl，$\rho=1.19\ g\cdot mL^{-1}$，G.R）加入到 950 mL 二次水中，混合均匀后转入洁净的试剂瓶中保存。此溶液 $\varphi(HCl)=0.05$。

（4）量取 10 mL 盐酸（HCl，$\rho=1.19\ g\cdot mL^{-1}$，G.R）加入到 90 mL 二次水中，混合均匀后转入洁净的试剂瓶中保存。此溶液 $\varphi(HCl)=0.1$。

3）硝酸-盐酸混合溶液

精确量取 300 mL 盐酸（HCl，$\rho=1.19\ g\cdot mL^{-1}$，G.R）和 100 mL 的硝酸（$HNO_3$，$\rho=1.46\ g\cdot mL^{-1}$，G. R），加入到 400 mL 二次水中，混匀后转入洁净的试剂瓶保存。此溶液 $\varphi(HNO_3:HCl)=3:1$。

4）还原剂

0.2 g 氢氧化钾（KOH，G.R）溶于 100 mL 二次水中，加入 1.0 g 硼氢化钾（KBH_4，G.R），搅拌溶解后转入洁净的塑料试剂瓶中保存。此溶液$\rho(KBH_4)=10\ g\cdot L^{-1}$，临用时现配。该溶液也可以用氢氧化钠和硼氢化钠配制。

5）硫脲-抗坏血酸溶液

5.0 g 硫脲（CH_4N_2S，A.R）溶于 100 mL 二次水中，5.0 g 抗坏血酸（$C_6H_8O_6$，A. R）

溶于 100 mL 二次水中，将两份溶液完全混合均匀，保存在洁净的棕色试剂瓶中。此溶液于测定当日配制，溶液$\rho(CH_4N_2S)=25\ g\cdot L^{-1}$、$\rho(C_6H_8O_6)=25\ g\cdot L^{-1}$。

6）氢氧化钠溶液

10 g 氢氧化钠（NaOH，G. R）溶于 90 g 二次水中，溶液摇匀后转入塑料试剂瓶保存。此溶液 $\omega(NaOH)=0.1$。

7）硝酸-高氯酸混合酸

50 mL 硝酸（HNO_3，$\rho=1.46\ g\cdot mL^{-1}$，G. R）和 50 mL 高氯酸（$HClO_4$，$\rho=1.68\ g\cdot mL^{-1}$，G. R）混合均匀，此溶液 $\varphi(HNO_3)=0.5$，$\varphi(HClO_4)=0.5$，临用现配。

实验室用水为电阻率 18.2 MΩ·cm 的二次去离子水。

9.3.3　测定方法

1. 砷工作标准系列溶液的制备

准确移取不同体积的$\rho(As)=1.00\ \mu g\cdot mL^{-1}$砷标准工作溶液，置于一系列 50 mL 容量瓶中，分别加入 5 mL 盐酸（HCl，$\rho=1.19\ g\cdot mL^{-1}$，G.R），5 mL $\rho(CH_4N_2S)=25\ g\cdot L^{-1}$、$\rho(C_6H_8O_6)=25\ g\cdot L^{-1}$混合溶液，用二次水稀释至刻度，混匀后，混匀放置 30 分钟。此系列溶液分别含 As 0.00 $\mu g\cdot L^{-1}$、10.0 $\mu g\cdot L^{-1}$、20.0 $\mu g\cdot L^{-1}$、30.0 $\mu g\cdot L^{-1}$、40.0 $\mu g\cdot L^{-1}$、60.0 $\mu g\cdot L^{-1}$。

2. 试样溶液的制备

1）固体试样的制备

称取经过风干、研磨后的固体试样 0.5 g 于 50 mL 具塞比色管中，加入少许水润湿试样，加入 10 mL $\varphi(HNO_3:HCl)=3:1$ 溶液，加塞后混匀置于沸水浴中加热消解 2 小时，期间摇动 1～2 次，取下冷却，用二次水稀释至刻度，摇匀后放置备用。

准确移取 10 mL 的上述消解液置于 50 mL 具塞比色管中，然后加 3 mL HCl（$\rho=1.19\ g\cdot mL^{-1}$，G. R）、5 mL $\rho(CH_4N_2S)=25\ g\cdot L^{-1}$、$\rho(C_6H_8O_6)=25\ g\cdot L^{-1}$混合溶液，用二次水稀释定容，混匀备用。待测时过滤。

2）液体试样的制备

水质（盐湖卤水、湖水、河水等）样品采集后应尽快过滤。弃去初始滤液 50 mL，用少量滤液清洗采样瓶，收集滤液于采样瓶中。样品按每升水样中再加入 2 mL 的 HCl（$\rho=1.19\ g\cdot mL^{-1}$，G.R）的比例加入盐酸，样品保存期为 14 天。测定时，量取 50.0 mL 的试样于 150 mL 锥形瓶中，加入 5 mL $\varphi(HNO_3)=0.5$、$\varphi(HClO_4)=0.5$ 的硝酸-高氯酸混合酸于电热板上加热至冒白烟，冷却。再加入 5 mL $\varphi(HCl)=0.5$ 溶液，加热至黄褐色烟冒尽，冷却后转移入 50 mL 容量瓶中，加水稀释定容，混匀，待测。继续量取 5.0 mL 试样于 10 mL 比色管中，加入 2 mL $\varphi(HCl)=0.5$ 溶液、2 mL $\rho(CH_4N_2S)=25\ g\cdot L^{-1}$、$\rho(C_6H_8O_6)=25\ g\cdot L^{-1}$混合溶液，室温放置 30 min，用二次水稀释定容，混匀，待测。

3）空白试样的制备

以二次水替代待测试样溶液，其余操作同液体试样制备方法进行处理，制备空白试样。

3. 测量及结果计算

按照测量条件，以 $\varphi(HCl)=0.05$ 溶液为载流，$\rho(KBH_4)=10\ g\cdot L^{-1}$ 溶液为还原剂，浓度由低到高依次测定砷标准系列的原子荧光强度，以原子荧光强度为纵坐标，砷质量浓度为横坐标，绘制标准曲线。

固体样品总砷含量以质量分数计，单位 mg/kg，结果计算：

$$\omega=\frac{(m-m_0)\times V}{m_s\times(1-f)\times 1000}$$

式中，m 为从校准曲线上查得砷元素含量（ng/mL）；m_0 为空白样液测定浓度（ng/mL）；V 为样品消解后定容体积（mL）；m_s 为待测试样质量（g）；f 为土壤含水量；1000 为将“ng”换算为“μg”的系数。

水质等液体样品中待测元素的质量浓度以 μg/L 表示，结果为

$$\rho=\frac{f\times\rho_1\times V_1}{V}$$

式中，ρ_1 为从校准曲线上查得试样中待测元素的质量浓度（μg/L）；V_1 为分取后测定试样的定容体积（mL）；f 为试样的稀释倍数；V 为分取试样的体积（mL）；ρ为样品中待测元素的质量浓度（μg/L）。

9.3.4　结果讨论

精密度和准确度

测定土壤中总砷，其相对误差的绝对值不得超过 5%。在重复条件下，获得的两次独立测定结果的相对偏差不得超过 7%。

9.4　氢化物-原子荧光光谱法测定铅[5–7]

9.4.1　原理

样品经预处理，其中各种形态的铅均转化为四价铅（Pb^{4+}），加入硼氢化钾（或硼氢化钠）与其反应，生成气态氢化铅，用氩气将气态氢化铅载入原子化器进行原子化，以铅高强度空心阴极灯作激发光源，铅原子受光辐射激发产生荧光，检测原子荧光强度，利用荧光强度在一定范围内与溶液中铅含量成正比的关系计算样品中的铅含量。

9.4.2　仪器和试剂

1. 仪器及测量条件

仪器的测量条件见表 9.4。

表 9.4　仪器测量条件

名称	指标	名称	指标
铅灯电流/mA	80	负高压/V	280
原子化器高度/mm	8	载气流量/(mL·min^{-1})	400
屏蔽器流量/(mL·min^{-1})	1000	测量重复次数	2
原子化器预热温度/℃	200	检测方法	校准曲线
延迟时间/s	1	读数方式	峰面积
氩气纯度/%	≥99.999	读数时间/s	10

2. 试剂

1）铅标准溶液

（1）铅标准储备液。准确称取 0.5000 g 金属铅（Pb，光谱纯）于洁净烧杯中，分次少量加入 $\varphi(HNO_3)=0.5$ 溶液，必要时加热，直至溶解完全。冷却后转移至 500 mL 的容量瓶中，用二次水稀释至刻度，摇匀。此溶液ρ(Pb)=1.00 g·L^{-1}。铅标准储备液也可以到国家认可的部门直接购买成品储备液。

（2）铅标准中间液。准确移取 10.00 mL ρ(Pb)=1.00 g·L^{-1} 铅标准储备液于 1000 mL 容量瓶中，用 c(HCl)=0.18 mol·L^{-1} 溶液稀释定容，摇匀后备用。此溶液ρ(Pb)=10.00 mg·L^{-1}。

（3）铅标准工作溶液。准确移取 2.00 mL ρ(Pb)=10.00 mg·L^{-1} 铅标准中间溶液于 100 mL 容量瓶中，用 c(HCl)=0.18 mol·L^{-1} 溶液稀释定容，摇匀后备用。此溶液ρ(Pb)=0.20 mg·L^{-1}（现用现配）。

2）盐酸溶液

（1）量取 100 mL 盐酸（HCl，ρ=1.19 g·mL^{-1}，G. R）加入到 100 mL 二次水中，混合均匀后转入洁净的试剂瓶中保存。此溶液 φ(HCl)=0.5。

（2）量取 1 mL 盐酸（HCl，ρ=1.19 g·mL^{-1}，G. R）加入到 66 mL 二次水中，混合均匀后转入洁净的试剂瓶中保存。此溶液 c(HCl)=0.18 mol·L^{-1}。

（3）盐酸（HCl，ρ=1.19 g·mL^{-1}，G.R）溶液。

3）硝酸溶液

（1）硝酸（HNO_3，ρ=1.46 g·mL^{-1}，G.R）溶液。

（2）量取 100 mL 硝酸（HNO_3，ρ=1.46 g·mL^{-1}，G. R），加入到 100 mL 二次水水中，混匀后转入洁净的试剂瓶保存。此溶液 $\varphi(HNO_3)=0.5$。

4）草酸溶液

（1）10 g 草酸（$H_2C_2O_4$，G. R）溶于 100 mL 二次水中，溶解、摇匀后转入洁净的试剂瓶保存。此溶液$\rho(H_2C_2O_4)$=100 g·L^{-1}。

（2）4 g 草酸（$H_2C_2O_4$，G. R）溶于 100 mL 二次水中，溶解、摇匀后转入洁净的试剂瓶保存。此溶液$\rho(H_2C_2O_4)$=40 g·L^{-1}。

5）氢氟酸溶液

氢氟酸（HF，ρ=1.49 g·mL^{-1}，G.R）溶液。

6）高氯酸溶液

高氯酸（$HClO_4$，ρ=1.68 g·mL^{-1}，G.R）溶液。

7）铁氰化钾溶液

10 g 铁氰化钾［$K_3Fe(CN)_6$，G. R］溶于 100 mL 二次水中，溶解、摇匀后转入洁净的试剂瓶保存。此溶液ρ［$K_3Fe(CN)_6$］=100 g·L^{-1}。

8）还原剂

0.5 g 氢氧化钾（KOH，G. R）溶于 100 mL 二次水中，加入 2.0 g 硼氢化钾（KBH_4，G. R），搅拌溶解后转入洁净的塑料试剂瓶中保存。此溶液ρ(KBH_4)=20 g·L^{-1}，临用时现配。该溶液也可以用氢氧化钠和硼氢化钠配制。

9）载流溶液

分别移取 3 mL c(HCl)=0.18 mol·L^{-1} 溶液、2 mL ρ($H_2C_2O_4$)=100 g·L^{-1} 溶液和 4 mL ρ［$K_3Fe(CN)_6$］=100 g·L^{-1} 溶液置于洁净的烧杯中，用二次水稀释至 100 mL，混合均匀后转入洁净的塑料试剂瓶保存。此溶液 c(HCl)=0.0054 mol·L^{-1}。

实验室用水为电阻率 18.2 MΩ·cm 的二次去离子水。

9.4.3 测定方法

1. 铅工作标准系列溶液的制备

准确移取不同体积的ρ(Pb)=0.20 mg·L^{-1} 铅标准工作溶液，置于一系列 50 mL 容量瓶中，分别加入 1.5 mL φ(HCl)=0.5 溶液，2 mL ρ($H_2C_2O_4$)=100 g·L^{-1} 溶液和 2 mL ρ［$K_3Fe(CN)_6$］= 100 g·L^{-1} 溶液，混匀后用二次水稀释至刻度，摇匀备用。此系列溶液分别含 Pb 0.00 μg·L^{-1}、4.00 μg·L^{-1}、8.00 μg·L^{-1}、12.00 μg·L^{-1}、20.00 μg·L^{-1}、30.00 μg·L^{-1}、40.00 μg·L^{-1}。

2. 试样溶液的制备

1）固体试样的制备

称取经过风干、研磨的土壤试样 0.5 g 于 100 mL 聚四氟乙烯坩埚中，加入少许水润湿试样，加入 5 mL HCl（ρ=1.19 g·mL^{-1}，G. R），2 mL HNO_3（ρ=1.40 g·mL^{-1}，G. R）浸泡过夜，然后置于电热板加热消解，温度控制在 100℃左右，至残余酸量约 3 mL 时，取下坩埚稍冷后加入 2 mL HF（ρ=1.49 g·mL^{-1}，G. R），继续低温加热至残余酸液约为 2 mL 时取下，冷却后加入 2 mL $HClO_4$（ρ=1.68 g·mL^{-1}，G. R），电热板升温至 200℃，继续消解至白烟冒净。加入少量的盐酸淋洗坩埚壁，加热溶解残渣，将盐酸赶净，加入 15mL φ(HCl)=0.5 溶液，在电热板上低温加热，溶解至溶液清亮。取下冷却后转移于 50 mL 容量瓶中，用二次水稀释至标线，摇匀。

2）液体试样的制备

采样后，按每升水样加 10 mL HNO_3（ρ=1.46 g·mL^{-1}，G. R）酸化，水样酸化后保存，一个月内完成测定。

（1）清洁透明的水样。准确移取一定体积水样于 50 mL 容量瓶中，加入 2 mL $\varphi(HCl)=0.5$ 溶液、0.5 mL $\rho(H_2C_2O_4)=40\ g\cdot L^{-1}$ 溶液，2 mL ρ［$K_3Fe(CN)_6$］$=100\ g\cdot L^{-1}$ 溶液，用二次水定容，摇匀。放置 30 min 后上机测定。

（2）较混浊或基体干扰较严重的水样。准确移取 50.0 mL 水样于 100 mL 锥形瓶中，加入 3 mL HNO_3（$\rho=1.46\ g\cdot mL^{-1}$，G. R），置于电热板上微沸消解至近干，加二次水 20 mL，继续加热至近干，再加入 1 mL HCl（$\rho=1.19\ g\cdot mL^{-1}$，G. R），消解至近干，以充分赶去硝酸，至溶液澄清，加入 2.mL $\varphi(HCl)=0.5$ 溶液、0.5 mL $\rho(H_2C_2O_4)=40\ g\cdot L^{-1}$ 溶液、2 mL ρ［$K_3Fe(CN)_6$］$=100\ g\cdot L^{-1}$ 溶液，用二次水定容，摇匀。放置 30 分钟后待测。

3）空白试样的制备

取一定体积二次水样于 50 mL 容量瓶中，加入 2 mL $\varphi(HCl)=0.5$ 溶液、0.5 mL $\rho(H_2C_2O_4)= 40\ g\cdot L^{-1}$ 溶液，2 mL ρ［$K_3Fe(CN)_6$］$=100\ g\cdot L^{-1}$ 溶液，用二次水定容，摇匀。放置 30 分钟后上机测定。

3. 测量及结果计算

按照测量条件，以 $\varphi(HCl)=0.5$ 溶液为载流溶液，$\rho(KBH_4)=20\ g\cdot L^{-1}$ 溶液为还原剂，浓度由低到高依次测定铅标准系列的原子荧光强度，以原子荧光强度为纵坐标，铅质量浓度为横坐标，绘制标准曲线。

试样的测定时移取 5 mL 试样置于 50 mL 容量瓶中，加入 2 mL $\rho(H_2C_2O_4)=100\ g\cdot L^{-1}$ 溶液，再加入 2 mL ρ［$K_3Fe(CN)_6$］$=100\ g\cdot L^{-1}$ 溶液，用二次水定容，摇匀。放置 30 分钟后待测。与绘制标准曲线相同的条件进行测定。超过校准曲线高浓度点的样品，对其消解液稀释后再进行测定。同时测定空白试样。

固体样品总铅含量 ω 以质量分数计，单位为 $mg\cdot kg^{-1}$，结果计算：

$$\omega = \frac{(m - m_0) \times V}{m_s \times (1 - f) \times 1000}$$

式中，m 为从校准曲线上查得砷元素含量（$ng\cdot mL^{-1}$）；m_0 为空白样液测定浓度（$ng\cdot mL^{-1}$）；V 为样品消解后定容体积（mL）；m_s 为待测试样质量（g）；f 为土壤含水量；1000 为将“ng”换算为“μg”的系数。

水质等液体样品中待测元素的质量浓度，结果为

$$\rho = \frac{f \times \rho_1 \times V_1}{V}$$

式中，ρ_1 为从校准曲线上查得试样中待测元素的质量浓度（$\mu g\cdot L^{-1}$）；V_1 为分取后测定试样的定容体积（mL）；f 为试样的稀释倍数；V 为分取试样的体积（mL）；ρ为样品中待测元素的质量浓度（$\mu g\cdot L^{-1}$）。

9.4.4 结果讨论

1. 精密度和准确度

测定土壤中总铅，其相对误差的绝对值不得超过 5%。在重复条件下，获得的两次独立

测定结果的相对偏差不得超过 5%。

2. 时间影响

制备好的样品试液应放置 30 分钟后再测定，以确保试液中的二价铅全部被氧化为四价铅，标准系列同样放置宽 30 分钟后测定。

消解水质试样时务必充分赶尽硝酸，因为硝酸有较强的抑制荧光的作用。并且，测定水质浓度小于 200 $\mu g\cdot L^{-1}$ 时，相对误差的绝对值不得超过 5%。

9.5　氢化物-原子荧光光谱法测定硒[4, 5]

9.5.1　原理

酸性条件的硼氢化钾还原作用下，生成硒化氢，氢化物在氩氢火焰中形成基态原子，其基态原子和硒原子受元素硒灯发射光的激发产生原子荧光，原子荧光强度与试液中待测元素含量在一定范围内成正比。

9.5.2　仪器和试剂

1. 仪器

仪器的测量条件见表 9.5。

表 9.5　仪器测量条件

名称	指标	名称	指标
硒灯电流/mA	80	负高压/V	270
原子化器高度/mm	10	载气流量/($mL\cdot min^{-1}$)	400
屏蔽器流量/($mL\cdot min^{-1}$)	950	测量重复次数	2
原子化器预热温度/℃	200	检测方法	校准曲线
延迟时间/s	1	读数方式	峰面积
氩气纯度/%	≥99.999	读数时间/s	10

2. 试剂

1）硒标准溶液

（1）硒标准储备液。准确称取 0.1000 g 硒粉（Se，高纯）于 100 mL 烧杯中，然后加入 20 mL HNO_3（ρ=1.46 $g\cdot mL^{-1}$，G. R），低温加热溶解后冷却至室温，移入 1000 mL 容量瓶中，用二次水稀释定容，混匀后转入玻璃瓶中储存，4℃下可存放 2 年。此溶液ρ(Se)=100 $mg\cdot L^{-1}$。硒标准储备液也可以到国家认可的部门直接购买成品储备液。

（2）硒标准中间液。准确移取 5 mL ρ(Se)=100$mg\cdot L^{-1}$ 硒标准储备液于 500 mL 容量瓶中，

加 150 mL φ(HCl)=0.05 溶液，用二次水稀释定容，摇匀后保存备用。4℃下可存放 100 天。该溶液ρ(Se)=1.00 mg·L^{-1}。

（3）硒标准工作溶液。准确移取 5.00 mL ρ(Se)=1.00 mg·L^{-1} 硒标准中间溶液于 500 mL 容量瓶中，加入 150 mL φ(HCl)=0.05 溶液，用二次水稀释至刻度，摇匀备用。此溶液ρ(Se)=10.0 μg·L^{-1}。

2）盐酸溶液

（1）量取 100 mL 盐酸（HCl，ρ=1.19 g·mL^{-1}，G. R）加入到 100 mL 二次水中，混合均匀后转入洁净的试剂瓶中保存。此溶液 φ(HCl)=0.5。

（2）量取 5 mL 盐酸（HCl，ρ=1.19 g·mL^{-1}，G.R）加入到 95 mL 二次水中，混合均匀后转入洁净的试剂瓶中保存。此溶液 φ(HCl)=0.05。

3）硝酸–高氯酸溶液

量取 50 mL 硝酸（HNO_3，ρ=1.46 g·mL^{-1}，G. R）、50 mL 高氯酸（$HClO_4$，ρ=1.68 g·mL^{-1}，G.R）混合均匀后转入洁净的试剂瓶保存。此溶液为 $\varphi(HNO_3)$=0.5、$\varphi(HClO_4)$=0.5 的混合溶液，临用时现配。

4）还原剂

0.5 g 氢氧化钾（KOH，G. R）溶于 100 mL 二次水中，加入 2.0 g 硼氢化钾（KBH_4，G. R），搅拌溶解后转入洁净的塑料试剂瓶中保存。此溶液$\rho(KBH_4)$=20 g·L^{-1}，临用时现配。该溶液也可以用氢氧化钠和硼氢化钠配制。

实验室用水为电阻率 18.2 MΩ·cm 的二次去离子水。

9.5.3　测定方法

1. 硒工作标准系列溶液的制备

准确移取不同体积的ρ(Se)=10.0 μg·L^{-1} 硒标准工作溶液，置于一系列 50 mL 容量瓶中，分别加入 10 mL φ(HCl)=0.5 溶液，混匀后用二次水稀释至刻度，摇匀备用。此系列溶液分别含 Se 0.000 μg·L^{-1}、0.400 μg·L^{-1}、0.800 μg·L^{-1}、1.200 μg·L^{-1}、1.600 μg·L^{-1}、2.000 μg·L^{-1}。

2. 试样溶液的制备

准确移取 50 mL 的混匀后的试液置于 150 mL 锥形瓶中，加入 5 mL $\varphi(HNO_3)$=0.5、$\varphi(HClO_4)$=0.5 的混合溶液，置于电热板上加热至白烟冒尽，冷却。再加入 5 mL φ(HCl)=0.5 溶液，加热至黄褐色烟冒尽，冷却后移入 50 mL 容量瓶中，用二次水稀释定容，混匀，待测。

同时，以二次水代替试样，按照试样制备的步骤制备空白试样。

3. 测量及结果计算

按照测量条件，以 φ(HCl)=0.05 盐酸溶液为载流，$\rho(KBH_4)$=20 g·L^{-1} 溶液为还原剂，浓度由低到高依次测定硒标准系列的原子荧光强度，以原子荧光强度为纵坐标，硒质量浓度为横坐标，绘制标准曲线。

准确移取 5.0 mL 试样于 10 mL 比色管中，加入 2 mL φ(HCl)=0.5 溶液，用二次水稀释定容，混匀。与绘制标准曲线相同的条件进行测定。超过校准曲线高浓度点的样品，对其消解液稀释后再进行测定，稀释倍数为 f。

同时，与测定试样相同步骤测定空白试样。

样品中待测元素的质量浓度 ρ 按照公式计算：

$$\rho=\frac{\rho_1\times f\times V_1}{V}$$

式中，ρ 为样品中待测元素的质量浓度（μg/L）；ρ_1 为由校准曲线上查得的试样中待测元素的质量浓度（μg/L）；f 为试样稀释倍数（样品若有稀释）；V_1 为分取后测定试样的定容体积（mL）；V 为分取试样的体积（mL）。

9.5.4　结果讨论

测定水质中硒，其相对误差的绝对值不得超过 6%。在重复条件下，获得的两次独立测定结果的相对偏差不得超过 3%。

参 考 文 献

[1] 刘明钟, 汤志勇, 刘霁欣, 等. 原子荧光光谱分析[M]. 北京: 化学工业出版社, 2008.

[2] 邓勃, 迟锡增, 刘明钟, 等. 应用原子吸收与原子荧光光谱分析[M]. 2 版. 北京: 化学工业出版社, 2007.

[3] GB/T 22105. 1—2008. 土壤质量总汞, 总砷, 总铅的测定 原子荧光法 第 1 部分: 土壤中总汞的测定[S]. 北京: 中国标准出版社, 2008.

[4] HJ 694—2014. 水质汞, 砷, 硒, 铋和锑的测定原子荧光法[S]. 北京: 中国环境科学出版社, 2014.

[5] 周良伟, 张延, 康金栓, 等. 水利行业标准《水质砷, 汞, 硒, 铅的测定 原子荧光光度法》的研究与编制[J]. 水利技术监督, 2006, 14(3): 3SL 327. 4-2005.

[6] GB/T 22105. 2—2008. 土壤质量总汞, 总砷, 总铅的测定 原子荧光法 第 2 部分: 土壤中总砷的测定[S]. 北京: 中国标准出版社, 2008.

[7] GB/T 22105. 3—2008. 土壤质量总汞, 总砷, 总铅的测定 原子荧光法 第 3 部分: 土壤中总铅的测定[S]. 北京: 中国标准出版社, 2008.

第10章　离子色谱分析

离子色谱（ion chromatography，IC）作为液相色谱的分支，是利用色谱技术分离测定无机、有机阴阳离子、可转变为离子的物质以及具有强极性物质的所有色谱法的总称。离子色谱法具有高选择性、分析速度快、可同时分析多组分、很少用有机溶剂等突出优点，自1975年问世以来发展很快，已在环境监测、食品分析、工业生产、医疗卫生、生化与药物等领域得到广泛应用。

10.1　概　　述[1-6]

离子色谱法起源于离子交换色谱法，通过不断地发展和完善，逐渐形成了现代的离子色谱技术。与经典的离子交换色谱法相比，离子色谱法具有更高效、更灵敏、检测速度更快，并且可以完全自动化的优点。离子色谱法根据其分离模式可分为高效离子交换色谱（HPIC）、离子排斥色谱（HPIEC）和离子对色谱（MPIC）。

10.1.1　离子色谱的分离方式

离子色谱的分离机理主要是离子交换，具体包含三种分离方式：高效离子交换色谱（HPIC）、离子排斥色谱（HPIEC）和离子对色谱（MPIC）。用于三种分离方式的柱填料的树脂骨架基本上都是苯乙烯-二乙烯基苯的共聚物，但树脂的离子交换功能基和容量各不相同。HPIC用低容量的离子交换树脂，HPIEC用高容量的树脂，MPIC用不含离子交换基团的多孔树脂。三种分离方式各基于不同分离机理。

1. 高效离子交换色谱

高效离子交换色谱（HPIC）的分离机理主要是离子交换。离子交换分离基于流动相中样品离子与固定相上的离子交换基团之间发生的离子交换。固定相通常是由低交换容量的离子交换树脂制成，这些树脂具有大孔或薄壳型或多孔表面层的物理结构，以便快速达到交换平衡。离子交换树脂可以在任何pH范围内使用，易于再生处理且使用寿命长，但其机械强度较差，容易受有机物污染。对于高极化度和疏水性较强的离子，分离机理中还包括非离子交换的吸附过程。目前用于阴离子分离的离子交换树脂的功能基团主要是季铵基，用于阳离子分离的离子交换树脂的功能基团主要是磺酸基和羧酸基。

2. 离子排斥色谱

离子排斥色谱（HPIEC）的分离机理包括Donnan排斥、空间排阻和吸附过程，电离组分受排斥不被保留，而弱酸则有一定保留。固定相主要是高容量的总体磺化的聚苯乙烯/二乙烯基苯阳离子交换树脂。离子排斥色谱主要用于有机酸、无机弱酸和醇类的分离。HPIEC

的一个特别的优点是可用于弱的无机酸和有机酸与在高的酸性介质中完全离解的强酸的分离，强酸不被保留，在死体积被洗脱。它采用高交换容量的磺化 H 型阳离子交换树脂为填料，以稀盐酸为淋洗液。

3. 离子对色谱

离子对色谱（MPIC）的主要分离机理是吸附，固定相主要是弱极性和高比表面积的中性多孔聚苯乙烯-二乙烯基苯树脂和弱极性的辛烷或十八烷基键合的硅胶两类。流动相由含有所谓对离子试剂和含适量有机溶剂的水溶液组成。对离子是指其电荷与待测离子相反，并能与之生成疏水性离子对化合物。这种方法主要用于疏水性阴离子以及金属络合物的分离。分离的选择性主要由流动相决定。离子对色谱主要用于表面活性的阴离子和阳离子以及金属络合物的分离。

10.1.2　离子色谱系统

1. 离子色谱系统组成

离子色谱仪主要由淋洗装置（流动相储液瓶、高压泵）、进样系统、分离系统、检测系统（抑制柱、电导检测系统）和数据处理五个部分组成，如图 10.1 所示。

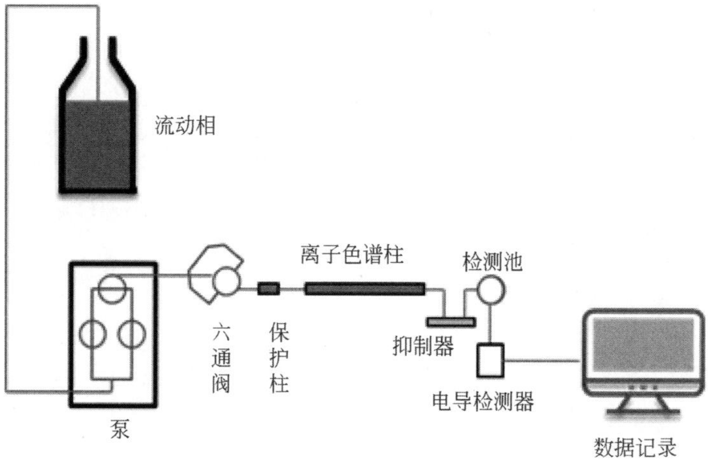

图 10.1　离子色谱仪装置

1）淋洗装置

淋洗装置包含流动相储液瓶和高压泵，流动相需根据待测物质的性质和分离柱类型决定，高压泵为整个通路提供动力。

2）进样系统

进样系统为自动进样器进样，进样阀采用六通阀技术。

3）分离系统

分离系统包括保护柱和分离柱。依据待测离子的性质选择不同的分离柱。

4）检测系统

检测系统包括抑制器和检测器，抑制器主要有微填充床抑制器、膜抑制器，检测器主要为电化学和光学检测器。电化学检测器包括电导检测和安培检测，电导检测器是 IC 的通用检测器，根据有无抑制器分为抑制型和非抑制型两种，主要用于测定无机阴、阳离子和部分极性有机物。安培检测器分为直流安培检测器和脉冲安培检测器，主要用于施加电位下在电极表面能够进行氧化或还原反应的一些离子的选择性检测。光化学检测器包括紫外-可见和荧光检测器。光学检测器在无机离子检测中用得较少，主要是因为大部分无机离子在紫外、可见区域无吸收，也不发射荧光。因此光学检测器主要应用于过渡金属、有机酸等的检测。

5）数据处理

通过数据分析系统生成色谱图。

2. 离子色谱分析流程

开机稳定后，高压泵将流动相送入整个装置进行基线扫描，基线稳定后，自动进样器进样，样品随着流动相进入色谱柱进行离子交换，与固定相作用弱的离子先流出，并进入抑制器，将流动相转变为弱电导物质，再进入检测器进行检测，通过色谱工作站获得分析报告。

10.1.3　影响离子色谱分离的主要因素

1. 离子色谱分离过程

在离子交换过程中，淋洗液连续提供与固定相离子交换位置相同电荷的离子并保持平衡。进样后，样品离子与淋洗离子竞争固定相上的电荷位置，样品离子暂时被固定相保留。经过一段时间，被保留的离子又被淋洗液中的淋洗离子置换并从柱上洗脱。由于样品中不同离子与固定相电荷之间的作用力不同，被固定相保留的程度不同，因此可以通过色谱柱分离。

2. 主要参数

离子色谱分析的主要参数包括流速、淋洗液组成、抑制电流、扫描范围、灵敏度、线性范围和分辨率。这些参数对离子色谱分析的准确性和可靠性有重要影响。

1）流速

流速是指样品在色谱柱中流动的速度。流速对分离效果和检测灵敏度有显著影响。一般来说，流速越慢，分离效果越好，但分析时间会增加。选择流速时需考虑样品的复杂性、色谱柱的种类和检测器的灵敏度等因素。

2）淋洗液组成

淋洗液是用于离子色谱分析的流动相，其组成影响样品的溶解度和分离效果。常用的淋洗液包括碳酸盐溶液、磷酸盐溶液和有机溶剂等。选择淋洗液时需考虑样品的性质和目标离子的种类。

3）抑制电流

抑制电流用于去除流动相中的背景电解质，降低背景干扰，提高检测灵敏度。抑制电流过大会导致基线波动和噪声增加。

4）扫描范围

扫描范围是指离子色谱法可以检测的离子范围的宽度。选择扫描范围时需考虑样品的性质、目标离子的种类以及仪器的灵敏度。扫描范围越宽，可以检测的离子种类越多，但可能会影响灵敏度和分辨率。

5）灵敏度

灵敏度是指离子色谱法对目标离子的检测能力。灵敏度越高，可以检测到的离子浓度越低，越有利于低浓度样品的检测。提高灵敏度会增加噪声和背景干扰，影响检测结果的准确性。

6）线性范围

线性范围是指离子色谱法对目标离子响应的线性关系的范围。线性范围越宽，可以检测的目标离子浓度范围越广，满足不同浓度样品的检测需求。

7）保留时间

保留时间（t）是指组分进样到出现峰最大值所需时间，单位为分钟（min）。

8）积分范围

积分范围（W）指峰结束和峰起始的时间差，单位为分钟（min）。

9）分离度

分离度（R）指相邻两组分色谱峰保留值之差与两峰底平均宽度之比，分离度越大，相邻两组分分离越好，通常将 R=1.5 作为完全分离的判据，计算公式：

$$R=\frac{2(t_2-t_1)}{W_1+W_2} \tag{10.1}$$

$$R=\frac{2(t_2-t_1)}{1.70\times(W_{1/2,1}-W_{1/2,2})} \tag{10.2}$$

式中，t_2 是第二组分峰的相对保留时间（min）；t_1 是第一组分峰的相对保留时间（min）；W_1 是第一组分峰底宽（min）；W_2 是第二组分峰底宽（min）；$W_{1/2,1}$ 是第一组分半峰宽（min）；$W_{1/2,2}$ 是第二组分半峰宽（min）。

10.1.4　分析性能

1. 灵敏度

用于评价色谱系统检测微量物质的能力，通常以信噪比（S/N）来表示。定量测定时，信噪比应不小于 10；定性测定时，信噪比应不小于 3。其中 H_S 是待测离子的色谱峰峰高，单位为（$\mu S\cdot cm^{-1}$）；H_N 是基线噪声，单位为（$\mu S\cdot cm^{-1}$）。

$$\frac{S}{N}=\frac{H_S}{H_N} \tag{10.3}$$

2. 检出限和定量限

当将信号（S）与噪声（N）的比值为 3 和 10 时，此信号对应的浓度为待测浓度的检出限（LOD）和定量限（LOQ）。取标准工作曲线中待测离子的最低浓度点（非零点）进行测定，由色谱峰高和基线噪声，计算检出限和定量限。

$$\mathrm{LOD}=\frac{3H_{\mathrm{N}}\times\rho}{H_{\mathrm{S}}} \tag{10.4}$$

$$\mathrm{LOQ}=\frac{10H_{\mathrm{N}}\times\rho}{H_{\mathrm{S}}} \tag{10.5}$$

式中，H_{N} 为基线噪声峰峰高（$\mu S\cdot cm^{-1}$）；ρ为待测离子标准溶液的浓度（$mg\cdot L^{-1}$）；H_{S} 为待测离子标准溶液的色谱峰高（$\mu S\cdot cm^{-1}$）。

3. 精密度

精密度用相对标准偏差表示，取一样品平行测定至少 6 次，计算标准偏差。相对标准偏差（RSD）按式（10.6）计算：

$$\mathrm{RSD}=(S/X)\times 100\,\% \tag{10.6}$$

式中，S 为测定的标准偏差；X 为测定值。

4. 加标回收率

取相同量的两份样品，其中一份加入一定量的标准物质，同时进行测定（标准物质的加入量与样品中待测成分含量之和应在标准工作曲线线性范围内），计算回收率：

$$r=\frac{m_{\mathrm{b}}-m_{\mathrm{a}}}{m}\times 100\% \tag{10.7}$$

式中，m_{b} 是加标样品溶液测定的质量；m_{a} 是样品溶液测定的质量；m 为加入标准溶液的质量（mg）。

5. 影响分离和保留的因素

离子色谱法中影响分离效果和选择性的因素主要包括固定相、流动相。固定相中离子交换剂的组成、柱容量决定了其对溶质的保留性。离子交换剂的组成直接影响了组分与其相互作用的强度；柱容量影响离子交换位点的多少，高柱容量可用于含有高浓度组分的样品中痕量组分的直接进样分析，改善弱保留离子的分离，可用高浓度的流动相，缩短强保留离子的分析时间。另外，固定相颗粒减小，柱效增加，分离度和灵敏度增加。当固定相选定后，流动相对分离选择性的影响尤为重要，主要包括流动相种类、浓度、pH、温度、流速及改进剂等。流动相种类、浓度及 pH，影响各组分的保留时间；增加流动相的浓度，可缩短保留时间；加入合适的改进剂，对一些特定离子有较好分离效果，温度变化可改变不同价态离子保留时间，升温一价离子快速洗脱，二价离子较慢洗脱。

10.2　离子色谱法测定盐湖卤水中 9 种阳离子[7–19]

10.2.1　概述

盐湖卤水资源丰富，我国盐湖卤水和油气田卤水是宝贵的无机盐宝库，除常见的 Li^+、Na^+、K^+、Mg^{2+}、Ca^{2+}以外，往往还含有 Rb^+、Cs^+、Sr^{2+}、NH_4^+等阳离子。目前 Li^+、K^+、Ca^{2+}、Mg^{2+}、Sr^{2+}的测定方法有容量法、原子发射光谱法、原子吸收光谱法和离子色谱法等，Na^+含量多采用差减法计算，NH_4^+的测定方法有容量法、纳氏试剂比色法、离子色谱法等，Rb^+、Cs^+的检测方法以原子吸收法为主。容量法通常适用于常量离子含量测定；原子吸收光谱法每次只能测定一种元素，而且需要进行基体匹配，操作烦琐；原子吸收光谱法和原子发射光谱法均不能实现 NH_4^+含量的测定。

离子色谱法（IC）可以实现多种离子的同时测定，具有快速、灵敏、选择性好、线性范围宽、操作简便等优点，尤其是在对很难用其他方法完成的多种阴离子同时分析 NH_4^+分析方面表现突出。建立卤水中 Li^+、Na^+、K^+、NH_4^+、Rb^+、Cs^+、Mg^{2+}、Ca^{2+}和 Sr^{2+}等 9 种阳离子同时分析的方法即可解决 NH_4^+含量的测定问题，同时可以实现 9 种常见阳离子同时分析，大幅降低分析成本。

10.2.2　仪器及主要试剂

1. 仪器

离子色谱仪：930 智能型，瑞士 Metrohm 公司。

超纯水机：UPH-60L 型，四川优普超纯科技有限公司。

2. 仪器工作条件

阳离子色谱柱 Metrosep C6-150（150 mm×4 mm），淋洗液 $c(HNO_3)$=4 mmol·L^{-1}，流速为 0.9 mL·min^{-1}，柱温为 45℃，进样体积为 20 μL，等度洗脱。

10.2.3　主要试剂

1. 标准试剂

1）标准溶液

铷标准溶液：含ρ(Rb)=1000 mg·L^{-1} 水溶液，GSB 04-2836—2011（b），国家钢铁材料测试中心钢铁研究总院。

铯标准溶液：含ρ(Cs)=1000 mg·L^{-1} 水溶液，BWB 2326—2016，国家钢铁材料测试中心钢铁研究总院。

锶标准溶液：含ρ(Sr)=1000 mg·L^{-1} 水溶液，GSB G 62031—90，国家钢铁材料测试中心钢铁研究总院。

锂、钠、钾、铵、镁、钙混合标准溶液，各离子浓度均为ρ=1000 mg·L^{-1}（水溶液），GNM-M060235—2013，国家钢铁材料测试中心钢铁研究总院。

2）9 种阳离子的混合标准储备液

分别准确吸取质量浓度均为 1000 mg·L^{-1}的锶、铷和铯的单元素标准溶液及多元素混合标准溶液 1.00 mL，转移至 100 mL 容量瓶中，用超纯水稀释定容，混匀。配制得到质量浓度为 10 mg·L^{-1}的 9 种阳离子的混合标准储备液。

3）9 种阳离子混合标准工作溶液

分别准确移取质量浓度为 10 mg·L^{-1}的上述 9 种阳离子混合标准储备液 1.00 mL、2.50 mL、5.00 mL、10.00 mL，转移至 100 mL 容量瓶中，用超纯水稀释定容，混匀，配制成浓度分别为 0.10 mg·L^{-1}、0.25 mg·L^{-1}、0.50 mg·L^{-1}、1.00 mg·L^{-1}的一系列混合标准工作溶液；另准确移取铷［ρ(Rb)=1000 mg·L^{-1}］、铯［ρ(Cs)=1000 mg·L^{-1}］、锶［ρ(Sr)=1000 mg·L^{-1}］单元素标准溶液及多元素混合标准溶液（锂、钠、钾、铵、镁、钙的混合标准溶液，各离子浓度均为ρ=1000 mg·L^{-1}）0.50 mL、1.00 mL、2.50 mL、5.00 mL、10.00 mL，转移至 100 mL 容量瓶中，用超纯水稀释定容，混匀，配制成浓度分别为 5.00 mg·L^{-1}、10.00 mg·L^{-1}、25.00 mg·L^{-1}、50.00 mg·L^{-1}、100.00 mg·L^{-1}的一系列混合标准工作溶液。

2. 镁离子使用液

8.36 g 氯化镁（$MgCl_2·6H_2O$，A.R），以少量超纯水溶解后转移定容至 100 mL，该溶液$\rho(Mg^{2+})$=10 g·L^{-1}。

3. 钙离子使用液

2.77 g 氯化钙（$CaCl_2$，A.R），以少量超纯水溶解后转移定容至 100 mL，该溶液$\rho(Ca^{2+})$=10 g·L^{-1}。

4. 钾离子使用液

1.91 g 氯化钾（KCl，G.R），以少量超纯水溶解后转移定容至 100 mL，该溶液$\rho(K^+)$=10 g·L^{-1}。

5. 淋洗液

0.50 mL 硝酸（HNO_3，ρ=1.46 g·mL^{-1} G.R），用超纯水稀释至 2000 mL，摇匀。此溶液$c(HNO_3)$=4 mmol·L^{-1}。

6. 超纯水

超纯水，18.25 MΩ·cm。

10.2.4　分析检测

1. 标准曲线建立

将浓度分别为 0.10 mg·L^{-1}、0.25 mg·L^{-1}、0.50 mg·L^{-1}、1.00 mg·L^{-1}、5.00 mg·L^{-1}、

10.00 mg·L^{-1}、25.00 mg·L^{-1}、50.00 mg·L^{-1}、100.00 mg·L^{-1}的一系列混合标准工作溶液逐次放置在自动进样器上，进行测定。淋洗液 $c(HNO_3)$=4 mmol·L^{-1}，流速为 0.9 mL·min^{-1}，柱温为 45℃，进样体积为 20 μL，等度洗脱。

2. 待测试样测试

准确移取一定量的待测样品，用超纯水稀释定容摇匀后，使用 0.45 μm 一次性针头过滤器过滤，按照标准曲线测定的相同条件进样测定。若卤水样品中部分待测离子浓度超过 100 mg·L^{-1}，应对其进行稀释，使待测离子的浓度在线性范围内，然后再进行测定。

10.2.5 结果与讨论

1. 方法的检出限与定量限

按 10.2.2 小节所示的工作条件，9 个系列混合标准工作溶液依次进样，分别绘制 Li^+、Na^+、K^+、NH_4^+、Rb^+、Cs^+、Mg^{2+}、Ca^{2+}、Sr^{2+}标准曲线，其线性范围、相关系数、检出限及定量限数据列入表 10.1。

表 10.1 9 种阳离子的线性范围、相关系数、检出限及定量限

离子	线性浓度范围/(mg·L^{-1})	线性方程	相关系数	检出限/(mg·L^{-1})	定量限/(mg·L^{-1})
Li^+	0.10～100.00	y=−0.05+0.04x	0.9999	0.002	0.006
Na^+		y=3.90×10^{-4}+0.01x	0.9999	0.005	0.016
NH_4^+		y=−0.01+0.01x	0.9999	0.011	0.035
K^+		y=−0.01+0.01x	0.9999	0.021	0.069
Rb^+		y=−3.01×10^{-3}+2.6551×10^{-3}x	0.9999	0.054	0.179
Cs^+		y=2.69×10^{-4}+1.77×10^{-3}x	0.9999	0.087	0.292
Mg^{2+}		y=−0.01+0.02x	0.9999	0.008	0.026
Ca^{2+}		y=0.03+0.01x	0.9999	0.058	0.194
Sr^{2+}		y=−4.05×10^{-3}+5.64×10^{-3}x	0.9999	0.011	0.035

由表 10.1 可得知，建立的 9 种阳离子同时测定方法的线性测定范围为 0.10～100.00 mg·L^{-1}，相关系数均达到 0.9999，方法检出限为 0.002～0.087 mg·L^{-1}，定量限为 0.006～0.292 mg·L^{-1}。说明该方法灵敏度较高，线性范围较宽，可以满足对盐湖卤水和油气田卤水样品中 9 种阳离子的测定要求。

2. 方法的精密度

取 9 种阳离子浓度为 5 mg·L^{-1}的样品平行测量 10 次，计算各离子各次测量值的相对标准偏差 RSD，结果列于表 10.2。结果表明，本方法 9 种阳离子测量值 RSD 为 0.20%～1.94%，表明该方法具有较好的精密度，满足盐湖卤水和油气田卤水中 9 种阳离子的测定要求。

表 10.2　方法的精密度

次数	Li^+	Na^+	NH_4^+	K^+	Rb^+	Cs^+	Mg^{2+}	Ca^{2+}	Sr^{2+}
	5 $mg·L^{-1}$								
1	5.051	5.062	5.049	5.085	4.969	5.006	5.137	5.149	5.021
2	5.044	5.052	5.042	5.048	4.975	5.028	5.136	5.082	4.931
3	5.048	5.048	5.045	5.062	5.022	5.043	5.106	5.030	4.999
4	5.037	5.039	5.044	5.030	5.061	4.970	5.137	5.051	4.963
5	5.071	5.077	5.080	5.085	5.056	5.050	5.130	5.072	4.975
6	5.067	5.067	5.065	5.075	5.009	5.043	5.138	5.064	5.123
7	5.052	5.054	5.055	5.050	4.993	5.067	5.117	5.022	5.015
8	5.045	5.047	5.057	5.086	4.972	4.993	5.139	5.015	4.939
9	5.053	5.051	5.058	5.053	5.010	5.201	5.107	5.040	4.968
10	5.049	5.048	5.056	5.049	4.990	5.286	5.116	5.089	5.129
平均值	5.052	5.055	5.055	5.062	5.006	5.069	5.126	5.061	5.006
RSD/%	0.20	0.22	0.23	0.38	0.66	1.94	0.26	0.79	1.39

3.方法的准确度

通过样品的加标回收试验及本方法与经典方法测定结果的比对检验本方法的准确度。以青海柴达木盆地某油田卤水样品为例，分别加入一定量的 9 种阳离子标准溶液，测定结果见图 10.2 和表 10.3。

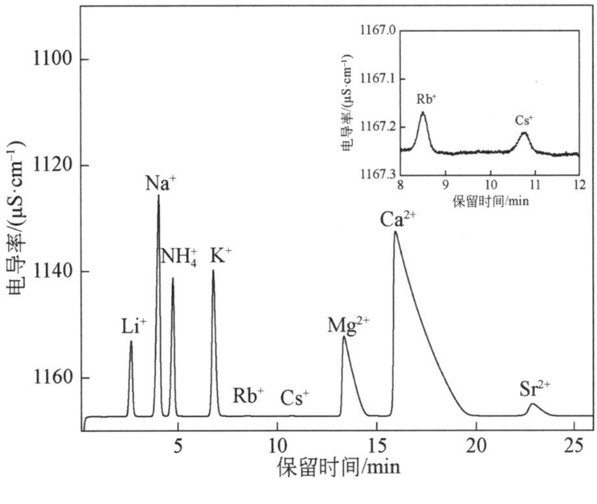

图 10.2　某油田卤水样品的离子色谱图（稀释 50 倍）

表 10.3　共存离子加标回收试验及与 ICP-OES 结果对比

离子	离子色谱法			常规方法[a]			相对偏差/%
	测量值/(mg·L^{-1})	加标后测量值/(mg·L^{-1})	回收率/%	测量值/(mg·L^{-1})	加标后测量值/(mg·L^{-1})	回收率/%	
Li^+	0.339	0.841	100.40	0.333	0.844	102.20	0.24
Na^+	3.695	7.682	99.67	3.804	8.062	106.46	0.36
NH_4^+	1.718	3.722	100.22	—	—	—	—
K^+	4.845	10.999	102.57	4.857	11.080	103.72	0.03
Rb^+	0.896	1.892	99.57	0.901	1.890	98.90	0.07
Cs^+	0.867	1.871	100.37	0.806	1.750	94.43	0.92
Mg^{2+}	2.168	6.168	100.00	2.235	6.451	105.40	0.38
Ca^{2+}	22.710	53.576	102.89	22.627	53.857	104.10	0.05
Sr^{2+}	1.477	3.438	98.05	1.468	3.479	100.57	0.08

a. Li^+、Na^+、K^+、Mg^{2+}、Ca^{2+}、Sr^{2+}采用等离子体原子发射光谱法（ICP-OES）测定，Rb^+、Cs^+采用原子吸收光谱法（FAAS）测定

其中 Li^+、Na^+、K^+、Mg^{2+}、Ca^{2+}、Sr^{2+}是将样品稀释 50 倍后，采用等离子体原子发射光谱法（ICP-OES）作为常规方法，Rb^+、Cs^+是将样品稀释 20 倍后采用原子吸收光谱法（FAAS）作为常规方法。

由表 10.3 可知，本方法与常规方法测定结果高度一致，相对偏差均不超过 1%。对 Li^+、Na^+、K^+、Mg^{2+}、Ca^{2+}、Sr^{2+}的回收率本方法在 98.05%～102.89%范围内，ICP-OES 法在 100.57%～106.46%范围内；对 Rb^+、Cs^+的回收率本方法在 99.57%～100.37%范围内，FAAS 法在 94.43%～98.90%范围内。

同时本方法增加了 ICP-OES 法和 FAAS 法无法实现的 NH_4^+测定。因此，相比常规方法，本方法准确度高、精密度好、样品制备简便，可以实现 9 种阳离子的同时测定，在盐湖卤水和油气田卤水样品分析中具有较强的实用性。

4. 色谱柱选择

根据盐湖卤水种各个阳离子浓度组成比例，建立的 Li^+、Na^+、K^+、NH_4^+、Rb^+、Cs^+、Mg^{2+}、Ca^{2+}和 Sr^{2+}等 9 种阳离子同时分析的方法。待测样品的总盐度是关键因素，因此色谱柱要求具备一定的耐盐性。Metrosep C6-150 色谱柱（150 mm×4 mm），属于填充聚丁二烯马来酸基团的阳离子交换柱，采用耐盐性能和抗腐蚀性能优异的 PEEK 材质外壳，能够用于复杂样品中多种一价和二价阳离子的快速分离，尤其适用于在各离子浓度差异很高时的情况，已经被广泛应用于多种水体中无机阳离子的分析。

图 10.3 为所获得的 9 种阳离子混合标准溶液色谱图。可见，以各组分的保留时间进行定性，各离子的出峰顺序依次为 Li^+、Na^+、NH_4^+、K^+、Rb^+、Cs^+、Mg^{2+}、Ca^{2+}、Sr^{2+}。

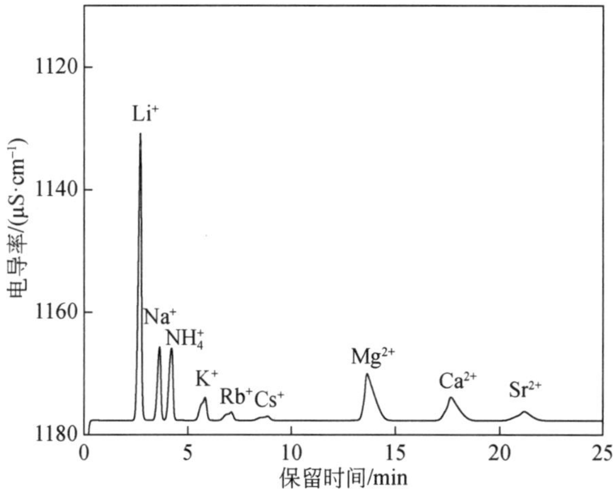

图 10.3　9 种阳离子混合标准液色谱图

5. 色谱条件优化

1）淋洗液浓度的影响

淋洗液浓度变化对不同种类的阳离子保留时间和分离度有一定影响。固定淋洗液流速为 0.9 mL·min^{-1}，柱温为 35℃，进样体积为 20 μL，等度洗脱，以保留时间及离子之间的分离度 R 为依据，图 10.3 是 9 种阳离子混合样品在不同 HNO_3 浓度条件下的色谱图，9 种离子间分离度结果见表 10.4。从表 10.4 看淋洗液浓度变化对各个离子间分离度有一定的影响，影响显著的是 $R_{Rb/Cs}$、$R_{Cs/Mg}$、$R_{Mg/Ca}$。各离子保留时间随淋洗液浓度变化而变化情况见图 10.4。

表 10.4　淋洗液 HNO_3 的浓度对各离子分离度的影响

HNO_3 浓度/(mmol·L^{-1})	$R_{Li/Na}$	R_{Na/NH_4}	$R_{NH_4/K}$	$R_{K/Rb}$	$R_{Rb/Cs}$	$R_{Cs/Mg}$	$R_{Mg/Ca}$	$R_{Ca/Sr}$
3	5.85	3.74	9.78	5.73	6.50	7.69	14.86	5.11
4	5.49	3.53	9.38	5.57	6.38	2.59	9.79	5.00
5	5.20	3.19	8.91	5.34	2.95	2.18	4.55	4.68
6	5.13	3.08	8.28	4.24	0.25	5.91	1.10	4.29
7	4.65	2.76	7.67	1.29	2.98	2.68	2.26	3.81

从图 10.4 的色谱图可以发现，随着淋洗液 HNO_3 浓度逐渐升高，各离子的保留时间依次减小。当淋洗液 $c(HNO_3)$=3～4 mmol·L^{-1} 时，各离子出峰顺序依次为 Li^+、Na^+、NH_4^+、K^+、Rb^+、Cs^+、Mg^{2+}、Ca^{2+}、Sr^{2+}，并且各相邻离子之间分离度均大于 2.5，满足分离要求。当淋洗液 $c(HNO_3)$=4 mmol·L^{-1} 时样品的总分析时间较短；当 $c(HNO_3)$=5 mmol·L^{-1} 时，Mg 峰提前至 Rb、Cs 峰之间，样品中 Mg^{2+}含量变化可能会影响 Rb^+、Cs^+测定；当 $c(HNO_3)$=6 mmol·L^{-1} 时，Mg、Ca 峰继续前移，导致 Mg 峰掩盖 Rb 峰，Ca 峰与 Cs 峰相连；当 $c(HNO_3)$=7 mmol·L^{-1} 时，Mg 峰进一步前移至 K 峰处。因此，选择淋洗液 $c(HNO_3)$=4 mmol·L^{-1}，在 25 min 内分离

9 种阳离子。

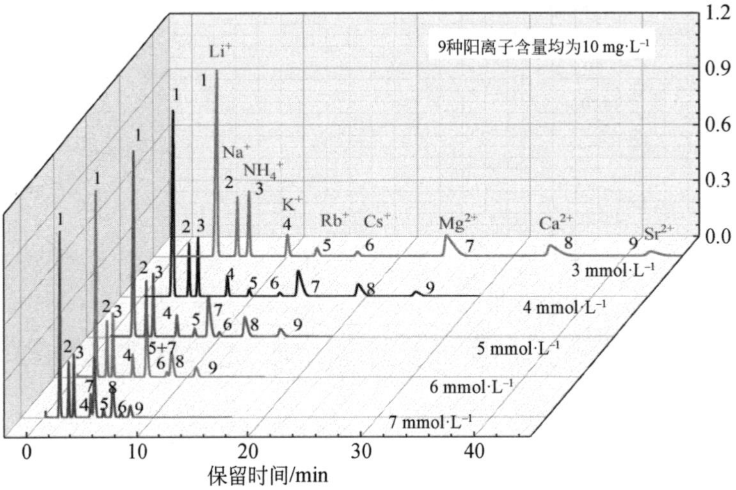

图 10.4　淋洗液为不同浓度的 HNO_3 条件下混合溶液的色谱图

另见书末彩图

2）流速的影响

淋洗液流速对不同的保留时间有一定的影响，表 10.5 和图 10.5 给出了 $c(HNO_3)=4\ mmol \cdot L^{-1}$、柱温 35℃、进样体积 20 μL 条件下 9 种阳离子混合标准溶液，淋洗液流速不同时，各离子保留时间和分离度的变化。

由表 10.5 可见，在实验范围内 9 种阳离子中相邻离子之间的分离度 R 均大于 2，各离子得到了较好的分离，满足分离要求。但随着流速的增加，分离度有所下降。综合考虑，本方法选择淋洗液流速为 0.9 $mL \cdot min^{-1}$，各个离子的分离度处于中间值。由图 10.5 看出，淋洗液的流速不影响各个离子出峰顺序。

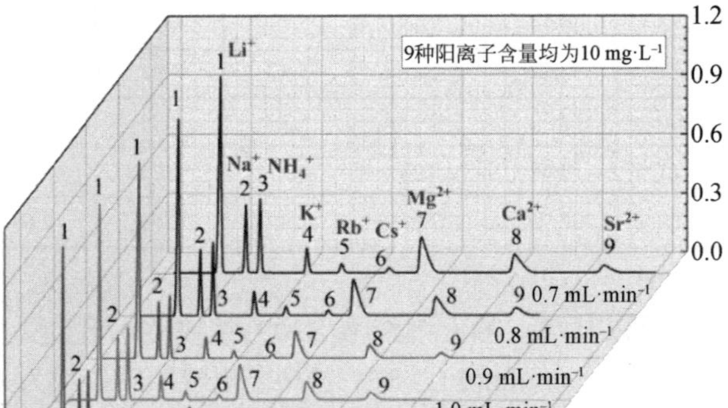

图 10.5　不同流速下混合离子溶液的色谱图

另见书末彩图

表 10.5　淋洗液流速对各离子分离度的影响

流速 /(mL·min^{-1})	$R_{Li/Na}$	R_{Na/NH_4}	$R_{NH_4/K}$	$R_{K/Rb}$	$R_{Rb/Cs}$	$R_{Cs/Mg}$	$R_{Mg/Ca}$	$R_{Ca/Sr}$
0.7	5.88	3.67	9.35	5.59	6.43	2.84	5.91	5.03
0.8	5.85	3.69	9.54	5.65	6.44	2.55	5.83	5.00
0.9	5.49	3.53	9.38	5.57	6.38	2.59	6.03	5.00
1.0	5.79	3.44	9.25	5.51	6.21	2.52	5.70	4.85
1.1	5.78	3.38	9.12	5.48	6.25	2.39	5.62	4.77

3）柱温的影响

表 10.6 和图 10.6 给出了 $c(HNO_3)$=4 mmol·L^{-1}、进样体积为 20 μL、淋洗液流速为 0.9 mL·min^{-1}、进样体积 20 μL、不同柱温条件下 9 种阳离子混合标准溶液，各离子保留时间和分离度的变化。

表 10.6　色谱柱柱温对离子分离度的影响

柱温/℃	$R_{Li/Na}$	R_{Na/NH_4}	$R_{NH_4/K}$	$R_{K/Rb}$	$R_{Rb/Cs}$	$R_{Cs/Mg}$	$R_{Mg/Ca}$	$R_{Ca/Sr}$
25	6.16	3.45	10.29	5.86	7.48	0.58	5.67	5.11
30	6.09	3.53	9.76	5.70	6.55	1.64	5.81	5.00
35	5.49	3.53	9.38	5.57	6.38	2.59	6.03	5.00
40	5.44	3.49	8.79	5.32	6.15	3.69	5.76	4.77
45	5.15	3.53	8.31	5.07	5.98	4.66	5.72	4.67
50	4.87	3.48	7.88	4.93	5.67	5.55	5.62	4.57

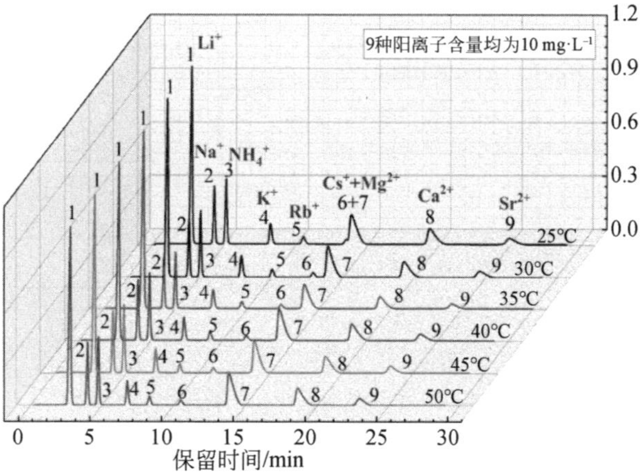

图 10.6　不同色谱柱温度条件下 9 种阳离子的色谱图

另见书末彩图

由表 10.6 结果可见，实验范围内 9 种阳离子中相邻离子之间的分离度 R 均大于 2，各离子得到了较好的分离，满足分离要求。但随着柱温的增加，分离度有所下降。

由图 10.6 可以看出，除 Mg^{2+}外各离子的保留时间均随柱温升高逐渐减小，其中 Cs^{+}的减小幅度最大。当色谱柱温度为 25℃时，Mg^{2+}峰与 Cs^{+}峰重叠，无法达到分离；随着色谱柱温度的升高，二者分离效果逐渐变好。因此，本方法选择色谱柱柱温为 45℃。

综上所述，以各离子的保留时间 t 和相邻离子间的分离度 R 为指标，优选的色谱条件为：淋洗液 $c(HNO_3)$=4 mmol·L^{-1}，淋洗液流速为 0.9 mL·min^{-1}，色谱柱柱温为 45℃，进样体积为 20 μL。

6. 共存离子的影响

在离子色谱测定阳离子浓度时，各离子保留时间通常会随离子浓度的增加而有所提前，而且二价离子变化幅度更大。在优化的色谱条件下，分别对质量浓度 0.10 mg·L^{-1}、1.00 mg·L^{-1}、10.00 mg·L^{-1}、50.00 mg·L^{-1}和 100.00 mg·L^{-1}的标准溶液进样测定，考察各离子保留时间随浓度的变化情况，尤其是二价离子 Mg^{2+}、Ca^{2+}与 Rb^{+}、Cs^{+}出峰时间之间的关系，结果见表 10.7 和图 10.7 所示。

表 10.7 各离子含量对其保留时间的影响

ρ/(mg·L^{-1})	Li^{+}	Na^{+}	NH_4^{+}	K^{+}	Rb^{+}	Cs^{+}	Mg^{2+}	Ca^{2+}	Sr^{2+}
	保留时间/min								
0.10	2.66	3.99	4.76	6.97	8.57	10.85	14.46	19.30	23.63
1.00	2.67	3.99	4.76	6.96	8.60	10.90	14.38	19.23	23.52
10.00	2.79	4.03	4.79	6.92	8.56	10.84	13.84	18.67	23.12
50.00	2.97	4.12	4.90	6.84	8.42	10.62	12.90	17.61	22.19
100.00	3.05	4.20	5.00	6.80	8.30	10.42	12.29	16.90	21.53
Δ*	0.39	0.21	0.24	0.17	0.27	0.43	2.17	2.40	2.10

* 不同离子含量所对应的离子最大保留时间和最小保留时间的差值

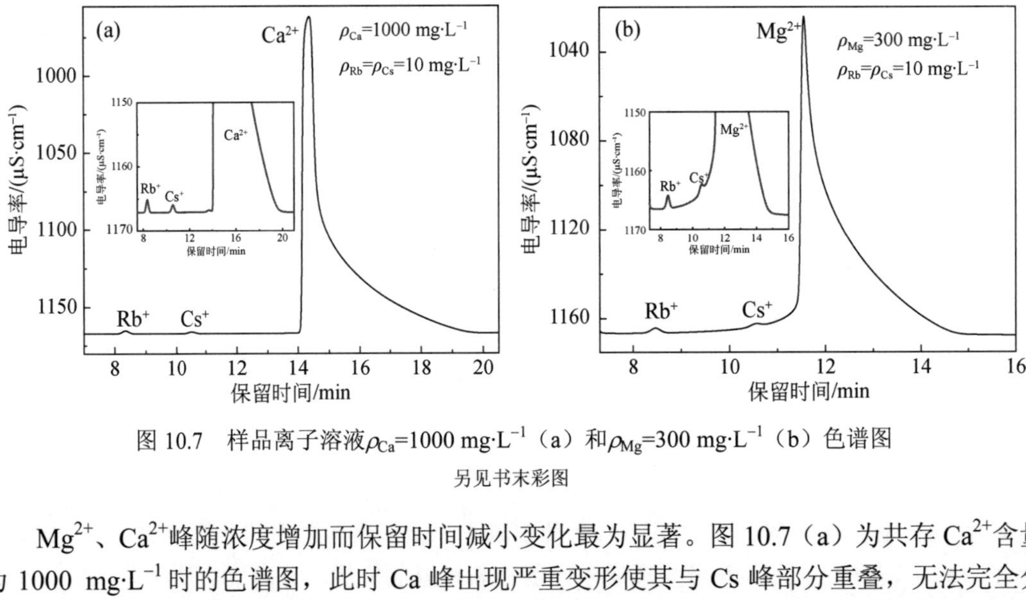

图 10.7 样品离子溶液ρ_{Ca}=1000 mg·L^{-1}（a）和ρ_{Mg}=300 mg·L^{-1}（b）色谱图

另见书末彩图

Mg^{2+}、Ca^{2+}峰随浓度增加而保留时间减小变化最为显著。图 10.7（a）为共存 Ca^{2+}含量为 1000 mg·L^{-1}时的色谱图，此时 Ca 峰出现严重变形使其与 Cs 峰部分重叠，无法完全分离。因此，需要控制待测试样中的 Ca^{2+}浓度小于 1000 mg·L^{-1}。当样品中的 Mg^{2+}浓度增加至 300 mg·L^{-1} 时，Mg 峰严重前伸变形使其与 Rb 峰发生重叠，无法完全分离[图 10.7（b）]。

色谱图中 K、Rb、Mg、Cs 四峰相邻，而卤水样品中 K^+、Mg^{2+}含量往往远高于 Rb^+、Cs^+。K^+、Mg^{2+}浓度变化对 Rb^+、Cs^+测定的影响结果如表 10.8 所示。

表 10.8　K 和 Mg 离子含量对 $R_{K/Rb}$、$R_{Cs/Mg}$ 的影响

ρ_K/(mg·L^{-1})	$R_{K/Rb}$	ρ_{Mg}/(mg·L^{-1})	$R_{Cs/Mg}$
200	4.29	100	1.83
400	3.00	150	1.28
600	2.22	200	1.14
800	1.89	250	1.29
1000	1.51	300	—

样品中 Rb^+、Cs^+浓度为 10 mg·L^{-1}，随着 K^+浓度的增加，$R_{K/Rb}$ 逐渐降低，当 K^+浓度增加至 1000 mg·L^{-1} 时，$R_{K/Rb}$=1.51，此时二者刚好完全分离。因此，需要控制待测试样中 K^+ 浓度≤1000 mg·L^{-1}。当 Mg^{2+}浓度增加至 150 mg·L^{-1} 时，$R_{Cs/Mg}$<1.5，此时二者部分重叠无法完全分离。因此，需要控制待测试样中 Mg^{2+}浓度≤100 mg·L^{-1}。

10.3　离子色谱法测定卤水中的溴碘[20–25]

10.3.1　概述

盐湖卤水资源丰富，除了常见的 Li^+、Na^+、K^+、Mg^{2+}、Ca^{2+}以外，往往还含有 Cl^-、Br^-、I^-等阴离子。离子色谱因具有快速、灵敏、选择性好和同时测定多组分的优点已成为分析多种阴离子的主要方法，建立高氯背景下卤水中溴碘的同时分析方法，是实现盐湖卤水中溴和碘快速准确分析的又一条途径。

10.3.2　仪器及试剂

1. 仪器

离子色谱仪：930 智能型，瑞士 Metrohm 公司。

超纯水机：UPH-60L 型，四川优普超纯科技有限公司。

分析天平，A120S 型，德国 Sartorius 集团。

pH 计，S975 Seven ExcellenceH 测量仪，瑞士 Mettler Toledo 集团。

2. 仪器工作条件

阴离子色谱柱 Metrosep A Supp 5-250/4.0，以 $c(Na_2CO_3)$=7 mmol·L^{-1}、$c(NaHCO_3)$=2 mmol·L^{-1} 和 ω(乙腈)=0.02 混合溶液为淋洗液，流速为 0.8 mL·min^{-1}，柱温为 45℃，进样体积为 20 μL，等度洗脱。

10.3.3　试剂

1. 标准试剂

1）单离子标准储备液

碘标准溶液：$\rho(I)$=1000 mg·L^{-1}水溶液，GSB 04-2834—2011，国家有色金属及电子材料分析测试中心。

溴标准溶液：$\rho(Br)$=1000 mg·L^{-1}水溶液，GSB 04-2838—2011，国家有色金属及电子材料分析测试中心。

磷酸根标准溶液：$\rho(PO_4^{3-})$=1000 mg·L^{-1}水溶液，I821685，上海麦克林生化科技有限公司。

硫酸根标准溶液：$\rho(SO_4^{2-})$=1000 mg·L^{-1}水溶液，GBW(E)080266，中国计量科学研究院。

氯标准储备液：准确称取 6.5936 g 事先于 550℃下灼烧至恒重后氯化钠（NaCl，基准），用超纯水溶解并转移至 200 mL 容量瓶定容后摇匀，得到$\rho(Cl)$=20.00 g·L^{-1}的标准储备液。

2）7 种阴离子的混合标准储备液

7 种阴离子（F^-、Cl^-、NO_2^-、Br^-、NO_3^-、PO_4^{3-}、SO_4^{2-}）的混合标准溶液，浓度均为 1000 mg·L^{-1}，BWB 2108—2016，北京北方伟业计量技术研究院。

3）阴离子混合标准工作溶液

4 种阴离子混合标准工作溶液：准确移取一定体积浓度均为 1000 mg·L^{-1}的阴离子溴、碘、硫酸根标准储备液和$\rho(Cl)$=20.00 g·L^{-1}的氯标准储备液，混合后稀释制备成 4 种阴离子的混合标准工作溶液。

8 种阴离子混合标准工作溶液：准确移取一定体积的 7 种阴离子（F^-、Cl^-、NO_2^-、Br^-、NO_3^-、PO_4^{3-}、SO_4^{2-}）混合标准溶液，加入一定体积的$\rho(I)$=1000 mg·L^{-1}的碘标准储备液，用超纯水稀释定容制备成 8 种阴离子标准工作溶液，混合标准工作溶液各离子浓度见表 10.9。

表 10.9　阴离子混合标准工作溶液组成

标液名称	离子浓度/(mg·L^{-1})							
	F^-	Cl^-	NO_2^-	Br^-	NO_3^-	PO_4^{3-}	SO_4^{2-}	I^-
四组分阴离子混合标液	—	1.00[a]	—	1	—	—	2.50	0.50
八组分阴离子混合标液	10.00	10.00	10.00	10.00	10.00	10.00	10.00	10.00

a. 数值的浓度单位为 g·L^{-1}

2. 淋洗液

准确称量 1.4839 g 的 Na_2CO_3 和 0.336 g 的 $NaHCO_3$，用超纯水溶解后转移至 2 L 的容量瓶中，加入 40 mL 的乙腈，然后用超纯水定容至刻度混匀，此溶液为 $c(Na_2CO_3)$=7 mmol·L^{-1}、

$c(NaHCO_3)$=2 mmol·L^{-1} 和 ω(乙腈)=0.02 混合溶液。

3. 超纯水

超纯水，18.25 MΩ·cm。

10.3.4　分析检测

1. 标准曲线建立

将 Br^-标准溶液浓度分别为 0.50 mg·L^{-1}、1.00 mg·L^{-1}、2.00 mg·L^{-1}、5.00 mg·L^{-1}、10.00 mg·L^{-1}、20.00 mg·L^{-1}、50.00 mg·L^{-1} 和 I^-标准溶液浓度分别为 0.00 mg·L^{-1}、0.25 mg·L^{-1}、0.50 mg·L^{-1}、1.00 mg·L^{-1}、2.50 mg·L^{-1}、5.00 mg·L^{-1}、10.00 mg·L^{-1}、25.00 mg·L^{-1} 的一系列混合标准工作溶液逐次放置在自动进样器上，进行测定。以 7 mmol·L^{-1} Na_2CO_3、2 mmol·L^{-1} $NaHCO_3$ 和 2%乙腈为淋洗液，流速为 0.8 mL·min^{-1}，柱温为 45℃，进样体积为 20 μL，等度洗脱。

2. 待测试样测试

准确移取一定量的待测样品，使用 0.45 μm 一次性针头过滤器过滤，在 10.3.2 小节所述优化的离子色谱仪器工作条件下进样测定。

10.3.5　结果与讨论

1. 方法的检出限

按 10.3.2 小节所述的工作条件，分别测定了系列浓度的溴、碘标准工作溶液，绘制出线性拟合图，见图 10.8。

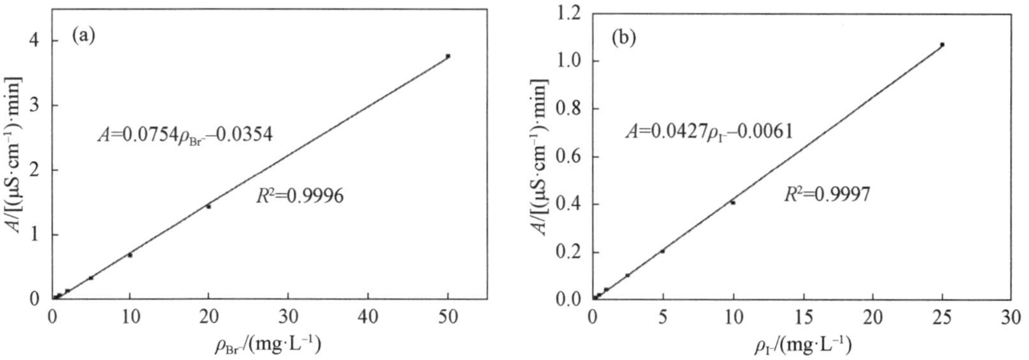

图 10.8　溴（a）、碘（b）的线性拟合图

从图 10.8 可以看出，在研究的浓度范围内溴、碘的色谱峰峰面积分别呈线性响应，R^2 分别为 0.9996 和 0.9997。Br^-的仪器检出限为 0.37 μg·L^{-1}，I^-的仪器检出限为 1.72 μg·L^{-1}。

由此可见，建立的离子色谱方法具有检出限低、线性范围宽的优势。

2. 方法的精密度

以稀释 50 倍的油田卤水和稀释 200 倍的油田卤水为待测试样，按优化的实验条件分别测定 11 次，获得方法的精密度，结果见表 10.10，分析的 RSD 小于 3%，表明方法精密度佳。

表 10.10　油田卤水中溴碘的精密度结果

名称	稀释 50 倍的油田卤水 1		稀释 200 倍的油田卤水 3		稀释 50 倍的油田卤水 4	
	Br^-	I^-	Br^-	I^-	Br^-	I^-
测定值/(mg·L^{-1})	1.218	0.703	1.101	0.279	5.189	3.053
	1.229	0.712	1.096	0.287	5.190	3.110
	1.230	0.698	1.096	0.276	5.022	3.015
	1.233	0.696	1.112	0.289	5.195	3.084
	1.233	0.741	1.112	0.292	5.251	3.127
	1.222	0.712	1.109	0.294	5.256	3.090
	1.221	0.711	1.115	0.285	5.251	3.092
	1.224	0.740	1.114	0.293	5.233	3.079
	1.226	0.718	1.101	0.270	5.089	3.005
	1.216	0.729	1.088	0.276	5.088	3.004
	1.217	0.694	1.048	0.287	5.088	3.002
RSD/%	0.51	2.32	1.74	2.81	1.59	1.51

3. 方法的准确度

选择油田卤水稀释不同倍数考察样品的 TDS（溶解性固体总量）对 Br^-、I^-测定结果准确性的影响，同时进行加标回收实验，进一步验证方法的准确性。结果见表 10.11。

由表 10.11 可以看出，油田卤水 1 至油田卤水 5 不同稀释倍数的测定结果间吻合得较好，样品 TDS 对测试结果有影响，TSD 越高结果越差。样品的 TDS 过高会使溴的测定结果和回收率偏低，对碘的测定结果和回收率影响不大。为保证测定结果的准确性和加标回收率更佳，测定时待测试样应进行一定倍数的稀释，具体稀释程度需要控制待测试样溶液中 TDS 不超过 8 g·L^{-1}，此时溴、碘的加标回收率为 92.20%～106.63%。

表 10.11　油田卤水中溴碘测定结果及回收率实验

样品名称	稀释倍数	TDS/(g·L^{-1})	测定值/(mg·L^{-1})	样品分析结果/(mg·L^{-1})	加标量/(mg·L^{-1})	加标分析结果/(mg·L^{-1})	回收率/%
油田卤水 1	100	3.14	0.617 ± 0.005^a	61.70 ± 0.50^a	0.50^a	1.110 ± 0.003^a	98.60^a
			0.368 ± 0.013^b	36.80 ± 1.30^b	0.50^b	0.896 ± 0.018^b	106.40^b
	50	6.28	1.224 ± 0.006^a	61.20 ± 0.30^a	1.00^a	2.146 ± 0.003^a	92.20^a
			0.714 ± 0.013^b	35.70 ± 0.65^b	1.00^b	1.743 ± 0.055^b	102.90^b

续表

样品名称	稀释倍数	TDS /(g·L^{-1})	测定值 /(mg·L^{-1})	样品分析结果 /(mg·L^{-1})	加标量 /(mg·L^{-1})	加标分析结果 /(mg·L^{-1})	回收率 /%
油田卤水 1	25	12.56	2.397±0.010[a] 1.468±0.017[b]	59.92±0.25[a] 36.70±0.42[b]	2.00[a] 2.00[b]	4.196±0.008[a] 3.476±0.006[b]	89.95[a] 100.40[b]
油田卤水 2	200	1.60	0.471±0.002[a] 0.257±0.009[b]	94.20±0.40[a] 51.40±1.80[b]	0.50[a] 0.30[b]	0.950±0.002[a] 0.555±0.027[b]	95.80[a] 99.33[b]
	100	3.21	0.930±0.004[a] 0.499±0.019[b]	93.00±0.40[a] 49.90±1.90[b]	1.00[a] 1.00[b]	1.888±0.005[a] 1.526±0.004[b]	95.80[a] 102.70[b]
	50	6.42	1.852±0.016[a] 0.994±0.017[b]	92.60±0.80[a] 49.70±0.85[b]	2.00[a] 1.00[b]	3.773±0.020[a] 1.954±0.025[b]	96.05[a] 96.00[b]
	25	12.84	3.544±0.026[a] 1.946±0.012[b]	88.60±0.65[a] 48.65±0.30[b]	3.00[a] 2.00[b]	6.199±0.020[a] 3.852±0.022[b]	88.50[a] 95.30[b]
油田卤水 3	200	1.88	1.099±0.013[a] 0.284±0.008[b]	219.80±2.60[a] 56.80±1.60[b]	1.00[a] 0.50[b]	2.022±0.002[a] 0.783±0.017[b]	92.30[a] 99.80[b]
	100	3.76	2.094±0.010[a] 0.548±0.017[b]	209.40±1.00[a] 54.80±1.70[b]	2.00[a] 1.00[b]	4.055±0.002[a] 1.573±0.004[b]	98.05[a] 102.50[b]
	50	7.52	4.288±0.024[a] 1.116±0.011[b]	214.40±1.20[a] 55.80±0.55[b]	4.00[a] 1.00[b]	8.292±0.022[a] 2.132±0.005[b]	100.10[a] 101.60[b]
油田卤水 4	200	2.10	1.297±0.008[a] 0.769±0.014[b]	259.40±1.60[a] 153.80±2.80[b]	1.50[a] 1.00[b]	2.834±0.001[a] 1.818±0.005[b]	102.47[a] 104.90[b]
	100	4.20	2.529±0.008[a] 1.508±0.045[b]	252.90±0.80[a] 150.80±4.50[b]	3.00[a] 2.00[b]	5.468±0.003[a] 3.524±0.024[b]	97.97[a] 100.80[b]
	50	8.40	5.168±0.081[a] 3.060±0.049[b]	258.40±4.05[a] 153.00±2.45[b]	5.00[a] 3.00[b]	10.162±0.020[a] 6.219±0.065[b]	99.88[a] 105.30[b]
油田卤水 5	250	2.72	5.084±0.004[a] 3.509±0.012[b]	1271.00±1.00[a] 877.25±3.00[b]	4.00[a] 3.00[b]	9.343±0.014[a] 6.708±0.015[b]	106.48[a] 106.63[b]
	200	3.40	6.281±0.006[a] 4.232±0.012[b]	1256.20±1.20[a] 846.40±2.40[b]	6.00[a] 4.00[b]	12.305±0.006[a] 9.030±0.017[b]	100.40[a] 95.96[b]
	100	6.80	12.770±0.069[a] 8.752±0.029[b]	1277.00±6.90[a] 875.20±2.90[b]	9.00[a] 9.00[b]	21.796±0.073[a] 18.006±0.035[b]	100.29[a] 102.82[b]

a. 溴的测定结果；
b. 碘的测定结果

4. 色谱柱选择

Metrosep A Supp 5-250/4.0 属于填充带有季铵基团的聚乙烯醇的阴子交换柱，采用耐盐性能和抗腐蚀性能优异的 PEEK 材质外壳，能够用于复杂样品中多种一价和二价阴子的快速分离，尤其适用于在各离子浓度差异很大时的情况，已经被广泛应用于多种水体中无机阴离子的分析。因此，选择 Metrosep A Supp 5-250/4.0 作为分离柱。

5. 色谱条件优化

1）淋洗液浓度的影响

Metrosep A Supp 5-250/4.0 色谱柱能耐受淋洗液 pH 范围为 3～12，推荐淋洗液的浓度为 $c(Na_2CO_3)$=3.2 mmol·L^{-1} 和 $c(NaHCO_3)$=1.0 mmol·L^{-1}。保持淋洗液的流速为 0.7 mL·min^{-1}，柱温为 45℃，通过分别改变 Na_2CO_3 和 $NaHCO_3$ 的浓度，确定对 Br^-和 I^-的保留时间和分离度最有利的淋洗液组合。

首先固定 $NaHCO_3$ 的浓度为 2 mmol·L^{-1}，Na_2CO_3 的浓度分别取 3 mmol·L^{-1}、4 mmol·L^{-1}、5 mmol·L^{-1}、6 mmol·L^{-1}、7 mmol·L^{-1}、8 mmol·L^{-1} 固定淋洗液中 $c(NaHCO_3)$=2 mmol·L^{-1}，不同浓度 Na_2CO_3 淋洗液的色谱图见图 10.9。

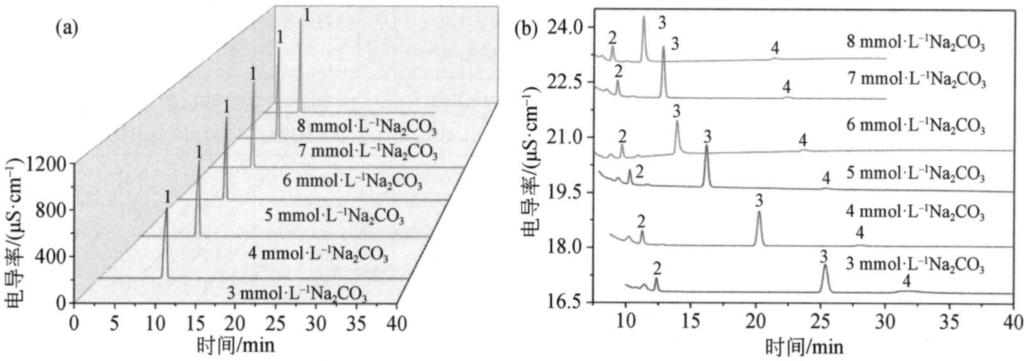

图 10.9 Na_2CO_3 的浓度对离子色谱峰保留时间的影响

（a）整体图；（b）局部放大图

1-1.00 g·L^{-1} Cl^-；2-1.00 mg·L^{-1} Br^-；3-2.50 mg·L^{-1} SO_4^{2-}；4-0.50 mg·L^{-1} I^-

另见书末彩图

图 10.9（a）为整体图，只能看到高且尖的ρ(Cl)=1000 mg·L^{-1} 的 Cl^-色谱峰。图 10.9（b）及后面色谱图的放大图只给出了除 Cl^-外的其他离子色谱峰的出峰情况。由图 10.9（b）可知，当淋洗液中 $NaHCO_3$ 浓度固定为 2 mmol·L^{-1}，随着 Na_2CO_3 浓度的增大，色谱图基线的电导率增加，各离子对应色谱峰保留时间缩短，各色谱峰间分离度变差，但 Br^-、I^-分别与相邻离子峰之间的分离度 R 均大于 1.5，可以准确测定 Br^-、I^-。当 Na_2CO_3 浓度为 8 mmol·L^{-1} 时，NO_3^-和 PO_4^{3-}色谱峰会重合，Na_2CO_3 的最佳浓度选择 7 mmol·L^{-1}。当 Na_2CO_3 浓度增加时，SO_4^{2-}保留时间的缩短程度要比一价阴离子的明显。

其次固定 $c(Na_2CO_3)$=7 mmol·L^{-1}，$NaHCO_3$ 的浓度分别取 1 mmol·L^{-1}、2 mmol·L^{-1}、3 mmol·L^{-1}、4 mmol·L^{-1}、5 mmol·L^{-1} 时，保持淋洗液的流速为 0.7 mL·min^{-1}，柱温为 45℃，不同浓度 $NaHCO_3$ 淋洗液的分离结果见表 10.12。

表 10.12 $NaHCO_3$ 浓度对 Br^-、I^-峰保留时间的影响

$NaHCO_3$ 浓度/(mmol·L^{-1})	1	2	3	4	5
Br^-峰保留时间/min	9.37	9.31	9.21	9.12	9.05
I^-峰保留时间/min	22.40	22.34	22.16	21.96	21.88

当 $NaHCO_3$ 浓度从 1 mmol·L^{-1} 增加到 5 mmol·L^{-1} 时，Br^-、I^-与相邻离子峰之间的分离度 R 均大于 1.5。I^-的保留时间从 22.40 min 缩短至 21.88 min，缩短了 2.38%，变化没有 Na_2CO_3 浓度变化引起的 I^-保留时间的改变明显。当 $NaHCO_3$ 浓度分别为 3 mmol·L^{-1}、4 mmol·L^{-1}、5 mmol·L^{-1} 时，与 7 mmol·L^{-1} Na_2CO_3 组成的淋洗液时，色谱峰中 NO_3^-和 PO_4^{3-}会发生重叠。为了保证测试效果，选择淋洗液浓度为 $c(Na_2CO_3)$=7 mmol·L^{-1} 和 $c(NaHCO_3)$=2 mmol·L^{-1}。

2）有机溶剂的影响

淋洗液中加入非离子型改进剂（也称有机改进剂），会改变疏水离子与离子交换剂间的结合力、功能基和溶质离子的溶剂化、弱酸/弱碱溶质的离子化程度（pK_a 值）。有机改进剂首先可降低疏水性溶质与固定相疏水表面的吸附来调整固定相对溶质离子的保留，进一步影响溶质离子的出峰顺序（即选择性）、峰形及分离度；其次可以提高待测样的溶解度，使离子色谱应用更广泛。图 10.10 是固定淋洗液流速为 0.7 mL·min^{-1}，柱温为 45℃，在 $c(Na_2CO_3)$=7 mmol·L^{-1} 和 $c(NaHCO_3)$=2 mmol·L^{-1} 的淋洗液中添加丙酮、乙腈后的色谱图。

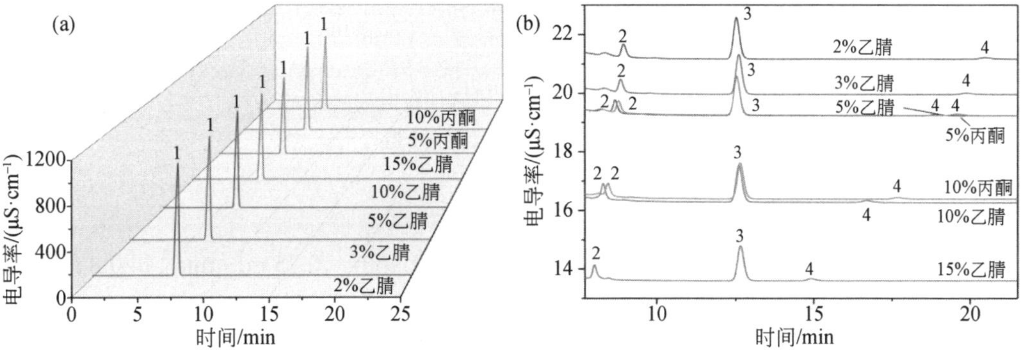

图 10.10　有机改性剂对离子色谱峰保留时间的影响

（a）整体图；（b）局部放大图

1-1.00 g·L^{-1} Cl^-；2-1.00 mg·L^{-1} Br^-；3-2.50 mg·L^{-1} SO_4^{2-}；4-0.50 mg·L^{-1} I^-

另见书末彩图

从图 10.10（b）看出，添加有机改性剂的质量分数越高，色谱图基线的电导率越低。相同浓度的乙腈比丙酮对待测 Br^-、I^-色谱峰保留时间的缩短效果要好。由图 10.10（b）可以看出，乙腈的添加量越高，待测 Br^-、I^-色谱峰的保留时间越短。但乙腈的添加量不可太高，因为添加量高会使离子色谱峰相邻峰之间的分离度变差，同时柱压会随有机改进剂添加浓度的增加而升高，分离柱 MetrosepA Supp 5-250/4.0 所能耐受的最高柱压为 15 MPa，为保证分离株的安全使用，需要控制乙腈的添加量。

图 10.10（b）显示，4 种阴离子混合标液在保留时间 8.30～8.50 min 会出现一杂峰，该峰的保留时间基本不随添加有机改进剂的种类和浓度改变而变化，Br^-峰的保留时间随乙腈添加量的增加而缩短。当添加的乙腈质量分数为 15%时，Br^-峰在该杂峰前出峰，两者之间的分离度 R<1.5，导致两峰之间不能完全分离。将乙腈的加入量降为 10%，杂峰消失，此时 Br^-峰面积稍微增加，可能杂峰与 Br^-峰发生了重合，这会导致以峰面积定量的离子色谱中 Br^-的测定结果偏高。当乙腈的质量分数为 5%和 3%时，Br^-峰在杂峰之后出峰，两者之

间的分离度 $R<1.5$。继续降低乙腈添加量，当乙腈的质量分数为 2%时，Br^-峰与杂峰之间的分离度 $R>1.5$，可准确测定 Br^-。添加 2%乙腈后 I^-的保留时间从 22.34 min 缩短至 20.45 min。

3）淋洗液流速的影响

固定柱温为 45℃，淋洗液浓度为 $c(Na_2CO_3)$=7 mmol·L^{-1}、$c(NaHCO_3)$=2 mmol·L^{-1} 和 ω(乙腈)=0.02，设定不同的淋洗液流速，测定的色谱图见图 10.11。

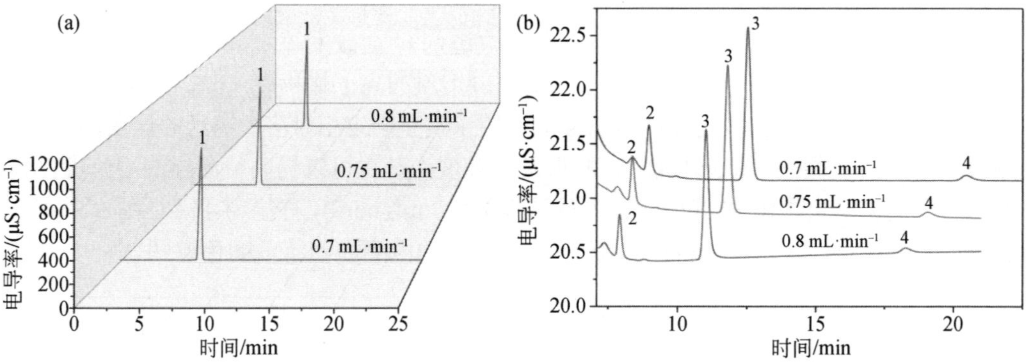

图 10.11　流速对离子色谱峰保留时间的影响

（a）整体图；（b）局部放大图

1-1.00 g·L^{-1} Cl^-；2-1.00 mg·L^{-1} Br^-；3-2.50 mg·L^{-1} SO_4^{2-}；4-0.50 mg·L^{-1} I^-

另见书末彩图

从图 10.11(b)可以看出，淋洗液流速分别为 0.7 mL·min^{-1}、0.75 mL·min^{-1} 和 0.8 mL·min^{-1} 下，Br^-、I^-的离子色谱峰均可以和相邻峰完全分离，且 Br^-、I^-的出峰时间随流速的升高而缩短。三种流速条件下对应的系统柱压分别为 10.32 MPa、10.77 MPa、11.84 MPa，即色谱柱的压力与淋洗液流速成正比。

综合兼顾柱压、各离子出峰时间和仪器本身的稳定性，采用 0.8 mL·min^{-1} 作为最佳流速。当流速从 0.7 mL·min^{-1} 增加到 0.8 mL·min^{-1} 时，I^-的保留时间从 20.45 min 缩短至 18.25 min。由于淋洗液的 pH、离子强度及溶质离子的出峰顺序均不受流速大小的影响，减小流速只能在小范围内改善色谱柱的分离效果。

4）柱温的影响

考察柱温对离子色谱峰出峰时间、各色谱峰间分离度和柱压等方面的影响，淋洗液浓度为 $c(Na_2CO_3)$=7 mmol·L^{-1}、$c(NaHCO_3)$=2 mmol·L^{-1} 和 ω(乙腈)=0.02，流速为 0.8 mL·min^{-1}，研究柱温分别取 30℃、35℃、40℃、45℃、50℃时，四组分混合标液各离子的保留时间和相邻离子间的分离度变化，具体数据见表 10.13，各离子色谱峰结果如图 10.12 所示。

表 10.13　柱温对 Br^-、I^-保留时间和柱压的影响

柱温/℃	Br^-保留时间/min	I^-保留时间/min	柱压/MPa
50	7.71	16.97	10.88
45	7.91	18.25	11.84
40	8.07	19.25	12.23
35	8.28	20.59	13.02
30	8.51	22.14	13.92

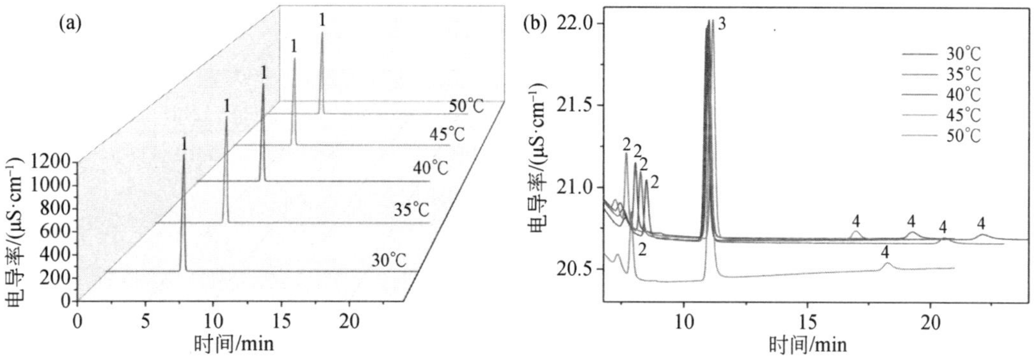

图 10.12　柱温对离子色谱峰保留时间的影响

（a）整体图；（b）局部放大图

1-1.00 g·L^{-1} Cl$^-$；2-1.00 mg·L^{-1} Br$^-$；3-2.50 mg·L^{-1} SO_4^{2-}；4-0.50 mg·L^{-1} I$^-$

另见书末彩图

由表 10.13 可知，Br$^-$的出峰时间随柱温变化而变化不大，I$^-$的出峰时间长短与柱温成反比，且随着柱温降低，柱压增大。调节柱温时需关注色谱柱压力的变化，切勿超过分离柱所能承受的最大柱压 15 MPa。从图 10.12（b）可以看出，当柱温为 50℃时，保留时间为 7.26 min 会出现一杂峰，该杂峰与 7.71 min 出现的 Br$^-$峰之间的分离度 $R<1.5$，不能实现两峰完全分离。为了于较短的保留时间内准确测定 Br$^-$、I$^-$，最佳柱温选择 45℃，此时该杂峰和 Br$^-$峰可以完全分离。从图 10.12（b）可以看出，对于所用的离子色谱分离柱 MetrosepA Supp 5-250/4.0，弱保留单电荷阴离子 Cl$^-$、Br$^-$和强保留单电荷阴离子 I$^-$的出峰时间均与柱温成反比，多电荷阴离子 $SO_4{}^{2-}$的出峰时间与柱温成正比。

综上所述，最终选择的最佳淋洗液组合为 $c(Na_2CO_3)$=7 mmol·L^{-1}、$c(NaHCO_3)$=2 mmol·L^{-1}和 ω(乙腈)=0.02，流速为 0.8 mL·min^{-1}，柱温为 45℃。从分析结果可知，优化后的色谱条件分析结果明显优于仪器厂家推荐的测试条件，准确分析 4 种阴离子混合溶液中各离子的保留时间从 29.72 min 缩短至 18.25 min，分析时间缩短了约 38%，同时上述各离子色谱峰能实现完全分离，见图 10.13。

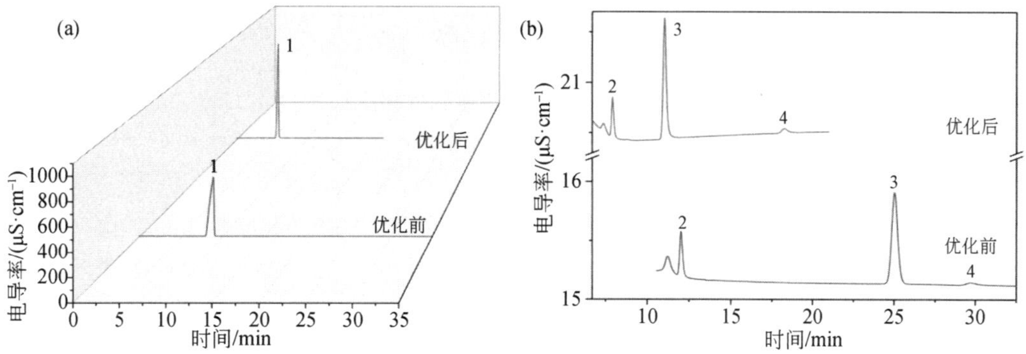

图 10.13　条件优化前后 4 种阴离子混合标液色谱图对比

（a）整体图；（b）局部放大图

1-1.00 g·L^{-1} Cl$^-$；2-1.00 mg·L^{-1} Br$^-$；3-2.50 mg·L^{-1} SO_4^{2-}；4-0.50 mg·L^{-1} I$^-$

另见书末彩图

6. 共存离子 Cl^-的影响

盐湖卤水中氯为主要组分，蒸发浓缩过程中氯、溴浓度比能高达 3200 倍。固定 Br^-浓度为 1.00 mg·L^{-1}、I^-浓度为 0.50 mg·L^{-1}，考察 1.00 g·L^{-1}、2.00 g·L^{-1}、3.00 g·L^{-1}、3.50 g·L^{-1} Cl^-对 Br^-、I^-的峰形、分离度的影响，结果见图 10.14。

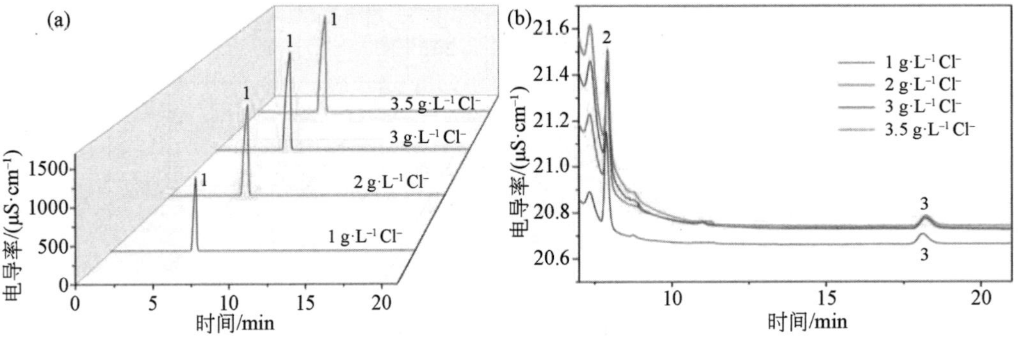

图 10.14　Cl^-浓度的影响试验

（a）整体图；（b）局部放大图

1-1.00~3.50 g·L^{-1} Cl^-；2-1.00 mg·L^{-1} Br^-；3-0.50 mg·L^{-1} I^-

另见书末彩图

从图 10.14 可以看出，当 Cl^-浓度不断增大，Cl^-色谱峰逐渐变高变宽，保留时间从 5.90 min（Cl^-浓度为 1.00 g·L^{-1}）推迟到 6.21 min（Cl^-浓度为 3.50 g·L^{-1}），而 Br^-峰和 I^-峰的峰面积变化不大。从图 10.14（b）看出，保留时间 7.30～7.40 min 会出现一杂峰，该杂峰在 Br^-峰前出峰。通过计算可知，当 Cl^-浓度为 1.00～3.50 g·L^{-1}时，Cl^-峰与 Br^-峰、该杂峰与 Br^-峰之间的分离度 R 均大于 1.5，表明它们可以实现完全分离。当 Cl^-浓度为 3.50 g·L^{-1}时，Cl^-峰与 Br^-峰、杂峰与 Br^-峰之间的分离度 R 分别为 3.30 和 1.64。结果表明在上述优化的离子色谱测试条件下，建立方法能直接准确测定氯、溴浓度比为 3500 的高氯卤水（包括油田卤水）中的 Br^-、I^-含量。

参 考 文 献

[1] 牟世芬, 刘克纳. 离子色谱方法及应用[M]. 北京: 化学工业出版社, 2000: 1-25.

[2] Small H. Ion Chromatography[M]. New York: Plenum Pres, 1989: 57-148.

[3] Small H. Twenty years of ion chromatography[J]. Journal of Chromatography, 1991.

[4] GB/T 34672—2017. 化学试剂-离子色谱法测定通则[S]. 北京: 中国标准出版社, 2017.

[5] 国家药典委员会. 中华人民共和国药典: 四部[S]. 北京: 中国医药科技出版社, 2020: 62-65.

[6] 牟世芬, 朱岩, 刘克纳. 离子色谱方法及应用[J]. 分析化学, 2018, 46(7): 1038.

[7] SY/T 5523—2016. 油田水分析方法[S]. 北京: 石油工业出版社, 2016.

[8] Shabanova E V, Zak A, Vasileva I E. Preparation of geological samples to the simultaneous determination of five alkali elements by flame atomic emission spectrometry[J]. Journal of Analytical Chemistry, 2018, 73(9): 869-876.

[9] Wang L, Wang Z M, Zhou C, et al. Potentiometric microsensor based on ion-imprinted polymer for the trace determination of cesium (I) ions[J]. Journal of Dispersion Science and Technology, 2020, 41(7): 1095-1103.

[10] Wang J H, Tang K, Jiao Q G, et al. Simultaneous determination of 50 elements in geochemical samples by low-pressure closed digestion-ICP-MS[J]. Spectroscopy, 2024, 39(1): 18-23.

[11] 郑绵平, 邓月金, 乜贞, 等. 西藏扎布耶盐湖秋季卤水 25℃等温蒸发研究[J]. 地质学报, 2007,(12): 1742-1749.

[12] 张秀峰, 谭秀民, 伊跃军, 等. 江陵凹陷地下卤水 75℃等温蒸发析盐规律研究[J]. 化工矿物与加工, 2016, 45(7): 18-21.

[13] Bian S J, Li D D, Gao D D, et al. Hydrometallurgical processing of lithium, potassium, and boron for the comprehensive utiliza-tion of Da Qaidam Lake brine via natural evaporation and freezing[J]. Hydrometallurgy, 2017, 173: 80-83.

[14] Wang Y H, Zhuang Z Y, Fan Y F, et al. Solid-liquid equilibrium in the $NH_4Cl+RbCl+H_2O$ and $NH_4Cl+CsCl+H_2O$ systems at 298.15 K[J]. Journal of Chemical & Engineering Data, 2024, 69(4): 1709-1717.

[15] 王月恒. (Rb/Cs, NH_4)Cl 和(Rb/Cs, NH_4)$MgCl_3·6H_2O$ 固溶体形成条件研究及相图研究[D]. 西宁: 中国科学院青海盐湖研究所, 2024.

[16] 马丽萍, 杨磊. 离子色谱法同时测定黄河水中 5 种可溶性阳离[J]. 化学分析计量, 2021, 30(5): 22-27.

[17] 李娜. 面向卤水铷、铯资源开发的离子色谱分析[D]. 西宁: 中国科学院青海盐湖研究所, 2022.

[18] GB/T 34672—2017. 化学试剂-离子色谱法测定通则[S]. 北京: 中国标准出版社, 2017.

[19] 李娜, 张曼曼, 樊燕飞, 等. 离子色谱法同时测定卤水中 9 种阳离子[J]. 盐湖研究, 2024(5).

[20] Weast R C. CRC Handbook of Chemistry and Physics[M]. 66th ed. Boca Raton: CRC Press, 1985: D151-D155.

[21] 牟世芬, 刘克纳, 丁晓静. 离子色谱方法及应用[M]. 2 版. 北京: 化学工业出版社, 2005: 1-5, 25-53, 138.

[22] Yamane K, Yasumoto T, Horioka Y, et al. Determination of inorganic anions in seawater samples by ion chromatography-effects of residual silanol groups on a reversed-phase C_{18} silica column[J]. Bunseki Kagaku, 2018, 67(1): 51-59.

[23] 丁永胜, 牟世芬. 离子色谱法测定高氯气田水中的氯离子及其他痕量无机阴离子[J].色谱, 2002, 20(3): 262-264.

[24] 赵怀颖, 郭琳, 屈文俊, 等. 离子色谱法同时测定卤水中氟、氯、溴、硝酸根及硫酸根含量[J].理化检验（化学分册）, 2013, 49(7): 783-786.

[25] Rabin S, Stillian J. Practical aspects on the use of organic-solvents in ion chromatography[J]. Journal of Chromatography A, 1994, 671(1-2): 63-71.

第 11 章　X 射线衍射分析

X 射线是由高能电子的减速运动或原子内层轨道电子跃迁产生的短波电磁辐射，X 射线光谱分析是基于对电磁辐射的发射、吸收、散射、衍射等建立起来的一种仪器分析方法。

以 X 射线为辐射源的分析方法统称为 X 射线分析（X-ray analysis），它包括直接 X 射线法、X 射线吸收法、X 射线荧光法、X 射线衍射法和 X 射线光电子波谱法。其中用于成分分析的 X 射线荧光法和用于结构分析的 X 射线衍射法应用较为广泛。本章及后续的第 12 章和第 13 章分别介绍 X 射线衍射、X 射线荧光、X 射线能谱在盐湖领域的应用。

11.1　X 射线概述

X 射线是德国物理学家威廉•康拉德•伦琴（Wilhelm C. Röntgen）于 1895 年发现的。它是一种肉眼不可见的射线，但能使感光材料感光和荧光物质发光；具有较强的穿透物质的本领；能使气体电离；与可见光一样，它是沿直线传播的，在电磁场中不发生偏转。由于当时对其本质不甚了解，因此称之为 X 射线。后人为了纪念其发现者，也称为伦琴射线。

11.1.1　X 射线的产生

X 射线的波长在 10^{-3}～10 nm 之间，在 X 射线光谱法中，常用波长在 0.01～2.5 nm 范围内。其主要作用包括以下几点：

（1）穿透作用。X 射线因其波长短，能量大，照在物质上时，仅一部分被物质所吸收，大部分经由原子间隙而透过，表现出很强的穿透能力。X 射线穿透物质的能力与 X 射线光子的能量有关，X 射线的波长越短，光子的能量越大，穿透力越强。X 射线的穿透力也与物质密度有关，利用差别吸收这种性质可以把密度不同的物质区分开来。

（2）电离作用。物质受 X 射线照射时，可使核外电子脱离原子轨道产生电离。利用电离电荷的多少可测定 X 射线的照射量，根据这个原理制成了 X 射线测量仪器。在电离作用下，气体能够导电；某些物质可以发生化学反应，在有机体内可以诱发各种生物效应。

（3）荧光作用。X 射线波长很短不可见，但它照射到某些化合物如磷、铂氰化钡、硫化锌镉、钨酸钙等时，可使物质发生荧光（可见光或紫外线），荧光的强弱与 X 射线量成正比。这种作用是 X 射线应用于透视的基础，利用这种荧光作用可制成荧光屏，用作透视时观察 X 射线通过人体组织的影像，也可制成增感屏，用作摄影时增强胶片的感光量。

（4）热作用。物质所吸收的 X 射线能大部分被转变成热能，使物体温度升高。

（5）干涉、衍射、反射、折射作用。这些作用在 X 射线显微镜、波长测定和物质结构分析中都得到应用。

X 射线的产生途径有 4 种：①采用高能电子束轰击金属靶；②物质在初级 X 射线照射下产生二级射线——X 射线荧光；③放射性同位素衰变过程产生的 X 射线发射；④同步加速器

辐射源获得。在分析测试中，常用的光源为前 3 种，第 4 种光源是具有从远红外到 X 射线范围内的连续光谱、高强度、高度准直、高度极化、可精确控制等优异性能的脉冲光源，可以用以开展其他光源无法实现的许多前沿科学技术研究，但设备庞大，价格昂贵。

11.1.2　连续 X 射线

X 射线管中固体阴极被加热后产生大量电子，这些电子在高达 100 kV 电压下被加速，向金属阳极（金属靶）轰击，在碰撞过程中，电子束的一部分能量转变为 X 射线。在轰击金属靶的过程中，有的电子在一次碰撞中耗尽其全部能量，有的则在多次碰撞中丧失其全部能量。因为电子数目很大，碰撞是随机的，因此产生了连续的具有不同波长的 X 射线，这一波长的 X 射线谱即为连续 X 射线谱。

连续 X 射线谱与金属靶的材料没有关系，受加速电压的影响，连续 X 射线的总强度与 X 射线管的电压和金属靶材的原子序数有关，原子序数大的重金属靶材，有利于获得能量较高的连续 X 射线。

11.1.3　特征 X 射线

电子流轰击到靶面，如果能量足够高，靶内一些原子的内层电子会被轰出，使原子处于能级较高的激发态。原子的激发态是不稳定的，寿命不超过 10 秒，此时内层轨道上的空位将被离核更远轨道上的电子所补充，从而使原子能级降低，这时，多余的能量便以光量子的形式辐射出来。基于上述机制产生的 X 射线，其波长只与原子处于不同能级时发生电子跃迁的能级差有关，而原子的能级是由原子结构决定的，因此，这些有特征波长的辐射将能够反映出原子的结构特点，我们称之为特征 X 射线谱。

特征 X 射线可以分成若干线系（K、L、M、N……），处于 K 激发态的原子，当不同外层的电子（L 层、M 层、N 层……）向 K 层跃迁时放出的能量各不相同，产生的一系列辐射统称为 K 系辐射。同样，L 层电子被击出后，原子处于 L 激发态，所产生的一系列辐射则统称为 L 系辐射，以此类推。

元素的特征 X 射线的波长与元素的物理和化学性质无关，因此产生这些特征 X 射线的电子跃迁与其键合形式无关。不同元素具有不同的特征 X 射线，根据特征谱线的波长和强度，可以进行定性和定量分析。

11.1.4　X 射线的吸收、散射和衍射

1. X 射线的吸收

X 射线照射物质时，一部分透过物质产生热能，一部分产生散射、衍射和次级 X 射线等，还有一部分将其能量转移给物质内部的电子，产生 X 射线的吸收，因此 X 射线在照射物质后其强度会发生衰减，衰减率与其穿过的厚度成正比。

2. X 射线的散射

X 射线照射到不同的物质时，X 射线与原子中的电子发生碰撞，产生散射。这种碰撞

分为非弹性碰撞和弹性碰撞。非弹性碰撞会引起能量的损失和改变电子运动方向，由此产生的散射称为非相干散射，即所谓的“康普顿效应”。弹性碰撞只改变电子的运动方向而无能量的损失，由此产生的散射称为相干散射，是产生衍射的基础。

3. X 射线的衍射

当一束 X 射线以某种角度打在晶体表面，一部分被表面上的原子层散射，另一部分没有被散射的光穿透至第二层后，又有一部分被散射，余下的继续至第三层，以此类推。这种在晶体规则间隔中心散射的累计效应就是光束的衍射。

11.1.5 内层激发电子的弛豫过程

当能量高于原子内层电子结合能的高能 X 射线与原子发生碰撞时，驱逐一个内层电子而出现一个空穴，使整个原子体系处于不稳定的激发态，激发态原子寿命约为 10^{-14}～10^{-12} s，然后自发地由能量高的状态跃迁到能量低的状态，这个过程称为“弛豫过程”。

弛豫过程可以是辐射跃迁，如发射 X 荧光；也可以是非辐射跃迁，如发射 Auger（俄歇）电子和光电子。

X 射线光谱分析包括 X 射线吸收光谱分析、X 射线荧光分析、X 射线衍射分析、X 射线光电子能谱（紫外光电子能谱、Auger 电子能谱、电子能谱）分析等。

在盐湖地质、盐湖成因以及盐湖资源开发等方面的研究中，X 射线衍射光谱仪是最早被应用的 X 射线仪器，目前 X 射线荧光光谱仪、X 射线光电子能谱仪、X 射线单晶衍射仪正发挥着越来越重要的作用。

11.2 X 射线衍射分析概述[1-14]

X 射线衍射仪是利用衍射原理，精确测定物质的晶体结构、进行物相定性和定量分析的大型精密仪器。由 X 射线发生器、测角仪和探测记录系统三部分组成（图 11.1）。

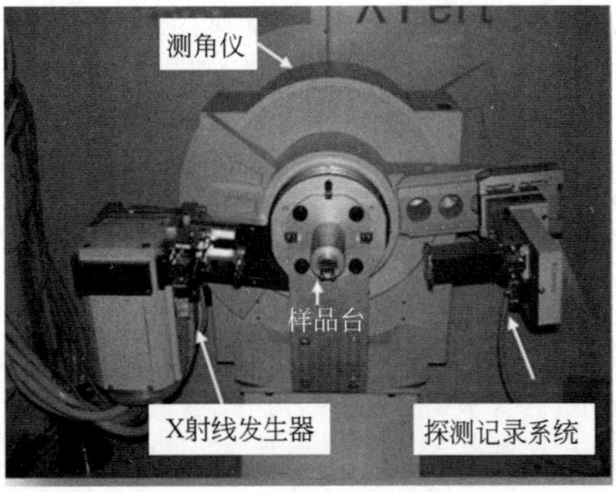

图 11.1 X 射线衍射仪的基本结构

另见书末彩图

1912 年劳厄等人根据理论预见，并用实验证实了 X 射线与晶体相遇时能发生衍射现象，证明了 X 射线具有电磁波的性质，成为 X 射线衍射学的第一个里程碑。当一束单色 X 射线入射到晶体时，由于晶体是由原子规则排列成的晶胞组成，这些规则排列的原子间距离与入射 X 射线波长有着相同数量级，故由不同原子散射的 X 射线相互干涉，在某些特殊方向上产生强 X 射线衍射，衍射线在空间分布的方位和强度与晶体结构密切相关，每种晶体所产生的衍射花样都反映出该晶体内部的原子分配规律。这就是 X 射线衍射的基本原理。

X 射线衍射按其对样品的要求，又可以分

为单晶衍射和粉末衍射两种。单晶衍射要求样品必须是一颗完整的单晶体。粉末衍射则要求样品是微细的粉末状态或晶粒的聚集体。前者是测定、研究晶体结构的基本方法，主要应用于基础研究的实验室中；而后者是固态物相组成以及结构状态的鉴定、分析、测量的基本方法，主要活跃在应用领域，如地质、冶金、石油、化工、陶瓷、制药、航空航天、环保、材料等领域，在盐类矿物的研究中具有不可替代的作用。

11.2.1　物相定性分析

X 射线照射到晶体所产生的衍射具有一定的特性，可以利用衍射线的角度及强度表征，根据衍射特征来鉴定晶体物相的方法称为物相分析法。其原理是任何结晶物质都有其特定的化学组成和结构参数，当 X 射线通过晶体时，产生特定的衍射图形，对应一系列特定的晶面间距 d 和相对强度 I/I_1。其中 d 值与晶胞形状及大小有关，I/I_1 与质点的种类及位置有关。所以，任何一种结晶物质的衍射数据 d 值和 I/I_1 是其晶体结构的必然反映。其晶面间距与测量角度服从布拉格公式：

$$2d\sin\theta = n\lambda \tag{11.1}$$

式中，d 为晶面间距；θ为入射角；λ为 X 射线的波长。

非晶体不具有周期排列的结构，没有衍射效应，不能做衍射分析。

物相分析并不是直接单一的元素分析，物相分析也可以获悉物质所含元素信息，但侧重于元素间的化合状态和聚集态结构的分析。因此，物相定性分析是对试样的组成物质及结构进行分析。由于不同的晶体具有不同的化学组成及其内部结构，因而，其 X 射线衍射峰位及强度也就不同。当不同物相混合在一起时，它们各自的衍射数据同时产生，因此，可根据各自的衍射数据来判定各种不同的物相。X 射线物相分析成为鉴别同质多晶体的唯一可靠的方法。例如，方解石和文石是同质异构体，化学式都是 $CaCO_3$，只有利用 X 射线衍射物相分析方法才能确定其结构组成和含量。此外，X 射线衍射分析还有对样品无破坏、用量少、速度快等优点。

X 射线物相定性分析是将试样衍射的图谱与已知的衍射图谱进行比对，一旦两者相符，就可以基本判定待测试样和已知物相是同一种物质。因此，粉末衍射卡片（powder diffraction file，PDF）是进行物相分析的基本数据库。

11.2.2　物相定量分析

X 射线衍射强度和结晶物质的含量成正比，根据这一关系人们建立了比较成熟的物相定量分析方法，如内标法、外标法、基体冲洗法、绝热法、直接比较法等。但是这些方法有些计算繁复，有些需要做标准曲线，非常麻烦。大多数时候我们没必要知道物相中的绝对含量，只要知道各相之间的相对含量也就足够了。近年来随着计算机技术的发展，人们开发出了一种简单，能够快速给出物相的半定量结果的方法，即参比强度法。

从内标方程或外标方程的应用，我们可以了解到有可能也有必要建立一种标准化的比强度数据库，以便随时都能够利用试样的 X 射线衍射强度数据进行物相的定量分析。如今 JCPDS 协会约定以刚玉（α-Al_2O_3）为参考物质，以各物相的最强线对于刚玉的最强线的比强度 I/I_{col} 为“参考比强度”（RIR），并将 RIR 列为物质的多晶 X 射线衍射的基本数据收入 PDF 卡片中。根据 RIR 的定义可知，其数据值可以由理论计算或通过实验直接测定得到。在实际应用时，只要将 RIR 值选择正确并统一，还是能够得到非常满意的结果。

例如，图 11.2 为分别用 XRD 衍射分析、化学分析和能谱分析对国外某钻孔中的钾盐矿物中 K^+的含量测定得到的 K^+质量分数比对图；其中 XRD 衍射分析的结果是将物相定量分析得到的钾矿物的质量分数换算成 K^+的质量分数。从图中可以看出，三种分析方法的 K^+的质量分数的趋势是一致的，这说明 XRD 衍射半定量分析能够得到比较满意的结果。

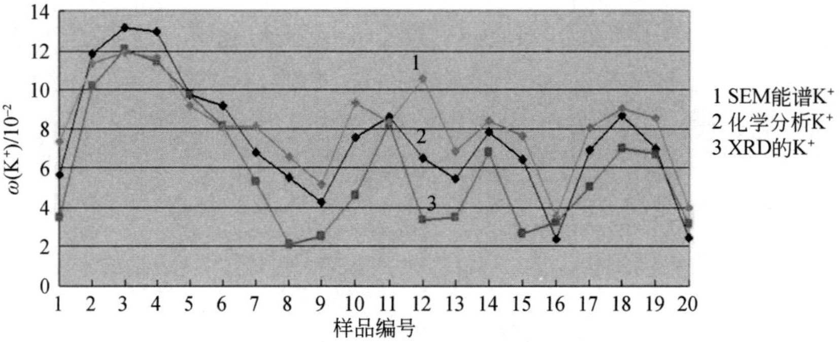

图 11.2 钾盐矿物的 XRD 半定量分析、化学分析和能谱分析的结果比对

另见书末彩图

11.3 盐湖地质试样分析

11.3.1 盐湖沉积矿物分析

1. 试样的制备

对野外或盐田采集到的固体矿物，标明采样地点和时间，用密封袋装好带回室内（如果是低温条件下采集到的含水量较高的样品，必须置于低温箱中保存）；用四分法分样，取出其中一份在玛瑙研钵中研磨至 20 μm 左右。研磨制备好的试样置于 XRD 仪器专用试样测试片上，安装到 XRD 样品台上，待测。

2. 仪器测试条件

仪器：荷兰帕纳科的 X'pert Pro 衍射仪；
测试条件：铜靶，40 kV，40 mA；连续扫描方式，扫描范围 3°～80°；
计算机程序控制完成试样的测试过程。

3. 试样测试结果

在上述测试条件下，对试样进行 X 射线衍射仪扫描，扫描结束后产生一张衍射图谱，横坐标是角度，纵坐标是计数强度，把这张图谱导入仪器自带的软件 X'PertHighscore Plus

进行检索，软件可以给出可能的矿物列表，再根据已知的元素或其他信息来判断试样的物相组成。通常情况下，采集到的试样都是混合物，这时软件可以根据 RIR 值方法给出半定量结果。

表 11.1 是取自察尔汗盐湖某钻孔的试样，利用 X 射线衍射分析测试并经过处理后得到的沉积矿物衍射结果。

表 11.1 察尔汗盐湖沉积物的 XRD 衍射分析

标准卡片	矿物名称	化学式	质量分数[a] $\omega/10^{-2}$
01-075-1654	白云石	$CaMg(CO_3)_2$	4
01-074-1904	石膏	$CaSO_4 \cdot 2H_2O$	15
01-071-4662	石盐	NaCl	2
01-089-1961	石英	SiO_2	12
01-072-1652	方解石	$CaCO_3$	7
01-084-0752	钠长石	$NaAlSi_3O_8$	31
01-089-7536	白云母	$KAl_3Si_3O_{10}(OH)_2$	23
01-080-1119	斜绿泥石	$(Mg,Fe)_5\ Al_2Si_3O_{10}(OH)_8$	5

a. 半定量结果

表 11.1 给出了试样所含矿物的名称、化学式以及半定量结果，在表的第一列给出了对试样测试结果处理过程中用到的 PDF 卡片的序号。

根据试样采集信息，结合 XRD 结果，可以清晰地了解该层位试样的矿物组成及半定量结果。

4. 结果讨论

（1）XRD 分析试样制备过程中混样、分样、四分法取样是关键环节，要求制备得到的试样具有代表性，试样的粒度要满足 XRD 分析要求。

（2）分析测试结束后，利用仪器自带软件 X'PertHighscore Plus 进行检索时给出的结果不一定完全正确。当试样是较为简单的样品时，仪器给出的检索结果基本没有问题；如果试样来源环境较为复杂，对试样物相组成的判断还需要借助元素分析结果或其他信息进行判断。

（3）如果需要确定试样中指定物相，可以根据指定物相的基本物理化学性质，对试样进行预处理：如在一定温度下热处理后再进行分析测试；光学显微镜下挑选结晶形貌相似的矿物再做衍射分析等。

（4）对于结晶度较差的试样的物相分析，需要结合化学分析等手段获取试样的元素组成信息。

（5）硼酸盐矿物的物相鉴定较一般矿物复杂，需要多方求证才能确定。

11.3.2 盐湖黏土矿物分析

1.试样的制备

黏土样品的制备按以下步骤进行：提取＜2 μm 黏土试样，原样破碎，在 50～60℃下干燥。

根据所含可溶性盐类的多少，称取一定质量的已干燥的试样置于洁净的烧杯中。先加蒸馏水浸泡去除可溶性盐类，再加 $\varphi(H_2O_2)<0.30$ 过氧化氢溶液处理有机质至反应消失，接着用 $c(HCl)=0.05\ mol\cdot L^{-1}$ 溶液除去碳酸盐，并借助于离心机，用 $c(HCl)=0.05\ mol\cdot L^{-1}$ 溶液洗净 Ca^{2+}，再用二次水洗净 Cl^-，最后 50～60℃烘干，研磨制备合格的待测试样。

2. 仪器测试条件

仪器：荷兰帕纳科的 X'pert Pro 衍射仪；
测试条件：铜靶，40 kV，40 mA；连续扫描方式，扫描范围 3°～35°；
计算机程序控制完成试样的测试过程。

3. 试样测试结果

图 11.3 为青海某盐湖黏土矿物的衍射分析结果，通过 XRD 定性分析，认为该钻孔黏土矿物主要含有高岭石（K）、白云母（M）、钠长石（A）。

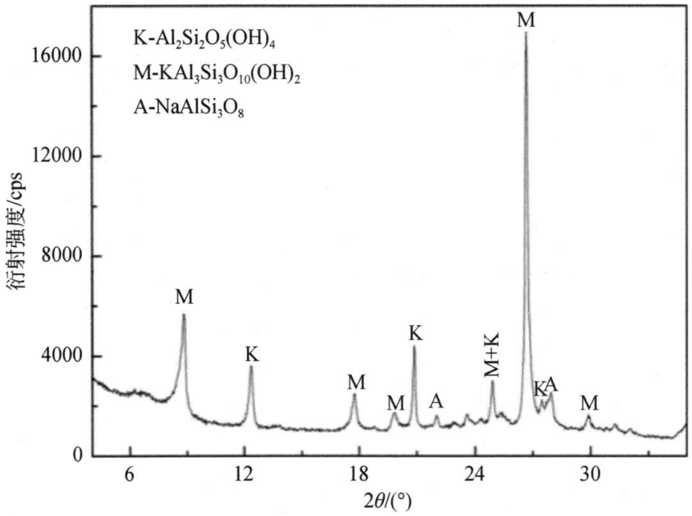

图 11.3 青海某盐湖黏土矿物的 X 射线衍射分析

4. 结果讨论

（1）盐湖黏土矿物指的是粒度＜2 μm 的盐湖碎屑沉积物，用于分析测试的盐湖黏土试样要经过预处理，除去其中附着的可溶性盐类、有机质和碳酸盐。

（2）黏土矿物的主要衍射峰都出现在 35°以内，所以测试时测量范围可以选择 3°～40°。

（3）黏土矿物组成物相大多具有相近的结构，处理 XRD 测试结果时必须综合比较样品经不同物理化学处理或不同分离手段之后衍射图的变化，并参考其他试验方法的结果（如化学成分鉴定、热分析、电子显微镜等）才能得出较为正确、详尽的鉴定结论。

（4）黏土矿物是盐湖碎屑沉积物的重要组成，其颗粒细小，携带了大量气候演变信息。

（5）黏土矿物类质同象取代较为普遍，在盐湖高浓度卤水的环境下，卤水化学成分会影响盐湖黏土矿物的成分、类型和组合特征。盐湖黏土矿物信息可对盐湖形成演化过程中某些沉积环境的变化，以及成矿条件等提供科学依据。

（6）利用黏土矿物的研究成果来恢复沉积盆地的古气候、古温度、古盐度，探讨物质来源、沉积时的物理化学条件等。图 11.3 的结果反映出该试样形成时的盐湖温暖湿润的气候类型。

11.3.3　盐湖沉积矿物与古气候古环境关系研究中的应用

碳酸盐沉积是湖泊沉积物中的重要组成部分，它的形成受气候条件、地质条件、湖水的物理化学性质以及生物活动等多种因素的控制。通常湖泊碳酸盐主要由方解石（低镁方解石、高镁方解石）、文石、白云石等矿物构成，它们的结晶程度、种类及含量的变化，能够反映湖水的物理化学性质。利用化学分析方法可以确定碳酸盐含量的总量，却不能辨别碳酸盐的矿物类型。X 射线衍射仪恰好可以分析地质样品中同质异构体的碳酸盐。通过 X 射线衍射仪分析湖泊沉积物中各种碳酸盐含量的变化，进而能够为我们反演其形成时的古气候环境条件，从而为分析当时的气候变化提供科学依据。

1. 试样的制备

将岩芯分割出 60 mm×12 mm×8 mm 的岩芯样条（试样间要互相重合 20 mm），放入 70 mm×15 mm×10 mm 铝盒中；将带铝盒的岩芯样条用液氮速冻，真空冷冻干燥 48 h 后取出样条，在通风橱中注胶，并于室温下在通风橱中放置 48 h。注胶后的样条通过粘片、切割、粗磨、细磨、抛光等，制成厚度在 50 μm 左右的岩相大薄片供镜下观察和研究。

2. 仪器测试条件

仪器：荷兰帕纳科的 X'pert Pro 衍射仪；

测试条件：铜靶，40 kV，40 mA；连续扫描方式，扫描范围 3°～80°；

计算机程序控制完成试样的测试过程。

3. 试样测试结果

图 11.4 为库赛湖某钻孔样年纹层样品的 X 射线衍射谱图，从图中可以看出，利用 XRD，不仅可以区分具有同质异构结构的文石（A）和方解石（C），而且其半定量分析结果还能够反演晚冰期以来古气候环境的变化。

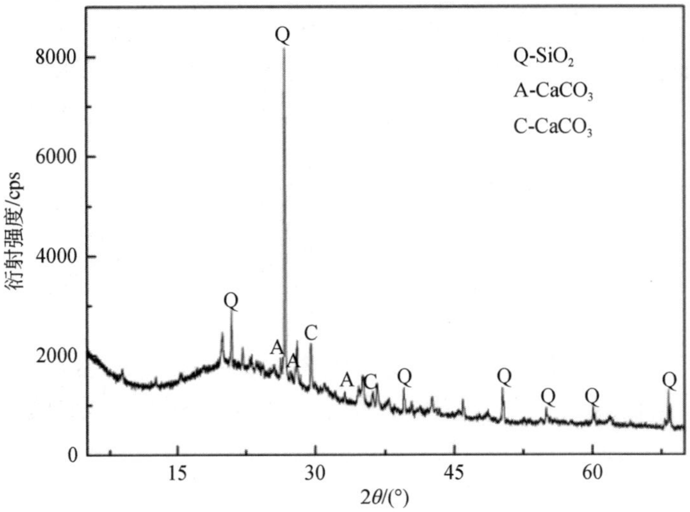

图 11.4 库赛湖某钻孔湖泊沉积物X射线衍射分析

4. 结果讨论

青藏高原有许多封闭的咸水湖泊，其沉积速率比较快，通过表层采样器或水面钻井平台取上来的样品有明显的分层现象，这实际上是每一个沉积年沉积的分层，也称作纹层，用肉眼就可以观察到，但是用传统的粉末衍射仪却无法对样品进行分层测量，这时使用一种特殊的样品台就可以测量每一层矿物的含量。如果事先对每一个分层做了年代测定，就可以根据衍射矿物分析的结果去推断出当时沉积年湖水的矿化度变化，进而推断湖区气候变化的规律。

11.4 盐湖化工产品分析

11.4.1 镁水泥材料的物相分析方法

镁水泥材料包括氯氧镁水泥（MOC）、硫氧镁水泥（MOS）和磷酸镁水泥（MPC）三类气硬性材料。镁水泥材料因其组成特点，具备明显的优缺点，随着研究的深入，镁水泥材料在建筑材料、装饰材料、包装材料、交通设施、工艺品等领域的应用越来越广泛，与此同时，镁水泥材料的缺陷带来的问题引起国内相关研究人员的重视。镁水泥材料形成机理研究，镁水泥材料改性研究、结构研究等方面的研究成果不断涌现。在上述研究领域的研究过程中，X 射线衍射仪的物相鉴定和物质结构分析方法，结合 Retvield 结构精修和物相定量分析方法，具有不可替代的作用。

1. 试样的制备

通过配制不同比例的 MgO、$MgCl_2$ 和 H_2O，合成 518 镁水泥。合成反应的产物经过研磨，制备得到粒度 20 μm 的试样，置于 XRD 仪器专用试样测试片上，安装到 XRD 样品台上，待测。

2. 仪器测试条件

仪器：荷兰帕纳科的 X'pert Pro 衍射仪；
测试条件：铜靶，40 kV，40 mA；连续扫描方式，扫描范围 5°～70°；
计算机程序控制完成试样的测试过程。

3. 试样测试结果

图 11.5 为 518 镁水泥的衍射图谱，通过多次试验测试，XRD 测试分析发现，当 MgO∶$MgCl_2$∶H_2O=5∶1∶13 时，能够合成结晶比较好的 518 镁水泥。

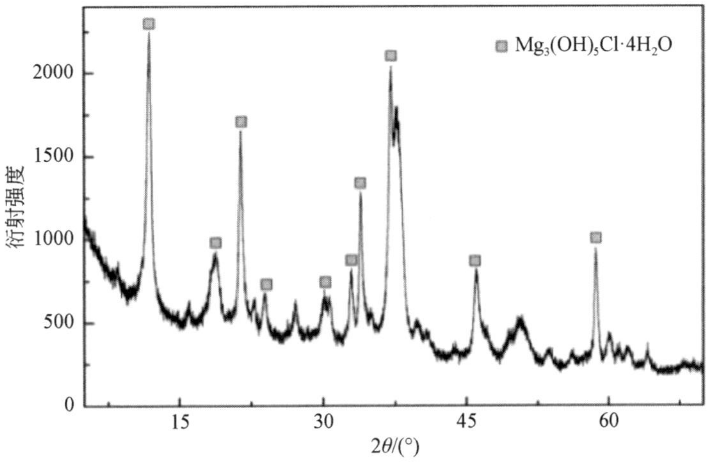

图 11.5　镁水泥的 XRD 衍射图谱

4. 结果讨论

X 射线衍射分析技术在镁水泥材料中应用体现在以下几个方面：

（1）确定水化产物及其晶体结构。目前根据镁水泥材料水化体系已发现并稳定存在的水化产物的 X 射线粉晶衍射数据，解析出晶体结构，为进一步研究镁水泥材料提供了基础数据。

（2）研究镁水泥材料的水化机理。利用 X 射线连续跟踪物相变化的方法，可以确定镁水泥材料在水化初期各水化阶段的物相组成及其变化规律，从而确定水化过程中的水化放热规律和强度发展规律的化学本质。

（3）研究外加剂改善镁水泥材料的性能的机理。晶体结构是决定物质性质的重要因素，通过结构精修的方法研究外加剂对镁水泥材料中水化产物晶体结构的影响，可分析镁水泥材料改善抗水性等性能的原因。

（4）分析镁水泥材料的力学性能影响因素。镁水泥材料水化产生特定的水化产物后，材料才能表现出优异的力学性能。结合物相定量分析的结果，可了解影响镁水泥材料力学性能的因素。

（5）分析镁水泥材料的失效规律。镁水泥材料中的水化产物发生碳化或被水分解后，将丧失强度而失去使用价值。利用 X 射线衍射分析可跟踪镁水泥材料在各种环境条件下的相转变规律及其速率，从而得出材料的失效规律并提出耐久性评价方法。

11.4.2　锂离子电池材料的物相分析

在锂离子电池材料的研究中，X 射线粉末衍射仪可以进行电池材料的合成表征以及负极材料的石墨化度计算，比容量的评估；还可以应用 XRD 的原位分析技术，研究锂离子电池材料在充放电过程中正负极材料的结构变化和相态转化，从而研究锂离子电池材料的结构稳定性；同时也能用 X 射线衍射技术来进行锂离子电池的热失效分析，如对燃烧的残留物进行 X 射线衍射分析，可以判断失效原因是由于过冲、过放或者过热、内短路等因素引起的；X 衍射还可以通过对锂离子电池生产的负极取向程度的分析，来决定极片压实工艺等。总之，X 射线衍射分析在锂离子电池新材料研究、锂离子电池材料结构相态分析以及失效分析和工艺控制方面都有非常重要的作用。

1. 试样的制备

添加不同含量柠檬酸制备的 $LiFePO_4$&C 复合材料经过研磨制备得到粒度 20 μm 的试样，置于 XRD 仪器专用试样测试片上，安装到 XRD 样品台上，待测。

2. 仪器测试条件

仪器：荷兰帕纳科的 X'pert Pro 衍射仪；
测试条件：铜靶，40 kV，40 mA；连续扫描方式，扫描范围 5°～70°；
计算机程序控制完成试样的测试过程。

3. 试样测试结果

图 11.6 是柠檬酸和磷酸铁锂的比例为 5∶6 时的衍射图谱，图 11.7 是不同比例的柠檬酸和磷酸铁锂的 $LiFePO_4$&C 复合材料的 XRD 图谱。

4. 结果讨论

XRD 分析结果可以判断材料的晶体结构随制备条件的变化情况。

（1）图 11.6 是柠檬酸和磷酸铁锂的比例为 5∶6 的 $LiFePO_4$&C 复合材料 XRD 图谱。图谱中只有 $LiFePO_4$ 强而尖锐的衍射峰，且无其他衍射峰的出现，表明目标产物结晶性较好，没有 Li_3PO_4、$FePO_4$ 和 $Fe_3(PO_4)_2$ 等杂质相的存在，说明柠檬酸的添加并没有改变 $LiFePO_4$ 的晶体结构。

（2）由图 11.7 可以确定柠檬酸的加入对 $LiFePO_4$ 的晶体结构没有影响。

（3）通过比较不同反应条件下制备得到材料的 XRD 图谱，可以推测材料合成过程的反应机理。

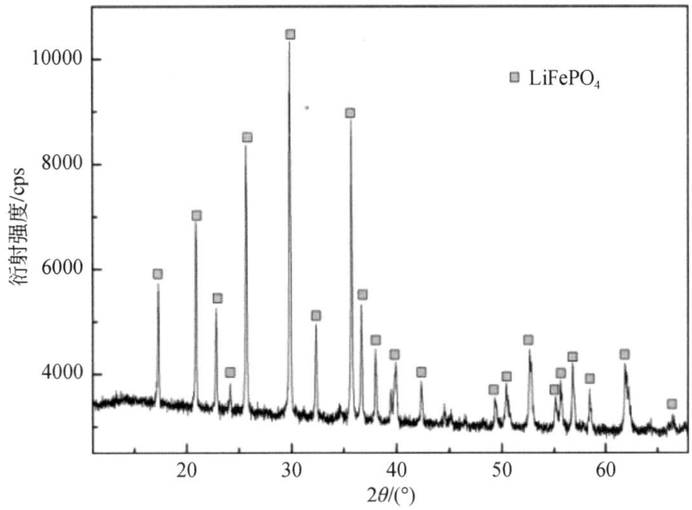

图 11.6　柠檬酸：磷酸铁锂为 5∶6 的 $LiFePO_4$&C 复合材料的 XRD 图

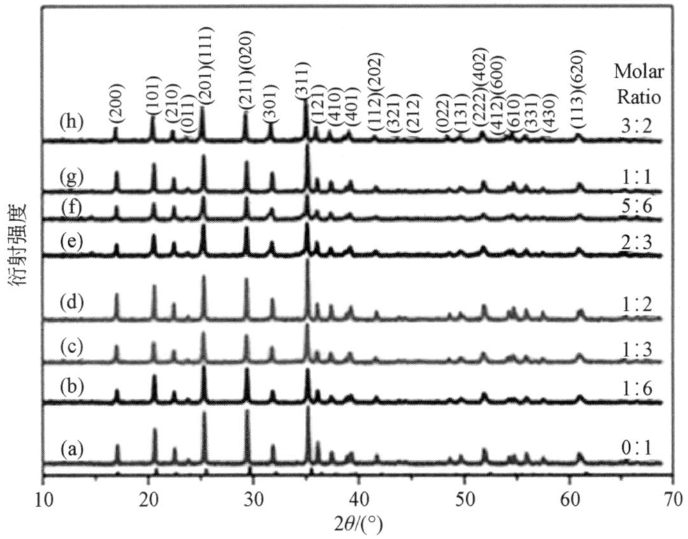

图 11.7　不同含量柠檬酸制备的 $LiFePO_4$&C 复合材料的 XRD 图

另见书末彩图

11.4.3　晶须材料的物相分析

晶须是一种具有较大长径比的单晶纤维材料，其直径通常为几百纳米至几微米，长度可达几十或几百微米，是具有优良力学性能的增强材料。在晶须材料的制备、形成机理研究中，利用 XRD 可以分析不同浓度、不同温度、不同反应时间、不同升温条件下形成的产物结晶形态以及组成，依据 XRD 和 SEM 的结果，结合物料反应条件的变化，确定不同配比条件下晶须产品的晶型及结晶度，指导晶须材料的制备。通过对中间产物和产品进行 XRD 定量或半定量分析，探讨晶须生长机理，可对晶须产品的制备条件、晶须质量的控制提供依据。

1. 试样的制备

试样研磨成粒度 20 μm 的粉末，置于 XRD 仪器专用试样测试片上，安装到 XRD 样品台上，待测。

2. 仪器测试条件

仪器：荷兰帕纳科的 X'pert Pro 衍射仪；
测试条件：铜靶，40 kV，40 mA；连续扫描方式，扫描范围 5°～80°；
计算机程序控制完成试样的测试过程。

3. 试样测试结果

在硼酸镁晶须合成研究中发现硼酸镁晶须的品质受其制备过程参数控制的影响较大，容易出现缺陷。如晶须的均匀性受到影响，产物中出现团聚、块状、颗粒状等问题，致使晶须产品在应用于复合材料中时出现复合材料性能不稳定等问题。通过调控制备过程参数等多个因素，可有效改善硼酸镁晶须的品质。图 11.8 为 $Mg_2B_2O_5$ 晶须的 XRD 衍射图谱与 $Mg_2B_2O_5$ 标准 XRD 谱图，晶须的 XRD 衍射图谱与硼酸镁粉晶相比，（102）晶面和（$\bar{2}$04）晶面的衍射强度较强，（112）晶面的衍射强度较弱，其中的（102）晶面和（$\bar{2}$04）晶面均与［010］轴垂直，而［010］轴为硼酸镁晶须的生长方向。

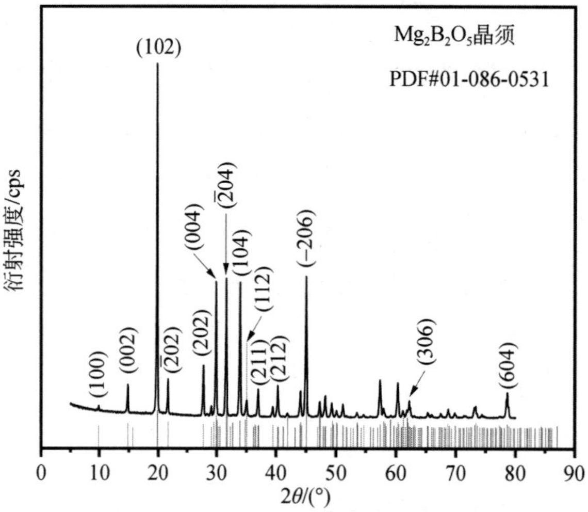

图 11.8　$Mg_2B_2O_5$ 晶须的 XRD 衍射图谱与标准 XRD 谱图

在对硼酸镁晶须制备扩大实验中发现在制备得到的硼酸镁晶须产品中容易出现一些杂质，这会影响硼酸镁晶须的品质，经 XRD 分析，发现这一类杂质为方硼石晶体（$Mg_3B_7O_{13}Cl$），见图 11.9。$Mg_2B_2O_5$ 与方硼石晶体大多数衍射峰位置接近，而 d=3.490 的（202）晶面（2θ=25.499°）的衍射峰为方硼石晶体独有，可以通过该衍射峰来判断 $Mg_2B_2O_5$ 晶须中是否存在 $Mg_3B_7O_{13}Cl$ 杂质。

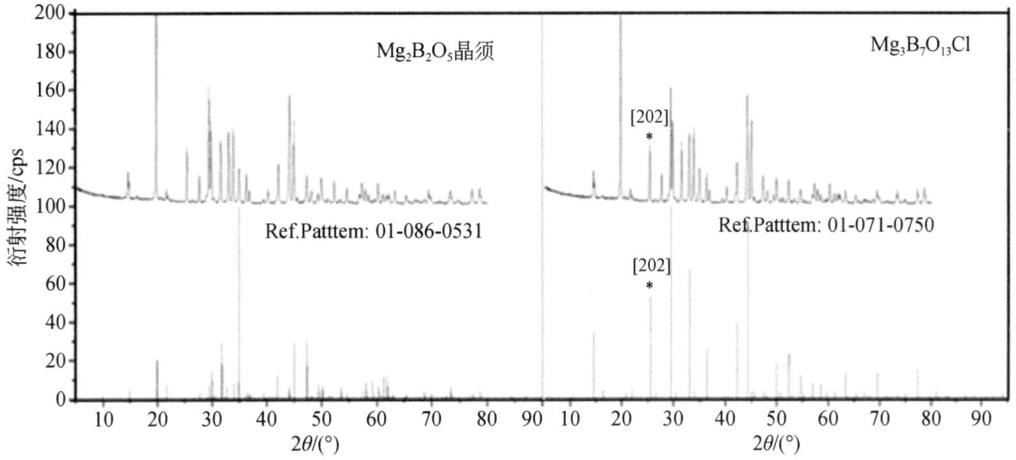

图 11.9　$Mg_2B_2O_5$ 晶须产品的 XRD 衍射图谱

4. 结果讨论

在晶须材料的合成研究中发现晶须材料的质量并不稳定，合成条件控制发生变化时，晶须产品容易出现缺陷，如非晶须杂质多，存在颗粒、团块、断晶等问题，致使晶须产品在应用于复合材料中时出现复合材料性能不稳定等问题。XRD 物相分析在一定程度上可以反映出晶须材料合成过程中物料配比变化、反应条件变化等对晶须材料质量的影响。

由图 11.8 的 XRD 的图谱分析可知，硼酸镁晶须的衍射峰位置与 PDF#01-086-0531 呈现的衍射峰位置具有较好的吻合性，表明制备的产品为硼酸镁晶须，晶须的衍射峰强度与硼酸镁粉晶相比，(102) 晶面和 ($\bar{2}$04) 晶面的衍射强度较强，(112) 晶面的衍射强度较弱。此外，硼酸镁晶须产品中容易出现物相为方硼石晶体($Mg_3B_7O_{13}Cl$)的杂质，由图 11.9 可知，通过对比 XRD 图谱中是否存在 2θ=25.499°的衍射峰，可确定晶须中是否含有 $Mg_3B_7O_{13}Cl$ 杂质。

11.5　盐田矿物分析

1. 试样的制备

盐田采集到的盐湖卤水蒸发析出的固体矿物，标明采样地点和时间，用密封袋装好带回室内(如果是低温条件下采集到的含水量较高的样品，必须置于低温箱中保存)；用四分法分样，取出其中一份在玛瑙研钵中研磨至 20 μm 左右。研磨制备好的试样置于 XRD 仪器专用试样测试片上，安装到 XRD 样品台上，待测。

2. 仪器测试条件

仪器：荷兰帕纳科的 X’pert Pro 衍射仪；

测试条件：铜靶，40 kV，40m A；连续扫描方式，扫描范围 3°～80°；

计算机程序控制完成试样的测试过程。

3. 试样测试结果

以下是新疆某盐湖盐田析出矿物的 X 射线衍射分析实例。其中，图 11.10 和表 11.2 分别为其 X 射线的物相分析和半定量分析结果。

从图 11.10 及表 11.2 结果可以看出，X 射线衍射仪在盐类矿物的研究中是一种非常有用的手段，它不但可以快速准确地给出矿物的种类及相对含量，还具有对样品无破坏等优点，是研究盐类矿物不可或缺的仪器。

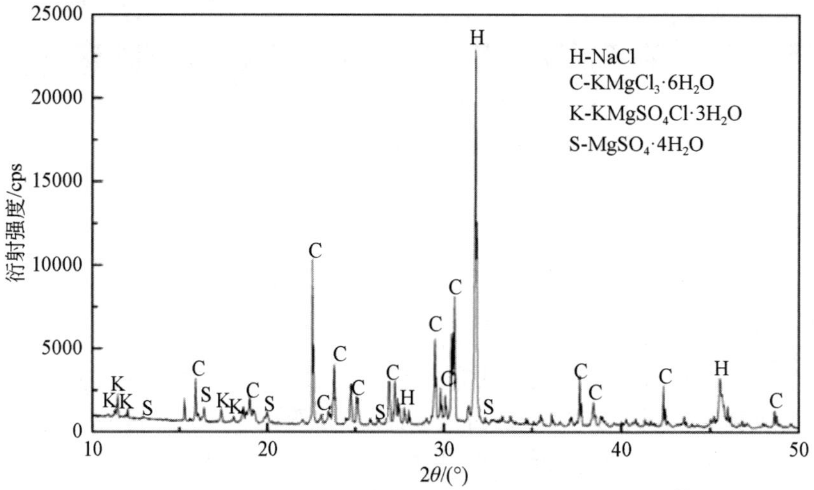

图 11.10　新疆某盐湖盐田析出矿物的 X 射线衍射分析

表 11.2　新疆某盐湖盐田析出矿物的 X 射线衍射的半定量分析结果

标准卡片	矿物名称	化学式	半定量含量 $\omega/10^{-2}$
01-071-4661	石盐	NaCl	21
01-085-1319	光卤石	$KMgCl_3 \cdot 6H_2O$	45
01-074-0383	钾盐镁矾	$KMgSO_4Cl \cdot 3H_2O$	19
01-072-1096	四水泻盐	$MgSO_4 \cdot 4H_2O$	15

X 射线衍射仪还可以配置低温装置，模拟测量在野外低温环境下矿物的生长规律和晶型变化，也可以配置高温装置来测量矿物或化合物在高温下的相变及失水过程。

参考文献

[1] 俞旭，江超华. 现代海洋沉积矿物及其 X 射线衍射研究[M]. 北京：科学出版社，1984.
[2] 马礼敦. 近代 X 射线多晶体衍射——实验技术与数据分析[M]. 北京：化学工业出版社，2004.
[3] 刘粤惠，刘平安. X 射线衍射分析原理与应用[M]. 北京：化学工业出版社，2003.
[4] 李秉孝，杨波，王克俊. 我国首次发现卤纳石[J]. 科学通报，1990, 22: 1728.
[5] 徐昶. 中国盐湖粘土矿物研究[M]. 北京：科学出版社，1993.

[6] 何法明, 刘世昌, 白崇庆, 等. 盐类矿物鉴定工作方法手册[M]. 北京: 化学工业出版社, 1985.

[7] 株式会社理学. X 射线衍射手册理学电机[M]. 杭州: 浙江大学翻印, 1987.

[8] 杨波, 刘兴起, 王永波. 湖泊沉积物碳酸盐含量的 XRD 定量分析——以青藏高原北部可可西里库赛湖沉积为例[J]. 湖泊科学, 2014.

[9] 杨波. 多晶矿物及化合物的 X 射线衍射定性分析方法[J]. 盐湖研究, 1999, 7(3): 66-69.

[10] Liu X Q, Dong H L, Jason A R, et al. Evolution of Chaka Salt Lake in NW China in response to climatic change during the Latest Pleistocene-Holocene[J]. Quaternary Science Reviews, 2008, 27: 867-879.

[11] Runčevski T, Dinnebier R E, Freyer D. Dehydration of the sorel cement phase $3Mg(OH)_2·MgCl_2·8H_2O$ studied by *in situ* synchrotron X-ray powder diffraction and thermal analyses[J]. Zeitschrift Fur Anorganische Und Allgemeine Chemie, 2014, 640(1): 100-105.

[12] 李颖, 余红发, 董金美, 等. 氯氧镁水泥的水化产物、相转变规律和抗水性评价方法的研究进展[J]. 硅酸盐学报, 2013, 41(11): 1465-1473.

[13] 余红发, 董金美, 刘倩倩, 等. 高性能玻璃纤维增强氯氧镁水泥的加速寿命试验与微观机理[J]. 硅酸盐通报, 2012, 1: 111-116.

[14] 顾千华, 郭佳丽, 吴凯, 等. XRD 在锂离子电池中的分析应用[C]. 帕纳科第 12 届用户 X 射线仪器技术交流会论文集, 2012: 138-142.

第 12 章　X 射线荧光光谱分析

X 射线荧光光谱（XRF）分析作为一种无损检测技术，可直接应用于现场、原位及活体分析，在涂层、安检、珠宝文物、大型器件探伤以及核意外、太空探险等领域占有重要地位。自 20 世纪 60 年代 XRF 分析技术被引入地矿领域，在地球化学调查和国际地球化学填图样品分析、海洋地质与矿产资源调查现场分析、稀土元素分析、卤族元素分析、野外现场分析、原位微区分析和标准物质研制与标准分析方法方面发挥了极大的作用，从根本上改变了中国地质分析的面貌，推动了中国现代地球科学事业的发展，成为中国地质分析技术发展中的里程碑。本章主要就 XRF 在盐湖资源研究领域的应用进行论述。

12.1　概　　述[1–5]

X 射线是德国物理学家威廉·康拉德·伦琴（Wilhelm C. Röntgen）于 1895 年发现的。它是一种肉眼不可见的射线，但能使感光材料感光和荧光物质发光；具有较强的穿透物质的本领；能使气体电离；与可见光一样，它是沿直线传播的，在电磁场中不发生偏转。由于当时对其本质不甚了解，因此称之为 X 射线。后人为了纪念其发现者，也称为伦琴射线。X 射线的波长在 10^{-3}～10 nm 之间，在 X 射线光谱法中，常用波长在 0.01～2.5 nm 范围内。

以 X 射线为辐射源的分析方法统称为 X 射线分析（X-ray analysis），它包括直接 X 射线法、X 射线吸收法、X 射线荧光法、X 射线衍射法和 X 射线光电子波谱法。

12.1.1　X 射线荧光的产生

自 1895 年伦琴发现 X 射线以来，对 X 射线及相关技术的研究和应用已经过了 100 多年。X 射线是一种波长比较短的电磁辐射，通常是指能量范围在 0.1～100 keV 的光子。X 射线与物质的相互作用主要有荧光、吸收和散射 3 种。X 射线荧光是由物质中的组成元素产生的特征辐射，通过测量和分析试样产生的 X 射线荧光，即可获知样品中的元素组成，得到物质成分的定性和定量信息。

1. 特征 X 射线

当用高能电子束照射待测样品时，入射高能电子被待测样品中的电子减速，这种带电粒子的负的加速度会产生宽带的连续 X 射线谱，简称为连续谱或韧致辐射。同时待测样品中的化学元素受到高能光子或粒子的照射，如内层电子被激发，则当外层电子跃迁时，就会发射出特征 X 射线。如果激发光源为 X 射线，则受激产生的 X 射线称为二次 X 射线或 X 射线荧光。特征 X 射线即 X 射线荧光产生过程见图 12.1。

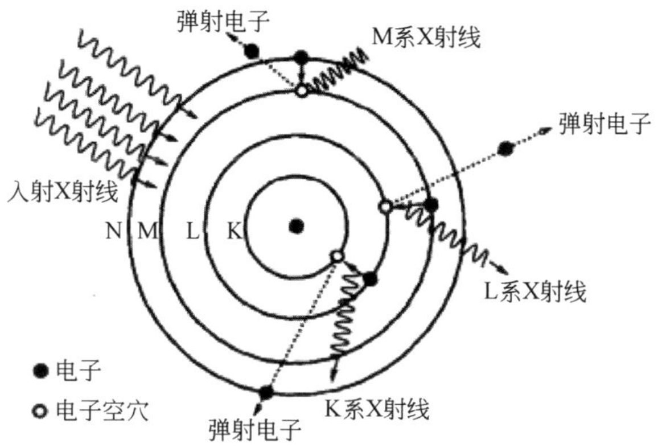

图 12.1　特征 X 射线的产生过程

2. X 射线荧光光谱线系

特征 X 射线是线性光谱，由若干互相分离且具有特定波长的谱线组成，其强度远超过连续谱线的强度并可叠加于连续谱线之上。这些谱线不随 X 射线管的工作条件而变，只取决于阳极靶物质。产生特征 X 射线光谱的根本原因是原子内层电子的跃迁。

1）电子组态

电子跃迁遵守一定的规则，参见表 12.1。

表 12.1　三个主壳层的电子结构即量子数取值范围

壳层	N	l	m	m_s	轨道	J^a
K（2）	1	0	0	±1/2	1s	1/2
L（8）	2	0	0	±1/2	2s	1/2
	2	1	1	±1/2	2p	1/2；3/2
	2	1	0	±1/2		
	2	1	−1	±1/2		
M（18）	3	0	0	±1/2	3s	1/2
	3	1	1	±1/2	3p	1/2；3/2
	3	1	1	±1/2		
	3	1	−1	±1/2		
	3	2	2	±1/2	3d	3/2；5/2
	3	2	1	±1/2		
	3	2	0	±1/2		
	3	2	−1	±1/2		
	3	2	−2	±1/2		

a. 角动量 J 是角量子数与自旋量子数之和

描述一个电子的状态有四个量子数，即主量子数 $n(1,2,3,\cdots)$、角量子数 $l(0,1,2,\ \cdots,n-1)$、磁量子数 $m(l,0,-l)$和自旋量子数 $m_s(\pm1/2)$决定。根据泡利不相容原理，任一给定电子组态不能存在一个以上的电子，即每四个量子数的结合对于一个电子而言是唯一的。这些基本电子组态是判断电子跃迁和 X 射线特征谱的基础。

2）选择定则

两个壳层之间的能量差以 X 射线光子的形式发射出原子，该 X 射线光子的波长与原子的原子序数有关，且其波长大于入射 X 射线波长，称作 X 射线荧光。当原子受到高能粒子激发后，并不是所有轨道电子之间都能产生电子跃迁发射 X 射线光子。电子跃迁时必须符合表 12.2 的选择定则。

表 12.2　选择定则

量子数	选择定则	说明
主量子数 n	$\Delta n\geqslant1$	必须至少改变 1
角量子数 l	$\Delta l=\pm1$	只能改变 1
角动量 J	$\Delta J=\pm1$ 或 0	必须改变 1 或 0，且不能为负

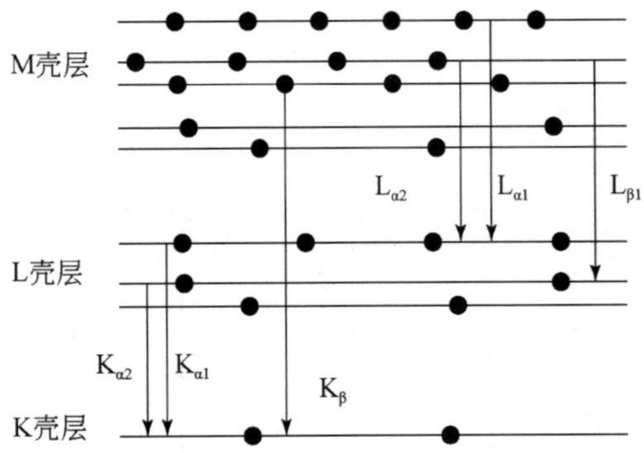

图 12.2　跃迁能级与 X 射线谱线系示意图

3）特征谱线系

特征谱线系由三类组成，第一类常规 X 射线，第二类受禁跃迁谱线，第三类卫星线。

常规 X 射线的产生符合选择定则，例如对 K 系谱线，分别由来自 L_{II}/L_{III}、M_{II}/M_{III}、N_{II}/N_{III}壳层的电子形成三对谱线系。图 12.2 是跃迁能级与 X 射线谱线系的关系示意图。

第二类受禁跃迁谱线，主要来源于外层轨道电子间没有明晰的能级差的情况。例如过渡金属的 3d 电子轨道中只有部分电子充填时，其能级与 3p 电子类似，可观察到弱的受禁跃迁谱线（β_5）。当存在双电离情况时，则可能会观察到第三类谱线——卫星线。

3. X 射线荧光谱线相对强度

入射光与物质相互作用后，产生的特征谱线强度取决于三个因素：①入射光子使特定壳层电子电离的概率，②产生的空穴被某一特定外层电子充填的概率，③该特征 X 射线出射时在原子内部被吸收的概率。

谱线相对强度是指在一特定谱线系中各谱线的强度比。如 $K_{\alpha1}/K_{\alpha2}$ 或 K_{β}/K_{α}等 K 系谱线的相对强度，参见表 12.3。K 系谱线相对强度在不同元素间变化范围较小，测得准确度较高，而 L 和 M 系谱线的相对强度变化较大。

表 12.3　各谱线的相对强度

谱线	相对强度	谱线	相对强度
$K_{\alpha 1}$	100	$L_{\alpha 1}$	100
$K_{\alpha 2}$	50	$L_{\beta 1}$	75
$K_{\alpha 1,2}$	150	$L_{\beta 2}$	30
K_{β}	20	$L_{\beta 3}$	5

12.1.2　X 射线荧光光谱仪

根据分光方式的不同，X 射线荧光分析可分为能量色散和波长色散两大类，就是通常所说的能谱仪（EDXRF）和波谱仪（WDXRF）；根据激发方式又可细分为偏振光、同位素源、同步辐射和离子激发 X 射线荧光光谱仪；根据 X 射线的出射、入射角度还可有全反射、掠出入射 X 射线荧光光谱仪等。根据选用探测器的不同，能量色散 X 射线荧光分析仪可分为半导体探测器和正比计数管两种主要类型。根据同时分析元素的多少可分为单道扫描 X 射线荧光光谱仪、小型多道 X 射线荧光光谱仪和大型 X 射线荧光光谱仪。

波长色散光谱仪利用分光晶体的衍射来分离样品中的多色辐射，能量色散光谱仪则利用探测器中产生的电压脉冲和脉高分析器来分辨样品中的特征射线。

1. 波长色散 X 射线荧光光谱仪结构

波长色散 X 射线荧光光谱仪有多道和顺序式 XRF 光谱仪之分。顺序式荧光光谱仪通过顺序改变分光晶体的衍射角来获取全范围光谱信息，具有很强的灵活性；多道光谱仪则采用固定道，可同时获得多元素信息，快速简便，而灵活性不够。顺序式波长色散 X 射线荧光光谱仪由 X 射线管、分光晶体、测角仪、探测器以及样品室、准直器、计数电路和计算机组成，见图 12.3。

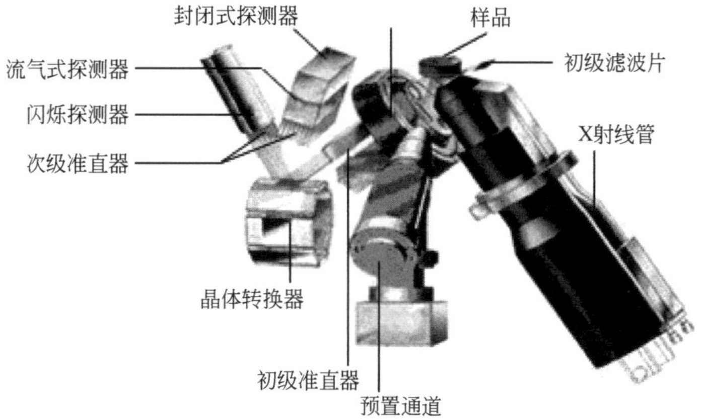

图 12.3　波长色散 X 射线荧光光谱仪原理示意图

X 射线管要尽可能靠近样品安装，以便于获取最大的辐射强度。为满足 Bragg 定律，用重元素平行薄片形成初级准直器并安装在分光晶体之前以限制样品 X 射线的发散。次级准直器放在流气式探测器之前限制发散并改善分辨率，在闪烁探测器之前也放置一辅助准直器起类似的作用。

2. 能量色散 X 射线荧光光谱仪结构

能量色散 X 射线荧光光谱仪有 X 射线管、样品室、准直器、探测器及计数电路和计算机组成（图 12.4）。样品前加单色器，可以达到降低背景的目的，从而改善能量色散 XRF 的检出限。EDXRF 与 WDXRF 的显著区别是没有分光晶体，而是直接用能量探测器来分辨特征谱线，达到定性和定量分析的目的。表 12.4 列出两种 XRF 仪器的主要性能与特点。

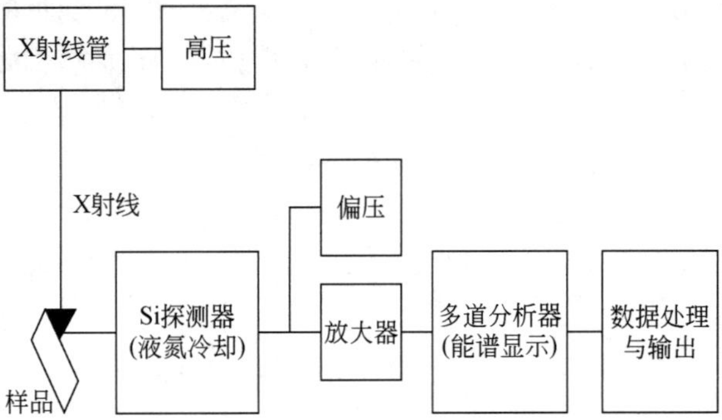

图 12.4　能量色散 XRF 结构示意图

表 12.4　WDXRF 和 EDXRF 仪器的性能和特点

项目	EDXRF	WDXRF
测定元素范围	Na-U	Be-U
检出限	轻元素不理想，重元素好	对轻、重元素均较好
灵敏度	轻元素不理想，重元素好	对轻元素尚好，重元素均较好
分辨率	轻元素不理想，重元素好	对轻元素较好，重元素不理想
功率消耗	9～600 W	20～4000 W
测量方式	同时	同时/顺序
读取特征谱强度方式	谱峰面积	谱峰位强度
因仪器引起的谱线干扰	和峰	高次线，晶体荧光

12.1.3　X 射线荧光光谱分析方法

XRF 分析方法主要有定性分析、半定量分析和定量分析三大类，其中，定性分析和半定量分析可检测出元素周期表中绝大部分元素，测定浓度范围可达 0.0001%～100%；定量分析需借助与被测样品性质相同的标准样品制定的标准曲线。XRF 主要分析方法与特点见表 12.5。

表 12.5　XRF 主要分析方法与特点

分析方法	分析特点
定性分析	XRF 光谱仪可对扫描的范围进行自动峰位确定、背景和峰位净强度计算，并在特征谱线数据库中匹配，从而确定待测元素的种类和谱线类型，实现定性分析
半定量分析	对于化学元素组成较为复杂的样品，可通过建立数学模型、利用数学方法进行半定量分析。常用的两种计算方法包括经验系数法和基本参数法。经验系数法通过经验确定系数，以表示一种元素对另一种元素的基体效应；基本参数法是基于试样均匀、厚度较大且表面平滑的假设条件而进行计算
定量分析	初级 X 射线照射待测样品，使待测元素产生 X 射线荧光，X 射线荧光的强度 I_i 与分析元素的质量分数 C_i 的关系式为 $I_i=K\cdot C_i/\mu_m$，式中 μ_m、K 为常数，通过元素间吸收-增强效应校正后的强度对元素含量进行线性回归，最后对待样品进行定量分析

1. 分析原理

1）弛豫过程

当能量高于原子内层电子结合能的高能 X 射线与原子发生碰撞时，电子会被击出，这一相互作用过程被称为光电效应，被击出的电子称为光电子。由光电子或光电效应可以获得关于原子结构和成键状态的信息。内层电子被驱逐而出现一个空穴，使整个原子体系处于不稳定的激发态，激发态原子寿命约为 $10^{-14}\sim10^{-12}$ s，然后自发地由能量高的状态跃迁到能量低的状态，原子恢复到稳态。这个过程称为弛豫过程。弛豫过程既可以是非辐射跃迁，也可以是辐射跃迁。

2）俄歇效应

当较外层的电子跃迁到空穴时，所释放的能量随即在原子内部被吸收而逐出较外层的另一个次级光电子，此称为俄歇效应，亦称次级光电效应或无辐射效应，所逐出的次级光电子称为俄歇电子（图 12.5）。它的能量是特征的，与入射辐射的能量无关。

当较外层的电子跃入内层空穴所释放的能量不在原子内被吸收，而是以辐射形式放出，便产生 X 射线荧光，其能量等于两能级之间的能量差。因此，X 射线荧光的能量或波长是特征性的，与元素有一一对应的关系。

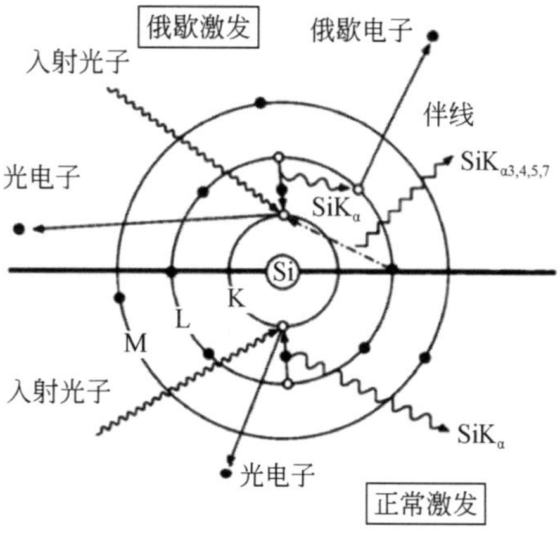

图 12.5　X 射线荧光和俄歇电子产生过程示意图

K 层电子被逐出后，其空穴可以被外层中任一电子所填充，从而可产生一系列的谱线，称为 K 系谱线。由 L 层跃迁到 K 层辐射的 X 射线叫 K_α 射线，由 M 层跃迁到 K 层辐射的 X 射线叫 K_β 射线……同样，L 层电子被逐出可以产生 L 系辐射。如果入射的 X 射线使某元素的 K 层电子激发成光电子后 L 层电子跃迁到 K 层，此时就有能量 ΔE 释放出来，且 $\Delta E=E_K-E_L$。这个能量是以 X 射线形式释放，产生的就是 K_α 射线，同样还可以产生 K_β 射线、L 系射线等（图 12.6）。

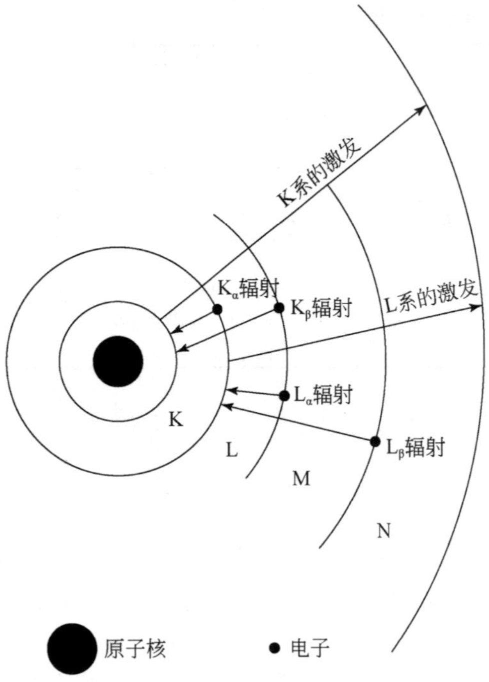

图 12.6　K 系辐射和 L 系辐射产生

2. 定性分析

X 射线荧光光谱对样品进行定性分析是建立在莫塞莱（Moseley）定律的基础上。该定律表明，元素的特征 X 射线的频率与元素在周期表中的位置即原子序数有关。元素的特征 X 射线谱线是识别待测样品中存在某一元素的指纹信息。通过确定样品中特征 X 射线的波长或能量，可以判断未知样品中存在的元素信息。如果待测样品组成复杂，谱线发生重叠，对样品组成判定带来干扰。因此，定性分析过程的主要工作是寻找证实特征谱线的存在，判断、识别干扰。通常，在接收到一个未知样品时，需要根据分析要求，选择必要的样品制备方法，进行定性分析。

（1）从所有谱线中寻找最强线。①多数情况下，当原子序数 Z 小于 40 时，应寻找 K 系线，大于 40 时，可寻找 L 系线。这主要取决于仪器可用或所用激发电压。②尽管 M 系线也可应用于此目的，但 M 系线的分布和强度变化较大，且可能来源于那些只是部分填充的轨道，甚至分子轨道，M 系线较少应用于定性分析目的。③如果一个谱线系被干扰，应选择不同谱线系的最强线。

（2）多条特征谱线同时存在，且相互间的强度比正确。①在 XRF 分析光谱中，应证实同系列多个特征光谱线同时存在，必要时还需要证实不同谱系特征线的存在。例如，当发现 K_α 线时，应同时证实有 K_β线的存在，否则，不能确认在未知样品中存在该种元素。应用其他谱线或谱系时亦如此。②在同一谱线系中，不同特征光谱线的强度比例一定，故要判断其相互间的强度比例是否正确。多数情况下，$K_{\alpha1}$～$K_{\alpha2}$ 在 K 系线中占据主导地位。低原子序数的 K_β 线要比 K_α 线弱得多；而 L 线则更为复杂。③X 射线谱系绝对测量强度尽管受多种因素影响，但主要由荧光产额 ω 和溢余临界电压值决定。溢余临界电压值是指光管激发电压超出被测元素的临界激发电压的多余部分，荧光强度与溢余临界电压的 1.6 次幂成正比。

（3）干扰识别。在 XRF 实际分析应用中，最困难的工作之一就是识别样品中可能存在的干扰。可根据表 12.6 判断主要干扰来源。①对能量色散 XRF（EDXRF）而言，和峰容易被认为是元素谱线，需要特别注意。逃逸峰也有较大影响。②可定期使用低原子序数的纯有机样品检查仪器通道中各种谱线干扰。除一直存在的连续谱、特征靶线外，可以检测到由于灯丝 W、Be 窗密封材料 Ni、Ca、Fe 产生的干扰线。借此可以判断是否有来自粉末或液体样品对光管、准直器的污染。有时样品杯或衬底材料也可能产生干扰谱线。③通常情况下，高次线产生的干扰可以用脉冲高度分析器（PHA）去除，然而有时高次线可以用来识别元素，此时不能使用脉冲高度分析器。

表 12.6　XRF 中的主要干扰来源

干扰来源	特征	干扰来源	特征
元素间的谱系重叠	K 系线相互干扰；高 Z 元素 L、M 系线对低 Z 元素的 K 系线产生干扰	样品衍射	来自试样的衍射线也会产生干扰线
连续谱相干、非相干散射	随 Z 降低，干扰显著增强；低衍射角最大	分光晶体产生的高次线	WDXRF 中，高次线比衍射级次低的谱线强度弱
光管靶线相干、非相干散射	随 Z 降低，干扰显著增强	晶体产生的背景和干扰	在 WDXRF 中存在
靶材及其污染	Cu，W，Ni，Ca，Fe；光管使用寿命越长，干扰越强	拖尾	电荷采集不完全引起低能拖尾
二次靶	相干、非相干散射靶材	和峰	EDXRF 中的和峰
卫星线	随 Z 降低，干扰强度增强	康普顿棱	EDXRF 中不相干逃逸峰产生的康普顿棱
逃逸峰	逃逸峰由探测器材料决定		

（4）定性分析步骤。①峰定位。通常强峰定位不确定度为±10 eV，弱峰为±50 eV；弱峰有可能与强峰重叠而被忽略，特别是低于 12 keV 的能量范围内。原子序数 22～35 的元素 K 系线和原子序数 56～92 的元素 L 系线，谱线重叠或干扰频繁发生，探测器分辨率低和 X 射线光谱计数率统计涨落导致峰定位复杂化，痕量元素的弱峰有可能消失在谱背景涨落中。②峰识别。峰位的不确定性造成在谱图上一个能量位置不止有一个峰与此对应，可能会出现两个或更多峰与谱图上一个宽带峰对应，此外还要考虑和峰、逃逸峰与康普顿峰对特征谱的干扰。③确定元素。除轻元素中 Na、Mg、Al、Si、P、S 外，通常判定一个元素的存在，必须要有两个以上特征峰，X 射线管压为 30 kV 以上，原子序数在 19～42 的元素，K_{α} 和 K_{β} 谱峰应同时出现，同时要考虑同一元素不同谱线之间的相对强度比是否正确。实际分析测试中，对于仪器软件给出的结果需要进行人工干预，以保证结果的正确性。

3. 半定量分析

XRF 半定量分析也称之为无标样定量分析，XRF 定量分析需要有大量与待测样品接近的标准样品建立定量分析标准曲线，实际应用中很难获取与待测样品性质一致的标准样品，只能用相似标准样品替代，因样品的差异性导致分析结果出现大的误差。进入 20 世纪 80 年代后期，计算机技术的发展以及元素间相互影响的数学校正研究成果的应用，半定量分析软件开始陆续问世，XRF 分析无须标样即可对各种各样的未知物进行近似定量成为可能。

1）无标样定量分析

所谓的无标样定量分析软件，实际是由仪器制造商测量校准样品、储存强度和校准曲线，然后将这些数据转到用户的 X 射线荧光分析系统中，并用随机软件提供的参考样品校正仪器漂移。因此，无标样分析不是不需要标样，而是将校准曲线的绘制工作由仪器制造商来做。用户采用制造商的标样、经验与知识，包括测量条件、自动谱线识辨、背景扣除、谱线重叠校正、基体校正等。

2）无标样定量分析特点

无标样定量分析软件，可以在标准样品缺少的情况下，分析各种样品中的 B～U 70 多个元素，含量范围从痕量到 100%，应用范围广泛。其适用性也带来了分析准确度的局限性。PANalytical 公司的 IQ+、Omnian 无标样定量分析软件是基于基本参数法的分析软件，同步 XRF 中浓度与强度的理论公式，计算标样中各元素或组分的理论强度，再与标样实测强度之间建立校准曲线，从而实现定量分析计算。对于标样中没有包括的元素或组分的检测结果的准确度需要用户另行验证。

这些无标样软件具有以下特点：①所带标样只需在软件设定时使用一次；②分析试样原则上可以是不同大小、形状和状态；③分析元素的范围一般为 F～U；④分析一个试样所需的时间约为 16 分钟。如配合快速扫描技术，最快可在 2 分钟内完成。

4. 定量分析

XRF 是一个基于相对比较法的分析技术，它没有绝对意义上的“无标样法”。与用相似标样建立校准曲线的精密定量分析结果相比，大多数情况下无标样软件的分析结果目前尚达不到前者那样的准确度。鉴于被测样品的复杂性以及对测试结果准确性要求，XRF 的定量分析要求根据被测样品组成特性，建立相应的标准曲线，完成被测样品准确分析的目的。

X 射线荧光光谱的定量分析是通过将测得的特征 X 射线荧光强度转换为浓度实现的，在转换过程中受四种因素影响。浓度 C 是四种因子的函数，相互间的关系见式（12.1）。

$$C_i = K_i I_i M_i S_i \tag{12.1}$$

式中，i 是待测元素；K 是仪器校正因子，可以看作待测元素 i 的校准曲线的斜率，与 X 射线荧光光谱仪的仪器因子有关；I 是测得的待测元素特征 X 射线荧光光强度；M 是样品的基体效应，即元素间吸收增强效应；S 是样品和标准样品间的物理化学形态的相似程度，在实际分析中待测样品和标准样品制备方法一样时，如液体样品或熔融片，则 S 可以从式（12.1）中消去。

12.1.4　X 射线荧光光谱定量分析

X 射线荧光光谱定量分析方法是通过测得的强度 I_i，借助一定的数学方法，定量计算待测样品浓度。

1. 建立定量分析方法

制定分析方法过程中，要尽可能减少误差，基本步骤为：①根据样品和标样的物理形态和对分析精确度与准确度的要求，确定制样方法，确保制样方法的制样误差小于分析方法对精度的要求。②用标准样品选择最佳分析条件，如 X 射线管管压、原级谱滤光片、解谱方法和测量时间等。③制定校准曲线。④用标准样品验证分析方法可靠性及其分析数据的不确定度，以便确认所制定分析方法的适用范围。

2. 取样和制样

取样和制样方法的精确度是精确定量分析的前提，现代 WDXRF 谱仪和 EDXRF 谱仪的长期稳定性小于 0.1%，甚至优于 0.05%，只要分析条件选择适当，测量对分析结果带来的误差与取样和制样引入的误差相比是可以忽略的。

1）取样

分析所取样品组成要均匀，具有代表性。样品分为标准样品和未知测试样品两大类。①固体标准样品的来源：一是从国家标准物质研究中心等机构购买；二是对一些没有现成标准物质的特殊样品，可以通过用光谱纯、优级纯、基准试剂自行配制。②液体标准样品的来源：一是从国家标准物质研究中心等机构购买；二是对一些特殊的样品例如盐湖卤水等，可以用相应的光谱纯、优级纯、基准试剂自行配制。

2）制样

制样包括标准样品和未知待测样品的制备，标准样品和待测样品原则上要求采用相同的制样方法，取样量要接近；样品取样量与待测样品基体性质及被测元素性质直接相关，需根据样品的实际情况确定取样量。

（1）固体试样。大块未知样品经过破碎成小颗粒，采用缩分法取样，从中取出一部分样品进行二次粉碎，视样品量多少采用缩分法取样，所取样品进一步粉碎成粒度为 76 μm 以下的待测样品；待测样品在一定温度下干燥（具体干燥温度要视样品的性质而定），去除样品吸附水分；干燥后的样品经准确称量后以硼酸作背底，在一定的压力下压制成表面光滑整洁、均匀紧密的固体测试样片。对于金属块状样品、合金样品，需处理成直径为 40 mm 的圆片，被测面要求光滑、平整、整洁，在取放样品过程中，应严防测试面被污染。

（2）液体试样。被测液体样品应具有一定的代表性，没有沉淀物，均匀性好，在测试过程中不会析出固体沉淀，液体样品的测试是放在液样杯中进行，液体样品取样量要求达到液体样杯高度的三分之二，消除楔子效应。液体样杯必须是洁净的，严防样品被污染。分析工作者应熟悉不同制样方法的优缺点，在实际操作中积累经验，根据被测样品的性质，探索新的、适合的制样方法。

3. 分析条件的选择

分析条件的选择因光谱仪的型号不同而有所不同，分析条件包括 X 射线管的高压和电流的选择、滤光片、狭缝尺寸、准直器、晶体、探测器、特征谱线、角度的校正、背景的扣除和计数时间的确定等。通常在输入样品基本条件和需要检测元素信息后，仪器会给出各个元素分析检测条件，分析人员应根据经验以及样品基本信息对仪器给出的分析条件进行核实和修正。

1）建立标准曲线

首先建立相应的标准物质浓度文件，输入标准样品的名称和浓度，用建立的“定量分析程序”对相应的标准物质进行测量，测量结束后用已经建立的校准曲线对标准样品的测量结果进行校正计算，查看结果，对结果不理想的标准样品可以从曲线上删除。

2）未知样品的测量

首先用建立的定量分析程序对未知样进行测量，对未知样的测量谱图进行自动搜索和匹配，并人工核查；输入该未知样的样品参数，最后进行相应的校正处理。

3）校正处理

①支撑膜和充 He 介质的吸收校正：由于支撑膜或氦气介质对不同波长的 X 射线的吸收不同，因此需要求出不同的吸收校正系数，并对测量得到的强度予以校正。②聚酯膜常含有杂质 P 和 Ca，需予以扣除校正，以免算到未知样浓度中。③有限厚度的校正。④谱线重叠校正。通过上述校正，选择计算就可以得到未知样品的定量分析结果。

4. 校准曲线的制定

1）获取谱峰净强度

获得待测元素的浓度的前提是准确测量出待测元素的谱峰净强度。谱峰净强度等于谱峰强度减去背景，要注意不能使用一种不含分析物的空白样测量背景并用于背景校正。当峰背比大于 10 时，背景影响较小，这时，最佳计数方式是谱峰计数时间要长于背景计数时间。当峰背比小于 10 时，背景影响较大，需要准确扣除，见图 12.7。

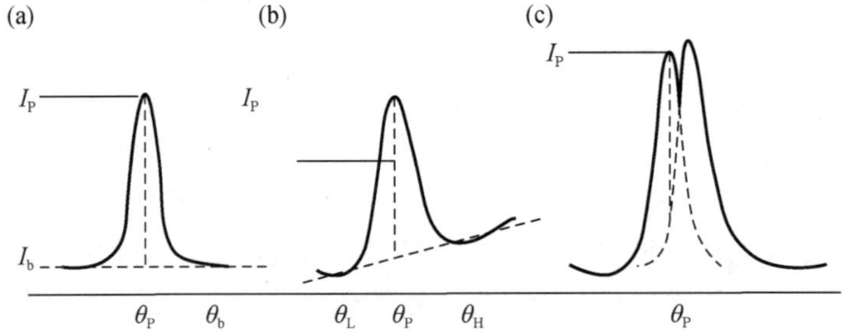

图 12.7　扣除背景的方法

（a）单点扣除背景；（b）两点扣除背景；（c）扣除重叠干扰

当谱峰两边的背景比较平滑时，采用单点法，见图 12.7（a）；当谱峰两边的背景呈斜线时，采用两点法，见图 12.7（b）；当样品中被测物存在分析谱线重叠时，可用比例法扣除干扰，见图 12.7（c）。对于复杂体系，需要通过解谱或拟合来消除干扰。在扣除背景干扰，获得分析元素的谱峰净强度后，即可在分析谱线强度与标样中分析组分的浓度间建立起强度-浓度定量分析方程。

2）干扰校正

基体的校正是从 20 世纪 50 年代中期开始的，基本沿着三条道路发展：①经验系数法；②基本参数法；③基本参数法和影响系数参数法相结合。

（1）经验系数法原理主要涉及通过经验系数法判据对基体项的计算值间的比较，以选择校正项参与各组分的基体效应校正，从而有效克服被测样品中各组分测定时的基体效应影响。经验系数法对标样的要求不仅数量要足够，而且要求组成与实际分析试样越相似越好，否则会带来较大的误差，所以方法的针对性强，局限在于标样所限定的含量范围内，方法的灵活性差，分析范围窄，外推能力不够。

（2）基本参数法原理主要基于 X 射线与物质的相互作用，通过迭代求解算法对探测器采集的谱和计算谱进行拟合计算，从而得到元素的含量。这种方法大幅度降低了对标准样品的依赖，提高了 XRF 元素定量分析的精度和适应性。

具体来说，基本参数法通过对 X 射线的产生、X 射线与物质的相互作用、探测器的采集谱进行计算，与实测谱进行对比，通过迭代过程不断逼近真实含量，最终以迭代的收敛结果作为定量结果。这种方法充分计算了基体吸收效应、元素间吸收-增强效应等，解决了 XRF 仪器对大量标准物质的依赖问题，拓宽了适应性，提升了 XRF 元素定量分析的精度。基本参数法的发展与其软件能力和完整性等相关，其计算精度受到软件能力和数据库完整性的影响。

总之，提升 X 射线荧光光谱仪的定量分析精度和降低元素间干扰，是确保分析测试结果可靠性的关键。相应有以下几个注意事项：①优化样品处理：通过细致的样品制备，如均匀化处理和表面精整，可以显著减少样品不均一性对分析结果的影响。例如，对于含有高浓度特定元素的样品，采用特殊的制样技术可以减少对邻近元素分析的干扰。②基体效应的调整：通过精确的数学模型或实验方法对基体效应进行校正，可以有效消除样品组成不同导致的分析误差。③激发源的优化：调整 X 射线发射参数，如管电压和管电流，以实现对样品的最佳激发，从而减少元素间的相互干扰。④利用标准物质：通过与标准物质的比对分析，可以对仪器进行精确校准，提高分析结果的准确性。⑤软件算法的应用：采用先进的软件技术来识别和校正光谱中的重叠峰和干扰峰，提高元素识别的准确性。⑥定期进行能量校准：保持仪器校准的及时更新，确保能量测量的精确性，这对于提高分析结果的可靠性至关重要。⑦选择合适的分析策略：针对不同的样品特性，选择合适的分析方法，如基本参数法或经验校正法，以提高分析的准确性。⑧管理光谱干扰：通过识别和规避可能导致误判的光谱干扰，如逃逸峰和和峰，确保特定元素的准确测定。

12.2　盐湖固体矿物中主要元素含量测定[6]

12.2.1　方法概述

采用粉末压片法制样，用 X 射线荧光光谱仪直接测定试样中 K、Na、Ca、Mg、Cl、SO_4等 6 种主要组分含量。各分析元素采用经验系数法校正元素间的基体效应。

12.2.2　仪器和试剂

1. 主要仪器设备

1）X 射线荧光光谱分析仪器

PANalytical Axios PW4400，4.0 kW，铑靶，SuperQ 4.0 软件。

2）其他设备

分析天平：Sartorius BT224S 万分之一天平。

水冷机：BLK-8-YS 型，北京众和创业科技发展有限公司。

压片机：北京众合创业科技发展有限公司生产，BLK-8-YS 型。

2. 试剂

硼酸，AR。

12.2.3　分析测试

1. 样品制备

1）标准样品制备

由于没有盐湖矿物的国家标准物质，从待测试样样品中选择了 30 个有浓度梯度的样品经过烘干、研磨（至 74 μm 以下）、筛分、取样，获得组成均一的试样。样品送至不同实验室进行 K、Na、Ca、Mg、Cl、SO_4^{2-}化学值的标定，对重点考察的 K 元素进行经典的称量分析法验证结果，最后在控制测量误差 0.5%以内的条件下，对不同实验室标定得到 K、Na、Ca、Mg、Cl、SO_4^{2-}的化学值求取平均值，获得 30 个样品 K、Na、Ca、Mg、Cl、SO_4^{2-}的准确定值，作为标准样品。

2）待测样品制备

已准确定值的标准样品和待测样品按照相同的制样步骤，制备测试样片。①预处理。待测试样经过混合、缩分、烘干、研磨（至 74 μm 以下）、筛分、取样，获得组成均一的待测样品。②制样。所有标准样品和待测样品均称取(4.00±0.001) g，在 25 t 压力、60 s 的保压时间下，硼酸镶边制成系列测试样片，保存于干燥器中，防止吸潮或污染。

2. 分析测试条件

在仪器自带定量分析软件推荐的测量条件基础上，以得到高的计数率和好的峰背比为基本要求，对所分析元素与干扰元素的测量条件进行优化选择，优化后的测试条件见表 12.7。

表 12.7　标准样品优化后测试条件

元素	谱线	晶体	准直器	探测器	滤光片	电压	电流	$2\theta/(°)$	PHA	
Rh	KA-C	LiF200	150 μm	Scint	None	60	60	18.4182	26	78
Mo	KA	LiF200	150 μm	Scint	Al	60	60	20.2748	31	71
Zn	KA	LiF200	150 μm	Scint	Al	60	60	41.7570	20	78
Fe	KA	LiF200	150 μm	Duplex	None	60	60	57.5046	15	72
Ti	KA	LiF200	300 μm	Flow	None	40	90	86.176	12	71
Ca	KA	LiF200	150 μm	Flow	None	40	90	113.1208	29	73
K	KA	LiF200	300 μm	Flow	None	40	90	136.7278	31	74
Rh1	KA	Ge11-C	300 μm	Flow	None	40	90	89.439	29	76
Cl	KA	Ge11-C	150 μm	Flow	None	40	90	92.7294	24	77
S	KA	Ge11-C	300 μm	Flow	None	40	90	110.5996	35	65

续表

元素	谱线	晶体	准直器	探测器	滤光片	电压	电流	2θ/(°)	PHA	
Si	KA	PE002-C	300 μm	Flow	None	40	90	109.0374	24	78
Al	KA	PE002-C	300 μm	Flow	None	40	90	144.8422	22	78
Mg	KA	PX1	300 μm	Flow	None	40	90	22.7026	35	65
Na	KA	PX1	300 μm	Flow	None	40	90	27.441	35	65

注：Rh 为康普顿阿尔法散射线；Rh1 为康普顿瑞利散射线

3. 标准曲线

1）标准曲线制定

在 SuperQ 分析软件中对所有标准样品进行测量，根据被测元素的计数率和定值含量，对测试结果进行线性回归。

2）谱线重叠干扰校正

考虑到基体效应的影响，回归曲线线性采用α经验系数法进行校正。

按照要求进行仪器漂移校正。

4. 待测样品测定

在 SuperQ 分析软件建立的上述定量分析标准曲线文件下，采用表 12.7 的优化测定条件，测定与未知试样同批制备的已知含量的监控试样，观察这些监控样品中各元素的分析结果是否满足准确度要求。

在监控样品测试结果满足要求的前提下，对所有待测样品进行分析测定。

12.2.4　结果与讨论

1. 方法的精密度

从测试样品中随机抽取一样品，等量称取该样品 10 份，每份称取(4.00±0.0001) g，制备成 10 个待测试样片，进行测量，结果见表 12.8。

表 12.8　精密度检测结果（n=10）

元素	$\omega_{max}/10^{-2}$	$\omega_{min}/10^{-2}$	平均值 $\omega/10^{-2}$	标准偏差	RSD/%
Na	8.01	7.83	7.93	0.0093	0.93
Mg	0.89	0.87	0.88	0.0075	0.75
S	10.10	10.04	10.07	0.0018	0.18
Cl	14.91	14.78	14.85	0.0032	0.32
K	1.45	1.44	1.45	0.0023	0.23
Ca	2.76	2.71	2.73	0.0056	0.56

结果表明，盐湖矿物的六大元素的 RSD 均小于 1%。说明该检测方法的重现性好，仪

器稳定。所建立的分析方法可满足盐湖资源探矿工作中的分析要求。

2. 方法的灵敏度与检出限

本方法的灵敏度、检出限结果见表 12.9。

表 12.9　测量时间与检出限

元素	测量时间/s	检出限/(μg/g)	元素	测量时间/s	检出限/(μg/g)
Na	50	68.3	Cl	30	29.7
Mg	50	42.7	K	40	48.2
S	30	87.6	Ca	30	59.1

灵敏度是指单位浓度下的 X 射线光子计数，等于工作曲线的斜率。灵敏度越高，则单位浓度下测得的计数越大。

检出限是指在一定置信度水平下，X 射线荧光光谱法可检出的最小浓度。

3. 方法的准确度

表 12.10 给出了本方法与常规化学分析方法的结果对照。

表 12.10　XRF 与化学分析测定结果

编号	测量方法	分析结果（ω）/%					
		Na	Mg	SO_4^{2-}	Cl	K	Ca
1	化学值	25.85	0.060	3.17	39.89	0.12	1.38
	XRF 方法	25.65	0.061	3.29	39.63	0.12	1.36
2	化学值	30.94	0.20	4.62	46.15	0.19	1.54
	XRF 方法	30.73	0.21	4.73	46.39	0.18	1.51

4. 其他

（1）测试样片压制过程中，每压制测试一个样片前，均需要用无水乙醇仔细擦拭模具，防止样品交叉污染。

（2）XRF 检测盐湖固体矿物主要元素具有检测速度快、重现性好、检测范围宽等优点。

（3）盐湖矿物形成环境条件导致在研磨时容易发生黏结现象，样品需要在 105℃持续烘 3～5 h，研磨时再滴几滴三乙醇胺，以便于达到研磨需求。

（4）XRF 定量测量的关键步骤之一是要依赖标样，对样品的一致性要求高。而盐湖矿物没有国家级标准物质可供使用。以光谱纯物质配制标准样品，在测试过程中发现与实际曲线有一定的背离，测试精度不能满足要求。解决问题的最好方法是先用 SuperQ 软件自带的 IQ+软件对待测样品进行半定量分析，筛取具有一定浓度梯度的样品作为标准样品，再通过化学分析手段进行定值。经过测试分析，通过此种方法，能满足测试需求。

12.3　油田卤水中八种主次组分元素含量分析[7]

12.3.1　概述

X 射线荧光光谱分析氯化物型油田水中八种主次元素组分的方法的特点是：直接取样，简单处理，无需要稀释，减少了分析过程中可能引入分析误差的样品处理环节；具有快速准确的特点，能够在 5 min 内给出油田水中上述八种元素的含量，缩短了分析时间，提高了分析测试效率。

12.3.2　仪器和试剂

1. 主要仪器设备

1）X 射线荧光光谱分析仪器

PANalytical Axios PW4400，4.0 kW，铑靶，SuperQ 4.0 软件。

仪器工作条件：晶体室温度 30℃；测量室温度 20℃；测量媒介氦气；气压 671.5 hPa；Internal Flow 4.360 $L·min^{-1}$，External Flow 2.910 $L·min^{-1}$。

2）其他设备

分析天平：Sartorius BT224S 万分之一天平。

水冷机：BLK-8-YS 型，北京众和创业科技发展有限公司。

KQ-200 型 VDE 双频超声波清洗器。

20～200 μL 微量移液器。

2. 试剂

1）基准试剂

NaCl，KCl，市售。

2）优级纯试剂

$CaCl_2$，$MgCl_2$，市售。

3）光谱纯试剂

$SrCl_2$，市售。

4）分析纯试剂

RbCl，CsCl，市售。

12.3.3　分析测试

1. 样品制备

1）标准样品制备

基准试剂 NaCl 和 KCl 分别进行恒重处理；$CaCl_2$ 试剂进行二次重结晶处理后待用；优

级纯 $MgCl_2 \cdot 6H_2O$ 试剂用二次水溶解成接近饱和的浓溶液，用滤膜进行过滤后保存待用。采用基准、优级纯及分析纯试剂，配制不同离子的标准储备溶液，然后根据实际卤水组成分别配制不同浓度的 Na、K、Rb、Cs、Mg、Ca、Sr、Cl 八种主次组分的混合标准溶液。

2）标准溶液的配制方案

根据油田水蒸发实验所得到各阶段的组分数据，采取化学试剂模拟油田水配制标样。油田水为氯化物类型卤水，采用 Na、K、Rb、Cs、Mg、Ca、Sr 的氯化物盐进行配制，根据表 12.11 给出的 7 种阳离子浓度，准确称取（或量取）经过预处理的 7 种试剂，配制成总体积 250 mL 的混合溶液。

表 12.11　油田卤水标准溶液配制方案

序号	Ca	Mg	Na	K	Rb、Cs	Sr	序号	Ca	Mg	Na	K	Rb、Cs	Sr
1	1.6	1.7	6.5	0.7	20	1000	15	1.8	1.6	4.8	0.4	370	20000
2	1.5	1.8	7	0.6	50	2000	16	2.4	1.5	5	0.3	400	19000
3	3.6	1.2	4.2	0.9	80	3000	17	2.8	1.4	5.4	0.75	450	18000
4	3.2	1.1	3.6	1.1	90	4000	18	4.0	0.7	4.3	1.2	500	14000
5	5.2	0.8	2.4	1.8	100	5000	19	11.6	0	0	0.5	550	17000
6	5.0	0.9	1.8	1.9	110	6000	20	0	2.5	3.4	1.4	600	16000
7	5.4	0.7	1.6	2.0	130	7000	21	8.6	2.0	0	0	0	11000
8	0.6	0.6	1.2	2.8	150	8000	22	0.4	2.4	5.8	2.2	230	100
9	6.6	0.4	1.0	1.3	180	9000	23	0.8	2.3	5.4	2.6	270	300
10	5.8	0.5	0.8	2.4	200	10000	24	1.2	2.1	4.6	3.0	290	500
11	9.0	0.1	0.2	1.5	220	15000	25	4.6	1.0	4.0	1.7	320	700
12	9.4	0.08	0.4	1.0	250	12000	26	7.2	0.3	3	1.6	420	800
13	10.6	0.02	0.1	0.1	300	0	27	7.6	0.2	2.2	0.3	480	200
14	1.0	2.0	6.2	0.8	340	13000							

注：表中各离子浓度为质量分数，其中 Na、K、Mg、Ca 为 $g \cdot g^{-1}$，Rb、Cs、Sr 为 $\mu g \cdot g^{-1}$

配制过程中可能出现的某些组分不能完全溶解的现象，采取电磁搅拌、超声分散等方法使其溶解，为保证所配标样在放置、测试过程中无固体组分析出，所配混合标样中各相应组分的浓度均低于其饱和浓度，为了配制出老卤和析出 NaCl 前的饱和 NaCl 溶液，标准溶液采取单样标准和模拟标样相结合的方式进行配制，整套标准溶液包括模拟油田水标样 27 个，单标样 15 个。

3）标准溶液和待测试样溶液预处理

所有标准溶液及待测试样溶液在 KQ-200 型 VDE 双频超声波清洗器下超声处理 30 min，驱除溶液中的空气。

2. 分析测试条件

测量过程中应得到尽可能高的计数率和好的峰比，以保证较高的测量精密度和较低的检出限，为此优化了各分析元素的测量条件，测量条件见表 12.12。

表 12.12　各元素分析测量条件

元素	谱线	晶体	准直器	探测器	滤光片	电压/kV	电流/mA	2θ/(°)	PHA	
									LL	UL
Cl	K_α	Ge111-C	150 μm	流气式	—	30	120	92.726	26	68
Sr	L_α	LiF200	150 μm	流气式	Al	30	120	25.098	28	71
Na	K_α	PX1	300 μm	流气式	—	30	120	27.409	14	77
Cs	L_α	LiF200	300 μm	流气式	—	30	120	91.842	22	71
Ca	K_α	LiF200	300 μm	流气式	—	30	120	113.112	26	68
K	K_α	LiF200	300 μm	流气式	—	30	120	136.693	32	69
Mg	K_α	PX1	300 μm	流气式	—	30	120	22.687	31	67
Rb	K_α	LiF200	300 μm	闪烁	—	60	60	26.580	32	75
Rh	K_α-C	LiF200	300 μm	闪烁	—	60	60	17.496	26	68

注：PHA 为脉冲高度分析器，LL 和 UL 分别为其低限和高限

3. 分析测试

液体测量法以液体样品杯为载体，样品杯为一次性塑料杯，内径为 36 mm、38 mm 的两个塑料环及样杯盖组装而成。组装时用 6 μm 的 Mylar 膜（聚酯薄膜）做底，将两个塑料环压制一个样杯，样品杯盖带通气孔，分析过程中挥发的样品从通气孔跑出，避免杯内压力过大而使 Mylar 膜膨胀。

1）标准曲线制定

准确移取适量的经过超声处理过的标准溶液和待测试样溶液，溶液体积占据液体样杯总体积的 60%。

在 SuperQ 分析软件中，按表 12.12 的测试条件，对所有标准样品进行测量，根据被测元素的计数率和定值含量，对测试结果进行线性回归。

2）谱线重叠干扰校正

利用 PH 校正模式进行校正，8 种待测元素的校准曲线见图 12.8。

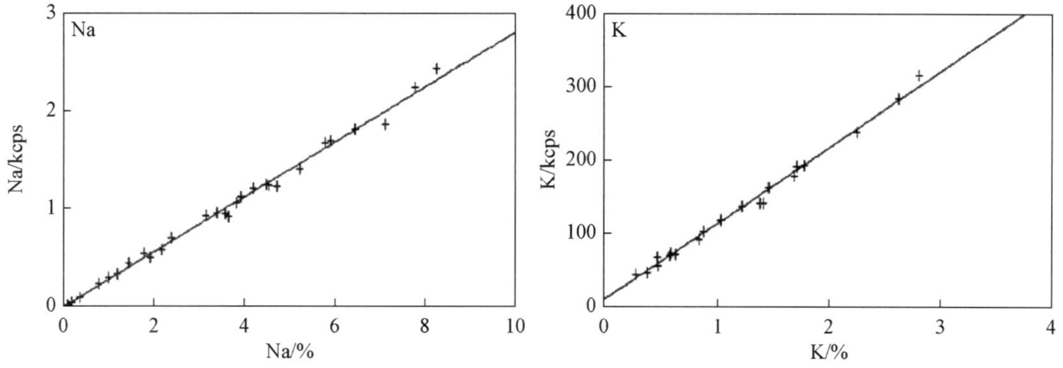

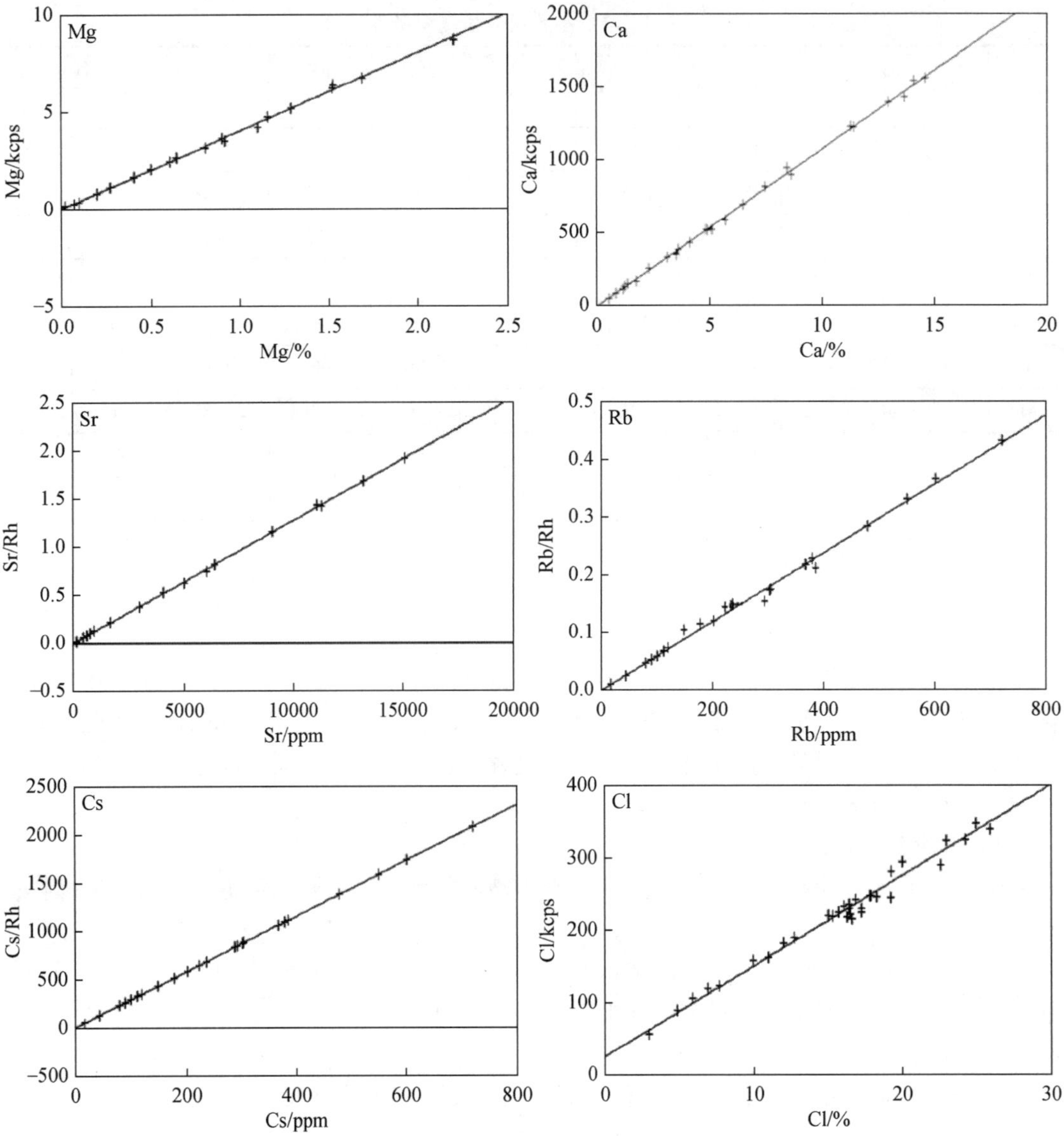

图 12.8　Na、K、Mg、Ca、Sr、Rb、Cs、Cl 元素校准曲线

3）待测试样溶液测定

在建立的标准曲线下对准确称量的待测样品进行分析测量，最终得到测试结果。

12.3.4　结果与讨论

1. 测试样品量

卤水样品的基体试水溶液，是一种轻质基体，对 X 射线的吸收很小，X 射线穿透较深。随着穿透深度的增加，样品较深处原子发出的短波 X 荧光也可以被测量到。受谱仪试样杯罩具口和狭缝的限制，实际测到的试样空间会形成一个楔子（图 12.9），由这种作用造成样品量的差异与测量信号不一致，这种效应称为楔子效应（wedge effect）。

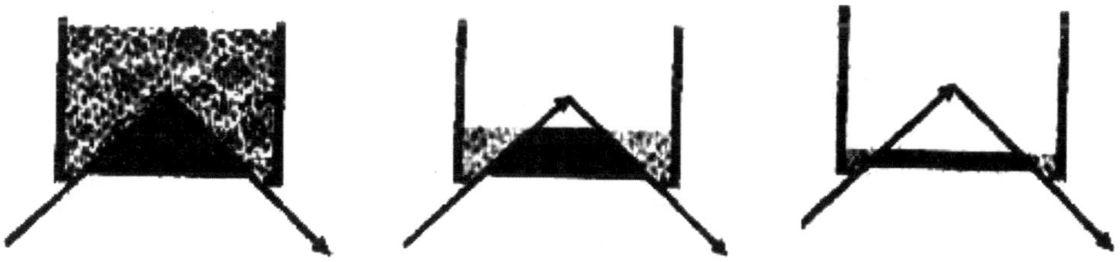

图 12.9　楔子效应影响三种情况示意图

液体高度为整个液体样品杯的 60%可以避免此效应。以内径为 36 mm 的样品杯为例，计算确定在液体质量为 15.0 g 时，即可有效避免楔子效应的干扰。

2. 方法的灵敏度

以空白值标准偏差 3 倍所对应的含量规定为检出限（LOD）。不同方法的检出限计算公式是不一样的。对于校准曲线法而言，采用式（12.2）计算，结果见表 12.13。

$$\mathrm{LOD}=\frac{3\sqrt{2}}{m}\sqrt{\frac{I_\mathrm{b}}{T}} \tag{12.2}$$

式中，m 为单位含量计数率；I_b 为背景计数率；T 为峰值和背景的总计数时间。

表 12.13　各元素的检出限

元素	测定时间/s	检出限/(μg·g^{-1})	元素	测定时间/s	检出限/(μg·g^{-1})
Na	28	271.66	Cs	26	10.75
Cl	14	45.40	Ca	16	12.82
Rb	16	1.29	K	16	7.14
Sr	10	5.22	Mg	16	122.08

3. 方法的精密度

从待测试样中随机选取一样品，分别取同等量的 12 份进行测量，测量结果见表 12.14。主组分元素测量结果的 RSD 除 Mg 较高，其他四种元素都较好。Mg 的 RSD 之所以高达 4.216%，是因为 Mylar 膜对 Mg 的强烈吸收，再加上 Mg 的含量较低，致使 Mg 的 RSD 较高。虽然 Mylar 膜对 Na 的吸收也很强烈，由于 Na 相比于 Mg 的含量高得多，故 Na 的 RSD 低于 Mg 的 RSD。

表 12.14　方法的精密度结果（n=12）

测量次数	Ca	Cl	Na	K	Mg	Sr	Rb	Cs
1	1.841	13.728	6.448	0.070	0.131	998.610	4.712	4.728
2	1.886	13.934	6.474	0.068	0.129	1007.107	4.701	4.961

续表

测量次数	Ca	Cl	Na	K	Mg	Sr	Rb	Cs
3	1.873	13.839	6.679	0.068	0.126	1000.386	4.972	5.908
4	1.894	13.983	6.515	0.068	0.125	1009.307	4.935	5.119
5	1.856	13.887	6.555	0.068	0.135	1002.818	5.286	5.000
6	1.874	13.851	6.620	0.069	0.135	1004.139	5.380	5.407
7	1.854	13.778	6.426	0.070	0.126	997.891	5.630	5.657
8	1.882	14.001	6.473	0.066	0.139	998.910	5.742	5.315
9	1.888	13.964	6.457	0.066	0.130	1007.767	5.786	5.813
10	1.890	13.923	6.479	0.066	0.138	1000.517	5.881	5.772
11	1.859	13.990	6.443	0.067	0.124	1007.585	5.093	4.740
12	1.895	13.930	6.815	0.071	0.142	997.708	4.666	4.692
平均值	1.874	13.901	6.532	0.068	0.132	1002.729	5.232	5.259
RSD/%	0.880	0.574	1.654	2.265	4.216	0.395	7.897	7.863

注：表中各离子浓度为质量分数，其中 Na、K、Mg、Ca 为 $g \cdot g^{-1}$，Rb、Cs、Sr 为$\mu g \cdot g^{-1}$

三种微组分元素，Sr 较好，在 1.0%以下；Rb 和 Cs 由于含量较低，测量效果不好，故 RSD 较高。

4. 方法的准确度

表 12.15 给出了同一待测试样溶液分别采用不同分析方法进行分析测定的结果，由此可以确定 XRF 测定结果的准确性。其中钙、镁采取 EDTA 络合分析方法，氯采取硝酸汞滴定法，钾采取容量法分析，锶采取 ICP-AES 测量，铷、铯采取原子吸收，钠采取差减法。

表 12.15　不同分析方法测定结果

样品编号	测量方法	Na	K	Ca	Mg	Cl	Sr	Rb	Cs
YP01	XRF 方法	8.48	0.69	1.45	0.078	15.82	1279	31	31
	化学值	7.89	0.70	1.46	0.077	15.81	1209	33	28
	相对误差	7.48	−1.43	−0.68	1.30	0.06	5.59	−6.06	10.71
YP02	XRF 方法	7.38	0.96	1.92	0.12	16.43	1727	43	43
	化学值	7.42	0.94	1.92	0.12	16.44	1688	42	40
	相对误差	−0.54	2.13	0	0	−0.06	2.31	2.38	7.50
YP03	XRF 方法	4.23	2.21	4.37	0.28	18.50	3947	93	93
	化学值	4.17	2.16	4.25	0.29	18.35	4024	85	91
	相对误差	1.44	2.31	2.82	−3.45	0.82	−1.91	9.41	2.20

注：表中各离子浓度为质量分数，其中 Na、K、Mg、Ca 为 $g \cdot g^{-1}$，Rb、Cs、Sr 为$\mu g \cdot g^{-1}$

从表中数据可知，各元素的分析准确度不能满足实验室分析要求，但根据《地质矿产实验测试质量管理暂行规定》中对卤水的分析要求，本方法对八种元素的测量基本达到了其中的分析要求。说明建立的 XRF 分析方法可以用于地质普查和勘测中大批量样品的快速分析，从而节约时间，缩短研究周期，对其中特别样品则需要借助其他分析方法，确定其准确结果。

5. 其他

表 12.16 列出建立本方法配制的系列标准样品溶液的浓度，供参考。

表 12.16　配制标准溶液组成

序号	Ca	Mg	Na	K	Rb	Cs	Sr	Cl
1	1.410	1.525	5.784	0.583	18.840	18.850	1962.000	16.474
2	1.250	1.519	5.901	0.475	45.060	45.086	3383.000	16.282
3	3.550	1.287	4.199	0.842	79.820	79.859	5777.000	16.803
4	3.160	1.099	3.598	1.033	90.230	90.269	7728.000	15.308
5	5.130	0.802	2.400	1.689	100.600	100.664	9329.000	17.245
6	4.940	0.902	1.799	1.779	113.300	113.368	11046.000	16.414
7	4.870	0.640	1.461	1.713	120.600	120.698	11617.000	15.005
8	0.590	0.605	1.201	2.628	149.300	149.333	14775.000	7.703
9	6.520	0.406	1.000	1.220	178.600	178.645	15989.000	16.427
10	5.720	0.500	0.798	2.248	202.400	202.489	18196.000	15.731
11	8.890	0.101	0.200	1.408	223.000	223.065	26194.000	19.210
12	8.670	0.077	0.374	0.880	235.800	235.888	19691.000	18.264
13	10.400	0.022	0.104	0.093	305.500	305.668	0.000	19.251
14	0.880	1.690	5.226	0.633	303.200	303.362	21941.000	16.029
15	1.770	1.588	4.731	0.385	367.400	367.592	39390.000	16.046
16	2.360	1.495	4.960	0.280	395.900	396.057	37573.000	16.705
17	2.330	1.156	4.547	0.595	378.600	378.826	31803.000	17.520
18	3.640	0.645	3.931	1.029	719.300	719.649	25799.000	16.603
19	11.400	0.000	0.000	0.470	550.000	550.267	29522.000	22.537
20	0.000	2.634	3.410	1.309	601.300	601.602	30896.000	14.226
21	8.480	0.201	0.000	0.000	0.000	0.000	18715.000	16.844
22	0.400	2.465	5.799	2.061	230.000	230.077	214.500	15.379
23	0.790	2.299	5.398	2.438	269.100	269.208	623.600	15.685
24	1.180	2.102	4.597	2.812	289.300	289.405	1017.000	17.812
25	4.160	0.917	3.659	1.458	294.000	294.167	353.600	17.245
26	6.500	0.275	2.744	1.376	385.100	385.316	1225.000	18.133
27	7.490	0.202	2.199	0.281	478.800	479.001	1443.000	17.894
28	0	0	1.937	0	0	0	0	2.987
29	0	0	2.585	0	0	0	0	3.986
30	0	0	3.164	0	0	0	0	4.879

续表

序号	Ca	Mg	Na	K	Rb	Cs	Sr	Cl
31	0	0	3.839	0	0	0	0	5.920
32	0	0	4.498	0	0	0	0	6.936
33	0	0	5.183	0	0	0	0	7.993
34	0	0	5.681	0	0	0	0	8.760
35	0	0	6.447	0	0	0	0	9.941
36	0	0	7.123	0	0	0	0	10.983
37	0	0	7.782	0	0	0	0	11.999
38	0	0	8.264	0	0	0	0	12.743
39	11.306	0	0	0	0	0	0	19.999
40	12.971	0	0	0	0	0	0	22.944
41	13.673	0	0	0	0	0	0	24.185
42	14.095	0	0	0	0	0	0	24.930

注：Na、K、Ca、Cl、Mg 单位为 $g·g^{-1}$，Sr、Rb、Cs 单位为 $μg·g^{-1}$

（1）XRF 分析方法擅长于分析各类固体、融片样品，分析液体样品需要特殊的气氛条件，分析测试时间、仪器工作条件、样品组成性质对测定结果有影响。

（2）盐湖卤水样品在分析过程中要充分考虑到样品中盐类矿物在测试过程因温度、气氛而结晶析出的可能性；同时要考虑测定时间引起的溶液蒸发，最终导致测定结果误差变大。

（3）Mylar 膜耐受性应引起重视，同时膜对元素 Na、Mg 的吸收，显著影响低含量的 Na、Mg 测定结果。

（4）待测试样中含量<1 $mg·g^{-1}$ 的元素测定结果受 Mylar 吸收影响显著，测定结果准确度较差。

（5）液体样品测试前应进行适当的预处理，驱除液体中溶解的气体，防止测量过程产生气泡，影响测定结果；同时如果待测试样溶液中含有易挥发组分，则需慎重考虑，最好不要采用 XRF 方法测定。

（6）液体样品取样量不能过低，应保证液体样品高度达到液体样杯高度的 60%，有效消除楔子效应。也可以采用其他制样方法，如滤纸片制样方法。

（7）液体样杯是由内径不同的两个塑料环与 Mylar 膜压制而成的，因此要注意样杯底部 Mylar 膜的尺寸，过大或过小都有可能导致液体样杯漏液，液体样杯盛装样品后需仔细检查是否漏液，防止损坏仪器。

12.4 22 种盐湖黏土矿物元素含量测定[8–12]

12.4.1 方法概述

黏土矿物的重要特点是类质同象取代比较普遍，而盐湖黏土矿物长期处于高矿化度卤水的特定环境中，盐湖卤水化学成分势必要影响到黏土矿物的化学成分、类型和属性。研究盐湖黏土矿物，不仅丰富盐湖矿物学资料，而且可以为探讨盐湖形成演化过程中某些环境变化、成矿物质来源等提供有用信息。

水系沉积物 GBW07301～GBW07318、土壤 GBW07401～GBW07408 和 GBW07424～GBW07430，这套校准样品基本上覆盖了盐湖黏土矿物中主次组分的含量范围，以这套标准样品为盐湖黏土矿物组成分析的标样，采用粉末压片制样方法，建立盐湖黏土矿物成分 XRF 定量方法。样品前处理简单，无须酸溶，可以有效避免样品前处理带来的测量误差；分析时间短，三十个主次含量元素，只需十分钟就可以全部分析完毕，分析结果的准确度符合要求。

12.4.2　仪器和试剂

1. 主要仪器设备

1）X 射线荧光光谱分析仪器

PANalytical Axios PW4400，4.0 kW，铑靶，SuperQ 4.0 软件。

2）其他设备

分析天平：Sartorius BT224S 万分之一天平。

水冷机：BLK-8-YS 型，北京众和创业科技发展有限公司。

压片机：北京众合创业科技发展有限公司生产，BLK-8-YS 型。

干燥箱：GZX-9030MBE 型（上海迅博事业公司）。

2. 试剂

1）标准物质

水系沉积物 GBW07301～GBW07318；土壤 GBW07401～GBW07408 和 GBW07424～GBW07430。上述标准物质均购自中国地质科学院地球物理地球化学勘查研究所（中国河北廊坊）。

2）其他试剂

低压聚乙烯，AR，市售。

12.4.3　分析测试

1. 样品制备

1）标准样品

分别称取(4.00±0.0001) g 的水系沉积物 GBW07301～GBW07318、土壤 GBW07401～GBW07408 和 GBW07424～GBW07430 标准样品（共计 33 个标样），用低压聚乙烯镶边垫底，在 20×10^3 kg 压力下压制成测试样片，即压片即测量。

2）待测样品制备

称取预先在 100℃干燥恒重过的、粒径＜74 μm 待测样品(4.00±0.0001) g，用低压聚乙烯镶边垫底，在 20×10^3 kg 压力下压制成测试样片，即压片即测量。

2. 测量条件选择

在测量过程中应得到尽可能高的计数率和好的峰比，以保证较高的测量精密度和较低的检出限，为此优化了各分析元素的测量条件，测量条件见表 12.17。

表 12.17　各分析元素的测量条件

元素	谱线	晶体	准直器	探测器	滤光片	电压/kV	电流/mA	2θ/(°)	PHA	
									LL	UL
As	K_α	LiF200	300 μm	闪烁	—	60	60	33.901	18	78
Mn	K_α	LiF200	150 μm	复合型	—	60	60	62.9688	15	62
Bi	L_α	LiF200	150 μm	闪烁	—	60	60	32.9432	19	71
Cd	L_α	Ge111-C	300 μm	流气式	—	30	120	74.571	30	75
Ce	$L_{\beta1}$	LiF200	300 μm	复合型	—	40	90	71.5996	13	75
Co	K_α	LiF200	300 μm	复合型	—	60	60	52.7686	16	71
Cu	K_α	LiF200	300 μm	复合型	—	60	60	44.9752	20	69
Cr	K_α	LiF200	300 μm	复合型	—	60	60	69.3294	13	71
Dy	L_α	LiF200	300 μm	复合型	—	60	60	56.66	15	63
Ga	K_α	LiF200	300 μm	闪烁	—	60	60	38.8714	14	77
Hf	L_α	LiF200	300 μm	复合型	—	60	60	45.9114	19	70
La	L_α	LiF200	300 μm	流气式	—	40	90	82.9602	15	70
Mo	K_α	LiF200	300 μm	闪烁	—	60	60	20.3336	25	78
Nb	K_α	LiF200	300 μm	闪烁	—	60	60	21.3282	24	78
P	K_α	Ge111-C	300 μm	流气式	—	30	120	140.9022	15	71
Pb	$L_{\beta1}$	LiF200	300 μm	闪烁	—	60	60	28.1886	21	78
Rb	K_α	LiF200	300 μm	闪烁	—	60	60	26.5642	9	81
S	K_α	Ge111-C	300 μm	流气式	—	30	120	110.5638	14	74
Sn	L_α	LiF200	300 μm	流气式	—	60	60	126.7314	14	63
Sr	K_α	LiF200	300 μm	闪烁	—	60	60	25.0846	25	68
Ta	L_α	LiF200	300 μm	复合型	—	60	60	44.4324	20	69
Th	L_α	LiF200	300 μm	闪烁	—	60	60	27.3826	19	73
Ti	K_α	LiF200	150 μm	流气式	—	40	90	86.1506	28	63
U	L_α	LiF200	300 μm	闪烁	—	60	60	26.554	22	78
V	K_α	LiF200	300 μm	复合型	—	40	90	77.2464	13	65
W	L_α	LiF200	300 μm	复合型	—	60	60	42.9872	21	69
Y	K_α	LiF200	300 μm	闪烁	—	60	60	23.7156	23	78
Zn	K_α	LiF200	300 μm	闪烁	—	30	120	41.7442	16	77

续表

元素	谱线	晶体	准直器	探测器	滤光片	电压/kV	电流/mA	2θ/(°)	PHA	
									LL	UL
Zr	K_α	LiF200	300 μm	闪烁	—	60	60	22.4862	24	72
Si	K_α	PE002-C	300 μm	流气式	—	30	120	109.0176	26	76
Al	K_α	PE002-C	300 μm	流气式	—	30	120	144.7978	22	76
Fe	K_α	LiF200	150 μm	复合型	—	30	120	57.5068	15	72
Ca	K_α	LiF200	300 μm	流气式	—	30	120	113.112	33	63
Na	K_α	PX1	300 μm	流气式	—	30	120	27.4244	20	74
K	K_α	LiF200	300 μm	流气式	—	30	120	136.6922	35	67
Mg	K_α	PX1	300 μm	流气式	—	30	120	22.6838	35	65
Ba	L_α	LiF200	300 μm	流气式	—	30	120	87.1836	33	71
Cs	L_α	LiF200	300 μm	流气式	—	30	120	92.0358	32	72
Rh	K_α-C	LiF200	300 μm	闪烁	—	60	60	17.492	26	68

注：PHA 为脉冲高度分析器，LL 和 UL 分别为其低限和高限

3. 标准曲线

1）标准曲线的建立

标准样品在 SuperQ 分析软件中进行测量，根据被测元素的计数率和准确含量，按照 PH 模式进行线性回归。考虑到基体效应的影响，元素 As、Cs、Dy、Mo、Pb、Rb、S、Sr、Ta、Th、Ti、U、V、W、Y、Zn、Zr 采用康普顿内标与α经验系数法相结合的方法进行基体校正，其他元素采用α经验系数法校正基体效应。

经过校正后可绘制出所有分析检测元素的标准曲线，由线性相关系数值判断标准曲线性质。其中 Si、Al、K、Mg、Ca、Fe 的标准曲线见图 12.10，其他元素限于篇幅不再一一列出。

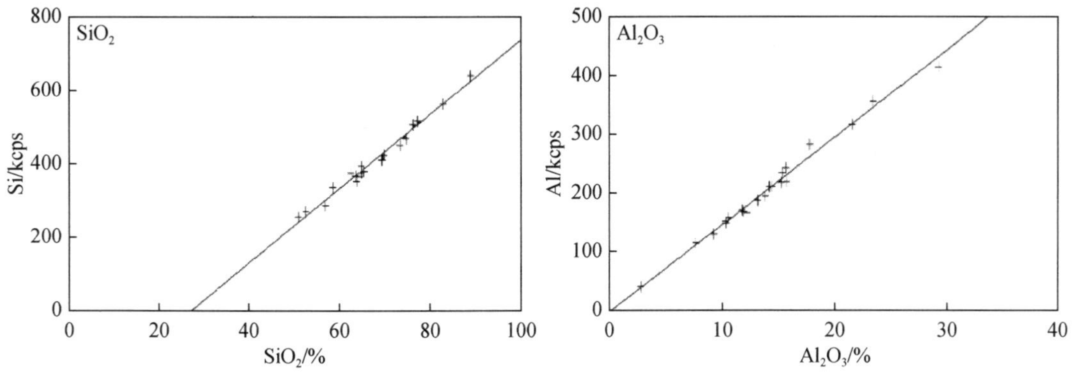

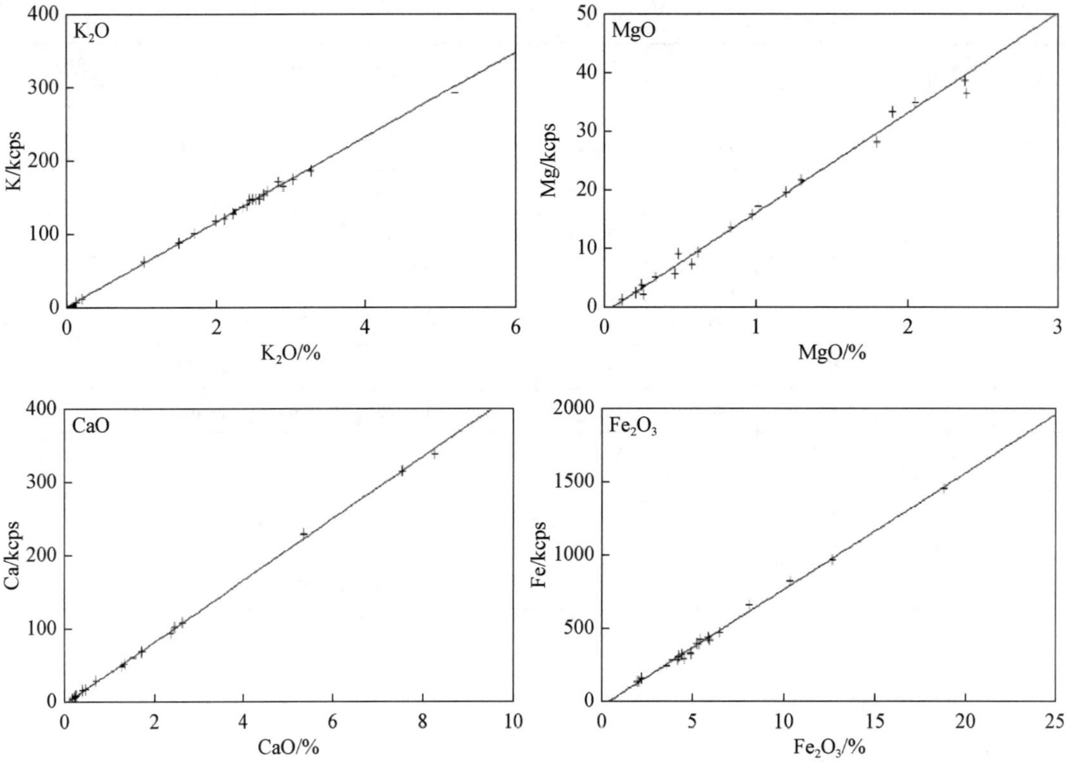

图 12.10　盐湖黏土矿物主要组成元素标准曲线图

2）谱线重叠干扰的校正

谱线重叠干扰，一般采用多个标准样品由 PH 校正模式通过线性回归求得，见表 12.18。

表 12.18　干扰谱线表

元素	分析谱线	干扰谱线	元素	分析谱线	干扰谱线	元素	分析谱线	干扰谱线
As	K_{α}	Pb L_{α}　Ba $K_{\alpha 2}$	Ta	L_{α}	Cu K_{α}	Ni	K_{α}	W L_{1}　Co K_{β}
Mn	K_{α}	Cr K_{β}　Hf L_{α}	Th	L_{α}	Pb L_{3}	Na	K_{α}	Zn $L_{\beta 1}$　K K_{α}
Co	K_{α}	Hf L_{1}　Fe K_{β}	Cr	K_{α}	V K_{β}	Al	K_{α}	Cr $K_{\beta 1(4)}$　Ba $L_{\alpha 1}$
Cu	K_{α}	W L_{α}　Ta $L_{\alpha 2}$	Si	K_{α}	Co $K_{\alpha 4}$	Cs	L_{α}	Ba K_{α}　La K_{α}
Zr	K_{α}	Sr $K_{\beta 1}$　Nb K_{α}	Fe	K_{α}	Pb $L_{\beta 3}$	Y	K_{α}	Rb K_{β}　Pb $L_{\gamma 1}$
Ga	K_{α}	Ta $L_{\beta 2}$　Pb L_{1}	Ca	K_{α}	Mg K_{α}	K	K_{α}	Ca K_{α}　Na K_{α}
Mo	K_{α}	U $L_{\beta 1}$　U $L_{\beta 3}$	Ba	L_{α}	La K_{α}	U	L_{α}	Rb K_{α}
Pb	$L_{\beta 1}$	As K_{α}　Hf L_{α}	Rb	K_{α}	U $L_{\beta 2}$	Sr	K_{α}	Pb $L_{\gamma 5}$
Dy	K_{α}	Mn $K_{\beta 1}$　Th $L_{\alpha 1}$	Mg	K_{α}	Ca $K_{\alpha(3)}$	V	K_{α}	Ti K_{β}　Ba $L_{\beta 3}$
P	K_{α}	Mo L_{14}　Y $L_{\beta 1}$	Zn	K_{α}	Mo $L_{\gamma 1}$	S	K_{α}	Mo $L_{\alpha 1}$　Co $K_{\alpha(3)}$

各分析元素的干扰谱线元素一般遵循以下规律：在元素周期表内，第二、三周期为相

邻元素，第四周期相隔一个元素，第五周期相隔两个元素，第六、七周期相隔三个元素，其中镧系相隔四个元素，锕系相隔五个元素，这只是一般规律，同时也要考虑间接谱线干扰，当然具体情况应该具体分析。

4. 待测样品测定

在 SuperQ 分析软件建立的盐湖黏土矿物组成定量分析标准曲线文件下，采用表 12.17 的优化测定条件，分别测定待测样品，获得测试结果。

12.4.4　结果与讨论

1. 方法的灵敏度

按所设计的实验条件，由式（12.2）计算各元素的最低检出限，结果见表 12.19。

表 12.19　各分析元素的检出限表

元素	测量时间/s	检出限/($\mu g \cdot g^{-1}$)	元素	测量时间/s	检出限/($\mu g \cdot g^{-1}$)	元素	测量时间/s	检出限/($\mu g \cdot g^{-1}$)
As	10	0.33	Pb	10	0.72	Ta	10	0.35
Mn	10	0.86	Rb	16	1.36	Th	16	1.69
Co	10	0.18	S	12	1.89	U	16	0.02
Cu	12	1.40	Sr	16	0.50	V	12	0.41
Cr	16	1.75	Ti	16	1.19	Y	10	0.22
Dy	16	0.10	Cs	6	0.75	Zn	16	1.34
Ga	16	0.65	Ca	14	9.67	Zr	10	0.57
Mo	10	0.07	Na	16	21.71	Si	14	97.43
P	16	2.05	Ba	16	5.93	Al	14	34.51
K	14	12.10	Mg	16	19.82	Fe	6	13.08

2. 方法的精密度

精密度结果见表 12.20。除了 Mo、Cs、Ta 三个元素 RSD 较高，其他的都低于 6.00%。

表 12.20　方法的精密度实验结果（n=10）

组分	平均值	精密度/%	组分	平均值	精密度/%	组分	平均值	精密度/%	组分	平均值	精密度/%
SiO_2	64.05	0.42	Cu	19.36	2.13	Ti	4861.69	0.23	Ta	1.69	7.84
Al_2O_3	13.87	1.47	Mn	1845.21	1.03	Zr	257.65	0.91	Sr	159.85	0.94
Fe_2O_3	5.27	0.01	Ga	18.94	2.73	Zn	683.45	0.01	S	243.02	0.75
CaO	1.69	0.21	Dy	4.76	0.06	Y	23.43	0.30	Rb	143.02	0.64
Na_2O	1.59	0.01	Ba	578.74	5.45	V	95.40	2.14	Pb	98.47	1.89
K_2O	2.55	0.55	Co	12.93	1.02	U	3.48	0.65	P	745.21	1.22
MgO	1.50	1.00	As	43.90	4.56	Th	12.84	5.38	Mo	3.88	9.99
Cs	6.94	9.75	Cr	64.80	3.61	—	—	—	—	—	—

注：SiO_2-MgO 的质量分数单位为 10^{-2}，其余组分的质量分数单位为$\mu g \cdot g^{-1}$，下同

3. 方法的准确度

本方法经标准样品进行验证，将分析结果和标准值进行比对，结果见表 12.21。由表 12.21 可以看出，选取的 3 个样品中 GBW07426 测定结果与标准值相比，出现差异的组分较另外 2 个样品多，样品中主含量组分、微量组分的分析结果绝大多数能满足分析测试要求，个别元素的测定结果差异较大，主要是 GBW07426 样。分析认为可能是制样环节中出现了差异。

表 12.21　分析结果对照表

组分	GBW07423		GBW07426		GBW07317	
	标准值	本法	标准值	本法	标准值	本法
SiO_2	61.69±0.33	62.202	60.01±0.27	61.88	80.58±0.17	79.877
Al_2O_3	13.28±0.12	13.4	13.27±0.11	12.53	9.68±0.16	9.075
Fe_2O_3	4.8±0.12	4.654	4.71±0.04	4.404	1.46±0.05	1.593
CaO	5.0±0.1	5.036	5.83±0.06	5.918	0.34±0.03	0.3
Na_2O	1.28±0.05	1.135	2.00±0.06	1.853	2.35±0.06	2.459
K_2O	1.98±0.05	1.985	2.62±0.05	2.604	3.9±0.2	3.871
MgO	1.52±0.18	1.555	2.43±0.07	2.423	0.24±0.04	0.239
Ti	0.42±0.02	0.387	0.39±0.01	0.352	（0.137）	0.165
Zr	233±7	237.178	195±7	188.682	187±16	193.848
Zn	61±5	59.733	78±5	71.603	18±2	16.41
Y	26±2	22.604	26.4±0.9	21.251	8.9±1.2	11.739
V	90±12	85.669	86±4	77.284	19±3	20.994
U	2.1±0.4	2.387	2.4±0.2	2.072	0.75±0.10	1.291
Th	12.8±1.6	13.352	10±1	9.529	5.4±0.6	6.81
Ta	1.1±0.2	1.457	0.85±0.07	0.799	（0.52）	0.559
Sr	172±9	176.328	240±5	235.794	87±4	88.047
S	241±22	241.139	154±15	198.873	50	55.89
Rb	102±8	101.868	94±3	87.351	70±6	74.29
Pb	25±3	22.856	19±2	15.928	13.5±2.3	13.692
P	480±31	480.986	708±9	688.625	166±11	186.693
Mo	0.4±0.1	0.21	0.96±0.06	0.691	0.44±0.10	0.804
Mn	520±24	531.098	774±19	766.608	218±31	216.48
Ga	16.7±1.7	16.717	16.8±0.5	17.129	11.1±0.9	10.259
Dy	4.7±0.4	4.727	4.9±0.3	4.733	1.56±0.19	1.731
Cu	25±3	22.282	29±1	22.831	11±2	19.502
Cs	8.3±0.7	9.095	7.2±0.4	8.978	1.0±0.1	0.80

续表

组分	GBW07423		GBW07426		GBW07317	
	标准值	本法	标准值	本法	标准值	本法
Cr	75±5	71.911	59±2	57.989	10.7±1.7	11.783
Co	14±2	16.215	12.6±0.3	17.555	3.5±0.4	3.800
Ba	520±43	535.372	492±20	562.378	690±54	702.351
As	8.4±1.3	9.198	12.2±0.8	7.731	2.0±0.2	1.596

4. 结论

选用的标准物质中包括了四十种元素，在实际的测量条件下，只给出了三十种元素的检出限、精密度及准确度数据，这是因为有些元素的灵敏度较低而且准确度不高，目前还比较难以测定；还有些元素因为考虑到谱线干扰，这种干扰包括直接的干扰和间接的干扰，为了尽可能地扣除掉谱线重叠干扰，有必要将一些没有测量要求的元素添加到测量道中。

Mo、Cs、Ta 三个元素变异系数较高，其他元素的变异系数皆小于 6.0%，这三个元素在准确度实验中的准确度也不是很好，分析原因有二，其一可能是精密度实验所选试样中三个元素的含量较低，超出检测限；其二，三个元素在谱线重叠校正和基体校正时扣除不充分。

采用低压聚乙烯粉镶边粉末压片法制样，用经验系数法和康普顿内标法校正基体效应，使用该方法分析盐湖黏土矿物中主次组分元素，方法简便、灵敏、准确，分析成本大幅降低，分析效率得到极大提高。

本实验中盐湖黏土矿物成分分析是将样品中的盐类矿物剔除掉，只留下黏土矿物。本分析方法采用粉末压片制样方法进行制样，无须采用酸溶，只需简单的样品前处理，属于典型的无损分析，可以有效避免样品前处理所带来的测量误差；分析时间短，三十个主次含量元素，只需要十分钟就可以全部分析完毕，而且分析结果的准确度也符合要求。

5. 其他

测试样片压制过程中，每压制测试一个样片前，均需要用无水乙醇仔细擦拭模具，防止样品交叉污染。

12.5　碳酸锶产品中 Ca、Sr、Ba、Mg 组分含量测定[13, 14]

12.5.1　方法概述

Mg、Ca、Sr、Ba 同为碱土金属，性质相似，准确分析 $SrCO_3$ 产品中的 Sr、Ca、Mg、Ba 难度大，分析繁杂。利用 XRF 分析优势，采用人工合成配制系列标准样，以硼酸镶边垫底的粉末压片法制样，建立了准确分析 $SrCO_3$ 产品中主次组分的定量分析曲线，可同时

测量 $SrCO_3$ 产品中的 Sr、Ba、Ca、Mg、Si、Fe、Al、S 等组分。

12.5.2 仪器和试剂

1. 主要仪器设备

1）X 射线荧光光谱分析仪器

PANalytical Axios PW4400，4.0 kW，铑靶，SuperQ 4.0 软件。

2）其他设备

分析天平：Sartorius BT224S 万分之一天平。

水冷机：BLK-8-YS 型，北京众和创业科技发展有限公司。

压片机：北京众合创业科技发展有限公司生产，BLK-8-YS 型。

干燥箱：GZX-9030MBE 型（上海迅博事业公司）。

2. 试剂

1）标准物质

市售优级纯试剂：$SrCO_3$、$SrSO_4$、$BaCO_3$、$CaCO_3$、碱式 $MgCO_3$、SiO_2、Fe_2O_3、Al_2O_3。

2）其他试剂

市售分析纯试剂：硼酸，硬脂酸。

12.5.3 分析测试

1. 样品制备

1）标准样品

标准样品由优级纯试剂经过预处理后，依据碳酸锶产品中杂质种类及含量，人工配制系列混合样品，作为标准样。

（1）预处理。优级纯试剂 $SrCO_3$、$SrSO_4$、$BaCO_3$、$CaCO_3$、碱式 $MgCO_3$、SiO_2、Fe_2O_3、Al_2O_3 分别在合适的条件下干燥至恒重，备用。

（2）混合标样制备。混合标样中各组分组成范围见表 12.22，根据表中组成范围分别准确称取各个预先干燥备用的试剂，混合研磨，获得均匀的混合样品备用。准确称取样品，按比例加入黏结剂，采用硼酸镶边粉末压片法制样，放入压样机模具中，设置压力为 25 T、保压时间 60 s，压制成 Φ32 mm 的合格待测样片，保存在干燥器中备用。

表 12.22 各组分含量范围

化合物	含量 $\omega/10^{-2}$	化合物	含量 $\omega/10^{-2}$
$SrCO_3$	100.00～51.85	$MgCO_3$	12.17～0.20
$SrSO_4$	4.79～0.13	SiO_2	4.98～0.049
$BaCO_3$	13.97～0.31	Fe_2O_3	0.51～0.010
$CaCO_3$	10.97～0.31	Al_2O_3	0.77～0.020

2）待测样品

待测试样经过干燥后研磨至 74 μm 以下，其余操作同标准样品的制备。

碳酸锶样品的自黏性较差，直接压制的测试样片表面很容易开裂、起皮，为获得合格的测试样片，需要添加合适的黏结剂，辅助碳酸锶样片的压制。本法中添加样品量 10%的硬脂酸作为黏结剂。

3）监控样

从配制的标样中选取一个中等含量的样品作为监控样，在一个星期之内每天重新压制一个该监控样做漂移校正。

2. 测量条件选择

根据碳酸锶产品组成特点，为得到较高的测量精密度和较低的检出限，在测量过程中得到尽可能高的计数率和好的峰比，各分析元素的测量条件进行了优化选择，结果见表 12.23。

表 12.23　分析元素的测量条件

元素	谱线	晶体	准直器	检测器	滤光片	电压/kV	电流/mA	2θ/(°)	Offset Bg--2θ	PHA	
										LL	UL
S	Kα	Ge111	300 μm	流气式	—	30	100	110.5646	−1.8124	27	76
Al	Kα	PE002	300 μm	流气式	—	30	100	144.8394	3.0324	22	78
Ba	Lα	LiF200	300 μm	流气式	—	30	100	87.1732	−0.8762	33	64
Ca	Kα	LiF200	300 μm	流气式	—	30	100	113.1062	−1.0170	31	63
Fe	Kα	LiF200	300 μm	复合型	—	60	50	57.4724	−0.7552	15	67
Mg	Kα	PX1	400 μm	流气式	—	30	100	22.6810	−2.0140	13	76
Si	Kα	PE002	300 μm	流气式	—	30	100	109.0196	−1.9658	32	73
Sr	Kα	LiF200	300 μm	闪烁	—	30	100	25.0890	−0.8272	22	76

注：PHA 为脉冲高度分析器，LL 和 UL 分别为其低限和高限

3. 标准曲线

自制标准样品在 SuperQ 分析软件中按表 12.23 测试条件进行测量，根据被测元素的计数率和准确含量进行线性回归。回归曲线线性采用α经验系数法进行校正。

4. 待测样品测定

在 SuperQ 分析软件建立的标准曲线下对待测样测试片进行测定，由软件给出测试结果。

12.5.4　结果与讨论

1. 方法的灵敏度

本方法各元素的最低检出限见表 12.24。由表 12.24 结果可知，建立的方法满足 $SrCO_3$

产品全组成分析，但不适用于含量低于 77%的 $SrCO_3$ 样品。$SrCO_3$ 含量低于 77%的样品，需根据样品的组成特点，在已经建立的标准曲线中增加合适的标准样品，对标准曲线进行重新处理，扩展标准曲线的检测下限，使其能满足低含量 $SrCO_3$ 样品的分析检测需要。

表 12.24　各分析元素的检出限表

分析元素	$\omega_{Max}/10^{-2}$	$\omega_{Min}/10^{-2}$	$\omega_{平均值}/10^{-2}$	标准偏差 S/%	相对标准偏差 RSD/%
Sr	46.437	46.086	46.216	0.1215	0.263
SO_4^{2-}	1.030	0.807	0.922	0.0816	8.850
BaO	3.332	3.318	3.325	0.0051	0.152
CaO	2.134	2.087	2.113	0.0171	0.809
MgO	1.255	1.238	1.246	0.0051	0.409
SiO_2	0.917	0.885	0.901	0.0116	1.287
Fe_2O_3	0.077	0.072	0.074	0.0016	2.162
Al_2O_3	0.280	0.270	0.275	0.0032	1.164

2. 方法的精密度

从制备的标样中随机选择一样片反复测量 11 次，结果见表 12.25。由表中的数据可知，主含量元素 RSD＜0.30%，微量元素 RSD＜2.5%，SO_4^{2-}的 RSD＜9.0%。

表 12.25　方法的精密度实验结果（n=11）

组分	Sr	SO_4^{2-}	BaO	MgO	CaO	SiO_2	Fe_2O_3	Al_2O_3
含量 $\omega/10^{-2}$	45.97	0.69	3.36	1.25	2.12	0.92	0.074	0.23
RSD/%	0.26	8.85	0.15	0.41	0.81	1.29	2.16	1.16

3. 方法的准确度

对未知样品进行测量确定分析结果的准确度，测量结果见表 12.26。

表 12.26　分析结果对照表

样品编号	测量方法	Sr	SO_4^{2-}	BaO	MgO	CaO	SiO_2	Fe_2O_3	Al_2O_3
HCBY09	XRF 方法	41.55	1.13	4.75	2.34	3.13	1.80	0.23	0.35
	标准值	41.41	1.18	4.78	2.39	3.15	1.85	0.23	0.35
	相对误差	0.34	−3.99	−0.52	−1.88	0.67	−2.65	−0.88	−1.14
HCBY11	XRF 方法	36.07	1.50	7.42	3.45	4.21	2.88	0.17	0.45
	标准值	36.31	1.55	7.48	3.48	4.23	3.02	0.16	0.36
	相对误差	−0.65	−3.22	−0.78	−0.86	−0.38	−4.66	4.40	23.90

续表

样品编号	测量方法	Sr	SO_4^{2-}	BaO	MgO	CaO	SiO_2	Fe_2O_3	Al_2O_3
HCBY12	XRF 方法	33.58	1.70	8.25	3.91	4.89	3.61	0.18	0.46
	标准值	33.95	1.84	8.29	3.90	4.87	3.56	0.19	0.46
	相对误差	1.07	7.68	−0.52	0.33	0.49	1.49	−4.74	−0.22
HCBY13	XRF 方法	32.11	1.88	8.80	4.21	5.08	3.92	0.44	0.55
	标准值	32.33	1.99	8.86	4.23	5.13	3.93	0.43	0.57
	相对误差	−0.67	−5.52	−0.75	−0.28	−0.82	−0.26	1.38	−2.81

注：表中数值为质量分数，$\omega(10^{-2})$

结果表明，主含量组分 Sr 的相对误差在 1%以内，表明建立的定量分析曲线可以满足 $SrCO_3$ 产品主含量的分析要求，同时 $SrCO_3$ 产品中主要杂质成分的分析结果也满足要求。

4. 其他

（1）测试样片压制过程中，每压制测试一个样片前，均需要用无水乙醇仔细擦拭模具，防止样品交叉污染。

（2）样品中的 SO_4^{2-} 在测试过程中会在测试样片表面富集，测试结果的变异系数较大。因此对于 SO_4^{2-} 的分析测试不能以多次测量后的平均值为结果，应选择首次测量结果。在测试过程中如果要验证 SO_4^{2-} 结果的重现性，适合采用同一样品的多个测试样片。

（3）X 射线荧光分析原则是长波长元素，采取低压高电流；短波长元素，采取高压低电流；测量功率为总功率的 90%。每一种元素都有仪器给定的测量条件，然而有时仪器给定的测定条件并不适合。如 Sr 元素的仪器给定测量条件为 60 kV 和 60 mA，但在此条件下测量产生谱峰饱和现象，见图 12.11。表明样品中的 Sr 计数率过高，造成计数率溢出，分析结果误差较大。综合考虑各方面的因素，将 Sr 的测定条件设置为 30 kV 和 100 mA。

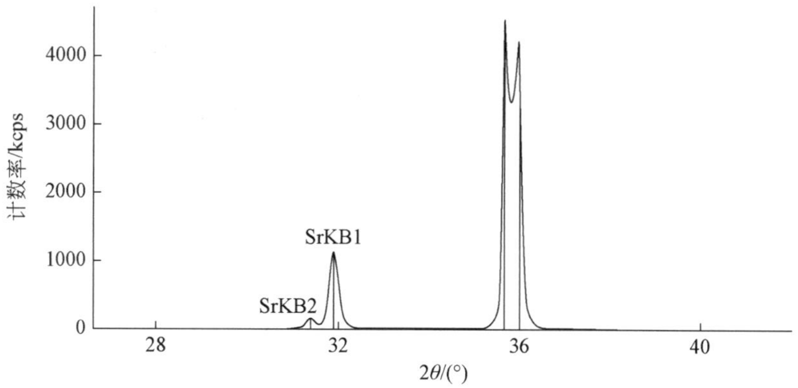

图 12.11　仪器给定条件下 Sr 的谱图

（4）$SrCO_3$ 产品属于自成特性很差的粉末样品，采用粉末压片法，制样需要添加黏结剂，黏结剂用量为 10%；采取逐渐增加压力制样可以得到成样性良好的测试样片。

（5）本方法具有简单、快速、灵敏、准确的特点，可以作为 $SrCO_3$ 产品质量管理的有效检测手段。

（6）测试样片压制过程中，每压制一个测试样片前，均需要用无水乙醇仔细擦拭模具，防止样品交叉污染。

12.6 EDXRF 测定高碳铬铁组分方法[15，16]

12.6.1 方法概述

能量色散型 XRF 是不用分析晶体，而用半导体探测器和多道能量分析器，对光谱直接分辨的方法。其基本原理和 WDXRF 相同，适用于 ^{11}Na～^{92}U 范围元素的快速定性定量分析。

铬铁是一种常见的合金原料，按照碳含量的不同分为微碳、低碳、中碳、高碳铬铁。铬铁组成分析常采用容量滴定分析法和 ICP-OES 法，涉及铬铁的溶解制样，分析周期长，溶样操作要求严谨，否则容易导致分析误差。能量色散 X 射线荧光光谱（EDXRF）测定高碳铬铁，采用粉末压片法，有效简化样品前处理过程，缩短分析周期，提高分析效率。

12.6.2 仪器和试剂

1. 主要仪器设备

1）X 射线荧光光谱分析仪器

PANalytical Epsilon 3X，Omnian 软件。

2）其他设备

分析天平：Sartorius BT224S 万分之一天平。

水冷机：BLK-8-YS 型，北京众和创业科技发展有限公司。

压片机：FYD 电动压片机，天津思创精实科技发展有限公司。

球磨机：XQM-0.4 A 立式行星球磨机，长沙天创粉末技术有限公司。

烘箱：GZX-9030MBE 台式烘箱，上海迅博事业公司。

2. 试剂

1）标准物质

高碳铬铁标准物质：①ZGJT-2013-4，北京北方伟业计量技术研究院；②BH0310-3，武汉卓研华标科技有限公司；③GBW(E)010255～010257，武汉维斯科冶标科技公司；④GBW(E)010367～010369，济南泉东标准物质研究所；⑤YSBC28621-2010～28624-2010，山东冶金科学研究院；⑥YSBC28653-2018～28657-2018，中钢集团吉林铁合金股份有限公司。

2）其他试剂

市售分析纯试剂微晶纤维素和硼酸。

12.6.3　分析测试

1. 样品制备

1）标准样品

（1）预处理。高碳铬铁标准物质确保能全部通过 200 目不锈钢网筛，如果粒度较大，需要研磨至粒度小于 74 μm，置于烘箱中干燥至恒重，冷却后置于干燥器中储存备用。

（2）制样条件。准确称取 5 g（精确至 0.0001 g）的标准样品和为 0.3 g 黏结剂于 100 mL 球磨罐中，在转速为 800 $r·min^{-1}$ 的条件下混样 10 min。混合均匀后放入 X 射线荧光专用硼酸模具中，用硼酸粉末镶边垫底，在压力 40 MPa 和保压时间 1 min 条件下，加压制成外径为 40 mm、内径为 32 mm 的样片。

2）待测试样

高碳铬铁待测试样的预处理过程、测试样片的制备均同标准样品的处理方法。

2. 分析条件选择

根据 EDXRF 的分析原理，短波长（轻元素）选择低电压高电流，长波长（重元素）选择高电压低电流原则，测试条件见表 12.27。

表 12.27　分析测试条件

元素	谱线	电压/kV	电流/μA	测量时间/s	滤光片	气氛	探测器
Cr	$K_α$	20	100	90	Al-200	空气	常规
Fe	$K_α$	20	100	90	Al-200	空气	常规
Mn	$K_α$	20	100	90	Al-200	空气	常规
P	$K_α$	6	900	200	—	He	高分辨
S	$K_α$	6	900	200	—	He	高分辨
Si	$K_α$	6	900	200	—	He	高分辨
Ti	$K_α$	12	85	120	Al-50	He	高分辨
V	$K_α$	12	85	120	Al-50	He	高分辨

3. 标准曲线

在表 12.27 分析测试条件下，完成标准物质测试样片的分析测试。谱线干扰校正后，将数据进行回归，得到校准曲线的截距、斜率、矩阵校正系数和谱线重叠干扰校正系数。各组分的质量因子值 $K<0.129$，均方根偏差值 RMS＜0.00696，8 个元素标准曲线相关系数 R^2 均大于 0.99，线性相关良好。

4. 样品分析

压制好的待测样品测试片在建立的标准曲线下进行的分析测定，测试结束后由分析软件给出待测样品的测试结果。

12.6.4　结果与讨论

1. 方法检出限

检出限与样品的基体有关，不同的样品因其组分和含量不同，散射的背景强度、分析线的灵敏度及谱线重叠干扰程度不同，其检出限也不同。选择一个在标准曲线中各组分含量较低的标准样品重复测定 11 次，计算各组分的标准偏差，其标准偏差的 3 倍作为本方法的检出限，结果见表 12.28 所示。

表 12.28　方法检出限

元素	Cr	Fe	Si	Mn	V	Ti	P	S
检出限 $\omega/10^{-2}$	0.32	0.25	0.08	0.03	0.02	0.02	0.0021	0.015

2. 方法精密度

随机选取一个铬铁测试样片，在建立的标准曲线下进行 11 次平行分析测试，结果见表 12.29。

表 12.29　方法的精密度

次数	Cr	Fe	Si	Mn	V	Ti	P	S
1	53.79	27.54	7.89	0709	0.359	0.577	0.021	0.023
2	53.96	27.39	7.89	0.719	0.362	0.576	0.020	0.023
3	53.95	27.44	7.86	0.702	0.354	0.572	0.021	0.023
4	53.72	27.61	7.86	0.703	0.347	0.584	0.020	0.023
5	54.02	27.35	7.90	0.724	0.363	0.575	0.022	0..022
6	53.99	27.41	7.87	0.718	0.354	0.581	0.021	0.022
7	54.02	27.39	7.87	0.703	0.355	0.579	0.021	0.022
8	54.11	27.39	7.84	0.700	0.348	0.576	0.021	0.022
9	53.94	27.35	7.92	0.714	0.366	0.568	0.022	0.023
10	53.89	27.53	7.88	0.727	0.351	0.573	0.021	0.022
11	53.91	27.37	7.94	0.716	0.365	0.574	0.022	0.022
平均	53.94	27.43	7.89	0.712	0.357	0.576	0.021	0.021
RSD	0.20	0.32	0.35	1.32	1.88	1.32	3.32	2.26

注：表中浓度为质量分数，$\omega(10^{-2})$

3. 方法准确度

选取未参与标准曲线回归的标准样品测试片作为待测样品，在建立的标准曲线下进行分析测试，测试结果与标准值的对比见表 12.30。

表 12.30　方法准确度

名称	Cr	Fe	Si	Mn	V	Ti	P	S
标准值	60.002865	28.65	2.43	0.340	0.153	0.261	0.025	0.033
EDXRF 结果	60.29	28.07	2.40	0.320	0.145	0.261	0.024	0.032
相对误差/%	0.48	2.02	1.23	5.88	5.23	0.00	4.00	3.03
ICP-OES 结果	60.76	29.84	2.25	0.330	0.161	0.201	—	—
相对误差/%	1.27	4.15	7.41	2.94	5.23	22.99	—	—

注：表中浓度为质量分数，$\omega(10^{-2})$

从表中数据可知，EDXRF 分析结果中 8 种元素的相对误差在 0.48%～5.88%之间，比 ICP-OES 结果的相对误差更小。

4. 制样条件

（1）粉末压片制样要求样品粒度要满足一定的要求，目前普遍认为样品粒度小于 74 μm，即通过 200 目标准筛。购置的标准物质在压制测试样片之前，需要确认样品粒度是否满足要求，对不满足要求标准物质应进行研磨预处理。

（2）压片过程需根据样品的性质确定合适的压片制样条件，对于硬度大、自黏性差的样品，需加入适量的黏结剂，同时样品用量、压片压力和保压时间应通过试验确定。

（3）黏结剂的种类和用量与待测试样的性质、黏结剂组成相关，应根据样品的基本性质结合黏结剂组成进行筛选，所用黏结剂以不影响试样测试为前提。本方法中选择加入测试样品质量的 6%的微晶纤维素。

（4）合格的测试样片应该是表面均匀、光洁，无毛刺、裂纹。

（5）测试样片压制过程中，每压制测试一个样片前，均需要用无水乙醇仔细擦拭模具，防止样品交叉污染。

（6）标准曲线是实现定量分析的关键，合适的标准样品是建立标准曲线的关键，背景校正对于标准曲线的建立同样是不可忽略的。

参 考 文 献

[1] 罗立强, 詹秀春, 李国会, 等. X 射线荧光光谱仪[M]. 北京: 化学工业出版社, 2008.

[2] 吉昂, 陶光仪, 卓尚军, 等. X 射线荧光光谱分析[M]. 北京: 科学出版社, 2003.

[3] 梁钰. X 射线荧光光谱分析基础[M]. 北京: 科学出版社, 2007.

[4] 刘尚华, 陶光仪, 吉昂. X 射线荧光光谱分析中的粉末压片制样法[J]. 光谱实验室, 1998, 15(6): 9-15.

[5]《岩石矿物分析》编委会. 岩石矿物分析. 第 4 分册. 资源与环境调查分析技术[M]. 4 版. 北京: 地质出版社, 2011.

[6] 赵玉岩, 张泽宇, 汤肖丹, 等. X 射线荧光光谱法分析盐碱土中高含量水溶性盐阳离子[J]. 光谱学与光谱分析, 2020, 40(5): 1467-1472.

[7] 王小欢. 油田水、盐湖沉积物的 X 射线荧光光谱分析方法初步研究[D]. 北京: 中国科学院大学, 2009.
[8] 王小欢, 孟庆芬, 董亚萍, 等. X 射线荧光光谱法快速分析盐湖粘土矿物元素含量[J]. 光谱学与光谱分析, 2010, 30(3): 829-833.
[9] 于波, 严志远, 杨乐山, 等. X 射线荧光光谱法测定土壤和水系沉积物中碳和氮等 36 个主次痕量元素[J]. 岩矿测试, 2006, 25(1): 74-78.
[10] 刘江斌, 党亮, 和振云. X射线荧光光谱法同时测定土壤样品中的36种组分的探讨[J]. 甘肃地质, 2010, 19(2): 75-79.
[11] 吕胜男, 卢兵, 赵文志, 等. X射线荧光光谱法同时测量土壤和水系沉积物中23种主次痕量组分[J]. 理化检验-化学分册, 2023, 59(7): 764-769.
[12] 张勤, 樊守忠, 潘宴山, 等. X 射线荧光光谱法测定化探样品中主、次和痕量组分[J]. 理化检验-化学分册, 2005, 41(8): 547-552.
[13] 王小欢, 董亚萍, 孟庆芬, 等. 南翼山油田水中锶的容量分析[J]. 分析室验室, 2008, S2: 322-325.
[14] 王小欢, 董亚萍, 孟庆芬, 等. X 射线荧光光谱法测定碳酸锶产品中的主次组分含量[J]. 盐湖研究, 2009, 17(2): 43-49.
[15] 李国会. X 射线荧光光谱法测定铬铁矿中主次量元素[J]. 岩矿测试, 1999, 18(2): 244-296.
[16] 李欣倩, 冯海涛, 李波, 等. 高碳铬铁 EDXRF 分析中的制样条件优化[J]. 盐湖研究, 2021, 29(2): 102-108.

第 13 章　扫描电子显微镜与 X 射线能谱分析

扫描电子显微镜（scanning electron microscope，SEM，简称扫描电镜）和能量色散谱仪（energy dispersive spectroscopy，EDS，简称能谱仪）可用于金属、陶瓷、高分子、水泥、半导体、生物、化工、矿产等材料的微观形貌观察、相组织与晶体结构分析，微区化学成分检测等。采用扫描电镜（SEM）与能谱仪（EDS）联合应用的方法对材料进行微区化学成分分析是一种重要的分析手段，该方法方便快捷，对不平试样也可以用无标样定量程序得到较好的定性、半定量分析结果。在机械零件失效分析、纳米材料的表征上，也有不可替代的功能。

13.1　概　　述[1–5]

扫描电镜（SEM）与能谱仪（EDS）的组合是一种高效、实用、非破坏性的表面显微分析设备。它不仅能用作高分辨率的微观形貌观察，也能够对试样表面的微区进行化学组分分析。它能够分析的微区面积大可达平方毫米的量级，小可到平方微米的量级，图像的几何分辨率可以达到或优于纳米级。此外，由于操作者可以选择电子束的分析区域，扫描电镜与能谱仪的组合分析不仅可检测试样的表面和基材的化学组分，而且更适合于检测试样中的夹杂物、镀层的表面和横截面、小污染斑的形貌，以及微观尺寸的测量等。

13.1.1　扫描电子显微镜

在日常的材料分析研究中，扫描电镜（SEM）作为常用设备之一，展现了其独特的优势。与传统的光学显微镜相比，电子显微镜以其高分辨率、广阔的放大范围和良好的图像景深而著称。近年来，随着科学技术的发展，电子显微镜技术取得了飞速的发展，已从透射电镜、扫描电镜、原子力显微镜、电子探针，发展到了今天的扫描隧道显微镜、扫描电声显微镜、激光共聚焦扫描电子显微镜、原位电子显微镜等。此外，其简便的样品制备过程也使得它在生物学、材料科学和环境科学等多个领域中得到了广泛的应用。

1. 扫描电镜结构

扫描电镜由电子光学系统、信号收集和记录系统、真空和电源系统三部分组成。扫描电子显微镜的基本构造可划分为两个主要部分：镜筒与样品室，成像和记录系统。这两个区域通过同步扫描发生器和信号探测器相互连接。

1）电子光学系统

电子光学系统由电子枪、电磁透镜、扫描线圈和样品室组成。系统的主要作用就是产生扫描电子束，作为打到样品表面产生各种物理信号的激发源。为了获得强度高的信号和分辨率高的图像，产生的电子束必须要有较高的亮度和尽可能小的束斑直径。

2）信号收集和记录系统

信号收集系统主要由二次电子探头、背散射电子探头、电子信号检测器、X 射线检测器组成。系统的作用就是检测和吸收电子束打到样品表面产生的物理信号，通过不同的探头和检测器，转换成不同的形式输出。

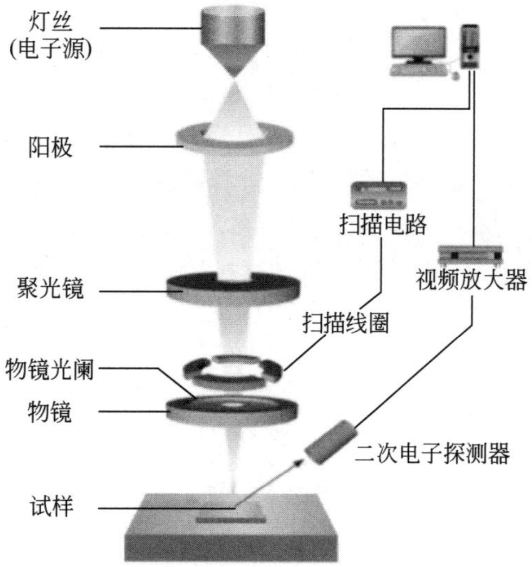

图 13.1　扫描电镜结构示意图
另见书末彩图

3）真空和电源系统

扫描电镜的电子光学系统正常工作需要在镜筒内保持一定的真空度，其作用就是保证仪器正常工作，防止样品污染；一般情况下要求保持在 10^{-8}～10^{-5} Pa 的真空度。电源系统由稳压、稳流和相应的电路安全保护装置组成，如图 13.1 所示。

2. 扫描电镜的工作原理

1）工作原理

扫描电镜基本工作原理是通过电子枪发射出的电子束，在加速电压的作用下，经过电磁透镜聚焦，然后在样品表面按顺序逐行进行扫描。扫描过程中，电子束与样品相互作用，激发出各种物理信号，如二次电子、背散射电子、吸收电子、特征 X 射线和俄歇电子等。这些信号的强度随样品表面的特征变化而变化，被相应的收集器接收后，经过放大器放大，最终在显像管上成像，见图 13.2 和表 13.1。

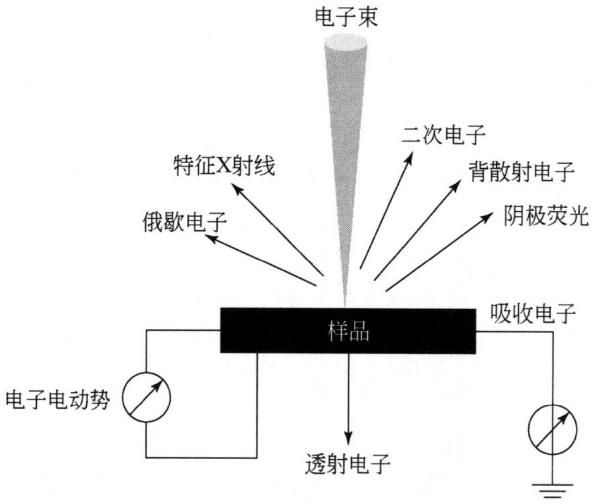

图 13.2　电子束与固体样品作用时产生的信号

表 13.1　扫描电镜中主要信号及其功能

用途	信号类别
形貌观察	二次电子、背散射电子、透射电子
元素分析	特征 X 射线、俄歇电子、背散射电子
结晶分析	阴极荧光、二次电子、背散射电子、透射电子
化学态	特征 X 射线、俄歇电子、阴极荧光
电磁性质	二次电子、背散射电子、透射电子、吸收电子

二次电子：用于观察样品表面形貌，对表面状态非常敏感。

背散射电子：通过样品中的电子散射观察样品表面形貌，并可用于定性分析样品组成。

特征 X 射线：通过激发试样原子内层电子跃迁产生，用于定量分析样品组成。

2）成像原理

扫描电镜的成像原理与电视成像类似，都依赖于电子束的扫描功能。同步扫描发生器负责控制镜筒内的扫描线圈和显示器的扫描线圈，确保电子枪发射的电子束与显示器上的电子束同步地在样品和显示屏上进行逐点、逐行、逐帧扫描。当电子束以一定的方式扫描时，样品表面上被扫描到的各点均有二次电子或背散射电子逸出，而凸起处相对于凹下处受电子束作用更强烈，则逸出的二次电子数或背散射电子更多，所以凸起处明亮，凹下处黑暗。这些信号被收集器接收后，经过放大和处理，按扫描的先后顺序将亮度的变化显示出来，最终形成反映样品表面特征的图像。成像信号主要是二次电子和背散射电子，二次电子是最主要的成像信号，它们对样品表面的形貌非常敏感，能够提供样品的表面形貌信息。背散射电子则对样品的成分和原子序数敏感，可以用于成分分析。

3. 扫描电镜的技术参数

扫描电镜的主要技术参数有分辨率、加速电压、探针电流。这些参数的设置对于获得高质量的图像至关重要。

1）分辨率

扫描电镜的分辨率是指能够分辨的最小距离。对于成像而言，分辨率通常指的是能分辨两点之间的最小距离。分辨率是扫描电子显微镜重要的参数之一。分辨率越好，可以看到的特征尺寸越小。分辨率的好坏往往取决于聚焦在样品上的电子束斑的直径（即束斑尺寸）。

2）加速电压

加速电压决定了电子束的能量，进而影响图像的分辨率和深度。较高的加速电压可以产生更高的能量电子束，适合穿透较厚的样品并获得更深的图像细节，但可能会损坏样品。通常，导电样品可以使用较高的加速电压 15～30 kV，而非导电样品则使用较低的加速电压 1～5 kV，以减少表面电荷积累。

3）探针电流

探针电流是指电子束在扫描过程中的强度，较高的探针电流可以提供更多的电子，增强信号强度并减少图像噪声，但过高的探针电流可能会导致样品的损伤。

4. 影响分辨率的主要因素

1）球差

电磁透镜的中心区域和边沿区域对电子的折射能力不同，导致电子束无法会聚到同一个点，从而形成模糊的弥散圆斑。增大透镜的激磁电流可以减小球差，通过减小球差系数和缩小成像时的孔径半角也能有效减少球差。

2）色差

电子波的波长或能量发生一定幅度的改变，导致不同能量的电子聚焦在不同的焦点上，出现成像模糊。使用薄试样和小孔径光阑将散射角大的非弹性散射电子挡掉，或者稳定加速电压和透镜电流可以减小色差。

5. 扫描电镜的参数调节

扫描电镜的工作参数主要包括加速电压、探针电流和消像散调节等。这些参数对获取的电子显微图像有着显著的影响。接下来，我们将逐一探讨这些参数的作用。

1）加速电压的选择

加速电压对扫描电子显微镜的性能至关重要。通常，扫描电镜能够提供的加速电压范围在 0.2～30 kV。选择合适的加速电压需要考虑样品的类型和分析的目的。表 13.2 列出了选择加速电压时的一些参考依据。

表 13.2　扫描电镜分析时加速电压选择

样品成像或成分分析	加速电压/kV	说明
低原子序数样品（C、H、N、O 之类）	5～10	动植物，食品，橡胶，化工原料，易受电子束损伤样品等
中等以上原子序数（Na 以上）	10～20	金属，半导体，矿物，陶瓷，建材。不导电样品需要镀膜处理。适合常规观察
高分辨率观察	20～30	电子束波长短，像差小，高倍图像清晰，可提供 2 万倍以上图像
荷电样品	1～3	直接观察不导电样品
X 射线成分分析	15～20	视所分析样品的成分而定

2）探针电流的选择

探针电流是指电子枪发射的电子束流，在经过聚光镜调节后会聚成更小的束斑尺寸，进而入射到样品上。探针电流的大小直接影响束斑尺寸，即探针电流越大，束斑尺寸也随之增加。根据不同的工作模式，可以选用不同的探针电流或束斑尺寸。具体数据可参考表 13.3。

表 13.3　探针电流选择参考表

名称	探针电流/pA
高分辨像	1～5
常规观察	＞20
背散射像	100～300
X 射线成分分析	300～600
观察荷电样品	3～5

3）消像散

当观察高倍率图像时，如果发现即使在反复调焦后图像仍然不清晰，并且在图像的垂直方向上出现模糊边缘，这通常是像散现象造成的。像散是一种光学畸变，它会导致图像在不同方向上的焦点不同，从而产生模糊效果。

13.1.2　能量色散谱仪

能量色散谱仪简称能谱仪（EDS），在现代扫描电镜的应用中是一个重要的附件，它同电镜共用一套光学系统，可对材料中感兴趣部位的化学成分进行点分析、线分析、面分析。已广泛用于材料、冶金、矿物、地质等领域。能谱仪自 20 世纪 70 年代问世以来无论在硬件还是在分析技术方面发展很快，由于能谱仪结构简单，使用方便，已经是扫描电镜、透射电镜和扫描透射电镜上进行微区成分分析的首选设备。

1. 能谱仪的基本原理

一般情况下原子处于基态，即原子核周围的电子，K 壳层上配置有 2 个电子，L 壳层有 8 个电子，M 壳层有 18 个电子……如果有被加速了的电子束对这种处在基态的原子进行轰击，则该原子便会发生电离，即原子核周围的电子当中有被打出了原子层（如 K 壳层）之外，此时原子处于不稳定的激发态。为了恢复低能级的稳定状态，原子中高能级轨道（如 L 层）电子将自发地向低能级轨道跃迁，填补激发层轨道的空穴，高能级电子多出的能量将以 X 射线光子的形式辐射出来，其能量等于跃迁前后两能级的能量差。该值对于各种元素具有确定的值，所以这时放出的 X 射线的能量（或其波长）是由元素确定的，这便是该元素的特征 X 射线。

$$E=hc/\lambda \tag{13.1}$$

式中，E 为特征 X 射线的能量；λ 为其波长；h 是普朗克常数；c 是光速。

X 射线的命名是根据电子跃迁前后的能级不同来确定的。例如，由 L 壳层电子填补 K 壳层空位时所产生的 X 射线称为 K_α线，而由 M 壳层电子填补 K 壳层空位时所产生的 X 射线称为 K_β线，由 M 壳层电子填补 L 壳层空位时所产生的 X 射线称为 L 线，其余类推。由于 L 壳层电子填补 K 壳层空位的概率远远高于由 M 壳层电子填补其他层的概率，所以，K_α线的强度远高于 K_β线。一般 K_β线的强度为 K_α线强度的 1/10～1/5，对于不同元素，其强度比例会有所不同。M 层与 K 层能级能量差相较于 L 层与 K 层的更大，因此 K_β线 X 射线能量更高，在 EDS 谱图中显示为 K_β线在 K_α线右侧。特征 X 射线的波长（能量）并不随入射电子的能量不同而有所不同，而是由构成物质的元素（原子序数 Z）所决定：

$$\lambda=hc/E=1.21\times10^3/(Z-1)^2 \tag{13.2}$$

特征 X 射线进入硅探测器，硅原子电离产生若干个电子-空穴对，其数量与 X 射线的能量成正比，经前置放大和多道脉冲高度分析，可以得到一个按能量展开的特征 X 射线能量分析图，用相应的计算机软件处理能谱图，可以进行谱峰的定性和定量分析（可参考 12.1 节）。

2. 能谱仪的结构

能谱仪主要由探测器、放大器、脉冲处理器、显示系统和计算机构成。其基本结构如

图 13.3 所示。X 射线光子进入探测器后，转变成电脉冲，经过前置和主放大器放大，由脉冲处理器分类和累积计数，通过显示器展现 X 射线能谱图，利用计算机配置的专用软件对能谱进行定性和定量分析。

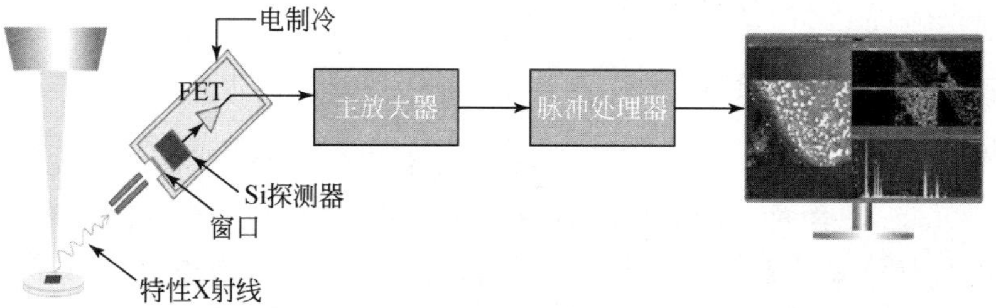

图 13.3　能谱仪的结构示意图

另见书末彩图

3. 能谱仪的分析特点

（1）能谱法灵敏度高，检出限一般为 0.1%～0.5%。

（2）分析元素范围广，能分析 B～U 之间的所有元素，且前处理简单。

（3）不损坏试样，分析速度快。

4. 能谱仪的分析技术

1）定性分析

能谱仪是利用电子与试样相互作用产生不同能量的特征 X 射线进行元素定性。元素定性分析涉及两个内容：①确定样品中各元素的组成；②确定元素在样品中的分布状态。

（1）确定元素的组成。定性分析就是要识别和标定能谱中出现的所有谱峰分别属于哪个元素，确定未知试样中所含元素。定性分析的依据就是识别元素的特征 X 射线能量，其方法已高度智能化，自动识别。各种元素的 K 系、L 系和 M 系标准谱线均已存储，在采谱过程中，不论谱峰多少和强度高低，这些标准谱线将自动与谱峰对齐，并标出元素符号，样品内含有的元素一目了然。

（2）确定元素或相组织的分布。对于检测非均质样品，例如钢中夹杂物、材料表面强化层状态、镀层分布等，能谱仪提供两种定性分析手段。①X 射线线扫描：X 射线线扫描可以提供样品中元素沿某条扫描线上的分布。可用不同颜色曲线代表各组分元素。②X 射线面分布图：让电子束在样品某个感兴趣的区域内反复做光栅扫描，采集区域内所有元素的特征 X 射线，每采集一个特征 X 射线光子，在屏幕上的对应位置打一个亮点，亮点集中的部位，该元素含量高，这是该元素的面分布图。

2）定量和半定量分析

定量分析方法分为有标样定量和无标样定量。

有标样定量分析是指在相同的分析条件下同时测量标样和试样中的各元素的 X 射线强度，经过校正后求出各元素的百分含量。有标样定量分析要有相关的标样，定量准确度高。

无标样半定量分析方法，是 X 射线显微分析的一种比较常用的定量方法，特别是 EDS

对不平试样的定量分析，都用无标样定量分析方法，该方法是通过调用数据库内标样数据进行定量计算。

5. 样品的制备

将块状样品处理成约 5 mm×5 mm 大小的块样，进行烘干处理，然后用双面胶带固定在样品台，在样品的周围用导电胶固定，分析的表面尽量平整和光滑，以减少能量的损失；粉末样品，直接压置在双面导电胶带的表面，尽量压置得有一定的厚度，以免电子束穿透打到样品台上。将样品放入样品室中，抽至所需的真空度，调节固定的工作距离和加速电压，调节束斑大小，使其达到所需的计数率，调节放大倍数，通过不同的分析模式得到所需的分析结果的谱图。

13.1.3　扫描电子显微镜和能量色散谱仪的应用

扫描电镜（SEM）技术的出现和发展，使人类观察微小物质的能力发生质的飞跃，依靠扫描电子显微镜的高分辨率、良好的景深和简易的操作方法，扫描电镜（SEM）迅速成为一种不可缺少的分析工具，并且广泛应用于科学研究和生产中。

扫描电镜同样在盐湖科学研究中发挥着重要作用。盐湖作为地球上独特的自然环境，其沉积物中蕴含了丰富的矿物资源。利用盐湖的矿物资源，制备了大量的无机材料。材料的形貌是材料分析的主要内容之一，扫描电镜凭借其高分辨率、大景深以及微区成分分析的能力，为材料的深入研究提供了前所未有的视野。

13.2　扫描电镜在盐湖化学中的应用示例[6, 7]

盐湖中主要阳离子有 Na^+、Mg^{2+}、Ca^{2+}、K^+，阴离子有 CO_3^{2-}、HCO_3^-、SO_4^{2-}、Cl^-等，某些盐湖中还含有较丰富的 Br^-、Li^+和 B。目前，依靠盐湖蕴藏的丰富的无机盐资源，制备的无机材料主要有氢氧化镁、氧化镁、碳酸锂、氯化锂、晶须材料，电池材料、镁合金材料、镁水泥等。图 13.4 为部分常见的无机材料扫描电镜图片。

无机吸附材料

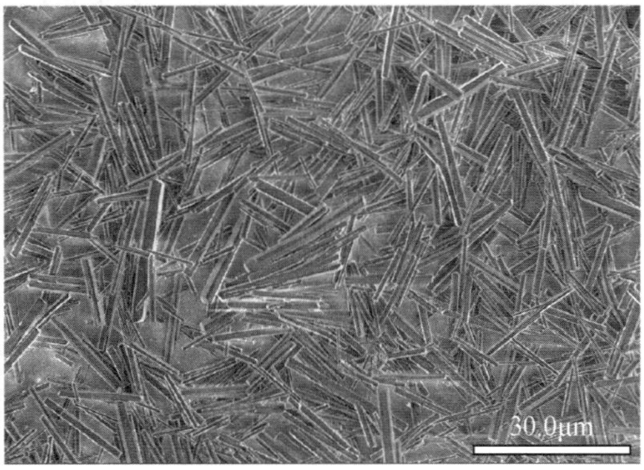

晶须材料

磷酸铁锂电池材料

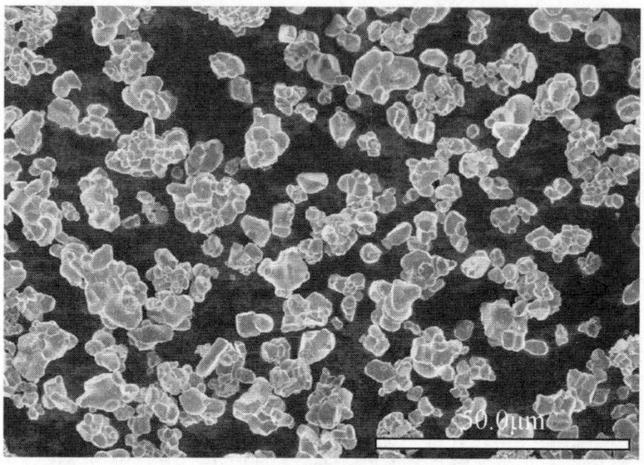

三元电池材料

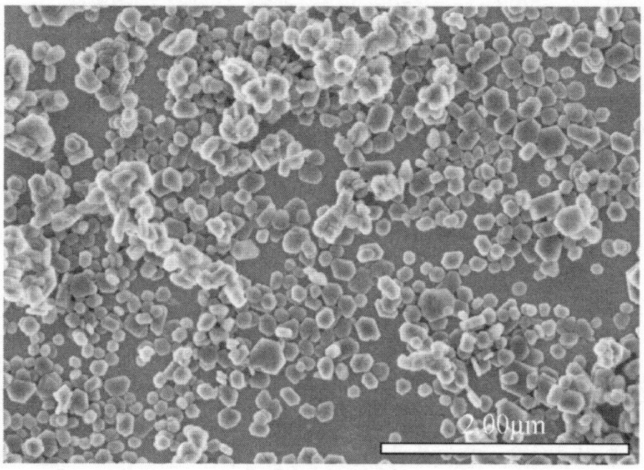

氢氧化镁

镁水泥

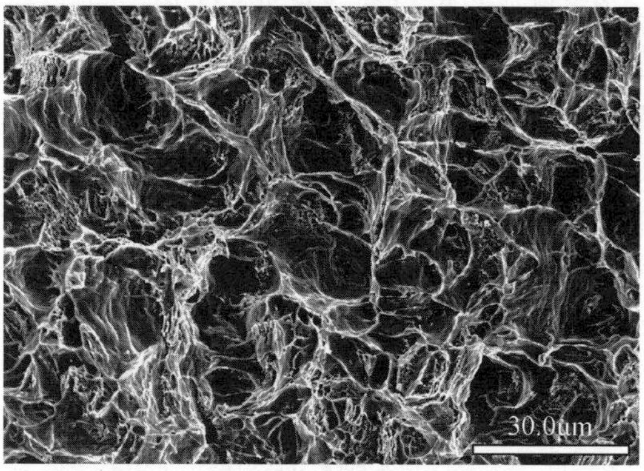

金属韧窝断口

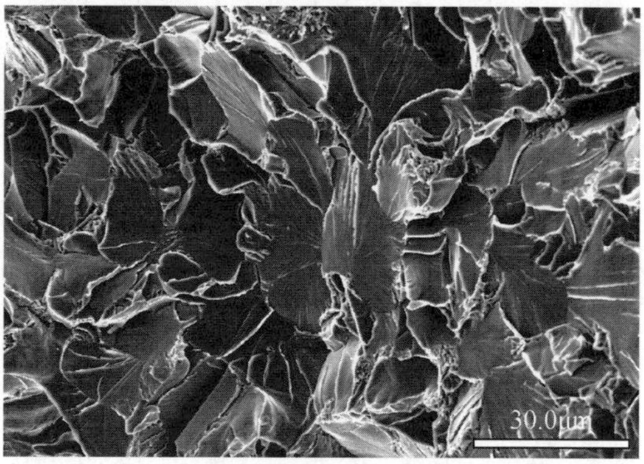

金属解理断口

图 13.4　几种无机材料的扫描电镜（SEM）图

13.3　扫描电镜在盐湖地质学中的应用示例[6]

盐湖卤水中蕴含着丰富的盐类矿物，在自然环境和人工干预下，卤水蒸发浓缩不同阶段，结晶析出不同的盐类矿物。利用扫描电镜分析盐类矿物样品，能够清晰地揭示盐湖样品的微观形貌，包括盐类矿物的晶体结构、颗粒形态以及表面特征等。这些微观信息对于理解盐湖的沉积过程、矿物形成机制以及盐湖演化的历史具有重要意义。其次，扫描电镜的微区成分分析能够精确测定盐湖样品中各种元素的含量和分布，这对于研究盐湖的化学成分、地球化学循环以及资源的综合评价至关重要。常见盐湖矿物类型见表 13.4，部分盐类矿物的扫描电镜图见图 13.5。

表 13.4　盐湖中的主要盐类矿物

矿物类型	主要的矿物	备注
氯化物类	石盐、钾石盐、光卤石、水氯镁石、南极石	
碳酸盐类	天然碱、水菱镁矿、苏打	
硫酸盐类	芒硝、石膏、天青石、白钠镁矾、钾硫酸盐类	钾硫酸盐类包括钾盐镁矾、软钾镁矾、杂卤石、钾石膏等
硼酸盐类	硼砂、钠硼解石、柱硼解石、库水硼镁石	

光卤石

钾石盐

芒硝

文石

图 13.5　部分盐湖结晶矿物 SEM 图

13.4　扫描电镜在盐湖黏土矿物研究中的应用示例

盐湖沉积的重要特征是化学沉积物和碎屑沉积物常常互层或混层沉积，构成沉积旋回，或者化学沉积物直接发育在碎屑沉积物之上，化学沉积物和碎屑物共同构成了盐湖沉积实体。黏土矿物是碎屑物的重要组成部分，主要是由蒙脱石、伊利石、高岭石及绿泥石中两种或几种组成。黏土矿物的重要特点是类质同象取代比较普遍，而盐湖黏土矿物长期处于高矿化度卤水的特定环境中，盐湖卤水化学成分势必要影响到黏土矿物的化学成分、类型和属性。因此研究盐湖黏土矿物，不仅丰富盐湖矿物学资料，而且可以为探讨盐湖形成演化过程中某些环境变化、成矿物质来源等提供有用信息。通过扫描电镜分析盐湖沉积物样品（图 13.6），能够清晰地揭示样品的微观形貌，包括矿物、颗粒形态以及表面特征，通过形貌特征结合 X 射线能谱仪可以鉴定矿物种类。

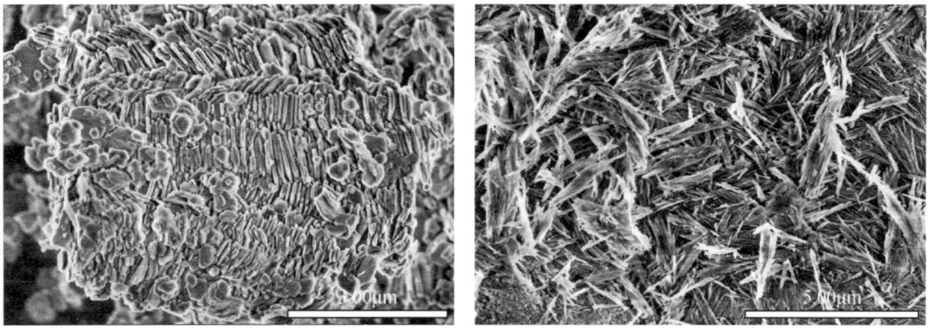

高岭石　　坡缕石

图 13.6　两种常见黏土矿物 SEM 图

13.5　常见盐湖矿物的能谱分析

盐湖是我国重要的无机盐矿产资源，蕴藏着十分丰富的天然无机盐资源；在盐湖中，除了丰产元素钠、钾、镁、硼等元素外，还蕴藏着锂、铷、铯、溴、碘等稀散元素，还有碳酸盐类、硫酸盐类、硼酸盐类、氯化物类等具有开采意义的盐类矿物。

能谱仪由于具有灵敏度高、分析元素范围广、前处理简单、不损坏试样、分析速度快等优点，广泛应用于盐湖科学研究中。

应用扫描电镜观察盐湖地质样品晶体形态，图像立体感强，形貌逼真，尤其对细小矿物的微观行貌，可利用不同放大倍数进行观测，利用能谱仪可判定样品中可能存在的矿物。

图 13.7 至图 13.12 为光卤石、天青石矿、文石、芒硝、水云母、水菱镁矿的 SEM 图及 EDS 图谱。

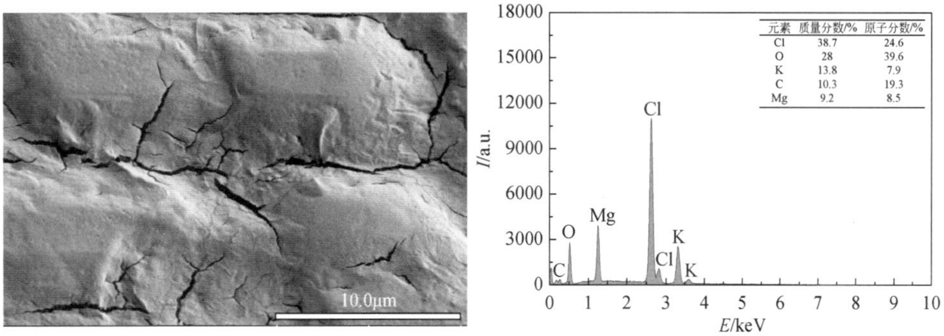

图 13.7　光卤石的 SEM 图及 EDS 图谱

另见书末彩图

图 13.8　天青石矿的 SEM 图及 EDS 图谱

另见书末彩图

图 13.9　文石的 SEM 图及 EDS 图谱

另见书末彩图

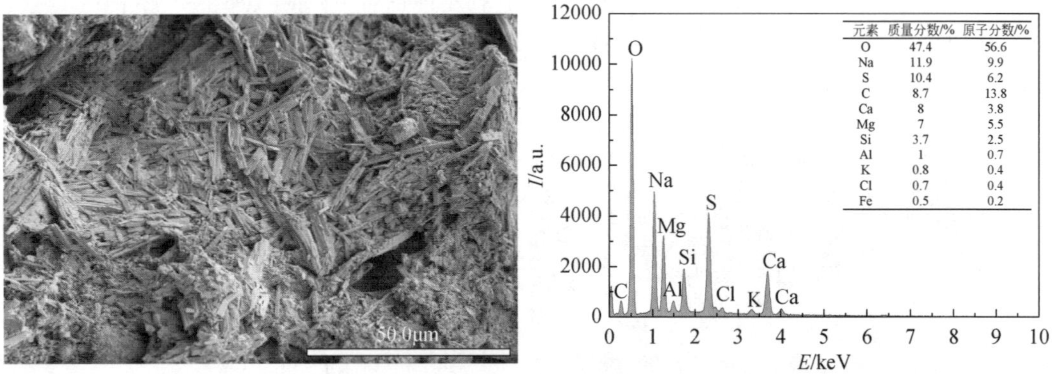

图 13.10　芒硝的 SEM 图及 EDS 图谱

另见书末彩图

图 13.11　水云母的 SEM 图及 EDS 图谱

另见书末彩图

图 13.12　水菱镁矿的 SEM 图及 EDS 图谱

另见书末彩图

13.6　常见盐湖无机材料的能谱分析

利用盐湖中的无机盐，可生产的材料主要有镁水泥材料、晶须材料、合金材料等，利用能谱仪可对材料进行成分分析，为材料制备提供分析测试支撑。

1. 镁水泥材料

镁质水泥是一种以轻烧氧化镁为主要成分的水泥。由菱镁矿、白云石等烧成轻烧氧化镁后，再与氯化镁或硫酸镁的水溶液调合，而产生胶凝性。硬化快，强度高。也可掺和木屑、刨花等为填料，主要用作建筑材料。

图 13.13 给出了某种镁水泥材料的 SEM 图、EDS 谱图及元素组成。

2. 锂电池材料

图 13.14 为某种锂电池材料的 SEM 图、EDS 谱图及元素组成。

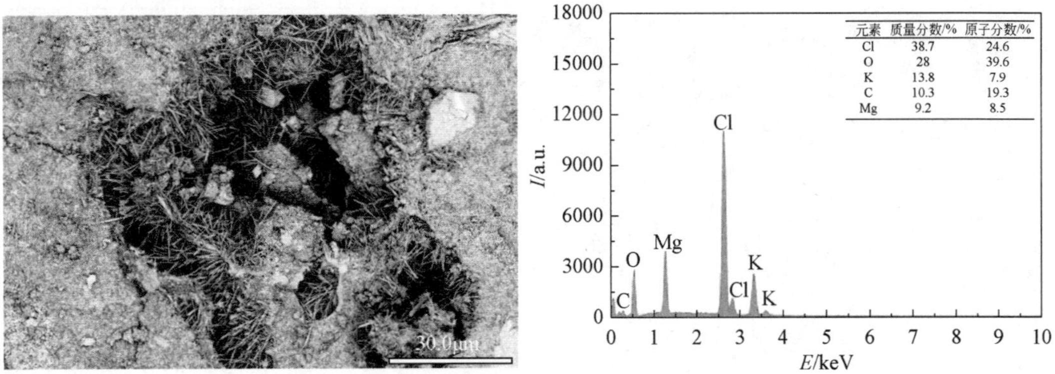

图 13.13　某种镁水泥材料的 SEM 图及 EDS 图谱

另见书末彩图

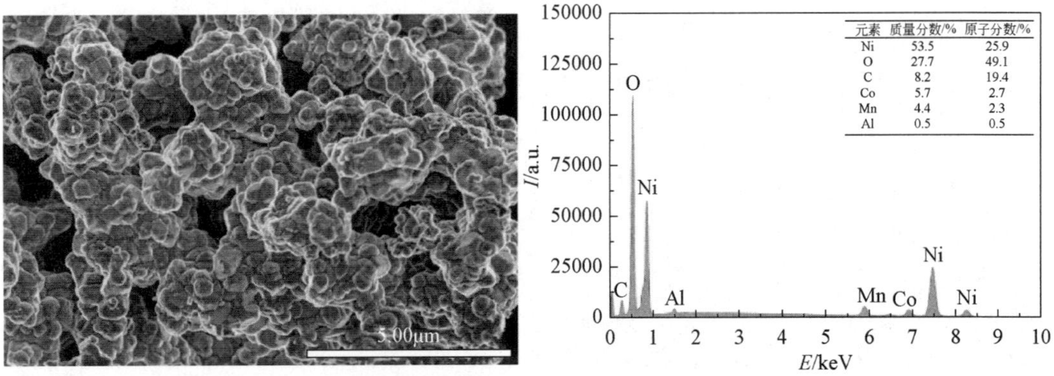

图 13.14　某锂电池材料的 SEM 图及 EDS 图谱

另见书末彩图

3. 合金材料

图 13.15 给出了某合金材料的 SEM 图、EDS 图谱及元素组成。

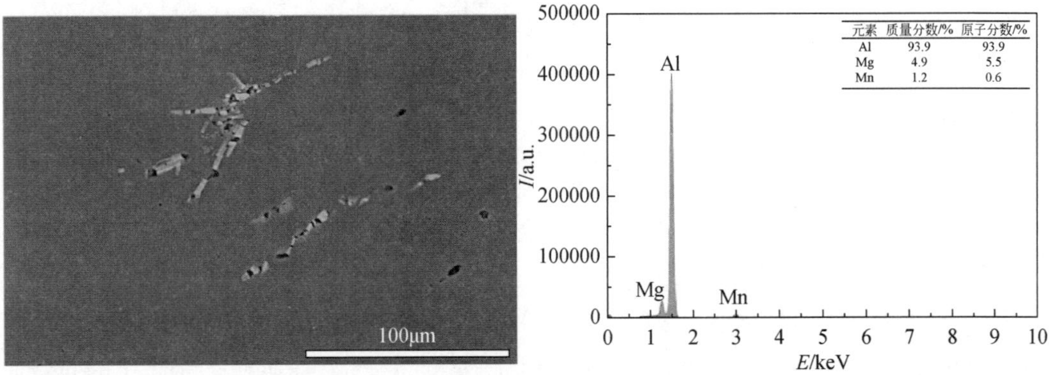

图 13.15　某合金材料的 SEM 图及 EDS 图谱

另见书末彩图

参 考 文 献

[1] 张大同. 扫描电镜与能谱仪分析技术[M]. 广州: 华南理工大学出版社, 2009.
[2] 焦汇胜, 李香庭. 扫描电镜能谱仪及波谱仪分析技术[M]. 长春: 东北师范大学出版社, 2010.
[3] 赵家政, 徐洮. 分析电子显微实用手册[M]. 银川: 宁夏人民教育出版社, 1996.
[4] 章晓中. 电子显微分析[M]. 北京: 清华大学出版社, 2006.
[5] 曾毅, 吴伟, 刘紫微. 低电压扫描电镜应用技术研究[M]. 上海: 上海科学技术出版社, 2015.
[6] 张彭熹, 张保珍, 唐渊, 等. 中国盐湖自然资源及其开发利用[M]. 北京: 科学出版社, 1999.
[7] 郑喜玉, 张明刚, 徐昶, 等. 中国盐湖志[M]. 北京: 科学出版社, 2002.

第 14 章　同位素质谱分析

质谱法是一种经典的仪器分析方法，早期质谱法最重要的贡献是发现非放射性同位素。质谱法是利用电磁学原理，对荷电分子或亚分子裂片依其质量和电荷的比值（质荷比，m/z）进行分离和分析的方法。质谱分析是一种物理方法，其基本原理是使试样中各组分在离子源中发生电离，生成不同质荷比的带电荷的离子，经加速电场的作用，形成离子束，进入质量分析器。在质量分析器中，再利用电场和磁场使发生质量（或速度）色散，将它们分别聚焦而得到质谱图，从而确定其质量。质谱仪主要用来测定元素周期表中各种元素的同位素质量及天然丰度。

质谱是应用最为广泛的方法，它可以为我们提供以下信息：①样品元素组成；②无机、有机及生物分子的结构；③复杂混合物的定性定量分析；④固体表面结构和组成分析；⑤样品中原子的同位素比。

同位素可分为两大类：放射性同位素（radioactive isotope）和稳定同位素（stable isotope）。凡能自发地放出粒子并衰变为另一种同位素者为放射性同位素，无可测放射性的同位素是稳定同位素。

本章主要介绍同位素质谱分析，涉及固体同位素质谱分析和气体稳定同位素质谱分析两类。

14.1　概　　述[1]

14.1.1　质谱分析法的发展和特点

质谱分析方法初期主要用于原子质量的测定和同位素的研究。第一台抛物线质谱仪由 J. J. Thomson 于 1910 年制成，用它发现了氖的天然稳定同位素 ^{20}Ne 和 ^{22}Ne；第一台聚焦式质谱仪由 F. W. Aston 于 1918 年制成，用它精确地测定了 50 多种元素的同位素质量；与此同时，A. Dempster 用自制的有聚焦作用的质谱仪检出和测定了 50 多种元素的同位素及相应的丰度，绘制成第一张同位素表；1940 年，A. O. Nier 制成的具有扇形磁分析器的质谱仪，为第一台现代质谱仪。

质谱的发展有 60 多年（较大规模生产算起）的历史，从最初的手工计算到今天的自动测量，经历了几次质的飞跃过程。20 世纪 70 年代末，分子泵的应用，大幅缩短了获得高真空的时间，提高了工作效率。80 年代集成电路的广泛使用，计算机与质谱的联用，提高了数据精度与准确度。90 年代多接收技术的使用进一步提高了工作效率。2000 年到现在，离子计数、高效法拉第杯接收器、旋转放大器、超大规模 IC、离子束缩放、激光、光缆通信、网络通信、内部加热、各种新型材料等的大量使用，使仪器整体感大大增强，自动化程度大大提高，用鼠标可完成绝大部分操作。同位素质谱仪可在 ng 或更低检测限下检测，分析精度和准确度达到以前无法想象的百万分之五（5 ppm）。

近代质谱仪均辅以电子计算机控制和自动数据处理；随着接口技术的解决，色谱-质谱联用仪、共振电离质谱仪、电感耦合等离子体质谱仪（ICP-MS）等已开辟了新的领域。与此同时，发展了只需μg/ng 级试样的高灵敏度分析技术，在鉴定未知物、确认可疑成分、给出摩尔质量与分子结构的信息、示踪技术、反应机理研究、分子分解机理、动力学研究、元素同位素组成的测定以及微量元素的定量分析等方面均有独特的贡献。

同位素质谱法除在上述学科中发挥作用外，对盐湖的形成和演化的研究也是不可缺少的重要手段。

14.1.2 磁式质谱仪的工作原理

质量为 M 的粒子在电离室中电离，形成电荷为 e 的离子，它离开电离室后，受到静电场电压 U 的加速，并以速度 v 进入磁场强度为 H 的均匀磁场。此时该粒子的动能 E 就等于电能：

$$E=eU=\frac{1}{2}Mv^2 \tag{14.1}$$

离子在磁场中受到洛伦兹力的作用进行半径为 r 的匀速圆周运动（图 14.1），此时离心力和向心力相等，则有

$$evH=M\frac{v^2}{r} \tag{14.2}$$

由式（14.1）和式（14.2）消去 v，整理后可得

$$r=\frac{1}{H}\sqrt{2U\frac{M}{e}} \tag{14.3}$$

式（14.3）就是磁式质谱计的基本方程式。由此可见，当磁场强度 H 和加速电压 U 恒定时，离子在磁场中运动的轨道半径 r 和该离子质量与电荷比值 M/e（简称质荷比）的平方根成正比，即质荷比不同的离子在磁场中运动的轨道半径也不同，实现了彼此分离。仅改变 H 或 U 均可使质荷比不同的离子取同一运动轨道，这样就可以实现依次检测质荷比不同的离子。

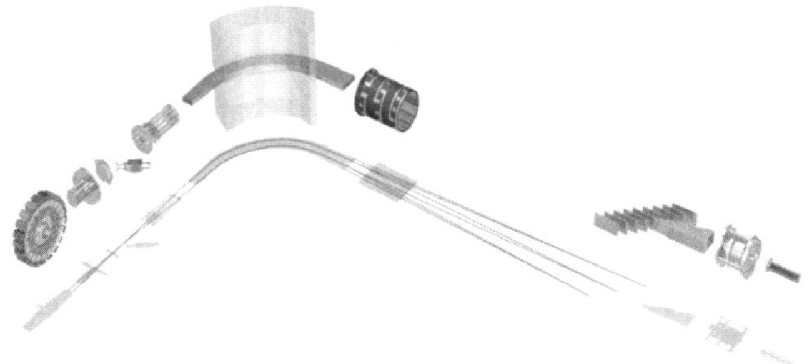

图 14.1 磁式质谱计的工作原理

14.1.3　同位素质谱计

1. 核心部件

同位素质谱计的核心部件为电离源、质量分析器和离子检测器。此外，还需下列辅助系统：进样系统、真空系统、供电系统和数据处理系统等。

1）电离源

使待测粒子离子化，并使离子流汇聚成具有一定几何形状和一定能量的离子束，理想的离子源应具备以下特点：①电离效率高；②离子初始能量发散少；③良好的聚焦性能；④传输效率高；⑤离子流发射稳定；⑥质量歧视效应小。

2）质量分析器

使 M/e 不同的离子彼此分离，从而形成有规律的质谱。

3）离子检测器

记录粒子流质谱峰（电信号），对比峰信号得到同位素丰度。

2. 性能要求

高性能的同位素质谱计应具备下列特征：中等分辨能力；灵敏度高；丰度灵敏度高；系统稳定性好以及测量精密度和准确度高。

1）分辨能力

分辨能力描述仪器对质量差异的鉴别能力，分辨本领定义为仪器刚好将质量 M 和 $M+\Delta M$ 的两峰分开（10%的谷/峰比）即 $M/\Delta M$。要把 $^{23}Na_2{}^{10}B^{16}O_2$ 和 $^{23}Na_2{}^{11}B^{16}O_2$ 分开，要求分辨大于 89；要把 $^{23}Na_2{}^{11}B^{16}O_2$ 和 $^{23}Na_2{}^{10}B^{16}O^{17}O$ 分开，分辨应至少为 11000。分辨能力是离子轨道半径 r、电离源出口缝宽 S_1、接收器缝宽 S_2 和各种像差之和 Σn 的函数，理论公式是

$$\frac{M}{\Delta M}=\frac{r}{S_1+S_2+\sum n} \tag{14.4}$$

减少狭缝宽度虽能改变分辨能力，但会使灵敏度变差。

2）灵敏度

灵敏度描述质谱仪器对样品的检测能力，对常用的热电离源，以离子产额表示灵敏度，指产生一个可检测的离子所需参与电离的样品粒子数。

3）丰度灵敏度

丰度灵敏度描述质谱以检测器检测微弱同位素成分的能力，取决于主离子峰在弱离子峰的贡献，通常以这种拖尾高度与主离子峰高之比衡量，比值越小，丰度灵敏度越高。

4）系统稳定性

系统稳定性通常以质谱峰边部的变化来描述，因为它对质谱计各种参数的变动十分敏感。

5）精密度和准确度

精密度表示仪器对测量的重现性，而准确度则表示测得结果与真值偏离的程度。为获得高精密度的测量，通常需要增加测量次数。如果对一次涂样测得一系列同位素比值（R_1，

R_2，…，R_n），平均值为（$\bar{R}$），则一次涂样测量的标准偏差为

$$\sigma_{内}=\sqrt{\frac{\sum_{j=1}^{n}(R_j-\bar{R})^2}{n-1}} \tag{14.5}$$

欲估计包括涂样在内所引起的偏差，可进行 n 次涂样测定，如获得 n 个平均值，$\bar{R}_1,\bar{R}_2,\cdots,\bar{R}_m$，总平均值若为（$\bar{\bar{R}}$），则得到 n 次涂样测量的标准偏差：

$$\sigma_{间}=\sqrt{\frac{\sum_{j=1}^{m}(\bar{R}_j-\bar{\bar{R}})^2}{m-1}} \tag{14.6}$$

欲知测量的准确度，应使用丰度比已知的标样（$R_{真}$）进行实测，测得相应的丰度比 $R_{测}$，并算得校正系数（$K=R_{真}/R_{测}$），K 值用于校正系统误差。

14.1.4　同位素质谱分析方法

1. 分析过程

一般包括制样、进样、测量和数据处理。

1）制样

制样涉及将待测元素从试样基体中分离出来，并转化为质谱分析要求的化学形态。

分离和转化并不要求完全定量，但应确保不存在同位素效应。分离杂质的目的是要排除试样基体在质谱计中物理因素的干扰和同质异位素峰的叠加。例如 ^{88}Sr 与 $^{23}Na_2{}^{10}B^{16}O_2$，$^{87}Sr$ 与 ^{87}Rb，^{40}Ca 与 ^{40}K 等，都要预先进行化学分离。

2）进样

以气体和固体两态进样。气体进样前要求将整个系统（包括进样系统本身）的真空度抽至 1.33×10^{-5} Pa 以上，使残余空气本底减小到允许范围以内，为此需要较长时间对整个真空系统进行烘烤，采用黏滞流进样方式和针型阀控制进样量，以避免进样时产生分馏效应。固体进样时将试样溶液加在薄的钽、铼或钨带上，通电加热蒸干，反复之，以形成足够多而牢固的试样沉积；将该带装在插件上，插入电离源相应位置后，装入质谱计，并将该区抽高真空待测定。为提高离子发射效率并获得稳定的离子流，可在样品中加入发射剂，或采用硼砂球、树脂球和电沉积等技术。

3）测量

待仪器达到一定真空度后，便可进行质谱测量。这时，首先要加热阴极（气体进样）或金属带（热电离源），后者加电流要缓慢上升以防崩落试样沉积物，达到预定电流后，通过改变产生电磁场的电流或离子束的加速电压，扫描寻找欲测的离子流，再使电离源中的引出、偏转、聚焦等电位值均为最佳，以获得最强离子流。这类调节在现代质谱计里都是在计算机控制下进行的。当离子流平稳后，可以磁场跳扫方式交替或以静态双/多接收方式测量两种（或数种）同位素离子流强度。用双/多接收系统测定时，要固定磁场强度和加速电压，并调节接收缝间距，以便同时搜集双/多束离子流。取多次（10～20 次）测量的平均值以减小离子流及其他参数随机波动引起的测量误差。

4）数据处理

在双/多接收系统中，将同一段时间内同时测得的各离子流强度平均后相比，就可获得同位素丰度比，然而应对各路检测系统的放大倍数进行归一化校正。

2. 主要问题

1）分馏效应

按照Langmuir蒸发原理，单位时间内蒸发的粒子数目与该粒子质量的平方根成反比，即轻同位素较其重同位素易蒸发，这种质量歧视效应在同位素质谱分析中通常称为分馏效应。轻元素的同位素之间由于质量相对差别较大，分馏效应也比较明显，采用分馏因素α的校正方法常不能获得满意结果，这时改用较重的化合物涂样，可减小分馏效应。

2）记忆效应

表现为相继测量时原残留样对测定结果的影响。两种样品丰度比值相差越大时，记忆效应越明显。记忆效应基于某些元素或化合物的蒸气具有强的活性，而被进样管道或电离源表面强烈吸附。BF_3、UF_6、$ZnCl_2$、$FeCl_3$、AgBr、PbI_2等就具有这种性质。

3）杂质干扰

试样中共存物分离不充分时可能引起干扰，表现为同质异位素造成的质谱峰的叠加干扰和对欲测型体产生的化学干扰两种形式，都应以化学分离排除之，但后一情况比较复杂，有时难以控制，限制着测量精度的提高，另一种干扰是由不同的同位素组合所引起的，如$^{23}Na_2{}^{10}B^{17}O^{16}O$峰对$^{23}Na_2{}^{11}B^{16}O_2$峰的干扰，这时需要进行校正，或者选取合适的测量峰以避开这种干扰。

14.2 硼同位素正热电离（$Cs_2BO_2^+$）质谱法测量[2-8]

14.2.1 原理

采用酸溶或碱熔的方法将天然样品中的B提取出来，制备成含硼溶液，采用Amberlite IRA 743型B特效离子交换树脂和由阳离子交换树脂与阴离子交换树脂组成的混合离子交换树脂进行B的分离和纯化，制成含H_3BO_3的溶液，加入适当量的Cs_2CO_3（或CsOH）和甘露醇，使B∶Cs∶甘露醇=1∶2∶1（物质的量比）。在石墨的存在下采用热电离的方法获得$Cs_2BO_2^+$离子进行硼同位素组成的测定。

目前世界通用的硼同位素标准参考物质是NIST SRM 951硼酸，绝对丰度值$^{11}B/^{10}B$=4.04362±0.00137。分别对岩石和沉积物、硼酸盐矿物、碳酸盐、珊瑚、海水、咸水、盐湖卤水、地下水、热液矿床水等，其$\delta^{11}B$值的变化范围为−34.2‰～59.2‰。

14.2.2 仪器与试剂

1. 仪器

（1）热电离同位素质谱计（VG 354，MAT 262，IsoProbe T，Triton）。

（2）真空烧带装置：利用灯丝真空脱气仪，将点焊在灯丝架上的 Ta 带在真空系统中进行电加热处理，加热电流为 3.0 A，加热时间为 1.0 h，系统的真空度应优于 1×10^{-3} Pa。

（3）超净实验室：试样前处理在洁净度至少为万级的净化室中进行，试样操作需在千级或百级的净化工作台上进行。

（4）分光光度计（721，722，723 型，2 cm 液槽）。

（5）其他设备：石英亚沸蒸馏器；超净干燥蒸发箱；电子分析天平；铂金坩埚；马弗炉等。

2. 试剂

1）碳酸铯

碳酸铯（Cs_2CO_3，高纯）试剂。

2）石墨

高纯石墨（C，200 目，99.9999%），优质高纯。

3）低 B 亚沸蒸馏水

将 18.2 MΩ·cm MilliQ 水用石英亚沸蒸馏器进行二次重蒸馏，再经 Amberlite IRA 743 硼特效树脂交换柱。如果没有亚沸蒸馏器，也可以采取将 18.2 MΩ·cm MilliQ 水直接经 Amberlite IRA 743 硼特效树脂交换柱交换。

4）低 B 亚沸蒸馏盐酸

盐酸（HCl，ρ=1.19 g·mL^{-1}，G. R）经石英亚沸蒸馏器蒸馏或采用在密封容器中平衡方法进行纯化，取纯化后的低 B 高纯 HCl，加低 B 亚沸蒸馏水，配制成 c(HCl)=9.0 mol·L^{-1}。

移取不同体积的 c(HCl)=9.0 mol·L^{-1} 溶液，分别用低 B 亚沸蒸馏水稀释配制成浓度为 c(HCl)=2.0 mol·L^{-1} 和 c(HCl)=0.1 的低硼 HCl 溶液。

5）低 B 亚沸蒸馏无水乙醇

无水乙醇（C_2H_6O，ρ=0.79 g·mL^{-1}，A.R）经石英亚沸蒸馏气纯化后得到低 B 亚沸蒸馏无水乙醇。

6）石墨悬浮液

80 mL 低 B 亚沸蒸馏无水乙醇，20 mL 低 B 亚沸蒸馏水混合后，加入 4 g 高纯石墨（C，200 目，99.9999%）搅拌均匀制得石墨悬浮液。ρ(石墨)=40 g·L^{-1}。

7）甘露醇

0.91 g 甘露醇（$C_6H_{14}O_6$，A. R）加 50 mL 低 B 亚沸蒸馏水溶解，此溶液ρ(甘露醇)=18.2 g·L^{-1}。

8）离子交换树脂

Amberlite IRA 743 硼特效离子交换树脂，粒径 80 目；Dowex 50W × 8 阳离子交换树脂；Ion-exchange II（德国产）弱碱性阴离子交换树脂。

9）甲亚胺-H 酸

0.45 g 甲亚胺-H（$C_{17}H_{13}O_8S_2N$，A.R）和 1 g 抗坏血酸（$C_6H_8O_6$，A.R）溶于 100 mL 低 B 亚沸蒸馏水中，此溶液ρ(甲亚胺-H)=4.5 g·L^{-1}。

10）缓冲溶液

251 g 乙酸铵（NH_4AC，A.R），15 g 乙二胺四乙酸二钠（EDTA，A.R），125 g 冰乙酸（$C_2H_4O_2$，HAc，ρ=1.06 g·mL^{-1}，A. R），溶在 400 mL 低 B 亚沸蒸馏水中。

11）硼同位素标准物质

NIST SRM 951 H_3BO_3，NIST SRM 952 富 ^{10}B 95%稀释剂。

12）钽带

钽带，纯度 99.95%，规格为 1.5 cm × 0.098 cm × 0.0025 cm。

13）其他试剂

氢氧化钠（NaOH，G.R）；碳酸钾（K_2CO_3，G.R）；碳酸钠（Na_2CO_3，G.R）；碳酸氢钠（$NaHCO_3$，G. R）。

所有的试剂溶液均需要用无 B 亚沸蒸馏水配制，配制好的溶液均保存在聚乙烯瓶里。

14）离子交换柱

（1）Amberlite IRA743 硼特效离子交换柱：将约 0.5 mL Amberlite IRA 743（80～100 目）硼特效树脂装入直径 0.2 cm 的聚乙烯管中，树脂高度为 1.5 cm。交换树脂顺序用 5 mL c(HCl)=2.0 mol·L^{-1}、5 mL 高纯水、5 mL c(NH_3·H_2O)=2.0 mol·L^{-1} 和 10 mL 高纯水再生。

（2）混合离子交换柱：将 Dowex 50W × 8 阳离子交换树脂用 c(HCl)=2.0 mol·L^{-1} 溶液再生，用低硼水洗至中性；Ion exchanger II 弱碱性阴离子交换树脂用饱和 $NaHCO_3$ 溶液再生，用低硼水洗至中性；将等体积的以上两种再生好的离子交换树脂混合均匀，取 1.0 mL 混合均匀的混合离子交换树脂，装入 0.2 cm 直径的聚乙烯管中。

14.2.3　试样制备

1. 制备

1）岩石试样

称取一定质量的岩石试样（约 1.0 g），在铂金坩埚内与 2.5 g Na_2CO_3 和 2.5 g K_2CO_3 混合均匀，然后在 850℃的马弗炉高温下熔融 45 min。冷却后用 c(HCl)=0.6 mol·L^{-1} 溶液浸取坩埚内熔融物，在石英离心管内进行离心，并用低硼水洗涤不熔物两次，收集全部清液，清液中应含有样品中全部的硼。此清液将进行下一步试样的纯化。

2）水溶液试样

水溶液试样要根据试样中 B 的含量，决定取样体积。然后直接进行下一步试样的纯化。

2. 纯化

制备好的试样溶液（pH 7～10）首先通过再生好的 Amberlite IRA743 树脂柱，流速应控制在 0.5 mL·min^{-1} 以内。然后用 10～15 mL 的低 B 水清洗柱子。柱子内吸附的硼用 10 mL 75℃的 c(HCl)=0.1 mol·L^{-1} 溶液淋洗。淋洗液在超净蒸发干燥箱 60℃下蒸发至约 0.1 mL，冷却至室温后，将浓缩后的淋洗溶液通过混合离子交换柱，流速应控制在 0.3 mL·min^{-1} 以内，此时注意检测流出液应呈中性，若呈酸性，表明混合树脂量不够，应添加混合树脂，重新进行交换。最后用约 10 mL 的低 B 高纯水清洗混合离子交换柱子。最终的淋洗液被收集在干净的 Teflon 烧杯中，并进行淋洗液中 B 含量的测定。

根据淋洗液中 B 量，加入适量的 Cs_2CO_3，使 B∶Cs 物质的量比约为 1∶2，并加入甘露醇溶液，使 B 与甘露醇物质的量比约为 1∶1。淋洗液再次在超净蒸发干燥箱于 60℃下蒸发至约 0.2 mL 时，将溶液转移到经清洗的聚乙烯离心管中继续蒸发至硼的浓度大约为 1 $mg \cdot mL^{-1}$。密封保存试样溶液在离心管内供质谱测定用。

14.2.4 测定方法

1. B 含量的检测

试样溶液中硼浓度直接用 ICP-OES（电感耦合等离子光谱仪）测定。也可用甲亚胺-H 法测定，取 1 mL 样品溶液，加 2 mL 甲亚胺-H 酸溶液和 2 mL 缓冲溶液，充分混合后静置 120 min，在 420 nm 处测定硼-甲亚胺-H 络合物的吸光值，以相同方法制取标准曲线，根据样品的吸光值获得 B 的含量。对于未知含量的硼试样溶液，也可以采用 SRM 952 作为稀释剂，并在 Ta 带上加入 26 μg 恒定量铯，用同位素稀释法测定硼量，从测定结果可以得到合适的铯的加入量。

2. Ta 带的加热去气处理

为了降低 Ta 带中的 B 及其他杂质的含量，Ta 带通常要进行加热处理，其过程如下：将点焊在灯丝架上的 Ta 带在专用的真空系统中进行电加热处理，加热电流为 3.0 A，加热时间为 1.0 h，系统的真空度应优于 1×10^{-3} Pa。

3. B 同位素测定

采用扁平并经去气处理的 Ta 带（1.5 cm×0.098 cm×0.0025 cm），Ta 带首先涂覆 2.5 μL ρ(石墨)=40 $g\cdot L^{-1}$（约 100 μg 石墨）的石墨/乙醇/水悬浮液，蒸至近干，再加入试样溶液，当石墨悬浮液和硼溶液布满整个 Ta 带时能获得最好结果，然后通以 1.2 A 电流下烘干 5 min。

将涂好试样的灯丝装入质谱计离子源中，对仪器的离子源抽真空，当真空达到 3×10^{-5}Pa 时，开始进行测量。将 Ta 带加热电流快速升至 0.5 A，然后以 0.05 A/min 速率增加电流，在 $Cs_2BO_2^+$测量前发射的 $^{133}Cs^+$离子可用作监控和对仪器聚焦。当 $^{133}Cs^+$离子流为 2×10^{-12}A 时，$Cs_2BO_2^+$离子流信号一般为 2×10^{-14} A，以同样速度增加带电流直到 $Cs_2BO_2^+$离子流为 $(3\sim5)\times10^{-12}$A。采用单峰跳扫的方法测定质量数为 309（$^{133}Cs_2{}^{11}B^{16}O_2^+ + {}^{133}Cs_2{}^{10}B^{16}O^{17}O^+$）和 308（$^{133}Cs_2{}^{10}B^{16}O_2^+$）的离子流强度 I_{309} 和 I_{308}，得到 $R_{309/308}=I_{309}/I_{308}$。然后进行 ^{17}O 校正得到 ^{11}B 和 ^{10}B 丰度比 $^{11}B/^{10}B$，即

$$^{11}B/^{10}B=R_{309/308}-0.000\ 78$$

试样的硼同位素组成用相对于 NIST SRM 951 硼酸标准的$\delta^{11}B$ 表示：

$$\delta^{11}B(‰)=\{[(^{11}B/^{10}B)_{试样}/(^{11}B/^{10}B)_{SRM\ 951}]-1\}\times1000$$

式中，$(^{11}B/^{10}B)_{SRM\ 951}$ 为测定的 NIST SRM 951 硼酸标准的 $^{11}B/^{10}B$ 比值。

14.2.5　讨论

1. B 同位素测定方法

正热电离质谱测定硼同位素的方法有 $Cs_2BO_2^+$和 $Na_2BO_2^+$测定方法，其中 $Cs_2BO_2^+$法对硼同位素组成的测定精度明显高于 $Na_2BO_2^+$法；而且电离带上石墨的存在能极大地增强 $Cs_2BO_2^+$离子热发射，成为高精度硼同位素的质谱测定新方法。

2. 测定方法的精密度

图 14.2 表明典型的单次测定中 $Cs_2BO_2^+$信号强度以及测定的同位素比值随时间的变化。

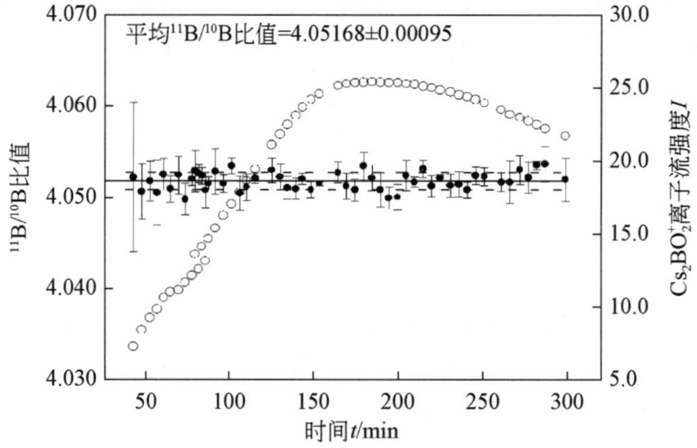

图 14.2　$R_{309/308}$比值和 $Cs_2BO_2^+$离子流强度随时间的变化

按照以上方法对 NIST SRM 951 硼酸标准进行重复涂样测定，结果如表 14.1 所示，相对标准偏差为 0.00048%（n=10，2σ）。

表 14.1　方法的重现性（对 NIST SRM 951 硼酸标准进行重复涂样测定）

编号	加入硼/μg	石墨悬浮液/μL	B/Cs 物质量比 $n(B)/n(Cs)$	带电流 I/A	主离子流强度 I'/pA	$^{11}B/^{10}B$ 测定比值及其标准偏差
1	1	3	1∶2	1.112～1.081	10.53～24.01	4.05032 ± 0.00053
2	1	3	1∶2	1.222～1.197	8.54～23.48	4.05055 ± 0.00083
3	1	3	1∶2	1.248～1.211	8.54～23.11	4.05017 ± 0.00069
4	1	3	1∶2	0.983～0.948	13.50～25.10	4.05020 ± 0.00096
5	1	3	1∶2	1.263～1.229	10.73～22.83	4.05064 ± 0.00102
6	1	3	1∶2	1.224～1.117	18.34～22.78	4.05038 ± 0.00057
7	1	3	1∶2	1.221～1.196	12.56～24.12	4.05019 ± 0.00076
8	1	3	1∶2	1.226～1.188	11.06～24.22	4.05003 ± 0.00089
9	1	3	1∶2	1.169～1.138	10.85～23.11	4.05060 ± 0.00088
10	1	3	1∶2	1.234～1.199	11.84～23.76	4.05066 ± 0.00061
平均	$^{11}B/^{10}B$ 比值=4.050 37 ± 0.000 48（n=10，2σ）					

3. 同质异位数的干扰

硼同位素测定时共存的锶、有机质、NO_3^-对测定有干扰，采用 $Cs_2BO_2^+$离子可完全消除锶的干扰，有机质或 NO_3^-存在时，除在质量数 312 处可观察到很强的离子峰外，还会诱发 CNO^-的合成，从而导致 Cs_2CNO^+离子的产生，在质量数 308（$^{133}Cs_2^{12}C^{14}N^{16}O$）和 309（$^{133}Cs_2^{13}C^{14}N^{16}O+^{133}Cs_2^{12}C^{15}N^{16}O+^{133}Cs_2^{12}C^{14}N^{17}O$）处产生离子峰而严重干扰硼同位素的测定，由于 ^{14}N 丰度比 ^{15}N 丰度要高得多，因此会使 $^{11}B/^{10}B$ 测定比值偏低，甘露醇的存在能加剧这种干扰。

图 14.3 是 NO_3^-存在下 $^{11}B/^{10}B$ 比值随测量时间的变化情况，只有 NO_3^-存在时，测定的 $^{11}B/^{10}B$ 比值在开始时明显偏低，然后再上升到正常值，$^{11}B/^{10}B$ 比值上升的速率随 HNO_3 量的增加而降低，一般在加热 1 h 后，NO_3^-的影响将消失。图 14.4 是在甘露醇与 NO_3^-存在下 $^{11}B/^{10}B$ 比值随测量时间的变化情况，对比图 14.3 和图 14.4，可以看出甘露醇存在时，NO_3^-的影响会严重得多，开始时测定的 $^{11}B/^{10}B$ 比值明显偏低，加热 2 h 以后才上升到正常值，而当 NO_3^-大于 1.0 μg 时，加热 270 min 以后，测定的 $^{11}B/^{10}B$ 比值仍比正常值偏低。

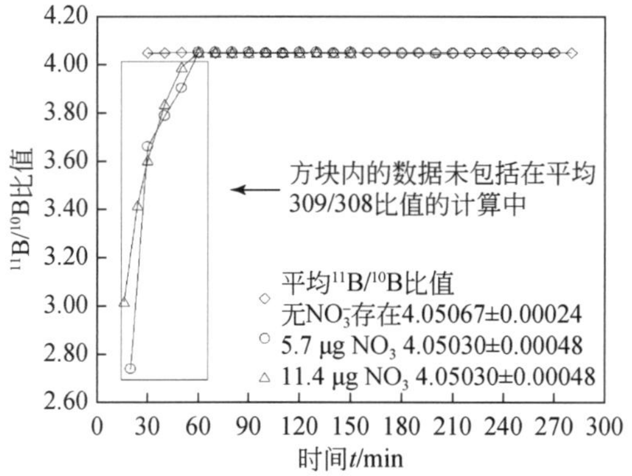

图 14.3　只有 NO_3^-存在时，$^{11}B/^{10}B$ 测定比值随时间的变化

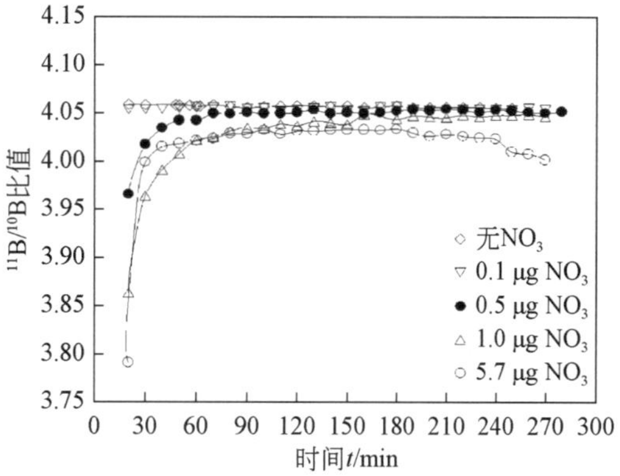

图 14.4　NO_3^-和甘露醇同时存在时，$^{11}B/^{10}B$ 测定比值随时间的变化

4. 双接收法高精度硼同位素的测定

正热电离质谱法测定 B 同位素时，离子流的接收有动态方式（峰跳扫）和静态方式两种。现代的热电离质谱计均能实现 $Na_2BO_2^+$（M/e 89 和 88，$\Delta M/M$≈0.011）和 $Rb_2BO_2^+$（M/e 213 和 212，$\Delta M/M$≈0.0047）静态双接收同时测量。对 $Cs_2BO_2^+$（M/e 308 和 309，$\Delta M/M$≈0.0032），由于 309/308 相对质量差太小，在很多仪器上不能进行同时测量，只能采用峰跳扫的方法测量。峰跳扫测量方式存在：①测试精度达不到双接收测定所能达到的水平。②单个试样测试时间长，测试速度慢，不利于其同位素比值准确测定。研究人员对 Triton 仪器进行改装，实现了 $Cs_2BO_2^+$的静态双接收同时测定。图 14.5（b）所示，是经过原厂改装后的 Triton 仪上高精度测定硼同位素的 Peak Scan 图。结果表明，改装效果良好。从而保证了在 Triton 上可实现离子流 $Cs_2^{10}BO_2^+$(308)和 $Cs_2^{11}BO_2^+$(309)静态双接收法测定。

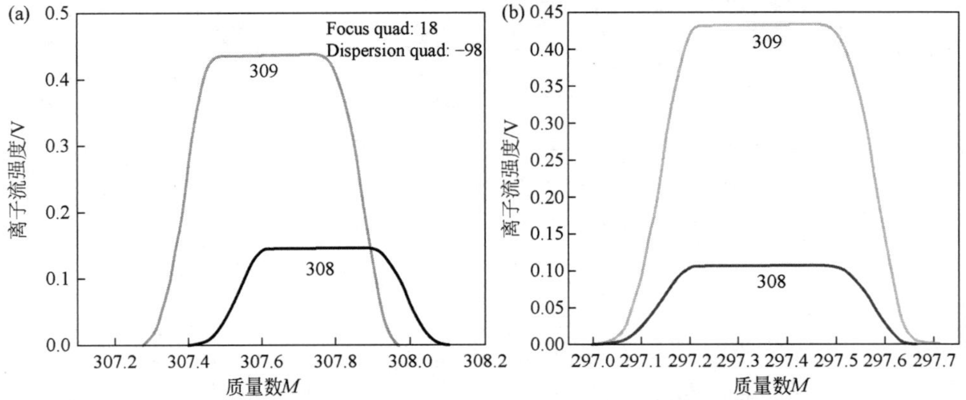

图 14.5　静态（a）和双接收（b）离子流 309（$Cs_2^{11}BO_2^+$）/308（$Cs_2^{10}BO_2^+$）Peak Scan 扫描图

（a）采用 L1 和 C 杯并使用 ZOOM 功能；（b）特制硼双接收杯，不使用 ZOOM 功能，此时的虚拟质量数为 297.35

另见书末彩图

5. 标准样品的分析精度和重现性

硼同位素标准样品 NIST SRM 951 H_3BO_3 分别采用传统的动态峰跳扫单接收和本试验的静态双接收法和文献报道的单接收/双接收进行硼同位素组成的测定。测定结果列于图 14.6 和表 14.2、表 14.3。

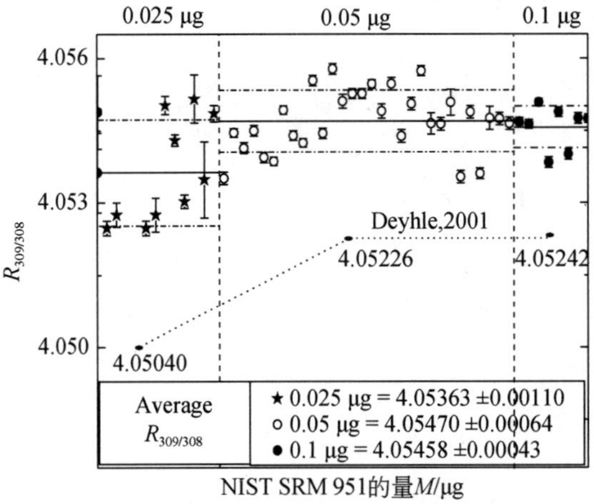

图 14.6　NIST SRM 951 的量与同位素 $R_{309/308}$ 的关系

表 14.2　采用 $Cs_2BO_2^+$ 方法测得 SRM 951 硼同位素标准的 $^{11}B/^{10}B$ 比值

作者	加入 B/μg	测定 $^{11}B/^{10}B$	精度 $2\sigma/10^{-3}$	参考文献	注
Ramakumar	5～0.05	4.0448	0.35	[3]	未加石墨
Spivack		4.04558	0.08	[2]	未加石墨
Xiao	1.0	4.05037	0.03	[4]	加石墨，单接收
Ishikawa	1.0	4.0513	0.1	[8]	加石墨，单接收

续表

作者	加入 B/μg	测定 $^{11}B/^{10}B$	精度 $2\sigma/10^{-3}$	参考文献	注
Leeman	1.0	4.05339	0.1	[7]	加石墨，单接收
Ishikawa		4.0527	0.07	[8]	加石墨，单接收
Nakamura	0.1～1.0	4.0512	0.1	[7]	加石墨，单接收
Gaillardet		4.0510	0.19	[8]	加石墨，单接收
Aggarwal		4.0529	0.1	[6]	加石墨，单接收
Zhai		4.0533	0.1	[7]	加石墨，单接收
Swihart	1.0	4.05595	0.17	[7]	加石墨，单接收
Tonarini		4.0506	0.17	[7]	加石墨，单接收
Nakano	1.0	4.0528	0.1	[7]	加石墨，双接收
Deyhle	1.0	4.05224	0.08	[8]	加石墨，双接收
Jiang	1.0	4.0529	0.1	[7]	加石墨，单接收

表 14.3 不同含量的 NIST SRM 951 $R_{309/308}$ 比值，每个样采集 10 组所得

B 涂样量 m/μg	测定 $R_{309/308}$	平均 $R_{309/308}$
0.1	4.05469(82)，4.05464(9)，4.05509(8)，4.05384(11)，4.05489(10)，4.05401(11)，4.05476(11)，4.05475(9)	4.05457(43)
0.05	4.05351(13)，4.05446(12)，4.05414(11)，4.05450(9)，4.05394(10)，4.05386(11)，4.05493(11)，4.05440(14)，4.05425(10)，4.05554(9)，4.05445(15)，4.05578(13)，4.05511(13)，4.05527(13)，4.05475(9)，4.05527(10)，4.05547(13)，4.05491(27)，4.05547(13)，4.05439(13)，4.05506(11)，4.05574(13)，4.05465(13)，4.05354(8)，4.05489(11)，4.05464(82)，4.05509(9)，4.05361(10)，4.05476(11)	4.05470(64)
0.025	4.05248(15)，4.05275(15)，4.05248(15)，4.05275(15)，4.05503(19)，4.05430(12)，4.05303(14)，4.05516(50)，4.05348(79)，4.05486(17)	4.05363(110)

从图 14.6 可以看出，静态双接收测定硼同位素值在试样的涂样量为 50 ng，硼同位素值、内精度和外精度都与试样的涂样量为 100 ng 采用跳扫单接收的结果基本一致，但是涂样量降到 25 ng 的时候，硼的同位素比值偏低，内精度和外精度都较差，产生的原因可能是试样量低、离子流强度低，信号衰减过快，还有可能是试样量低、空白的作用增强。

从表 14.2 和表 14.3 可以看出采用静态双接收方法测定的硼同位素值、内精度和外精度都可以和峰跳扫测定的相当。0.1 μg 和 0.05 μg 的样品采用静态双接收的方法测定的 $^{11}B/^{10}B=4.05457\pm0.00046$ 和 $^{11}B/^{10}B=4.05470\pm0.00064$，相对不确定度（扩展因子 k=2）均为 0.09‰。

用 NIST 951 测定的 309/308 同时用双接收法和峰跳扫法得到的结果如表 14.4 所示，两者测定结果很接近，没有表现出显著的测定差异。结果表明，改装后的 Triton 仪器上，用静态双接收所测定的结果准确可靠。

表 14.4 静态双接收法和动态峰跳扫法测 NIST 951 所得结果

样品号	静态双接收法		动态峰跳扫法	
	$R_{309/308}$	$\pm2\sigma$	$R_{309/308}$	$\pm2\sigma$
1	4.055 60	0.015	4.055 69	0.056
2	4.054 22	0.008	4.054 15	0.029
3	4.055 11	0.005	4.055 21	0.011

14.3 氯同位素正热电离（Cs_2Cl^+）质谱法测量[9–13]

14.3.1 方法简介

稳定氯同位素测定主要有 CH_3Cl 的电子轰击电离和热电离两种方法。早期基于 Cl^-离子的负热电离曾用来进行绝对氯原子量的测定，以及天然试样中氯同位素组成的直接测定，但是测量精度较低。

采用水溶的方法将盐类固体矿物的 Cl 提取出来，制备成含 Cl 溶液；对于液态试样采用离子交换方法进行 Cl 的分离，得到含 Cl 溶液。含 Cl 溶液经过 Cs 型离子交换柱，制成含 CsCl 的溶液，在石墨存在下采用热电离的方法获得 Cs_2Cl^+离子进行氯同位素组成的测定。

氯同位素测定中 CsCl 为工作物质，利用石墨的非还原性热离子发射特性，获得强而稳定的 Cs_2Cl^+离子流的稳定氯同位素的高精度正热电离质谱（PTIMS）测定方法，是目前世界上广泛应用的方法。

14.3.2 仪器与试剂

1. 仪器

热电离同位素质谱计（VG 354，MAT 262，IsoProbe T，Triton）。

2. 试剂材料

1）硝酸铯

硝酸铯（$CsNO_3$，A.R）。

2）石墨

高纯石墨（C，200 目，99.9999%），优质高纯。

3）高纯亚沸蒸馏水

将 18.2 MΩ·cm MilliQ 水用石英亚沸蒸馏器进行二次重蒸馏。

4）石墨悬浮液

80 mL 低 B 亚沸蒸馏无水乙醇，20 mL 低 B 亚沸蒸馏水混合后，加入 4 g 高纯石墨（C，200 目，99.9999%）搅拌均匀制的石墨悬浮液。ρ(石墨)=40 $g\cdot L^{-1}$。

5）其他试剂

硝酸钡［$Ba(NO_3)_2$，A.R 或 P.T］；碳酸钡（$BaCO_3$，A.R）。

6）氯同位素标准物质

ISL 354 NaCl。

7）钽带

钽带纯度 99.95%，规格 1.5 cm × 0.098 cm × 0.0025 cm。

8）Dowex 50W×8 阳离子交换树脂

（1）Ba 型离子交换柱：将约 0.5 mL Dowex 50W × 8 阳离子交换树脂装入 Φ 0.2 cm 的聚乙烯管中，树脂高度为 1.0 cm。交换树脂顺序用 5 mL $c(HNO_3)$=2 mol·L^{-1}、10 mL 高纯水再生。再加入 5 mL $Ba(NO_3)_2$ 饱和溶液，用 10 mL 高纯水洗涤。

（2）Cs 型离子交换柱：将约 0.5 mL Dowex 50W × 8 阳离子交换树脂装入 Φ 0.2 cm 的聚乙烯管中，树脂高度为 1.0 cm，交换树脂顺序用 5 mL HNO_3(2 mol/L)、10 mL 高纯水再生。再加入 5 mL $CsNO_3$ 饱和溶液，用 10 mL 高纯水洗涤。以上两种离子交换树脂可采用大口径离子交换柱进行批量制取。

14.3.3　试样制备

1. 制备

1）固体盐矿试样

称取一定量的固体盐矿试样（约 0.1 g），采用高纯亚沸蒸馏水溶解，过滤除去不溶部分，制备成ρ(Cl)=5～10 g·L^{-1} 的溶液备用。

2）液体试样

水溶液试样采用过滤除去不溶物后，低氯含量样品需在超净蒸发箱中于 60℃蒸发浓缩至ρ(Cl)=5～10 g·L^{-1} 的溶液备用。

2. 纯化

1）离子交换纯化

将制备得到的试样溶液（中性）通过再生好的 Ba 型离子交换柱，控制流速 0.2 mL·min^{-1} 以内，除去溶液中的 SO_4^{2-}（若试样中无 SO_4^{2-}存在，可免除此步操作），并检查流出液中应无 SO_4^{2-}存在，流出液应呈强酸性。

再将经过 Ba 型离子交换柱无 SO_4^{2-}的试溶液通过再生好的 Cs 型离子交换柱，控制流速 0.2 mL·min^{-1} 以内，将样品溶液中的 Cl^-离子转化成 CsCl 供质谱测定。并检查流出液应为中性。

2）沉淀反应纯化

当试样溶液中 SO_4^{2-}含量很高时，选择采用沉淀反应法去除 SO_4^{2-}。将制备好的试样溶液（中性）首先通过再生好的 H 型离子交换柱，获得强酸性的流出液。再将优级纯（或更高纯度）$BaCO_3$ 粉末缓慢分次加入到流出液中，$BaCO_3$ 粉末与流出液中酸反应，产生的 Ba^{2+} 与流出液中的 SO_4^{2-}反应，生成 $BaSO_4$ 沉淀达到除去 SO_4^{2-}的目的。将以上除去 SO_4^{2-}的试样溶液再通过再生好的 Cs 型离子交换柱，控制流速 0.2 mL·min^{-1} 以内，将试样溶液中的 Cl^- 离子转化成 CsCl 供质谱测定。并检查流出液应为中性。

14.3.4 测定过程

1. Cl 含量的检测

当试样溶液中 Cl 浓度较高时可采用容量法（见本书第 3 章）进行测定，对于含量较低的试样应采用同位素稀释法或其他方法进行半定量测定，以确定进行 Cl 同位素质谱测定时的取样量。

2. Ta 带的加热去气处理

为了降低 Ta 带中的 Cl 及其他杂质的含量，Ta 带通常要进行加热处理，其过程如下：将点焊在灯丝架上的 Ta 带在专用的真空系统中进行电加热处理，加热电流为 3.0 A，加热时间为 1.0 h，系统的真空度应优于 1×10^{-5} Pa。

3. Cl 同位素测定

采用平坦并经去气处理的钽带（1.5 cm×0.098 cm×0.0025 cm），在钽带上先涂覆 2.5 μL ρ(石墨)=40 g·L^{-1}（约 100 μg 石墨）的石墨/乙醇/水悬浮液，蒸至近干，再加入经过纯化的试样溶液，加样过程尽量保证石墨悬浮液和氯溶液集中在带中心，然后在 1.2 A 电流下烘干 5 min。

将涂好样品的灯丝装入质谱计离子源中，对仪器的离子源抽真空，当真空达到 3×10^{-5} Pa 时，开始进行测量。将带加热电流快速升至 0.5 A，然后以 0.05 A·min^{-1} 速率增加电流，在带电流增加到 1.1～1.2A 时，寻找 Cs_2Cl^+ 离子流量，并对仪器进行各聚焦参数的调节，当 Cs_2Cl^+ 离子流信号为(3～5)×10^{-12} A，此时带电流一般为 1.20～1.30 A。

在 M/e 301 和 303 质量峰间采集数据，在 M/e 300.5 处测定基线零点。测定时采用单峰跳扫的方法分别测量质量数为 301($^{133}Cs_2{}^{35}Cl^+$)和 303($^{133}Cs_2{}^{37}Cl^+$)的离子流强度 I_{301} 和 I_{303}，直接得到 $^{37}Cl/^{35}Cl$ 比值=I_{303}/I_{301}。

试样的氯同位素组成用相对于 ISL 354 NaCl 氯同位素标准或标准平均海洋氯（SMOC）的 $\delta^{37}Cl$ 表示。

$$\delta^{37}Cl(‰)=\{[(^{37}Cl/^{35}Cl)_{试样}/(^{37}Cl/^{35}Cl)_{标准}]-1\}\times10^3$$

14.3.5 讨论

1. 测定方法的精密度

图 14.7 表明一典型的单次测定中 Cs_2Cl^+信号强度以及测定的同位素比值随时间的变化。

按照以上方法在三个月期间，29 次涂样测定的 ISL 354 NaCl 的平均 $^{37}Cl/^{35}Cl$ 值为 0.319025±0.000037（$2\sigma_m$），测定精度为 0.012%（图 14.8）。

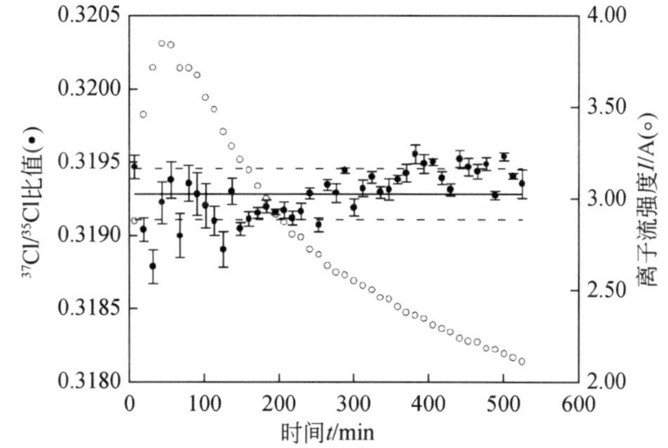

图 14.7　在石墨存在下 Cs_2Cl^+离子流的发射及测定的 $^{37}Cl/^{35}Cl$ 值

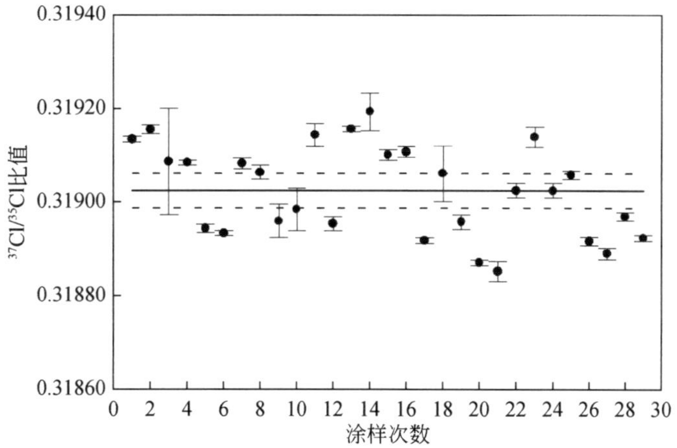

图 14.8　在三个月内对 ISL 354 NaCl 29 次涂样的平均 $^{37}Cl/^{35}Cl$ 测定值

2. 石墨品种的影响

采用 Cs_2Cl^+正离子的氯同位素组成的测定中，石墨是关键，不加石墨，将观察不到任何 Cs_2Cl^+正离子，石墨的品种和质量均对 Cs_2Cl^+正离子的发射及氯同位素比值测定精度和准确度产生重要影响。不同品种石墨涂样测试结果列于表 14.5。

表 14.5　采用不同品种石墨涂样时氯同位素的测定

名称	D 002 /pm	石墨化度/%	最大晶格畸变/pm	$^{133}Cs_2Cl^+$发射温度/℃	$^{133}Cs^+/^{133}Cs_2Cl^+$	$^{37}Cl/^{35}Cl(2\sigma)$
美国 NIST1	336.4	88.4	± 7.2	246	6.7/6.7	0.31900 ± 0.00002(8)
美国 NIST2	335.3	101.2	± 6.2	217	6.3/7.6	0.31906 ± 0.00009(6)
美国 Carine 实验室	335.8	96.3	± 10.6	271	11.7/7.7	0.31909 ± 0.00004(6)
上海化学试剂厂（进口）	336.8	83.7	± 10.5	266	10/7.3	0.31944 ± 0.00003(8)
上海胶体化工厂	335.5	98.8	± 11.2	324	120/7.2	0.32049 ± 0.00015(3)
北京化学试剂厂	335.5	98.8	± 17.4	316	120/2.7	0.32207 ± 0.00017(3)
上海碳素厂，碳粉	342.8	14.0	nd	307	13/0.23	0.32061 ± 0.00011(3)

注：括号里的数字为涂样次数

表 14.5 从发射温度、$^{133}Cs^+/^{133}Cs_2Cl^+$ 和测定的 $^{37}Cl/^{35}Cl$ 值三个重要指标检查，只有最大晶格畸变较小的前四种石墨具有较优良的 $^{133}Cs_2Cl^+$离子发射特性，并能获得相一致的 $^{37}Cl/^{35}Cl$ 测定值和高的测定精度。

3. NO_3^-和 SO_4^{2-}对测定的影响

采用 Cs_2Cl^+正离子的氯同位素组成的测定中，阴离子（SO_4^{2-}和 NO_3^-）的存在会干扰氯同位素组成的测定，随着 NO_3^-、SO_4^{2-}含量的增加，仪器聚焦状况越来越恶化，这表明离子源对 Cs_2Cl^+离子流的聚集越来越困难；同时，离子发射所需的带电流增加，$^{37}Cl/^{35}Cl$ 值越来越偏离标准值，并且随 NO_3^-和 SO_4^{2-}含量的增加而增加，直至无法完成测量。在大部分天然样品的氯同位素组成的测定时，必须事先进行氯的分离与纯化，消除 NO_3^-、SO_4^{2-}的干扰。

4. 试样溶液 pH 对 $^{37}Cl/^{35}Cl$ 值测定的影响

图 14.9 是 pH 在 1.03～10.48 的试样溶液测定的 $^{37}Cl/^{35}Cl$ 结果。

图 14.9 结果表明，当采用低和高 pH 溶液涂样时，测定的 $^{37}Cl/^{35}Cl$ 值均偏高，涂样溶液合适的 pH 为 2.5～5.5，此时测定的 $^{37}Cl/^{35}Cl$ 值具有较高的精度和准确度；pH＜2.5 或 pH＞6.0 均会产生大的同位素分馏。

5. 氯涂样量对 $^{37}Cl/^{35}Cl$ 值测定的影响

测定 ISL 354、地下卤水和死海卤水三个试样的 $^{37}Cl/^{35}Cl$ 值，Cl 涂样量范围为 0.5～500 μg，测试结果见图 14.10。

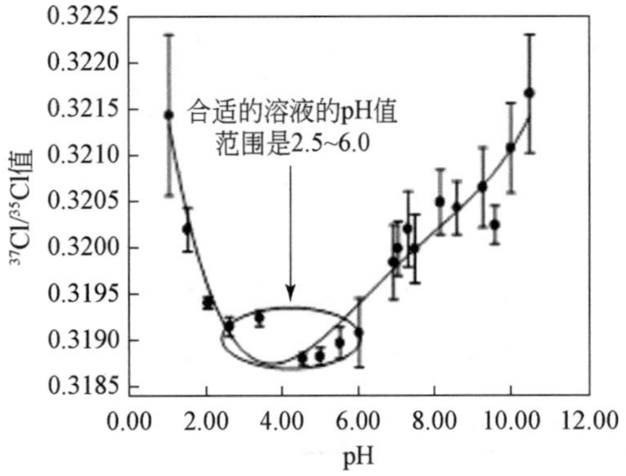

图 14.9　采用不同 pH 溶液涂样时测定的 $^{37}Cl/^{35}Cl$ 值

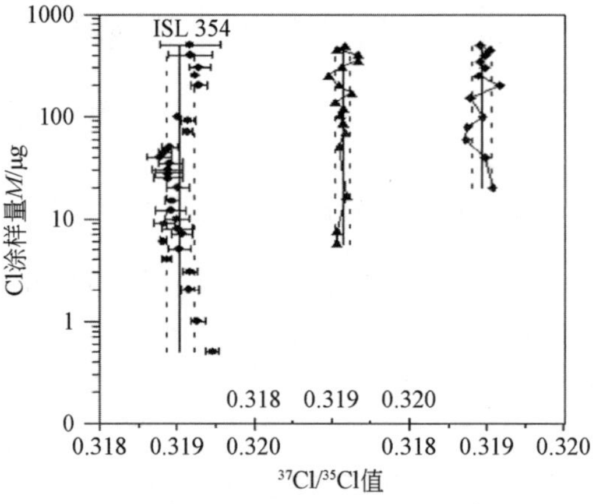

图 14.10　$^{37}Cl/^{35}Cl$ 测定比值随 Cl 涂样量的变化

三个试样中没有观察到测定的 $^{37}Cl/^{35}Cl$ 值在涂样含 Cl 量为 1～500 μg 范围内随氯涂样量而有明显的变化，ISL 354、地下卤水和死海卤水三个试样测定的 $^{37}Cl/^{35}Cl$ 值随氯涂样量变化曲线的斜率分别为 5.687×10^{-7}、1.887×10^{-7} 和 1.689×10^{-7}，平均值为 3.088×10^{-7}。每 100 μg Cl 涂样量变化引起的 $^{37}Cl/^{35}Cl$ 测定比值的变化为 0.031‰，在测定精度范围内是可忽略的。

正常测定时，氯的涂样量为 2～10 μg，但是没有必要对氯的涂样量给予多的限制。

14.4　锂同位素热电离质谱法测量[14–16]

14.4.1　方法简介

自然界锂有两种稳定同位素 ^6Li 和 ^7Li，相对原子质量分别为 6.0151223(5)u 和 7.0160041(5)u，其丰度分别为 0.07591(2)和 0.92409(20)。IAEA 推荐的锂同位素标准参考物质是 NBS L-SVEC Li_2CO_3，其绝对 $^6Li/^7Li=0.0832\pm0.0002$。另外还有两个标准物质是富 ^6Li 的 IRMM-015 和天然丰度的 IRMM-016，后者的绝对 $^6Li/^7Li=0.08212\pm0.00028$。根据 IUPAC 的推荐，样品的锂同位素组成要采用 δ^7Li 表示。

采用碱熔、酸溶或水溶的方法将各种待测试样中的 Li 制备成含 Li 溶液，采用离子交换方法分离 Li，同时使 Li 转型为 $Li_2B_4O_7$ 或 Li_3PO_4 形式，制成含 $Li_2B_4O_7$ 或 Li_3PO_4 的待测试样溶液，采用双带热电离的方法获得 Li^+ 离子进行锂同位素组成的测定。

14.4.2　仪器与试剂

1. 仪器

热电离同位素质谱计（VG 354，MAT 262，IsoProbe T，Triton）。

2. 试剂

（1）低本底亚沸蒸馏 HCl。

盐酸（HCl，ρ=1.19 g·mL^{-1}，G. R）经石英亚沸蒸馏器蒸馏或采用在密封容器中平衡方法进行纯化，取纯化后的低本底高纯 HCl，加入高纯亚沸蒸馏水，配制成 c(HCl)=4 mol·L^{-1} 溶液。

（2）高纯亚沸蒸馏水。

将 18.2 MΩ·cm MilliQ 水用石英亚沸蒸馏器进行二次重蒸馏；

（3）盐酸–甲醇混合溶液。

200 mL（HCl，ρ=1.19 g·mL^{-1}，G. R）置于 2000 mL 容量瓶，加入 200 mL 高纯亚沸蒸馏水，用无水甲醇（CH_4O，ρ=0.79 g·mL^{-1}，≥99.9%）稀释至刻度，摇匀。此溶液 c(HCl)=1.2 mol·mL^{-1}、φ(CH_4O)=0.8。

（4）ρ(B)=1 g·L^{-1} 的 NIST 951 硼同位素标准溶液。

（5）NIST-SVEC Li_2CO_3 锂同位素标准物质。

（6）钽带。

钽带纯度 99.95%，规格：1.5 cm × 0.098 cm × 0.0025 cm。

（7）铼带。

铼带纯度 99.999%，规格：1.5 cm × 0.098 cm × 0.0025 cm。

（8）离子交换树脂。

上海正一号阳离子交换树脂（80～100 目）。

（9）离子交换柱。

Φ 0.5 cm 的石英离子交换柱。

将浸泡过夜的上海正一号阳离子交换树脂（80～100 目）装入 Φ 0.5 cm 的石英离子交换柱中，树脂床高度为 10 cm，继以 200 mL $c(HCl)=4\ mol \cdot L^{-1}$ 溶液淋洗，再用高纯水洗至中性，并采用 $c(HCl)=1.2\ mol \cdot mL^{-1}$、$\varphi(CH_4O)=0.8$ 盐酸-甲醇淋洗溶液将交换柱中的水排出，最后将树脂倒出，用盐酸-甲醇淋洗溶液从新装柱备用。

（10）其他试剂。

无水甲醇（CH_4O，G.R）；硼酸（H_3BO_3，G.R）；氢氧化钠（NaOH，G.R）；氯化钠（NaCl，G.R）；磷酸（H_3PO_4，G.R）。

14.4.3 试样制备

1. 制备

称取一定量的盐类样品（约 0.1 g），采用低锂亚沸蒸馏水溶解，过滤除去不溶部分，制备成含 Li 的溶液备用。水溶液样品过滤除去不溶物后，在低温下蒸发至约 3 mL 体积备用。

2. 纯化

采用离子交换法纯化试样溶液。在制备好的试样溶液中加入 2.5 g 优级纯 NaCl 和 15 mL 盐酸-甲醇淋洗溶液，将此混合溶液以 $0.2\ mL \cdot min^{-1}$ 的流速通过离子交换柱，盛样容器中残留的 NaCl 晶体用少量淋洗溶液转移，剩下的少量 NaCl 晶体用 0.2 mL 高纯水溶解后再加入 2 mL 淋洗液，混合后倒入柱中，重复一次以上操作。最后用淋洗溶液以 $0.5\ mL \cdot min^{-1}$ 的流速淋洗，根据淋洗曲线收集含 Li 的淋洗液部分。在超净箱中于 60℃蒸发至干，加少量水溶解，再蒸干，重复 2 次。将生成的溶液通过 OH^-型阴离子交换柱，将 Li 转化成 LiOH 形式备用。

采用 Li_3PO_4 作涂样物质时，将交换分离后样品溶液蒸干后加入 0.3 mL $c(H_3PO_4)=0.017\ mol \cdot L^{-1}$ 溶液，然后在电热板上于 90℃蒸发 2～3 h 备用。

14.4.4 测定过程

1. Li 含量的检测

试样溶液 Li 浓度可采用原子吸收方法测量，以确定进行 Li 同位素质谱测定时的取样量。

2. Ta，Re 带的加热去气处理

为了降低 Ta 和 Re 带中的 Li 及其他杂质的含量，Ta 和 Re 带通常要进行加热处理，其过程如下：将点焊在灯丝架上的 Ta 和 Re 带在专用的真空系统中进行电加热处理，加热电流 Ta 带为 3.0 A，Re 带 4.5 A，加热时间为 1.0 h，系统的真空度应优于 1×10^{-3} Pa。

3. Li 同位素测定

1）$Li_2B_4O_7$ 作涂样物质

采用去过气的双带或三带，样品带为 Ta 带，电离带为 Re 带。样品带上涂 3 μL 浓度为 ρ(B)=1 mg·mL^{-1}的 NBS 951 标准硼溶液（也可采用其他超纯的 H_3BO_3 化学试剂），蒸发至近干，再加入 0.5～1.0 μg Li 的试样溶液，通以 1.2 A 电流，加热 2 min 使样品液蒸干。装入质谱计，当离子源真空优于 3×10^{-5} Pa 时开始进行测量。快速升高电离带电离至 2.00 A，然后以 0.2 A·min^{-1}继续升高直到电离带温度为 1500℃，温度采用光学温度计测量。然后缓慢升高样品带电流至 $^7Li^+$离子流达到 5×10^{-12} A。对 $^7Li^+$离子流进行仪器聚焦，当 $^7Li^+$离子流达到 2×10^{-11} A 时开始数据采集，采用峰跳扫方式测量 $^7Li^+$和 $^6Li^+$离子流强度，基线零点 *M/e* 为 6.5。

2）采用 Li_3PO_4 作涂样物质

采用去过气的双带或三带，样品带和电离带均为 Re 带。涂样时在样品带上涂添加有 H_3PO_4 的含 Li 的样品溶液，先在 1 A 下加热，随后缓慢升高电流至 1.7 A，并避免样品液沸腾，维持带电流直至磷酸冒烟消失。装入质谱计，当离子源真空优于 3×10^{-5} Pa 时开始进行测量。首先升高电离带电流至电离带温度为 1150℃，样品带电流升至 0.3 A，维持 10 min 后快速将两加热电流降至 0 A，冷却 10 min 后再重新升高电离带电流至 1.05～1.10 A，此时温度为 850℃，升高样品带电流至 0.60 A，此时将出现 $^7Li^+$，随后会缓慢升高至（1.05～1.25）$\times10^{-11}$ A 时开始数据采集。采用峰跳扫方式测量 $^7Li^+$和 $^6Li^+$离子流强度，基线零点 *M/e* 为 6.5。

试样的锂同位素组成用相对于 NBS L-SVEC Li_2CO_3 锂同位素标准。

$$\delta^7\mathrm{Li}(‰)=\{[(^7\mathrm{Li}/^6\mathrm{Li})_{样品}/(^7\mathrm{Li}/^6\mathrm{Li})_{标准}]-1\}\times10^3$$

14.4.5 讨论

1. 温度对测定结果的影响

图 14.11 表明在不同的电离带温度下以 $Li_2B_4O_7$ 作涂样物质时，$^7Li/^6Li$ 比值随测量时间的变化，结果表明，当电离带温度低于 1200℃时，测定的 $^7Li/^6Li$ 比值偏低，且有随时间而升高的趋势。

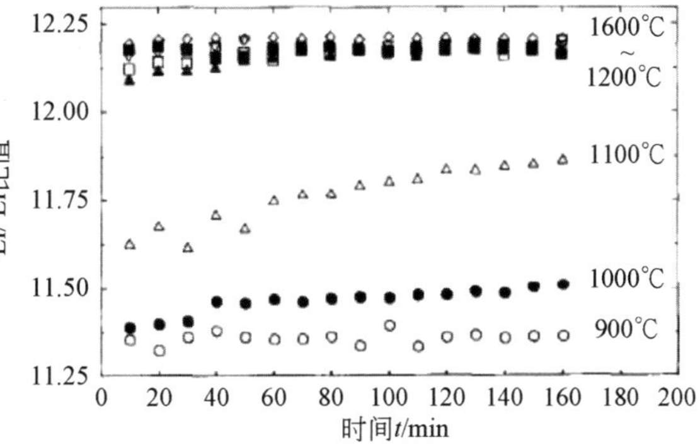

图 14.11　$Li_2B_4O_7$ 作涂样物质时不同电离温度时 $^7Li/^6Li$ 比值随时间的变化

由于 Li 的两种稳定同位素 ^6Li 和 ^7Li 非常大的相对质量差，在热电离质谱法测定中会产生严重的同位素分馏，使得锂同位素的精密测定十分困难。电离温度是影响 Li 同位素分馏的重要因素，图 14.12 表明采用不同涂样物质时，$^7Li/^6Li$ 比值随电离温度的变化，在低温时，测定的 $^7Li/^6Li$ 比值严重偏低，随电离温度的升高，测定的 $^7Li/^6Li$ 比值逐渐升高，到 1200℃时 $^7Li/^6Li$ 比值才趋于平稳。这表明在低温时，Li 同位素的分馏更为显著，因此在进行 Li 同位素热电离法测定时，电离温度应在 1400℃以上，如图 14.12。

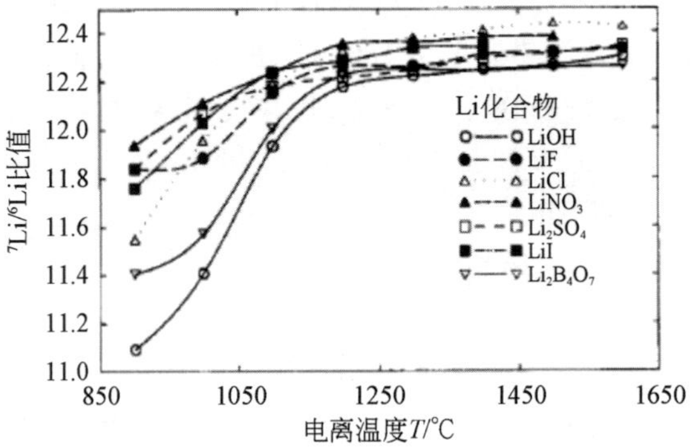

图 14.12　电离温度对锂丰度比测定的影响

2. 不同涂样方式测定结果比较

1）$Li_2B_4O_7$ 和 Li_3PO_4 作涂样物质结果比较

按照以上方法对 NBS L-SVEC Li_2CO_3 锂同位素标准进行重复涂样测定的 $R_{^7Li/^6Li}$ 比值列于表 14.6。

表 14.6　对 NBS L-SVEC Li_2CO_3 锂同位素标准 $R_{^7Li/^6Li}$ 比值测定的重复性

编号	$R_{^7Li/^6Li}$ 比值（$Li_2B_4O_7$）	$R_{^7Li/^6Li}$ 比值（Li_3PO_4）
1	12.1603	12.1155±0.0006
2	12.1630	12.1097±0.0007
3	12.1689	12.1197±0.0008
4	12.1620	12.1199±0.0011
5	12.1643	
6	12.1652	
7	12.1637	
平均	12.1637±0.0028（0.023%）	12.1162±0.0096（0.039%）

2）不同形式涂样物质的比较

表 14.7 给出了分别采用 LiOH、LiCl、$LiNO_3$、LiF、LiI、$Li_2B_4O_7$ 和 Li_3PO_4 等涂样物质时 Li 同位素测定结果。

表 14.7　采用不同锂化合物涂样时对 NBS L-SVEC Li_2CO_3 锂测定的锂同位素比值和记忆量

化合物		LiOH	LiF	LiCl	$LiNO_3$	Li_3PO_4	LiI	$Li_2B_4O_7$
分子量		23.95	25.94	42.39	68.94	115.79	133.84	169.12
锂同位素	$R_{^7Li/^6Li}$	12.103	12.272	12.209	12.188	12.214	12.126	12.209
	RSD/%	0.18	1.22	0.14	0.29	0.82	0.19	0.12
记忆 Li 量/ng		1.29	32.6	1.26	1.71	0.76	5.56	0.70

表 14.7 结果表明，LiCl 和 $Li_2B_4O_7$ 作为涂样物质时，$^7Li/^6Li$ 测定精度可达 0.14%以上，而且记忆效应较弱。近年来 Li_3PO_4 作涂样物质在 Li 同位素的测量方面应用越来越广泛，同时也得到比较理想的测定结果，采用 Li_3PO_4 涂样时，记忆 Li 量与 $Li_2B_4O_7$ 涂样时相似，测量条件控制得好，可望获得更高的测定精度。

从表 14.7 结果看，采用 LiF 作涂样物质，测定精度最低，而记忆效应最强。采用大分子量的涂样物质能降低 Li 化合物蒸发过程中的同位素分馏，因此 Li 同位素测定中采用的涂样物质有一个由低分子量到高分子量的发展过程，除了这一因素外，涂样物质的腐蚀性和记忆效应以及能否产生稳定的 Li^+ 离子流应进行综合考虑。

14.5　连续流水平衡法测定水中氢、氧同位素组成[17–20]

14.5.1　概述

连续流水平衡法是一种常用的测定水中氢、氧同位素的方法。这种方法通过连续流动的平衡过程，利用同位素比质谱仪（GasBench II-IRMS）进行测定，以获得准确的氢、氧同位素组成数据。该方法自动化程度高，能够提供精确的同位素比值数据，广泛应用于地质、环境和水文等领域。

与其他方法相比，连续流水平衡法具有以下优点和缺点：

优点：操作简便，自动化程度高，能够快速提供准确的同位素比值数据；

缺点：对样品的前处理要求较高，且在测定氢同位素时重现性较差。

在实际应用中，连续流水平衡法常用于研究自然水体的同位素分布、水源地的鉴别以及气候变化等方面。例如，通过测定不同地区降水的δD 和δ^{18}O 值，可以分析水循环过程的历史信息、天气气候特征等。

为了便于数据国际上的通用和交流，所有测定结果，不管采用何种标准物质，试样的氢氧同位素组成用相对于国际公认基准标准物质（V-SMOW）的同位素比值的千分差（δD 和δ^{18}O）来表示，即

$$\delta D_{SA\text{-}ST}(‰)=\left[\frac{D/{}^1H_{SA}}{D/{}^1H_{ST}}-1\right]\times 10^3 \tag{14.7}$$

$$\delta^{18}O_{SA\text{-}ST}(‰)=\left[\frac{{}^{18}O/{}^{16}O_{SA}}{{}^{18}O/{}^{16}O_{ST}}-1\right]\times 10^3 \tag{14.8}$$

14.5.2　方法原理

1. 水中氢同位素组成（δD）分析：H_2-H_2O 平衡法

在恒温条件下，水中的氢（H）与氢气（H_2）（钢瓶标准气）在疏水铂催化作用下达到平衡，平衡后的氢气（H_2）和氦（He）载气携带下经色谱柱分离，进入气体稳定同位素质谱仪，测定 D/H 的比值，进而得出δD 值。

$$^1H^2HO + {}^1H_2 \xrightarrow{Pt} {}^1H_2O + {}^1H^2H$$

2. 水中氧同位素组成（δ^{18}O）分析：CO_2-H_2O 平衡法

在恒温条件下，水中的氧（O）与 CO_2 气体中的氧交换达到平衡。平衡后的 CO_2 气体在氦（He）载气携带下经恒温色谱柱，进入气体稳定同位素质谱仪，通过测定 CO_2 中δ^{18}O 值得出水中的δ^{18}O 值。

$$C^{16}O^{16}O + H_2{}^{18}O \longrightarrow C^{16}O^{18}O + H_2{}^{16}O$$

14.5.3　仪器与试剂

1. 仪器

气体稳定同位素比值质谱仪（IRMS），多用途气体制备仪（GasBench II），自动进样器，色谱柱（外径 Φ 0.32 × 25 m），恒温样品盘（温度精度：0.1℃），取样针，吹气针，移液枪（1 mL）。测量δ^{18}O 分析精度≤0.2‰，测量δD 分析精度≤2‰。

2. 试剂材料

1）气体

高纯氢气（H_2）与氦气（He）混合气，纯度≥99.999%，混合气含 $\Psi(H_2)=0.02$；高纯氦气（He）与二氧化碳（CO_2）混合气，纯度≥99.999%，混合气含 $\Psi(CO_2)=0.003$；高纯氢气（H_2），纯度≥99.999%；高纯二氧化碳（CO_2），纯度≥99.999%；高纯氦气（He），纯度≥99.999%。

2）催化剂

疏水铂（Pt）催化剂（棒）。

3）标准样品

水中氢氧同位素有证标准物质（GBW04401～GBW04404，GBW04458～GBW04461），国际标准物质 V-SMOW、GISP、SLAP2 国家一级标准物质认定值见表 14.8。

14.5.4　分析检测

1. 测定步骤

测定步骤打开质谱仪电源及计算机软件，启动机械泵和分子涡轮泵对质谱分析系统抽真空，真空度达到仪器分析的要求（$n\times10^{-6}$ Pa）。离子源、针阀等部件通电预热 1 h 以上，打开针阀，平衡 5 min 后，打开离子源。质谱仪离子源调到测 H_2 或 CO_2 的状态，在测量软件中选择参考气 H_2 或 CO_2，仪器稳定后，进行以下参数的调试。

表 14.8　水中氢、氧同位素有证标准物质推荐值

标准物质	类型	δD_{V-SMOW}/‰	$\delta^{18}O_{V-SMOW}$/‰
V-SMOW	水	0±0.3	0±0.02
GISP	水	−189.5±1.2	−24.76±0.09
SLAP2	水	−427.5±0.3	−55.5±0.02
GBW04401	水	−0.40±1.0	0.32±0.19
GBW04402	水	−64.8±1.1	−8.79±0.14
GBW04403	水	−189.1±1.1	−24.52±0.20
GBW04404	水	−428.3±1.2	−55.16±0.24
GBW04458	水	−1.7±0.4	0.15±0.07
GBW04459	水	−63.4±0.6	−8.61±0.08
GBW04460	水	−144.0±0.8	−19.13±0.07
GBW04461	水	−433.3±0.9	−55.73±0.08

注：V-SMOW 为以大洋海水为主配制的国际通用标准，其δD 和$\delta^{18}O$ 被定义为零，该标准水的 D/H 比的绝对值为$(155.76\pm0.05)\times10^{6}$，$^{8}O/^{16}O$ 比的绝对值为$(2005.20\pm0.45)\times10^{6}$

（1）温度设定：测 H_2 和 CO_2 时设置恒温样品盘温度为 25℃，色谱柱温度为 70℃。

（2）载气流量：氦载气实际流量由样品制备装置控制阀来调节，控制在 10～15 $mL\cdot min^{-1}$。

（3）稳定性测试：利用相同离子流强度的连续 10 个参考气（H_2 或 CO_2）脉冲进行内精度测试，测得δD 和$\delta^{18}O$ 结果的标准偏差分别小于 0.4‰和 0.08‰。

（4）线性测试：利用不同离子流强度的连续多个（H_2 或 CO_2）参考气脉冲的线性测试，手动调节 H_2 或 CO_2 参考气的离子流强度，脉冲信号强度从 1000 mV 逐级增加到 7000 mV，测得 H_2 和 CO_2 结果的线性偏差小于（斜率）0.066‰。

（5）H_3^+因子计算：点击测量软件上的 H_3^+因子校正，进行 H_3^+因子计算，2 次校正 H_3^+因子数值偏差小于 0.1。

（6）程序设置：设定样品测试程序，选择程序项建立一个新的样品列表，在方法栏调用相应的方法文件，在程序中填写样品信息，选择需要测试的内容，设置完成后，按顺序测试。

2. 试样制备

1）疏水铂催化 H_2-H_2O 平衡法

（1）温度。设定恒温样品盘温度 25℃，色谱柱温度 70℃，待稳定后测试样品。

（2）样品量。用移液枪取 0.2～1.0 mL 水样或标准水置于 12 mL 硼硅酸反应管，加入铂催化剂（棒），拧紧瓶盖，将样品依次置于 25℃恒温样品盘中。如果样品中含有悬浮物或沉淀杂质，需要用 0.45 μm 滤膜过滤后再取样。

（3）充气。设定自动进样器工作程序，编制吹气方法，打开含 $\Psi(H_2)=0.02$ 的氦气混合气阀门，调节流速 100～150 mL·min^{-1}，每个反应瓶中充含 $\Psi(H_2)=0.02$ 的氦气混合气 10 min，确保排净反应瓶中的空气。

（4）平衡。顶部空间充满含 $\Psi(H_2)=0.02$ 氦气混合气的反应瓶，放置在 25℃恒温样品盘中，平衡时间不少于 40 min，使水中氢与氢气在疏水铂催化剂作用下达到同位素平衡状态。

2）CO_2-H_2O 水平衡法

（1）温度。设定恒温样品盘温度 25℃，色谱柱温度 70℃，待稳定后测试样品。

（2）样品量。用移液枪取 0.2～1.0 mL 水样及标准水置于 12 mL 硼硅酸反应管，加入铂催化剂（棒），拧紧瓶盖，将样品依次置于 25℃恒温样品盘中。如样品中含有悬浮物或沉淀杂质，需用 0.45 μm 滤膜过滤后再取样。

（3）充气。设定自动进样器工作程序，编制吹气方法，打开含 $\Psi(CO_2)=0.003$ 的氦气混合气阀门，调节流速 100～150 mL·min^{-1}，每个反应瓶通 $\Psi(CO_2)=0.003$ 的氦气混合气 10 min，确保排净反应瓶中的空气。

（4）平衡。顶部空间充满 $\Psi(CO_2)=0.003$ 的氦气混合气的反应瓶，放置在 25℃恒温样品盘中，平衡时间不少于 20 h，使 CO_2 中 ^{18}O 与 H_2O 中 ^{18}O 达到同位素平衡状态。

3. 测试

1）测试流程

水中氢同位素测试示意图见图 14.13 所示。

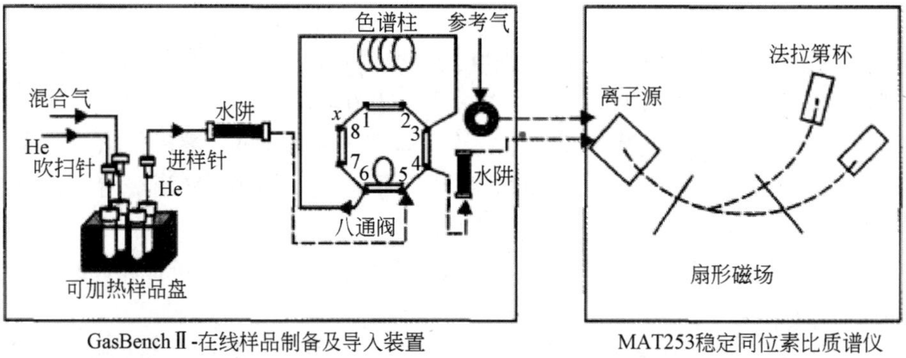

图 14.13　GasBench Ⅱ-IRMS 水平衡分析水中氢同位素测试示意图

在自动进样器左侧位置装取气针，选择编好的样品列表，开始测样。平衡后的样品中的氢气（H_2），在氦气（He）载气的携带下，经过色谱柱分离后进入质谱仪，通过测定 D/H 比值，并与工作标准相比较，得到相对于国际标准（V-SMOW）的 δD 值。平衡后的样品中的二氧化碳（CO_2），在氦气（He）载气的携带下，经过色谱柱进行分离后进入质谱仪，通过测定 $^{18}O/^{16}O$ 比值，并与工作标准相比较，得到相对于国际标准（V-SMOW）的 $\delta^{18}O$ 值。

每批测量样品中插入监控样或平行样进行质量监控。

2）标样测试

选取 3 个及以上不同梯度的有证标准物质作标准曲线，所选用标准样品的值应能覆盖待测样品的同位素比值范围。测试中，每个标样采集 4～6 组峰数据，取其平均值为该标样的最终测定结果。以同位素标准样品中氢、氧同位素测定值为横坐标，同位素标准物质认定值为纵坐标，绘制标准曲线。标准曲线见图 14.14，用于待测样品的氢、氧同位素比值校准。

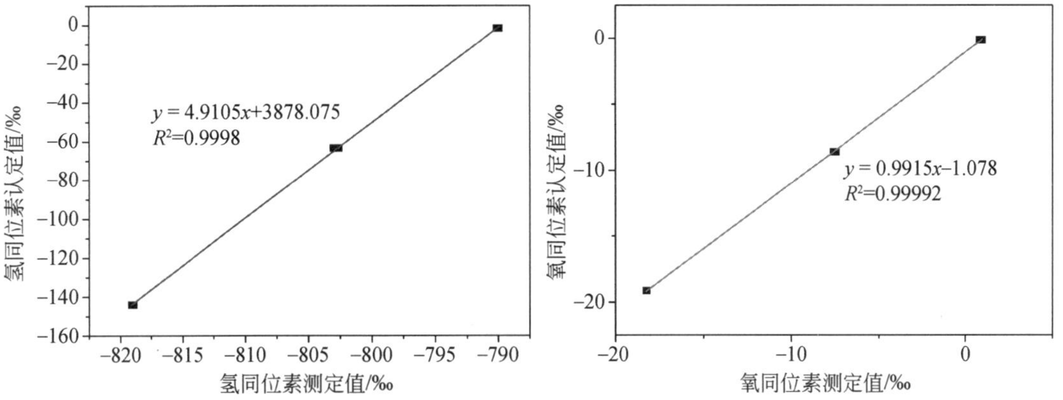

图 14.14　水平衡法测试氢氧同位素标准曲线

3）样品测试

标准样品测试后，进行待测样品测试。每个样品采集 4～6 组峰数据，取其平均值为该样品的最终测定结果。在每批测量样品中插入监控样或平行样进行质量监控。

14.5.5　结果讨论

1. 测试结果

选择标准样品 GBW04458～GBW04460 三个有证氢、氧同位素标准样品建立的标准曲线如图 14.14，具体的测试数据结果见表 14.9。对同一个水样，取 6 次平行样的测试数据结果见表 14.10。

表 14.9　标准样品中氢、氧同位素测试结果

样品编号	氢同位素 $\delta D_{V\text{-}SMOW}$/‰			氧同位素 $\delta^{18}O_{V\text{-}SMOW}$/‰		
	测定值	测定平均值	认定值	测定值	测定平均值	认定值
GBW04458	−789.91	790.03	−1.70	0.93	0.91	−0.15
	−790.14		−1.70	0.81		−0.15
	−790.05		−1.70	1.00		−0.15

续表

样品编号	氢同位素$\delta D_{V\text{-}SMOW}$/‰			氧同位素$\delta^{18}O_{V\text{-}SMOW}$/‰		
	测定值	测定平均值	认定值	测定值	测定平均值	认定值
GBW04459	−802.58	802.79	−63.40	−7.57	−7.56	−8.61
	−802.75		−63.40	−7.47		−8.61
	−803.03		−63.40	−7.63		−8.61
GBW04460	−819.07	819.02	−144.00	−18.21	−18.22	−19.13
	−819.09		−144.00	−18.25		−19.13
	−818.91		−144.00	−18.21		−19.13

表 14.10　水样中氢、氧同位素测试结果

样品编号	氢同位素$\delta D_{V\text{-}SMOW}$/‰		氧同位素$\delta^{18}O_{V\text{-}SMOW}$/‰	
	测定值	校准值	测定值	校准值
WHH1-1	−798.89	−44.86	−5.95	−6.98
WHH1-2	−798.66	−43.76	−6.10	−7.12
WHH1-3	−798.35	−42.24	−6.12	−7.14

从上表可以看出，采用多用途气体制备仪-稳定同位素质谱仪联用（GasBenchII-IRMS）水平衡法测定某纯净水中的氢、氧同位素组成。待测样品的δD和$\delta^{18}O$结果的标准偏差分别为 1.32‰和 0.08‰，均满足方法所规定的测量δD分析精度≤2.0‰，测量$\delta^{18}O$的分析精度≤0.08‰的要求。

2. 标准曲线

标准曲线的直线部分应涵盖所有的待测物质的浓度（或量）的变化范围。

14.6　高温转化法测定水中氢、氧同位素组成[21，22]

14.6.1　概述

高温转化法（TC/EA-IRMS）是一种用于测定水中氢、氧同位素组成的测试方法。该方法通过热转换元素分析和同位素比质谱法（TC/EA-IRMS）实现，能够在单次分析过程中同时测定微量水的δD和$\delta^{18}O$，具有高精度和高效率的特点。高温转化法已广泛应用于地质学、水文学、水文地质学、大气科学和生态学等领域。例如，通过测定水中氢氧同位素的组成，可以识别和量化水分来源，揭示水循环演化过程及形成机理，为研究植物代谢机制、古环境气候反演提供了一种非常有效的技术手段。

14.6.2 方法原理

在高温条件下，水与碳粒迅速反应，定量生成 H_2 和 CO，然后在 He 载气携带下经恒温色谱柱分离，依次导入同位素质谱仪的离子源内，顺序测定水的氢氧同位素组成。其中测量$\delta^{18}O$ 分析精度≤0.2‰，测量δD 分析精度≤2.0‰。

$$H_2O + C \xrightarrow{1400℃} H_2 + CO$$

试样的氢氧同位素组成用相对于国际公认基准标准物质（V-SMOW）的同位素比值的千分差（$\delta D_{V\text{-}SMOW}$和$\delta^{18}O_{V\text{-}SMOW}$）来表示（见 14.5.1 小节）。

14.6.3 仪器与试剂

1. 仪器

气体稳定同位素比值质谱仪（IRMS）、Flash 2000 元素分析仪、ConFlo IV 连续流模式同位素质谱仪的万用接口和 AS3000 液体样品自动进样器。

自动进样针（0.5 μL，澳大利亚 SGE Analytical Science 公司），透明螺纹口自动进样瓶（2 mL，Φ 12 mm × 32 mm），移液枪（1 mL）。

2. 试剂材料

1）气体

高纯氢气（H_2），纯度≥99.999%；高纯一氧化碳（CO），纯度≥99.999%；高纯氦气（He），纯度≥99.999%。

2）标准样品

水中氢氧同位素有证标准物质（GBW04401～GBW04404，GBW04458～GBW04461），国际标准物质 V-SMOW、GISP、SLAP2 国家一级标准物质认定值见 14.5 节表 14.8。

14.6.4 分析检测

1. 测定步骤

打开质谱仪电源及计算机软件，启动机械泵和分子涡轮泵对质谱分析系统抽真空，使真空度达到仪器分析的要求（$n\times10^{-6}$ Pa）。将离子源、针阀等部件通电预热 1 h 以上，使其工作稳定。打开针阀，平衡 5 min 后，打开离子源。质谱仪调到元素分析仪左炉（Flash HT）的状态，在测量软件中选择参考气 H_2 和 CO，仪器稳定后，进行以下参数调试：

（1）检漏：首先要对仪器进行检漏，确保整个系统不漏气。

（2）温度设定：元素分析仪左炉（Flash HT）以统一升温速率分段程序升温。首先由室温升至 400℃，稳定 30 min；随后继续升至 800℃，稳定 12 h；再继续升温至 1200℃，稳定 30 min；最后升温至 1400℃，稳定 1 小时后，将温度降至 1350℃，仪器最终维持在 1350℃。色谱柱温度设置为 50℃。

（3）气体流量设置：载气流速设置为 100 mL/min，氧气流速设置为 200 mL/min，参考气流速设置为 200 mL/min。

（4）稳定性测试：利用相同离子流强度的连续 10 个参考气（H_2或 CO）脉冲进行内精度测试，测得δD 和δ^{18}O 结果的标准偏差分别小于 0.4‰和 0.08‰。

（5）线性测试：利用进行不同离子流强度的连续多个（H_2 或 CO）参考气脉冲的线性测试，调节 H_2和 CO 参考气的稀释比，调控 H_2或 CO 参考气的离子流强度，脉冲信号强度从 1000 mV 逐级增加到 9000 mV，测得 H_2和 CO 结果的线性偏差小于（斜率）0.066‰/V。

（6）程序设置：设定样品测试程序，选择程序项建立一个新的样品列表，在方法栏调用相应的方法文件，在程序中填写样品信息，选择需要测试的内容，设置完成后，按顺序测试。

2. 试样制备

（1）移取 2 mL 盐度小于 3‰的水样装满进样瓶，用内衬有密封隔垫的螺旋孔盖不留顶空密封后（注意孔盖不要拧得过紧），置于图 14.15 所示 AS3000 液体自动进样器的样品盘中。

（2）盐度过大水样，根据试样组成特点进行除盐后按（1）步骤处理。

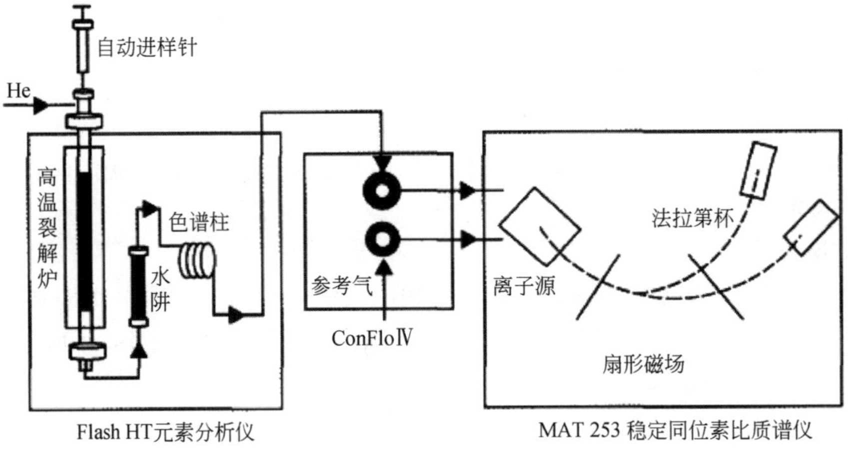

图 14.15　Flash HT-IRMS 分析水中氢氧同位素示意图

3. 测试

1）测试流程

用 0.5 μL 进样针从 2 mL 样品瓶中移取 0.2 μL 水样，经元素分析仪的进样口密封隔垫扎入，将 0.2 μL 水样注入裂解炉，高温下形成的水蒸气与填充于裂解炉内的玻璃碳粒在 1400℃下发生还原反应，形成的 H_2和 CO 混合气在流速 100 mL·min^{-1}的 He 载气携带下，通过柱温 50℃气相色谱柱分离，然后依次通过 ConFlo IV 导入稳定同位素质谱仪的离子源内，实现单次分析中顺序同时测定δD 和δ^{18}O。

2）标准样品测试

从氢、氧同位素标准样品中选择 4 个标准样品，按“1）测试流程”每个标准样品测试采集 4～6 组峰数据，取其平均值为该标准样品的最终测定结果。以同位素标准样品中氢、氧同位素测定值为横坐标，标准水氢、氧同位素标准物质认定值为纵坐标，绘制标准曲线。标准曲线见图 14.16。

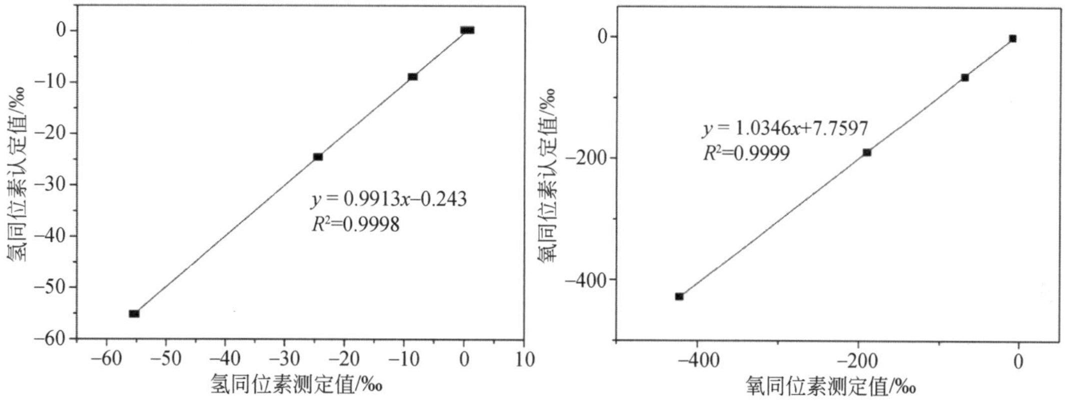

图 14.16　TC/EA-IRMS 分析水中氢氧同位素标准曲线

3）样品测试

与标准样品测试相同的条件下，进行待测样品的测试。每个样品采集 4～6 组峰数据，取其平均值为该样品的最终测定结果。每批测量样品中插入监控样或平行样进行质量监控。

14.6.5　结果与讨论

1. 测试结果

选择标准样品 GBW04401～GBW04404 四个有证氢、氧同位素标准样品建立的标准曲线如图 14.16，具体的测试数据结果见表 14.11。对同一个水样，取 3 次平行样的测试数据结果见表 14.12。

表 14.11　TC/EA-IRMS 分析标准样品中氢氧同位素测试结果

样品编号	氢同位素 $\delta D_{V\text{-}SMOW}$/‰			氧同位素 $\delta^{18}O_{V\text{-}SMOW}$/‰		
	测定值	测定平均值	认定值	测定值	测定平均值	认定值
GBW04401	−9.42	−9.48	−0.40	−0.13	0.48	0.32
	−9.59			0.62		
	−9.48			0.96		
GBW04402	−68.24	−68.53	−64.80	−8.44	−8.59	−8.79
	−68.53			−8.89		
	−68.83			−8.44		

续表

样品编号	氢同位素δD_{V-SMOW}/‰			氧同位素$\delta^{18}O_{V-SMOW}$/‰		
	测定值	测定平均值	认定值	测定值	测定平均值	认定值
GBW04403	−190.04	−189.86	−189.10	−24.31	−24.40	−24.52
	−190.61			−24.25		
	−188.92			−24.63		
GBW04404	−422.69	−421.89	−428.30	−55.64	−55.44	−55.16
	−421.58			−55.13		
	−421.40			−55.55		

表 14.12　TC/EA-IRMS 分析水中氢氧同位素测试结果

样品编号	氢同位素/‰		氧同位素/‰	
	测定值	校准值	测定值	校准值
Water-1	−62.45	−56.85	−7.82	−7.99
Water-1	−61.84	−56.22	−7.73	−7.90
Water-1	−61.57	−55.94	−7.74	−7.91

采用热转换元素分析同位素质谱法（TC/EA-IRMA）测定某纯净水中的氢、氧同位素组成。待测样品的δD和$\delta^{18}O$结果的标准偏差分别为 0.47‰和 0.05‰，均满足方法所规定的测量δD分析精度≤2.0‰，测量$\delta^{18}O$的分析精度≤0.2‰的要求。表 14.12 给出了待测样品的测定结果，供参考。

2. 标准曲线

标准曲线的直线部分应涵盖所有的待测物质的浓度（或量）的变化范围。

3. 其他

与其他方法相比，高温转化法具有以下优点和缺点：

优点：无须准确标定参考气和测定H_3^+因子，并且能够测试微量样品，同时测定水样的δD和$\delta^{18}O$，分析时间短，仅需 10 min。

缺点：该方法要求水体样品的盐度小于 3‰，如果盐度过大，需要对水样进行除盐处理后再采用该方法测试水中氢、氧同位素组成。

14.7　连续流磷酸法测定碳酸盐岩和矿物碳氧同位素组成[22–24]

14.7.1　概述

碳和氧元素地球化学性质特殊，在不同地球化学端元之间存在明显的同位素分馏，作为反映古沉积环境、成矿物源和水-岩反应等良好的稳定同位素指标，被广泛应用在探讨成矿物质来源、水-岩反应过程、重建湖泊系统气候、分析沉积环境、湖泊产量及封闭状态碳、氧同位素结合矿物成分，分析原岩组成、沉积环境和沉积速率等领域。连续流磷酸法是测定碳酸盐岩和矿物种碳氧同位素的标准方法。

为了便于数据在国际上通用和交流，所有测定结果，不管采用何种标准物质，试样的碳、氧同位素组成用相对于国际公认基准标准物质（PDB）的同位素比值的千分差（$\delta^{13}C$和$\delta^{18}O$）来表示，即

$$\delta^{13}C_{SA\text{-}ST}(‰)=\left[\frac{^{13}C/^{12}C_{SA}}{^{13}C/^{12}C_{ST}}-1\right]\times10^{3} \tag{14.9}$$

$$\delta^{18}O_{SA\text{-}ST}(‰)=\left[\frac{^{18}O/^{16}O_{SA}}{^{18}O/^{16}O_{ST}}-1\right]\times10^{3} \tag{14.10}$$

14.7.2　方法原理

在恒温条件下，碳酸盐岩或矿物与纯磷酸反应生成 CO_2，完全反应后生成的 CO_2 气体在 He 载气携带下通过水阱除水，经恒温色谱柱与杂质分离，导入连续流气体同位素比质谱仪进行同位素比值分析，得到样品相对于国际标准的$\delta^{13}C_{V\text{-}PDB}$和$\delta^{18}O_{V\text{-}PDB}$值。测量$\delta^{13}C$分析精度≤0.2‰，测量$\delta^{18}O$分析精度≤0.2‰。

$$CaCO_3+2H_3PO_4\longrightarrow CO_2+Ca^{2+}+2H_2PO_4^-+H_2O$$

14.7.3　仪器与试剂

1. 仪器

气体稳定同位素比值质谱仪（IRMS）配备连续流（continuous-flow）模块和能够同时接收 m/z 44～46 束流的多接收器阵列，仪器的分析精度优于 0.01‰。

多用途气体制备仪（GasBenchII）；自动进样器或自动进样装置；恒温样品盘（温度精度±0.1℃）。

进样针和吹气针，去水装置（如 Nafion 管），恒温色谱柱（温度精度±0.1℃，PoraPLOTQ，外径 Φ 0.32×25 m，气路装置（毛细管，八通阀，调压阀等），酸泵和酸针（如果需要）。

分析天平，感量 0.01 mg。

2.试剂材料

1）气体

高纯二氧化碳（CO_2），纯度≥99.999%。高纯氦气（He），纯度≥99.999%。

2）试剂

磷酸（H_3PO_4），优级纯，ρ=1.874 g·mL^{-1}。

3）标准样品

碳酸盐岩和矿物碳氧同位素组成标准物质见表 14.13。

表 14.13 碳酸盐岩和矿物碳氧同位素标准物质推荐值

标准物质	类型	$\delta^{13}C_{V\text{-}PDB}$/‰	$\delta^{18}O_{V\text{-}PDB}$/‰
LSVEC	碳酸锂	−46.6	−26.44
NBS18	火成碳酸岩	−5.01	−23.01
NBS19	大理岩	1.95	−2.20
GBW04405	灰岩	0.57	−8.49
GBW04406	碳酸钙试剂	−10.85	−12.40

4）其他材料

注射器（1 mL）。硅硼酸盐玻璃反应瓶，12 mL。该类顶空进样瓶的瓶盖和密封垫片应具备在 72℃以上的温度条件下工作的耐热性，保证顶空进样瓶在该温度下的气密性。

14.7.4 分析检测

1. 测定步骤

打开气体同位素比质谱仪的电源及控制软件，启动机械泵和涡轮分子泵对质谱分析系统抽真空，使分析系统高真空＜$n\times10^{-6}$ Pa。离子源、针阀等部件通电预热 1 h，使其工作稳定。打开针阀平衡 5 min 后，打开离子源，使其达到稳定状态。通入参考气，将质谱仪的高压、磁场等参数调到 CO_2 测量状态，通入参考气。

（1）峰对中（peak center）：扫描加速电压，保证目标气体所有同位素分子电离形成的离子束都在信号坪区，以保证测量过程中接收器中得到的束流信号稳定。自动聚焦（autofocus），调谐离子源的发射电流、电子能量、阱电压、离子透镜系统等各项参数，保证目标信号的峰形、灵敏度以及线性处于最佳状态。

（2）内精度测试（on/off test）：程序控制参考气阀门连续开/关 10 次，获得相同条件下测得的连续 10 个参考气脉冲信号，统计测量内精度，若 10 个脉冲的δ^{13}C 结果的标准偏差小于 0.06%，δ^{18}O 结果的标准偏差小于 0.06%，表明仪器工作状态正常，可进行样品分析。

（3）线性测试：为了保证仪器线性范围，手动调节 CO_2 参考气的离子流强度，使 10 个参考气脉冲的 m/z 44 信号强度从 2000 mV 逐级增加到 6500 mV，测得δ^{13}C 和δ^{18}O 结果的线性偏差应小于 0.06‰/V。若δ^{13}C 和δ^{18}O 结果的线性偏差大于 0.06‰/V，则进行上述操作，直至线性偏差小于 0.06‰/V。

（4）程序设置：设定样品测试程序，选择程序项建立一个新的样品列表，在方法栏调用相应的方法文件，在程序中填写样品信息，选择需要测试的内容，设置完成后，按顺序测试。

2. 测试样制备

1）取样

碳酸盐样品应预先在适宜温度烘干至恒重，恒重后的样品研磨至 200 目。向 12 mL 硅硼酸盐玻璃顶空进样瓶中加入含碳量约 12 μg 的碳酸盐样品，盖好瓶盖。

2）充气

装好样品并盖好瓶盖的顶空进样瓶放置在恒温样品盘中。将吹气针连接在吹气气路和自动进样器上，打开 He 气阀门，将 He 气压力调节至 0.2 MPa，使吹气针中的 He 气流速为＞100 mL/min。设定充气时间为 8～10 min，确保将顶空进样瓶中的空气吹净。

3）加酸、反应

提前将恒温样品盘的温度设置为 70℃。待温度稳定后，安装酸针，设定酸泵程序，向充气完毕的样品中滴加 5～8 滴磷酸；或待温度稳定后，用 2 mL 注射器向放置在样品盘中已预热好的顶空进样瓶中手动加入 5～8 滴磷酸，使磷酸覆盖样品瓶底部。无论使用酸泵还是注射器手动加酸，都应控制在最后一滴酸加完后使残余的酸回流，避免污染垫片造成堵针。仪器设置条件见表 14.14，不同样品与磷酸在恒温样品盘中反应时间见表 14.15。

表 14.14　仪器参考工作条件

参数	设定值	参数	设定值
氦气流速（充气）	100 mL·min^{-1}	氦气流速（测量）	10 mL·min^{-1}
充气时间	10 min	反应时间（对方解石、灰岩）	1～4 h
样品盘温度	72℃	色谱柱温度	70℃
样品峰数量	10	参考气峰数量	4～5

表 14.15　常见碳酸盐岩和矿物与磷酸反应的条件

岩石/矿物名称	反应温度/℃	反应时间/h
方解石	72	1～4
文石	72	1～4
碳酸锂	72	1～4
灰岩	72	1～4
大理岩	72	1～4
白云石	72	24
白云岩	72	24
菱铁矿	72	48

4）平衡

加入磷酸后，将样品置于 70℃的样品盘中平衡不小于 1 小时，使样品中的碳酸盐与磷酸反向达平衡。

5）色谱柱温度设置

设置 PoraPLOTQ 柱温度为 35～70℃。待系统本底和色谱柱温度稳定后开始测量。

3. 测试

1）测试流程

CO_2 在 He 载气（10 mL·min^{-1}）的携带下，通过去水阱（如 Nafion 管），经定量环进入

恒温色谱柱与 N_2O、有机质等杂质气体分离，最后进入气体同位素质谱仪，通过测量样品的 *m*/*z* 45、*m*/*z* 46 与 *m*/*z* 44 的比值，并与已知同位素组成的工作参考气的比值进行比对，得到样品的 $\delta^{13}C$ 与 $\delta^{18}O$，通过同一批测试的碳氧同位素标准物质进行校正，最终溯源至 V-PDB 基准，得到样品的 $\delta^{13}C_{V\text{-}PDB}$ 与 $\delta^{18}O_{V\text{-}PDB}$。

2）标样测试

选取 3 个及以上不同梯度的有证标准物质做校准曲线，所选用标准样品的值应能覆盖待测样品的同位素比值范围。测试时每个样品采集 3～5 组参考气峰和 6～10 组样品峰，取 6～10 组样品峰的平均值为其最终测定结果。测量时应保证样品信号强度处于质谱仪线性范围内，且 *m*/*z* 44～46 信号无杂质峰。以同位素标准样品中碳、氧同位素测定值为横坐标，同位素标准物质认定值为纵坐标，绘制校准曲线。标准曲线见图 14.17，用于待测样品的碳、氧同位素比值校准。

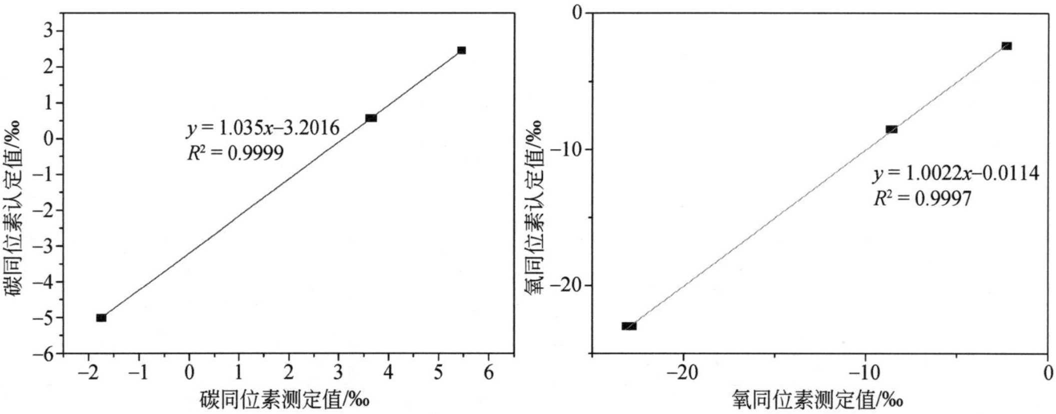

图 14.17　连续流磷酸法测定碳酸盐岩和矿物碳氧同位素标准曲线

3）样品测试

进行待测样品测试。每个样品采集 6～10 组峰数据，取其平均值为该样品的最终测定结果。在每批测量样品中插入监控样或平行样进行质量监控。

14.7.5　结果与讨论

1. 测试结果

选择标准样品 GBW04405、NBS18 和 IAEA603 三个有证碳、氧同位素标准样品，建立分析测试标准曲线，图 14.17。具体测定值见表 14.16。从图 14.17 可知建立的方法线性相关在 0.9997 以上。对同一个待测样品，取 3 次平行样的测试数据结果见表 14.17。

从表 14.16 可以看出，采用连续流磷酸法测定碳酸盐岩和矿物碳氧同位素组成。待测样品的 $\delta^{13}C$ 和 $\delta^{18}O$ 结果的标准偏差分别为 0.06‰和 0.10‰，均满足方法所规定的测量 $\delta^{13}C$ 分析精度≤0.2‰，测量 $\delta^{18}O$ 的分析精度≤0.2‰的要求。

表 14.16 连续流磷酸法测定碳氧同位素标样测试结果

样品编号	碳同位素$\delta^{13}C_{V\text{-}PDB}$			氧同位素$\delta^{18}O_{V\text{-}PDB}$		
	测定值/‰	测定平均值/‰	认定值/‰	测定值/‰	测定平均值/‰	认定值/‰
GBW04405	3.60	3.66	0.57	−8.47	−8.56	−8.49
GBW04405	3.68			−8.53		
GBW04405	3.69			−8.69		
IAEA603	5.47	5.46	2.46	−2.30	−2.28	−2.37
IAEA603	5.46			−2.20		
IAEA603	5.45			−2.35		
NBS18	−1.72	−1.75	−5.01	−22.80	−22.91	−23.01
NBS18	−1.76			−22.77		
NBS18	−1.77			−23.17		

2. 标准样品的选择

建立分析标准曲线需要 3 个以上的有证标注物质，所选用的标准样品的值应能覆盖实测样品的同位素比值范围。

3. 测试要求

测试时每个样品采集 3～5 组参考气峰和 6～10 组样品峰，取 6～10 组样品峰的平均值为其最终测定结果。测量时应保证样品信号强度处于质谱仪线性范围内，且 m/z 44～46 信号无杂质峰。若观察到杂质峰，则说明样品中混入了杂质气体，可能包含大气 CO_2，测量结果不可靠，需重新取样测量。表 14.17 给出了一个待测样品的测试结果，供参考。

表 14.17 待测样品中碳氧同位素测试结果

样品编号	碳同位素$\delta^{13}C_{V\text{-}PDB}$		氧同位素$\delta^{18}O_{V\text{-}PDB}$	
	测定值/%	校准值/‰	测定值/‰	校准值/‰
SD-2	2.04	−1.09	−14.21	−14.25
SD-2	2.01	−1.12	−14.16	−14.21
SD-2	1.93	−1.21	−14.02	−14.06

4. 其他

分析过程用的磷酸具有腐蚀性，操作过程需要注意操作安全，必须严格按照要求进行取用。

连续流磷酸法测定碳酸盐岩和矿物碳、氧同位素组成具有以下优点和缺点：

优点：可同时准确测定样品中碳酸盐的碳氧同位素组成。方法仅需较少的样品量，具有快速、自动化的优点。

缺点：该方法受样品碳酸盐含量的影响，使样品取样量不统一，通常情况下是按经验取样。高浓度磷酸容易吸水，导致顶空瓶中存在微量 H_2O，生成的 CO_2 气体会与这些 H_2O 之间发生氧同位素交换。

14.8 连续流磷酸法测定水中溶解无机碳同位素组成[25–28]

14.8.1 概述

水中溶解无机碳是地球各类水资源中 CO_2 系统的重要参数，它是各类水中无机碳酸盐、碳酸氢盐、碳酸及二氧化碳的浓度总和，被广泛用于生物、环境、医药、地质等各个领域。采用连续流磷酸法测定碳酸盐测定水中溶解无机碳（dissolved inorganic carbon，DIC）同位素组成。一般采用磷酸法使水中可溶性的无机碳与磷酸在一定温度下发生反应，利用离线或在线连续流装置制备并收集产生的 CO_2 气体，然后利用 IRMS 测定其碳、氧同位素组成。随着稳定碳同位素分析精度的提高，研究水循环中不同形态碳及测定同位素能够揭示碳“源”“汇”以及碳通量等问题。

为了便于数据在国际上的通用和交流，所有测定结果，不管采用何种标准物质，试样的碳同位素组成用相对于国际公认基准标准物质（PDB）的同位素比值的千分差（δ^{13}C）来表示，即

$$\delta^{13}C_{SA\text{-}ST}(‰)=\left[\frac{{}^{13}C/{}^{12}C_{SA}}{{}^{13}C/{}^{12}C_{ST}}-1\right]\times 10^3 \tag{14.11}$$

14.8.2 方法原理

在恒温（25℃）条件下，水样与磷酸反应生成 CO_2，平衡后的 CO_2 气体在氦载气携带下经恒温色谱柱分离，导入气体稳定同位素质谱仪，进行同位素丰度分析，通过待测样品与工作标准相比较，得到相对于国际标准的 $\delta^{13}C_{V\text{-}PDB}$ 值。测量 δ^{13}C 分析精度≤0.2‰。

14.8.3 仪器与试剂

1. 仪器

气体稳定同位素比值质谱仪（IRMS）配备连续流（continuous-flow）模块和能够同时接收 m/z 44～46 束流的多接收器阵列，仪器的分析精度优于 0.01‰。

多用途气体制备仪（GasBenchII）；自动进样器或自动进样装置；恒温样品盘（温度精度±0.1℃）。

进样针和吹气针，去水装置（如 Nafion 管），恒温色谱柱（温度精度±0.1℃，PoraPLOTQ，外径 Φ 0.32 × 25 m，气路装置（毛细管，八通阀，调压阀等），酸泵和酸针（如果需要）。

分析天平，感量 0.01 mg。

2. 试剂材料

1）气体

高纯二氧化碳（CO_2），纯度≥99.999%；高纯氦气（He），纯度≥99.999%。

2）试剂

磷酸（H_3PO_4），优级纯，ρ=1.874 g·mL^{-1}。

碳酸氢钠（$NaHCO_3$），分析纯；超纯水。

3）标准样品

水中溶解无机碳$\delta^{13}C$标准物质见表 14.18。

表 14.18　水中溶解无机碳$\delta^{13}C$标准物质定值元素$\delta^{13}C_{V\text{-}PDB}$标准值及不确定度

标准物质	$\delta^{13}C_{V\text{-}PDB}$/‰	不确定度 u_{CRM}
GBW04498	−27.28	0.10
GBW04499	−19.58	0.10
GBW04500	−4.58	0.12

4）其他材料

注射器（1 mL）。硅硼酸盐玻璃反应瓶，12 mL。该类顶空进样瓶的瓶盖和密封垫片应具备在 72℃以上的温度条件下工作的耐热性，保证顶空进样瓶在该温度下的气密性。

14.8.4　分析测试

1. 测定步骤

打开气体同位素比质谱仪的电源及控制软件，启动机械泵和涡轮分子泵对质谱分析系统抽真空，使分析系统高真空＜$n\times10^{-6}$ Pa。离子源、针阀等部件通电预热 1 h，使其工作稳定。打开针阀平衡 5 min 后，打开离子源，使其达到稳定状态。通入参考气，将质谱仪的高压、磁场等参数调到 CO_2 测量状态，通入参考气。

（1）峰对中（peak center）：扫描加速电压，保证目标气体所有同位素分子电离形成的离子束都在信号坪区，以保证测量过程中接收器中得到的束流信号稳定。自动聚焦（autofocus），调谐离子源的发射电流、电子能量、阱电压、离子透镜系统等各项参数，保证目标信号的峰形、灵敏度以及线性处于最佳状态。

（2）内精度测试（on/off test）：程序控制参考气阀门连续开/关 10 次，获得相同条件下测得的连续 10 个参考气脉冲信号，统计测量内精度，若 10 个脉冲的$\delta^{13}C$结果的标准偏差小于 0.06%，$\delta^{18}O$结果的标准偏差小于 0.06%，表明仪器工作状态正常，可进行样品分析。

（3）线性测试：为了保证仪器线性范围，手动调节 CO_2 参考气的离子流强度，使 10 个参考气脉冲的 m/z 44 信号强度从 2000 mV 逐级增加到 6500 mV，测得$\delta^{13}C$和$\delta^{18}O$结果的线性偏差应小于 0.06‰/V。若$\delta^{13}C$和$\delta^{18}O$结果的线性偏差大于 0.06‰/V，则进行上述操作，直至线性偏差小于 0.06‰/V。

（4）设定样品测试程序，选择程序项建立一个新的样品列表，在方法栏调用相应的方法文件，在程序中填写样品信息，选择需要测试的内容，设置完成后，按顺序测试。

2. 测试样制备

1）加酸

安装酸针，连接酸泵，向盖好盖子的反应瓶中加入 10 滴磷酸，或者用 1 mL 注射器向反应瓶中加入 10 滴磷酸，盖好瓶盖。

2）充气

将装有磷酸的反应瓶放置在 25℃的恒温样品盘中。自动进样器左侧位置装吹气针，打开氦气阀门，氦气，设定自动进样器工作程序，编制吹气方法，调节氦气流速至 100～150 $mL·min^{-1}$，充入高纯氦气，每个反应瓶充气 10 min，除去反应瓶中的空气。

3）取样

用注射器往吹过氦气的反应瓶中加入水样（根据水样中溶解无机碳含量而定，取样量可为 0.1～2 mL 水样）。

4）平衡

将加好水样的反应瓶，放置在恒温样品盘中（温度：25℃），水样中溶解无机碳与磷酸反应生成 CO_2，平衡≥8 h 后，开始测量。

5）色谱柱温度设置

设置 PoraPLOTQ 柱温度为 35～70℃。待系统本底和色谱柱温度稳定后开始测量。

3. 测试

1）测试流程

CO_2 在 He 载气（$10mL·min^{-1}$）的携带下，通过去水阱（如 Nafion 管），经定量环进入恒温色谱柱与 N_2O、有机质等杂质气体分离，最后进入气体同位素质谱仪，通过测量样品的 m/z 45、m/z 46 与 m/z 44 的比值，并与已知同位素组成的工作参考气的比值进行比对，得到样品的$\delta^{13}C$ 与$\delta^{18}O$，通过同一批测试的碳氧同位素标准物质进行校正，最终溯源至 V-PDB 基准，得到样品的$\delta^{13}C_{V\text{-}PDB}$与$\delta^{18}O_{V\text{-}PDB}$。

2）标样测试

选取 3 个及以上不同梯度的有证标准物质作标准曲线，所选用标准样品的值应能覆盖待测样品的同位素比值范围。测试时每个样品采集 3～5 组参考气峰和 6～10 组样品峰，取 6～10 组样品峰的平均值为其最终测定结果。测量时应保证样品信号强度处于质谱仪线性范围内，且 m/z 44～46 信号无杂质峰。以同位素标准样品中碳同位素测定值为横坐标，同位素标准物质认定值为纵坐标，绘制标准曲线。用于待测样品的碳同位素比值校准。

3）样品测试

进行待测样品测试。每个样品采集 6～10 组峰数据，取其平均值为该样品的最终测定结果。在每批测量样品中插入监控样或平行样进行质量监控。

14.8.5　结果与讨论

1. 测试结果

选择标准样品 GBW04498、GBW04499 和 GBW04500 三个有证碳同位素标准样品，建立分析测试标准曲线，见图 14.18，具体的测试数据结果见表 14.19。

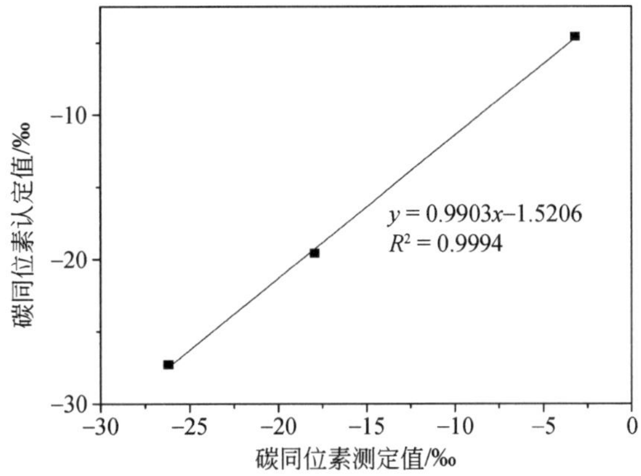

图 14.18　连续流磷酸法测定碳酸盐岩和矿物碳氧同位素标准曲线

表 14.19　连续流磷酸法测定可溶性无机碳同位素标样测试结果

样品编号	碳同位素 $\delta^{13}C_{V\text{-}PDB}$		
	测定值/‰	测定平均值/‰	认定值/‰
GBW04498	−26.25	−26.21	−27.28
GBW04498	−26.22		
GBW04498	−26.17		
GBW04499	−17.90	−17.92	−19.58
GBW04499	−17.91		
GBW04499	−17.95		
GBW04500	−3.23	−3.20	−4.58
GBW04500	−3.20		
GBW04500	−3.18		

从图 14.18 可知建立的方法线性相关在 0.9994 以上。对同一个待测样品，取 3 次平行样的测试数据结果见表 14.20。

表 14.20　连续流磷酸法可溶性无机碳碳氧同位素测试结果

样品编号	碳同位素 $\delta^{13}C_{V\text{-}PDB}$	
	测定值/‰	校准值/‰
SA-1	−7.54	−8.99
SA-1	−7.50	−8.95
SA-1	−7.45	−8.89

从表 14.20 可以看出，采用连续流磷酸法测定水中溶解无机碳同位素组成。待测样品的δ^{13}C 结果的标准偏差分别为 0.05‰，满足方法所规定的测量δ^{13}C 分析精度≤0.2‰的要求。

2. 标准曲线

标准曲线的直线部分应涵盖所有的待测物质的浓度（或量）的变化范围。

参 考 文 献

[1] 赵墨田, 曹永明, 陈刚, 等. 无机质谱概论[M]. 北京: 化学工业出版社, 2006.

[2] Spivack A J, Edmond J M. Determination of boron isotope ratios by thermal ionization mass spectrometry of the dicesium metaborate cation[J]. Anal Chem, 1986, 58: 31-35.

[3] Ramakumar K L, Parab A R, Khodade P S, et al. Determination of isotopic composition of boron[J]. J Radioanal Nucl Chem Lett, 1985, 94: 53-62.

[4] Xiao Y K, Beary E S, Fassett J D. An improved method for the high-precision measurement of boron by thermal ionization mass spectrometry[J]. Int J Mass Spectrom Ion Proc, 1988, 85: 203-213.

[5] 王刚, 肖应凯, 王蕴慧, 等. 岩石中硼的提取分离及同位素组成的测定[J]. 岩矿测试, 2000, 19(3): 169-172.

[6] Aggarwal J K, Palmer M R. Boron isotope analysis: A review[J]. Analyst, 1995, 120: 1301-1307.

[7] 马云麒. 硼同位素高精度热电离质谱法测定及其应用[D]. 兰州: 中国科学院兰州化学物理研究所, 2010.

[8] Deyhle A. Improvements of boron isotope analysis by positive thermal ionization mass spectrometry using static multicollection of $Cs_2BO_2^+$ ions[J]. Int J Mass Spectrom, 2001, 206: 79-89.

[9] Xiao Y K, Zhang C G. High precision isotopic measurement of chlorine by thermal ionization mass spectrometry of the Cs_2Cl^+ ion[J]. Int J Mass Spectrom Ion Processes, 1992, 116: 183-192.

[10] Volpe C, Wahlem M, Pszenny A A, et al. Chlorine istopic composition of marine aerosols: implications for the release of reactive chlorine and HCl cycling rates[J]. Geoph Reas Lett, 1998, 25: 3831-3834.

[11] Banks D A, Green R, Cliff R A, et al. Chlorine isotopes in fluid inclusions: Determination of the origins of salinity in magmatic fluids[J]. Geochim Cosmochim Acta, 2000, 64: 1785.

[12] Numata M, Nakamura N, Koshikawa H, et al. Chlorine stable isotope measurements of chlorinated aliphatic hydrocarbons by thermal ionization mass spectrometry[J]. Anal Chim Acta, 2002, 455: 1-9.

[13] Xiao Y K, Wang X F, Wei H Z, et al. A new method for the removal of SO_4^{2-} for isotopic measurement of

chlorine[J]. Chemical Geology, 2007, 238: 38-43.

[14] Flesch G D, Anderson Jr A R, Svec H J. A secondary isotopic standard for $^{6}Li/^{7}Li$ determinations[J]. Int J Mass Spectrom Ion Phys, 1973: 265-272.

[15] Qi H P, Taylor P D P, Berglund M, et al. Calibrated measurements of the isotopic composition and atomic weight of the natural Li isotopic reference material IRMM-016[J]. Int J Mass Spectrom Ion Proc, 1997, 171: 263-268.

[16] Xiao Y K, Beary E S. High-precision isotopic measurement of lithium by thermal ionization mass spectrometry[J]. Int J Mass Spectrom Ion Processes, 1989, 94: 101-114.

[17] Uemural R, Matsuiy Y, Motoyanal H, et al. Deuterium and oxygen 18 determination of microliter quantities of water sample using an automated equilibrator[J]. Rapid Commnications in Mass Spec-trometry, 2007, 21: 1783-1790.

[18] Lu F H. Online high-precision $\delta^{2}H$ and $\delta^{18}O$ analysis in water by pyrolysis[J]. Rapid Communications in Mass Spectrometry, 2009, 23: 3144-3150.

[19] DZ/T 0184.26—2024. 地质样品同位素分析方法　第 26 部分：水氧同位素组成测定连续流水平衡法[S].

[20] DZ/T 0184.35—2024. 地质样品同位素分析方法　第 35 部分：水氢同位素组成测定连续流水平衡法[S].

[21] 刘运德，甘义群，余婷婷，等.微量水氢氧同位素在线同时测试技术——热转换元素分析同位素比质谱法[J]. 岩矿测试, 2010, 29(6): 643-647.

[22] 杨斌，孟宪菁，鄂洋. 水平衡法与高温转化法在矿泉水氢氧稳定同位素测定中的应用[J]. 同位素, 2020, 33(1): 46-52.

[23] Paul D, Skrzypek G. Assessment of carbonate-phosphoric acid analytical technique performed using GasBench Ⅱ in continuous flow isotope ratio mass spectrometry[J]. Int J Mass Spetrom, 2007, 262: 180-186.

[24] 朱园园，邱海鸥，杜永，等. 应用 Gasbench Ⅱ-IRMS 优化碳氧同位素分析方法[J]. 岩矿测试, 2014, 33(6): 789-794.

[25] DZ/T 0184.27—2024. 地质样品同位素分析方法　第 27 部分：碳酸盐岩和矿物碳氧同位素组成测定连续流磷酸法[S].

[26] Torres M E, Mix A C, Rugh W D. Precise $\delta^{13}C$ analysis of dissolved inorganic carbon in natural waters using automated headspace sampling and continuous-flow mass spectrometry[J]. Limnology and Oceanography, 2005, 3: 349-360.

[27] GB/T 18340.2—2010. 地质样品有机地球化学分析方法　第 2 部分：有机质稳定碳同位素测定同位素质谱法[S]. 北京：中国标准出版社, 2004.

[28] DZ/T 0184.30—2024. 地质样品同位素分析方法　第 30 部分：水中溶解无机碳 碳同位素组成测定连续流磷酸[S].

第 15 章　红外光谱分析

红外光谱学是光谱学中研究电磁光谱红外部分的分支。它包括许多技术，到目前为止最常用的是吸收光谱学。同所有的分光镜技术一样，它可以被用来鉴别一种化合物和研究样品的成分。对物质自发发射或受激发射的红外射线进行分光，可得到红外发射光谱，物质的红外发射光谱主要取决于物质的温度和化学组成；对被物质所吸收的红外射线进行分光，可得到红外吸收光谱。每种分子都有由其组成和结构决定的独特的红外吸收光谱，它是一种分子光谱。分子的红外吸收光谱属于带状光谱，原子的红外发射和吸收光谱属于线状光谱。红外光谱具有高度的特征性，不但可以用来研究分子的结构和化学键，而且广泛用于表征和鉴别各种化学物种。

15.1　概　　述[1-3]

红外光谱分析（infrared spectral analysis）指的是利用红外光谱对物质分子进行的分析和鉴定。将一束不同波长的红外射线照射到物质的分子上，某些特定波长的红外射线被吸收，形成这一分子的红外吸收光谱。将这种由红外线吸收光谱解析分子结构等的方法，称作红外吸收光谱法（infrared absorption spectroscopy）。

15.1.1　红外光谱分析特点

1. 红外光区的划分

红外光是一种电磁波，位于可见光区和微波区之间，波长范围在 0.75～1000 μm，根据仪器技术和应用不同，习惯上将红外光区分为三个区：近红外光区（0.75～2.5 μm），中红外光区（2.5～25 μm），远红外光区（25～1000 μm）。参见图 15.1 和表 15.1。

1）近红外光区

近红外光区的吸收带主要是由含氢原子团（如 O—H、N—H、C—H）伸缩振动的倍频吸收、和频吸收等产生的。该区的光谱可用来研究稀土和其他过渡金属离子的化合物，并适用于水、醇、某些高分子化合物以及含氢原子团化合物的定量分析。

2）中红外光区

绝大多数有机化合物和无机离子的基频吸收带出现在该光区。由于基频振动时红外光谱中吸收最强的振动，所以该区最适合进行红外光谱的定性和定量分析。同时，由于中红外光谱仪最为成熟、简单，而且目前已积累了该区大量的数据资料，因此它是应用极为广泛的光谱区。通常，中红外光谱法又简称为红外光谱法。

表 15.1　红外光谱区划分

区域	波长/μm	波数/cm^{-1}	频率/Hz	能级跃迁类型
近红外	0.75～2.5	13000～4000	4×10^{14}～1.2×10^{14}	OH，NH，CH 键倍频吸收区
中红外	2.5～25	4000～200	1.2×10^{14}～6×10^{12}	振动，转动
远红外	25～1000	200～10	6×10^{12}～3×10^{11}	骨架振动，转动
常用	2.5～15	4000～670	1.2×10^{14}～2×10^{13}	

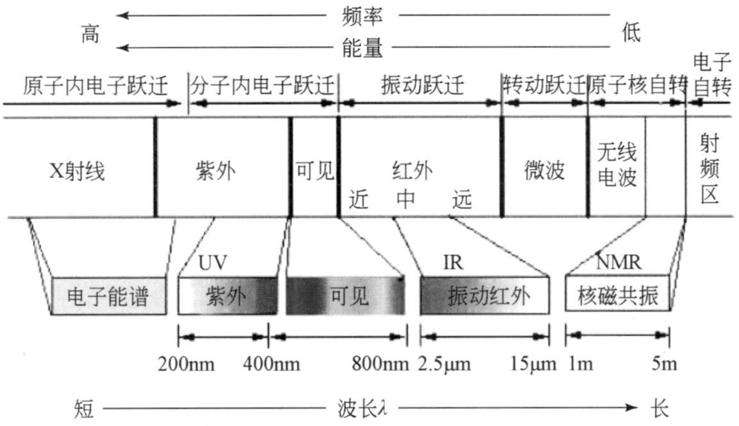

图 15.1　光波谱区及能量跃迁相关图

另见书末彩图

3）远红外光区

远红外光区的吸收带主要是由气体分子中的纯转动跳跃、振动-转动跳跃、液体和固体中重原子的伸缩振动、某些变角振动、骨架振动以及晶体中的晶格振动所引起的。由于低频骨架振动能很灵敏地反映出结构变化，所以对异构体的研究特别方便。此外，还能用于金属有机化合物（包括络合物）、氢键、吸附现象的研究，但由于该光区能量弱，除非其波长区间内没有合适的分析谱带，一般不在此范围内进行分析。

2. 红外吸收光谱的特点

一切物质都有运动，分子运动服从量子力学规律。按照量子力学理论，分子运动的能量由平动能、转动能、振动能和电子能四部分组成。红外吸收光谱主要是由分子振动和转动能级的跃迁所引起，所以也叫作分子的振动-转动光谱。红外光谱一般指的是中红外光谱，它主要具有以下几个特点：

（1）红外吸收光谱属于低能量光谱分析方法，只反映分子振动-转动能级跃迁。

（2）测试试样用量少，一般 10 mg 以内即可满足。而且分析快速。

（3）应用范围广，除少数单原子分子和同核分子外，几乎所有的化合物都在红外区有吸收。

（4）对分子结构进行更精细的表征，可通过谱图中吸收峰的位置，吸收峰的数量及状态、吸收峰强度来区分具有相似结构物质的分子基团及其精细结构。

（5）气体、固体、液体的试样都可以检测，试样形态的适用范围宽。

（6）可进行快速定性分析和定量分析（配备相应的计算软件）。

3. 红外吸收光谱的表示方法

红外吸收光谱的表示方法有很多种，最常用的是坐标曲线法，以吸收峰的位置为横坐标，用波长λ（单位为μm）或者波数σ（单位为 cm^{-1}）表示；以吸收峰的强度为纵坐标，用透过率 T%或者吸光度 A 表示。透过率模式下，吸收峰向下表示光被吸收；吸光度模式下，吸收峰向上表示光被吸收。吸收峰的强弱一般可以定性为很强（very strong，vs）、强（strong，s）、中等（moderate，m）、弱（weak，w）或者很弱（very weak，vw）。

除了用谱图表示形式之外，也可以用文字形式表示红外光谱信息。中国科学院建立的科学数据库中的红外图谱数据库中，就对每一个有机化合物的红外信息进行了文字表示法标注。

15.1.2　红外吸收光谱的基本原理

红外光谱法的工作原理是由于振动能级不同，化学键具有不同的频率。共振频率或者振动频率取决于分子等势面的形状、原子质量和相关振动耦合。红外光谱法主要研究在振动中伴随有偶极矩变化的化合物。除了氮原子和同核分子如 He、Ne、H_2、O_2 等之外，几乎所有的有机化合物在红外光谱区均有吸收。除光学异构体，某些高分子量的聚合物以及在分子量上只有微小差异的化合物外，凡是具有结构不同的两个化合物，一定不会有相同的红外光谱。通常红外吸收带的波长位置与吸收谱带的强度，反映了分子结构上的特点，可以用来鉴定未知物的结构组成或确定其化学基团；而吸收带的吸收强度与分子组成或化学基团的含量有关，可以进行定量分析和纯度鉴定。

红外吸收光谱是源于分子的振动能级跃迁产生的。分子振动能级差为 0.05～1.0 eV，比转动能级差（0.0001～0.05 eV）大，振动能级跃迁所需要的能量 $\Delta E_{振远}$比转动能级跃迁的能量 $\Delta E_{转动}$大，故发生振动能级跃迁时，必伴随着转动能级的跃迁。因此，通常所测得的振动光谱包含转动光谱。由于转动光谱被“淹没”在振动光谱中，所以一般情况下测得的红外光谱只是分子的振动光谱。

1. 伸缩振动和弯曲振动

无论多原子分子的红外光谱多么复杂，其吸收峰均可归属为分子中化学键的两大类振动形式，即伸缩振动和弯曲振动。

伸缩振动是指原子沿键轴方向来回的振动，是键长变化、键角不变的运动。伸缩振动又可分为对称伸缩振动（ν_s）和不对称伸缩振动（ν_{as}）两种。

弯曲振动是指原子垂直于价键方向的振动，是键长不变、键角变化的运动，也可称作变形振动或者变角振动。弯曲振动也有对称（δ_s）和不对称（δ_{as}）之分。弯曲振动又可以分为面内弯曲振动（$\delta_{i.p}$）和面外弯曲振动（$\delta_{o.o.p}$）两种。

在各种振动形式中，如果按照能量高低顺序排列，不对称伸缩振动所需要的能量最高，其次是对称伸缩振动，再次是弯曲振动，需要的能量较少。

多原子分子的复杂振动，可以分解成许多简单的基本振动，这种基本振动称作简正振动，也称为振动自由度（$F_{振动}$）。振动自由度（$F_{振动}$）的数目与红外光谱中吸收峰的数目密切相关。所谓自由度，是指空间中组成分子的所有原子的空间坐标总数。由 N 个原子组成的分子中，分子中应该具有 $3N$ 个自由度。但这 $3N$ 个自由度包含整个分子的平动自由度（$F_{平动}$）、转动自由度（$F_{转动}$）和振动自由度（$F_{振动}$）。

$$F_{振动} = 3N - (F_{平动} + F_{转动}) \tag{15.1}$$

除去分子的 3 个 $F_{平动}$和 3 个 $F_{转动}$（线型分子只有 2 个 $F_{转动}$）外，剩下 $3N$-6 就是分子的 $F_{振动}$（线型分子为 $3N$-5）。

理论上，每个 $F_{振动}$都会有一个振动运动，产生一个红外吸收峰。所以 N 个原子组成的多原子分子最多可以有 $3N$-6 个红外（基频）吸收，但实际上观测到的红外基频吸收往往少于 $3N$-6。其原因如下：①振动过程中无偶极矩变化，不引起红外吸收；②频率相同的振动彼此简并；③强峰和宽峰往往覆盖与之相近的弱峰和窄峰；④吸收强度弱，无法观测；⑤吸收峰位于仪器检测范围之外。

而与之相对，红外吸收峰也有增多的情况，如倍频峰、和频峰、差频峰以及费米共振、诱导效应、共轭效应和振动耦合等原因引起的吸收峰增加。

实际分析过程中遇见多原子分子的概率远远大于双原子分子，所以其红外吸收峰一般比较多，通常有 5～30 个峰。对吸收峰的归属，首先应该侧重于简正振动吸收峰，至于由倍频、和频、差频等原因引起的强度普遍偏弱的吸收峰，往往比较困难。

2. 振动光谱产生的条件

振动光谱是由分子的振动能级发生跃迁而产生的。红外吸收光谱的产生必须满足两个条件：

其一，分子具有红外活性。分子发生振动时，有些状态下会伴随分子偶极矩的变化，红外光通过与分子振动耦合将光能量有效转移给分子，从而引起分子振动能级跃迁产生红外吸收。这类分子称为红外活性分子，基本上绝大部分非对称或者三原子以上的化合物都具有红外活性。如果分子振动过程中不产生分子偶极矩的变化，红外光无法耦合振动，红外光无法传递给分子，导致不能产生红外吸收，从而无法形成红外吸收光谱，也就是说，这类分子是非红外活性的，不适用于红外吸收光谱分析。如单原子分子和同核分子 He、Ne、Ar、H_2、O_2、N_2 等。

其二，分子振动能级间隔 $\Delta E_{振}$与吸收的红外光能量相当。分子发生振动跃迁时，需要吸收一定的能量，即需要吸收光路中的红外线。当发生振动能级跃迁时，必须满足：

$$\Delta E_{振} = E_{红} = h\nu \tag{15.2}$$

根据量子力学可知

$$\Delta E_{振} = \Delta V h\nu_{振} \tag{15.3}$$

所以

$$\Delta \nu_{红} = \Delta V \nu_{振} \tag{15.4}$$

式中，ΔV 是振动光谱的跃迁选律。$\Delta V=\pm1,\pm2,\pm3,\cdots$。也就是说，红外光辐射频率等于振动自由度的差值与振动频率的乘积时，分子才能够发生红外吸收，从而得到红外吸收光谱。否则就不发生红外吸收，不产生红外光谱。由于绝大多数分子在常温下处于 $V=0$ 的振动基态，因此我们主要观察到的是 $V=0\rightarrow V=1$ 的吸收峰，即基频峰，其振动频率刚好等于红外辐射频率。

3. 影响红外吸收光谱的因素

应用红外光谱时，我们主要注意的是吸收峰的位置、形状和相对强度，因为这是定性定量的依据，此外，我们还知道分子中化学键的振动并不是孤立的，而要受分子中其他部分，特别是相邻基团的影响，有时还会受到溶剂、测定条件等外部因素影响。所以，同一基团的吸收峰位及强度并不总是固定不变的，而是在一定范围内波动。因此。了解影响峰位和峰强变化的因素将有助于分子结构的解析。

影响吸收峰位变化的因素很多，有内部因素也有外部因素，大体上包括诱导效应、共轭效应、空间效应、环张力效应、氢键效应、振动偶合与费米共振等。

4. 影响吸收峰强度的因素

谱带的强度主要由两个因素决定：一是振动中偶极矩变化的程度。瞬间偶极矩变化越大，谱带强度越大，而偶极矩变化和分子（或基团）本身的偶极矩有关，极性较强的基团，振动中偶极矩变化较大，对应的吸收谱带较强。例如，C═O 和 C═C 的双键都是不饱和键，但吸收强度差别很大，C═O 基团的吸收很强，而 C═C 的吸收却弱。二是能级跃迁概率。跃迁概率大，吸收峰也就强。一般来说，基频 V_0-V_1 跃迁概率大，所以吸收较强；倍频 V_0-V_2 虽然偶极矩变化大，但跃迁概率很低，从而使峰强很弱。

偶极矩变化的大小与原子的电负性、振动方式、分子的对称性、偶合相互作用和其他因素等相关。

5. 基本概念

1）基频峰和泛频峰

当分子吸收一定频率的红外线时，振动能级从基态（V_0）跃迁到第一激发态（V_1）时，所产生的吸收峰，称之为基频峰。它的振动频率 ν 等于红外辐射频率。

振动能级由基态（V_0）跃迁到第二激发态（V_2）、第三激发态（V_3）……所产生的吸收峰称为倍谱峰。通常，基频峰的强度都比倍频峰强。

此外，还有组频峰（分别为和频峰和差频峰），它们的强度更弱，一般无法辨认。倍频峰、和频峰和差频峰总称泛频峰。

2）特征区和指纹区

习惯上，人们把波数在 4000～1330 cm^{-1}（波长为 2.5～7.5 μm）之间的高频区称为特征频率区，简称特征区。特征区吸收峰较疏、容易辨认。有机化合物分子汇总官能团的特征频率大多位于该区域。由于在此区域内振动频率高，受分子中其他结构的影响较小，因而有明显的特征性，故在该区中的频率可作为官能团定性的主要依据。

波数在 1330～400 cm^{-1}（波长为 7.5～25 μm）之间的低频区通常称为指纹区。在此区域中各种官能团的特征频率不具有鲜明的特征性。出现的主要是 C—X（X=C，N，O）单键的伸缩振动及各种弯曲振动。由于这些单键的键强差别不大，原子质量又相似，所以峰带特别密集，犹如人的指纹，故称指纹区。各个化合物在结构上的微小差异在指纹区都会得到反映，在确认有机化合物结构时用处很大。

3）特征峰和相关峰

特征区中凡是能用于鉴定原子基团存在的吸收峰称为特征峰。其对应的频率为特征频率。一个基团除了有特征峰外，还有许多其他振动形式的吸收峰，习惯上把这些相互依存而又相互可以佐证的吸收峰称为相关峰。例如，CH_3 相关峰：不对称伸缩振动约 2960 cm^{-1}，对称伸缩振动约 2870 cm^{-1}，不对称弯曲振动约 1460 cm^{-1}，对称弯曲振动约 1380 cm^{-1} 等。用一组相关峰鉴别基团的存在是个较重要的原则。在一些情况下，因与其他峰重叠或峰强太弱，并非所有的峰都能观测到，但必须先找出主要的相关峰，然后才能认定基团的存在。

15.1.3 红外光谱的发展

红外辐射是 18 世纪末、19 世纪初才被发现的。1800 年英国物理学家赫歇尔（Herschel）用棱镜使太阳光色散，研究各部分光的热效应，发现在红色光的外侧具有最大的热效应，说明红色光的外侧还有辐射存在，当时称它为“红外线”或“热线”。这是红外光谱的萌芽阶段。

1892 年朱利叶斯（Julius）用岩盐棱镜及测热辐射计，测得了二十几种有机化合物的红外光谱，这一具有开拓意义的研究工作立即引起了人们的注意。1905 年库柏伦茨（Coblentz）测得了 128 种有机和无机化合物的红外光谱，在光谱界引起了极大的轰动，这是红外光谱开拓性发展阶段。

20 世纪 30 年代，光的二象性、量子力学计科学技术的发展，为红外光谱的理论及技术的发展提供了重要的基础。不少学者对大多数化合物的红外光谱进行理论上的研究和归纳、总结，用振动理论进行键长、键力、能级的计算，使红外光谱理论日臻完善和成熟。此阶段红外光谱作为光谱学的一个重要分支已得到光谱学家和物理学家、化学家的普遍认可。这个阶段是红外光谱理论及实践逐步完善和成熟的阶段。

20 世纪中期以后，红外光谱在理论上更加完善，而其发展主要表现在仪器及实验技术上：1947 年世界上第一台双光束自动记录红外分光光度计在美国投入使用。20 世纪 70 年代，第三代仪器干涉型的傅里叶变换红外光谱仪及计算机化色散型的仪器开始使用，仪器性能得到大幅提升。

15.1.4 红外光谱仪

1. 红外光谱仪的类型

红外光谱仪有色散型和干涉型两种。色散型红外光谱仪是利用棱镜或光栅作为色散元件，红外光进行色散后，按波长变化依次照射到试样，测量光的透过率的方法得到红外吸收光谱。干涉型红外光谱仪是利用光的干涉现象，为了得到透射光的光谱而进行傅里叶变换，利用这种分光器的方法称作傅里叶变换红外光谱法（FT-IR）。

傅里叶变换红外光谱具有如下特点：

（1）测量速度快。色散型仪器扫描速度慢，通常需时 4 min、8 min、15 min、30 min，乃至 1 h 等。而 FT-IR 扫描速度快，快的只需 0.01 s，简易型仪器扫描速度稍慢，也只需 1 s。所以色散型仪器只能测定稳定物质的红外光谱，而干涉型仪器可以跟踪化学反应，同时可和色谱联用。

（2）能量大，灵敏度高。傅里叶变换红外光谱由于没有狭缝与单色器，反射镜面大，达到检测器上的能量大，因而可以测弱吸收（如一些细小的样品），例如直径为 10 μm 的 1 根纤维单丝就可以直接测定。另外它可以检出 10～100 ng 的样品，如薄层色谱分离的样品可以不经剥离直接用 FT-IR 测漫反射光谱。

（3）分辨率。高棱镜型红外光谱仪分辨率很难达到 1 cm^{-1}，光栅型红外光谱仪也只能在 0.2 cm^{-1} 以上；而傅里叶变换红外光谱仪通常分辨率可达到 0.1 cm^{-1}，高的甚至可到达 0.005 cm^{-1}。FT-IR 还可以做基线校正、差谱、累加等工作。

2. 红外光谱仪的组成

FT-IR 一般由三部分组成：光学系统（主机）、计算机系统（软件控制及显示终端）和辅助设备（样品处理设备、样品池、红外连用设备等）。

1）光学系统

光学系统，又叫红外光学台，即红外光谱仪的主体部分。它由光源、干涉仪、样品池、检测器、激光器、反射镜组和控制电路、电源组成，见图 15.2，图 15.3 是傅里叶变换红外光谱仪的典型光路系统。

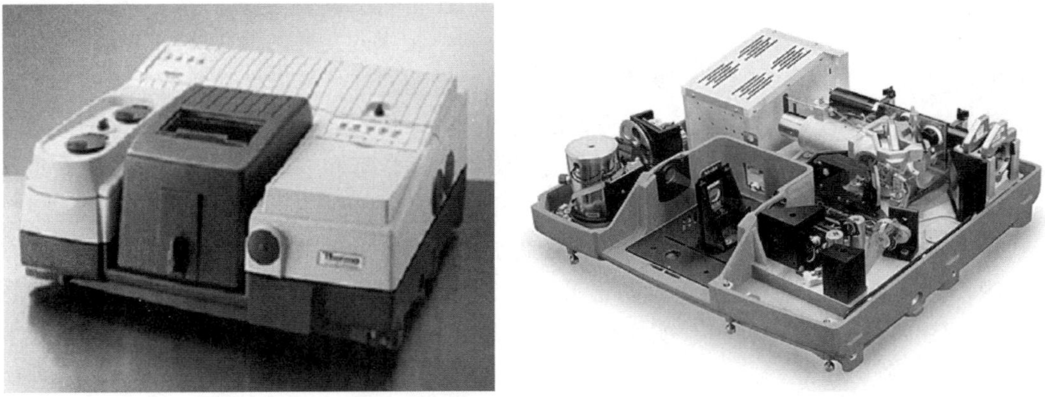

图 15.2　Thermo Nicolet Nexus 470/670/870 傅里叶变换红外光谱仪

另见书末彩图

2）计算机系统

FT-IR 的计算机系统，是老式光谱仪机械谱图绘制部分的信号化与电子化，同时还包括了仪器的部分控制功能。其中，与仪器配套的红外光谱软件是最重要的部分，在软件中，集成了仪器自检功能、仪器控制功能、仪器测试程序功能、谱图处理功能、谱图库检索和对比功能。另外，有些红外光谱软件中还集成有联用接口，能够实现红外-热重、红外-色谱等的联用。因为每台仪器的软件各不相同，而且是仪器培训过程中最重要的内容，在此不再赘述。

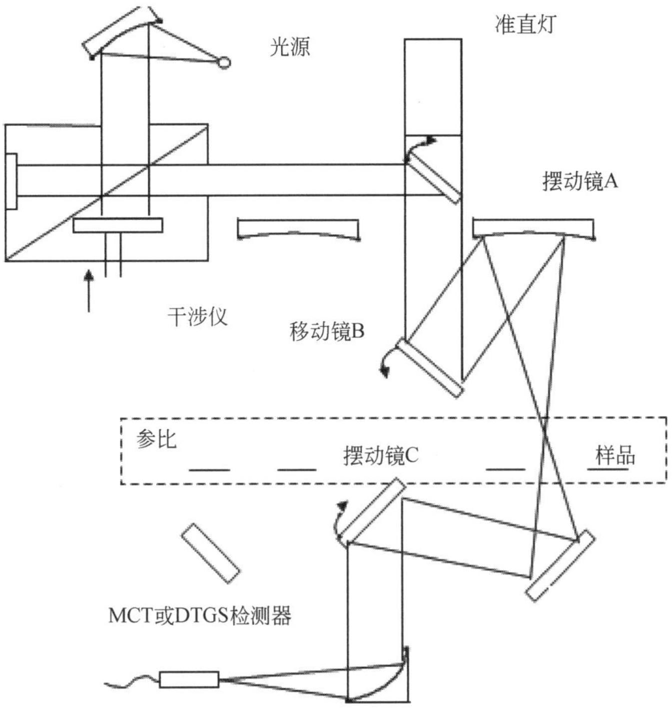

图 15.3　傅里叶变换红外光谱仪的典型光路系统

3）辅助设备

FT-IR 的仪器功能拓展，是靠丰富的辅助设备实现的，在此主要介绍常用的辅助设备。

（1）液体样品池。当测试试样为液体时，它所需测试的支持装置，就不再是固体支架。液体样品池可以分为可拆卸式和固定式液体池，同时可以配备加热系统。

（2）气体样品池。红外气体样品池是一个可加热、可抽真空或通吹扫气的封闭玻璃器皿样品池，窗片材料一般采用 KBr 材料，透过波长为 2.5～25 μm。光程有 100 mm 或 50 mm。特殊的气体样品池也可以配备 CaF_2、NaCl、KRs-5 等窗片材料。

（3）联用附件。FT-IR 扫描速度较快，可以方便地与其他相关仪器联用，以扩展研究的深度与广度。根据联用设备不同，其配置的附件也有所区别，常用的有 FT-IR/GC 联用和 FT-IR/TG 联用。①气相色谱-红外联用是通过一根高温导管，将经过气相色谱分离后的气体，引入傅里叶变换红外光谱仪中，然后实时测试经气相色谱分离后的气体。②热重分析-红外联用是通过一根高温导管，利用惰性载气，将热重测试过程中离析出来的气体，引入傅里叶变换红外光谱仪中，然后实时测试热重的离析气体。

15.1.5　红外吸收光谱的三要素

1. 峰位

峰的位置是指示某一基团存在的最有用的特征。由于许多不同的基团可能在相同的频率区域产生吸收，因此，在进行这种对应分析时应特别小心。当然，也不必为基团所在吸收位置有细微差别而困惑。

2. 峰强

若光谱图中有强的吸收峰，则表明分子中含有极性较强的基团。此外，把谱图中一个峰的强度和另一个峰的强度相比较，不仅可以得出定量的概念，同时也可以指示某种特殊基团或元素的存在。

3. 峰形

在许多情况下，从吸收峰的形状也可以获得有关基团的一些信息。红外吸收光谱中峰的形状有宽峰、尖峰、肩峰和双峰等类型。

15.2　样品预处理和制备方法

红外光谱技术的优点就是应用非常广泛，对于固体、液体或气体样品，对单一组分的纯净物或者多组分的混合物都可以用红外光谱法测定。

红外光谱可以测定有机物、无机物、聚合物、配位化合物，也可以测定复合材料、土壤、岩石、各种矿物、各种天然产物等。因此在化工、材料、地质、农业及医药等部门得到广泛应用。

对于不同的样品，要采用不同的红外制样技术。对于同一样品，也可以采用不同的制样技术。当采用不同制样技术时，可能会得到不同的光谱图。因此要根据测试目的和测试要求，采用合适的制样方法，才能够得到准确可靠的测试数据。

15.2.1　样品预处理

对于一个试样而言，如果是纯品，可以直接采用合适的方法进行检测。如果是不适合直接测试或者相对复杂的试样，则需要对其进行预处理。对于不同的试样，要采用不同的红外制样技术。对于同一试样，也可以采用不同的制样技术。当采用不同制样技术时，可能会得到不同的光谱图。因此要根据测试目的和测试要求，采用合适的制样方法，才能够得到准确可靠的测试数据。

一般的气体试样，在尽可能多地了解被测气体试样的物理化学性质基础上，根据相应的物理化学性质，采用一定的手段，洗涤分离或者冷冻分离被测气体中的已知与未知气体，然后对被测气体试样进行红外分析。

一般的液体试样，首先要对试样中存在的固体颗粒、悬浮物等不溶性物质进行分离，然后按照液体的物化性质，按照相应的方法，进行红外测试。

对固相试样，测试前要对固体试样进行均一化处理，通过研磨、混合等手段混匀样品；按照四分法取样，获取有代表性的试样；然后按照正常的固体试样测试程序，进行试样的红外测试。

15.2.2 气体样品制备方法

对于气体试样，可将它直接充入已预先抽真空的气体池中进行测量，池内测量气体压力约 50 mm Hg。气体池的结构见图 15.4。

池体直径约 40 mm，长度有 100 mm、200 mm、500 mm 等各种类型。测量微量组分气体时，为了提高灵敏度，可采用多次反射气体池，利用池内放置的反射镜使光束多次反射，可提高光程，增大组分分子吸收红外光的机会。

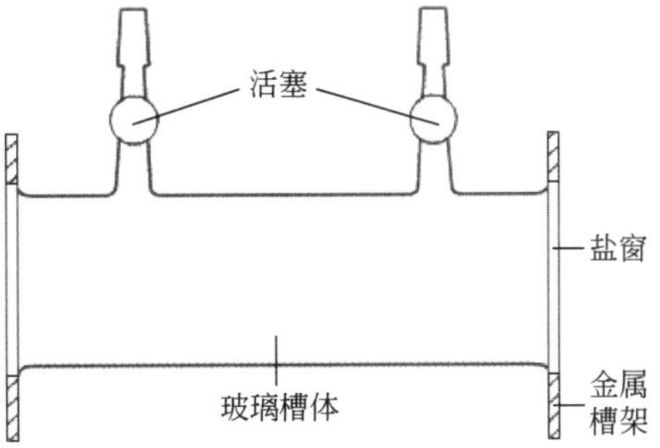

图 15.4 红外气体槽体

15.2.3 液体试样制备方法

液样试样的制备是将少量试样涂于两片红外透明的窗片（KBr、NaCl、CaF_2 等窗片）之间。液体试样在两个窗片的互相挤压下，形成一个试样薄层，然后将之置于液体测试支架上，便于试样的红外测试。试样的成分决定了选择哪种窗片：一般无水的试样，窗片材料是 KBr；对于含水试样，CaF_2 或者 KRS-5 窗片较为适合。

15.2.4 固体样试样制备方法

根据试样的熔点不同，固体试样的制样方法也有较大区别。

对于熔点低于溶剂的沸点的试样，用适当的溶剂将试样溶解，成膜于 KBr 窗片上是最先考虑的。如果因为基线不好或是溶解性差而不成功，可以考虑在两片 KBr 窗片内熔化成膜。如果这也不行，试样可进行 KBr 压片。

对于熔点高于溶剂的沸点的试样，首选的技术是 KBr 压片。对于聚合物试样，成膜法是首选，其次是热熔法和压片法。

对于熔点未知的试样，结晶度的检测将会指明哪种技术将会成功。高结晶度的试样用 KBr 压片法较好，对于低结晶度的试样，成膜和热熔会得到更好的谱图。

15.3 水和卤水中低含量重水的红外光谱测定[4–6]

15.3.1 原理

由于氢同位素的存在，天然水体中除主要组分 H_2O 外，还含有约 $\omega=1.5\times10^{-4}$ 的 D_2O。一般重水样品总是由 H_2O、HDO 和 D_2O 三种分子组成，在液态情况下，三种分子迅速达到平衡：$H_2O+D_2O \longleftrightarrow HDO$，25℃时平衡常数 K=3.8。

物质的红外光谱，起源于物质分子振（转）动能级跃迁是对相应频率的吸收。H_2O 分子为等腰三角型结构，具有对称伸缩 v_1，变角振动 v_2 和反对称伸缩 v_3 三个简正振动。当 H 原子被 D 取代后，分子构型不变，由于质量效应，其相应吸收带的频率将发生变化，并可用于分析。在低浓度重水中，D 原子几乎均以 HDO 化学形式存在，故选用 HDO 分子的 v_1 2513 cm^{-1} 作为分析谱带。由于纯的 HDO 分子不能单独存在，不能进行吸收系统的绝对测定，故只能用相应的比较方法。用已知浓度的重水样品在 2513 cm^{-1} 的吸光度和对应浓度，绘制标准曲线，再测定未知样品。

根据比尔定律 $A=\lg I_0/I=abc$，当样品浓度相差不大时，因入射光强度 I_0 不变，透过两样品的光强度 I_1 和 I_2 就很接近，因而其吸光度 A_1 和 A_2 的差值很小，难以准确测定。若采用差示光谱法，将 I_0 改变为和 I_1 与 I_2 相差不大的 I_r 时，则吸光度 $A_r(\lg I_r/I_1)$与 $A_r(\lg I_r/I_2)$的差值就会显著增大，便于准确测定。本工作采用双光束差示比较方法，在参比光束中，装有蒸馏水的参比槽厚度与样品槽相近（0.297 mm）。

中等和高浓度重水的红外测定，国内有较多的报道。截至目前，在 20 世纪 80 年代依据普查要求建立的低浓度重水的红外测定方法依然是为数不多的主要方法。该方法可用于天然水以及地表和地下卤水中重水含量的测定，测定一般水样，约 30 min 即可给出结果。对于卤水样品需要进行两次蒸馏再进行测定，一般需 5～6 h。重水浓度等于天然水和三倍于天然水的样品，测定的均方偏差 $S<\pm0.002\%$。

15.3.2　试剂

所用的基准样品为 ω=0.99994 的重水。

15.3.3　测定方法

1. 绘制标准曲线

用基准重水样和蒸馏水配制成已知浓度的标准系列样，蒸馏水中所含的重水量，按氘浓度为 0.0149%（原子分数）计算，其质量分数 $\omega=1.66\times10^{-4}$。控制室温为(18±1)℃，测得的蒸馏水和 5 个标准样在 2513 cm^{-1} 处的透过率（T）和吸光度（A）值见表 15.2，绘出的 A-ω 曲线和 T-ω 曲线见图 15.5 和图 15.6。

表 15.2　标准样品的浓度、透过率和吸光度

样品编号	$\omega(D_2O)\times10^{-2}$	$T\times10^{-2}$	A
0 蒸馏水	0.0166	96.3	0.016
1	0.027	91.8	0.037
2	0.035	88.5	0.053
3	0.060	80.9	0.092
4	0.076	76.4	0.117
5	0.119	65.2	0.186

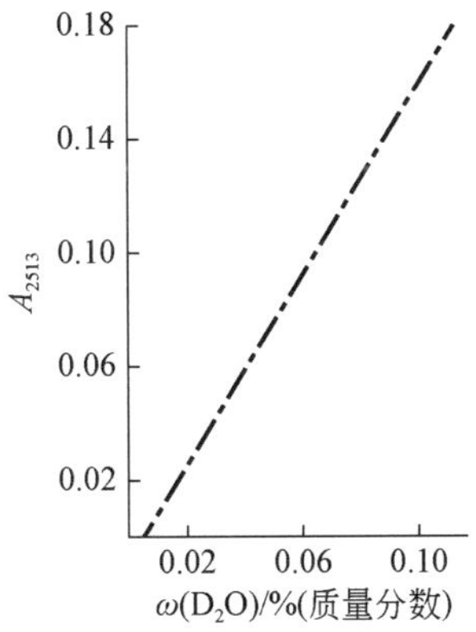

图 15.5　A_{2513}-$\omega(D_2O)$曲线图

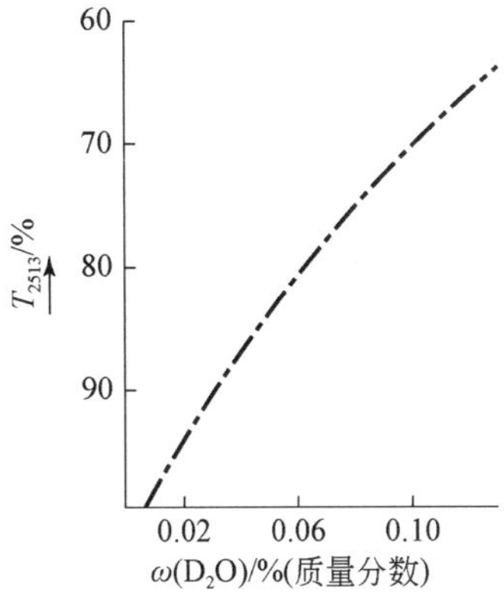

图 15.6　T_{2513}-$\omega(D_2O)$曲线图

2. 卤水样品的处理

一般水样不含干扰杂质，可直接测定。而有些水样，特别是卤水，含有大量盐分，而且溶液常含悬浮物，它会引起光的散射损失，盐类结晶的析出液影响操作的进行。盐卤组成复杂，很可能存在有损伤窗片或干扰测定的组分，因而测定前必须进行净化，蒸馏是常采用的最简便方法。

简单的蒸馏虽然能除去一般卤水中的大量无机盐，但由于各种同位素变化的蒸气压不同，蒸馏时要引起气相和液相中同位素组成的变化。在没有分凝（冷凝液完全不回流）和液沫带出的情况下，各种浓度的重水在不同的馏出液与残液体积比时，气液相中氘浓度的计算可依据 Raleigh 公式进行。在实际蒸馏过程中，分凝是难以避免的，液沫的带出也难以杜绝，故我们也进行了卤水蒸馏的条件试验。

蒸馏采用简单的小型无挡雾装置的磨口蒸馏器。有些卤水在蒸馏时伴有暴沸现象，一次蒸馏尚不能符合要求，需进行第二次蒸馏。第一次蒸馏取 35 mL 卤水，馏速为 0.3 $mL\cdot min^{-1}$，蒸至近干。将第一次的馏出液按上述馏速进行第二次蒸馏，并参照消除同位素分馏变化的办法，即在蒸馏时若残液是它原体积的 $1/n$，那么最初去掉的馏分应大于这个量的 2.3 $\lg n$ 倍，取其中间馏分进行测定。一般第一次得到的馏出液约为 26 mL，进行二次蒸馏时，丢掉最初馏出的 9 mL，再接取 11 mL 进行测定。用此法对用蒸馏水配制的重水样 B5 和人工卤水重水样 S2 蒸馏后，进行测定，结果见表 15.3。

表 15.3　配制的重水样品蒸馏后样品测定结果

样品编号	测定值($\omega\times10^{-2}$)				
	1	2	3	4	平均值
B5	0.024	0.025	0.027	0.027	0.026
S2	0.032	0.035	0.031	0.032	0.033

注：$\omega(B5)=2.7\times10^{-4}$；S2 除盐馏分中含 $\omega(D_2O)=3.2\times10^{-4}$

表 15.3 列出的测定结果指该卤水除去盐分后的蒸馏液（除盐馏分）中所含重水的质量分数。包括盐分在内的原卤水中重水浓度可经换算求得。若除盐馏分的重水浓度为 $X\%(\omega)$，该卤水干基值为 $Y\%$，则原卤水中重水浓度为 $X(1-Y)\%$。例如 S2 的除盐馏分含 $\omega(D_2O)=3.2\times10^{-4}$，干基值为 27.10%，则其包括含盐量在内的原卤水的重水浓度为 $3.2\times10^{-4}\times(1-0.271)=2.3\times10^{-4}$。

对湖水样（湖 I 号）及其重水增量（1000 mL 样加入一定量的重水，使除盐馏分的重水浓度增加 1.3×10^{-4}，湖 II 号），蒸馏后的测定结果见表 15.4。

表 15.4　湖水及增量湖水进行蒸馏的测定结果

样品编号	测定值（$\omega\times10^{-2}$）				
	1	2	3	4	平均值
湖 II 号	0.029	0.028	0.031	0.030	0.030
湖 I 号	0.017	0.018	0.019	0.020	0.019
增量值*	0.012	0.010	0.012	0.010	0.011

* 增量值即湖 II 与湖 I 的差值

15.3.4　讨论

1. 测定精度

表 15.5 列示了样品 1 和 B5 的测定结果。对于浓度约为天然水中重水 3 倍左右的样品，均方偏差为±0.002%（质量），浓度降低偏差倾向于减小。表 15.6 为装在磨口瓶中保存了 4 个月后的样品测定结果。前后结果基本吻合，说明方法的稳定性尚好。

表 15.5　样品 1 和 B5 的重复测定

实验编号	样品 1			B5		
	$T_{2513}\times10^{-2}$	$\omega(D_2O)\times10^{-2}$	偏差($\omega\times10^{-2}$)	$T_{2513}\times10^{-2}$	$\omega(D_2O)\times10^{-2}$	偏差($\omega\times10^{-2}$)
1	90.7	0.035	0.000	93.1	0.027	0.000
2	89.0	0.032	−0.003	91.7	0.026	−0.001
3	89.7	0.034	−0.001	92.5	0.026	−0.001
4	89.5	0.037	0.002	92.7	0.029	0.002
5	90.9	0.033	−0.002	93.5	0.027	0.000
6	88.4	0.036	0.001	91.8	0.027	0.000
7	87.2	0.034	−0.001	90.0	0.027	0.000
8	86.2	0.036	0.001	89.6	0.028	0.001
平均		0.035	$\sigma^{a}=\pm0.002$		0.027	$\sigma=\pm0.001$

注：配制的样品 1 含 $\omega(D_2O)=3.5\times10^{-5}$，B5 含 $\omega(B5)=2.7\times10^{-5}$

a. σ测定的均方偏差

表 15.6　方法的稳定性实验

样品编号	四个月前的测定值 ω（D_2O）$\times10^{-2}$				四个月后的测定值 ω（D_2O）$\times10^{-2}$			
	1	2	3	平均	1	2	3	平均
a	0.022	0.026	0.024	0.024	0.024	0.020	0.026	0.023
b	0.049	0.047	0.046	0.047	0.044	0.047	0.048	0.046

2. 温度的影响

温度对测定结果有一定影响，在低浓度时更显著。为减小温度的影响，在测定每一批样品时应同时绘制标准曲线。为使温度条件一致，在每次换样时也同时换参比槽中的蒸馏水，并在样品和参比槽插入光路 2～3 min 后再进行测定。为避免每次测样时同时绘制标准曲线，减少价格昂贵的重水的消耗，我们把室温控制在一定范围，测定样品时使用同一标准曲线，试验结果见表 15.7。可以看出仅用一组标准曲线同每次测样都绘制一组标准曲线相比，其结果的偏差稍大，但仍是可行的。

表 15.7　控制室温在（18±1）℃使用一条标准曲线的重复测定

实验编号	样品 1			B5		
	$T_{2513}\times10^{-2}$	ω（D_2O）$\times10^{-2}$	偏差（$\omega\times10^{-2}$）	$T_{2513}\times10^{-2}$	ω（D_2O）$\times10^{-2}$	偏差（$\omega\times10^{-2}$）
1	90.7	0.035	−0.001	93.1	0.027	−0.001
2	89.0	0.037	0.001	91.7	0.030	0.002
3	89.7	0.036	0.000	92.5	0.028	0.000
4	89.5	0.036	0.000	92.7	0.027	−0.001
5	90.9	0.033	−0.003	93.5	0.026	−0.002
6	88.4	0.039	0.003	91.8	0.030	0.002
平均		0.036	$\sigma=\pm0.002$		0.028	$\sigma=\pm0.002$

注：配制的样品 1 含 $\omega(D_2O)=3.5\times10^{-5}$，B5 含 $\omega(B5)=2.7\times10^{-5}$

3. 装样操作的注意事项

对每一样品使用一套清洁干燥的注射针筒和针头是必要的。在测定一系列浓度相近的样品时，可省去槽的洗涤和吹干手续，在将前一样品由槽内排出后，用注射器注入不少于 3 mL 的新样品，并依靠流经槽内的溢流达到洗净槽的效果。若仅有少量试样（最少需要 0.3 mL），则应事先准备一个清洗干燥的槽。

4.其他

为防止样品在蒸馏时发生暴沸和把影响测定的有机物氧化，在第一次蒸馏时加入大约 0.2 g 的 NaF 和 2～3 滴 $\omega(KMnO_4)=0.01$ 溶液。

本法不作改动也可测定重水浓度大些的样品如 $\omega(D_2O)=0.01$，但测定误差也稍大些。

红外光谱法测定重水最佳波数与待测试样中重水的浓度相关，需要根据待测样品中重水的含量选定适合的波数范围，以保证测试结果的准确性。

15.4 盐类矿物的红外光谱测定[7-11]

15.4.1 原理

矿物的红外光谱在矿物的定性鉴定、结构研究和一些物理参数的测定方面有广泛的应用，是矿物谱学的重要组成部分，不同矿物有不同的红外光谱。晶体矿物的红外光谱与晶体中分子或原子的振动有关。一般矿物红外光谱在中红外区的强吸收谱带，由该矿物主要络阴离子内原子间的振动（即内振动）所决定。络阴离子间的相对运动则表现为晶体的晶格振动（外振动），出现在 400～10 cm^{-1} 的远红外区。矿物中阳离子的离子半径、配位数、质量和电荷等可看作微扰因素，对内振动吸收谱带的位置和形状产生一定影响。同时受矿物晶体结构对称性的影响，还可导致某些内振动谱带的分裂甚或增添新的谱带。

红外光谱鉴定矿物的主要优点是需要的样品量少，一般只需要 1～2 mg 矿样；鉴定速度快；可同时获得矿物的化学和结晶学数据；也可用于某些矿物的定量分析。对于盐类矿物可不分离盐矿床中分布很广的石盐和钾石盐，因为它们在中红外区域是透明的。盐矿物中主要离子团振动频率见表 15.8。

表 15.8 盐矿物中主要离子团振动频率

离子团	伸缩振动/cm^{-1}	弯曲振动/cm^{-1}
CO_3^{2-}，HCO_3^-	1650～1300	900～700
OH^-	3750～2000	1300～400
SO_4^{2-}	1200～1050	700～600
NO_3^-	1500～850	850～700
BO_4^{5-}	1100～850	800～600
BO_3^{3-}	1300～1100	800～600
H_2O	3660～2800	1650～1590

15.4.2 样品制备

样品制备：采用 KBr 压片法。KBr 应为光谱纯试剂，在 110℃烘干恒重、研磨后置于干燥器中保存备用。将 1～2 mg 待测试样与 200 mg 事先干燥处理过的 KBr 放置玛瑙研钵中，仔细研磨混合后置于压片机，压制成均匀透明的薄片。

15.4.3 测定结果和讨论

盐矿物主要是指钠、钾、镁、钙等氯化物，硫酸盐，碳酸盐，硼酸盐，硝酸盐及与它们有关的一些复盐。盐矿物大多是以离子键结合的化学沉积物，除单一氯化物外都含有一种或一种以上的络阴离子团；含水的盐矿物，水分子在晶体中结构情况和形成氢键强弱等差异导致光谱的复杂化。一般含 H_2O 或 OH^-的矿物都会 3400 cm^{-1} 附近出现特征收吸（υ_{OH}），但只含 OH^-的矿物在 1630 cm^{-1} 附近没有特征峰（δ_{HOH}），其δ_{XOH}常会在 1300～4000 cm^{-1} 区域出现。应该注意的是，有些矿物同时含有 H_2O 和 OH^-。

1. 碳酸盐矿物

碳酸盐矿物是围绕着 CO_3^{2-}构成的一个复杂矿物族。CO_3^{2-}离子属 D_{3h} 对称，它应有 6 个振动自由度，4 个简正振动 v_1（vs 拉曼活性）在 1063 cm^{-1}，v_2（γ，红外活性）在 879 cm^{-1}，v_3（v_{as}，二重简并是红外、拉曼双活性）在 1415 cm^{-1}。对于一般碳酸盐矿物在 1300～1650 cm^{-1} 会有一个或几个强的吸收带属于 v_s，在 800～900 cm^{-1}有一个中强吸收峰属于v_2，在 700 cm^{-1} 附近是一弱峰属于 v_4。

无水碳酸盐矿物，无论是方解石、白云石的红外光谱都很相似，见图 15.7。最强的吸收带是在 1450 cm^{-1} 附近，700 cm^{-1} 附近和 800～900　cm^{-1} 的中强吸收也非常明显。该类矿物多数还在 1790～1820 cm^{-1} 区域有一弱的吸收带，应是其组合频带；文石族矿物与白云石族和方解石族不同的是前者对称性的降低，激活了拉曼活性的 $v_1(v_s)$，在 1075 cm^{-1} 出现一弱的新谱带，并导致其二重简并态 v_4 在 700 cm^{-1} 附近吸收带的分裂，这种吸收带位置随半径和质量的增加而向长波拉移的现象虽不很严格，其倾向性是很明显的。菱镁矿在 1440 cm^{-1} 附近的相同吸收带，在方解石却位移到 1430　cm^{-1}，其复盐碳钠钙石不仅在 700 cm^{-1} 的峰而且连 1450 cm^{-1} 和 850 cm^{-1} 的吸收带都出现了明显的多重分裂，一般来说，这是其位置对称性的进一步降低导致的。

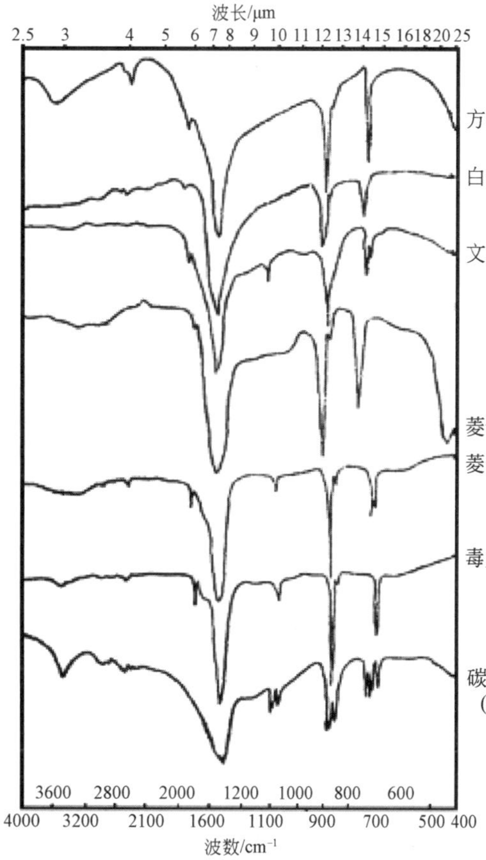

图 15.7　无水正碳酸盐矿物红外光谱

含水碳酸盐的光谱比不含水的略复杂，见图 15.8。其主要吸收带与无水碳酸盐的类似，但多了水在 2900～3400 cm^{-1} 的强宽吸收峰和 1620～1660 cm^{-1} 的中强吸收峰，另外在低频区也有其表现。

酸式碳酸盐如重质碱和天然碱的红外光谱也是相似的，见图 15.9。酸式盐分子的结构多为比较复杂的缔合物，其光谱表现出 v_1 和 v_3 有进一步的分裂，在 2500～2600 cm^{-1} 的吸收是直接与中心原子相连的 OH 基的伸缩频率；而将 1640 cm^{-1} 附近的吸收归属于未发生缔合的 C═O 的吸收。

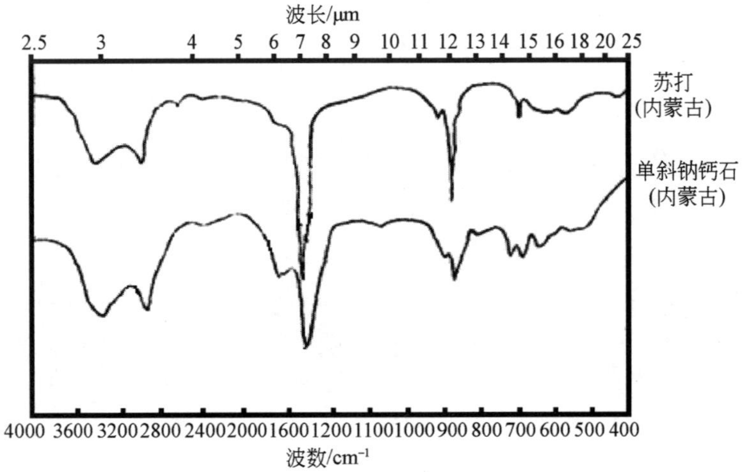

图 15.8 含水正碳酸盐矿物的红外光谱

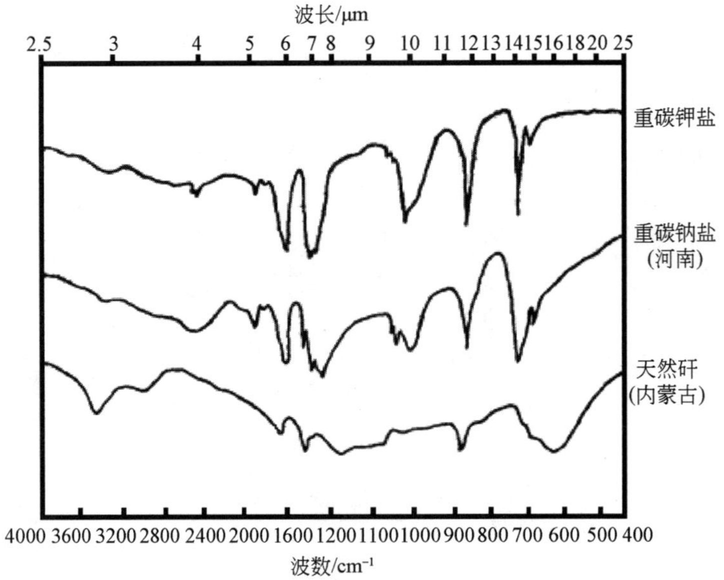

图 15.9 酸式碳酸盐矿物的红外光谱

含羟基又含水的碳酸盐水菱镁矿和纤菱镁矿的红外光谱也基本相似，见图 15.10。除水的吸收外，在 3600～3700 cm^{-1} 还有未缔合羟基的特征吸收由于结构上的差异，低频区域的吸收有明显的差别。

2. 硝酸盐矿物

同 CO_3^{2-}一样，硝酸根离子 NO_3^-，也属于 D_{3h} 点群，其盐矿物的光谱也与碳酸盐矿物类同。它的四个简正振动是 v_1（v_s，约在 1040 cm^{-1}，拉曼活性），v_2（r，840～815 cm^{-1}，红

外活性），ν_3（ν_{as}，1380～1350 cm^{-1}，拉曼+红外）和 ν_4（β，730 cm^{-1}左右，红外活性）。由于氮的原子量比碳稍大，故其伸缩振动频率较低。

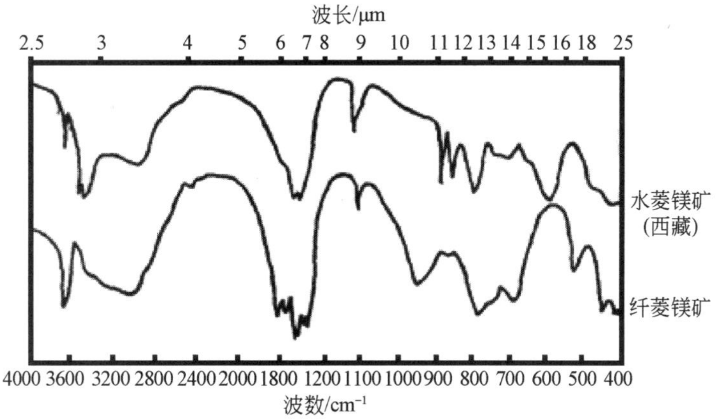

图 15.10　含羟基和水的碳酸盐矿物红外光谱

图 15.11 为钠硝石和钾硝石的红外光谱图。两者的谱图基本一致，钠硝石的 ν_2 是在 824 cm^{-1}，而钾硝石则位移到 838 cm^{-1}。在 1780 cm^{-1} 和 2400 cm^{-1} 附近的小峰应分别是其组合频带 $\nu_{1+}\nu_4$ 和 $\nu_{1+}\nu_3$。

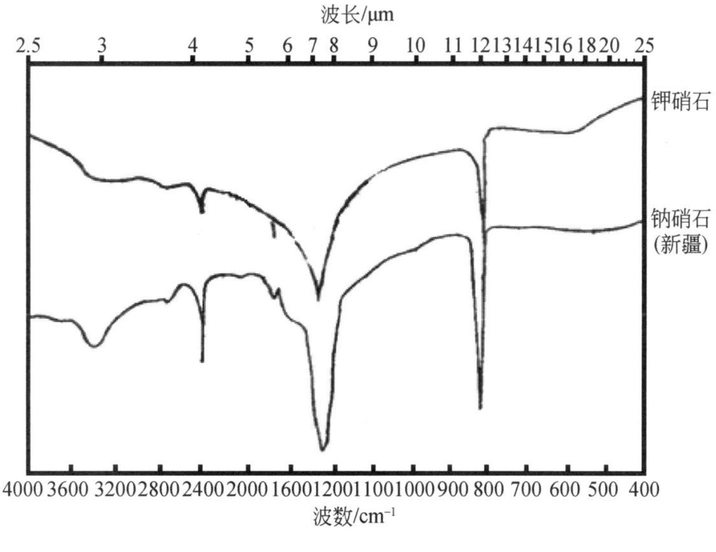

图 15.11　硝酸盐矿物的红外光谱

3. 硫酸盐矿物

SO_4^{2-}为四面体结构，属 T_d 对称，有 9 个振动自由度，四个简正模式，全是拉曼活性。ν_1（ν_s，983 cm^{-1}）和二重简并的 ν_2（δ_s，450 cm^{-1}）仅是拉曼活性的，三重简并的 ν_3（ν_{as}，1105 cm^{-1}）和 ν_4（δ_{as}，611 cm^{-1}）是双活性的。硫酸盐矿物的 ν_3 通常是在 1050～1200 cm^{-1}

范围有一个或几个强的吸收，其 ν_4 表现在 600～700 cm^{-1} 区域有一个或几个中强的吸收带。图 15.12 为无水硫酸盐的红外光谱图。可以看出这些硫酸盐矿物主要吸收峰的基团和强度是相似的，但谱带的轮廓和分裂特征不同。简单无水硫酸盐的 ν_3 只有一个或两个强分裂特征不同，而天青石、重晶石和一些复盐则分裂明显，形成多重吸收带。显示了这些矿物中阳离子与 SO_4^{2-} 结合的共价性增加或者使得 SO_4^{2-} 有较大的变形，对称性降低导致了分裂明显。无水硫酸盐在 600～700 cm^{-1} 的吸收带多数也具有两个以上的吸收峰。应当注意其 ν_3 和 ν_4 分裂的硫酸盐也常伴随着 ν_1 的被激活，而在 1000 cm^{-1} 附近出一个弱而尖锐的小吸收峰，这对特定硫酸盐的鉴定也是有用的。为强调各类硫酸盐在结构和光谱上的相似性，有人将阳离子分作六种类型，并对其阳离子的质量、半径与吸收带位置间的关系进行了研究。含水硫酸盐矿物的红外光谱见图 15.13，由于水的存在多了 3400 cm^{-1} 和 1600 cm^{-1} 附近的吸收，且随着矿物的不同，这些吸收带的外形与强度也互有差异。不同矿物的 ν_3 和 ν_4 的吸收范围与无水硫酸盐的相近，但其吸收带的分裂和低频区吸收情况都更复杂些。含水硫酸

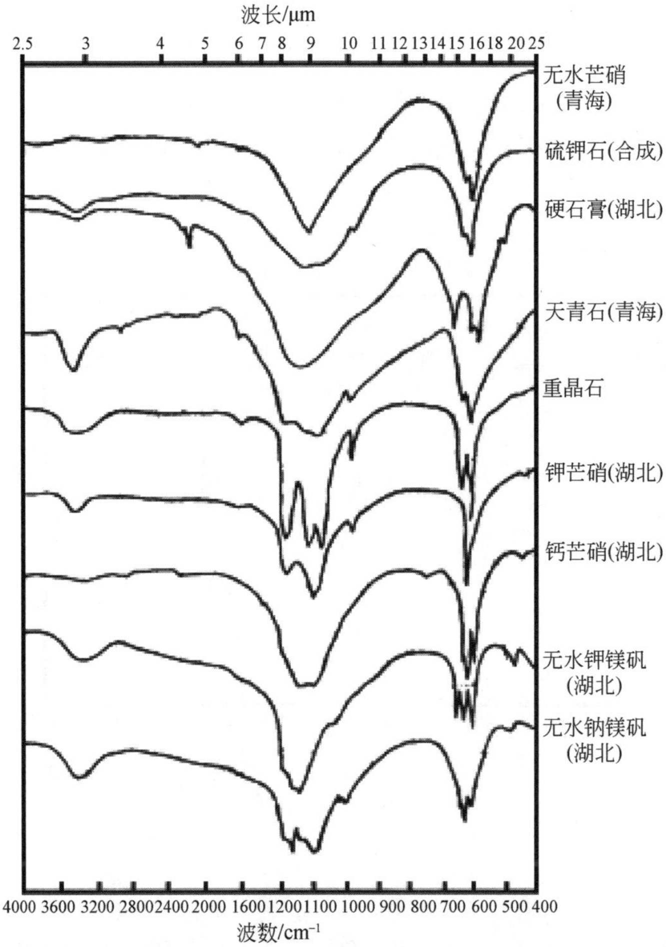

图 15.12　无水硫酸盐矿物的红外光谱

盐的复盐，一般在 750 cm^{-1} 附近有一个弱到中强的吸收带，含水复盐杂卤石在 400～500 cm^{-1} 区域有一系列弱的吸收带也很典型。另两种复杂硫酸盐矿物的红外光谱见图 15.14，它们与图 15.12、图 15.13 的吸收有着类同的趋势。

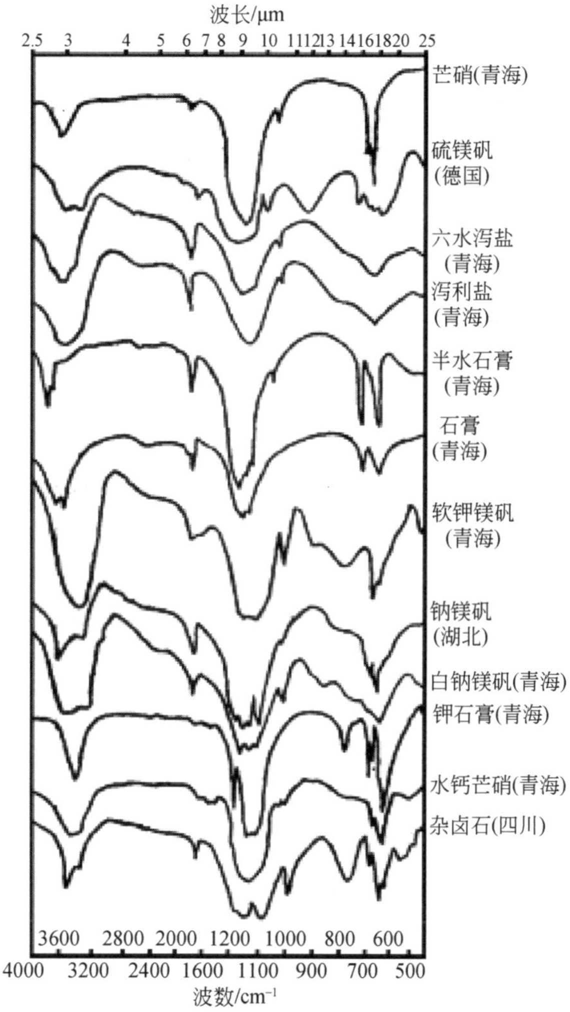

图 15.13　含水硫酸盐矿物的红外光谱

4. 硼酸盐矿物

硼酸盐矿物的红外光谱相当复杂，且其谱图可能因矿物来源、纯度和制样方法的不同而有较大的变化。光谱的复杂性反映了该类矿物结构的复杂性，这是由于硼元素化学性质上的特异性，可以形成许多种结构复杂的络阴离子，这些结构基于硼酸盐中硼原子的不同配位数，由两种基本结构单元组成的三类矿物。另外，硼在自然界中还存在着两种同位素。

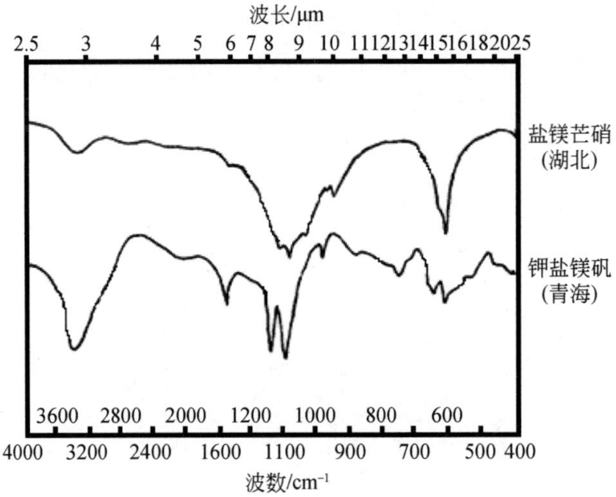

图 15.14　复杂硫酸盐矿物的红外谱图

第一类只含 BO_3 结构单元的硼矿物。这种结构单元由三个氧原子围绕一个硼原子形成，呈现平面三角形的络阴离子 BO_3^{3-}。它可以独立存在，也可以彼此通过三角形的顶点相连，形成更复杂的络阴离子。其络阴离子包括硼酸根 BO_3^{3-}，偏硼酸根 BO_2^-，焦硼酸根 $B_3O_3^{4-}$以及由它们引伸出的链离子，环状离子和 $B(OH,X)_3$ 与 $B_3O_3(OH)_3$ 等。孤立的 BO_3^{3-}离子同 CO_3^{2-}和 BCl_3 一样，为平面三角形结构，属 D_{3h} 点群，其简正振动和预期的频率值为：ν_1（ν_s，拉曼活性）950 cm^{-1*}；ν_2（β，红外活性）750 cm^{-1}；ν_3（ν_{as}，红外+拉曼）1250 cm^{-1}和 ν_4（γ，红外+拉曼）600 cm^{-1}。（*所给数值是对 ^{11}B 而言。考虑到 $\nu_{10B}/\nu_{11B}=\sqrt{\mu_{10_B}/\mu_{11_B}}=1.04$ 及其丰度比 $^{11}B/^{10}B=4$ 的情况也可以推算出相应 ^{10}B 化合物的频率和强度。如 $^{11}BO_3^{3-}$的 ν_3 是 1250cm^{-1}，则 $^{10}BO_3^{3-}$的 ν_3 应在 1300 cm^{-1} 附近，其强度约是前者的 1/4。）

第二类只含 BO_4 结构单元的硼矿物。与 BO_3 结构单元不同，BO_4 结构单元由四个氧原子围绕一个硼原子形成，呈现四面体结构。这种结构单元也是硼酸盐结构的基础之一。其络阴离子包括 BO_4^{3-}，$B(OH)_4^-$，$B(O_xOH_{4-x})^{(x+1)-}$以及由它们引伸出的其他离子。络阴离子 BO_4^{5-}同 SO_4^{2-}离子一样为四面体结构，属 T_d 点群。它的四个简正振动态和理论频率值是：ν_1（ν_s，拉曼活性）700～900 cm^{-1} 附近；ν_2（δ_s，拉曼活性）600 cm^{-1} 以下；ν_3（ν_{as}，红外+拉曼）1000 cm^{-1} 附近；ν_4（δ_{as}，红外+拉曼）600 cm^{-1} 附近。

第三类是既含三配位硼，又含四配位硼的矿物，例如碱金属的三硼酸盐 MeB_3O_7，四硼酸盐 $Me_2B_4O_7$，五硼酸盐 MeB_5O_8 和八硼酸盐 $Me_2B_8O_{12}$ 等。其络阴离子是以不同的方式彼此联结的链或环，由于其结构的复杂性，光谱图也相应的非常复杂。

一般地说，无水硼酸盐矿物在 1100～1300 cm^{-1}（ν_3 包括简并解除的分裂和同位素位移，以及可能的组频 $2\nu_4$）范围内有几个强而宽的吸收谱带，在 700～800 cm^{-1}（ν_2）范围有次强且尖锐的吸收谱带，表示有三配位硼的存在，而在 800～1100 cm^{-1}（ν_3）范围出现一些强且宽的吸收，应考虑四配位硼存在的可能。四配位硼在 600～800 cm^{-1}（ν_2 和 ν_4）区域的吸收同三配位硼的 ν_4 是重叠的。对于无水硼酸盐矿物，特别是三角形结构的硼和四面体硼不同时存在时，可据此来判别它们。

盐类矿床中的硼酸盐多数是含水的，水合硼酸盐由于阴离子的水合效应和氢键效应，除增加与水和 OH 基有关的新谱带外，还会使原有的谱带位移，甚至再增添新的吸收，这样就使本来已很复杂的光谱变得更为复杂，对谱带的归属指认也更为困难。虽然也可像无水硼酸盐那样来鉴别三配位和四配位的硼化物，但由于在 1200 cm^{-1} 附近有 B—OH 引起的强吸收与三配位硼的 ν_3 相重叠，其可靠性比无水硼酸盐矿物的情况要差。

总之，含硼阴离子的多样性的硼的同位素效应导致了硼酸盐矿物红外光谱的复杂性。水合硼酸盐矿物的光谱更复杂一些，在分析鉴定时必须特别小心，并要顾及试样来源、纯度、结晶度以及所用制样方法对谱图可能产生的影响。图 15.15 和图 15.16 是常见 15 种含水硼酸盐的红外光谱。除多水氯硼钙石、水碳硼石、章氏硼镁石和三方硼镁石外，其他硼酸盐矿物在文献中均可找到。

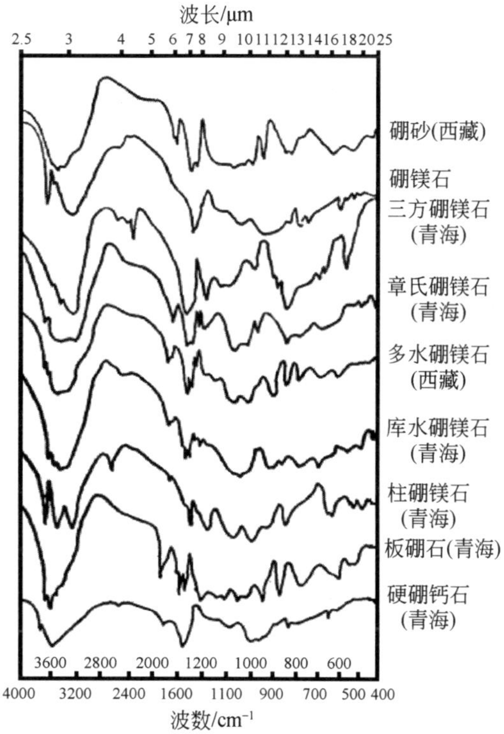

图 15.15　硼酸盐矿物的红外光谱 I

5. 氯化物矿物

碱金属氯化物为离子键型，不存在络阴（阳）离子，故无相应的内振动，但存在特征的晶格振动。图 15.17 是卤砂、水氯镁石和光卤石的红外光谱。水氯镁石和光卤石为结晶水合物，它们的六个水分子以八面体构型处于 Mg^{2+}的第一配位层，Cl^-在其外界。由图可见两者在 3400 cm^{-1} 和 1600 cm^{-1} 附近的水峰是相似的。精确作图可分辨出处于较高波数（3500 cm^{-1} 附近）的 Mg…O—H…Cl 和处于较低波数（约在 3350 cm^{-1}）的 Mg…O—H…O 两种不同缔合型的 OH^-所引起的吸收。3200 cm^{-1} 附近的小峰为δ_{HOH}的倍频，610 cm^{-1} 附近的吸收是水的受阻转动，而 470 cm^{-1} 附近的峰，属于 Mg—O 的伸缩振动。

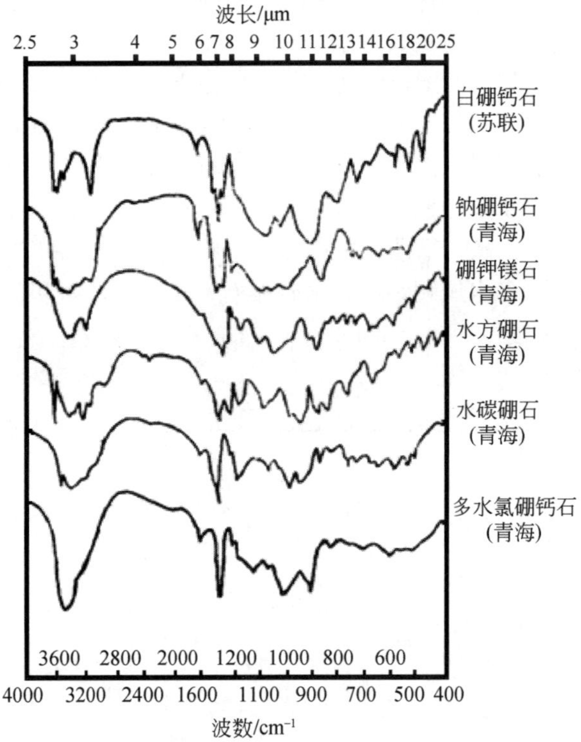

图 15.16　硼酸盐矿物的红外光谱 II

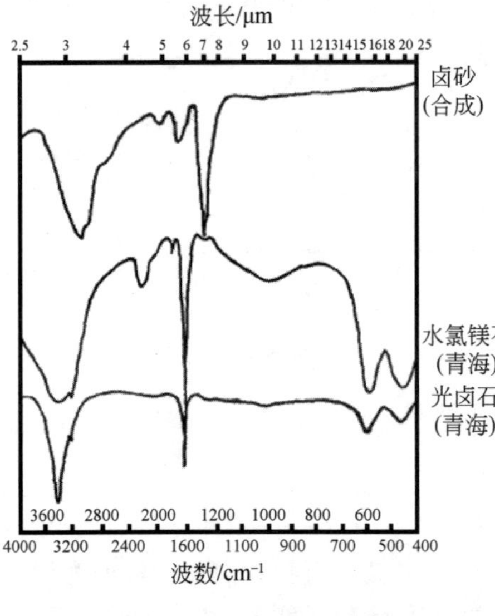

图 15.17　氯化物矿物的红外光谱图

卤砂光谱比较简单，其络合阳离子 NH_4^+和 SO_4^{2-}一样，属 T_d 点群。三重简并 v_3 为 3140 cm^{-1} 处的强吸收带，1400 cm^{-1} 附近的尖锐吸收峰是 v_4，它的 v_1（3040 cm^{-1} 附近）和

v_2（1680 cm^{-1} 附近）仅是拉曼活性。图谱上 1750 cm^{-1} 的小峰归属于 v_4 与 v_6（另一受阻转动晶格）的和频，2000 cm^{-1} 附近的小峰是 v_2 和 v_6 的和频，它们的出现标志着试样晶体中 NH_4^+ 的转动是受阻的。2800 cm^{-1} 附近的峰为 v_4 的倍频。强峰 3140 cm^{-1} 的两侧可看到两个肩峰（有些图谱分得很明显），短波侧的被归属为 v_1 和另一晶格模 v_5 的和频，另一侧的为 v_2+v_4。

表 15.9 列出来主要盐类矿物的红外吸收谱带的位置和强度。

表 15.9　主要盐类矿物红外吸收光谱

矿物名称		吸收带/cm^{-1}
碳酸盐	方解石	712(msp)，847(ssp)，1430(vsb)，1790(wsp)
	白云石	729(m)，835(vw)，880(s)，1450(vs)，1815(w)
	文石	699(wsp)，712(msp)，860(ssp)，1082(msp)，1485(vssp)，1783(wsp)
	菱镁矿	748(msp)，856(vw)，887(ssp)，1450(vsb)，1820(vw)
	菱锶矿	699(msp)，708(msp)，841(w)，859(ssp)，1069(wsp)，1460(vsb)，1770(wsp)
	毒重石	693(msp)，840(vw)，855(vssp)，1058(w)，1440(vsb)，1746(wsp)
	碳酸钠钙石	694(wsp)，710(wsp)，720(wsp)，731(wsp)，841(w)，850(msp)，867(msp)，873(msp)，1076(wsp)，1090(wsp)，1420(ssp)，1470(ssh)，1490(vssp)
	苏打	425(vw)，570(w)，695(wsp)，852(wsh)，868(msp)，905(w)，1418(s)，1460(vssp)
	单斜钠钙石	525(vw)，560(vw)，655(wb)，695(w)，720(w)，805(vw)，875(msp)，898(w)，1070(vw)，1410(vs)，1620(m)，1660(m)，2390(ssp)，2950(ssh)，3290(ssh)，3340(s)
	重碳钾石	665(w)，705(msp)，833(msp)，990(msh)，1010(m)，1033(w)，1047(w)，1370(s)，1410(vssp)，1630(s)，1665(s)，1700(msh)，1830(vw)，1920(w)
	重碳酸钠	660(wsp)，698(m)，815(vwsh)，838(msp)，998(m)，1034(msp)，1048(m)，1310(vs)，1405(vssp)，1460(msp)，1625(s)，1660(s)，1705(msh)，1850(vw)，1935(w)
	天然碱	602(vsb)，657(msh)，680(wsh)，851(ssp)，1190(vsb)，1390(w)，1470(ssp)，1695(w)，3060(w)，3465(w)
	水菱镁矿	430(vs)，480(m)，590(sb)，650(wsh)，714(w)，742(w)，795(s)，851(msp)，884(ssp)，1107(vwsh)，1120(wsp)，1420(vs)，1480(vs)，1610(msh)，2980(mb)，3450(vs)，3515(ssp)，3645(msp)
	纤菱镁矿	410(s)，443(s)，518(w)，689(m)，730(m)，770(s)，942(wb)，1100(vwsp)，1330(vssp)，1390(s)，1450(vssp)，1540(m)，1598(vssp)，3030(mb)，3602(ssp)
硝酸盐	钾硝石	809(vw)，824(ssp)，1380(vsb)，1780(msp)，2405(w)，2425(wsh)
	钠硝石	838(ssp)，1380(vsb)，1766(w)，1788(w)，2405(msp)
硫酸盐	无水芒硝	617(msp)，638(m)，1125(vsb)，1155(ssh)
	硫钾石	615(m)，635(w)，980(w)，1080(sb)，1135(vsb)
	硬石膏	510(w)，593(ssp)，610(m)，672(m)，1150(vsb)
	天青石	611(ssp)，640(m)，990(m)，1090(vsb)，1120(ssh)，1190(sb)
	重晶石	610(ssp)，637(m)，980(w)，1077(vs)，1190(s)
	钾芒硝	448(vw)，620(ssp)，990(w)，1105(vsb)，1185(s)
	钙芒硝	470(vw)，606(ssp)，630(vs)，652(ssp)，755(vw)，1100(vs)，1135(vsb)
	无水钾镁矾	475(w)，610(msp)，636(msp)，660(msp)，1045(m)，1136(msh)，1149(vs)，1167(vs)，1195(ssh)
	无水钠镁矾	480(vw)，609(m)，627(msp)，638(m)，1000(m)，1012(msp)，1096(vsb)，1135(s)，1166(vs)，1190(s)

续表

矿物名称		吸收带/cm^{-1}
硫酸盐	芒硝	618(ssp)，637(msp)，992(wsp)，1115(vsb)，1160(ssh)，1625(vw)，3435(w)
	硫镁矾	575(sb)，620(m)，640(m)，673(m)，885(svb)，1039(msp)，1140(vsb)，1520(w)，1740(vw)，2960(wsh)，3160(s)，3380(m)
	六水泻盐	420(w)，620(mb)，994(vw)，1095(vs)，1125(vsb)，1630(wsp)，1670(vw)，3300(msb)，3400(m)，3490(m)，3570(msh)
	泻利盐	420(w)，615(mb)，982(vw)，1100(vsb)，1610(msp)，3260(ssh)，3400(vsb)
	半水石膏	605(msp)，634(wsh)，667(msp)，1012(w)，1100(s)，1120(s)，1158(vs)，1629(wsp)，3565(w)，3615(m)
	石膏	605(m)，672(m)，1115(vs)，1142(vsb)，1630(msp)，1695(w)，3406(s)，3550(s)
	软钾镁矾	445(w)，610(m)，630(msp)，750(mb)，860(w)，981(msp)，1095(vsb)，1145(vsb)，1560(w)，1695(w)，3235(sb)
	钠镁矾	446(vw)，615(m)，642(m)，998(w)，1083(vssp)，1120(vs)，1150(vs)，1180(s)，1660(m)，3200(m)，3540(m)
	白钠镁矾	440(w)，615(s)，660(msh)，825(w)，995(msp)，1088(s)，1125(vs)，1158(vs)，1670(m)，2930(wsh)，3170(m)，3440(mb)
	钾石膏	438(vw)，605(s)，615(msb)，644(msp)，659(msp)，750(m)，1102(vs)，1122(vs)，1134(vs)，1187(ssp)，3310(m)，3390(msh)
	水芒硝	610(m)，655(m)，880(vw)，990(w)，1010(w)，1125(vsb)，1215(msh)，1415(w)，1475(w)，1610(w)，3300(m)，3416(m)
	杂卤石	437(vw)，450(vw)，477(w)，508(w)，530(w)，602(m)，622(msp)，750(mb)，986(msp)，1082(vsb)，1160(vsb)，1190(s)，1640(wsp)，3275(m)，3440(m)
	盐镁芒硝	622(msp)，635(w)，990(vw)，1005(vw)，1075(m)，1117(vs)，1150(s)
	钾盐镁矾	470(vw)，530(w)，615(m)，650(m)，765(w)，915(vw)，1020(vw)，1135(vs)，1175(ssp)，1195(msh)，1635(msp)，3250(msb)，3410(vs)
硼酸盐	硼砂	450(vw)，535(mb)，620(mb)，660(wsh)，770(vwsh)，810(m)，832(m)，850(w)，890(vw)，948(m)，995(s)，1070(sb)，1160(s)，1355(s)，1420(vssp)，1600(wsp)，1640(vw)，3200(msh)，3500(vs)，3580(s)
	硼镁石	495(vw)，515(vw)，548(vw)，580(w)，730(m)，760(m)，930(vsh)，1040(s)，1240(w)，1298(msh)，1330(s)，1360(vs)，3280(mb)，3250(vwsh)，3600(wsp)
	三方硼镁石	545(m)，640(m)，675(m)，820(s)，860(m)，885(m)，965(m)，980(m)，1025(m)，1190(s)，1240(m)，1420(vsb)，2270(wsp)，2350(vw)，2405(vw)，3210(vsb)，3400(s)，3540(s)
	章氏硼镁石	470(vw)，660(m)，819(s)，950(m)，995(s)，1050(vsb)，1195(m)，1270(m)，1340(s)，1410(s)，1660(m)，3145(s)，3350(sb)，3595(m)
	多水硼镁石	490(w)，575(m)，655(m)，750(m)，800(m)，865(s)，995(vs)，1045(vs)，1135(m)，1180(m)，1280(w)，1350(ssp)，1410(vssp)，1450(m)，1650(vw)，1700(vw)，3450(s)，3570(m)，3620(w)
	库水硼镁石	465(w)，525(w)，655(s)，745(sb)，815(m)，880(sb)，936(w)，1015(vsb)，1155(w)，1225(wsp)，1355(m)，1420(m)，1630(vw)，1690(vw)，3240(s)，3330(vs)，3465(s)，3530(m)，3560(m)
	柱硼镁石	445(w)，490(w)，508(w)，589(m)，610(m)，800(m)，895(s)，955(vs)，1035(sb)，1150(s)，1230(m)，1300(ssp)，1400(w)，1630(vw)，2530(vw)，3170(s)，3420(ssp)，3470(ssp)
	板硼石	460(vw)，490(vw)，545(w)，730(m)，805(msp)，895(s)，960(s)，1005(s)，1060(s)，1105(s)，1170(s)，1220(w)，1340(msp)，1430(msp)，1480(w)，1655(w)，1690(vw)，3120(vwsh)，3250(wsh)，3340(msh)，3460(s)，3540(s)
	硬硼钙石	580(w)，730(w)，760(w)，825(w)，895(m)，935(mb)，1045(wb)，1240(w)，1280(msh)，1330(s)，1365(vs)，1630(w)，3420(mb)，3600(msp)

续表

矿物名称		吸收带/cm^{-1}
硼酸盐	白硼钙石	475(w)，520(w)，575(w)，600(vw)，670(w)，715(m)，790(m)，900(vsb)，1015(s)，1060(s)，1290(w)，1310(m)，1350(m)，1375(ssp)，1430(w)，1660(vw)，3090(m)，3460(w)，3550(msp)，3580(msp)
	钠硼解石	445(w)，535(w)，640(w)，715(w)，745(w)，835(wsh)，860(m)，920(m)，1000(vs)，1050(vs)，1100(vs)，1210(m)，1310(s)，1350(s)，1410(s)，1630(wsp)，1650(vw)，1325(m)，3420(s)，3595(msp)
	硼钾镁石	512(w)，590(m)，660(m)，680(m)，722(m)，754(m)，795(m)，885(vs)，1050(vs)，1100(s)，1170(m)，1280(s)，1340(vs)，1610(w)，3180(m)，3350(m)，3440(m)
	水方硼石	420(w)，465(w)，530(w)，578(w)，670(m)，762(m)，840(s)，885(s)，950(vs)，990(s)，1085(mb)，1135(m)，1280(s)，1300(s)，1380(s)，1590(m)，2920(m)，3130(m)，3220(s)，3330(m)，3395(m)，3595(ssp)
	水镁硼石	540(m)，588(m)，655(m)，730(m)，765(m)，870(m)，955(s)，995(s)，1075(m)，1210(s)，1270(w)，1435(vssp)，1470(ssb)，1660(w)，3420(sb)，3545(ssp)
	多水氯硼钙石	605(w)，700(w)，850(w)，905(ssp)，1005(sb)，1080(m)，1120(m)，1240(vw)，1370(msb)，1390(vssp)，1430(m)，1640(vw)，3300(msh)，3510(vs)
氯化物	卤砂	1410(ssp)，1650(wsb)，1750(w)，2000(w)，3060(ssh)，3120(vsb)
	水氯镁石	465(sb)，610(s)，1400(vw)，1628(vssp)，1824(vw)，2240(w)，3230(s)，3420(vsb)
	光卤石	470(mb)，610(mb)，1634(ssp)，3240(m)，3420(vs)

注：s（strong）-强，v（very）-很，b（broad）-宽；m（medium）-中等；w（week）-弱；sp（sharp）-尖；sh（shoulder）-肩

参 考 文 献

[1] 胡坪, 王氢. 仪器分析[M]. 5 版. 北京: 高等教育出版社, 2019: 276-291.

[2] 陆婉珍, 袁洪福, 褚小立. 近红外光谱仪器[M]. 北京: 化学工业出版社, 2010: 1-3.

[3] 武汉大学. 分析化学. 下册[M]. 5 版. 北京: 高等教育出版社, 2014: 261-288.

[4] 中国科学院青海盐湖研究所分析室. 卤水和盐的分析方法[M]. 2 版. 北京: 科学出版社, 1988: 413-418.

[5] 刘福敏, 许开芬. 水和卤水中低含量重水的红外光谱测定[J]. 盐湖研究, 1974, Z1: 49-53.

[6] 郑彦巍, 李桂花, 齐秀珍. 红外光谱法测定 0-100mol%D_2O 浓度[J]. 同位素, 1991, 4（2）: 107-112.

[7] （英）法默（V. C. Farmer）.矿物的红外光谱[M]. 应育浦, 译. 北京: 科学出版社, 1982.

[8] 彭文世. 矿物红外光谱图集[M]. 北京: 科学出版社, 1982.

[9] Moenke H. Mineralspektren[M]. Berlin: Akademie Verlay, 1962: 1966.

[10] Weir C E, Lippincott E R. Infrared studies of aragonite, calcite, and vaterite type structures in the borates, carbonates, and nitrates[J]. Journal of Research of the National Bureau of Standards Section A Physics and Chemistry, 1961, 65A（3）: 173.

[11] Weir C E. Infrared spectra of the hydrated borates[J]. Journal of Research of the National Bureau of Standards Section A Physics and Chemistry, 1966, 70A（2）.

第 16 章　激光拉曼光谱分析

在散射光谱中，除了有与入射光频率相同的谱线外，在它的两侧还有对称分布的若干条很弱的与入射光频率发生位移的拉曼谱线。与红外吸收光谱类似。拉曼谱线的数量、强度及位移与试样分子振动或转动能级有关，可用于物质的鉴定、分子结构的研究。

16.1　概　　述[1–5]

拉曼光谱分析是基于印度科学家拉曼（C. V. Raman）所发现的拉曼散射效应，通过研究光与物质内部结构如化学键的相互作用，对入射光频率不同的散射光谱进行分析以获得分子振动、转动方面信息的一种无损的分析技术，能够准确、快速、无损地鉴定物质内部结构，广泛应用于材料、化学、物理、环境、医学等多个领域，已经成为科学研究和工业生产中不可或缺的工具。

16.1.1　拉曼散射效应

光通过不均匀介质时，部分光线会偏离原来传播方向。即当光线遇到不均匀的介质时，光线会向多个方向散开，这种现象被称为光的散射。可分为丁铎尔散射、分子散射、康普顿散射、拉曼散射等。

拉曼散射是指当光定向通过透明物质时，有一部分光会受到散射，其频率不同于入射光，这种光被介质分子散射后频率发生改变的现象，称为拉曼效应，也叫拉曼散射。

16.1.2　拉曼光谱法的特点

建立在 Raman 散射效应基础上的光谱分析方法称为拉曼光谱法（Raman spectrum）。与红外光谱一样，Raman 光谱源于分子的振动和转动能级跃迁，属于分子振动-转动光谱，可以直接获得分子结构信息。相比于红外光谱，Raman 光谱法的发展一直较为缓慢，直到 1960 年以后，激光器的出现为拉曼光谱提供了优质高强度的单色光，推动了拉曼光谱法的迅速发展，这主要归功于激光 Raman 光谱法（laser Raman spectrometry，LRS）的提出和近红外激光光源的使用。不仅解决了拉曼光谱稳定的单色性高强度光源问题，同时还克服了试样或杂质引起的大部分荧光干扰等。

Raman 光谱法具有分辨率高、重现性好、简单快速的特点，可以进行无损、原位测定以及时间分辨测定。同时，Raman 光谱法还具有以下特点：

（1）由于水的 Raman 散射极弱，Raman 光谱法适合水体系的研究，尤其对生物试样和无机物的研究远较红外光谱法方便。

（2）Raman 光谱测定一次可同时覆盖 50～4000 cm^{-1} 波数的区间，若用红外光谱则必须改变光栅、光束分离器、滤波器和检测器分别测定。

（3）Raman 光谱谱峰清晰尖锐，更适合定量研究。尤其是共振 Raman 光谱灵敏度高，检出限可到 10^{-6}～10^{-8} mol·L^{-1}。

（4）Raman 光谱所需试样量少，μg 级即可。

（5）共振 Raman 光谱中谱线的增强具有选择性，可用于研究发色基体的局部结构特征。

16.1.3　基本原理

1. 原理

位于可见或近红外光区的强激光照射试样时，有 0.1%的入射光子与试样分析发生弹性碰撞，光子以相同的频率向四面八方散射。这种散射光频率与入射激光具有相同的波长，仅方向发生改变的散射，称之为瑞利（Rayleigh）散射。

同时，还有一小部分散射光的波长与入射光不同，其波长的改变由被测样品的化学结构所决定，这部分散射光称为 Raman 散射，其基本原理可以用图 16.1 描述。

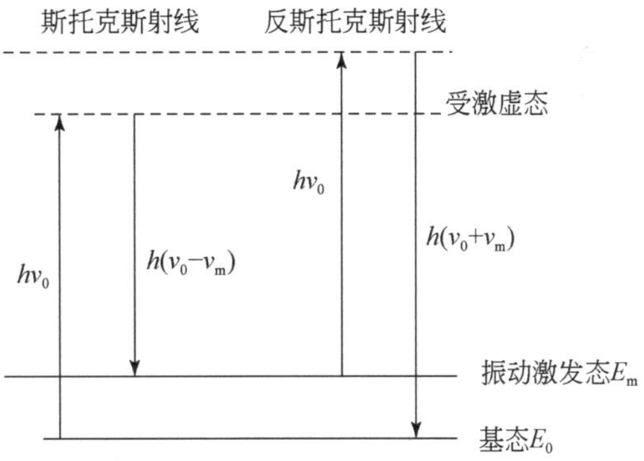

图 16.1　拉曼散射基本原理示意图

频率为 ν_0 的入射光激发基态的分子，使其跃迁到受激虚态。由于虚态为不稳定能态，分子将迅速发射一光子能量从虚态跃回原始电子态。当分子跃回到基态较高的振动能级，分子振动能量增加，发射光子具有较低的能量 h（ν_0-ν_m），其波长大于入射光的波长，称为斯托克斯（Stokes）拉曼散射；若分子跃回到较低的能级，分子振动能量减小，发射光子具有较大的能量 h（ν_0+ν_m），其波长小于入射光的波长，称为反斯托克斯拉曼散射。由于常温下处于基态的分子占绝大多数，斯托克斯散射比反斯托克斯散射要强得多，一般讨论的拉曼散射指的是斯托克斯散射。

拉曼散射频率计算公式如下：

$$\nu_s = \nu_0 - \frac{E_m - E_0}{h} \tag{16.1}$$

$$\nu_{as} = \nu_0 + \frac{E_m - E_0}{h} \tag{16.2}$$

式中，ν_s 和 ν_{as} 分别为斯托克斯散射频率和反斯托克斯散射频率；E_m 和 E_0 分别为振动激发态和基态的能量。拉曼散射频率与入射光频率之差 $\Delta\nu$ 被称为拉曼频移，单位为 cm^{-1}，即

$$\Delta\nu = \nu_0 - \nu_s = \nu_{as} - \nu_0 = \frac{E_m - E_0}{h} \tag{16.3}$$

拉曼频率位移 $\Delta\nu$ 与物质分子的振动-转动能级相关，不同物质分子有不同的振动-转动能级，因而表现为不同的拉曼频移。使用不同频率的入射光激发同一物质，会产生不同频率的拉曼散射，但是拉曼频移值是一定的。因此，拉曼频移 $\Delta\nu$ 成为表征物质分子振动-转动能级特性的物理量，即利用拉曼光谱进行物质分子结构分析的依据。

拉曼散射光的强度 I_R 可表达为

$$I_R = I_L \sigma \kappa P c \tag{16.4}$$

式中，I_R 为所测量的拉曼强度，以每秒光子数计；I_L 为激发光强度，以每秒光子数计；σ 为绝对拉曼散射截面，以每分子 cm^2 计；k 为测量常数，取决于光学仪器的实验参数；P 为试样光路长度，以 cm 计；c 为试样浓度，以每 cm^3 分子数计。

拉曼光谱强度与分子的极化率、入射光强度、物质浓度及光学测量仪器等许多因素有关。当测量条件一定时，拉曼散射光强度与物质浓度成正比。因此，拉曼光谱技术不仅可用于物质分子结构定性分析，还可用于定量分析。

2. 拉曼光谱图与拉曼光强度

1）Raman 光谱图

Raman 光谱图通常以 Raman 位移为横坐标，用波数来表示，单位为 cm^{-1}，以 Raman 强度为纵坐标。

2）Raman 光强度

Raman 光谱强度与多种因素有关，包括入射光的强度、分子结构、温度等。其中瑞利散射线的强度只是入射光强度的 10^{-3}，而拉曼光谱强度大约只有瑞利线的 10^{-3}。拉曼光谱的强度与分子的振动和转动能级有关，靠近瑞利线两侧的谱线称为小拉曼光谱，与分子的转动能级有关；远离瑞利线的两侧出现的谱线称为大拉曼光谱，与分子振动-转动能级有关。

3）Raman 退偏比

Raman 光谱的退偏比为垂直偏振方向的拉曼散射强度与平行偏振方向的拉曼散射强度之比，是指拉曼散射光的偏振状态与入射光偏振状态之间的差异程度。它反映了分子振动的对称性。如果分子振动是完全对称的，散射光的偏振方向与入射光偏振方向一致，退偏比较小；如果分子振动是不对称的，散射光的偏振方向与入射光偏振方向差异较大，退偏比较大。通过测量退偏比，可以判断分子振动的对称性，进而推断分子结构和性质。

16.1.4　拉曼光谱仪

拉曼光谱仪器主要由光源、试样装置、单色器、检测记录系统等组成。

1. 光源

拉曼散射光非常弱，其强度仅为入射光强度的 10^{-7}～10^{-8}，现代的拉曼光谱仪基本采用激光作为光源，其波长可选，覆盖可见光至近红外区域，满足不同的分析需求。与普通光源相比，激光是一种具有极好单色性、方向性、高强度的光源，是拉曼光谱理想的光源。它具有以下特点：①被激发的拉曼线较简单，易于解析；②灵敏度高，试样用量少；③激光是偏振光，比较容易测量退偏比。拉曼光谱分析中常用的激光光源见表 16.1。

表 16.1　拉曼光谱中常用激光光源

光源类型	Ar^+	Kr^+	He/Ne	二极管激光器	Nd/YAG
波长/nm	488.0 或 514.5	530.9 或 647.1	632.8	782 或 830	1064

2. 试样装置

拉曼光谱仪用玻璃做窗口、透镜和其他光学元件，因此拉曼光谱法试样的制备比红外光谱法简单。样品装置有直接接触式探头或光纤探头，方便实现样品的快捷检测。为了提供散射光的强度，试样的放置方式是十分重要的。

气体试样常放置在多重反射气槽或激光器的共振腔内，以提高气体试样的拉曼强度。

常量液体试样选用常规试样池，微量液体试样用毛细管试样池。对于低沸点、易挥发的液体试样，毛细管应封闭。

3. 单色器

由于 Raman 位移较小，杂散光较强，需要用单色器消除杂散光。色散型 Raman 光谱仪采用多单色器系统，如双单色器、三单色器。最好的是带有全息光栅的双单色器，能有效消除杂散光，使与激光波长非常接近的弱 Raman 线得到检测。傅里叶变换 Raman 光谱仪中，以迈克尔逊干涉仪替代色散元件。

4. 检测器

Raman 光谱仪的检测器一般采用光电倍增管。色散型仪器中用电荷耦合阵列（CCD）检测器。傅里叶变换型仪器中多用液氮冷却锗光电电阻检测器。

16.1.5　拉曼光谱仪的分类

随着拉曼光谱技术的发展，目前商用拉曼光谱仪的种类也越来越多，可大致分为色散型拉曼光谱仪和傅里叶变换近红外拉曼光谱仪。

1. 色散型拉曼光谱仪

色散型拉曼光谱仪主要通过光栅等分光器件进行分光，使用 CCD 或二极管阵列探测不同波长的拉曼信号，是目前主流的拉曼设备。

根据其精密度可分为共焦显微拉曼光谱仪、携式（小型）拉曼光谱仪和光纤探头式拉曼光谱仪等。显微拉曼光谱仪是目前实验室使用范围最广、功能最全面的拉曼光谱仪，具有高灵敏度、高光谱分辨率、高空间分辨率的优点。携式（小型）拉曼光谱仪以其重量轻、方便携带等优势受到广大用户的青睐，也是拉曼光谱仪未来的发展方向，但其光谱分辨率较差。光纤探头式拉曼光谱仪利用光纤的柔韧性，使光可以传输向任何方向从而避免了复杂的光学设计，扩大了测量范围，可以测量一些狭窄的空间的样品，其光谱分辨率和空间分辨率均较差。

此外，还可根据激发波长分为紫外、可见光和近红外拉曼光谱等。紫外拉曼光谱常见的激发波长为 244 nm、266 nm、325 nm 和 355 nm 等，可以显著提高 Raman 信号强度，消除荧光的影响，主要用于生物样品的分析；可见拉曼光谱常见的激发波长为 514 nm、532 nm 和 632.8 nm 等，适用于一般物质的分析研究；近红外常见的激发波长为 785 nm、830 nm 和 1064 nm 等，常用于需要高灵敏度和低背景干扰的研究。

2. 傅里叶变换拉曼光谱仪

傅里叶变换近红外拉曼荧光背景少，分辨率高，波数精度和重现性好，一次扫描可完成全波段范围测量，速度快，操作方便。光谱仪由近红外激光光源、试样室、迈克尔逊干涉仪、滤光片组、检测器组成。主要遥感测量及生命科学领域中应用。

16.1.6　拉曼光谱分析

1. 定性分析

根据拉曼光谱特征峰位置、强度，对样品的分子结构进行准确的定性分析，这是拉曼光谱仪应用最为广泛的功能之一。此外，还可实现同分异构体、同位素取代分子的检测分析。目前激光拉曼光谱已应用于无机、有机、高分子等化合物的定性分析，生物大分子的构象变化及相互作用研究，各种材料包括纳米材料、生物材料、金刚石以及包括半导体薄膜、生物膜材料的分析，矿物组成分析；宝石、文物、公安试样的无损鉴定等方面。

2. 定量分析

在均相物质中，根据不同物质间的拉曼光谱特征峰的相对强度，结合相应物质的拉曼散射截面，还可对物质的比例进行准确的定量分析。同时，还可根据拉曼光谱特征峰位置、峰宽、强度等光谱信息随温度的变化，可对物质所处的温度进行准确的定量分析。

3. 成像功能

对较大面积的样品上的点逐点进行拉曼光谱测试，并分析其成分，再根据其成分对样品进行重新成像。

16.1.7　拉曼光谱分析技术

拉曼散射效应因其固有的弱信号特性，导致传统拉曼光谱技术在检测灵敏度上存在局限性，特别是在低浓度、微量和痕量分析时难以获得有限检测。为了克服这一弱点，增强拉曼光谱技术应运而生，包括表面增强、共振增强和积分球光路系统等方式，显著提升了拉曼散射信号的强度，使得拉曼光谱技术的应用范围得以扩大，能够应用于更加广泛的领域。

1）表面增强拉曼光谱技术

表面增强光谱技术（surface enhanced Raman spectroscopy，SERS）是一种能够显著增强拉曼散射信号的技术，它通过在金属胶粒或粗糙金属表面作用下，使材料的拉曼横截面增大几个数量级。SERS 主要分为电磁效应和化学效应两种增强机制。电磁效应是由于金属表面与激发光的相互作用，导致分析物电场强度增大，特别是金属表面等离激元的激发。化学效应则是由于分析物与金属波函数重叠而发生。SERS 之所以能够“增强”拉曼信号，主要是因为它利用了金属表面的特殊性质。银和金是最常用的金属基衬。

2）共振增强拉曼光谱技术

共振增强拉曼光谱技术（resonance enhanced Raman spectroscopy，RRS）是一种特殊的拉曼光谱技术，它通过将激发光的波长调整到与分子内部的电子跃迁波长相匹配，从而实现拉曼散射信号的显著增强。RRS 能够提供比常规拉曼光谱更多的光谱特征信息，包括在常规拉曼散射中难以观察到的泛音和组合振动光谱，光谱信息丰富；由于其高灵敏度，特别适合于低浓度和微量试样的测量，尤其是在生物大分子试样的分析中表现出色；通过共振拉曼偏振测量技术，还可以获得有关分子对称性的信息。共振增强拉曼光谱技术通过精确匹配激发光波长与电子跃迁波长，显著增强了拉曼散射信号，为低浓度和微量试样的分析提供了强大的工具，尤其在生物分子的研究中具有重要应用价值。

3）拉曼积分球技术

由于拉曼光谱是采用狭缝作为入光孔进行散射信号的采集，只能采集一个较小范围的空间点，而气体的拉曼散射截面小，且空气中气体含量稀少，从而造成拉曼用作气体检测时检出限较差而无法大规模运用。针对气体分子拉曼光谱信号散射向四周立体空间的特点，设计了拉曼积分球技术，主要由光散射共焦激发收集系统和四直角反射镜增光程系统组成。

积分球，也被称为光度球或光通球，是一种具有特殊构造的光学器件。积分球的工作原理基于光线的漫反射和均匀分布。当光线通过进光孔进入积分球内部时，光线会在球壁上进行多次反射和散射。这种多次反射和散射的过程，使得光线在球体内逐渐趋于均匀分布，形成一个均匀的光场。在这个均匀光场中，积分球内部任意一点的光照度都相等，从而保证了测量结果的准确性和稳定性。在拉曼光谱测量中，积分球可能被用于收集散射光，提高测量的信噪比和准确性。

将激发光路和收集光路结合，实现激发光功率的高效利用和拉曼散射信号的高效收集，组成拉曼积分球光谱仪。其原理见图 16.2 所示。

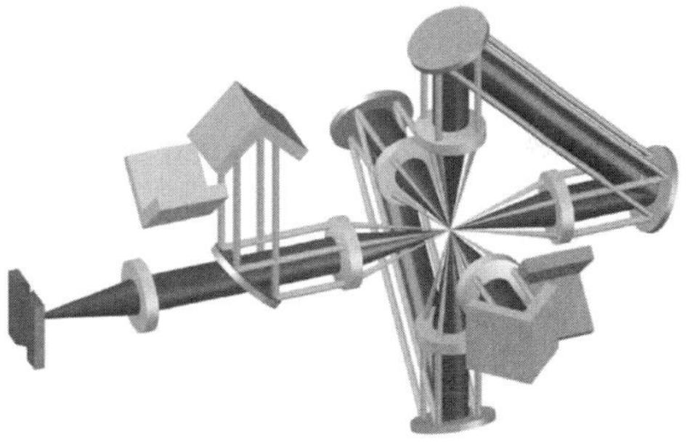

图 16.2　拉曼积分球光谱仪原理示意图

另见书末彩图

拉曼积分球光谱仪中，假设收集光具组的数量为 N，激光光斑直径为 d，收集光具组通光直径为 D，由 4 个直角反射镜将激光多次来回反射组成立体激发光路，理想情况下可以提高激光穿过样品点的次数为 $D^2/2d^2$，气体的拉曼光谱强度可提高 $ND^2/2d^2$ 倍，进而提高拉曼光谱的检出限和精度，为拉曼光谱的定性、准确定量分析奠定基础。

与表面增强拉曼光谱技术相比，拉曼积分球光谱仪利用了光学基本原理，通过聚焦镜和直角反射镜系统的设计，同时提高拉曼激发光能量利用率和拉曼散射信号收集效率，进而提高拉曼光谱强度，具有体积小、结构简单、易于调节的特点，可实现气体或液体多成分、低浓度、原位、快速、无损的定性、定量分析。

16.2　水溶液中单硼酸盐物种的拉曼光谱定量分析[6]

16.2.1　概述

不同溶液体系中硼的赋存形态及其化学分布规律一直以来是研究者关注的重点，它对深入开展硼酸盐溶液结构化学、过饱和非平衡态以及硼酸盐矿物沉积机制等研究具有重要的指导意义。

Raman 光谱因具有水峰干扰小等优势，一直是研究硼酸盐溶液结构的最有效手段之一，但文献报道均为定性或半定量化层面，建立硼酸盐溶液化学形态量化研究，对揭示溶液中不同硼络阴离子间的转化规律十分重要。硼酸盐溶液中，当 pH≤5 时，呈 $B(OH)_3$ 形式，而 pH≥12.5 时呈 $B(OH)_4^-$ 形式；当 pH 处于两者之间，溶液中总硼浓度较低时，为 $B(OH)_3$ 和 $B(OH)_4^-$ 的混合形式；总硼浓度较高时，则呈现不同的多聚络合物，主要有 $B_3O_3(OH)_4^-$、$B_3O_3(OH)_5^{2-}$、$B_4O_5(OH)_4^{2-}$ 和 $B_5O_6(OH)_4^-$ 等离子。其中 $B(OH)_3$ 和 $B(OH)_4^-$ 是含硼溶液的基础形式，本节基于硼化学形态与 pH 的变化关系，建立了盐水溶液中单硼酸盐物种 $B(OH)_3$ 分子和 $B(OH)_4^-$ 离子的 Raman 定量分析方法。

16.2.2　仪器、试剂

1. 仪器

美国赛默飞的 DXR 型激光显微拉曼光谱仪。

激光器工作波长 532 nm，功率 10 mW，狭缝 50 μm，曝光时间 40 s，曝光次数 20 次。

2. 试剂

（1）硼酸（H_3BO_3，G. R），国药集团。

（2）偏硼酸钠（$NaBO_2·4H_2O$，A. R），国药集团。

（3）超纯水。

16.2.3　分析检测

1. 溶液配制

1）硼酸溶液

准确称取不同质量的、经过重结晶、恒重处理的硼酸（H_3BO_3，G.R），超纯水为溶剂，配制不同浓度的 $B(OH)_3$ 溶液，配制过程加适量 HCl 溶液调节溶液酸度至 pH≤5。所配一系列 $B(OH)_3$ 溶液 c(B)浓度分别为 0.016 mol·L^{-1}、0.04 mol·L^{-1}、0.08 mol·L^{-1}、0.16 mol·L^{-1}、0.24 mol·L^{-1}、0.32 mol·L^{-1}、0.48 mol·L^{-1}、0.64 mol·L^{-1}、0.75 mol·L^{-1}。

2）偏硼酸钠溶液

准确称取不同质量的偏硼酸钠（$NaBO_2·4H_2O$，A.R），超纯水为溶剂，配制不同浓度的

$B(OH)_4^-$溶液，配制过程加适量 NaOH 溶液调节溶液酸度至 pH≥12.5。所配系列 $B(OH)_4^-$溶液 c(B)浓度采用甘露醇化学滴定法测定，分别为 0.0351 mol·L^{-1}、0.0702 mol·L^{-1}、0.1054 mol·L^{-1}、0.1408 mol·L^{-1}、0.2932 mol·L^{-1}、0.3898 mol·L^{-1}。

2. 样品检测

在给定的仪器工作条件下，每个样品间断式重复采集 3 次，取 3 次平均值；根据硼酸盐官能团拉曼位移范围，设定光谱采集波数范围为 200～1000 cm^{-1}，光谱仪的采集分辨率为 3 cm^{-1}。采集光谱前用单晶硅片进行光谱校正，以确保实验数据真实有效。

16.2.4　结果讨论

1. Raman 光谱数据的处理

原始光谱数据依次经过特征峰寻峰，小波阈值去噪、自适应迭代加权惩罚最小二乘基线校正和特征提取等预处理。$B(OH)_3$、$B(OH)_4^-$和水特征峰的提取范围分别为 830～921cm^{-1}、660～803 cm^{-1}和 1535～1755 cm^{-1}。$B(OH)_3$ 和 $B(OH)_4^-$标准系列的预处理后谱图见图 16.3。

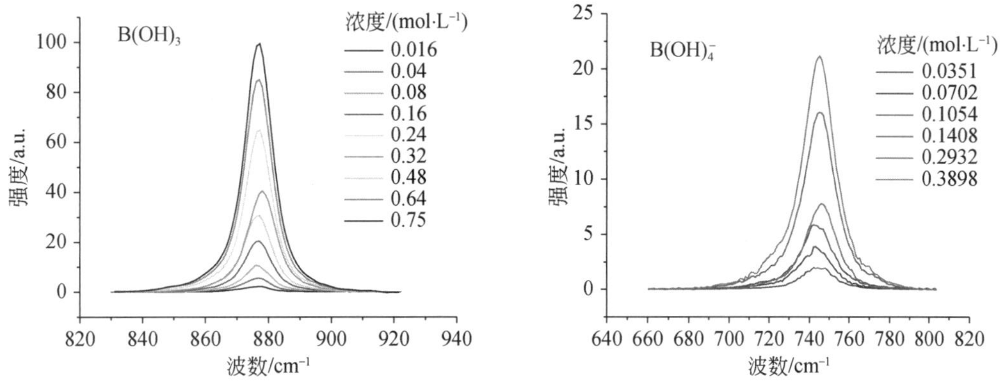

图 16.3　$B(OH)_3$ 和 $B(OH)_4^-$标准系列预处理后拉曼光谱

另见书末彩图

2. $B(OH)_3$ 和 $B(OH)_4^-$定量分析方法

1）内标法

水溶液中，选取溶剂水作为参考系，通过系列标准下拉曼活性组分相对强度比的变化建立回归曲线，定量分析被测物质的浓度。综合考虑硼酸盐特征峰振动波数范围及信号灵敏度因素，选取水分子 1640 cm^{-1} 处的弯曲振动峰作为内标，分别提取 878 cm^{-1} 处 $B(OH)_3$ 和 740 cm^{-1} 处 $B(OH)_4^-$的特征峰面积，与水峰面积相比。拟合曲线和预测结果见图 16.4 和表 16.2。

拟合曲线相关系数均大于 0.999，线性相关性较好；当 $B(OH)_3$ 浓度为 0.04～0.75 mol·L^{-1}范围时，实验值与预测值的相对误差均在 5%以内；较低浓度时其相对误差较大。在 $B(OH)_4^-$溶液中，其预测值相对误差均小于 5.13%，预测效果良好。同时，对 20.0 g·L^{-1} $B(OH)_3$ 和

12.75 g·L^{-1} $B(OH)_4^-$标准溶液进行预测，相对误差分别为 6.39%和 2.52%。

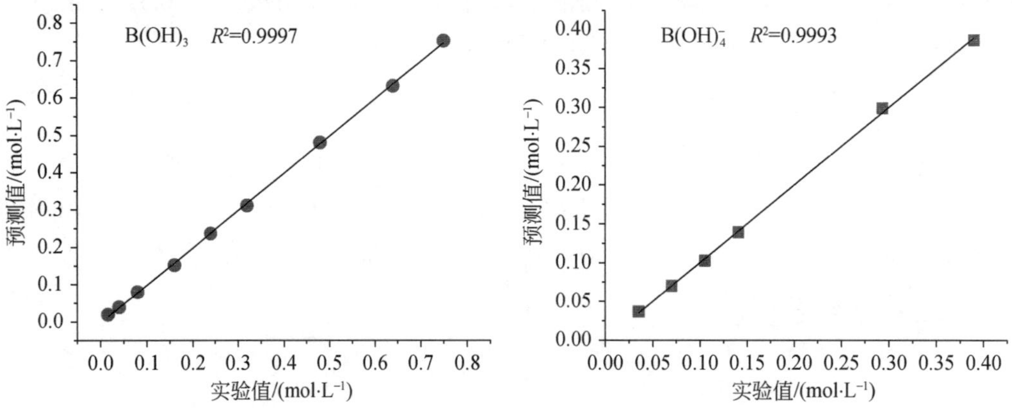

图 16.4　内标法预测 $B(OH)_3$ 和 $B(OH)_4^-$溶液的实验值与预测值关联拟合

另见书末彩图

表 16.2　内标法建立 $B(OH)_3$ 和 $B(OH)_4^-$溶液拉曼光谱的定量分析

样品	实验值	预测值	相对误差 [a]/%	相关系数 R^2
$B(OH)_3$ 系列/(mol·L^{-1})	0.016	0.0192	20.00	0.9997
	0.04	0.0390	−2.50	
	0.08	0.0797	−0.38	
	0.16	0.1519	−5.06	
	0.24	0.2363	−1.54	
	0.32	0.3112	−2.75	
	0.48	0.4803	0.06	
	0.64	0.6318	−1.28	
	0.75	0.7523	0.31	
$B(OH)_4^-$系列/(mol·L^{-1})	0.0351	0.0369	5.13	0.9993
	0.0702	0.0702	0.00	
	0.1054	0.1026	2.66	
	0.1408	0.1393	1.07	
	0.2932	0.2988	1.91	
	0.3898	0.3866	−0.82	
$B(OH)_3$ 标准溶液/(g·L^{-1})	20.0	21.2779	6.39	—
$B(OH)_4^-$标准溶液/(g·L^{-1})	12.7505	13.0714	2.52	—

a. 相对误差=(预测值−实验值)/实验值×100%

2）多元线性回归法

多元线性回归（multi-linear regression，MLR）是常规的定量分析方法，主要用于揭示单因变量与多自变量之间的统计关系。多元回归模型中，选择合适的自变量是进行准确预测的前提之一。根据拉曼光谱信息，选取溶液中 $B(OH)_3$ 和 $B(OH)_4^-$浓度作为因变量，对应的拉曼光谱信息如特征峰面积、强度以及水峰面积、强度等四个变量作为自变量进行回归分析，结果见图 16.5 和表 16.3。

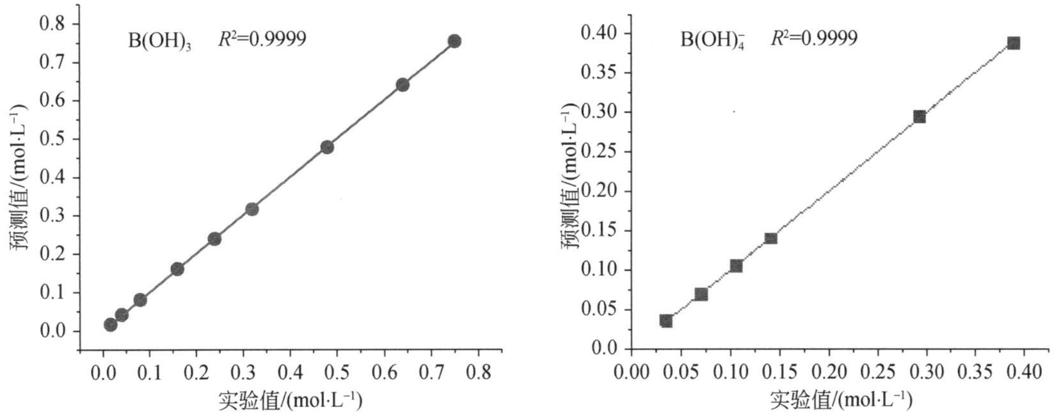

图 16.5　多元线性回归法预测 $B(OH)_3$ 和 $B(OH)_4^-$溶液的实验值与预测值关联拟合

另见书末彩图

表 16.3　多元线性回归法建立 $B(OH)_3$ 和 $B(OH)_4^-$溶液拉曼光谱定量分析

样品	实验值	预测值	相对误差 [a]/%	相关系数 R^2
$B(OH)_3$ 系列/(mol·L^{-1})	0.016	0.0167	4.19	0.9999
	0.04	0.0421	4.99	
	0.08	0.0808	0.99	
	0.16	0.1609	0.56	
	0.24	0.2388	−0.50	
	0.32	0.3161	−1.23	
	0.48	0.4776	−0.50	
	0.64	0.6393	−0.11	
	0.75	0.7538	0.50	
$B(OH)_4^-$系列/(mol·L^{-1})	0.0351	0.0349	−0.57	0.9999
	0.0702	0.0705	0.43	
	0.1054	0.1055	0.09	
	0.1408	0.1406	−0.14	
	0.2932	0.2932	0.00	
	0.3898	0.3898	0.00	
$B(OH)_3$ 标准溶液/(g·L^{-1})	20.0	19.8039	−0.98	—
$B(OH)_4^-$标准溶液/(g·L^{-1})	12.7505	12.7793	0.23	—

a. 相对误差=(预测值−实验值)/实验值×100%

$B(OH)_3$ 和 $B(OH)_4^-$系列相关系数均为 0.9999，预测相对误差显著降低，绝对值均小于 5%，尤其是 $B(OH)_4^-$系列的相对误差绝对值均小于 0.60%。另外，对 20.0 g·L^{-1} $B(OH)_3$ 和 12.75 g·L^{-1} $B(OH)_4^-$标准溶液的预测相对误差绝对值减少至 1.0%以内，预测效果明显改善。

3）偏最小二乘回归法

偏最小二乘回归（partial least squares regression，PLSR）是一种新型的多元统计分析方法，主要应用于建立多因变量与多自变量的统计关系，将自变量和因变量同时进行分解和降维，得到包含原始数据信息的新变量，从中提取个数少、包含绝大多数样品信息的主成分即 PLSR 因子，建立因变量与 PLSR 因子间的多元线性关系。选 830～921 cm^{-1} 和 660～803 cm^{-1} 拉曼波谱段数据为分析对象，预测结果如图 16.6 和表 16.4 所示。

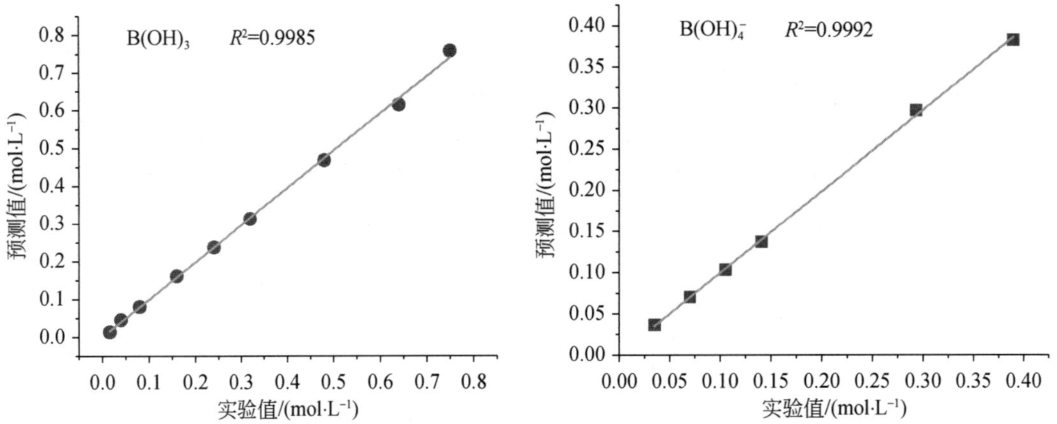

图 16.6　偏最小二乘回归法预测 $B(OH)_3$ 和 $B(OH)_4^-$溶液的实验值与预测值关联拟合

另见书末彩图

表 16.4　偏最小二乘法建立 $B(OH)_3$ 和 $B(OH)_4^-$溶液拉曼光谱定量分析

样品	实验值	预测值	相对误差 [a]/%	相关系数 R^2
$B(OH)_3$ 系列/($mol·L^{-1}$)	0.016	0.0136	15.0	0.9985
	0.04	0.0459	14.75	
	0.08	0.0708	1.0	
	0.16	0.1614	0.87	
	0.24	0.2374	−1.08	
	0.32	0.3129	−2.22	
	0.48	0.4681	−2.48	
	0.64	0.6148	−3.94	
	0.75	0.7584	1.12	
$B(OH)_4^-$系列/($mol·L^{-1}$)	0.0351	0.0365	3.99	0.9992
	0.0702	0.0703	0.14	
	0.1054	0.1035	−1.80	
	0.1408	0.1371	−2.63	
	0.2932	0.2968	1.23	
	0.3898	0.3824	−1.90	
$B(OH)_3$ 标准溶液/($g·L^{-1}$)	20.0	19.8418	−0.79	
$B(OH)_4^-$标准溶液/($g·L^{-1}$)	12.7505	12.7246	−0.20	

a. 相对误差=(预测值−实验值)/实验值×100%

线性拟合系数大于 0.99，同样地，$B(OH)_3$ 溶液低浓度相对误差较大，而 $B(OH)_4^-$溶液中相对误差均小于 4%。这主要是 $B(OH)_3$ 溶液浓度范围较宽，低浓度时已接近拉曼光谱的检测限。同时，对 20.0 $g·L^{-1}$ $B(OH)_3$ 和 12.75 $g·L^{-1}$ $B(OH)_4^-$标准溶液进行验证，预测相对误差绝对值均小于 1.0%，预测效果较好。

4）分析方法比较

三种定量分析方法对比结果见表 16.5。由表 16.5 可知，多元线性回归和偏最小二乘法进行定量分析时，其预测结果较好，但前者对标准系列的预测更为稳定，尤其对低浓度 $B(OH)_3$ 溶液的预测效果更佳。综合考虑，选择多元线性回归法进行水溶液中单硼酸盐物种的拉曼定量分析。

表 16.5 三种拉曼光谱定量分析方法比较

回归方法	$B(OH)_3$ 标准系列		$B(OH)_3$ 外标预测	$B(OH)_4^-$标准系列		$B(OH)_4^-$外标预测
	关联拟合系数	平均相对误差/%	相对误差/%	关联拟合系数	平均相对误差/%	相对误差/%
内标法	0.9997	3.76	6.39	0.9993	1.93	2.52
多元线性回归法	0.9999	1.51	−0.98	0.9999	0.21	0.23
偏最小二乘回归法	0.9985	4.72	−0.79	0.9992	1.95	0.22

16.3 盐湖卤水中不同形态硼酸盐物种的拉曼光谱分析[7-10]

16.3.1 概述

我国青藏盐湖以富含硼锂而著称，卤水中硼化学赋存状态随湖水化学类型的不同而发生变化，其中以硫酸盐型盐湖卤水中硼酸盐的存在形式变化最为复杂，卤水蒸发过程一般不以固体盐形式结晶析出，而是以多硼物种形式富集于氯化镁饱和老卤中，表现出严重的过饱和性，对后续锂盐和镁盐的分离提取影响较大。相比常规拉曼光谱技术，拉曼积分球基于拉曼散射原理可极大地提高激发光的使用效率和拉曼散射信号，对硼酸盐溶液结构检测具有拉曼响应信号强、检出限低、信噪比高等优点，为盐卤复杂体系硼酸盐化学形态的定量分析奠定了基础。

16.3.2 仪器、样品

1. 仪器

赛默飞 DXR 激光显微拉曼光谱仪，美国；

拉曼积分球光谱仪，深圳海纳光有限公司，研制；

UPH-I-60L 优普超纯水机；

梅特勒 S220-K pH 多参数测定仪；

赛多利斯 BSA224S-CW 电子天平。

2. 样品

待测试样为表 16.6 所列组成的卤水。

表 16.6　待测试样卤水组成

名称	密度/(g/mL)	LiCl	NaCl	KCl	$MgSO_4$	$MgCl_2$	$CaSO_4$	MgB_4O_7
DL_0	1.2147	0.094	289.51	4.24	21.43	16.23	2.16	1.47
DL_1	1.2584	0.12	198.40	19.91	79.48	68.49	1.17	6.41
DL_2	1.2928	0.28	84.55	44.41	98.53	165.89	0.34	14.76
DL_3	1.3201	0.63	42.79	31.40	55.71	282.55	0.34	33.64
DL_4	1.3916	1.11	1.07	3.29	57.26	431.02	0.38	62.52
DL_5	1.3954	1.64	2.66	0.62	43.88	414.91	0.33	85.44

16.3.3　分析检测

1. 仪器工作条件

1）DXR 激光显微拉曼光谱仪

卤水 Raman 定性分析检测，激光波长 532 nm，光谱范围 300～950 cm^{-1}，输出功率 10 mW，狭缝宽度 50 μm，曝光时间 20 s，曝光次数 20 次，分辨率 3 cm^{-1}。

2）拉曼积分球光谱仪

卤水 Raman 定量分析检测，激发波长 532 nm，光谱范围 200～2200 cm^{-1}，输出功率 500 mW，狭缝宽度 100 μm，曝光时间 1 s，曝光次数 180 次，分辨率 3 cm^{-1}，光栅 1800 线。

2. 样品检测

1）样品测试条件

采用毛细玻璃管用于卤水 Raman 定性检测，定量分析则采用一次性塑料移液器移取一定体积待测液滴入聚四氟乙烯样品池，放置拉曼积分球光路上进行拉曼测试，每个样品平行测定 2 次，以得到准确结果。

2）硼酸溶液配制

称取重结晶硼酸固体配制一定浓度硼酸溶液，并逐级稀释配制系列低浓度硼酸水溶液，加入分析纯盐酸调节 pH＜5，定容。溶液中硼酸浓度采用甘露醇化学滴定法测定，分析浓度分别为 0.00 $g·L^{-1}$、1.02 $g·L^{-1}$、2.04 $g·L^{-1}$、3.05 $g·L^{-1}$、4.07 $g·L^{-1}$、5.09 $g·L^{-1}$、6.11 $g·L^{-1}$，分析相对误差＜0.5%。

16.3.4　结果讨论

1. 检出限

检出限是指在一定检测条件下仪器对检测物具有响应信号的最低检出浓度，对应的响应值至少为噪声的 3 倍以上。分别采用赛默飞拉曼光谱仪（DXR）和拉曼积分球光谱仪检测不同浓度硼酸水溶液，结果见图 16.7 所示。常规拉曼中 0.5 $g·L^{-1}$ 以下的硼酸溶液在 875～878 cm^{-1} 无明显响应信号，完全被噪声湮没，信噪比 3∶1 对应的检出限为 0.46 $g·L^{-1}$，利用拉曼积分球测定的硼酸溶液在浓度大于 0.01 $g·L^{-1}$ 时均可观察到硼酸分子的拉曼特征峰，检出限为 6.29 $mg·L^{-1}$，比常规拉曼光谱仪提高 70 倍。

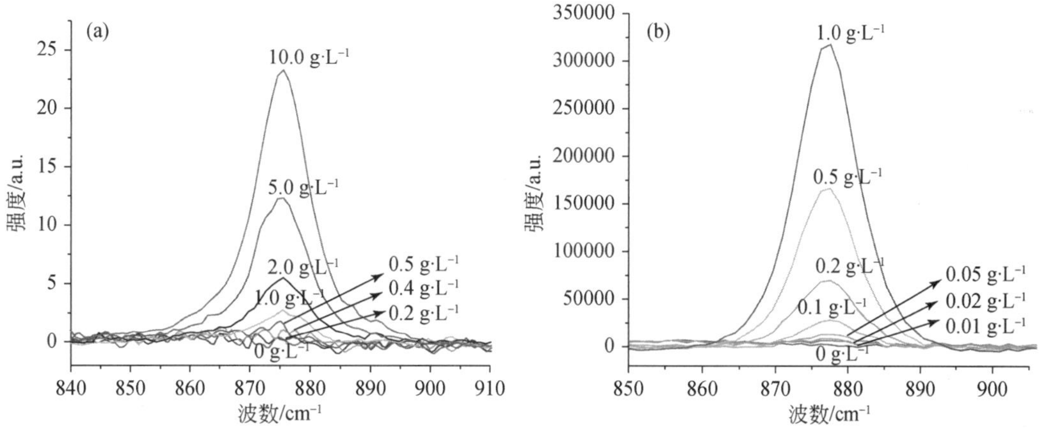

图 16.7　硼酸溶液拉曼检出限

（a）常规拉曼；（b）拉曼积分球

另见书末彩图

2. 硼酸溶液 Raman 标准曲线

以不含硼酸的水溶液作为空白扣除基底，采用偏最小二乘法进行基线校正、特征峰寻峰等预处理。以 H_2O 在 1640 cm^{-1} 处的 O—H 弯曲振动峰做参比，采用内标法进行拉曼定量分析，并绘制标准曲线，结果见图 16.8。

3. 共存盐类的影响

以盐湖卤水为参考对象，重点研究 NaCl、KCl、$MgCl_2$ 和 $MgSO_4$ 等共存盐溶液中硼酸的拉曼定量分析。采用响应曲面法 DOE 方法进行实验设计，探究不同浓度共存盐类对溶液中硼酸拉曼光谱定量分析的影响，拉曼谱图见图 16.9。

结果表明，溶液中共存盐类对硼酸的拉曼定量测定存在负干扰，分析原因如下：

（1）溶液中共存盐会导致 1640 cm^{-1} 处 H_2O 的 O—H 弯曲振动峰形和峰强发生变化，液态水氢键作用受到一定程度破坏，浓度越大，影响越明显。

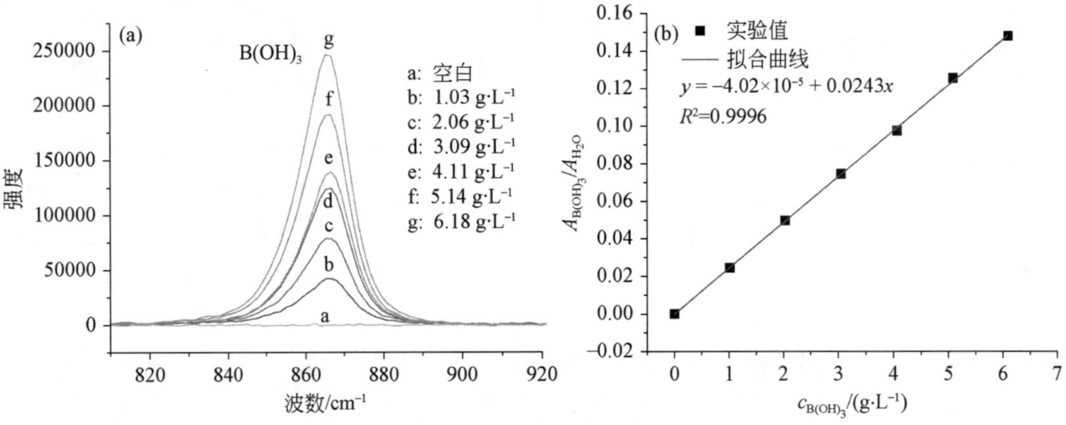

图 16.8　系列硼酸溶液拉曼光谱（a）和内标回归曲线（b）

另见书末彩图

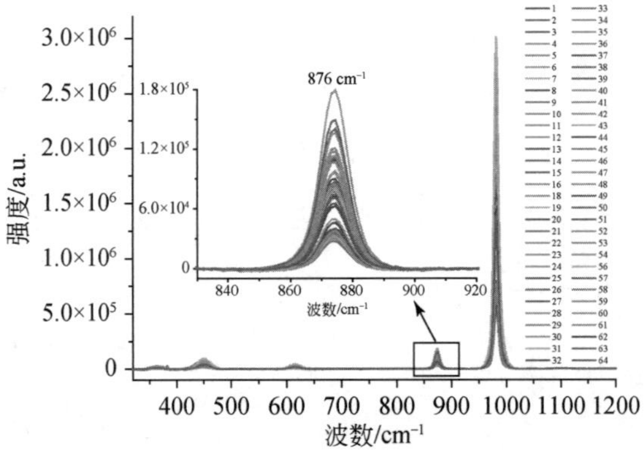

图 16.9　响应曲面法实验设计 Raman 光谱

另见书末彩图

（2）实验中氯化钠浓度接近饱和，溶液黏稠度大，自由水分子减少，硼酸与水分子之间的氢键作用发生变化，拉曼光谱特征峰表现为：878 cm^{-1} 处 $B(OH)_3$ 的特征峰面积和峰强降低，而位于 1640 cm^{-1} 处 H_2O 的弯曲振动峰面积和峰强增大，即硼酸与水峰面积比值（$A_{B(OH)_3}/A_{H_2O}$）降低，测定结果偏低，且随氯化钠浓度增大，偏离程度越大。

（3）SO_4^{2-}离子与硼酸分子之间存在一定的氢键作用，同时 SO_4^{2-}离子 981 cm^{-1} 处的 S—O 对称伸缩振动峰，与 878 cm^{-1} 处的 $B(OH)_3$ 特征峰接近，其峰强远大于 $B(OH)_3$ 分子峰强，背景扣除和基线预处理过程易对 $B(OH)_3$ 定量分析产生一定的影响。溶液中 $MgSO_4$ 的影响比 $MgCl_2$ 更明显。

4. 盐湖卤水中不同形态硼酸盐 Raman 光谱峰归属

不同蒸发浓缩阶段的液相卤水试样 Raman 光谱分析谱图见图 16.10（a），400～950 cm^{-1} 范围多硼酸根离子的振动谱峰的 Lorentz 拟合并归属见图 16.10（b,c），拉曼峰的归属见表 16.7。

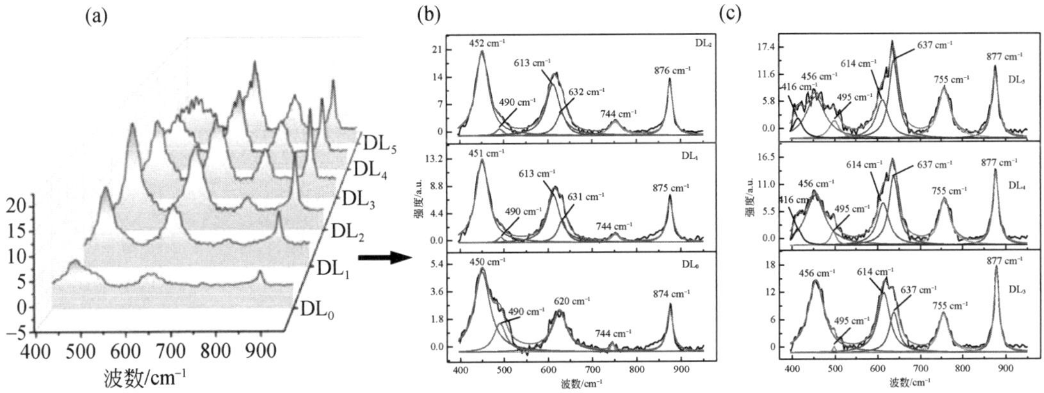

图 16.10　待测卤水 Raman 光谱图（a）及其 Lorentz 多峰曲线拟合（b,c）

另见书末彩图

表 16.7　富硼卤水中多硼酸根离子 Raman 振动光谱归属

DL_0	DL_1	DL_2	DL_3	DL_4	DL_5	谱峰归属	
874 s	875 s	876 s	877 s	877 s	876 s	$\nu_s(B_{(3)}—O)$	$B(OH)_3$
—	752 w	753 w	755 m	757 m	757 m	$\nu_s(B_{(4)}—O)$	—
744 vw	—	—	—	—	—		$[B(OH)_4]^-$
618 m	613 m	613 s	614 s	614 m	614 m	$\gamma(S—O)/\nu_p[B_3O_3(OH)_4]^-$	$SO_4^{2-}/[B_3O_3(OH)_4]^-$
—	631 w	632 w	637 m	638 s	638 s	$\nu_p[B_6O_7(OH)_6]^{2-}$	$[B_6O_7(OH)_6]^{2-}$
490 m	491 w	492 w	495 w	492 m	498 m	$\delta(B_{(4)}—O)$	$B(OH)_3/[B_3O_3(OH)_4]^-$
—	—	—	—	416 w	416 w		
450 s	451 s	452 vs	456 s	454m	455 m	$\gamma(S—O)$	SO_4^{2-}

注：s-strong，强；m-middle，中等；w-weak，弱；v-very，非常。$B_{(3)}$ 和 $B_{(4)}$ 分别表示三配位硼和四配位硼

多硼酸根离子的 Raman 振动峰波数范围为 400～1000 cm^{-1}，由于卤水中共存 SO_4^{2-}离子 981 cm^{-1} 处的伸缩振动峰强远远高于多硼酸根离子的峰强，为避免共存 SO_4^{2-}离子 981 cm^{-1} 处的伸缩振动峰的影响，选择 400～950 cm^{-1} 波数范围进行拟合归属。

（1）由图 16.10 和表 16.7 可知，在 400～950 cm^{-1} 之间，卤水中共存 SO_4^{2-}离子在 613 cm^{-1} 和 450 cm^{-1} 附近存在 S—O 弯曲振动峰，与 $B_3O_3(OH)_4^-$离子在 613 cm^{-1} 附近的特征离子峰相重叠。

（2）原始卤水中，876 cm^{-1} 和 744 cm^{-1} 处谱峰表明，硼的主要存在形态为 $B(OH)_3$ 和 $B(OH)_4^-$，根据卤水总硼浓度 0.03275 mol·L^{-1}（＞0.025 mol·L^{-1}）和酸碱度（pH=7.46）可判断，还应存在少量 $B_3O_3(OH)_4^-$等离子。

（3）随着卤水不断浓缩富集，在 630 cm^{-1} 附近出现 $B_6O_7(OH)_7^{2-}$离子特征弱峰，与 613 cm^{-1} 处的 $B_3O_3(OH)_4^-$和 SO_4^{2-}离子峰部分重叠，且该拉曼峰强度随卤水富集倍数增大而增强；744 cm^{-1} 的 $B(OH)_4^-$特征峰不断转变为 755 cm^{-1} 处的多硼酸根离子峰，876 cm^{-1} 的 $B(OH)_3$ 特征峰强度先增大后降低，表明浓缩过程卤水中硼不断缩聚生成高聚合度硼酸根离子。

（4）氯化镁饱和老卤中，由于硼的浓缩富集以及泻利盐的结晶析出，卤水中 630 cm^{-1}

附近的 $B_6O_7(OH)_7^{2-}$离子峰强明显大于 613 cm^{-1} 处的 $B_3O_3(OH)_4^-$和 SO_4^{2-}离子的重叠峰，成为溶液中的最强峰，此时盐卤中硼的主要存在形式转变为 $B(OH)_3$、$B_3O_3(OH)_4^-$和 $B_6O_7(OH)_7^{2-}$离子等。

（5）硫酸镁亚型含硼盐湖卤水动态浓缩过程中硼可通过聚合作生成高聚合度硼酸根离子赋存于氯化镁饱和老卤中。卤水中硼的化学形态变化规律与 $MgCl_2$-MgO-$2B_2O_3$-H_2O 体系中硼物种变化一致，但与钠、钾、锂的碱金属溶液体系物种变化关系差别较大。利用硼酸根离子化学平衡常数计算碱土金属浓盐溶液体系硼化学物种分布存在较大的偏差，Raman 光谱等定量分析技术是解决问题的有效方法之一。

5. 盐湖卤水中 $B(OH)_3$ 分子的 Raman 定量分析

1）回归模型的建立

基于响应曲面分析结果，建立模拟盐湖卤水体系中 $B(OH)_3$ 分子的 Raman 定量分析校正模型，以消除共存盐类的影响。以各因子 NaCl(B)、$MgCl_2$(C)和 $MgSO_4$(D)和 KCl(E)浓度为响应变量，$B(OH)_3$ 浓度测定值为因变量得到回归模型如下：

$$B(OH)_3(\text{Raman 测定值})=0.029+0.893\cdot A+3.89\times10^{-4}\cdot B+3.02\times10^{-3}\cdot C-1.10\times10^{-2}\cdot D+1.76\times10^{-2}\cdot E+1.39\times10^{-2}\cdot A^2+5.0\times10^{-6}\cdot B^2+2.14\times10^{-4}\cdot C^2+3.45\times10^{-4}\cdot D^2-1.53\times10^{-3}\cdot A\cdot B-3.06\times10^{-3}\cdot A\cdot C+5.56\times10^{-3}\cdot A\cdot D-5.20\times10^{-5}\cdot B\cdot D-1.37\times10^{-3}\cdot C\cdot E \quad (1)$$

拟合相关系数为 0.9952，经干扰模型校正后，模拟盐湖卤水中硼酸 Raman 定量检测的相对误差绝对值小于 2%，测定结果准确度较高。

2）盐湖卤水中总硼浓度［以 $B(OH)_3$ 计］的定量检测分析

用一次性塑料滴管分别向 10 mL 原始卤水和 2.5 倍浓缩卤水中滴加 1 滴浓盐酸（体积忽略不计），调节 pH 为 2.25 和 2.38，酸化后卤水中可视为只有 $B(OH)_3$ 分子一种化学形态，对其进行 Raman 定量检测分析总硼浓度，并与化学滴定、平衡常数牛顿迭代计算法进行对比分析。盐湖卤水拉曼检测见图 16.11，总硼浓度分析结果见表 16.8。

图 16.11 中 981 cm^{-1} 处为 SO_4^{2-}离子的 S—O 对称伸缩振动峰，877 cm^{-1} 波数为 $B(OH)_3$ 分子的特征峰。由图可知，盐酸酸化后卤水中的 $B(OH)_3$ 分子特征峰强明显增大，峰强数值是未加酸卤水的 2 倍以上，表明未加酸卤水中还存在其他形式的硼酸根离子。

由表 16.8 可知，加酸调节卤水 pH 至强酸性以后（pH＜3），此时可认为卤水中的硼物种只有 $B(OH)_3$ 分子一种形态，牛顿迭代法计算的 $B(OH)_3$ 分子浓度等于总硼浓度，即化学滴定分析的总硼浓度值；经 Raman 干扰模型校正后，加酸后的原始卤水和 2.5 倍浓缩卤水中总硼浓度含量与滴定分析值的相对误差绝对值小于 4%，测定结果较准确，表明 Raman 定量检测技术可用于卤水总硼浓度的准确测定。

表 16.8　大柴旦盐湖卤水总硼浓度分析方法比较（$g\cdot L^{-1}$）

名称	pH	化学分析法	牛顿迭代法	Raman 光谱法[a]	相对误差/%[b]
盐湖卤水 b	2.25	2.02	2.02	1.95	−3.47
盐湖卤水 d	2.38	4.78	4.78	4.81	0.63

a. 浓度以 $B(OH)_3$ 计；b. 相对误差=［$B(OH)_3$ Raman 校正值/化学分析总硼浓度］×100%

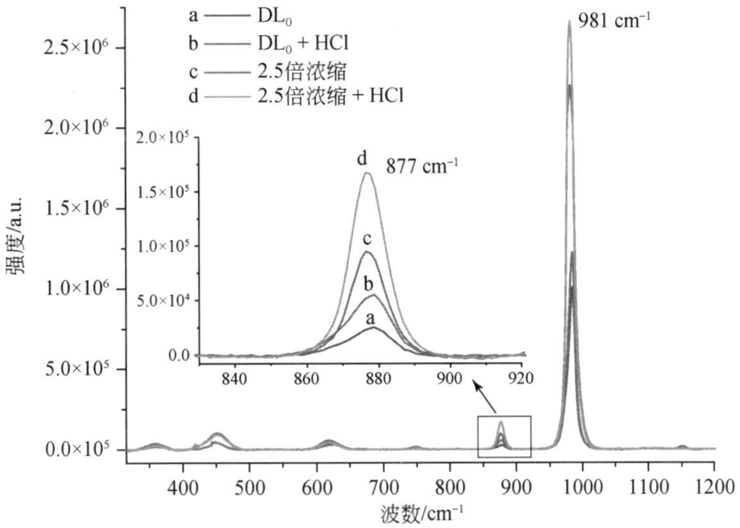

图 16.11　不同浓缩卤水及调节 pH 后的 Raman 光谱

另见书末彩图

6. 盐湖卤水浓缩过程中单硼物种 $B(OH)_3$ 分子形态变化规律

基于上述建立的 Raman 定量分析技术，对原始卤水和 2.5 倍浓缩卤水中的单硼物种 $B(OH)_3$ 分子进行分析检测，并探究其变化规律，所得结果见表 16.9。

表 16.9　大柴旦盐湖卤水中 $B(OH)_3$ 分子定量分析（$g·L^{-1}$）

名称	pH	卤水主要组成含量（化学分析）					Raman 光谱法 [a]		牛顿迭代法 [b]	
		MgB_4O_7	NaCl	$MgCl_2$	$MgSO_4$	KCl	校正值	占比/% [b]	计算值	占比/% [b]
原始卤水	7.50	1.47	289.51	16.23	21.43	4.24	1.20	59.25	1.72	84.89
2.5 倍浓缩卤水	7.14	3.47	250.42	32.84	47.98	10.09	2.09	43.72	4.04	84.47

a. 浓度以 $B(OH)_3$ 计；

b. 占比=[$B(OH)_3$ 物质的量/卤水中总硼物质的量]×100%

由表 16.9 可知，平衡常数牛顿迭代法的计算值与 Raman 光谱法检测的 $B(OH)_3$ 分子含量相差甚远，且浓缩过程计算所得 $B(OH)_3$ 分子比例并未发生变化。这主要是由于：①牛顿迭代计算过程以 5 $mol·L^{-1}$ NaCl 介质中的平衡常数、卤水总硼浓度和测定 pH 为参考依据，以离子浓度代替活度处理，并未考虑其他共存盐类对平衡常数和活度的影响，导致计算值偏差较大。②当平衡常数一定时，溶液 pH 的变化对计算结果存在显著的影响。

Raman 回归模型校正后卤水中 $B(OH)_3$ 含量分别占总硼浓度的 59.25%和 43.72%，表明原始卤水中接近 40%的硼以 $B(OH)_4^-$和 $B_3O_3(OH)_4^-$等离子形式赋存，蒸发浓缩过程，卤水 pH 逐渐降低，$B(OH)_3$ 含量随总硼浓度的增大而增大，但其分布比例却有所降低，证明卤水浓缩过程中硼氧配阴离子之间发生缩聚反应生成多聚硼酸根离子。

参 考 文 献

[1] 胡坪, 王氢. 仪器分析[M]. 5 版. 北京: 高等教育出版社, 2019: 313-327.

[2] 武汉大学. 分析化学. 下册 [M]. 北京: 高等教育出版社, 2007: 291-301.

[3] 杨序纲, 吴琪琳. 拉曼光谱的分析与应用[M]. 北京: 国防工业出版社, 2008: 32-41.

[4] 黄保坤, 朱琳, 韩晶峰, 等. 拉曼积分球设计及其在气体检测中的应用[J]. 光散射学报, 2020, 32(2): 154-158.

[5] 黄保坤, 王经卓, 宋永献, 等. 拉曼直角反射共焦腔检测空气中二氧化碳[J]. 光谱学与光谱分析, 2020, 40(2): 432-435.

[6] 彭姣玉, 杨克利, 边绍菊, 等. 盐水溶液中单物种（$B(OH)_3$和$B(OH)_4^-$）的拉曼光谱定量分析[J]. 光谱学与光谱分析, 2022, 42(8): 2456-2462.

[7]彭姣玉, 多杰卓么, 黄保坤, 等. 拉曼积分球光谱仪对盐水溶液中$B(OH)_3$的定量分析[J].盐湖研究, 2024, 32(2): 30-36.

[8] 彭姣玉, 杨克利, 董亚萍, 等. 盐湖卤水中硼酸盐化学形态及 Raman 光谱定量分析[J]. 光谱学与光谱分析, 2024, 44(9): 2514-2522.

[9] Peng J Y, Li W, Dong Y P, et al. Investigations on Mg-borate kinetics and mechanisms during evaporation, dilution and crystallization by Raman spectroscopy[J]. Spectrochimica Acta Part A, 2018, 199: 367-375.

[10]Peng J Y，Chen J，Wang X P，et al．A Raman investigation on the boron form occurring in salt Lake Brine during evaporation[J]. Journal of Salt Lake Research，2019，27(2)：85-94.

第 17 章　卤水中溶解性有机质的分析

天然有机质（natural organic matter，NOM）是一类具有复杂组成、结构和环境行为的有机混合物，普遍存在于自然界的水体、土壤及沉积物中。NOM 结构组成复杂、生态环境效应丰富、研究难度大，虽对其研究已有百余年的历史，但直至近十余年来才得到快速发展，特别是在 NOM 化学结构组成的表征及来源解析等方面。NOM 中的溶解性有机质（dissolved organic matter，DOM）是其重要的组成部分，通常是指能够通过 0.2～0.7 μm 滤膜的一类碳基有机化合物。广义上讲，DOM 包含一切溶解于水的有机化合物，从被新鲜释放出来的生化分子到已经被高度降解和改造的一系列未知分子。

17.1　概　　述[1-10]

盐湖中蕴藏着丰富的矿产资源，如钾、硼、锂、镁、铷和铯等。盐田摊晒是盐湖卤水资源利用不可缺少的环节，具有绿色、环保、低碳、经济的特点。盐田摊晒过程中与无机矿产元素相伴生的 DOM 也在不断变化。DOM 是一类由脂肪类、碳水化合物和蛋白质类等有机物组成的，含有羟基、醛基、羧基、氨基及羰基等多种活性官能团的异质混合物。DOM 不仅在盐湖生态环境中的物质循环和污染物的迁移转化中扮演着重要的角色，同时对盐湖化工产品的生产工艺和质量也有负面影响。对盐湖卤水体系中 DOM 的系统研究，不但可为盐湖资源综合开发利用过程中涉及 DOM 治理的相关问题提供科学依据，还对高原湖泊体系中碳的区域循环方面的研究具有重要意义。

17.1.1　DOM 的富集分离方法

从高盐水体中分离出纯的具有代表性的 DOM 样品是一件较为困难的事情，这主要有以下两个方面的原因：①咸水体系中 DOM 的浓度较低，大约在几到几十 ppm 之间；②咸水体系中无机盐的含量高达几十到几百克/升。无机盐与 DOM 之间巨大的质量比使得从咸水体系中分离纯化具有代表性的 DOM 变得十分困难。目前咸水体系中富集分离 DOM 的方法主要分为固相萃取法和膜分离法。

1. 固相萃取法

固相萃取法是将水体中的 DOM 选择性地吸附在固相萃取吸附剂上，如 XAD 树脂、C_{18}、PPL 等吸附剂，然后再选择合适的溶剂将 DOM 从固相吸附剂上洗脱下来的一类方法。这类方法可将无机盐和水同时去除而只保留 DOM 在吸附剂上，因而采用这类方法所得到的 DOM 其无机杂质的含量非常少。

1）XAD 树脂

XAD 树脂由非离子的大孔型共聚化合物构成。不同类型的 XAD 树脂，其孔径、表面积及极性各不相同。XAD-2 和 XAD-4 树脂都是苯乙烯-二乙烯苯类聚合物，而 XAD-7 和 XAD-8 树脂都是丙烯酸酯的聚合物。它们通常有较大的比表面积，但由于它们对液相溶液中有机质的吸附作用是可逆的，这使得这类树脂只能选择性地吸附天然水体中的部分有机质。图 17.1 为采用 XAD-8 树脂对水体中 DOM 进行富集分离的实验流程。

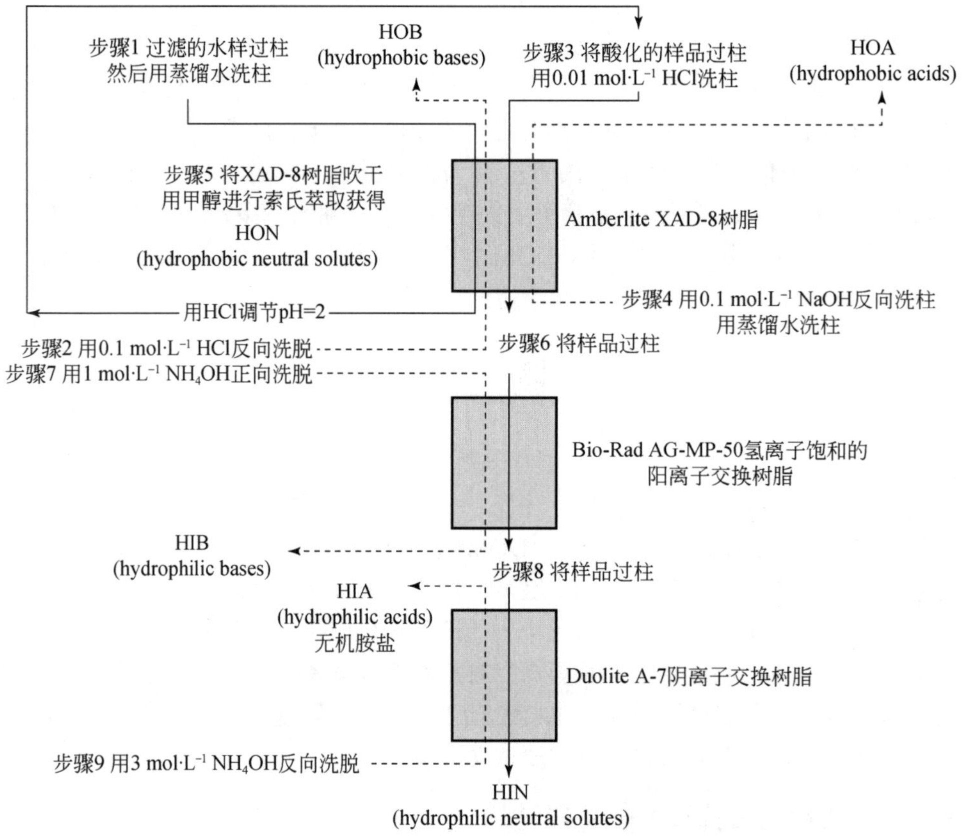

图 17.1　采用 XAD 树脂对水体中 DOM 的分离流程

用 XAD 树脂分离水体中的 DOM 时，首先要将过滤的水体用 HCl 酸化到 pH=2，再使酸化的水样流经 XAD-2 或 XAD-8 树脂。分别采用 Amberlite XAD-8 树脂，Bio-Rad AG-MP-50 H^+饱和的阳离子交换树脂，Duolite A-7 阴离子交换树脂，以及 HCl 和 NaOH 将水体中的 DOM 分为疏水性的酸性物质（hydrophobic acids，HOA）、疏水性的中性物质（hydrophobic neutral solutes，HON）、疏水性的碱性物质（hydrophobic bases，HOB）、亲水性的酸性物质（hydrophilic acids，HIA）、亲水性的中性物质（hydrophilic neutral solutes，HIN）以及亲水性的碱性物质（hydrophilic bases，HIB）等六个部分。HOA（在 pH=2 时大部分被质子化）和 HON 可以被吸附到树脂上，而 DOM 中 HOB（在 pH=2 时为质子化的阳离子）以及所有的亲水部分都将不为 XAD 树脂所吸附而被弃除。

反向的洗脱剂一般为 NaOH，因而 DOM 中 HOA 被洗脱下来，而通常实验室回收的 DOM 即为这部分疏水的酸性有机质。被吸附在树脂上的 HON 可用溶于水的有机溶剂对树脂进行反复的索氏萃取才能回收。此外，采用 XAD-8 和 XAD-4 树脂联用的方法从咸水体系中提取 DOM，可以提高对 DOM 的富集效率，其中由 XAD-4 树脂富集的 DOM 被称为亲水性酸性物质、XAD-4 酸或两性酸等。

2）C_{18} 树脂

C_{18} 是一种高度疏水性的吸附剂，由 C_{18} 烷基链与 SiO_2 相互结合制成。C_{18} 吸附剂对水体中的疏水性物质有很好的吸附性。当过滤的水体被酸化到 pH=2 时，大部分的有机酸被质子化，从而减少了它们的溶解性而被吸附到 C_{18} 吸附剂的表面。与 XAD 树脂不同的是，被 C_{18} 吸附剂所吸附的 DOM 通常由 CH_3OH 进行洗脱。

3）PPL 树脂

PPL 作为一种新型的固相萃取剂，是一种改性的苯乙烯-二乙烯苯共聚物。PPL 对咸水体系中 DOM 的提取程序与 C_{18} 非常相似。也是将过滤后的水体酸化到 pH=2 以后吸附到 PPL 树脂上，然后再用 CH_3OH 进行洗脱。PPL 对咸水体系中 DOM 的平均回收率一般要高于 XAD 树脂和 C_{18} 树脂。

此外，研究者们还利用活性炭和 HLB 树脂（一种两性聚合物吸附剂）从咸水体系中分离 DOM。其实验条件与其他的固相萃取法相似，都是先将过滤的水体酸化到 pH 2 左右后再吸附到吸附剂上，然后用 CH_3OH 进行洗脱。

2. 膜分离法

膜分离技术是近几十年发展起来的高效水样浓缩技术。它是利用渗透膜对混合物中各组分选择性渗透的差异，来实现分离、提纯或浓缩的新型分离技术。根据膜孔径的大小，常用的膜分离方法有反渗透、纳滤、超滤以及微滤。下面就咸水体系中常用到的超滤和反渗透耦合电渗析法进行简要介绍。

1）超滤法

超滤法是一种介于纳滤与微滤之间的膜分离技术，其过滤精度在 0.001～0.1 μm 之间。超滤法主要有切向流超滤技术和错流超滤技术，以压力为推动力，利用压差可将 DOM 与水和无机盐类分开。超滤法依靠物理筛分作用，根据所选择超滤膜截留分子量的大小（如 0.5 kDa、1 kDa、3 kDa、5 kDa、10 kDa、30 kDa、100 kDa 等）可把 DOM 分成分子量不同的有机组分。超滤法只能分离高分子量的 DOM 组分，故此法对 DOM 的回收率也较低。虽然超滤膜对水和无机盐都具有高度的渗透性，但是总有一些无机盐因为无法通过超滤膜而被滞留，这部分的无机盐必须通过在纯水中渗析才有可能被部分去除。因而超滤法并不能除去 DOM 中所有的无机盐类。与前面的固相萃取法相比，超滤法不需要对过滤的水体样品进行化学处理，因而不存在化学性质被改变的问题。

2）反渗透耦合电渗析法

反渗透耦合电渗析法是一种新兴的咸水体系中 DOM 的分离技术。它利用反渗透单元除去水体中的水，再利用电渗析单元除去水体中的盐类物质，从而保留水体样品中的 DOM。反渗透是一种利用压差的超高精度膜分离技术，过滤精度为 0.0001 μm，是一种比超滤更为精细的过滤手段。水体样品在外界压力的作用下通过反渗透膜，从而将样品溶液分离成渗透相（主要为水和中性小分子）和浓集相（溶质浓度相对较高）。在样品溶液被处理的过程中，浓集的溶液被重新返回到样品槽中，而渗透的溶液则被弃去。随着更多样品溶液的加入，那些被反渗透膜所排阻的溶质将逐渐浓集。电渗析是通过利用一组交替排放的阴离子交换膜（带正电荷）和阳离子交换膜（带负电荷），在电场的作用下，使盐离子从一种溶液转移到另外一种溶液中，从而使其中一种溶液达到脱盐目的的方法。在外加电场的作用下，阳离子向阴极运动，而阴离子向阳极运动。通常阳离子交换膜的材质为聚苯乙烯磺酸钠的聚合物，阴离子交换膜的材质为季铵离子的聚合物。

在对咸水样品进行脱盐处理时，电渗析单元可将水样的电导率降低到 50 $\mu S \cdot cm^{-1}$ 以下。与反渗透单元耦合连用时，该单元中浓集下来的 DOM 中的阳离子和阴离子（如 Na^+、K^+、Ca^{2+}、Mg^{2+}、Cl^-、NO_3^-、SO_4^{2-}、HPO_4^{2-}等）可绝大部分被电渗析除去。目前，反渗透耦合电渗析法是从咸水体系中富集溶解性有机物回收率最高的方法。

17.1.2　DOM 的分析表征方法

从卤水体系中被富集纯化的 DOM 的表征方法有很多种，这些方法大致可以被划分为四类：①元素和分子表征：如电喷雾离子化傅里叶变换离子回旋共振质谱（ESI-FTICR-MS）和元素分析；②官能团表征：如红外分析（IR）、核磁共振分析（NMR）、电位滴定等；③质量大小以及电荷分析：如毛细管区带电泳（CZE）、蒸发渗透压力法、凝固点降低法、超滤法、凝胶渗透色谱法、尺寸排阻色谱法、多角度激光散射法、激光解吸附质谱法、场流分级分离法、小角度 X 射线散射、超速离心法测定分子量；④其他方法如电子自旋共振、X 射线分析、热分析、放射性测年分析等。

到目前为止，最有效的分析方法应属 ESI-FTICR-MS，它能通过测定 DOM 中各个分子的分子量而对其进行分子水平上的表征。

1. 元素分析

测定样品中的 C、H、N、O 和 S 元素含量是研究 DOM 的性质和结构的常用方法之一。从各种元素的含量和比值可以大致反映出有机质的物质来源。

陆生维管植物为了适应陆地的生长环境，往往会合成无氮的有机聚合物用于支撑其结构（例如木质素、纤维素）或保护其组织结构（例如丹宁酸、角质）。因此陆源有机物往往具有低的 N/C 比值；而水生有机物由于主要来源于浮游植物和细菌的贡献，其 N/C 比值较高且不含木质素、丹宁酸等物质。不同的生化组分通常会有不同的元素比值。例如类脂、糖类和蛋白质一般相对富集氢（H/C 原子比大于 1.5），而木质素和丹宁酸比较贫氢（H/C 原子比小于 1.1）；氧在糖类中有相对高的含量（O/C 原子比大于 0.8），而在木质素、丹宁酸和蛋白质中较低（O/C=0.3～0.5）。通过测定 DOM 样品中的 H/C、O/C、N/C 比等可对 DOM 的来源等作出初步判断。

2. 傅里叶变换红外光谱分析

傅里叶变换红外光谱（Fourier transform infrared spectroscopy，FTIR）分析是研究有机物结构，特别是有机官能团特征的重要手段之一，被广泛应用于 DOM 的结构表征。由于 DOM 是一种结构复杂的、异质性的天然缩合的大分子混合物，其中多种官能团的吸收频率相互叠加，增加了解析的难度，一般只用于定性分析。DOM 中常见红外吸收如表 17.1 所示。

表 17.1　DOM 中常见的红外光谱吸收峰的归属

波数/cm^{-1}	官能团
3400	氢键缔合羟基中的 O—H 伸缩振动；痕量 N—H 伸缩振动
2920，2850	脂肪族化合物 C—H 伸缩振动
1720	羧酸和酮中 C═O 伸缩振动
1660～1630	酰胺基团中 C═O 伸缩振动
1650	芳基中 C═C 振动；COO^- 伸缩振动
1560～1510	N—H 变角振动；酰胺中 C═N 伸缩振动
1460～1450	脂肪族 C—H 振动
1400～1390	COO^- 不对称伸缩
1220	C—O 伸缩振动；COOH 中 OH 变角振动
1160	醇类中 C—OH 的伸缩振动
1080～1030	多糖中 C—O 伸缩振动；硅酸盐杂质中 Si—O 振动

3. 核磁共振分析

核磁共振（nuclear magnetic resonance，NMR）技术是近几十年发展起来的研究物质结构的最有效手段之一。与其他方法相比，NMR 技术具有以下优点：不破坏样品的结构，可直接用于固态物质，不仅可以做定性分析还可做定量分析。碳是组成 DOM 的最重要的元素，因而 ^{13}C 固体核磁共振研究对于了解它们的结构组成有重要的意义。一般来讲，DOM 的 ^{13}C 固体核磁共振谱图可以被大致分为四个区域：①0～45 ppm 烷基碳区域；②45～110 ppm 烷氧碳区域；③110～160 ppm 芳基碳区域；④160～220 ppm 羰基碳区域。其中一些精细结构的谱峰归属如表 17.2 所示。

表 17.2　DOM 中常见的 ^{13}C 核磁共振吸收谱峰的归属

谱峰位置/ppm	碳的类型
22	烷基链中支链或短链组分的脂肪碳
30	长链烷基组分的脂肪碳
55	甲氧基碳；含氮组分中的碳
74	碳水化合物以及木质素侧链中的烷氧碳
104	双氧烷基碳；碳水化合物中异头碳（一个碳连接两个氧）
130	没有被氧原子取代的芳基碳
150	被氧原子取代的芳基碳
174	羧基碳，酰胺碳，酯类碳

4. DOM 酸碱性质的分析

DOM 中含有大量的酸性官能团（主要为羧基和酚羟基）。这些酸性官能团对金属离子有很高的络合能力。DOM 对 pH、温度、离子强度等环境条件较为敏感，这些条件直接影响着 DOM 中酸性官能团的质子解离平衡，以及对金属离子的络合能力。

直接电位滴定是目前研究 DOM 酸碱性质最常见的一种方法。它通常是在固定的温度和较高的离子强度下，用碱溶液直接对高浓度的 DOM 进行滴定。由于 DOM 结构的复杂性，其中大多数溶质的结构还不清楚，它们的酸碱性质是通过溶液中已知无机组分的电荷量，由电荷平衡方程间接计算得到。直接电位滴定只能反映 DOM 随着 pH 的变化其总体电荷的分布情况，而不可能单独反映出其中任何一种有机酸的信息。通过电位滴定的数据和模型计算，可以获得 DOM 中羧基和酚羟基的含量。

5. 傅里叶变换离子回旋共振质谱分析

傅里叶变换离子回旋共振质谱分析（Fourier transform ion cyclotron resonance mass spectrometry，FTICR-MS）能对 DOM 进行分子水平表征。在 FTICR-MS 中常使用的离子化技术有电喷雾离子化（electrospray ionization，ESI）和大气压光离子化（atmospheric pressure photoionization，APPI）。这些离子化的技术为非碎片的软离子化技术。由这种技术生成的分子离子峰（$M\text{-}H^+$），最低限度地减少了分子碎片的产生，极大方便了人们对大分子混合物的质谱研究。

采用 ESI-FTICR-MS 技术，可以探测到复杂的 DOM 中成千上万个谱峰，其中在每一个名义质量单元内就存在几十个谱峰。超高分辨率的 FTICR-MS 所测谱峰的质量精确度一般可达到小数点后 5 位或 6 位，这就使得每一个谱峰都可以被指认为特定的分子式。一般来讲，对每个 m/z 值分子式的确定方法如下：①将所得到的 m/z 值加上（负离子模式）或减去（正离子模式）一个质子的质量（一般认为电荷数 Z=1）；②设定分子式中 C、H、O、N、S、P 个数的范围；③采用分子式计算器对各元素的个数在设定的误差范围内进行计算。ESI-FTICR-MS 技术的发展为水体中 DOM 的研究带来了前所未有的契机。

17.1.3　DOM 的光谱分析

目前，除了采用化学需氧量（COD）和溶解性有机碳（DOC）反映 DOM 的含量外，主要应用光谱和质谱法对 DOM 结构组成进行分析。相较于质谱分析技术，光谱分析具有取样量少，简洁迅速，可以实现原位分析等特点，深受广大科研工作者的青睐。

1. 紫外-可见光谱分析

紫外-可见吸收光谱和荧光光谱常被用于分析和解析包括盐湖卤水在内的水体中 DOM 的浓度和组成。在大多数水体系统中，有色溶解性有机质（CDOM）是主要的吸收成分，因此，无须对样品进行进一步处理，即可分析原始水或过滤后的水的浓度和组成信息。

在淡水体系中，陆地来源的有机物是 CDOM 的主要来源，在紫外和蓝光区域（例如波长 254 nm、350 nm 和 440 nm）内的光吸收与溶解性有机碳（DOC）浓度呈线性相关，这为在实验室或现场快速且低成本的光学测定 DOC 浓度或浓度差异提供了一种方法。然而，在具有强烈自生源或人为源输入的 DOC 系统，或 DOC 已经发生广泛光解的系统中，光吸收与 DOC 浓度之间的线性相关性不再成立，这包括自生源 DOC 和光降解 DOC 均普遍存在的大多数海洋水域和盐湖卤水体系。

CDOM 的吸收光谱通常表现为一种相对无明显特征峰（即无离散峰）的现象，即波长从可见光到紫外光区域，吸收或吸收系数呈近似指数增加（图 17.2），在海洋学领域，数据通常以每个波长（经过空白校正和反向散射校正后）的自然对数吸收系数来表示。在水生科学文献中，尤其是在淡水研究中，常用的是自然吸收系数。这两种吸收系数方法的普遍使用导致了一些混淆；在比较吸收系数或由其衍生的代理变量时，必须检查每项研究中实际使用的是哪种方法，以确保所呈现和比较的是适当的值。吸收系数数据通常被拟合到方程中：

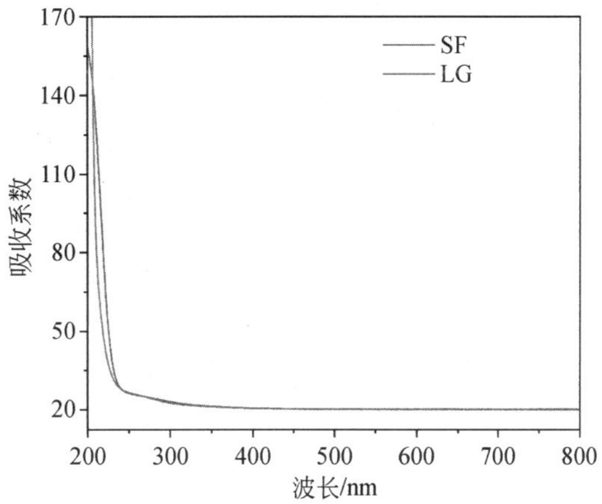

图 17.2　河流和盐湖卤水水体中有机质紫外-可见分析

另见书末彩图

$$\alpha_{\lambda_{\text{ref}}} = \alpha_{\lambda_{\text{ref}}} e^{-S(\lambda-\lambda_{\text{ref}})} \tag{17.1}$$

式中，α_λ表示在波长λ处校正后的自然对数吸收系数（单位为 m^{-1}）；λ_{ref}是样品的参考波长（通常为 250 nm）；S 是一个经验参数，称为光谱斜率。S 通常随着水体颜色加深、陆源成分增加而减小，而在光降解过程中，S 值增大；但是，S 值的具体数值取决于计算时所采用的波长范围，以及是采用对 $\ln(a_\lambda)$的线性最小二乘回归还是采用指数方程［式（17.1）］来确定 S 值。

因此，使用光谱斜率比（SR；即计算 275～295 nm 波长范围内 S 值与 350～400 nm 波长范围内 S 值的比值）来替代单一的 S 值。SR 值在样品中显示出更稳定的趋势，并且与 CDOM 的分子量呈负相关关系。

除了光谱斜率外，特定波长的吸光度比值也被用来深入探究 DOM 的组成。最常用的两种吸光度的比值是 E2∶E3 比值（样品在 250 nm 处的吸光度与其在 365 nm 处吸光度的比值）和 E4∶E6 比值（样品在 465 nm 处的吸光度与其在 665 nm 处吸光度的比值）。尽管后者可能因为在 665 nm 处背景值以上的吸光度较低而存在问题。E2∶E3 比值已被证明与分子量成反比，并且与样品中芳香族物质的含量也成反比。E4∶E6 比值被认为与由稠环芳香烃引起的芳香度呈负相关，但也被证明与一般的“腐殖化”程度有关，与分子量成反比关系，而与氧碳原子比、羧基含量和总酸度成正比。

紫外-可见光吸收数据也与 DOC 浓度数据相结合，以提供特定的紫外吸收参数（SUVA）。用于此参数的波长各不相同，但通常是 254 nm。因此，$SUVA_{254}$是 254 nm 波长的紫外光吸收系数与样品 DOM 浓度的比值，单位为 $mg{\cdot}L^{-1}$，并且已被证明与每单位有机碳浓度的芳香族含量相关。$SUVA_{254}$ 值取决于使用的是自然对数吸收系数还是十进制吸收系数，两种方法都在文献中出现。

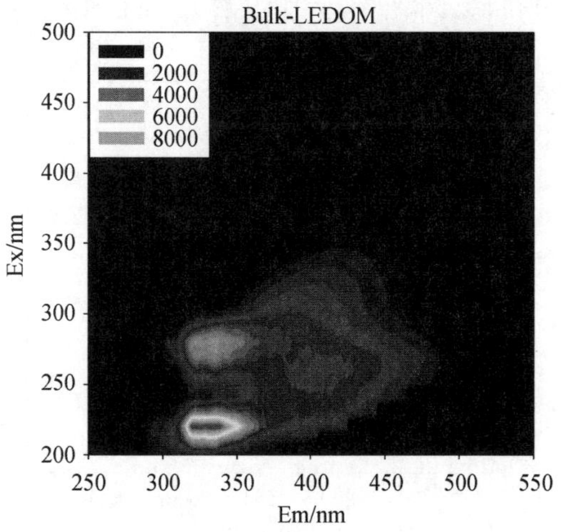

图 17.3　盐湖卤水中 DOM 的荧光光谱

另见书末彩图

2. 荧光光谱分析

DOM 荧光，与紫外-可见光吸收类似，已被用于 DOC 的定量分析和表征。为了测量相对有色溶解有机物质 CDOM 浓度，DOC 荧光计经常用于从移动平台[如 CTD 采样器和自主水下航行器（AUVs 或滑翔机）]进行原位水体测量，如图 17.3 所示。CDOM 的荧光通常是通过激发在紫外 A 波段（约 370 nm）并在蓝色波段（中心波长在 440～460 nm）检测发射光来测定。同样，与紫外-可见光吸收一样，主要由 CDOM 组成的陆源 DOM 倾向于产生最大的荧光响应，尽管有迹象表明，在海洋水体中，海水中存在的 CDOM 的原位生成现象，这与自生源 DOC 的微生物降解作用有关。

除了作为量化工具外，DOM 荧光还被用于深入了解 DOM 的化学组成。这种应用在收集的数据（有限的激发和/或发射波长与激发-发射矩阵或 EEMS）和进行的数据分析方面有很大的差异。早期的 EEMS 研究使用激发最大值和最小值的荧光比值来定义峰类型，并开发了一种荧光指数（使用 370 nm 激发时，450 nm 与 500 nm 处的发射强度比值）来估计微生物与高等植物对 DOM 库的贡献。这些方法至今仍在使用（例如，最近的一项研究中就使用了改良的荧光指数来研究泥炭孔隙水中的 DOM）。

在过去的十年中，使用主成分分析和平行因子（PARAFAC）分析的激发-发射矩阵（EEMS）的多变量分析已成为研究样本间详细荧光差异的首选方法。PARAFAC 数据、来自激发最大值和最小值的峰型数据以及荧光指数数据经常结合使用，将特定研究中的 DOM 特性与文献数据相关联。

已有研究者尝试将 EEMS 分析数据与化学官能团信息联系起来，如通过核磁共振（NMR）和木质素分析获得的信息，以及通过从傅里叶变换离子回旋共振质谱（FT-ICR-MS）确定的元素组成分布联系起来。目前，这类研究仅限于孤立的 DOM 组分或特定的生物标志物提取物，因为化合物类别或分子水平的表征方法通常要求样品 DOM 浓度高且盐浓度低。

17.2　盐湖卤水中 DOM 的富集分离方法[11]

17.2.1　原理

鉴于卤水体系超高盐的特征，利用固相萃取法将卤水中的 DOM 选择性地吸附在固相萃取吸附剂上，再使用甲醇将 DOM 从固相吸附剂上洗脱下来，从而获得高纯度的 DOM 样品进行分析检测。

17.2.2　仪器、试剂

1. 仪器

总有机碳（TOC）和总氮（TN）分析仪（Analytikyena Multi N/C 3100，德国）；
元素分析仪（Elementar Vario EL CUBE，德国）；
美国热电公司的 Nicolet NEXUS 670 FTIR 光谱仪；
Bruker 900 MHz NMR 光谱仪；
Pyroprobe 2000 热裂解仪（CDS Analytical Inc. 美国）；
GCMS-QO2010 气质联用仪（Shimadzu Corporation，日本）；
Milli-Q 超纯水仪（Merck Millipore，美国）；
旋转蒸发仪（Heidolph Hei-VAP，德国）；
冷冻干燥机（FD-1-50，北京博医康）。

2. 试剂、材料

1）固相萃取材料

XAD-8 树脂（Amberlite 公司，美国）。由于 XAD-8 树脂无商业化小柱，使用前需自行处理，步骤如下：将 XAD-8 树脂用 0.1 $mol·L^{-1}$ NaOH 溶液连续浸取 5 天后，依次用甲醇、乙醚、乙腈和甲醇溶液相继浸取 24 h，将处理好的 XAD-8 树脂保存在甲醇溶液中待用。

2）固相萃取小柱

ENVI-18，ENVI-Carb，硅胶，硅藻土（Sigma 公司，美国），PPL（Agilent 公司，美国）以及 HLB（Waters 公司，美国）。

3）氦气

高纯氦气（He，≥ 99.999%）。

4）氢氧化钠溶液

称取一定量的氢氧化钠（NaOH，A.R），溶于二次水中，配制成 c(NaOH)=0.1 $mol·L^{-1}$ 的溶液，备用。

5）盐酸溶液

移取一定体积的盐酸（HCl，A.R），用适量的二次水稀释成 c(HCl)=0.1 $mol·L^{-1}$ 的溶液，备用。

移取一定体积的盐酸（HCl，A.R），用适量的二次水稀释成 c(HCl)=0.01 $mol·L^{-1}$ 的溶液，备用。

6）甲醇

甲醇（CH_3OH，色谱纯）试剂。

7）溴化钾

溴化钾（KBr，优级纯）试剂。

17.2.3　分析检测

1. 待测样品前处理

1）容器预处理

用于盛放卤水样品的桶预先经过 3 遍 0.1 mol·L^{-1} NaOH 溶液和 0.1 mol·L^{-1} HCl 进行交替浸泡冲洗以减少或消除对卤水样品的污染。

2）样品保存

在 24 小时内将采集的卤水样品用经 450 ℃ 高温灼烧 5 小时的 0.7 μm 的玻璃纤维滤膜进行过滤以除去颗粒态物质。将过滤好的水样在低温条件下带回实验室储存于冰柜中以备下一步分析。

2. 萃取分离

1）萃取柱预处理

卤水 DOM 的萃取程序如下：首先用 2 倍柱体积的甲醇溶液将小柱活化，然后再用 3 倍柱体积的 0.01 mol·L^{-1} HCl 溶液清洗小柱。

2）萃取分离

以 3 mL·min^{-1} 的流速将酸化至 pH=2.00 的卤水样品流经小柱。用大约 20 mL 的 0.01 mol·L^{-1} HCl 清洗样品柱以除去无机盐，最后用 3 倍柱体积的甲醇溶液以 2 mL·min^{-1} 的流速将吸附在柱子上的卤水有机物洗脱至玻璃管中。

3）冷冻干燥

被洗脱的卤水有机物采用旋转蒸发以及冷冻干燥的方式进行固体样品的制备。将冻干的样品进行研磨并保存至干燥器中以备下一步的分析。没有被酸化的卤水样品，其有机物的分离和纯化程序基本同上，只是清洗的溶液采用的是 Milli-Q 水。

空白实验分别采用酸化的 Milli-Q 水和原始的 Milli-Q 水以上述实验步骤进行富集。所有吸附剂空白实验中的有机碳含量应非常低。

3. 分析检测

1）总有机碳/总氮的分析

将过滤的卤水样品先用 Milli-Q 超纯水稀释 10 倍，并用 HCl 酸化到 pH=2。采用总有机碳分析仪进行总有机碳（TOC）和总氮（TN）分析。样品进样体积为 100 μL，高温催化氧化的燃烧温度为 680℃。所报道的数值为 3 次可接受值的平均值。

2）元素分析

所分离和富集的卤水 DOM 的元素组成（C，H 和 N）由元素分析仪进行测定。氧元素的含量通过差减法获得。

3）傅里叶变换红外光谱分析

将 1.0 mg 的 DOM 样品与 100 mg KBr 充分研磨并压片，进行 FTIR 光谱测定。光谱获取范围为 4000～400 cm^{-1}，其分辨率为 4 cm^{-1}，扫描次数为 200 次。

4）^{1}H 核磁共振分析

经固相萃取材料富集的卤水 DOM 样品溶解于 0.1 mol·L^{-1} 的 NaOD 中，然后进行 ^{1}H NMR 测定，采用水峰压制程序。

^{1}H NMR 的操作条件如下：在 303 K 温度下采用 5 mm z-梯度 ^{13}C/^{1}H 双元低温探头于 90°激发脉冲（13 μs）获得谱图。获取时间为 1.136 s，弛豫延迟 1.5 s。

5）热裂解-气相色谱-质谱分析

GC 条件如下：色谱柱为 HP-5MS 柱（30 m×0.25 mm×0.25 μm）；载气为高纯氦气；总流速 24.0 mL·min^{-1}；柱流速 1.0 mL·min^{-1}；进样量为 1 μL，分流进样（分流比：40）；进口温度为 40℃；色谱柱箱升温程序：初始温度 40℃，保持 2 min，以 8℃·min^{-1} 的速度升温至 310℃，保持 10 min；SCAN 扫描方式。

MS 条件如下：电子轰击离子源（EI），离子源温度 200℃，色谱-质谱接口温度 250℃，电子能量 70 eV，质量扫描范围 45～650 *m/z*，溶剂切除时间 2 min。

热裂解条件：Interface 温度为 250℃，Probe 温度起始为 250℃保持 5 s，然后以 5℃·ms^{-1} 的速度升温至 610℃保持 10 s。热裂解产物的指认主要基于 NIST 谱库。

17.2.4　结果与讨论

1. 萃取材料对卤水 DOM 的影响

1）萃取材料对卤水 DOM 富集效率的影响

青海某盐湖湖表卤水和晶间卤水 DOC 和 TN 的含量如表 17.3 所示，不同固相萃取材料对待测样品有机碳的富集效率如表 17.4 所示。富集效率是指干燥的甲醇洗脱液中的 DOC 的质量与原始卤水样品中 DOC 的质量的比值。

表 17.3　青海某盐湖湖表卤水和晶间卤水 DOC 和 TN 含量表

样品	DOC/(mg·L^{-1})	TN/(mg·L^{-1})
某盐湖湖表卤水	27.13	1.95
某盐湖晶间卤水	22.65	6.39

表 17.4　不同固相萃取材料在两个 pH 条件下对卤水溶解性有机碳的富集效率

固相萃取树脂	pH=2.00		pH=7.38	
	体积/mL	DOM 富集效率/%	体积/mL	DOM 富集效率/%
ENVI-Carb	200	31±2	200	6 ± 2
HLB	200	42 ± 2	200	3 ± 1
PPL	200	46 ± 3	200	4 ± 1
ENVI-18	200	27 ± 2	200	4 ± 1
XAD-8	200	17 ± 1	200	9 ± 2
Florisil	200	3 ± 0.6	200	5 ± 1
Si	200	1 ± 0.5	200	21± 3

表 17.4 结果表明，不同固相萃取材料对盐湖卤水 DOM 的富集效率差异较大。其中硅基（Si）和硅藻土（Florisil）对 DOC 的回收率过低，存在明显的柱流失。

改性的聚合物树脂材料（PPL 和 HLB）相比较于硅胶基质吸附剂（ENVI-18）和活性炭吸附剂（ENVI-Carb）以及大孔的 XAD-8 树脂而言对盐湖卤水有机物具有较高的富集效率。这可能是改性的聚合物树脂具有更小的孔径以及更大的表面积所致。

2）酸度对卤水 DOM 富集效率的影响

酸化的样品较未酸化的样品具有较高的有机碳回收率。说明在酸性条件下，有利于盐湖卤水 DOM 的富集。

不同的固相萃取材料在 pH=2.00 的条件下对 DOC 的回收率在 17%～46%之间。

3）卤水含盐量对卤水 DOM 富集效率的影响

水体盐度、DOM 分子大小及极性等均会影响固相萃取法对 DOC 的富集效率。盐度较高时，无机离子会和 DOM 竞争固相萃取材料的吸附位点，导致盐湖卤水中 DOM 的富集效率低于一般自然水体。

2. 固相萃取材料对卤水 DOM 选择性吸附

采用不同固相萃取材料所富集的卤水 DOM 的元素组成以及计算得到的 H/C、C/N 和 O/C 比值如表 17.5 所示。所富集 DOM 样品中的 C、H、O 和 N 的含量分别占样品总质量的 48.38%～55.18%、5.10%～6.18%、35.53%～44.04%和 1.80%～3.12%。其中碳和氧为 DOM 中的主要元素，占总质量的 90.70%～92.75%。

表 17.5　不同固相萃取材料富集的卤水溶解性有机物的元素组成和原子比

样品	元素组成/%				元素比		
	C	H	N	O	H/C	C/N	O/C
ENVI-Carb	55.18	6.17	3.12	35.53	1.34	20.61	0.48
HLB	49.96	5.10	2.14	42.79	1.23	27.18	0.64
PPL	49.77	5.56	2.89	41.78	1.34	20.11	0.63
ENVI-18	49.45	6.18	1.80	42.57	1.50	32.00	0.65
XAD-8	48.38	5.55	2.03	44.04	1.38	27.85	0.68

1）H/C 比值

如表 17.5 所示，所有样品的 H/C 在 1.23～1.50 之间，说明卤水 DOM 中脂肪族化合物的含量较高而不饱和的芳香族化合物的含量较低。H/C 比大于 1.0 反映了有机物的脂肪性质，其来源可能为藻类或微生物，H/C 比小于 1.0 则反映出有机物的芳香性。

2）C/N 比值

DOM 样品的 C/N 比值表示 DOM 中含氮组分的多少，C/N 比值越大说明富集的 DOM 样品中含氮组分越少。

所富集到的样品中 C/N 比值在 20.11～32.00，均高于原始卤水样品的 C/N 比值（19.29）。说明不同的萃取材料对于含氮有机物的吸附性能是有差异的。其中 ENVI-18 吸附剂所富集到的含氮有机物组分最低。而 ENVI-Carb 和 PPL 样品的 C/N 比与原始卤水最接近。因此，ENVI-18、HLB 和 XAD-8 吸附剂对卤水 DOM 中含氮组分富集效率较差，而 PPL 和 ENVI-Carb 吸附剂可以从卤水有机物样品中富集到具有代表性的含氮有机物组分。

3）O/C 比值

DOM 样品的 O/C 比值代表 DOM 中的含氧组分，含氧组分包括碳水化合物、羧酸、酯、醚、醇、酚和甲氧基等。

所有富集得到的 DOM 样品的 O/C 比在 0.48～0.68 之间，说明富集得到的 DOM 样品中含氧组分不多。不同萃取材料对样品中的含氧组分吸附性能存在差异，但差异不大。

3. 傅里叶变换红外光谱分析

几种萃取材料富集到的卤水 DOM 样品的 FTIR 谱图见图 17.4。由图可以看出这些谱图的光谱特性较为相似。依据谱图中吸收峰的位置可以判断 DOM 样品中存在的官能团，初步确定 DOM 的可能组成信息。

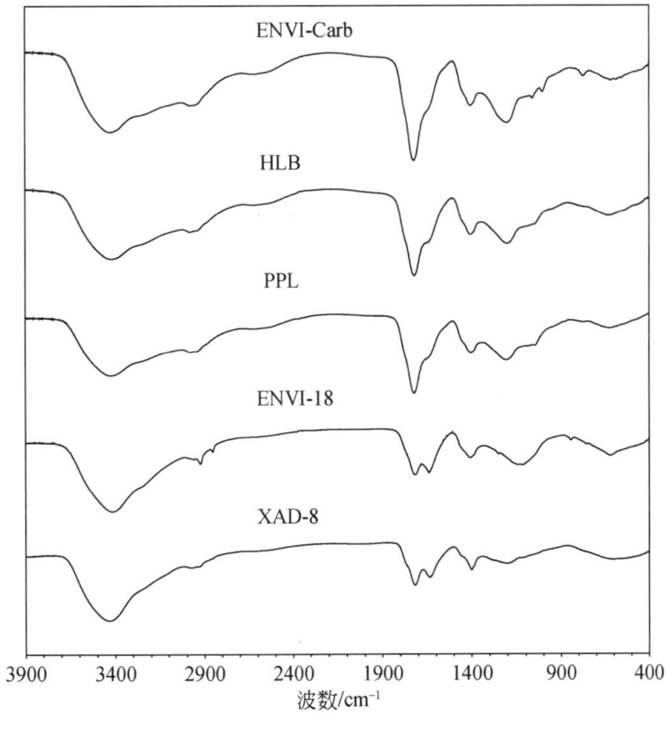

图 17.4　不同固相萃取材料富集到的卤水溶解性有机物的 FTIR 谱图

图 17.4 中的 3400 cm^{-1} 的宽波段为 O—H 伸缩振动和痕量 N—H 的伸缩振动。2920 cm^{-1}、2850 cm^{-1} 和 1460～1450 cm^{-1} 的谱峰可指认为脂肪族结构中 C—H 的伸缩振动。1720 cm^{-1} 谱峰可归咎于 COOH 和痕量酮类物质的伸缩振动。1650 cm^{-1} 的吸收可被指认为芳环中 C═C 振动和 COO^-伸缩振动。位于 1400～1390 cm^{-1} 谱峰为 COO^-不对称伸缩振动，1220 cm^{-1} 处为 C—O 伸缩振动和 COOH 中 OH 的变形振动。样品中存在的类蛋白质物质可

由两个谱峰来确定。一个位于 1660～1630 cm^{-1}（酰胺基团中 C═O 伸缩振动）之间，另一个位于 1560～1510 cm^{-1}（N—H 键的变形振动以及酰胺基团中 C═N 伸缩振动）之间。峰值在 1160 cm^{-1} 的谱峰可被指认为醇类化合物中—C—OH 的伸缩振动。1080～1030 cm^{-1} 之间的谱峰可被指认为多糖中 C—O 的伸缩振动和硅酸盐杂质中 Si—O。

不同萃取材料对卤水中 DOM 的不同组分有不同选择性，结果与元素分析结果对应。

4. 氢谱核磁分析

^{1}H NMR 谱图可以给出不同官能团上 H 的信息。不同固相萃取吸附材料所富集到的卤水 DOM 的 ^{1}H NMR 谱图以及不同类型氢所占的百分含量分别如图 17.5 和表 17.6 所示。

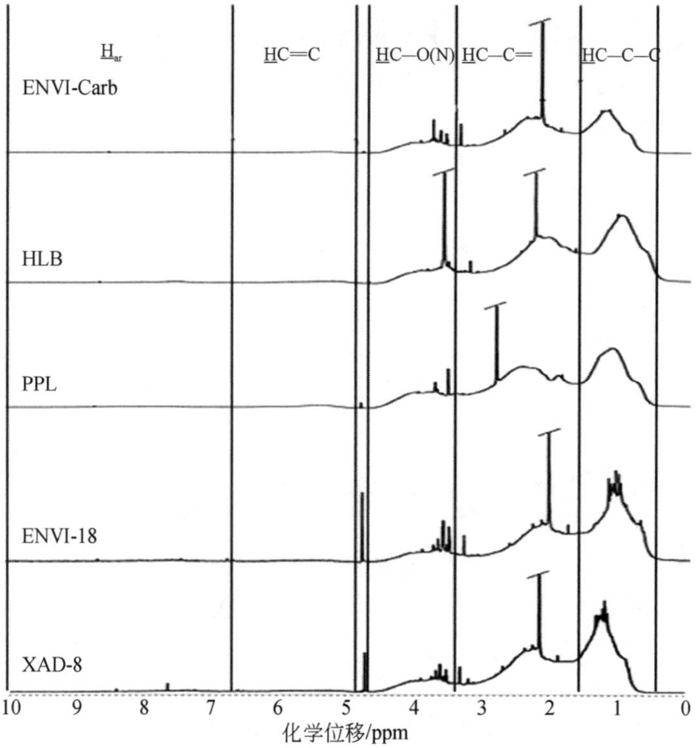

图 17.5　不同固相萃取材料富集到的卤水溶解性有机物的 ^{1}H NMR 谱图

表 17.6　不同固相萃取材料富集到的卤水溶解性有机物中不同类型 H 的百分含量

样品	HC—C—C 0.5～1.8 ppm	HC—C═ 1.8～3.2 ppm	HC—O（N） 3.2～4.6 ppm	HC═C 4.7～7.0 ppm	H_{ar} 7.0～10.0 ppm
ENVI-Carb	38.27	44.93	14.96	1.31	0.53
HLB	40.70	40.72	16.25	1.55	0.77
PPL	37.60	43.12	16.01	2.07	1.19
ENVI-18	48.02	35.93	12.50	2.12	1.44
XAD-8	46.50	38.51	11.88	1.83	1.28

由表 17.6 可知，待测卤水样品 DOM 主要由纯的脂肪族化合物和官能团化的脂肪类化合物组成，占总含量的 80%以上。烷氧氢的部分主要包括碳水化合物、酯、醚、醇及含氮化合物，占总量的 12.50%～16.25%。卤水 DOM 样品中的烯烃和芳香族化合物的含量都很低，说明待测样品卤水 DOM 具有高度的饱和性质以及低的陆源有机物的输入。

待测卤水样品 DOM 的 ^{1}H NMR 谱图以及不同类型氢所占的百分含量值表明，不同萃取材料对卤水中不同性质的 DOM 有不同的选择。ENVI-18 吸附剂对非极性物质具有较高的亲和力，ENVI-Carb 对卤水 DOM 官能团上的任意 π 电子具有吸附作用，HLB 和 PPL 两种吸附材料对含氧和含氮物质具有较高的亲和力，XAD-8 树脂富集到的脂肪族化合物最多（纯的脂肪族化合物和官能团化的脂肪族化合物的总和为 85.01%），表现出高度的疏水性质。所有固相萃取材料富集的 ENVI-18、PPL 和 XAD-8 样品中的烯烃和芳香族化合物含量要略高一些，说明这些吸附剂对非极性组分的亲和力较高。

5. 热裂解-气相色谱-质谱分析

采用不同固相萃取材料富集的卤水 DOM 的 Py-GC/MS（热裂解-气相色谱-质谱）的总离子流图如图 17.6 所示。卤水 DOM 的主要热裂解产物如表 17.7 所示。

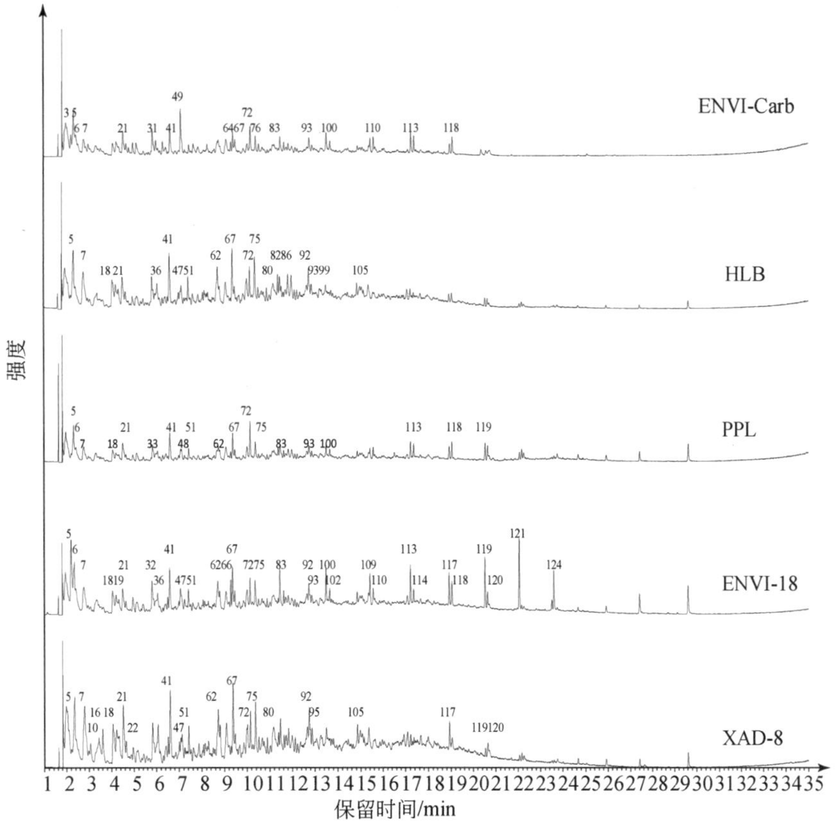

图 17.6　不同固相萃取材料富集到的卤水溶解性有机物的总离子流色谱图

表 17.7　卤水 DOM 热裂解产物

序号	RT/min	化合物	归类	序号	RT/min	化合物	归类
1	0.991	Sulfur dioxide	S	33	5.967	1*H*-Pyrrole,1-methyl-	N
2	1.626	Formic acid	FA	34	6.015	Cyclopentane,1,3-dimethyl-	Car
3	2.006	1,3-Butadiene,2-methyl-	A	35	6.017	4-Nonene	A
4	2.084	1,3-Cyclopentadiene	Car	36	6.057	Cyclopentene,1,2-dimethyl-4-methylene-	Car
5	2.328	Acetic acid	Car	37	6.167	1*H*-Pyrrole,3-methyl-	N
6	2.411	Furan,2-methyl-	Car	38	6.293	Maleic anhydride	Un
7	2.78	1,3-Cyclopentadiene,5-methyl-	Car	39	6.457	*p*-Xylene	Ar
8	2.867	1,3-Butadiene,2,3-dimethyl-	A	40	6.508	2,3-Dimethyl-cyclohexa-1,3-diene	Car
9	2.972	2,4-Hexadiyne	A	41	6.639	*o*-Xylene	Ar
10	2.984	Benzene	Ar	42	6.733	1,2-Dimethyl-1,4-cyclohexadiene	Car
11	3.062	1,3,5-Hexatriene	A	43	6.783	2-Cyclopenten-1-one,3-methyl-	Car
12	3.066	2-Pentenal	Car	44	6.85	1*H*-Imidazole,1-ethyl-	N
13	3.292	Cyclopentane,1,3-dimethyl-	Car	45	6.85	1,3,6-Heptatriene,5-methyl-	A
14	3.35	2-Propenoic acid	FA	46	6.992	2-Cyclopentene-1,4-dione	Car
15	3.45	1,3-Pentadiene,2,4-dimethyl-	A	47	6.995	Cyclopentadiene,2,5,5-trimethyl-	Car
16	3.536	Furan,2,5-dimethyl-	Car	48	7.084	1-Nonene	A
17	3.798	4-Pentenoic acid	FA	49	7.107	Styrene	Ar
18	4.049	1,3,5-Hexatriene,3-methyl-	A	50	7.125	Ethylbenzene	Ar
19	4.21	1,3-Cyclopentadiene,5,5-dimethyl-	Car	51	7.411	2-Cyclopenten-1-one,2-methyl-	Car
20	4.309	Pyrrole	N	52	7.575	Ethanone,1-(2-furanyl)-	Car
21	4.501	Toluene	Ar	53	7.661	2(5*H*)-Furanone	Car
22	4.683	Cyclopentane,1,3-bis(methylene)-	Car	54	7.86	1*H*-Pyrrole,2,3-dimethyl-	N
23	4.775	Pentanal,2,3-dimethyl-	Car	55	7.861	1,6-Dimethylhepta-1,3,5-triene	A
24	4.88	2-Butenoic acid	FA	56	8.025	2-Cyclohexen-1-one	Car
25	4.952	Cyclopentanone	Car	57	8.06	Tetramethylfuran	Car
26	4.971	2-Octene	A	58	8.109	1*H*-Pyrazole,1,3,4,5-tetramethyl-	N
27	5.108	Furan,2,3-dihydro-5-methyl-	Car	59	8.233	2(5*H*)-Furanone,5-methyl-	Car
28	5.333	1,4-Hexadiene,2,3-dimethyl-	A	60	8.241	2,5-Furandione,3-methyl-	Car
29	5.383	Furfural	Car	61	8.333	Cyclohexene,1,2-dimethyl-	Car
30	5.439	Furan,2,3,5-trimethyl-	Car	62	8.717	2-Cyclopenten-1-one,3-methyl-	Car
31	5.859	Pyrazole,1,4-dimethyl-	N	63	8.8	Benzene,1,2,4-trimethyl-	Ar
32	5.967	Cyclopentanone,2-methyl-	Car	64	9.113	Phenol	Ph

续表

序号	RT/min	化合物	归类	序号	RT/min	化合物	归类
65	9.201	3-Methyl-3-cyclohexen-1-one	Car	96	12.91	1*H*-Indene,3-methyl-	Ar
66	9.287	1-Decene	A	97	12.983	2(1*H*)-Pyrimidinone,4-amino-5-methyl-	N
67	9.417	Benzene,1,3,5-trimethyl-	Ar	98	13.067	Phenol,2,6-dimethyl-	Ph
68	9.471	Decane	A	99	13.235	Ethanone,1-（4-methylphenyl）-	Car
69	9.696	1*H*-Pyrrole,2-ethyl-4-methyl-	N	100	13.533	1-Dodecene	A
70	9.883	1,6-Dimethylhepta-1,3,5-triene	A	101	13.566	Phenol,3,4-dimethyl-	Ph
71	9.986	2-Cyclopenten-1-one,3,4-dimethyl-	Car	102	13.697	Dodecane	A
72	10.188	Limonene	Car	103	13.738	1*H*-Indene,2,3-dihydro-1,2-dimethyl-	Ar
73	10.252	Benzene,1,2,3-trimethyl-	Ar	104	14.353	Phenol,2,3,5-trimethyl-	Ph
74	10.333	Indane	Ar	105	14.886	1*H*-Indene,1,3-dimethyl-	Ar
75	10.368	2-Cyclopenten-1-one,2,3-dimethyl-	Car	106	14.967	1*H*-Indene,2,3-dimethyl-	Ar
76	10.514	Indene	Ar	107	15.064	1*H*-Indene,1,1-dimethyl-	Ar
77	10.617	Benzene,1,4-diethyl-	Ar	108	15.156	Naphthalene,1,2-dihydro-4-methyl-	Par
78	10.666	Phenol,2-methyl-	Ph	109	15.456	1-Tridecene	A
79	10.886	2-Cyclopenten-1-one,2,3,4-trimethyl-	Car	110	15.558	Tridecane	A
80	11.177	Phenol,4-methyl-	Ph	111	15.635	Naphthalene,1-methyl-	Par
81	11.242	Benzene,1-methyl-4-（1-methylethyl）-	Ar	112	16.001	Naphthalene,2-methyl-	Par
82	11.373	Benzene,2-ethyl-1,3-dimethyl-	Ar	113	17.216	1-Tetradecene	A
83	11.468	1-Undecene	A	114	17.4	Tetradecane	A
84	11.545	Benzene,1-ethenyl-4-ethyl-	Ar	115	17.658	Naphthalene,2,3-dimethyl-	Par
85	11.665	Undecane	A	116	17.992	Naphthalene,2,6-dimethyl-	Par
86	12.126	Benzene,1,3-diethenyl-	Ar	117	18.921	1-Pentadecene	A
87	12.132	Benzene,1,2,3,4-tetramethyl-	Ar	118	19.095	Pentadecane	A
88	12.248	Benzene,1,4-diethenyl-	Ar	119	20.547	1-Hexadecene	A
89	12.365	Cyclohexanone,3-ethenyl-	Car	120	20.659	Hexadecane	A
90	12.368	5-Ethyl-2-furaldehyde	Car	121	22.075	1-Heptadecene	A
91	12.533	1*H*-Indene,2,3-dihydro-4-methyl-	Ar	122	22.159	Heptadecane	A
92	12.695	Phenol,3,5-dimethyl-	Ph	123	23.507	1-Nonadecene	A
93	12.742	1*H*-Indene,1-methyl-	Ar	124	23.598	Nonadecane	A
94	12.8	Benzene,1,2,3,5-tetramethyl-	Ar	125	23.616	Eicosane	A
95	12.868	2-Methylindene	Ar	126	24.669	Dibutyl phthalate	Cont

注：表中归类列符号含义是 A-脂肪族化合物；Car-碳水化合物；Ph-酚类物质；Par-多环芳香类组分；Ar-其他芳香类化合物；N-含氮类有机物；FA-脂肪酸；S-含硫类化合物；Cont-杂质；Un-未知物；RT-保留时间

这些产物分别按照组分归类和可能的来源划分，明细如下：烷烃/烯烃（A），碳水化合物（Car），酚（Ph），多环芳烃（Par），其他芳香化合物（Ar），含氮化合物（N），含硫化合物（S），脂肪酸（FA），污染物（Cont），以及未指认的化合物（Un）。

（1）在所有样品中都检测到了烷烃/烯烃类化合物，这类物质可能起源于低等生物如藻类物质等，或是由卤水有机物中的芳香类物质光化学降解产生。

（2）所有样品中都检测到了带有甲基支链的 C_5～C_9 链脂肪烃的衍生物，主要以直链正构烷烃/烯烃对为主的 C_{10}～C_{20} 长链脂肪烃的热裂解产物。

（3）所有样品中均检测到碳水化合物。碳水化合物热裂解产物包括醋酸、2-甲基呋喃、环戊酮、环戊烯酮以及它们的衍生物。呋喃衍生物和环戊烯酮是多糖生物聚合物的标记物。

（4）所有的固相萃取样品中都检测到芳香类化合物组分。芳香类化合物可以被划分为 3 类：酚类、多环芳烃组分以及其他芳环组分，酚和烷基酚是主要的组分。酚类组分最可能的来源为微生物的合成，此外酚类组分也可能来源于藻类、微生物多酚、氨基酸、纤维素以及多羧酸的热裂解产物。值得注意的是，所有样品中均未检测到木质素的降解产物甲氧基酚。这说明陆源物质衍生的溶解性有机物对该盐湖卤水有机物的贡献非常有限。

（5）只有两环的多环芳烃被检出，分别为萘和烷基萘。多环芳烃组分一般被认为是黑炭、植物树脂或木炭沉积的产物。

（6）其他芳环组分主要包括 C_1～C_3 烷基苯以及茚及其衍生物。甲苯和乙苯是含量最高的裂解产物，它们没有特定的来源。经常被报道的来源包括微生物、壳质、木质素、丹宁和黑炭等。此外，脂肪酸脱羧的环化反应是烷基苯的另一个可能的来源。

（7）含氮的热裂解产物通常被认为是蛋白质的标记物，它的来源主要为水体中的生物，比如藻类和微生物。如表 17.7 所示，含氮组分的主要裂解产物包括吡咯、咪唑以及它们的衍生物。

（8）二氧化硫作为唯一被检出的含硫组分只存在于 HLB 样品中。硫化物可能来源于磺化物质比如磺化的多糖或是沉积的有机物中的氨基酸上的巯基基团。

（9）脂肪酸可能来源于类脂的降解产物或是微生物的碎屑。关于卤水 DOM 中较低含量的脂肪酸可以有两种解释：一是由于加热产生了脱羧反应以及自由脂肪酸与气相色谱上使用的极性柱的不兼容性；二是由于固相萃取吸附剂可以与高 H/C 比和低 O/C 比的疏水性脂肪酸发生反应，从而使得这部分脂肪酸不能被甲醇所洗脱。无论哪种可能性，脂肪酸的含量可能都会被低估。

17.3 盐湖卤水中 DOM 的组成及来源研究[12]

17.3.1 概述

盐湖卤水中 DOM 的分析鉴定除了采用 17.2 节所述的元素分析、傅里叶红外（FTIR）光谱分析、氢谱核磁（^{1}H NMR）分析和热裂解-气相色谱-质谱分析（Py-GC/MS）外，还可以进行有机碳及稳定同位素分析、碳谱核磁（^{13}C NMR）分析、超高分辨率质谱分析（ESI FTICR-MS）分析，获得更多的组成信息。

17.3.2　仪器、试剂

1. 仪器

总有机碳（TOC）和总氮（TN）分析仪（Analytikyena Multi N/C 3100，德国）；
4 mm 魔角旋转（MAS）探针的 Bruker Advance DSX 300 MHz 光谱仪；
ESI FT-ICR-MS（Bruker Solarix，15 T）；
Milli-Q 超纯水仪（Merck Millipore，美国）；
旋转蒸发仪（Heidolph Hei-VAP，德国）；
冷冻干燥机（FD-1-50，北京博医康）。

2. 试剂、材料

1）固相萃取小柱

PPL（Agilent 公司，美国）固相萃取小柱。

2）氢氧化钠溶液

称取一定量的氢氧化钠（NaOH，A. R），溶于二次水中，配制成 $c(\mathrm{NaOH})=0.1\ \mathrm{mol \cdot L^{-1}}$ 的溶液，备用。

3）盐酸溶液

移取一定体积的盐酸（HCl，A. R），用适量的二次水稀释成 $c(\mathrm{HCl})=0.1\ \mathrm{mol \cdot L^{-1}}$ 的溶液，备用。

移取一定体积的盐酸（HCl，A. R），用适量的二次水稀释成 $c(\mathrm{HCl})=0.01\ \mathrm{mol \cdot L^{-1}}$ 的溶液，备用。

4）甲醇

甲醇（CH_3OH，色谱纯）试剂。

17.3.3　水体中 DOM 的富集分离

1. 湖泊及河流样品的采集

1）容器预处理

用于盛放卤水及河水样品的桶预先经过 3 遍 0.1 $\mathrm{mol \cdot L^{-1}}$ NaOH 溶液和 0.1 $\mathrm{mol \cdot L^{-1}}$ HCl 进行交替浸泡冲洗以减少或消除对卤水样品的污染。

2）样品保存

对某盐湖的湖表卤水（DQL-S）、晶间卤水（DQL-I）及汇入该盐湖的三条主要河流样品（DR、BR 和 WR）进行了采集。将采集的卤水及河流样品用经 450 ℃ 高温灼烧 5 小时的 0.7 μm 的玻璃纤维滤膜进行过滤除去颗粒态物质后，低温避光保存并快速运回实验室以备下一步 DOM 的富集分离工作。

2. DOM 样品的富集分离

采用 PPL 固相萃取材料按照 17.2.2 小节中的方法对湖水及河水样品中的 DOM 进行富

集分离，并制备固体样品。

17.3.4　湖水及河水 DOM 样品的分析与表征

1. 有机碳及稳定同位素分析

采用 Multi N/C 3100 TOC/TN 分析仪对湖水及河水样品中的总有机碳（TOC）和总氮（TN）的含量进行分析，具体分析方法如前所述。对经过研磨的固体 DOM 样品，采用 Delta plus XP 稳定同位素质谱仪（Thermo Finnigan，USA）进行稳定碳同位素分析，稳定碳同位素的值采用 Pee Dee Belemnite（$^{13}C/^{12}C$，PDB）标准进行计算：

$$\delta^{13}C\ 值(‰)=[(R_{sample}/R_{standard})-1]\times1000 \quad (17.2)$$

式中，R 为 $^{13}C/^{12}C$ 的比值。

2. ^{13}C 核磁共振分析（^{13}C NMR）

固态 ^{13}C NMR 分析采用配有 4 mm 魔角旋转（MAS）探针的 Bruker Advance DSX 300 MHz 光谱仪进行测定。DOM 样品被装入氧化锆的转子中，在旋转频率为 8 kHz 的条件下获取数据。谱图的获得采用组合脉冲 TPPM15 质子去偶的交叉极化（Ramp-CP）脉冲序列和魔角旋转技术。测量时的接触时间和延迟时间分别为 1.0 ms 和 1 s。化学位移采用甘氨酸（176.03 ppm）为外标来定标。

3. 超高分辨率质谱分析（ESI FTICR-MS）

利用 ESI FTICR-MS（Bruker Solarix，15 T）对卤水和河流有机物样品进行超高分辨率质谱分析。将样品溶解于 1∶1 的甲醇/水溶液中，以 120 $\mu L\cdot h^{-1}$ 的速度注射到 ESI 单元中。样品在负离子化模式中进行分析，300 次扫描，扫描范围为 150～1000 Da。采用 10 $mmol\cdot L^{-1}$ 的甲酸钠进行外部校正，利用样品本身的特征峰进行内部校正。采用高磁场实验室发明的分子式计算器（Molecular Formula Calc Version 1.2.2 NHMFL，2016）对 DOM 样品中的分子式进行计算和识别，误差范围设为 0.5 ppm，选择信噪比大于 10 的谱峰，计算时的元素限制条件如下：C_{2-50}，H_{2-100}，O_{0-30}，N_{0-7}，S_{0-2}，P_{0-1}，$0.33 < H:C \leq 2.5$，$O:C \leq 1.2$。最终得到的 DOM 分子式归为如下 8 类：CHO、CHON、CHOS、CHOP、CHONS、CHONP、CHOSP、CHONSP，其中等价双键（DBE）、芳环索引（AI_{mod}）、碳的氧化态（NOSC）的计算方法主要参照 Koch 和 Dittmar（2006 年）。

17.3.5　结果与讨论

1. 溶解有机碳（DOC）及稳定同位素

DOC 浓度及$\delta^{13}C$ 值如表 17.8 所示。湖表卤水和晶间卤水 DOC 值分别为 24.1 $mg\cdot L^{-1}$ 和 20.0 mg/L^{-1}，湖表卤水的 DOC 值略高，可能是表层卤水的初级生产力较高所致。三条输入河流的 DOC 值都很低，在 0.4～1.6 $mg\cdot L^{-1}$ 之间，远低于温带地区河流 DOC 平均值，这与所研究区域土壤贫瘠、植被稀少及人类活动有限有关。河流样品中 WR 的 DOC 值最低，主要是由于地热会引起有机碳的分解。湖泊卤水 DOM 的δ^{13}C 值在−21.75‰～−22.36‰之间，说明 DOM 主要来源于湖泊中的浮游植物等，而强烈的光照也会导致陆源物质信号的消失。相比较于晶间卤水，湖表卤水的δ^{13}C 值较高，说明湖表卤水受湖泊内部过程的影响更大。

表 17.8　所研究湖泊卤水及河流样品的 DOC 浓度和δ^{13}C 值

样品	DOC/(mg·L^{-1})	δ^{13}C/‰
DQL-S	24.07	−21.75
DQL-I	20.04	−22.36
DR	1.17	—
BR	1.62	—
WR	0.40	—

注：“—”表示由于河流样品 DOC 浓度很低，获得的 DOM 有限，未进行δ^{13}C 值的测定

2. 固体 ^{13}C NMR 分析结果

DOM 样品的 CPMAS ^{13}C NMR 谱图以及各个化学位移区间的面积积分如图 17.7 和表 17.9 所示。

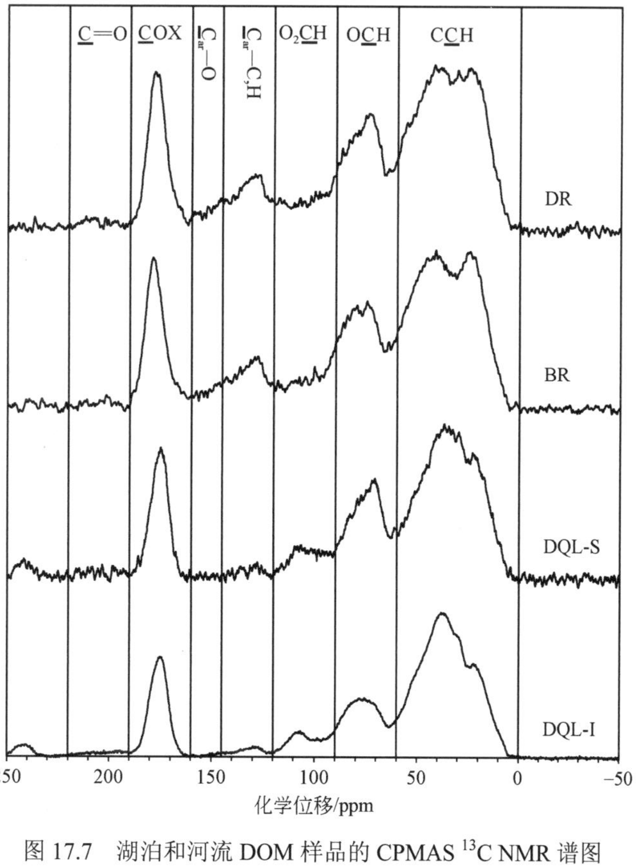

图 17.7　湖泊和河流 DOM 样品的 CPMAS ^{13}C NMR 谱图

WR 由于样品量过少而未作分析

表 17.9　样品中不同类型有机碳的相对百分含量

样品	CHx	HCOH	O—C—O	C═C/Ar—C	CAr—O	COO/CON	C═O
	0～60 ppm	60～90 ppm	90～120 ppm	120～145 ppm	145～160 ppm	160～190 ppm	190～220 ppm
DQL-S	55.87	20.07	6.80	1.51	0.15	14.33	1.29
DQL-I	59.09	17.16	6.47	1.88	0.28	13.85	1.26
BR	49.54	19.66	7.19	6.98	1.94	13.88	0.81
DR	49.65	18.90	6.83	7.28	2.13	13.89	1.32

注：WR 样品由于 DOC 浓度极低，获取的样品量有限而未作 ^{13}C NMR 分析

从图 17.7 和表 17.9 可知，所测样品中占比最高的碳为脂肪族化合物（49.5%～59.1%），主要包括 C—H、C—C 和 C—N 结构。经比较发现，湖泊卤水 DOM 样品中脂肪族化合物的含量要明显高于河流样品。结合湖泊样品 DOM 较高的$\delta^{13}C$ 值，说明所研究盐湖 DOM 主要来源于湖泊的内源物质。占比第二高的为含氧的脂肪族化合物（17.2%～20.1%），主要包括醇类、酯类、醚类等，河流和湖泊 DOM 样品中这类物质的含量相差不大。DOM 样品中异头碳结构组成（碳水化合物中的结构单元）占总有机碳的 7%左右。相比较于河流样品，湖泊 DOM 样品中碳水化合物的含量较低，这可能是由于湖泊中的微生物对河流中输入的碳水化合物利用性较强。由于陆源物质来源，河流 DOM 中的芳香族化合物含量（7.0%～7.3%）要显著高于湖泊 DOM 样品中的含量（1.5%～1.9%）。由于柴达木盆地气候干燥，日晒强烈，光化学反应会促进芳香类化合物的显著减少，并被部分转化成脂肪类化合物。湖泊 DOM 中酚类物质的含量（0.2%～0.3%）同样显著低于河流样品中的含量（2.0%～2.1%），进一步说明了湖泊 DOM 主要来源于湖泊的内源物质，而不是陆源输入。湖表卤水中羧酸的含量略高于其他样品，说明其氧化程度较高。总体而言，湖泊卤水 DOM 样品和河流 DOM 样品的结构组成存在显著差异。

3. 超高分辨率质谱（ESI FTICR-MS）分析结果

所测 DOM 样品的 FTICR-MS 分析结果如表 17.10 所示。每个 DOM 样品中被识别的分子数在 1856～5156 之间，湖泊 DOM 样品中的分子数要高于河流样品，而 WR 中可识别的分子式最少。所有 DOM 样品的质谱图如图 17.8 所示。

表 17.10　由 FTICR-MS 获得的所有 DOM 样品的分子组成特征参数

样品	DQL-S	DQL-I	DR	BR	WR
被识别的分子个数	4582	5156	3859	3241	1856
CHO 化合物/%	62.2	60.5	82.5	80.7	39.1
CHON 化合物/%	12.3	14.5	8.7	12.2	2.5
CHOS 化合物/%	21.2	18.9	5.6	3.9	53.8
CHOP 化合物/%	0	0	0	0.1	0.1
CHONS 化合物/%	3.5	4.8	1.2	1.4	2.3
CHONP 化合物/%	0.3	0.3	0.7	0.7	0.4

续表

样品	DQL-S	DQL-I	DR	BR	WR
CHOSP 化合物/%	0.2	0.5	0.5	0.5	1.1
CHONSP 化合物/%	0.3	0.5	0.9	0.5	0.7
C/%	52.2	51.3	56.2	55.5	52.3
H/%	5.5	5.2	5.5	5.5	4.5
O/%	39.1	40.3	36.7	37.2	36.3
N/%	0.9	1.1	0.7	0.9	0.5
S/%	2.2	2.0	0.8	0.7	6.2
P/%	0.1	0.1	0.1	0.1	0.2
O/C	0.58	0.61	0.50	0.51	0.55
H/C	1.27	1.22	1.17	1.19	1.02
N/C	0.017	0.020	0.013	0.016	0.010
S/C	0.018	0.018	0.0071	0.0061	0.061
P/C	0.00044	0.00075	0.0012	0.0012	0.0014
m/z	400.1	423.0	449.0	423.1	346.4
DBE	7.54	8.35	9.90	9.12	8.38
AI_{mod}	0.19	0.21	0.29	0.28	0.37
AI_{mod} ＞0.5%	4.11	5.31	8.08	6.27	13.19
AI_{mod} ＞0.67%	1.87	2.76	1.95	1.64	4.07
NOSC	−0.03	0.09	−0.13	−0.12	0.22

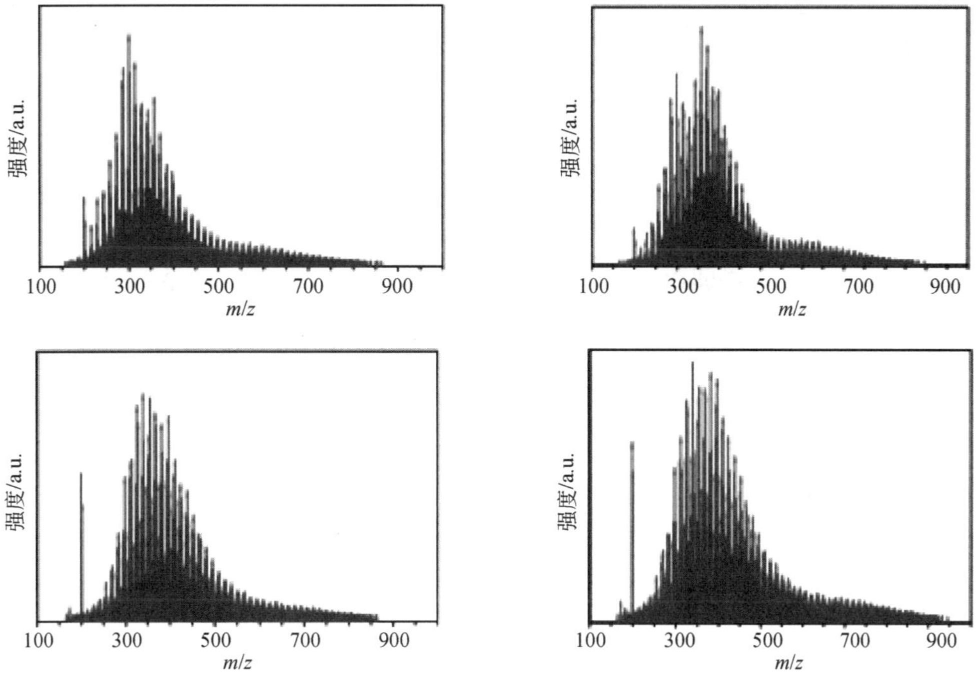

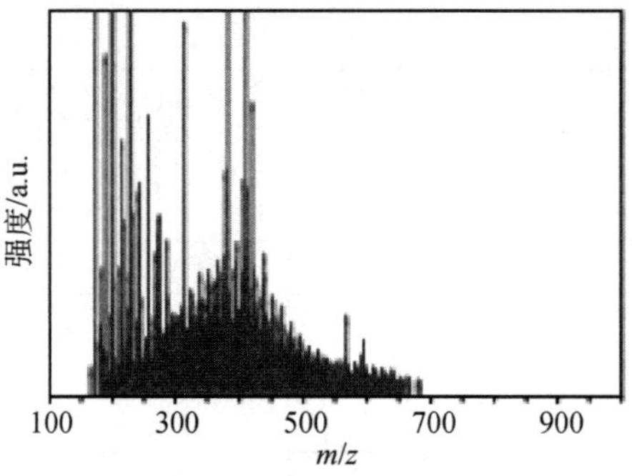

图 17.8　盐湖卤水和河流中溶解性有机物的 ESI FTICR-MS 谱图

从图 17.8 中可看出，DOM 样品的分子量分布在 200～800 Da，其中强度较高的分子主要分布在 300～500 Da。DOM 样品的平均 *m/z* 值在 346～449 之间，湖泊 DOM 样品的平均 *m/z* 值相差不大，在 401～423 之间，说明湖表卤水和晶间卤水 DOM 的性质较为相似。BR 和 DR 河流 DOM 样品的 *m/z* 值要高于湖泊样品。WR 的 *m/z* 值最低，是由于 WR 来自地下热泉，高温高压环境可能会改变其 DOM 的分子量性质。除 WR 以外，其他 DOM 样品的分子式主要由 C、H、O 组成，而 WR-DOM 样品中的分子式主要为 CHOS。

湖泊 DOM 样品中的杂原子数明显要高于河流样品（BR 和 DR）。在含有杂原子的分子中，以含 N 和 S 的分子为主，含 P 的分子则较少。所研究 DOM 分子的元素百分比中，C 为主要元素（51.3%～56.2%），其次为 O（36.3%～40.3%），H（4.5%～5.5%）和杂原子（1.6%～6.9%）。WR 中的含 S 组分非常高，约为 6.2%。相比较于河流 DOM（WR 除外）样品而言，湖泊 DOM 样品具有较高的 H/C、O/C、N/C、S/C 及 C 的氧化态（NOSC），以及较低的等价双键（DBE）和芳香性指数（AI_{mod}），说明湖泊 DOM 中的饱和组分和被高度氧化的组分较多。所有样品的 P/C 都较低，相比较于河流样品，湖泊中更低的 P/C 说明湖泊中微生物对含 P 有机物的利用性更强。WR 的 S/C 最高。天然的热液体系中，S 元素的含量通常较高，通过 DOM 与 S 的相互作用，会生成一些含 S 有机物。相比较于湖表卤水，晶间卤水 DOM 具有较高的 DBE 和 AI_{mod} 值，但是较低的 H/C，这与 ^{13}C NMR 的结果相似，这主要是晶间卤水光化学反应的程度较低所致。此外，含有杂原子的分子比不含杂原子的分子具有更高的 NOSC 值。湖泊 DOM 含有杂原子分子的饱和度更高，而河流 DOM 样品则相反。

图 17.9 为 DOM 样品的 van Krevelen 图。从该图可以看出，相比较于河流 DOM 样品，湖泊 DOM 样品的点更加分散，说明其化学异质性更强。对不同 H/C 和 O/C 的分子进行分类可知：类木质素/CRAM 组分占比最高为 50.62%～72.25%，其次为丹宁和缩合碳氢化合物，分别为 5.98%～16.84%和 8.94%～15.27%。蛋白质类物质约为 2.60%～11.85%，河流样品中该类物质含量略高。其他组分（氨基糖、碳水化合物、不饱和碳氢化合物、类脂）的含量均少于 5%。

通过聚类分析我们可以将所研究的样品分为三类，见图 17.10。

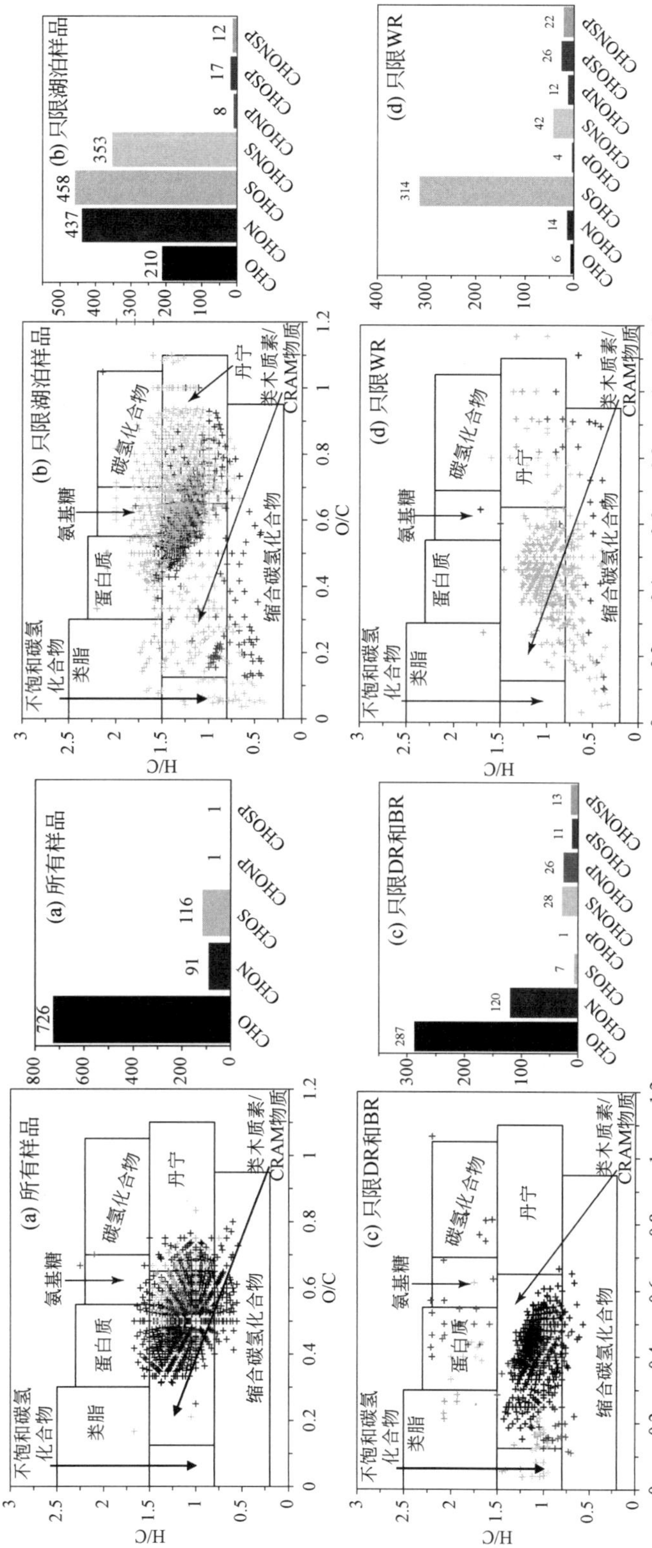

图17.9　所研究DOM样品的van Krevelen图

另见书末彩图

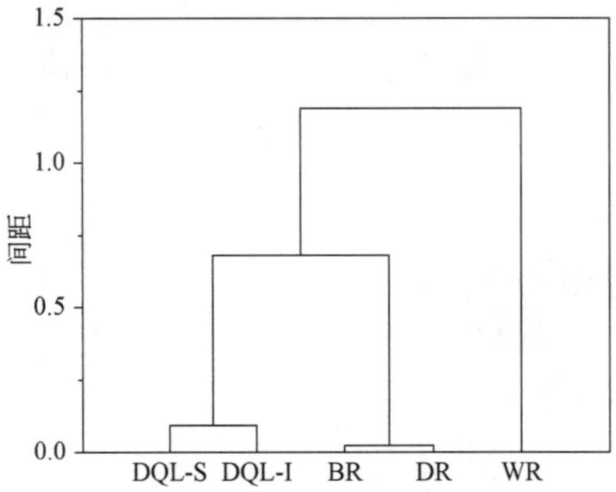

图 17.10 所研究 DOM 样品的聚类分析图

第一类包含两个湖泊 DOM 样品，第二类包括两个河流 DOM 样品（BR 和 DR），热泉 DOM 样品（WR）单独列为一类。所有 DOM 样品都包含的组分主要为类木质素/CRAM 组分，这类物质主要来源于不易被降解和转化的陆源有机物。只存在于两个湖泊中的 DOM 组分主要为杂原子组分，且大多为类木质素/CRAM 及丹宁物质，且具有较高的 O/C 和 H/C 值。只存在于 BR 和 DR 河流中的 DOM 主要为类木质素/CRAM 物质，且具有较低的 O/C 和 H/C 值。而只存在于 WR 中的 DOM 主要为含 S 有机分子。

17.3.6 结论

通过上述分析，认为由于较长的水体滞留时间，盐湖卤水 DOM 的分子组成主要受控于湖泊的内部过程，如光降解、微生物降解以及二者的协同作用。盐湖 DOM 分子的化学异质性较强，其中带有杂原子的高度饱和及高氧化态的有机组分占比较高。虽然陆源输入对盐湖 DOM 组成的贡献较小，但盐湖 DOM 中高含量的含硫有机质可能是热泉 DOM 长期输入并累积的结果。

17.4 卤水中溶解性有机质的光谱分析[13–17]

目前，除了采用化学需氧量（COD）和溶解性有机碳（DOC）反映 DOM 的含量外，主要应用光谱和质谱法对 DOM 结构组成进行分析。相较于质谱分析技术，光谱分析具有取样量少、简洁迅速、可以实现原位分析等特点，深受广大科研工作者的青睐。

17.4.1 原理

DOM 的光谱分析原理主要基于其光学性质，特别是吸收光谱、荧光光谱等特性来进行分析和研究。光谱分析法因其操作简便、灵敏度高等特点，常被用于分析 DOM 的来源、组成和结构。首先，DOM 能够吸收和散射太阳光，从而改变水体的透明度和颜色，这是其吸收光谱特性的体现。通过测定 DOM 在不同波长下的吸光度，可以了解其吸收特性，进而推断其组成和结构信息。其次，荧光光谱是 DOM 光谱分析中的另一个重要手段。DOM

中某些组分在特定波长的光激发下会发出荧光，这种荧光特性与 DOM 的组成和结构密切相关。通过测定 DOM 的荧光光谱，可以获取其荧光团的信息，如荧光峰的位置、强度以及荧光寿命等，这些信息有助于深入了解 DOM 的组成和来源。

17.4.2　仪器、试剂

1. 仪器

紫外-可见分光光度计（北京普析，TU-1901）；荧光光度计（日本日立，F-7000）。

2. 主要试剂

1）氢氧化钠溶液

称取一定量的氢氧化钠（NaOH，A.R），溶于二次水中，配制成 c（NaOH）=0.1 $mol \cdot L^{-1}$ 的溶液，备用。

2）盐酸溶液

移取一定体积的盐酸（HCl，A.R），用适量的二次水稀释成 c（HCl）=0.1 $mol \cdot L^{-1}$ 的溶液，备用。

3）甲醇

甲醇（CH_3OH，A.R）试剂。

17.4.3　分析检测

1. 湖泊及河流样品的采集

1）容器预处理

用于盛放卤水样品的玻璃瓶预先经过 3 遍 c(HCl)=0.1 $mol \cdot L^{-1}$ 溶液和 c(NaOH)=0.1 $mol \cdot L^{-1}$ 进行交替浸泡冲洗以减少或消除对卤水样品的污染。

2）样品保存

现场采集 2.5 L 卤水样品于干净的玻璃瓶中。用 0.7 μm 孔径的玻璃纤维过滤器（Whatman GF/F，使用前在 450℃下燃烧 5 小时）过滤卤水样品，并将过滤的样品置于冰上和黑暗中保存运至实验室以备下一步分析。

2. DOM 分级提取

过滤后的样品使用超滤装置进一步分馏为 LMW（＜1 kDa）和 HMW（1 kDa～0.7 μm）DOM。简单地说，将等体积样品（200 mL）装入超滤系统（Amicon，美国），氮气压力为 345 kPa，浓缩因子为 40。渗透液为 LWM DOM，截留物为 HMW DOM。通过使用 Milli-Q 水进行渗滤，进一步去除截留液中的盐分。高分子量馏分进一步稀释至 200 mL 体积，用于光谱和 DOC 分析。

3. 分析检测

1）紫外-可见光谱分析

采用紫外-可见分光光度计（TU-1901，普析）在 190～800 nm 的波长范围内，以 1 nm 为增量获取紫外-可见（UV-vis）吸收数据。275～295 nm 区间的光谱斜率 $S_{275\sim295}$ 以及 254 nm 处的特定紫外吸光度 $SUVA_{254}$ 等参数，这些参数是通过将吸收系数 $a(\lambda)$归一化至溶解性有机碳（DOC）浓度而得出的。吸收系数 $a(\lambda)$按下式计算：

$$\alpha_\lambda = \frac{2.303A_\lambda}{L}$$

式中，α_λ表示波长λ处的吸收系数；A 表示吸光度；L 表示比色皿宽度。

2）荧光光谱分析

采用日立 F-7000 荧光分光光度计获得荧光激发-发射矩阵（EEM）光谱，其中激发波长（Ex）范围设定为 200～500 nm，以 10 nm 为增量；发射波长范围设定为 250～550 nm，以 2 nm 为增量。

仪器参数设置：激发和发射狭缝均为 5 nm；响应时间设为自动；扫描速度：2400 nm·min^{-1}。为了最大限度地减少散射线干扰和内滤光效应，采用若干预处理步骤，包括去除空白，样品 DOC（溶剂性有机碳）浓度＜10 mg·L^{-1}。

17.4.4 结果讨论

1. DOC 分析

DOC 分析结果如表 17.11 所示，LQDOM、DQDOM 和 WGDOM 原始卤水浓度分别为 41.70 mg·L^{-1}、19.89 mg·L^{-1} 和 28.74 mg·L^{-1}。这些数值高于相同地区表层水 DOC 平均值（6.48 mg·L^{-1}）以及海洋表层水 DOC 平均值，与大盐湖的 DOC 含量（～40 mg·L^{-1}）处于同一范围，低于麦克默多干谷维达湖盐水中的 DOC 值（＞580 mg·L^{-1}）。与其他水生系统相比，盐湖卤水的 DOC 浓度更高。

在 SPE-DOM（SPE 表示固相萃取）中，LQDOM、DQDOM 和 WGDOM 的 DOC 浓度分别为 13.89 mg·L^{-1}、7.21 mg·L^{-1} 和 10.86 mg·L^{-1}，而 UF-DOM（UF 表示超滤，HMW 表示高分子量）的 DOC 浓度分别为 11.68 mg·L^{-1}、5.15 mg·L^{-1} 和 9.1 mg·L^{-1}。因此，SPE - DOM 在三个地点的溶液中分别占 33.31%、36.25%和 37.79%，而 UF - DOM 则分别占 28.01%、29.56%和 31.66%。

2. 紫外-可见光谱分析

紫外-可见光谱见图 17.11，参数见表 17.11。LQDOM、DQDOM 和 WGDOM 的 $SUVA_{254}$ 数据分别为 1.53±0.11、1.67±0.15 和 2.09±0.09。盐湖卤水 DOM 的 $SUVA_{254}$ 值明显低于其他天然水体，这表明盐湖盐水 DOM 芳香族的比例相对较低，这可能是由于缺乏木质素或腐殖酸等陆生有机物的输入。

表 17.11　盐湖卤水 DOM 光谱学参数

来源	样本类别	DOC /(mg·L^{-1})	DOC Recovery /%	$SUVA_{254}$ /(L/mg-C/m)	$S_{275\sim295}$ /10^{-3}	FIX	BIX	HIX
察尔汗盐湖	原始卤水样品	41.7±0.16	—	1.53±0.11	16.00±1.22	2.51±0.06	1.15±0.02	0.73±0.01
	固相萃取样品	13.89±0.03	33.31	2.02±0.07	12.80±1.13	—	—	—
	高分子量样品	11.68±0.05	28.01	1.71±0.04	12.90±0.89	2.09±0.05	0.93±0.01	0.79±0.01
	低分子量样品	32.5±0.13	—	1.40±0.03	18.00±1.45	2.68±0.05	1.19±0.05	0.71±0.01
大柴旦盐湖	原始卤水样品	19.89±0.15	—	1.67±0.15	14.10±1.23	2.24±0.04	1.14±0.05	0.78±0.02
	固相萃取样品	7.21±0.04	36.25	1.69±0.12	14.70±1.30	—	—	—
	高分子量样品	5.88±0.07	29.56	1.68±0.08	10.70±0.91	2.05±0.06	0.94±0.02	0.77±0.01
	低分子量样品	14.21±0.22	—	1.62±0.17	15.90±1.43	2.37±0.01	1.15±0.01	0.76±0.01
西台吉乃尔盐湖	原始卤水样品	28.74±0.17	—	2.09±0.09	14.80±1.15	2.46±0.02	1.22±0.03	0.73±0.01
	固相萃取样品	10.86±0.05	37.79	2.36±0.21	11.30±1.07	—	—	—
	高分子量样品	9.1±0.04	31.66	1.98±0.16	12.80±1.32	2.09±0.02	1.02±001	0.75±0.02
	低分子量样品	20.48±0.35	—	2.20±0.07	14.00±1.26	2.55±0.01	1.25±0.01	0.72±0.01
参照样								
湖泊地表水[13]	—	6.48	—	—	—	—	—	—
海洋表层水[3]	—	0.74～1.44	—	—	—	—	—	—
大盐湖[14]	—	40	—	—	—	—	—	—
维达湖[15]	—	>580	—	—	—	—	—	—
墨西哥湾深海[3]	固相萃取样品	0.59	43±2	—	—	—	—	—
萨旺尼河[16]	固相萃取样品	—	～82	—	—	—	—	—
北海[17]	固相萃取样品	—	～48	—	—	—	—	—
河流样本[18]	—	—	—	—	—	1.4～1.5	—	—
地下水样本[18]	—	—	—	—	—	1.9	—	—
湖泊[18]	—	—	—	—	—	1.3～1.9	—	—
格林湾河口[19]	—	—	—	—	—	1.1～1.3	0.63～0.77	0.86～3.26
沉积物[20]	—	—	—	—	—	1.2～1.5	0.6～0.8	0.7～0.9

对于基于不同分离方法得到的 DOM 组分，SPE-DOM 的 $SUVA_{254}$ 值均高于 UF-DOM。对于 MW 大小的馏分，LQDOM 和 DQDOM 的 HMW 比 LMW（低分子量）的 $SUVA_{254}$ 高，

而 WGDOM 样品的结果相反。结果表明，HMW-DOM 比 LQDOM 和 DQDOM 具有更高的芳香性。

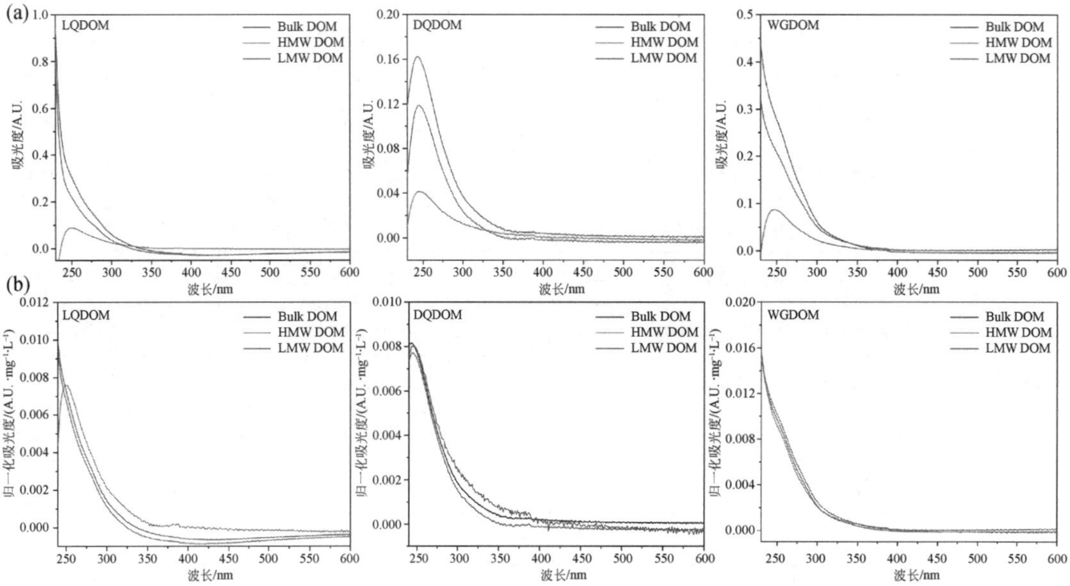

图 17.11　盐湖卤水不同 DOM 分离组分的紫外-可见谱图

另见书末彩图

$S_{275\sim295}$ 与 DOM 的 MW 成反比。在所有样品中，SPE-DOM 和 UF-HMW 组分的 $S_{275\sim295}$ 值之间没有系统的变化趋势。研究结果证实了 SPE 保留 DOM 的机制取决于亲水-亲脂相互作用而非分子量的结论。此外，本研究样品中 LMW 馏分具有较高的 $S_{275\sim295}$ 值，证实了 LMW-DOM 的整体分子尺寸较小，以及本研究中应用的超滤工艺对 MW 的有效分离。

3. 荧光光谱分析

图 17.12 显示了不同分离方法获得的 DOM 样品三维荧光图谱（EEM）。

虽然 EEM 轮廓中有多个峰重叠，但整体 DOM 具有三个相似的主峰特征，即峰 A（Ex/Em：320 nm/400 nm），峰 B（Ex/Em：260 nm/400 nm）和峰 C（Ex/Em：260 nm/410 nm）。峰 A 被认为是 UVC 腐殖质样，而峰 B 和 C 可以被认为是 UVA 腐殖质样。有趣的是，这些荧光团都属于腐殖质样物质，而蛋白质样物质（色氨酸或酪氨酸）部分，均未检测到。这可能是由于高盐盐水中的微生物活性较低。比较原始卤水 DOM 及其分离组分之间的 EEM 轮廓表明，SPE 分离出的 DOM 与原始卤水 DOM 明显不同，这可能是选择性保留、pH 变化或溶剂使用导致分离物发生不可逆的化学变化。相反，UF 分离的 HMW 和 LMW 组分与原始卤水 DOM 具有相似的荧光团。

尽管原始卤水 DOM 和 UF-DOM 之间的 EEM 荧光轮廓相似，但从荧光强度上看，有些差异是明显的，例如原始卤水 DOM 和 LMW-DOM（DQDOM 除外）的峰 A 高于峰 B 和峰 C（两个峰非常接近），而 HMW-DOM 的情况正好相反。无论分子量如何，DQDOM 的

A 峰荧光强度都低于 B 峰和 C 峰，这表明即使是从不同来源提取的同一组分也可能具有不同的光谱性质。

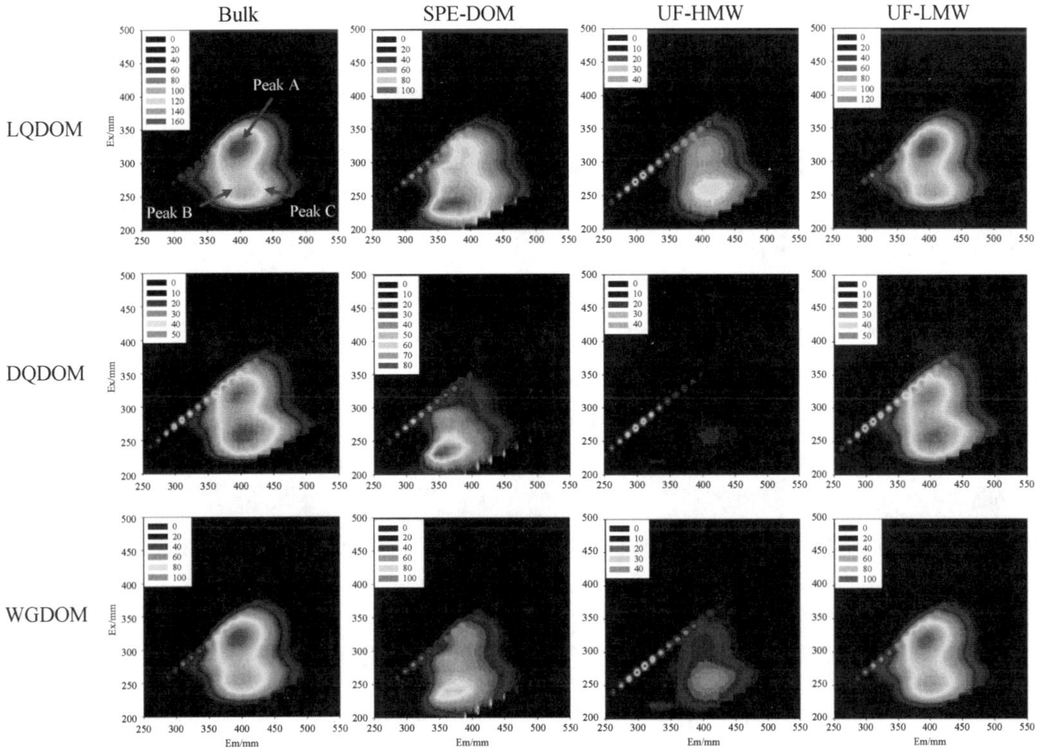

图 17.12 盐湖 DOM 荧光图谱

另见书末彩图

4. 荧光指数分析

FIX（表 17.11）作为说明 DOM 来源的指标，较高的值（-1.9）表示微生物来源的 DOM，较低的值（<1.4）表示陆地来源的 DOM。在我们的研究中，所有样本的 FIX 范围为 2.05～2.68，显著高于其他已报道的水体系，如河流（1.4～1.5）、地下水（>1.9）、湖泊水（1.3～1.9）和绿湾河口（1.1～1.3），也高于沉积物来源的 DOM（1.2～1.5）。对于原始卤水 DOM 和 MW 馏分样品，HMW-DOM 的 FIX（2.05～2.09）均低于 LMW-DOM（2.37～2.68），说明微生物源部分主要分布在 LMW 馏分中。结果表明，自源或新鲜产生的 DOM 贡献的 BIX 在 LMW-DOM 中都明显更高，表明原位产生的 DOM 主要是 LMW - DOM 中。HIX 是 DOM 腐殖化程度的一个指标，对于原始卤水 DOM 和 MW 分馏样品没有明显的系统性倾向，表明腐殖化程度相当。

参 考 文 献

[1] Leenheer J A. Comprehensive approach to preparative isolation and fractionation of dissolved organic carbon from natural waters and wastewaters[J]. Environmental Science & Technology, 1981, 15(5): 578-587.

[2] Simjouw J, Minor E, Mopper K. Isolation and characterization of estuarine dissolved organic matter: Comparison of ultrafiltration and C_{18} solid-phase extraction techniques[J]. Marine Chemistry, 2005, 96: 219-235.

[3] Dittmar T, Koch B, Hertkorn N, et al. A simple and efficient method for the solid-phase extraction of dissolved organic matter (SPE-DOM) from seawater[J]. Limnology and Oceanography: Methods, 2008, 6: 230-235.

[4] 王立英，吴丰昌，黎文，等. 水体溶解有机质富集分离方法的研究进展[J].地球与环境，2008，36 (2): 171-178.

[5] Mopper K, Stubbins A, Ritchie J D, et al. Advanced instrumental approaches for characterization of marine dissolved organic matter: Extraction technique, mass spectrometry, and nuclear magnetic resonance spectroscopy[J]. Chemical Reviews, 2007, 107: 419-442.

[6] Perdue E M, Ritchie J D. Dissolved organic matter in fresh waters[M]// Drever J I ed. Surface and Ground Water, Weathering, Erosion and Soils. Vol.5. Oxford, United Kingdom: Elsevier-Pergamo，2004：273-318.

[7] Stevenson, F J. Humus Chemistry: Genesis, Composition, Reactions[M]. New York：John Wiley & Sons，1994.

[8] Esteves V I, Otero M, Duarte A C. Comparative characterization of humic substances from the open ocean, estuarine water and fresh water[J]. Organic Geochemistry, 2009, 40(9): 942-950.

[9] Ritchie J D, Perdue E M. Proton-binding study of standard and reference fulvic acids, humic acids, and natural organic matter[J]. Geochimic et Cosmochimica Acta, 2003, 67: 85-96.

[10] Sleighter R L, Hatcher P G. The application of electrospray ionization coupled to ultrahigh resolution mass spectrometry for the molecular characterization of natural organic matter[J]. Journal of Mass Spectrometry, 2007, 42: 559-574.

[11] Yang K, Zhang Y, Dong Y, et al. Selectivity of solid phase extraction for dissolved organic matter in the hypersaline Da Qaidam Lake, China[J]. Environ Sci Processes Impacts, 2017, 19(11): 1374-1386.

[12] Zhang Y, Yang K, Chen H, et al. Origin, composition, and accumulation of dissolved organic matter in a hypersaline lake of the Qinghai-Tibet Plateau[J]. Science of the Total Environment, 2023, 868: 161612.

[13] Minor E, Stephens B. Dissolved organic matter characteristics within the Lake Superior watershed[J]. Org Geochem, 2008,39:1489-1501.

[14] Leenheer J A, Noyes T I, Rostad C E, et al. Characterization and origin of polar dissolved organic matter from the Great Salt Lake[J]. Biogeochemistry, 2004, 69(1): 125-141.

[15] Brogi S R, Ha S Y, Kim K, et al. Optical and molecular characterization of dissolved organic matter (DOM) in the Arctic ice core and the underlying seawater (Cambridge Bay, Canada): Implication for increased autochthonous DOM during ice melting[J]. Sci Total Environ, 2018, 627: 802-811.

[16] Cawley K M, Murray A E, Doran P T, et al. Characterization of dissolved organic material in the interstitial brine of Lake Vida[J]. Antarctica Geochim Cosmochim Acta, 2016,183:63-78.

[17] Li Y, Harir M, Uhl J, et al. How representative are dissolved organic matter (DOM) extracts? A comprehensive study of sorbent selectivity for DOM isolation[J]. Water Res, 2017, 116: 316-323.

[18] McKnight D M, Boyer E W, Westerhoff P K, et al. Spectrofluorometric characterization of dissolved organic matter for indication of precursor organic material and aromaticity[J]. Limnol Oceanogr, 2001, 46(1): 38-48.

[19] DeVilbiss S E, Zhou Z, Klump J V, et al. Spatiotemporal variations in the abundance and composition of bulk and chromophoric dissolved organic matter in seasonally hypoxia-influenced Green Bay, Lake Michigan, USA[J]. Sci Total Environ, 2016,565:742-757.

[20] Xu H C, Ji L, Kong M, et al. Molecular weight-dependent adsorption fractionation of natural organic matter on ferrihydrite colloids in aquatic environment[J]. Chem Eng J, 2019, 363: 356-364.

第 18 章　盐湖卤水和矿物研究中的热分析技术

盐类矿物在加热过程中，可出现脱水、重结晶、相变、失重、氧化、分解、晶型改变等，伴随有吸热或放热反应，由此可以判断盐类矿物的热化学性质，作为盐类矿物鉴定方法，为盐类矿物高值化技术研究提供基础参数。

18.1　概　　述[1–8]

热分析技术在多个研究领域有着广泛的应用。例如在材料领域中，研究材料的热稳定性和组分，评估高分子材料的热分解行为和稳定性，研究金属材料的热稳定性和相变过程；药物研究中，测定药物的纯度、相容性和稳定性；地质学中研究矿物的相变和分解，分析矿物和岩石的热稳定性；食品科学领域，研究食品的成分和稳定性；生物医学领域研究生物材料的性质和稳定性；盐湖研究领域，研究无机盐的热稳定性，盐湖矿物与材料在温度变化过程中的质量变化、热稳定性、物理状态改变、相变化状态、反应动力学等信息。从而为深入探究盐湖矿物的内在性质提供依据。

18.1.1　热分析法的发展和特点

1. 热分析方法的发展

1）热分析

热分析法的历史相当悠久，最早可追溯到 1887 年 L. Chatelier 利用升温速率曲线对黏土的测定和研究。迄今，热分析已成为一类多学科的通用仪器分析技术。

热分析（thermal analysis）是利用热学原理，在程序控温条件下，测量物质的物理性质随温度变化的技术，研究物质受热过程中发生的晶型转化、熔融、蒸发、脱水等物理变化或热分解、氧化等化学变化，以及伴随发生的温度、能量或质量改变。

“程序控温”一般指线性升温或线性降温，也包括恒温、循环或非线性升温、降温。“物质”指试样本身和（或）试样的反应产物。“物理性质”包括质量、焓变化、尺寸等等，常为简单的物理量。

2）量热学

当体系发生了变化（包括物理变化、化学反应和生物代谢过程）之后，使发生变化的温度恢复到变化前其实体系的温度，体系放出或吸收的热量称为该体系的热效应，即热量。热量的大小与变化过程有关。产生热变化的过程有两大类：一类是物质的分子构成发生变化；另一类是物质的物理状态发生变化。前者产生的热量称之为化学反应热，后者产生的热量称之为状态变化热。化学反应热又分为吸热反应热和放热反应热，包括燃烧热、生成热、中和热、混合热、水解热、溶解热、稀释热、结晶热、浸润热、脱附热、发酵热等。

状态变化热又分为显热和潜热。显热指状态伴随着温度的变化，是显现的热量；而潜热是相变时无温度变化，固体熔化为液体所吸收的热量作为潜伏在液体中的热量，当液体凝固时将全部释放出来。相变热又分为熔化热、（凝固热）蒸发热（凝结热）和升华热。

量热学是研究如何测量各种过程所伴随的热量变化的学科。精确的热性质数据原则上可以通过量热学实验获得，量热学实验是通过量热仪进行的。由于各种过程的热效应差异很大，热效应出现的形式不同，出现了各种形式的量热仪。早期的量热仪主要用来测定化合物的燃烧焓和热容，目前已出现了生物活性量热仪、差示扫描量热仪等各种量热仪。

2. 热分析方法特点

热分析方法简便易行，具体特点包括：

（1）宽广的温度范围：热分析可以在宽广的温度范围内对样品进行研究，适用于各种温度条件下的实验。

（2）多种温度程序：可以使用各种温度程序，包括不同的升降温速率，以满足不同研究需求。

（3）对样品无特殊要求：热分析对样品的物理状态没有特殊要求，无论是固体、液体还是气体都可以进行测试。

（4）样品量少：所需的样品量很少，通常只需几微克到几百毫克。

（5）不受样品分散限制：即使是非常细小的颗粒或高分散的材料，也能在温度变化过程中显示出固有的物化性能变化。

（6）多种应用领域：热分析技术在化学、化工、冶金、地质、建材、燃料、轻纺、食品、生物等多个领域得到广泛应用。

18.1.2　热分析技术分类

1. 热分析技术的基础

热分析法的技术基础是在于物质在加热或冷却的过程中，随着其物理状态（如质量、力学性质、电阻等）的变化，通常伴有相应的热力学性质（如热焓、比热、导热系数等）或其他性质（如质量、力学性质、电阻等）的变化。因而通过对其某些性质（参数）的测定可以分析研究物质的物理或化学变化过程，宏观上的这些性质变化通常又与物质的组成和微观结构相关联。通过测量和分析物质在加热或冷却过程中的物理、化学性质的变化，可以对物质进行定性、定量分析，从而实现对物质的结构鉴定，为新材料的研究和开发提供热性能数据和精细结构信息。

2. 热分析技术分类

国际热分析联合会（ICTA）建议，根据所测的物理性质的不同，热分析方法可分为 9 类 17 种，参见表 18.1。

品和具有热稳定性的参比物（如α-Al_2O_3）分别放在两个小坩埚中，置于加热炉中升温，在升温过程中，如果样品没有热效应，则样品温度（T）与参比物温度（T_r）之间的温度差ΔT为零；如果样品在某温度下有热效应，则样品温度上升的速率会发生变化，与参比物相比会产生温度差，ΔT不等于零。

2）差热曲线

差热曲线是指使用差热分析仪记录的热分析曲线。纵坐标为试样与参比物的温度差ΔT，一般认为向上对应放热效应，向下对应吸热效应，有时也会出现相反的结果，随仪器的不同而变化，差热曲线需要标注吸热或放热的方向。横坐标为温度或时间。

DTA 分析广泛用于研究物质在加热或冷却过程中发生的各种物理变化和化学变化。其优点是能用于高温测定，最高温度可以达到 1500℃以上，有的仪器甚至达到 2400℃，但测量灵敏度较差，一般作为定性分析，定量分析准确性较差。

3. 差示扫描量热分析

1）差示扫描量热分析原理

差示扫描量热分析（differential scanning calorimetry，DSC）是一种热分析技术，用于测量样品在温度变化过程中的热流差异。这种技术能够提供关于物质相变、化学反应、玻璃化转变、熔融行为、结晶过程以及热稳定性等方面的信息。

差示扫描量热法基于热量补偿原理。DSC 通过补偿样品和参比物之间的温度差所需的能量来工作。样品发生热效应时，会吸收或释放热量，导致样品温度与参比物温度之间的差异，DSC 仪器通过向样品或参比物添加或移除热量来消除这种温差，从而测量出样品在这些过程中吸收或释放的热量。

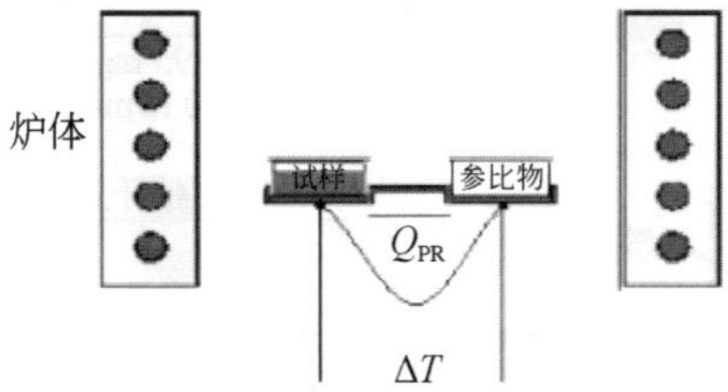

图 18.3　热流型差示量热法的基本原理图

另见书末彩图

DSC 仪器有热流型和功率补偿型两种类型。热流型的原理和 DTA 类似，定量也是通过ΔT换算，仪器热电偶紧贴在试样或参比物支持器的底部，减少了试样本身引起的热阻变化的影响，结果的准确性得到提升，所以又称为定量 DTA，其原理见图 18.3 所示。

本章涉及的 DSC 仪器为热流型差式扫描量热仪，后面的内容均以热流型 DSC 为准；而功率补偿型的原理较为特别，在这不做过多阐述。

2）差示扫描量热法关键参数

（1）热流率（dH/dt）表示单位时间内样品吸收或释放的热量，是 DSC 曲线的纵坐标。

（2）DSC 曲线记录样品和参比物之间温度差异随时间或温度变化的关系，通过分析曲线上的吸热峰或放热峰，可以了解样品的热性质和热行为。图 18.4 是典型的 DSC 曲线示意图。

（3）玻璃化转变温度是高分子材料一个重要的物理参数，标志着非晶态高分子从硬而脆的状态转变为软而有弹性的状态。

（4）比热容指单位质量的物质在温度升高或降低 1℃时所吸收或释放的热量。

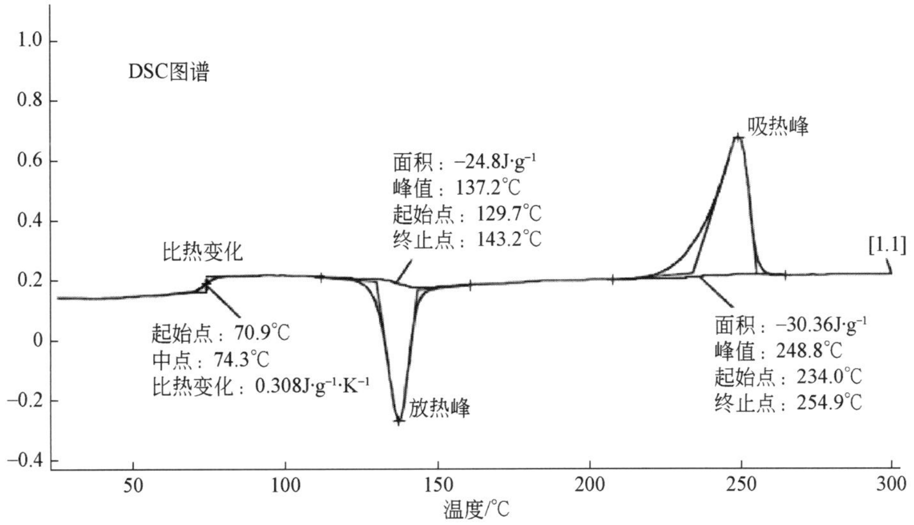

图 18.4　DSC 谱图

4. 差热分析与差示扫描量热分析

DSC 技术源于 DTA。DTA 分析测试的是ΔT信号，无法建立ΔH与ΔT之间的联系；而 DSC 则通过测试ΔT信号，能够建立ΔH与ΔT之间的联系，适用于定性分析。DSC 的分辨率、重现性和准确性均优于 DTA，DSC 曲线的峰面积直接对应于热效应的大小，可直接获得热焓值，适用于定量分析。

利用差示扫描量法，可以研究材料的玻璃化转变、熔融与结晶过程、结晶度、相转变、液晶转变、氧化稳定性（氧化诱导期 O.I.T.）、反应温度与反应热焓，测定物质的比热、纯度，研究高分子共混物的相容性、热固性树脂的固化过程，进行反应动力学研究等。

5. 同步热分析

1）同步热分析原理

同步热分析（simultaneous thermal analysis，　STA）是一种用于同时测量样品的热学性质和物理性质的热分析技术。将热重分析与差示扫描量热（DSC-TG）或者差热分析（DTA-TG）结合为一体，即在同一次测量中利用同一样品可同步得到质量变化与吸放热变化等相关信息。从分析过程看明显缩短测试时间，同时确保了测试结果的可比性。

2）同步热分析曲线

同步热分析仪主要由热电偶、热天平、加热炉、冷却系统、气氛控制系统、数据采集系统和处理系统等部件组成，其中 DSC-TG 的典型曲线参见图 18.5。

3）同步热分析特点

相比单独的 TG 或 DSC 测试，具有如下显著优点：

（1）只需一次实验即可得到 TG 和 DSC/DTA 两种信息，节省时间。

（2）更全面地反映材料的物理转变或化学变化。DSC/DTA 只能反映比热容或焓变的变化，而不能反映质量变化，TG 则正好相反。因而这两种方法互相补充、互相印证，对于一些复杂变化过程的研究尤为重要。

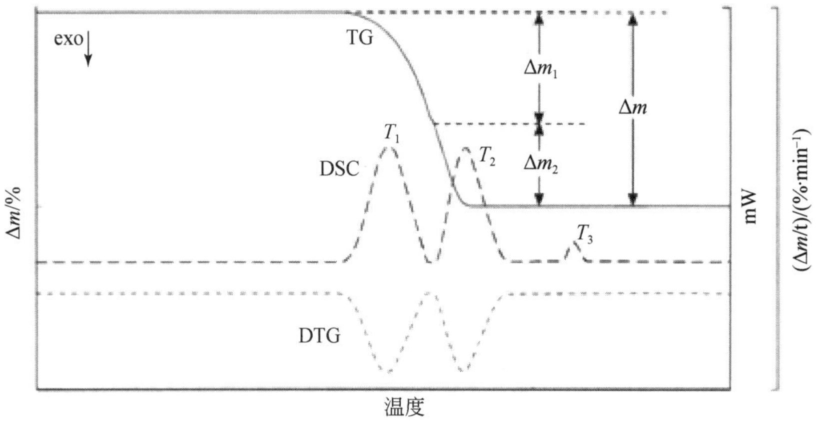

图 18.5　同步热分析标准谱图

另见书末彩图

（3）从根本上解决了样品的质量、均匀性、温度对应性等因素的随机性影响，TG 与 DTA/DSC 曲线对应性更佳。根据某一热效应是否对应质量变化，有助于判别该热效应所对应的物化过程（如区分熔融峰、结晶峰、相变峰与分解峰、氧化峰等）。在反应温度处知道样品的当前实际质量，有利于反应热焓的准确计算。

（4）DSC 利用标准物质校准温度，精度达 0.1℃；而 TG 的温度校准一般采用居里点法或熔断失重法，其误差约 2℃，不但精度低，而且操作复杂。同步热分析可以采用与 DSC 相同的方法校准温度，达到类似的精度。

18.1.4　热分析操作过程

1. 仪器校准

热分析结果与热分析仪器的操作、分析条件选择有直接关系，热分析仪在使用过程中，应注意热电偶温度校准、热天平质量标定、焓变校准，上述校准需要用到国际热分析与量热学协会所确定为提供 DSC 和 DTA 使用的 ICTA-NBS 鉴定参样（certified reference materials，CRM）。

选择参样应注意以下事项：①参样材料在化学上是足够稳定和惰性的，在储存过程没有变化，升温时不与坩埚材料反应；②参样材料易于得到，如商品（分析纯或化学纯）化学试剂和高纯金属；③所取的特征转变温度时足够明显、分立和重复等。

2. 仪器检验

同步热分析仪器在使用过程中，基线出现非预期的持续变化，这种现象可能导致测试结果的误差，影响对样品热性质的准确判断。一般仪器所处环境温度变化、电源稳定性以及仪器元器件的老化及灵敏度的下降均会导致基线发生漂移。解决方案是控制环境温度的恒定，使用稳压电源确保仪器稳定运行，定期进行仪器维护，进行基线检验，确保仪器工作状态。

升温速率对热分析结果有明显的影响，一般而言提高升温速率通常使反应的起始温度、峰温和终止温度增高，DSC 的峰发生改变。导致测量结果出现偏差。而仪器升温速率的等速性发生改变，说明仪器程序控温能力被破坏，实验结果的可靠性变差。应定期进行检验和校准。

热分析仪的检验包括基线漂移，升温曲线的等速性、转变温度、噪声、灵敏度、分辨率以及热量、质量、位移的检验。

3. 仪器操作注意事项

1）开机前准备

检查管路和仪器连接是否正确，确保气瓶（如氮气、空气）有足够的压力，调整减压表表压至 0.1～0.2 MPa，检查气密性，打开水循环冷却器电源。

2）样品准备

避免样品洒在堆埚边缘，防止污染传感器和损坏仪器，固体样品一般控制在 10 mg 左右，液体样品不超过坩埚容量的三分之一。充分了解样品基本化学性质，根据样品性质选择坩埚材质，确保实验过程中样品与坩埚不会发生化学反应，防止损坏仪器。

3）实验条件和参数选择

升温速率与测试样品性质之间关联，一般选择在 10～20℃·min^{-1} 之间，过快的升温速率可能导致曲线漂移，过慢的升温速率则会延长测定时间。特殊样品的升温速率需要根据样品性质确定。同时根据对测试结果的要求选择合适的实验气氛。

样品坩埚有带盖和不带盖之分，盛放样品的坩埚盖在实验过程中可以选择加或不加，主要取决于实验类型，如果是测试样品的物理效应，则选择加盖；如果是测试化学效应则选择不加盖。

4）测试过程

放置样品后开始测量，测试过程中不要调节气体流量，避免桌面震动。测试完成后，待降温风扇停止转动后再进行下一步操作。

18.2　氢氧化镁的同步热分析[9–15]

18.2.1　方法概述

氢氧化镁主要作为阻燃剂、污水中和剂及生产高纯氧化镁的原料，应用十分广泛。氢氧化镁热分解条件对产品质量的影响十分明显，因此采用热分析技术研究氢氧化镁热分解机理，从而确定氢氧化镁的热分解条件，通过控制氢氧化镁热分解条件达到对产品的物性及纯度的控制。

18.2.2　仪器

德国耐驰（NETZSCH）公司型号为 STA449F3 的同步热分析仪。

18.2.3　实验条件

1. 温控程序

温度范围 30～800℃，升温速率 5℃·min^{-1}。

2. 气氛

氮气（N_2，99.999%）；流量：70 mL·min^{-1}（Purge2），20 mL·min^{-1}（Protective）。

3. 样品支架

Pt/Rh 支架。

4. 坩埚

Al_2O_3 坩埚，铂金罩。

18.2.4　结果讨论

1. TG-DSC 曲线

8.255 mg 的 $Mg(OH)_2$ 同步热分析结果见图 18.6 所示。从图 18.6 可以判断 $Mg(OH)_2$ 阻燃剂的热分解过程。$Mg(OH)_2$ 的热分解是基于反应：

$$Mg(OH)_2(s) = MgO(s) + H_2O(g)$$

实验结果表明，在 30～800℃程序温度控制范围内，5℃·min^{-1} 的程序温度的控制下，$Mg(OH)_2$ 的 TG 曲线在 350～410℃时有一个失重台阶，在 350℃时 $Mg(OH)_2$ 开始分解，至 410℃左右分解反应基本结束。在 381.3℃质量损失 29.47%（这与理论计算值 31%基本吻合），残余质量为 71.01%。其 DSC 曲线也只有一个吸热峰，计算吸收热量为 1042 J·g^{-1}，对应于 $Mg(OH)_2$ 的分解。

2. 影响 TG-DSC 曲线因素

$Mg(OH)_2$ 热分解过程是一个复杂的过程，热分解机理较为复杂。实际分析测试中发现，$Mg(OH)_2$ 样品来源、样品纯度、样品粒度对热分析结果有明显的影响；不同升温速率下获得的 TG-DSC 曲线也会不同。热分析结果与分析测试人员对图谱处理方式有很大的关联，由热分析结果研究 $Mg(OH)_2$ 热分解机理还需要借助一些数据处理及不同条件下的热分析结果。

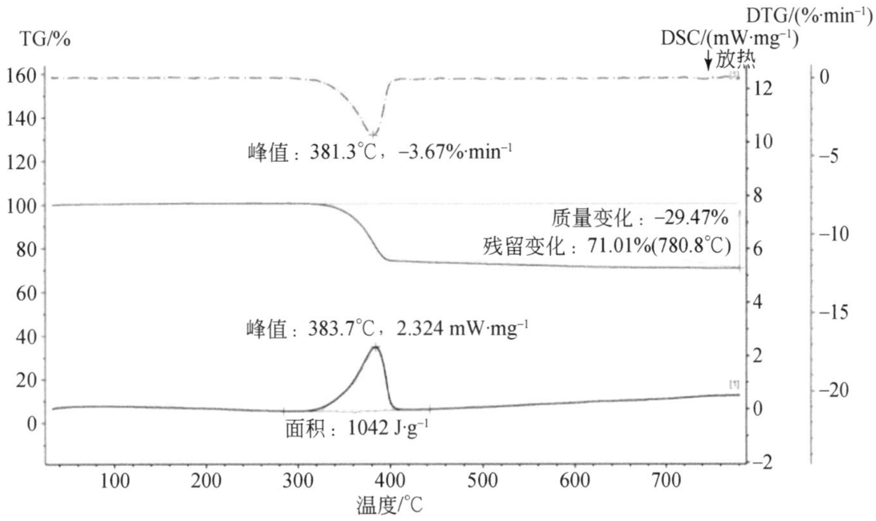

图 18.6　$Mg(OH)_2$ 同步热分析结果图

另见书末彩图

18.3　氯化镁的同步热分析[16, 17]

18.3.1　概述

自然界的镁资源主要以水氯镁石［$Mg(Cl)_2·6H_2O$］形式存在，海水、井矿盐卤水及盐湖卤水都含有大量的水氯镁石，水氯镁石脱水产物无水氯化镁是制备金属镁的原料。研究 $Mg(Cl)_2·6H_2O$ 的热分解反应机理，是 $Mg(Cl)_2·6H_2O$ 的脱水研究和工业化生产中的重要环节。

18.3.2　仪器

德国耐驰（NETZSCH）公司型号为 STA449F3 的同步热分析仪。

18.3.3　实验条件

1. 温控程序

温度范围 50～1000℃，升温速率：10℃·min^{-1}。

2. 气氛

氮气（N_2，99.999%）；流量：70 mL·min^{-1}（Purge2），20 mL·min^{-1}（Protective）。

3. 样品支架

Pt/Rh 支架。

4. 坩埚

Al_2O_3 坩埚，铂金罩。

18.3.4　结果讨论

1. TG-DSC 曲线

图 18.7 是 27.220 mg 的 $Mg(Cl)_2\cdot 6H_2O$ 的 TG-DSC 曲线图。测试过程中升温速率等测试条件的选择直接影响热分析曲线图；不同分析人员对热分析曲线图的处理结果也不尽相同。

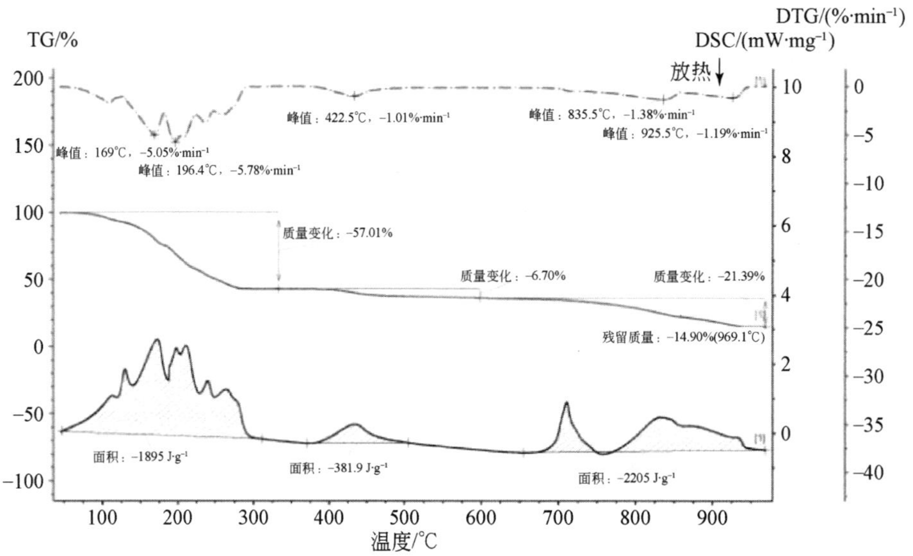

图 18.7　$Mg(Cl)_2\cdot 6H_2O$ 的 TG-DSC 曲线图

另见书末彩图

1）解谱一

从图中可以看出，$Mg(Cl)_2\cdot 6H_2O$ 的 TG 曲线有 3 个明显的失重台阶，图中 TG 曲线在 60～350℃出现第一个明显的失重台阶，质量损失为 57.01%，与 $MgCl_2\cdot 6H_2O$ 经脱水反应和水解反应变为 MgOHCl 的质量损失理论值（61%）相当，由此表明这一台阶为 $MgCl_2\cdot 6H_2O$ 的脱水反应、水解反应过程。相对应的 DSC 曲线共有 5 个吸热峰，总吸热量约为 1895 J·g^{-1}。在 350℃以上，出现两个失重台阶，最终残留质量为 14.9%。说明该过程为 MgOHCl 的热分解反应。

2）解谱二

对比图 18.7 中 TG 曲线出现第一个明显的失重台阶的温度范围 60～350℃区间，TG 曲线有拐点，对应的 DSC 曲线共有 5 个吸热峰，DTG 曲线同样有 5 个峰，说明在此温度区间，$Mg(Cl)_2\cdot 6H_2O$ 脱水是分阶段进行的，不同阶段对应需要吸收不同的热量，有不同的失重速率。在降低升温速率的条件下，TG-DSC 曲线的变化趋势会更加明显，热分析曲线上的差异逐渐明显。

2. $Mg(Cl)_2·6H_2O$ 热分解机理研究意义

$Mg(Cl)_2·6H_2O$ 是一种重要的化工原料，一般用来脱水制备无水氯化镁、直接煅烧制备氧化镁以及碱式氯化镁，或和其他物质合成氢氧化镁等。水氯镁石脱水后的无水氯化镁是电解生产金属镁的主要原料。

然而 $Mg(Cl)_2·6H_2O$ 的结晶水在受热过程中不是直接脱除的，其脱水过程一般认为分 4 个阶段，在前 2 个阶段共脱除 4 个结晶水，后续 2 个阶段则是脱水和分解共存阶段。研究水氯镁石热分解过程，确定其热分解机理，对确定以水氯镁石为原料生产无水氯化镁工艺控制、提高产品质量具有重要作用。

18.4　镁水泥的同步热分析[18, 19]

18.4.1　方法概述

氯氧镁水泥（magnesium oxychloride cement，MOC）是 1867 年由法国科学家 Sorrel 发明的一种气硬性胶凝材料。MOC 的主要原料是轻烧氧化镁粉、氯化镁和水，通常为了改性某些性能还需要加入各种外加剂。热分析技术是研究镁水泥产品性质的一个重要手段。

18.4.2　仪器

德国耐驰（NETZSCH）公司型号为 STA449F3 的同步热分析仪。

18.4.3　实验条件

1.温控程序

温度范围 40～1030℃，升温速率 5℃·min^{-1}。

2.气氛

氮气（N_2，99.999%）；流量：60 mL·min^{-1}（Purge2），20 mL·min^{-1}（Protective）。

3. 样品支架

Pt/Rh 支架。

4. 坩埚

Al_2O_3 坩埚，铂金罩。

18.4.4　结果讨论

1. TG-DSC 曲线

镁水泥受热脱水和相变非常复杂，图 18.8 为 13.410 mg 镁水泥样品的 TG-DSC 图。

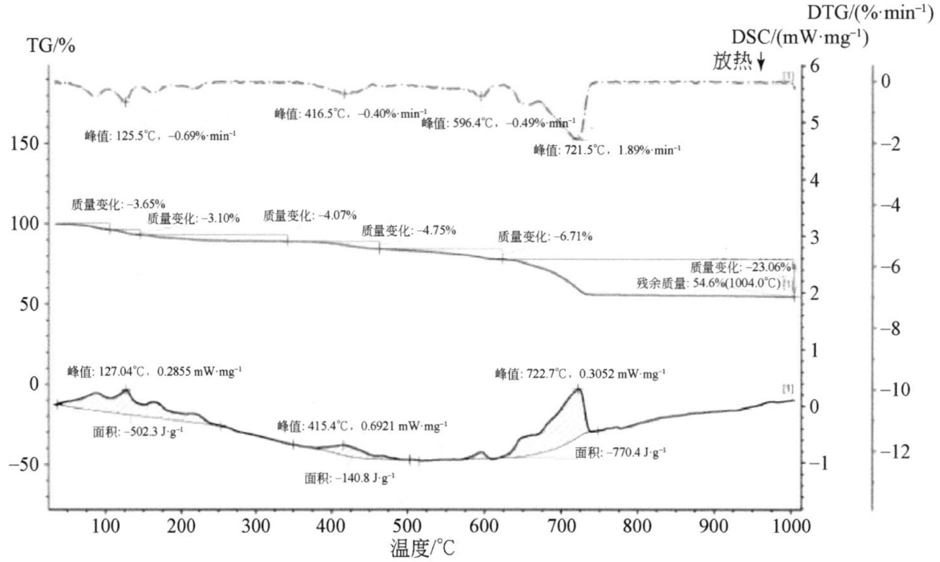

图 18.8　镁水泥的 TG-DSC 曲线图

另见书末彩图

2. TG-DSC 曲线解析

根据图 18.8 的 TG 曲线可知，镁水泥在 60℃左右开始失重，至 750℃左右反应基本结束。由 TG 曲线可推断出其热分解反应分 6 个阶段进行，在 160℃左右，可合并为一个热分解过程即镁水泥失水过程，此阶段的失重率为 6.83%，相对应的 DSC 曲线有一个吸热峰，吸热值约为 502.3 $J \cdot g^{-1}$。第二个吸热峰在 420℃ 左右，吸收热量为 140.8 $J \cdot g^{-1}$，对应于镁水泥受热释放 HCl 气体的过程。第三个吸热峰在 700℃ 左右，可合并为 $Mg(OH)_2$ 受热分解生成 MgO 和 H_2O 的过程，吸热量为 770.4 $J \cdot g^{-1}$。该阶段的失重率为 29.7%（计算值为 27.4%），实验值与计算值比较。镁水泥受热分解放出大量的热，在 30～1000℃范围内测得的数据表明，镁水泥 3 个反应阶段总的吸热量为 1413.5 $J \cdot g^{-1}$，较大的吸收热量是使其具有阻燃作用的最主要原因。

18.5　晶须材料的同步热分析[20]

18.5.1　方法概述

晶须是在人工控制条件下以单晶形式生长成的一种纤维，其直径非常小，以致难容纳在大晶体中常出现的缺陷，其原子高度有序，因而强度接近于完整晶体的理论值。无机晶须材料是高技术新型复合材料中的一种特殊成员，它有优良的耐高温、高热、耐腐蚀性能、有良好的机械强度、电绝缘性、轻量、高强度、高弹性模量、高硬度等特性，作为塑料、金属、陶瓷的改性增强材料时显示出极佳的物理、化学性能和优异的机械性能。热稳定是晶须的重要参数，是评估晶须及复合材料热稳定、晶须对材料性能提升的基本参数。

18.5.2　仪器

德国耐驰（NETZSCH）公司型号为 STA449F3 的同步热分析仪。

18.5.3　实验条件

1. 温控程序

温度范围 30～550℃，升温速率 5℃·min^{-1}。

2. 气氛

氮气（N_2，99.999%）；流量：80 mL·min^{-1}（Purge2），20 mL·min^{-1}（Protective）。

3. 样品支架

Pt/Rh 支架。

4. 坩埚

Al_2O_3 坩埚，铂金罩。

18.5.4　结果讨论

1. TG-DSC 曲线

无机晶须材料受热发生分解起到阻燃、抑烟等作用，且分解产物无毒、无害，作为环境友好型阻燃剂已开始应用于航天、国防等领域。图 18.9 是 10.512 mg 某无机晶须材料的 TG-DSC 曲线。

2. TG-DSC 曲线解析

实验测得的无机晶须材料在 250℃以上开始失重，500℃左右反应基本完成。无机晶须材料的热分解分为两个阶段：第一阶段 250～350℃，失重率 13.33%，反应吸热 23.5 J·g^{-1}；第二阶段为 350～500℃，失重率为 18.53%，反应吸热 76.66 J·g^{-1}。无机晶须材料受热温度低于 250℃时，具有一定的热稳定性，化学性质不发生变化；温度升高至 250～350℃阶段，无机晶须材料分解，从而起到阻燃作用。由于阻燃剂在某一温度范围内发生分解，且范围越大，越接近高分子聚合材料的分解温度，其阻燃性能越优越。因此，根据以上结论可知，该无机晶须材料对于阻燃分解温度处于 250～500℃左右分解的材料效果明显。

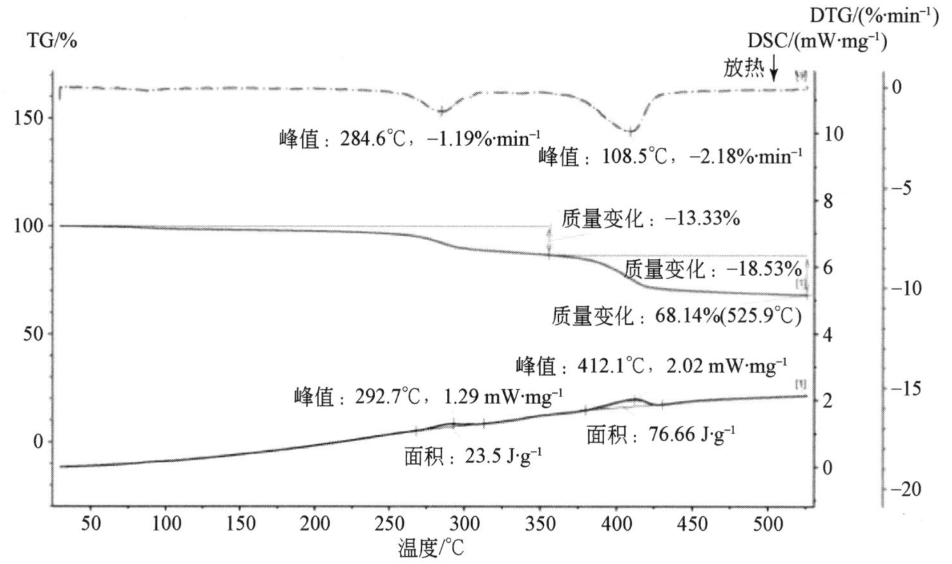

图 18.9　晶须材料的 TG-DSC 图

另见书末彩图

3. 晶须材料热稳定性研究

热分解性能作为评价阻燃剂重要性能指标之一，已开始得到人们的重视。目前，有关固态物质热分解动力学的研究，其方法主要为热分析法。阻燃剂性能的好坏主要取决于其受热后发生分解的温度范围是否接近高分子聚合物热解温度，接近程度越高阻燃性能越好。

采用热重-差热法，在程序升温、氮气保护下，通过对无机晶须材料的热分解机理进行分析，了解无机晶须材料的分解温度，使阻燃剂与被阻燃物在合适的地点和时间发生。因此，建立无机晶须材料热分解的动力学对考察其在受热时的变化情况、热稳定性、使用寿命，以及阻燃剂的选用都有重要的指导意义。

参 考 文 献

[1] 武汉大学. 分析化学. 下册[M]. 5 版. 北京：高等教育出版社, 2007: 700-711.

[2] 蔡正千. 热分析[M]. 北京：高等教育出版社, 1993: 26-67.

[3] 刘振海. 热分析导论[M]. 北京：化学工业出版社, 1991: 33-75.

[4] 陈镜乱，李传儒. 热分析及其应用[M]. 北京：科学出版社, 1985: 162-216.

[5] 于伯龄，姜胶东. 实用热分析学[M]. 北京：纺织工业出版社, 1990: 16-133.

[6] Höhne G W H, Hemminger W F, Flammersheim H J. Differential Scanning Calorimetry[M]. 2nd ed. Berlin: Springer-Verlag, 2003.

[7] Gabbott P. Principles and Applications of Thermal Analysis[M]. Lodon: Blackwell Publishing Ltd. 2008.

[8] Haines P J. Principles of Thermal Analysis and Calorimetry[M]. Lodon: The Royal Society of Chemistry, 2002.

[9] 宁志强, 翟玉春, 孙立芹, 等. 氢氧化镁分解动力学的研究[J]. 分子科学学报, 2009, 25(1): 27-30.

[10] Camino G, Maffezzoli A, Braglia M, et al. Effect of hydroxides and hydroxycarbonate structure on fireretardant effectiveness and mechanical properties in ethylene-vinyl acetate copolymer[J]. Polymer Degradation and Stability, 2001, 74(3): 457-464.

[11] Song G L, Ma S D, Tang G Y, et al. Preparation and characterization of flame retardant form-stable phase change materials composed by EPDM, paraffin and nano magnesium hydroxide[J]. Energy, 2010, 35(5): 2179-2183.

[12] Halikia I, Neou-Syngouna P, Kolitsa D, et al. Isothermal kinetic analysis of the thermal decomposition of magnesium hydroxideusing thermogravimetric data[J]. Thermochimica Acta, 1998, 320(1-2): 75-88.

[13] Yoshida T, Tanaka T, Yoshida H, et al. A Xanes study on the dehydration process of magnesium hydroxide[J]. Physica, 1995, 208-209(1): 581-582.

[14] 翟学良. 氢氧化镁热分解行为与机理研究[J]. 矿产综合利用, 2000, (3): 11-14.

[15] 李陇岗, 杨建元, 钟辉, 等. $Mg(OH)_2$ 热分解动力学机理研究[J]. 盐湖研究, 2006, 14(1): 39-42.

[16] Kirsh Y, Yariv S, Shoval S. Kinetic analysis of thermal dehydrat ion and hydrolys is of $MgCl_2·6H_2O$ by DAT and TG[J]. Journal of Thermal Analysis and Calorimetry, 1987, 32(2): 392-408.

[17] 黄琼珠, 路贵民, 汪瑾, 等. $Mg(Cl)_2·6H_2O$ 热分解机理的研究[J].无机材料学报, 2010, 25(3): 306-310.

[18] Sha W, O'Neill E A, Guo Z. Differential scanning calorimetry study of ordinary Portland cement[J]. Cement and Concrete Research, 1999, 29(9): 1487-1489.

[19] 何小芳, 张亚爽, 李小庆, 等. 水泥水化产物的热分析研究进展[J]. 硅酸盐通报, 2012, 31(5): 1170-1174.

[20] Lipunov I N, Kovel M S, Teploukhov A S, et al. Kinetics and thermodynamics thermodynamics of hardening in systems $MgO-H_2O$ and $MgO-MgCl_2-H_2O$ [J]. Russ J App Chem, 2004, 77(4): 543-548.

第19章　其　　他

19.1　密度的测定[1, 2]

19.1.1　概述

密度是描述物质特性的一个质要物理量。它反映了物质内部粒子（如原子、分子等）的紧密程度，是物质的一种固有属性，只与物质种类有关，与物质的具体质量与体积无关。

卤水的密度受卤水组成、浓度影响，卤水密度大小可直观反映卤水的含盐量的多少。卤水密度受温度影响，通常会随温度的升高略微降低。

密度是物质单位体积内所含的质量，用符号ρ表示，全称质量密度，也叫体积质量。密度的 SI 单位为千克每立方米，分析化学中常用 $g \cdot cm^{-3}$；液体物质习惯用 $g \cdot mL^{-1}$。

卤水的密度即为某确定温度下，卤水的质量与体积之比，用符号ρ表示，以 $g \cdot cm^{-3}$ 为单位，习惯常用 $g \cdot mL^{-1}$ 表示。这里要注意与常用的卤水组成质量浓度单位 $g \cdot L^{-1}$ 的区别。其测定方法有密度瓶法、体积-质量法、密度计法和波美计法等，现分述如下。

19.1.2　密度瓶法

1. 测定原理

在相同温度下，用蒸馏水标定密度瓶的体积，然后测定同体积待测样品的质量，计算待测样品的密度。测定时的温度一般规定为 20℃，有时也用其他温度，此时测定计算得到的密度值应标明测定时的温度。

2. 测定仪器

密度瓶是测量密度用的玻璃仪器，有多种形式，常用的如图 19.1 所示。分为带温度计的精密型和不带温度计的普通型。实验室常用的为普通型的密度瓶。

3. 测定步骤

市售密度瓶是一种玻璃量器，由不同体积的瓶体和带有毛细管的配套磨口塞组成，有不同的规格，用于不同的测试要求。通常情况下密度瓶的体积是准确的，可以直接使用。

1）测定步骤

（1）将密度瓶洗净，低温干燥后，在室温下（20℃）放置一小时，称其质量（m_0）。

（2）用新煮沸并冷却至室温下（20℃）的蒸馏水注满密度瓶，塞上塞子，用滤纸小心吸去瓶口和瓶塞上端毛细管顶部溢出的水，密度瓶浸入恒温水浴（20℃ ±1℃）放置 30 min，塞子毛细管上端溢出的水，小心用滤纸吸去。取出密度瓶，用干净细布擦干密度瓶外壁水分，在室温下（20℃）放置 20 min，然后称其质量（$m_{水}$）。

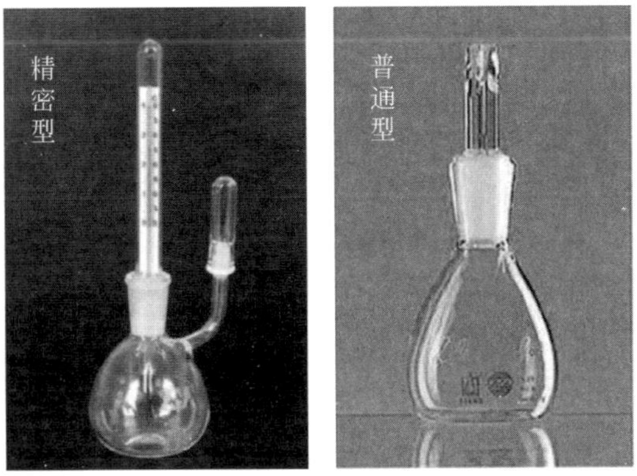

图 19.1 密度瓶

另见书末彩图

（3）将密度瓶中的蒸馏水倒出，洗干净后按步骤（1）进行干燥，然后将待测卤水溶液注满密度瓶，按步骤（2）的操作，获得卤水质量（$m_{卤}$）

2）结果计算

待测卤水在 20℃的密度按式（19.1）计算：

$$\rho_{20} = \frac{m_{卤} - m_0}{m_{水} - m_0} \times \rho_{20}(H_2O) \tag{19.1}$$

式中，ρ_{20} 为 20℃时水的密度。

4. 注意事项

密度瓶法系目前准确测定液体密度的一种方法，要保证测量结果的准确度，需注意以下几点：

（1）向密度瓶内注入待测卤水溶液时不得带入气泡。

（2）使用精密型密度瓶时，操作步骤（2）中应用密度瓶所带温度计控制温度。而常用普通型密度瓶，需要在恒温水浴中另外使用分度值为 0.1℃的温度计控制温度。

（3）严格意义上，密度瓶法测出的是相对密度。

（4）液体密度与温度有关，在报告给出溶液密度时，需要表明温度。如果参比物的温度和待测溶液测量温度不一致时，如待测物测量温度为 20℃，参比物水温度为 4℃，需要同时给出待测溶液的测量温度和参比物的温度，记作 4ρ_4^{20}。

19.1.3 体积-质量法

体积-质量法系为该测定温度下，单位体积卤水的质量。是目前实验室常用方法。

测定方法：取一容积为 50 mL 的称量瓶，洗净，烘干并在室温下放置一小时，然后称其质量（m_0）。在室温下，用一校正后的移液管，吸取一定体积的卤水（V）于上述称量瓶中，加盖，再称其质量（m），则卤水在该温度下的密度由式（19.2）计算：

$$\rho = \frac{m - m_0}{V} \tag{19.2}$$

体积-质量法测定密度优点是快速，缺点是由于卤水浓度一般较大，在量取体积时，则往往由于卤水黏滞于容器内壁而引起测定的误差。在对密度精度要求不严格的情况下，可以用此法快速获取卤水密度。

采用体积-质量法测定密度时，也可以用外壁洁净、干燥的容量瓶替代称量瓶，称量后的溶液可以直接稀释后作为分析待测试样溶液。

19.1.4　密度计法

密度计是利用浮力原理制作的测量液体密度的仪器。一般由玻璃制成，上方是规则圆柱形的刻度部分，下方是不规则圆柱形，下端装有铅颗粒，能使密度计竖直漂浮在待测液体中。测量时可以在密度计上直接读出待测溶液的密度。一般用于测定 0.650～2.0 $g \cdot cm^{-3}$ 范围内轻于或重于水的溶液的密度。

测定方法：取一大小适当的清洁干燥的量筒，将卤水盛入量筒，约为量筒容积的五分之四。小心放入干燥的比质计，稳定后，直接由刻度上读取卤水密度值。

密度计法具有简单、快速的优点，准确度取决于读数的精确性。

用密度计测量时，要注意量筒中的待测溶液应为清澈，不含固体物质，没有气泡。

19.1.5　波美计法

波美计，又称为波美比重计，是一种用于测量溶液浓度和密度的工具。波美度（°Bé）是表示溶液浓度的一种方法，由法国化学家波美（Antoine Baume）创制。波美计通过测量溶液的密度来反映其浓度，适用于多种液体等，广泛用于盐卤工业领域。

1. 波美计的分类

波美计以水的密度为分界线，主要分为轻表和重表两种类型：

轻表，用于测量密度小于水的液体。

重表，用于测量密度大于水的液体。

2. 波美计的使用方法

（1）将波美计洗净擦干后，缓缓放入盛有待测溶液的量筒中，确保不触及量筒的四周及底部。

（2）保持溶液温度为 20℃，待波美计静置后，略微按下再让其自然上升并静置至无气泡产生。

（3）从水平视角观察波美计与液面相交处的刻度，该刻度即代表试样的相对密度。如果测定温度不是 20℃，需要对测得值进行校正。

3. 波美计的校正方法

在 20℃的蒸馏水中进行校正，确保房间温度稳定超过 2 小时。将蒸馏水倒入量筒内，将待校正的波美计轻轻放入量筒中，确保其 0 刻度线与蒸馏水的凹液面保持水平。取两支标准波美计的平均值与待校波美计进行对比，两者的差值即为待校波美计的校正值。若校正值未超过 1°Bé，则表明该波美计符合标准。

4. 波美度与密度的换算

由于波美计本身的制造标准没有统一，因此波美度和密度之间的换算方法也不一致，波美度和密度之间的换算方法列于表 19.1。

表 19.1　波美度与密度的换算

波美计的种类	制造标准	测定温度/℃	比水重的液体	比水轻的液体
波美计	纯水为 0°Be′，以 1.8429 比质的 H_2SO_4 为 66°Be′	15	$\rho=\dfrac{144.3}{144.3-Be'}$	$\rho=\dfrac{144.3}{144.3+Be'}$
	纯水为 0°Be′，以 10% NaCl 溶液为 10.746°Be′	12.5	$\rho=\dfrac{144.3}{144.3-Be'}$	$\rho=\dfrac{144.3}{144.3+Be'}$
		15	$\rho=\dfrac{145}{145-Be'}$	$\rho=\dfrac{145}{145+Be'}$
旧式波美计	纯水为 0°Be′，以 10% NaCl 溶液为 10°Be′（比水质的）10% NaCl 溶液为 0°Be′，纯水为 10°Be′	12.5	$\rho=\dfrac{145.88}{145.88-Be'}$	$\rho=\dfrac{145.88}{145.88+Be'}$
		15	$\rho=\dfrac{146.3}{146.3-Be'}$	$\rho=\dfrac{146.3}{146.3+Be'}$
		17.5	$\rho=\dfrac{146.78}{146.78-Be'}$	$\rho=\dfrac{146.78}{146.78+Be'}$

19.2　干基（总矿化度）的测定[2]

19.2.1　概述

在天然卤水化学分析工作中，干基的测定具有两方面的意义。一方面是测定卤水中所溶解的各种盐类的总量——矿化度；另一方面是借助干基的测定结果进一步检查全分析结果的正确性。

鉴于一般天然卤水中，总是含有不同数量的 Ca^{2+}、Mg^{2+}等碱土金属离子，如果采用直接蒸干称量的办法，则一方面由于干燥后生成的 $CaCl_2$ 和 $MgCl_2$ 等盐类具有强烈的吸湿作用，难以恒重；另一方面，干燥过程中生成部分带结晶水的硫酸盐和氯化物（如 $CaSO_4·2H_2O$，$MgSO_4·7H_2O$，$MgCl_2·6H_2O$ 等），这些盐类有时加热至 200℃后尚难以完全脱水，也往往导致测定结果的不正确。为避免测定工作中的以上困难，通常是在测定试样中加入某些既能与 Ca、Mg 化合，又可以免除以上困难的试剂，然后进行干基的测定。

埃弗里莫夫采取加入 Na_2CO_3 的方法，将 Ca^{2+}、Mg^{2+}转变成碳酸盐形式称量。塔纳纳也夫提出以 NaF 代替 Na_2CO_3，其结果更好。现将这种方法介绍如下。

19.2.2　试剂

1. 碳酸钠

20 g 碳酸钠（Na_2CO_3，A. R.）溶于二次水并稀释至 100 mL，摇匀后转入洁净的塑料瓶中。此溶液$\rho(Na_2CO_3)=200\ g\cdot L^{-1}$。

2. 氟化钠

氟化钠（NaF，A.R）试剂。

19.2.3　测定方法

1. 埃弗里莫夫法

于一称量瓶（60×30mm）或 30 mL 瓷蒸发皿内，放入一大小适宜的玻璃棒，在 180℃烘干并恒质（m_1），然后加入 10 g $\rho(Na_2CO_3)=200\ g\cdot L^{-1}$ 溶液（加盖后称量，令加入 Na_2CO_3 溶液的质量为 m_3），在不断搅拌下，准确地滴加一定体积的试样溶液，称量瓶内溶液置于水浴上小心蒸干，后继在 80℃干燥箱里干燥，最后于 180℃干燥至恒质（m_2）。

测定时，应在相同的条件下，平行作一份 Na_2CO_3 溶液的空白试验，求得每克 $\rho(Na_2CO_3)=200\ g\cdot L^{-1}$ 溶液含有固体 Na_2CO_3 的准确质量。测定中所得的总固体质量减去加入的 Na_2CO_3 固体的质量，即为所取分析试样中含有干固物的质量。

结果计算：

$$干基(g/L)=\frac{m_2-[m_1+(m_3+Q)]}{V}\times 1000 \tag{19.3}$$

式中，m_2 为称量瓶加干固物质量（g）；m_1 为称量瓶的质量（g）；m_3 为加入 Na_2CO_3 溶液的质量（g）；Q 为每克$\rho(Na_2CO_3)=200\ g\cdot L^{-1}$ 溶液中含有固体 Na_2CO_3 质量；V 为分析试样中含原卤水的体积（mL）。

2. 塔纳纳也夫法

于一称量瓶（60×30 mm）或 30 mL 瓷蒸发皿中，放入一大小适宜的玻璃棒，加入 2 g 固体 NaF 试剂，于 180℃干燥恒质（m_1）。在不断搅拌下，准确地滴加一定体积的试样溶液（V）。称量瓶于水浴上小心蒸干，后继在 80℃的干燥箱内干燥，最后于 180℃干燥并恒质（m_2），两次质量之差即为所取试样中含有干固物的质量。

结果计算：

$$干基(g/L)=\frac{m_2-m_1}{V}\times 1000 \tag{19.4}$$

式中，m_2 为称量瓶加干固物质量（g）；m_1 为称量瓶加 NaF 的质量（g）；V 为分析试样中含原卤水的体积（mL）。

19.2.4　讨论

上述两种测定方法中，实践证明塔纳纳也夫法有许多优于埃弗里莫夫法的地方。

（1）使用 Na_2CO_3 溶液，在蒸干过程中较之采用 NaF 固体费时。

（2）以碳酸盐和氟化物形式称量，前者吸湿性较大，后者则更易于恒质。

（3）碳酸盐在 180℃干燥恒质时，往往发生分解而使测定结果偏低。

19.3　差减法计算钠[2]

从水化学类型的分类来看，一般的天然地表卤水或地下卤水，基本上属于碳酸盐类型、硫酸盐类型和氯化物类型。在这些类型的卤水中，含有主要的阳离子：Na^+、K^+、Mg^{2+}、Ca^{2+}；含有主要的阴离子：CO_3^{2-}、HCO_3^-、SO_4^{2-}和 Cl^-。除此以外，其他金属离子在一般的情况下含量都是相当小的。

根据电解质溶液的电中性的性质，即存在于卤水溶液中的阳离子总电荷摩尔数应与阴离子的总电荷摩尔数相等。因此，在分析了卤水主要阳离子（K^+、Ca^{2+}、Mg^{2+}）和主要阴离子（CO_3^{2-}、HCO_3^-、SO_4^{2-}）后，Na^+的含量即可根据差减法来计算（忽略其他含量相当小的离子）。

设

$$\sum 阴离子电荷摩尔数=2M_{CO_3^{2-}}+M_{HCO_3^-}+2M_{SO_4^{2-}}+M_{Cl^-}=M_1$$

$$\sum 阳离子电荷摩尔数=M_{K^+}+2M_{Ca^{2+}}+2M_{Mg^{2+}}=M_2$$

则

$$M_{Na^+}=M_1-M_2$$

试样中 Na^+的含量即为

$$M_{Na^+}\times 22.997=W$$

兹以实例说明如下。

设某卤水分析结果为 CO_3^{2-}(～)，K^+=0.33%，HCO_3^-=0.070%，Ca^{2+}=0.060%，SO_4^{2-}=2.12%，Mg^{2+}=1.59%，Cl^-=15.86%，将各主要阴、阳离子换算为摩尔数（每 100 g 卤水）：

$$HCO_3^-=\frac{0.070}{61.01}=0.0012$$

$$SO_4^{2-}=\frac{2.12}{96.0536}=0.0221$$

$$Cl^-=\frac{15.86}{35.457}=0.4473$$

$$K^{+} = \frac{0.33}{39.10} = 0.0084$$

$$Ca^{2+} = \frac{0.060}{40.08} = 0.0015$$

$$Mg^{2+} = \frac{1.59}{24.305} = 0.0654$$

$$\sum \text{阴离子电荷摩尔数} = M_1 = 0.0012 + 0.0221 \times 2 + 0.4473 = 0.4927$$

$$\sum \text{阳离子电荷摩尔数} = M_2 = 0.0084 + 0.0015 \times 2 + 0.0654 \times 2 = 0.1422$$

$$M_{Na^{+}} = M_1 - M_2 = 0.4927 - 0.1422 = 0.3505$$

卤水中 Na^{+}的含量：

$$Na^{+} = \frac{0.3505 \times 22.997}{100} \times 100\% = 8.06\%$$

本法优点是节省时间、试剂，但数据的准确性较差。

参 考 文 献

[1] 张铁垣. 化验工作实用手册[M]. 北京：化学工业出版社, 2003, 3: 758-768.

[2] 中国科学院青海盐湖研究所. 卤水和盐的分析方法[M]. 2 版. 北京：科学出版社, 1988: 437-443.

彩　　图

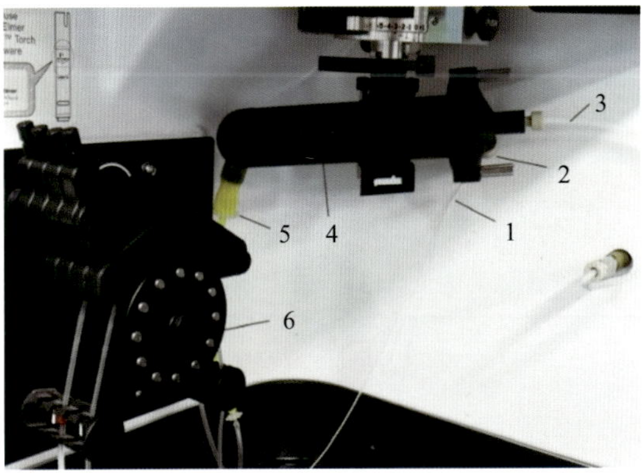

▲图8.2

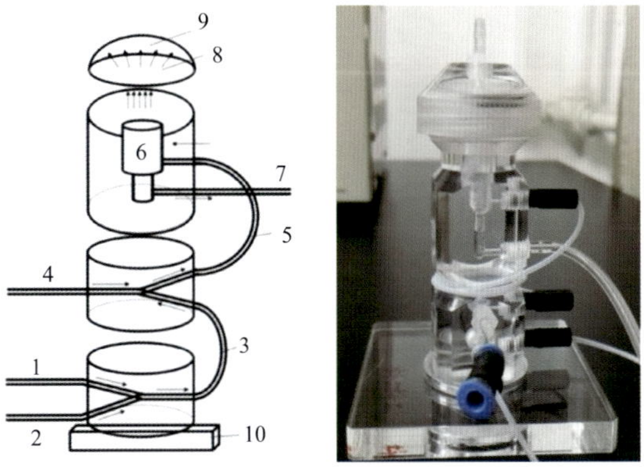

▲图8.3

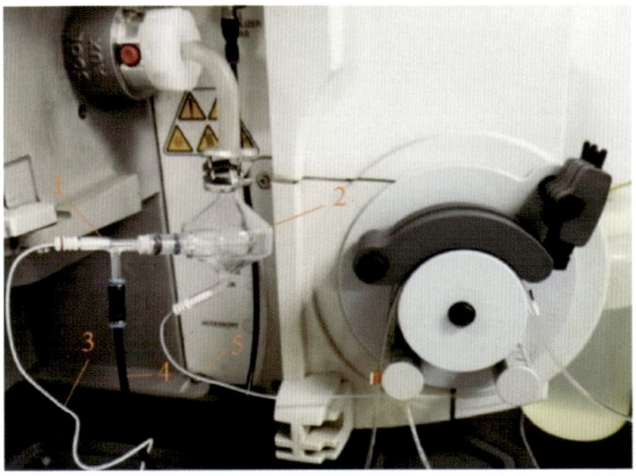

▲图8.6

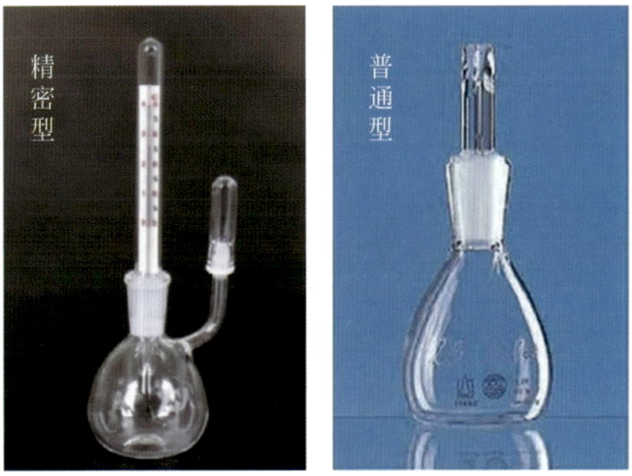

▲图19.1

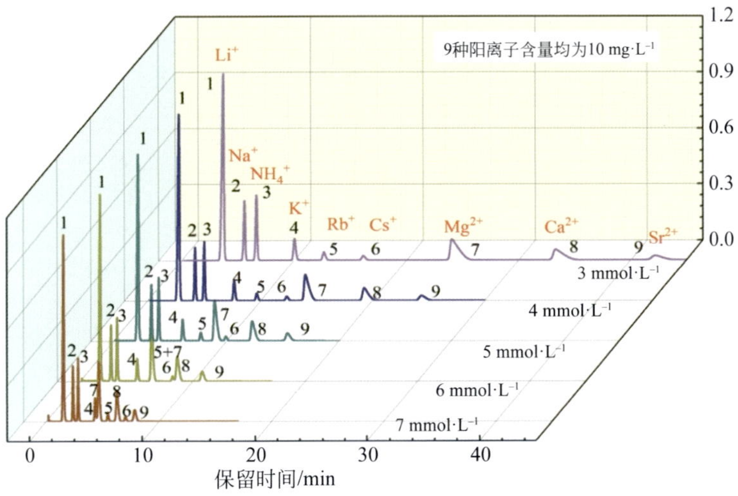

▲图10.4

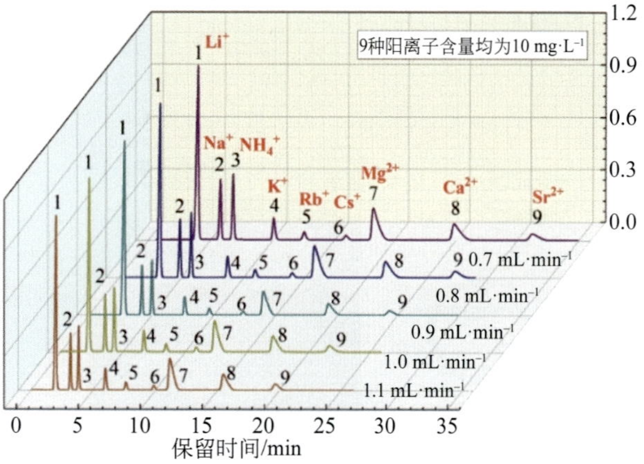

▲图 10.5

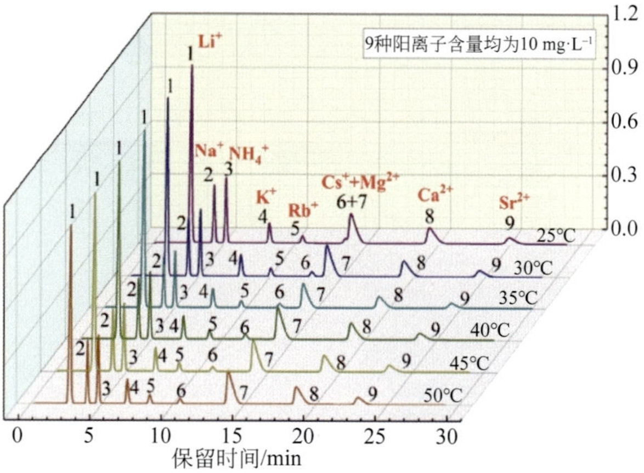

▲图 10.6

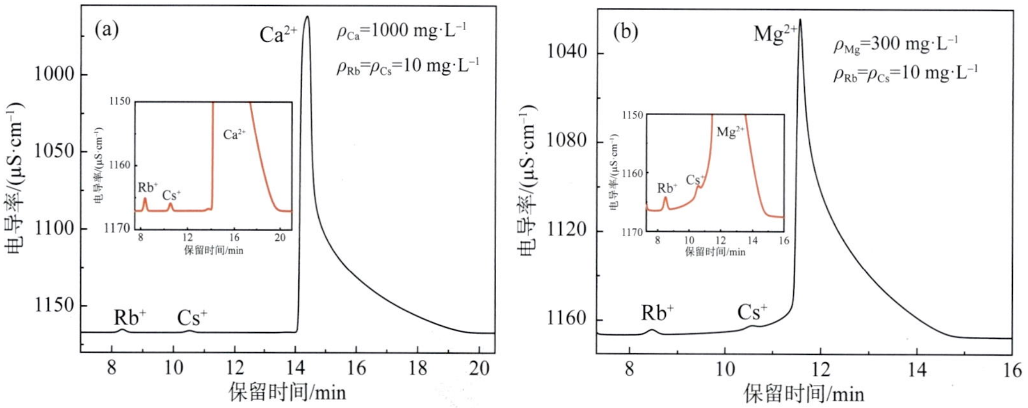

▲图 10.7

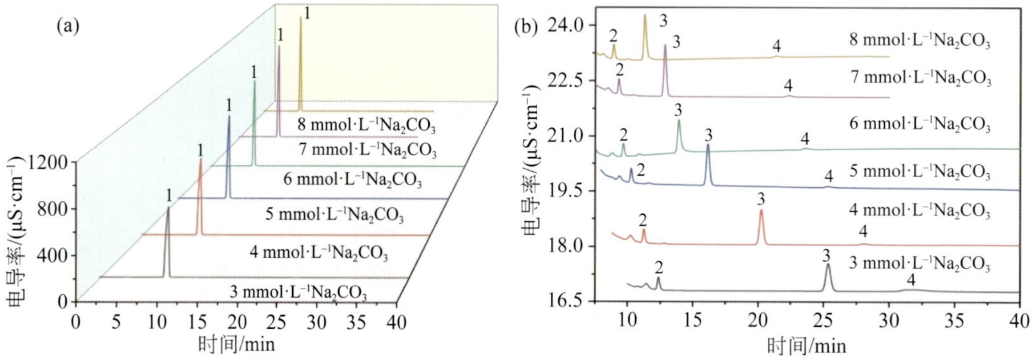

▲图 10.9

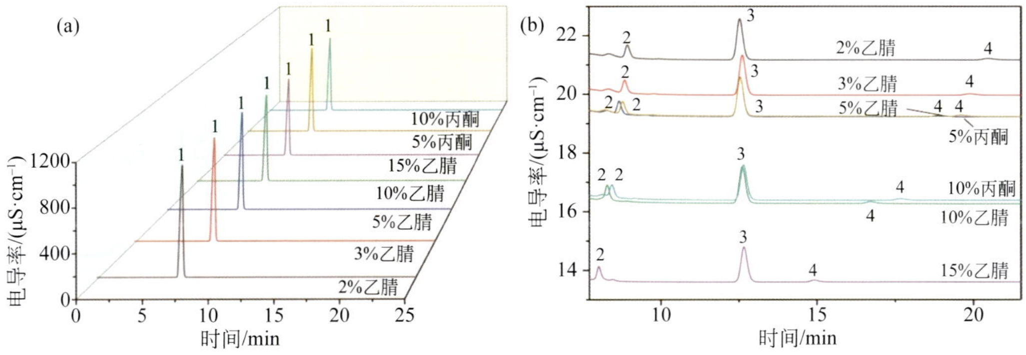

▲图 10.10

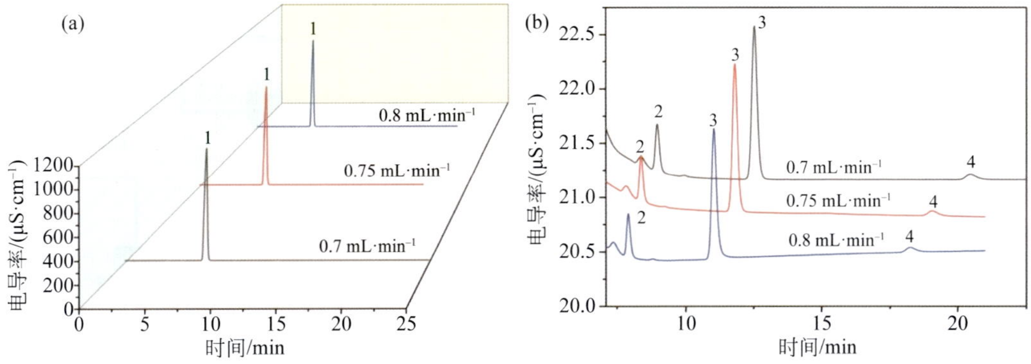

▲图 10.11

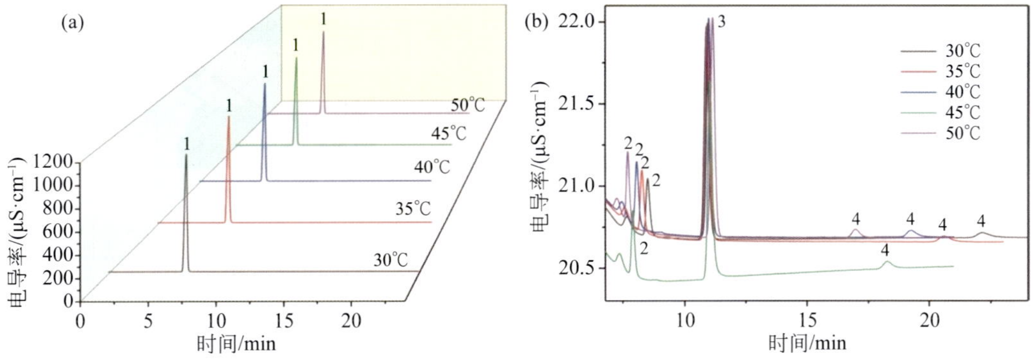

▲图 10.12

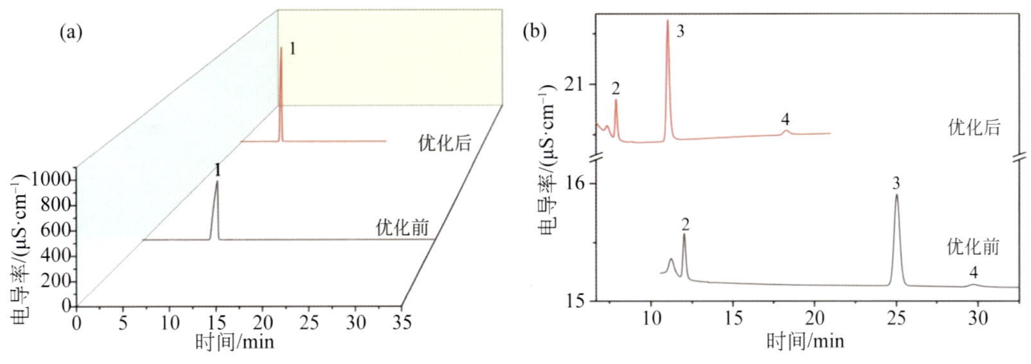

▲图 10.13

▲图 13.8

▲图 13.9

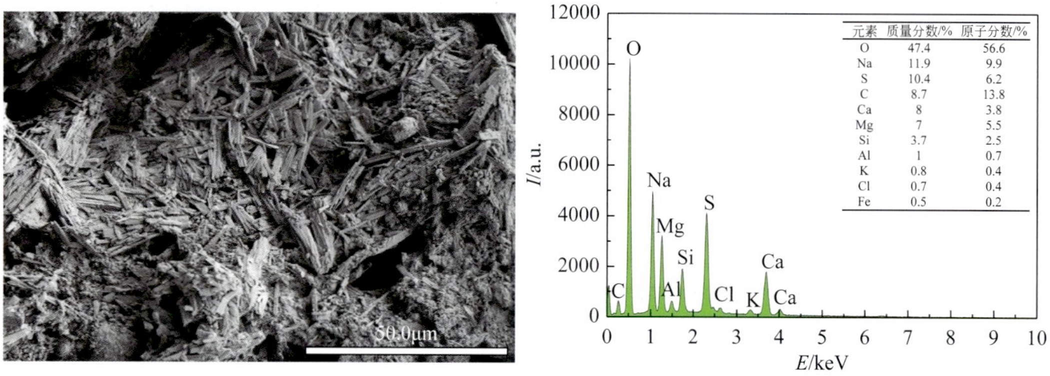

▲图 13.10

▲图 13.11

▲图 13.12

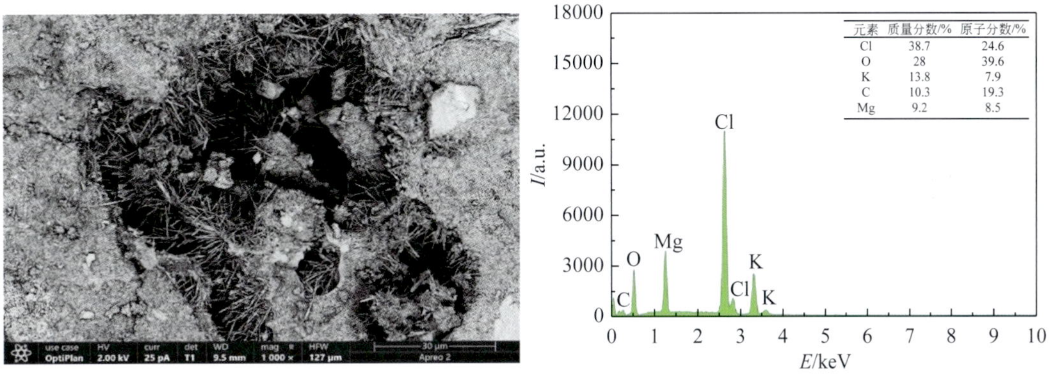

▲图 13.13

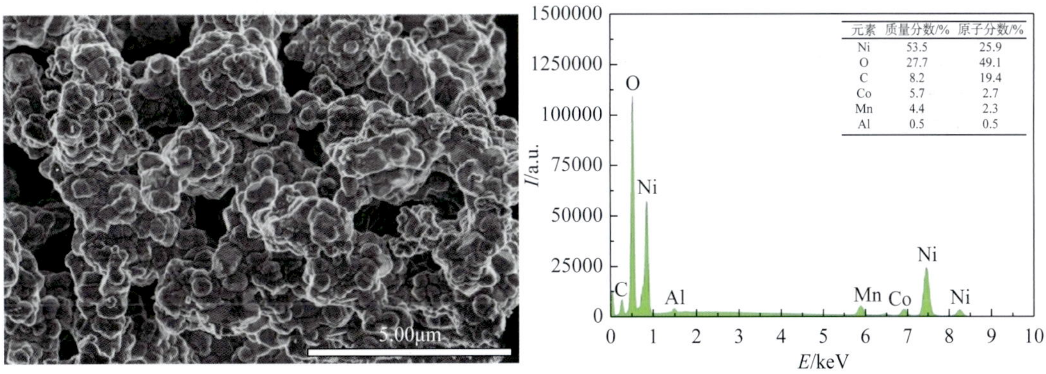

▲图 13.14

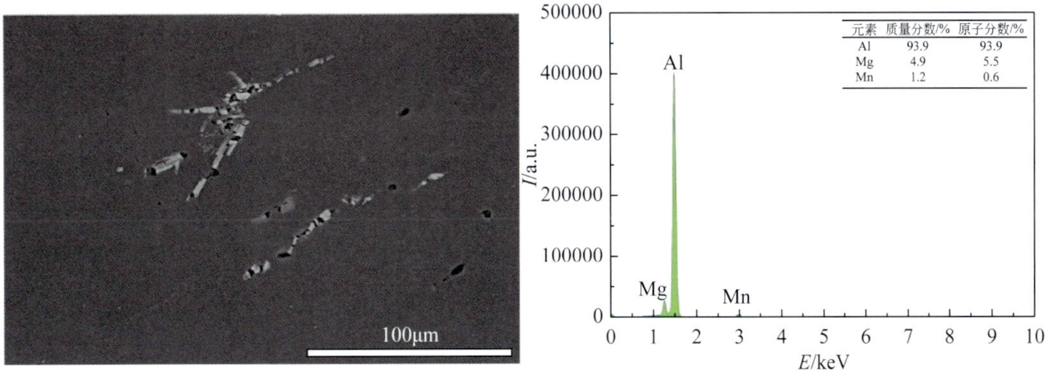

▲图 13.15

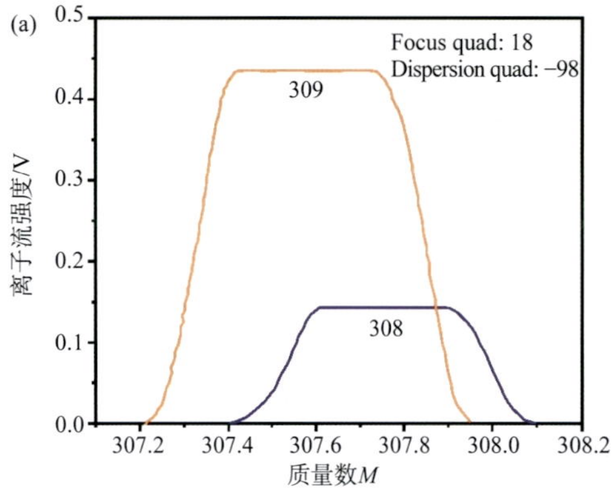

▲图 14.5

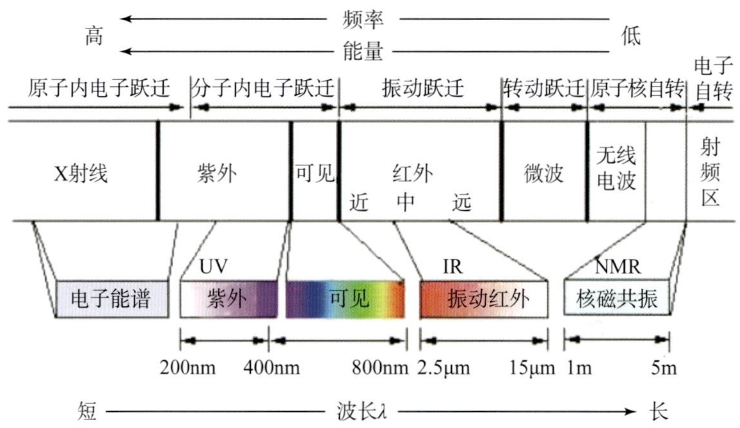

▲图 15.1

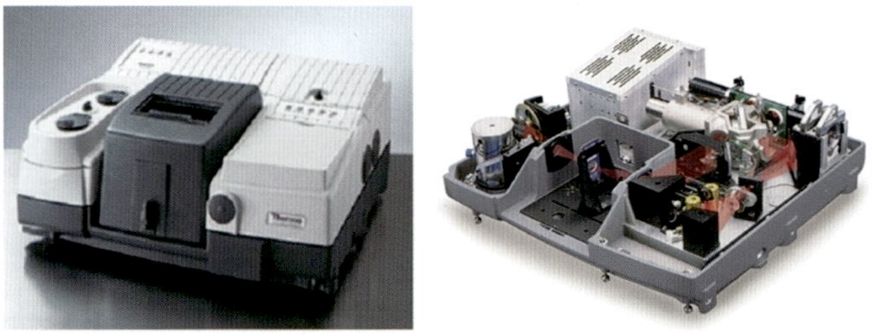

▲图 15.2

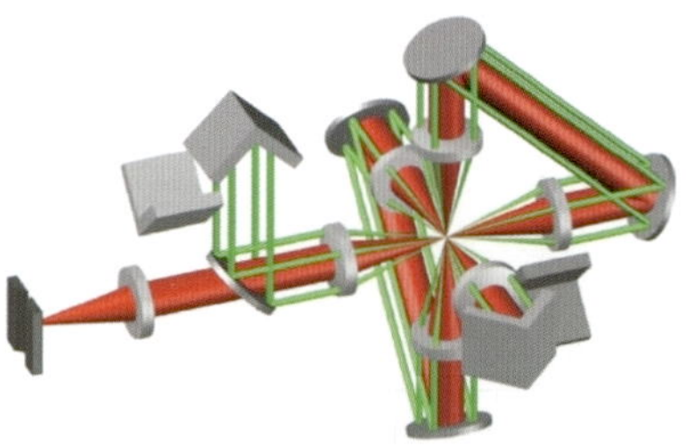

▲图 16.2

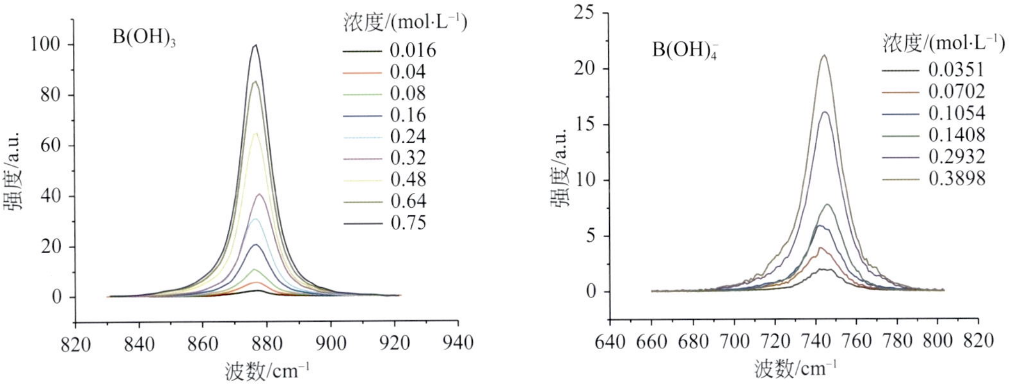

▲图 16.3

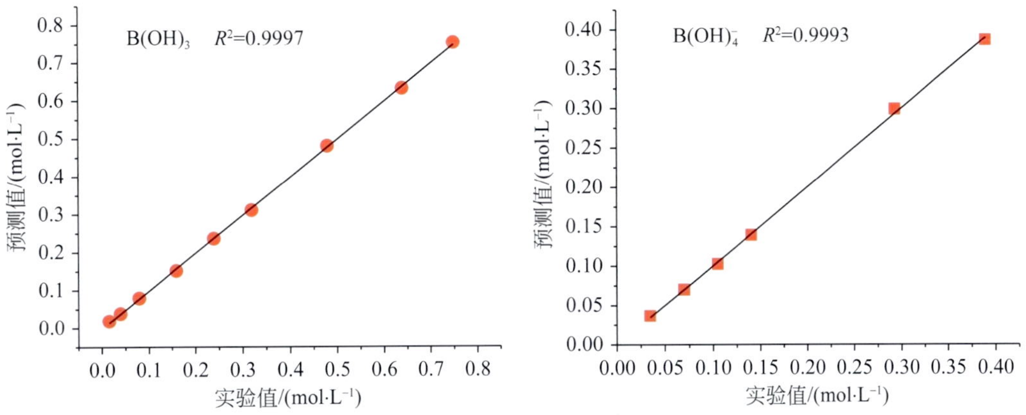

▲图 16.4

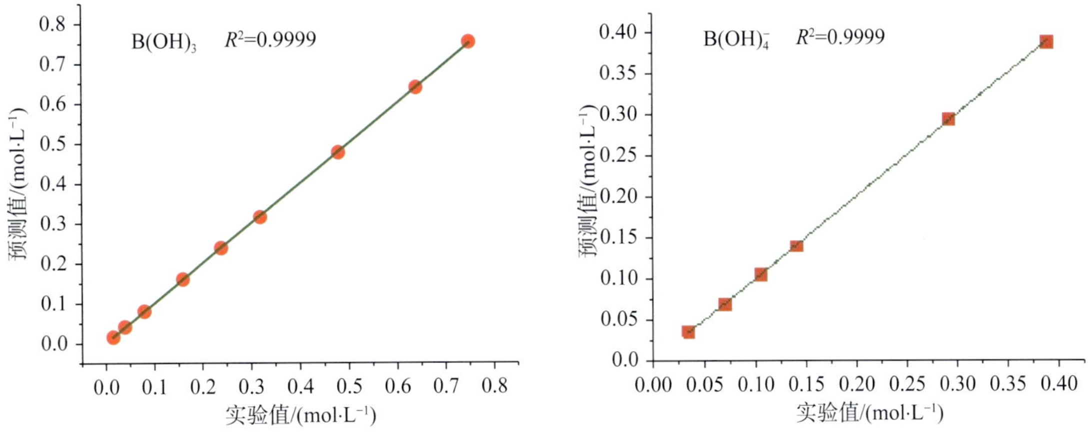

▲图 16.5

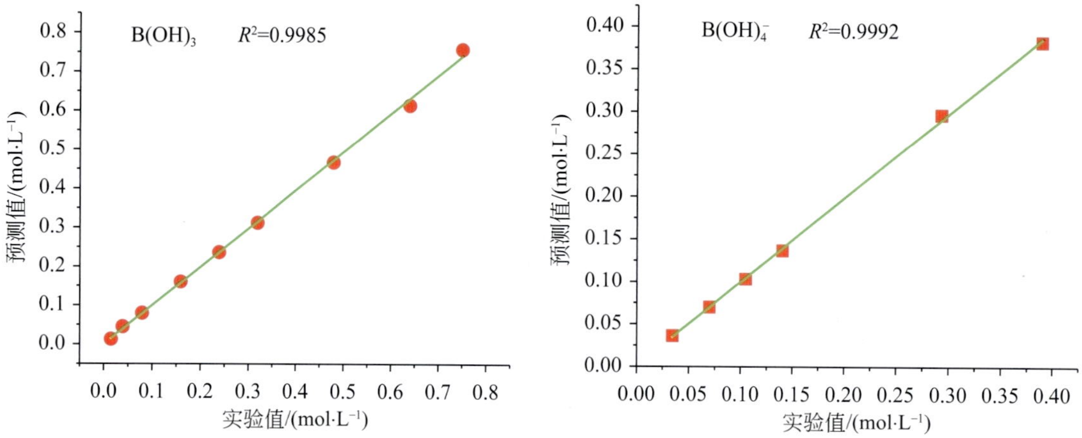

▲图 16.6

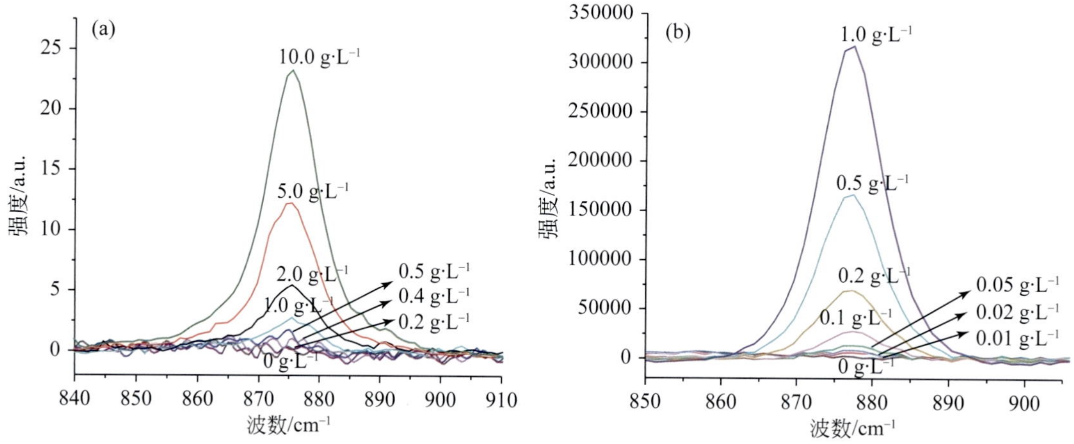

▲图 16.7

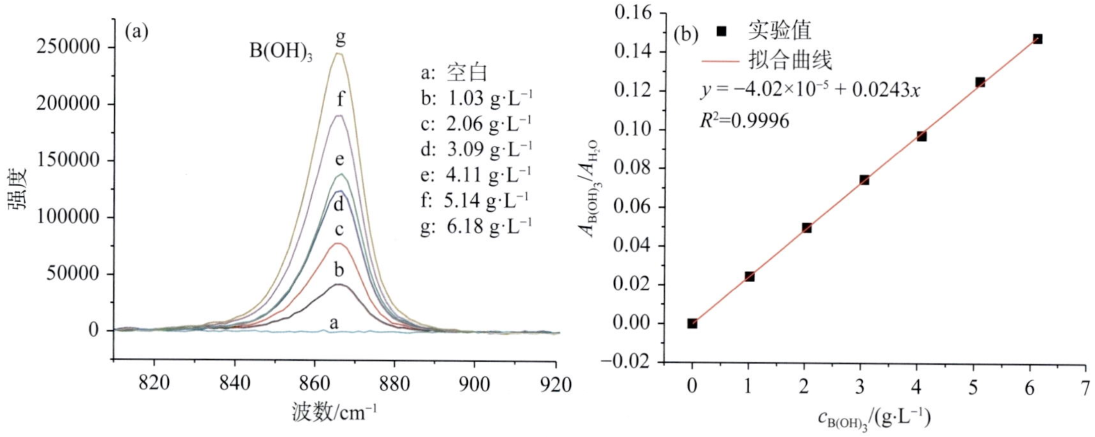

▲图 16.8

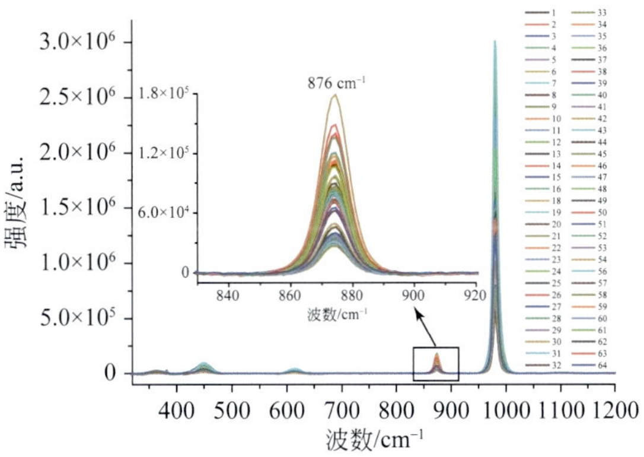

▲图 16.9

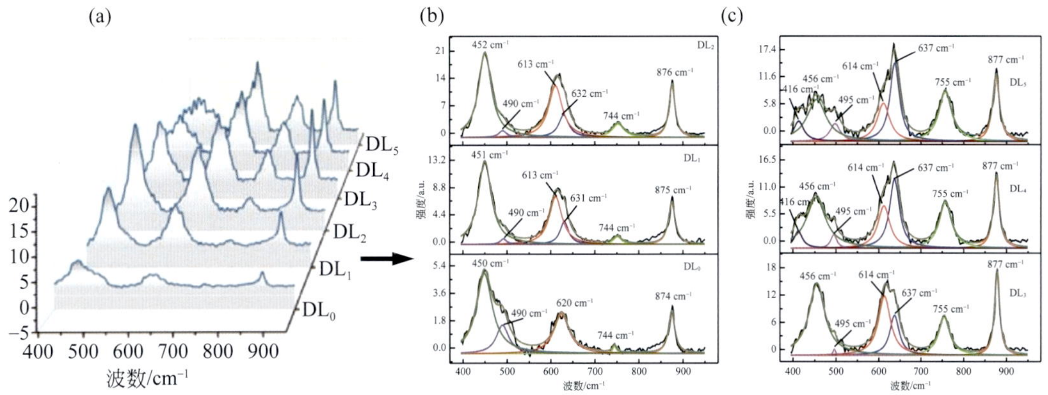

▲图 16.10

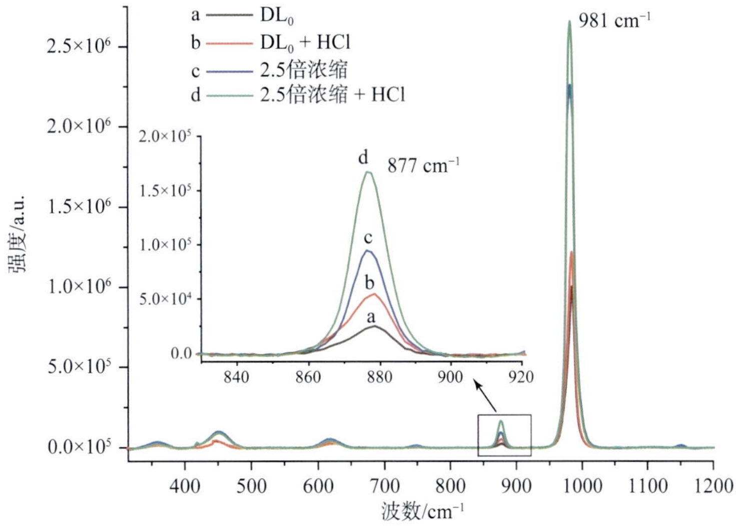

▲图 16.11

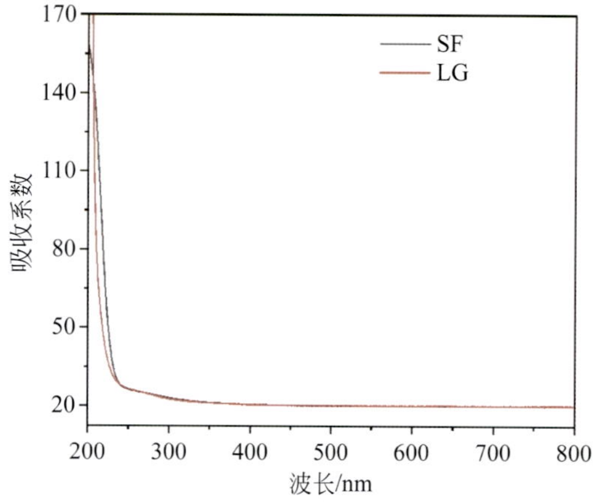

▲图 17.2

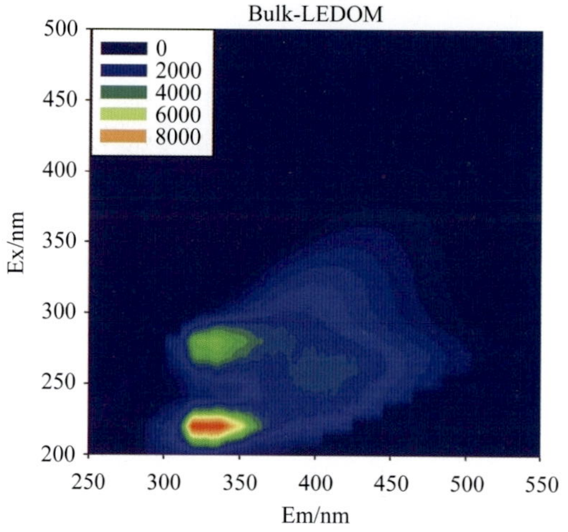

▲图 17.3

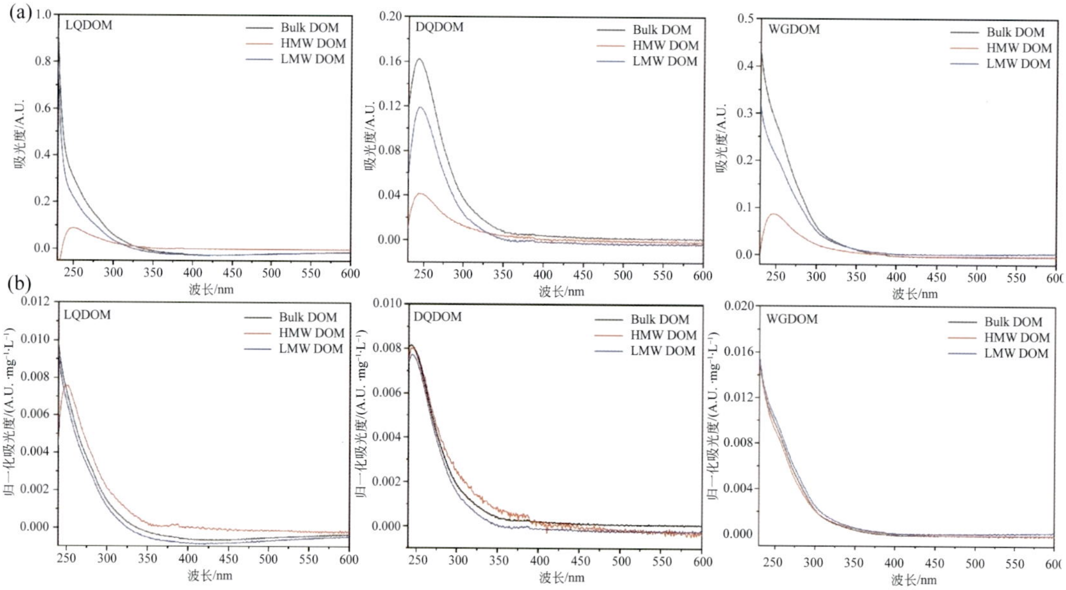

▲图 17.11

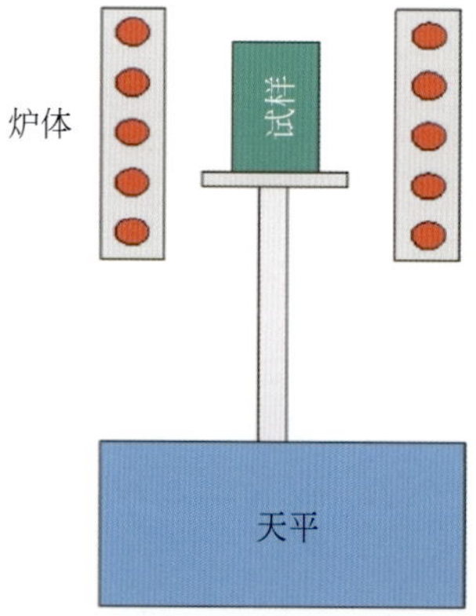

◀图 18.1

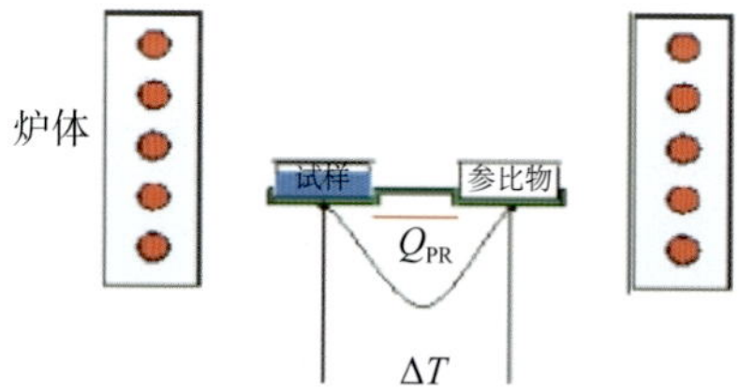

◀图 18.3

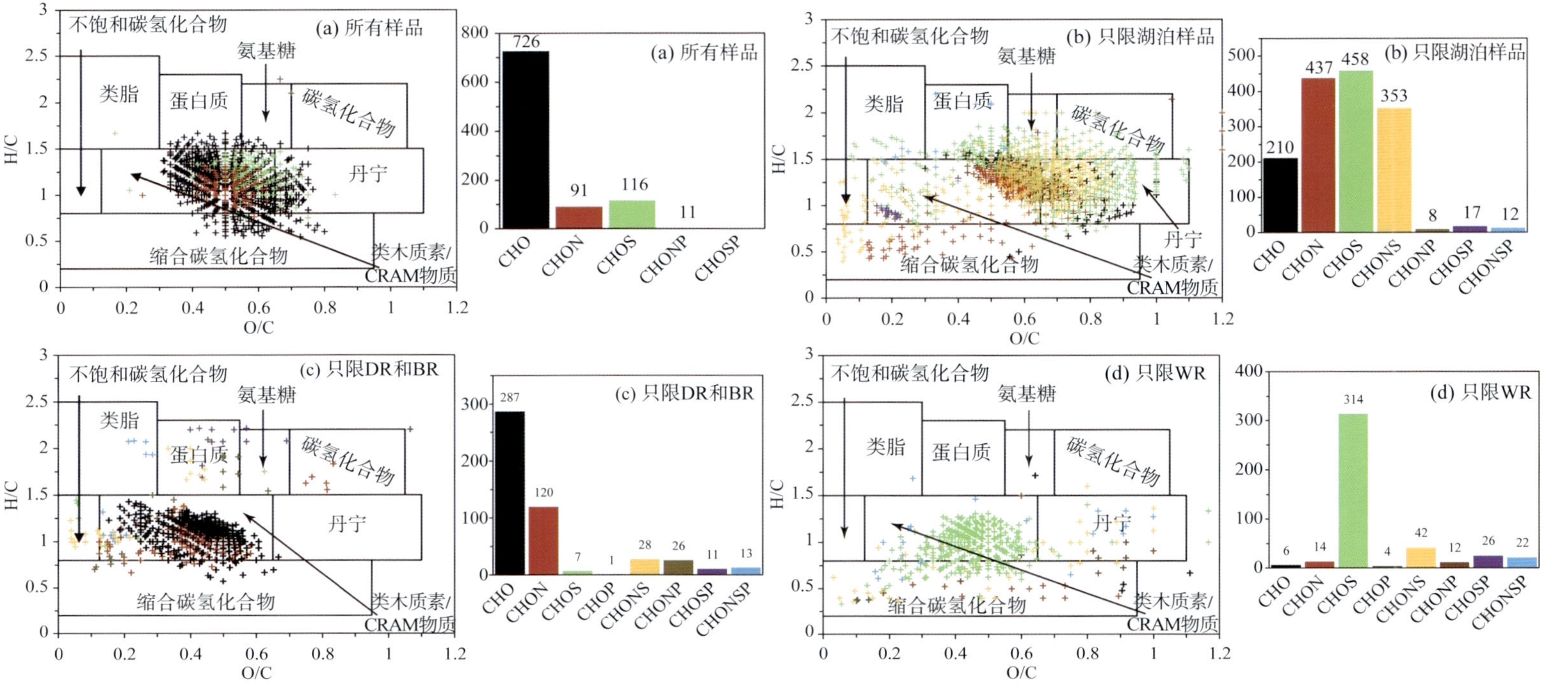
不饱和碳氢化合物
(a) 所有样品
氨基糖
类脂
蛋白质
碳氢化合物
丹宁
缩合碳氢化合物
类木质素/CRAM物质
H/C
O/C
(a) 所有样品
726
91
116
11
CHO
CHON
CHOS
CHONP
CHOSP
(b) 只限湖泊样品
210
437
458
353
8
17
12
CHONS
CHONSP
(c) 只限DR和BR
287
120
7
1
28
26
11
13
CHOP
(d) 只限WR
6
14
314
4
42
12
26
22

▲图 17.9

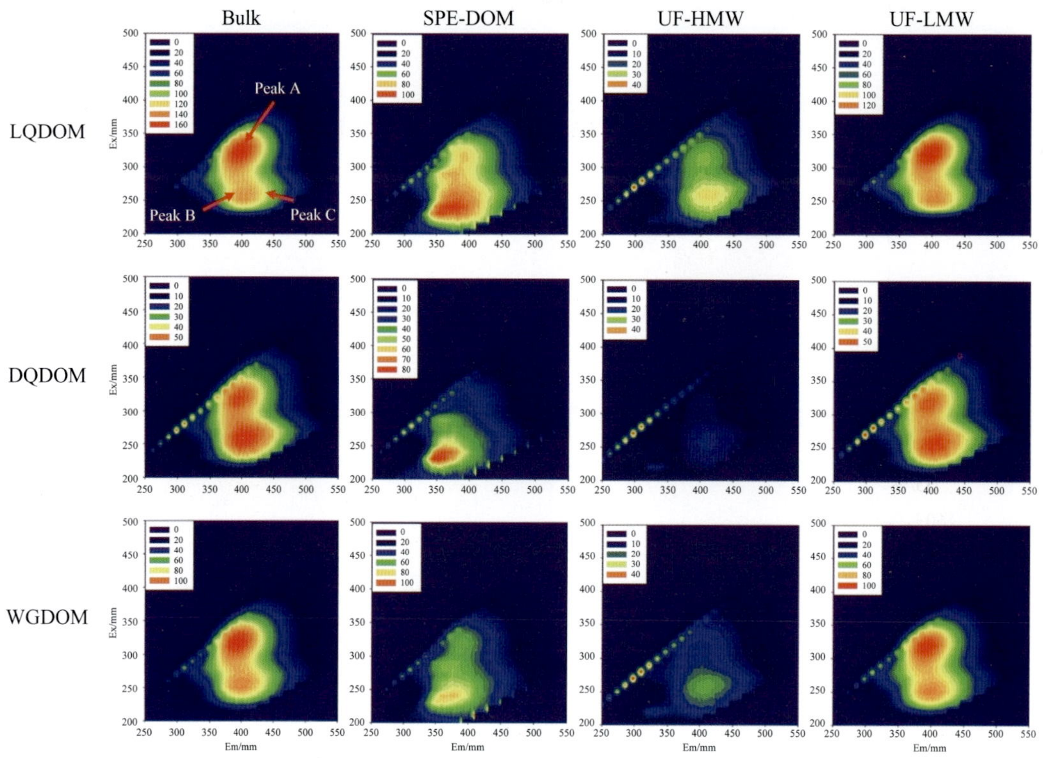

Bulk
SPE-DOM
UF-HMW
UF-LMW
LQDOM
DQDOM
WGDOM
Peak A
Peak B
Peak C
Ex/mm
Em/mm

▲图 17.12

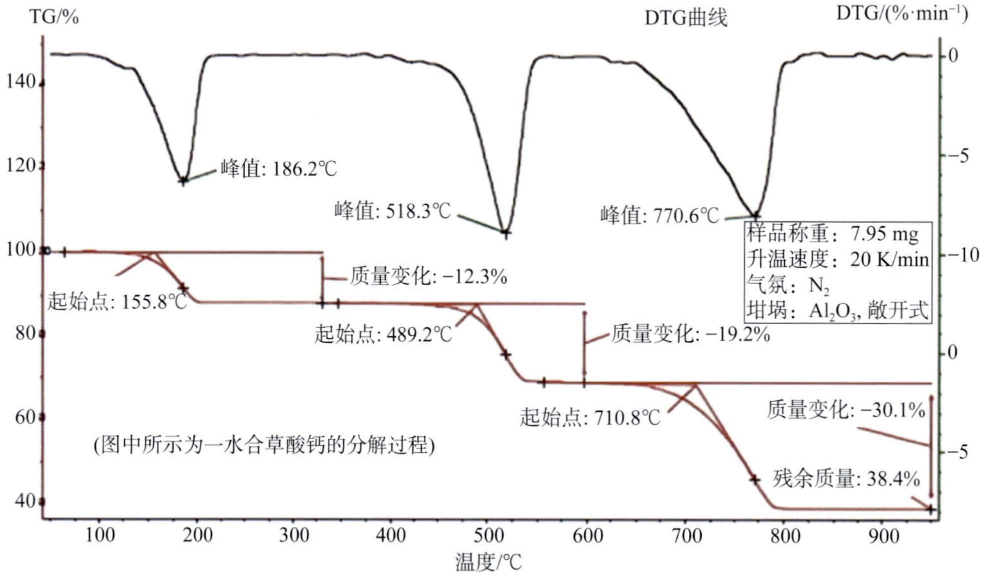

TG/%
DTG曲线
DTG/(%·min⁻¹)
峰值: 186.2℃
峰值: 518.3℃
峰值: 770.6℃
样品称重：7.95 mg
升温速度：20 K/min
气氛：N₂
坩埚：Al₂O₃, 敞开式
起始点: 155.8℃
质量变化: −12.3%
起始点: 489.2℃
质量变化: −19.2%
起始点: 710.8℃
质量变化: −30.1%
残余质量: 38.4%
(图中所示为一水合草酸钙的分解过程)
温度/℃

▲图 18.2

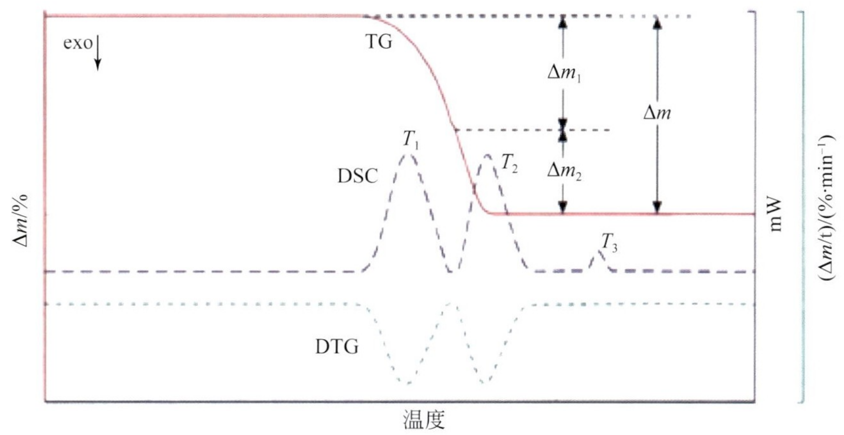

▲图 18.5

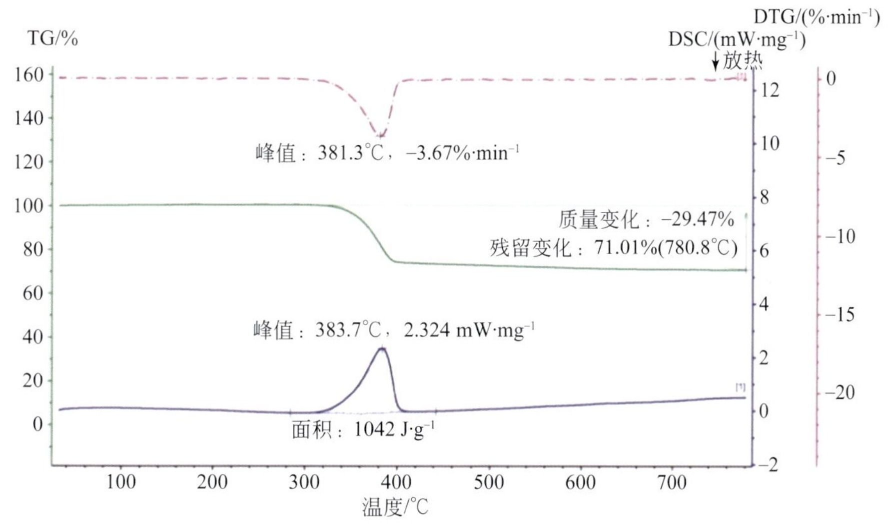

▲图 18.6

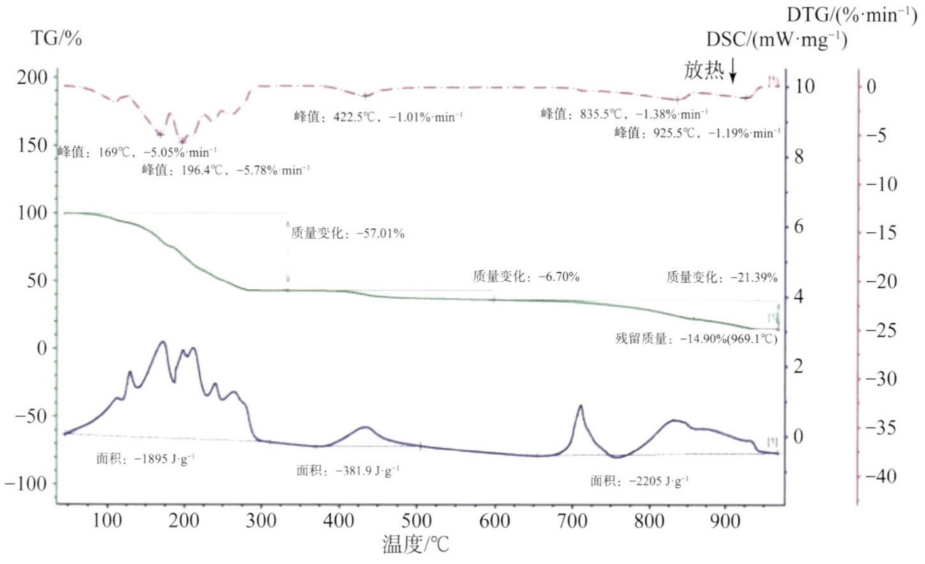

▲图 18.7